应用拉曼光谱学

杨序纲　吴琪琳　著

科学出版社
北京

内 容 简 介

本书简要阐述拉曼光谱学的基本概念、仪器学和常用的拉曼光谱术，主要内容包括拉曼光谱术在微观力学、材料学以及生物医学和药物学等领域中的应用。本书还评述了各种拉曼光谱术与其他测试方法的联用技术及其适用范围。

本书可作为专业书籍供材料学和生物医学等专业的科研人员阅读参考，也可作为高等院校相关专业的辅助教材，同时本书也是一本拉曼光谱学知识和技术的入门读物。

图书在版编目（CIP）数据

应用拉曼光谱学／杨序纲，吴琪琳著．—北京：科学出版社，2022.6

ISBN 978-7-03-071782-5

Ⅰ．①应…　Ⅱ．①杨…　②吴…　Ⅲ．①拉曼光谱-研究
Ⅳ．①O433

中国版本图书馆 CIP 数据核字（2022）第 038767 号

责任编辑：张淑晓　高　微／责任校对：杜子昂
责任印制：吴兆东／封面设计：蓝正设计

科学出版社 出版
北京东黄城根北街 16 号
邮政编码：100717
http://www.sciencep.com
北京建宏印刷有限公司印刷
科学出版社发行　各地新华书店经销
*
2022 年 6 月第 一 版　开本：787×1092　1/16
2024 年 8 月第四次印刷　印张：22
字数：520 000

定价：150.00 元

（如有印装质量问题，我社负责调换）

前言

拉曼散射效应是20世纪20年代末被发现的物理现象。基于该物理现象和相关理论发展起来的拉曼光谱术是一种非破坏性、快速和高分辨率的分析技术。过去二十多年来，由于激光技术、弱信号检测技术、计算机应用和仪器学本身的快速发展，拉曼光谱术的应用取得了突破性进展，这也激发了其在除理论研究外更多学科领域的大量应用研究工作，如在材料、化工、生物医学、环保、考古、地质以及商业贸易和刑事司法等领域的应用研究。拉曼光谱仪器已经开始从主要由资深研究人员使用的实验室仪器发展成为工业生产线上的监控装置和医学诊断装置。

近年来国内外发表的有关拉曼光谱术的论文和专题评论显著增多。一类是关于拉曼光谱学本身的，另一类则是关于拉曼光谱术在各学科领域中的应用。本书著者确信，有众多的应用技术领域的读者希望系统了解拉曼光谱在自己所从事的学科领域中能解决什么类型的问题以及解决问题的主要方法与技术。这本书试图满足这部分读者的需求。同时，著者也希望本书对专业光谱工作者也有参考价值。

本书是在著者早期出版的专著《拉曼光谱的分析与应用》(国防工业出版社，2008)的基础上撰写而成的，沿用了原著的部分结构框架，增加了该领域的最新进展，篇幅较原著增加了约1倍。

本书主要内容涉及拉曼光谱在一些技术学科领域的应用和相关光谱分析。前两章扼要叙述了拉曼散射基本原理、仪器学、主要技术及最新进展，如能将分辨率提高到纳米级的近场光学拉曼显微术、近年来十分活跃的表面增强拉曼光谱术和多仪器联用技术等。第3章为聚合物的拉曼光谱及其应用。第4章涉及碳、矿物质和半导体的拉曼光谱。石墨烯作为重要的纳米碳材料，是当前新材料研究的热点之一，拉曼光谱术是这类材料最主要的表征手段之一，因而有关石墨烯及其复合材料的拉曼光谱研究专列1章，成为第5章。第6章和第7章分述拉曼光谱术和荧光光谱术在复合材料微观力学中的应用，这是最近二十多年发展起来的十分活跃的研究领域，这部分是本书的重点内容。第8章涉及拉曼光谱在生物医学和药物学领域的应用，突出了拉曼光谱作为医学诊断工具在临床医学应用的前沿研究。

本书使用较大篇幅阐述了拉曼光谱术的最新进展，例如，能将空间分辨率提高到纳米级的近场光学拉曼光谱显微术，近年来十分活跃的表面增强拉曼光谱术，以及拉曼光谱仪与扫描电子显微镜(SEM)、原子力显微镜(AFM)、透射电子显微镜(TEM)等仪器的联用技术。本书每章都列出相关参考文献，可供有兴趣的读者延伸阅读。著者期望本书能对即便在拉曼光谱领域所知甚少的读者也具有应用参考价值。当然，没有一种测试手段是万能的，因此本书也指出了拉曼光谱术的局限性，同时给出了可供选择的其他测试方法。

本书得到国家自然科学基金重大项目(NO.52090033/52090030)、纤维材料改性国家重点实验室(东华大学)高性能纤维研究项目、“双一流”学科(材料科学与工程学科)建设项目、复合材料与工程国家一流本科专业(东华大学)建设项目资助。著者特别感谢英国曼彻斯特材料科学中心、美国麻省理工学院(MIT)材料科学与工程系、东华大学材料科学与工程学院、香港科技大学和香港理工大学等单位的合作研究者给予的项目支持。

本书涉及的学科领域广泛，著者学识有限，书中难免存在不足之处，欢迎读者批评指正。

著　者

2021 年 7 月于上海

目　录

第 1 章　应用拉曼光谱学基础

1.1　引　　言

一束单色光入射于试样后有三个可能去向：一部分光被透射；一部分光被吸收；还有一部分光则被散射。大部分散射光的波长与入射光相同，为弹性散射光；而一小部分散射光的波长由于试样中分子振动和分子转动的作用而发生偏移，为非弹性散射光。波长发生偏移的光形成的光谱就是拉曼光谱。光谱中常常出现一些尖锐的峰，这是试样中某些特定分子的特征。这就使得拉曼光谱具有定性分析和区分相似物质的特性。而且，由于拉曼光谱的峰强度与相应分子的浓度成正比，拉曼光谱也能用于定量分析。通常，将获得和分析拉曼光谱以及与其相关的方法和技术称为拉曼光谱术。

20 世纪 80 年代之前，拉曼光谱术还只局限于在实验室具有高水平、训练有素的科学家才能应用，测试十分耗时，而且往往以失败而告终。后来，由于拉曼光谱仪器学的突破性进步，已经完全改变了这种情况。现在，普通的实验员便可以在通常用途的实验室应用这种技术，而工厂的工艺工程师也可以应用拉曼光谱术在线测试生产线中的产品。拉曼光谱术已不再是少数专家的“专用品”。

拉曼光谱测试一般不触及试样，也不必对试样做任何修饰，能通过由玻璃、宝石或塑料制成的透明容器或窗口收集拉曼信息。在工业生产中，不必预先做试样准备处理是选用拉曼光谱术而弃用其他更成熟分析技术的主要原因。人们偏向于应用拉曼光谱术的原因还包括其维持费用低和具有其他技术所不具备的特有分析能力。

早在 20 世纪 20 年代初人们就预测存在拉曼散射。1928 年印度科学家拉曼等在实验室观测到拉曼效应。此后，拉曼光谱术一度获得广泛应用，因为相比于中红外吸收，它更易于获得分子振动的信息。在当时它是唯一测量低频振动的方法。早期的拉曼光谱仪使用弧汞灯作为光源，用摄谱仪分开不同颜色的光，并用照相底片记录光谱。

20 世纪 40 年代红外仪器学取得进展并出现了商业化仪器，使得红外吸收光谱术比拉曼光谱术更易于使用。拉曼光谱术一度成为受到限制的特殊技术，尽管拉曼光谱仪器学也在不断取得进步，但红外吸收光谱术得到更迅速的发展和普及。

光电倍增管替代照相底片记录光谱使测量大为方便。1953 年出现了第一台商业拉曼光谱仪，促进了拉曼光谱术的应用。而 20 世纪 60 年代激光器替代弧汞灯作为光源，使拉曼光谱术的功能大为提高，使用更为方便。激光的使用使几种重要的非线性拉曼技术成为可能。到 20 世纪 70 年代，拉曼光谱术已能对 1 μm^2 的小面积和 1 μm^3 的小体积样品做振动分析，这是拉曼显微术做出的贡献，它使人们能同时看到对拉曼散射有贡献的试样小区域的形貌。

20 世纪 80 年代，纤维光学探针被引入拉曼光谱术。探针简化了试样和拉曼光谱仪间的对光程序，并使得能对远离拉曼光谱仪的试样进行测试。20 世纪 90 年代出现了许多新型纤维光学探针，进一步扩展了拉曼光谱术的应用范围。在此期间，拉曼光谱术开始应用于工业生产线工艺参数的控制，并在近年得到广泛采用。用拉曼光谱仪在线监控相距数百米的仪器室内可能发生爆炸或有毒物质泄漏危险的试验或生产，也是拉曼光谱仪引入纤维光学探针的重大贡献。

傅里叶变换(Fourier transform，FT)拉曼光谱术和电感耦合元件(charge-coupled device，CCD)探测器的引入使用是近代拉曼光谱术的最重要进展。FT 拉曼光谱仪能显著降低或消除大多数试样的荧光背景；而 CCD 探测器使得拉曼光谱术成为快速测试技术，在几秒钟甚至更短的时间内就能测得完整的拉曼光谱。CCD 探测器既有照相底片具备的多通道优点，又保留了光电倍增器易于使用的优点。

随着光学技术的进一步发展，已经制造出更好的滤光器、激光器、光栅和分光光谱仪。21 世纪以来市场上普遍供应高性能、结构紧凑又使用简便的拉曼光谱仪。这些仪器能有效地使用于非实验室环境，而且不要求使用者具备拉曼光谱术的专门技能。作为非专家也能用来解决分析问题的测试技术，拉曼光谱术在各个领域的应用正以更快的速度扩展。最近十余年来，拉曼光谱术又有了重大进展。近场光学和针尖增强技术的引入，以及拉曼光谱仪与其他测试仪器联用技术的发展，使拉曼光谱术在各个学科和技术领域的应用有了更为广阔的前景。

1.2 拉曼散射及其经典理论

1.2.1 拉曼散射和拉曼光谱

通过一个很简单的实验就能观察到拉曼散射光。在一暗室内，以一束绿光照射透明液体，如戊烷，绿光看起来就像悬浮在液体上。若通过对绿光或蓝光不透明的橙色玻璃滤光片观察，将看不到绿光，而是看到一束十分暗淡的红光。这束红光就是拉曼散射光。

拉曼效应的物理过程可用能级图说明，如图 1.1 所示。在室温下，大多数分子(不是所有分子)处于最低振动能级状态。入射光子会使分子从基态 m 跃迁到更高能量状态——虚态。这是一种不稳定能态，其能量取决于入射光的频率。分子将从虚态回到原始能态，并发射一个光子。

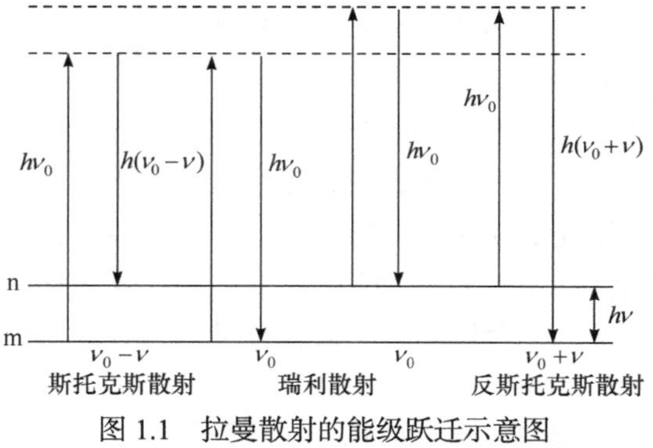

图 1.1 拉曼散射的能级跃迁示意图

若分子回到它原来的振动能级 m，那么它发射的光子就具有与入射光子相同的能量。此时，没有任何能量传递给分子，这种散射称为瑞利(Rayleigh)散射。显然，这是一种弹性散射，入射光与分子相互作用后没有改变其频率。大多数光子以这种方式散射，所以这是一种强散射。若分子从虚态返回，不是到达 m 能级，而是到达较高的 n 能级，此时分子也发射一个光子，但其能量较入射光子小，即有较长的波长，此时分子的振动能量增大了，这个过程称为斯托克斯(Stokes)拉曼散射。由于热运动，有些分子可能并不处于基态 m，而是处于激发态 n。处于 n 能级的分子吸收一个光子的能量到达虚态，随后回到基态 m 时，也发射一个光子，其能量大于入射光子的能量，即有较短的波长。此时分子的振动能量减小，这个过程称为反斯托克斯拉曼散射。

拉曼散射光的强度与入射光照射的分子数成正比。所以，斯托克斯拉曼散射强度正比于处于最低能级状态分子的数量，而反斯托克斯拉曼散射强度正比于处于次高振动能级的分子数。

在热平衡时，处于一振动能级的分子数相对处于另一能级的分子数之比服从玻尔兹曼(Boltzmann)分布：

$$\frac{N_1}{N_2}=\left(\frac{g_1}{g_2}\right)\exp\left(-\frac{\Delta E}{KT}\right) \tag{1.1}$$

式中，N_1 和 N_2 分别为处于较高和较低振动能级的分子数；g_1 和 g_2 分别为较高和较低振动能级的简并度；K 为玻尔兹曼常量；T 为绝对温度。在热平衡时，处于低振动能级的分子数总是大于处于次高振动能级的分子数。所以，斯托克斯拉曼散射强度总是大于反斯托克斯拉曼散射强度。在低温下，相对于前者，后者几乎小到接近于零。应用玻尔兹曼分布方程，从斯托克斯拉曼散射对反斯托克斯拉曼散射的相对强度可以测定试样温度。

通常，人们在拉曼散射检测中仅关注能量较低的斯托克斯散射。然而，有些情况下，反斯托克斯散射是一种更好的选择。例如，若在斯托克斯散射能量附近存在荧光干扰，这会妨碍信号的检测，此时，可检测反斯托克斯散射以避免干扰。

与瑞利散射相比，拉曼散射本身是个很微弱的过程，每 10^6～10^8 个光子中仅有 1 个光子可能遭遇拉曼散射。然而，由于近代成熟的激光光源能提供很强的功率和 CCD 半导体探测器的高检测灵敏度，拉曼散射的检测能轻易地获得足够高的灵敏度。

图 1.1 只是描述了产生拉曼散射的许多振动能级变化过程中的一个。众多过程叠加的结果可以用拉曼光谱图来表达。拉曼光谱图(常简称拉曼光谱)是拉曼散射强度相对波长的函数图。通常，其 x 轴不是拉曼散射光的波长，而是它相对激发光波长偏移的波数，简称为拉曼频移。若波长以厘米计，波数就是波长的倒数，单位为 cm^{-1}。换言之，即每厘米长度完整波的数目。波数与光子能量 E 的关系如下式所示：

$$E=h\nu=hc/\lambda=hc\omega \tag{1.2}$$

式中，h 为普朗克常量；ν 为光的频率；c 为光速；λ 为波长；ω 为光的波数。如此，拉曼光谱的 x 轴是激发光波长与拉曼光波长以波数计的差值。给定振动的拉曼频移是该振动能量的量度，它与所用激发光的波长无关。图 1.2 是以波数计量的光散射示意图。图中中央谱线(瑞利线)的波数等同于激发光的波数。波数差 $\Delta\omega$ 与 hc 的乘积以 ΔE 表示如下：

$$hc\Delta\omega=\Delta E \tag{1.3}$$

这个值等同于图 1.1 中能级 m 和能级 n 的能量差值。

例如，用 514.50 nm 激光激发氮气的拉曼散射，其波长为 584.54 nm。对该氮拉曼峰以波数计的拉曼频移为

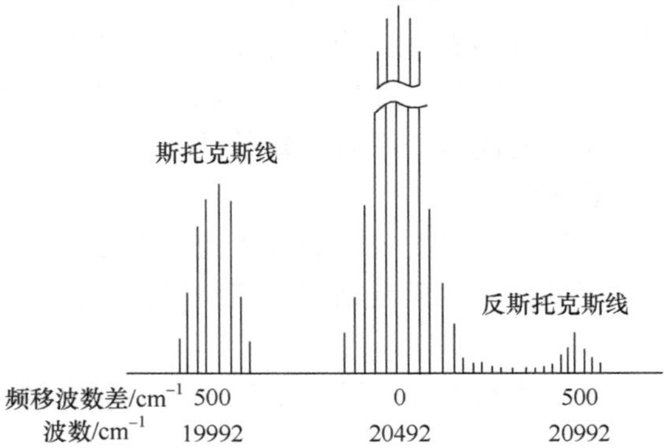

图 1.2　以波数计量的光散射示意图

$$频移_{拉曼}=\frac{1}{514.50\ \mathrm{nm}\times\left(\dfrac{1.0\ \mathrm{cm}}{10^7\ \mathrm{mm}}\right)}-\frac{1}{584.54\ \mathrm{nm}\times\left(\dfrac{1.0\ \mathrm{cm}}{10^7\ \mathrm{mm}}\right)}=2329\ \mathrm{cm}^{-1} \tag{1.4}$$

一个波数等同于 4.75×10^{-24} cal 或 1.99×10^{-23} J。在室温下(25℃)，KT 等于 207 cm^{-1}。一个波数的频移表示绿光波长(500 nm)0.005%的变化。

图 1.3 显示了用波数 cm^{-1} 表示频移的环己烷斯托克斯和反斯托克斯拉曼散射光谱[1]。与斯托克斯散射相比，反斯托克斯散射只有非常弱的强度。图中左边部分为插入纵坐标放大后的反斯托克斯散射光谱。

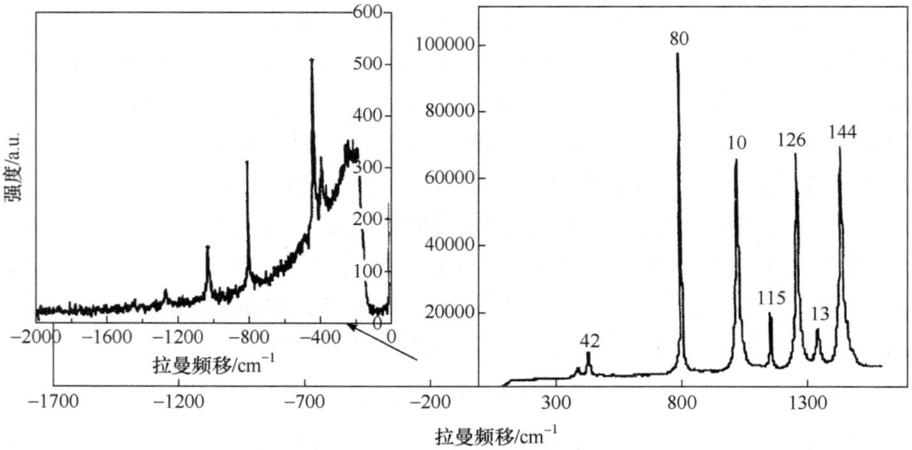

图 1.3　环己烷的斯托克斯(右)和反斯托克斯(左)拉曼散射光谱

有许多参数用于描述拉曼光谱的性状，主要有各个拉曼峰的频移、强度(峰高或峰积分面积)、峰宽度以及偏振特性。它们从不同角度反映了试样物质的结构、性质以及所处的环境。例如，所有参数都与分子结构及其聚集态有关，因而可用于探索试样物质的微观结构，而频移还与试样的应力状态密切相关，它们之间的关系可用于材料微观力学的研究。

拉曼散射光的发射原理(图 1.1)指出，拉曼光谱线或峰的频移取决于分子或基团的能级差。这是分子或基团本身所固有的特性，所以又称为特征拉曼峰频移。然而，任何分子或基团都不是孤立存在的，它们的能量状态必定会受到其化学环境的影响而发生微小的变化，从而使频移发生微小的变化，同时影响峰宽和峰强度。对固体物质而言，化学环境主要是指物质的聚集态结构，包括结晶状态(结晶完善性和结晶度)或无定形态和大分子或聚集态的取向性。这些微观结构都可在拉曼光谱中得到反映。所以，从原则上讲，拉曼光谱可用于探测包括成分在内的表征材料微观结构的各个参数。

1.2.2　光散射

外电场能促使电子云偏离其平衡位置，偏移的难易程度可用电子云极化率来度量。诸如光这样的电磁辐射是一种振荡电磁场，所以光能够使电子云发生振荡。电子云的振荡导致光发射，这种由入射光引起电子云振荡而导致的光发射称为散射。在上述情况中，从引起电子云振荡的入射光获得的能量全部传递给发射光，散射光与入射光有完全相同的能量、频率和颜色，这种类型的散射称为瑞利散射。

由化学键结合在一起的原子，其位置的变化会改变电子云的极化率。由于散射光强度正比于电子云的位移大小，分子振动将导致散射光强度的周期性变化。

波振动频率调制的散射光强度等于 3 种不同频率光波散射强度的总和，它们分别是具有一定频率的原有光、原有光频率减去振动频率的光和原有光频率加上振动频率的光。这 3 个频率分别对应于瑞利散射光、斯托克斯拉曼散射光和反斯托克斯拉曼散射光的频率。

拉曼散射光的强度并不是在所有方向都相等，所以讨论拉曼散射光的强度必须指明入射光传播方向与所检测的拉曼散射光之间的角度。通常在与入射光方向成 90°或 180°的方向上观测拉曼散射，这些散射几何分别称为直角散射和背散射。

拉曼散射的经典理论能正确预测大部分拉曼散射行为。然而，预测得出斯托克斯和反斯托克斯拉曼散射的相对强度相等，这是不正确的。这种预测的失败是因为振动能级是量子化的(这是分子尺度的非经典物理学的量子力学概念)。

拉曼散射的详细物理学理论解析可参阅相关文献[2-4]。以下主要从经典理论出发，讨论与拉曼散射有关的各个参数，也指出了必要的量子力学修正。这些参数都是应用拉曼光谱学中所必须考虑到的。

1.3　拉曼散射的偏振

光的电场作用于电子云的力位于垂直于光传播方向的平面上。平面上该力的方向可用一个矢量来表示，矢量的振幅在正负值之间正弦振荡。矢量所指的方向称为光的偏振方向。在数学上任何方向的偏振都可视为两个正交偏振的和。

通常的非相干光源，如灯泡所发出光线的偏振是许多个偏振的总和，这些偏振随时间迅速而无规地变化。这种光源的偏振强度在垂直于光传播方向平面上的所有方向都相等，这种类型的光称为非偏振光。偏振器是一种滤光器，它可将透过的非偏振光转变成偏振光。偏振器仅允许在某一个方向偏振的光通过。典型的偏振器能透过 50%的非偏振光强度(实际上常常要更小些)。

对于一特定的分子振动，其拉曼散射光的偏振方向就是该振动引起的电子云极化率变化的方向。若光引起的电子云位移方向与入射光偏振方向相同，则拉曼散射光就有与入射光相同的偏振方向。然而，若入射光引起的电子云在不同的方向发生位移，则散射光就有与入射光不同的偏振方向。这时入射光电场与电子云极化率变化方向相同的矢量分量提供了能量，促使发射散射光。散射光的偏振与化学键极化率的变化有相同的方向，而与入射光的偏振方向不同。拉曼光谱仪中的偏振器能限定入射光和所检测散射光的偏振方向。将入射光偏振片取出或以其他形式的偏振器替代，可使试样受无规偏振光或偏振光激发。同样，若将探测器入口的偏振滤光器取出，就可检测所有方向的拉曼散射偏振。

上述对拉曼散射的描述仅考虑了固定于空间的单分子，真实的试样是大量分子的集合体。分子可以是高度有序的(如在单晶试样中的情况)，也可以像在低压气体中那样完全无序。

单晶的拉曼光谱一般与晶轴相对于入射光偏振的取向和所测拉曼光的偏振方向有关。这些关系的测量能提供结晶结构和分子结构的大量资料，是本书随后各部分的重要分析内容。

诸如快速翻动的流体和气体这类完全无序的分子，可能在所有方向取向，而且各个方向概率相同。这类试样的拉曼散射光是每个分子散射的简单相加。与单晶相比，从无规取向分子的拉曼散射偏振获得的试样信息要少得多，但也仍然有用。不管分子如何取向，由球对称振动产生的偶极子与入射光偏振有相同的方向，因而这些分子的拉曼散射总是有与入射光相同的偏振。非对称振动的拉曼散射有着与分子取向有关的偏振。整个试样的拉曼散射是各个分子的相加，几乎是完全解偏振的。

前文已经指出，散射光的偏振方向可能会不同于入射光。也就是说，即使入射光是线偏振光，散射光也可能不再是线偏振光。为了描述这种偏振的变化情况，引入了物理量退偏振率(ρ)，定义如下：

$$\rho = I_{\perp} / I_{\parallel} \tag{1.5}$$

式中，$I_{\perp}$为偏振方向与入射光偏振方向垂直的拉曼散射强度；$I_{\parallel}$为偏振方向与入射光偏振方向平行的拉曼散射强度。

在90°散射几何时，无规取向分子的退偏振率在0～0.75。只有球对称振动分子才能达到限定值的最大值或最小值。例如，459 cm^{-1}附近的CCl_4对称伸缩振动的退偏振率小于0.005，而CCl_4其他拉曼峰的退偏振率非常接近0.75。对称程度较低的分子振动的退偏振率在0～0.75，而最为对称的振动的退偏振率最小。

1.4 拉曼峰的强度

拉曼峰的强度可从经典理论推算，考虑到量子力学修正，拉曼散射强度I_R可用下式表达：

$$I_{\mathrm{R}} = \frac{2^4 \pi^3}{45 \times 3^2 C^4} \times \frac{h I_{\mathrm{L}} N (\nu_0 - \nu)^4}{\mu \nu (1 - \mathrm{e}^{-h\nu/KT})} \left[45(\alpha_{\mathrm{a}}')^2 + 7(\gamma_{\mathrm{a}}')^2 \right] \tag{1.6}$$

式中，C 为光速；h 为普朗克常量；I_L 为激发光强度；N 为散射分子数；ν 为分子振动频率，以赫兹计；ν_0 为激光频率，以赫兹计；μ 为振动原子的折合质量；K 为玻尔兹曼常量；T 为绝对温度；α'_a 为极化率张量的平均值不变量；γ'_a 为极化率张量的有向性不变量。

式(1.6)指出，拉曼散射强度正比于被激发光照明的分子数。这是应用拉曼光谱术进行定量分析的基础。拉曼散射强度也正比于入射光强度和$(\nu_0-\nu)^4$，所以增强入射光的强度或使用较高频率(即较短的波长)的入射光能增强拉曼散射强度。有时式(1.6)中的分子振动频率以波数 ω 而不是频率 ν 来表示，即以 $c\omega$ 代替 ν。

拉曼散射强度表示成如下形式：

$$I_R=(I_L\sigma k)PC \tag{1.7}$$

式中，I_R 为所测量的拉曼散射强度，以每秒光子数计；I_L 为激光强度，以每秒光子数计；σ 为绝对拉曼散射截面[也称拉曼横截面(Raman cross-section)]，以 cm^2/分子计；k 为测量参数；P 为试样光路长度，以 cm 计；C 为浓度，以分子数/cm^3 计。常数 k 取决于各实验参数，例如，光学收集效率和拉曼光谱仪的光学透过率。拉曼散射截面有三种不同类型：绝对拉曼散射截面、绝对局部拉曼散射截面和相对拉曼散射截面。绝对拉曼散射截面(单位为 cm^2/分子)，包含分子的全部拉曼散射光。绝对局部拉曼散射截面(单位为 cm^2/分子球面度)，仅仅包含所测球面度的立体角分子的散射光，其值与观察角有关。相对拉曼散射截面没有单位，是某个分子与指定参照分子的绝对(或绝对局部)拉曼散射截面之比。常用的参照分子为氮(2329 cm^{-1} 峰)和苯(992 cm^{-1} 峰)。

聚集体中的各个单分子都受到来自聚集体其他各组分的作用力，而位于真空中的单分子则不受这种力的作用。这种力会改变拉曼峰的位置、峰宽度和散射截面。例如，大多数材料在液相中比在气相中有更大的散射截面。不过，一般地讲，只要试样不发生相变化或出现大的折射率变化，拉曼散射截面可认为是常数。

实际上，通常感兴趣试样的拉曼散射截面常常无从获得，一般难以进行计算。然而，拇指规则能给出拉曼散射强度的有用信息，据此已足以作出符合实际情况的估计。

仅考虑一个分子的对称性质及其一种振动，就有可能判定来自该振动的拉曼散射强度必定等于零，这种振动称为拉曼不活性的或禁戒的振动。非拉曼不活性的振动称为拉曼活性的或允许的振动。拉曼选择规则说明什么样的振动跃迁是允许的。对一种理想的分子振动，谐振的选择规则是 $\Delta\nu=\pm1$，式中，ν 为振动能级，振动非谐性产生弱拉曼峰，称为泛音，它扰乱了该选择规则。

分子对称性计算颇为必要，不过这些计算都可在有关的特性表格中查到。只要确定分子的对称性，就能从适当的表格中得知有关振动是允许的(活性的)还是禁戒的(不活性的)。振动光谱对称性的应用可参阅有关文献[4,5]。

对称性理论并不能给出拉曼活性振动散射光强度的大小。不过，仍然可以根据影响振动化学键偏振性和分子或化学键对称性的因素来估计相对拉曼散射强度。这些影响拉曼峰强度的因素大致有以下几项：①极性化学键的振动产生弱拉曼强度。强偶极矩使电子云限定在某个区域，使得光更难移动电子云。②伸缩振动通常比弯曲振动有更强的散射。③伸缩振动的拉曼强度随键级而增强。④拉曼强度随键连原子的原子序数的增大而增强。⑤对称振动比反对称振动有更强的拉曼散射。⑥晶体材料比非结晶材料有更强、更多的拉曼峰。

1.5　振动频率和旋转频率

可以将分子想象成由弹簧(化学键)连接点质量(原子核)的模型。按照经典物理简谐振动模型，由弹簧相连的两个点质量 m_1 和 m_2 的固有振动频率以波数 ω 表示为

$$\omega = \frac{1}{2\pi c}\left(\frac{k}{\mu_r}\right)^{1/2} \tag{1.8}$$

式中，c 为光速；k 为力常数；μ_r 为折合质量$[m_1m_2/(m_1+m_2)]$。该式没有考虑振动非谐性、相互作用力常数和各种量子效应，但在确定分子振动频率的趋向方面仍然是有用的。刚性化学键(即 k 值较大)有较高的振动频率。例如，以单键连接的两个碳原子，其振动频率比以双键连接的要低，而以三键连接的则有更高的振动频率。原子质量也对振动频率产生直接影响，原子质量越大，振动频率越低。

双原子分子的振动情况比较简单，因为它只有一个振动自由度。如氧分子只有简单的 O—O 键伸缩振动，它引起分子极化率的变化。由于分子不存在偶极，振动相对于中心又是对称的，因此不会有偶极矩的变化。这样，氧气只在拉曼光谱中有峰，而在红外光谱中不出现峰。不同原子组成的分子则稍有区别，如 NO 由于振动时既有偶极矩的变化，又有极化率的变化，所以在拉曼和红外光谱中都出现峰。

三原子分子的振动情况要复杂一些，它有三种振动模式：对称伸缩、弯曲或变形、不对称伸缩。图 1.4 是水和二氧化碳三种振动模式的示意图[1]。类似这种简单的模型已广泛地用于解释振动光谱。当然，实际上分子具有三维结构。分子振动时，覆盖整个分子的电子密度(电子云)在发生变化。图 1.5 显示了产生拉曼和红外活性振动的二氧化碳电子云模型。分子振动时，电子云会发生改变(如何变化取决于原子核位置的变化和振动的方式)，这将引起偶极矩或极化率的变化。在这种三原子分子中，对称伸缩引起大的极化率变化，因而有强拉曼散射。而由于这时只有很弱或没有偶极矩的变化，就只有很弱或没有红外吸收。形变模式引起偶极矩变化，而极化率几乎不变化，因而有强红外吸收，只有很弱或完全没有拉曼散射。

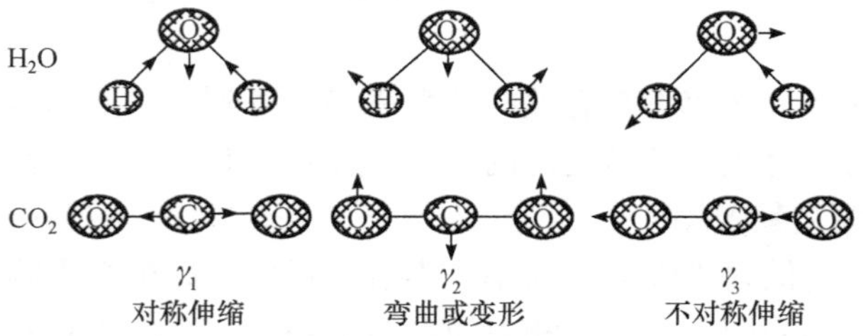

图 1.4　H_2O 和 CO_2 分子的三种振动模式

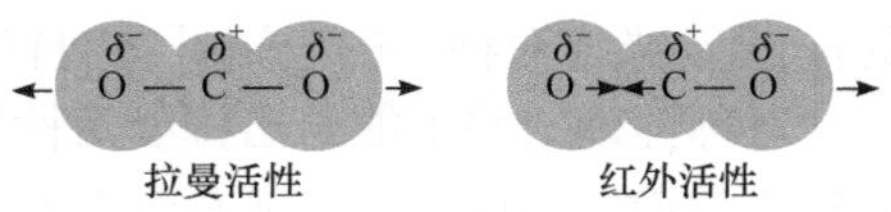

图 1.5　产生拉曼和红外活性振动的 CO_2 电子云模型

在分析拉曼光谱学中，通过计算得出分子的振动频率是可以做到的，但最通常使用的方法是进行实验测定，或从文献中查找，或根据相类似分子的光谱予以估计。

由 2 个或 3 个原子组成的小基团的振动频率通常几乎与分子的其他部分无关。这类频率中有许多被称为特征频率，并在许多拉曼光谱文献中列成表格[6,7]。分子的振动谱可以由每个基团振动频率的总和来构成。这样简单得到的振动谱没有考虑到其他重要的效应，如结晶体晶格振动，但对大部分拉曼光谱应用仍然是有用的。因为束缚原子小基团的特征频率与分子的其他部分并非完全无关，所以通常对每个基团给出的是一个频率范围，而不是一个单值。例如，由双键束缚在一起的两个碳原子的伸缩振动，在烷化乙烯中的特征频率在 1631～1680 cm^{-1} 范围内。

上述只考虑了分子振动引起的拉曼散射。实际上，分子转动也会引起拉曼散射。转动引起的拉曼峰可能来源于同一振动能级内转动能级之间的跃迁，则出现的是纯转动峰，也可能来源于不同振动能级间的跃迁，此为转动-振动峰。

大多数分子的转动峰只占有几个波数甚至更少的范围，转动峰的峰宽很窄，所以，由转动跃迁产生的微细结构通常观察不到。不过，小的双原子分子，尤其在气相状态下，常常显现出易于分辨的转动和转动-振动峰。例如，HF 和 HCl 的转动峰分别占有 42 cm^{-1} 和 21 cm^{-1} 的 x 坐标宽度。它们在气相状态，甚至在某些溶剂(如 SF_6)中，也可分辨出转动峰和转动-振动峰。

1.6　温度和压力对拉曼峰的影响

许多产品的制备和生产往往需要在高温和/或高压环境中操作，而且温度和压力常常是变化的。温度和压力会改变拉曼峰的高度、宽度、退偏振率和累计(或积分)面积。引起拉曼峰变化的原因有由温度和压力变化引起的与分析物成分和结构有关的因素，例如，化学平衡的偏离(这影响产物相对反应剂的比值、氢键和 pH 等)、密度的变化、相变和晶格扭曲等。也有与成分和结构无关的因素，如折射率的变化、振动和转动激发态分布的变化、振动非谐性的变化以及转动和振动持续时间的变化等。分析拉曼测量获得的数据，必须充分考虑上述因素对拉曼峰的影响。

温度和压力对化学平衡的影响是显而易见的。化学平衡的偏移将引起试样真实成分的变化,而成分的变化必定会导致试样拉曼光谱的变化。考察在 450℃时的下列平衡状态：

$$N_2 + 3H_2 \rightleftharpoons 2NH_3$$

当压力由 10 atm 增大到 50 atm 时，平衡状态向右偏移。所以，随着压力的增大，位于 3334 cm^{-1} 附近的 NH_3 拉曼峰的强度比分别位于 2329 cm^{-1} 和 4161 cm^{-1} 附近的 N_2 和 H_2 的拉曼峰强度增大得更快。液态水的氢键和非氢键之间的平衡是最常遇到的与温度相关的平衡状态之一。位于 3300～3400 cm^{-1} 范围内的水的拉曼峰形状对这种平衡非常敏感，以致拉曼光谱术可用来测定水的温度，其精确度达到±0.1℃。一般地讲，凡是涉及氢键和化学键的拉曼、红外或近红外光谱都对温度敏感。

振动非等效构象子之间的平衡与温度和压力都有关。观察到的拉曼光谱是各个构象子以其相对浓度作权重相加的总和。振动非等效构象子数量巨大，如液态正十二烷约有 10000 个，使得精确计算温度和压力对拉曼光谱的影响十分困难。

温度和压力引起的试样密度或相转变会导致拉曼光谱发生变化。试样密度的增大相当于在小体积内试样被分析物浓度的增大，而较高的试样浓度引起较强的拉曼信号。相同材料的不同相通常有很不同的拉曼光谱。例如，液态水的 O—H 伸缩振动位于约 3400 cm^{-1} 峰的中央，大约有 400 cm^{-1} 宽度，而水蒸气同一振动的拉曼峰则位于 3652 cm^{-1}，且宽度小于 1 cm^{-1}。拉曼光谱术也广泛地应用于测定固体材料的相转变[8-10]，应用实例可参阅第 3 章 3.7 节。拉曼光谱术提供了一个替代 X 射线衍射术测定相转变的选择。

施加于晶体上的不均匀压力将使晶格发生扭曲。这种扭曲改变了晶体的对称性，从而使拉曼光谱发生变化。例如，未受应力的硅晶体有 3 个不同的振动，它们有着精确相同的频率。不均匀的压力将使硅晶体发生扭曲，导致这些振动的频率相异。压力对硅晶体拉曼光谱的影响将在 4.7.5 节详细讨论。

温度和压力除引起试样结构和成分发生变化外，还对试样的许多其他特性有影响，这些也会使拉曼光谱发生变化。折射率是其中之一。通常通过局部场修正因子来换算拉曼峰强度，从而测定温度和压力引起的折射率变化对拉曼光谱的影响。试样微观环境的介电性质(折射率)影响累积拉曼散射强度。光引起的来自周围分子的偶极子共同产生一振荡电场，并作用于附近的分子，这种称为局部场的电场相加于入射光电场，增强了拉曼散射强度。在偶极矩不大时，对累积拉曼峰强度的局部场修正 L 由下式计算[11]：

$$L = (n_s / n_0)(n_s^2 + 2)^2 (n_0^2 + 2)^2 / 81 \tag{1.9}$$

式中，n_s 为拉曼散射光的折射率；n_0 为入射光的折射率。因为折射率与温度和压力都有关，局部场修正也必定与温度和压力都有关。如果要考虑大偶极矩对拉曼散射强度的影响，就需要作一附加修正，而且附加修正也与温度有关。此外，分子热运动引起局部场的脉动。这种脉动对退偏振率有小的但可测量的影响。对一个孤立的 CCl_4 分子的对称伸缩振动而言，其退偏振率等于 0。对液态 CCl_4 而言，考虑到局部场脉动，计算得到的退偏振率是 0.0021，与观测到的值相近。

试样温度的变化将导致振动和转动激发态数目的变化。因为从较高能量振动级发生的跃迁有较大的拉曼截面，所以温度升高将增强拉曼散射光的强度。玻尔兹曼分布[方程(1.1)]指出，升高温度将增大较高能级分子的浓度。决定拉曼散射强度的方程(1.6)中，与温度有关的部分用统计因子 S 来表示：

$$S = (1 - e^{-h\nu/KT})^{-1} = (1 - e^{-hc\omega/KT})^{-1} \tag{1.10}$$

该统计因子与温度的关系如图 1.6 所示。图中可见，较低频率振动的统计因子比较高频率振动随温度变化得更快，因而拉曼散射强度也变化得更快，这是因为振动能 $h\nu$ 比热能 KT 小。

由于分子振动的非谐性，压力的变化也影响拉曼光谱。当原子间平衡距离改变时，方程(1.8)中的化学键力常数 k 就发生变化，这是非谐行为，因为理想谐振动的力常数必须保持不变。力常数的变化使相应拉曼峰的频移发生变化。凝聚相试样压力的变化会改变原子间的平衡距离，也因而改变了拉曼峰频移。每千巴(kbar)压力(1 kbar 相当于 987 atm)引起的拉曼峰频移的偏移在 0.1～3 cm^{-1} 范围内，工业生产或实验室化学中的典型压力比该值要小得多，由压力引起的峰偏移常可忽略不计。在地质和高压研究中，这是非常重要的现象。高压拉曼光谱术可参阅有关文献[12]。

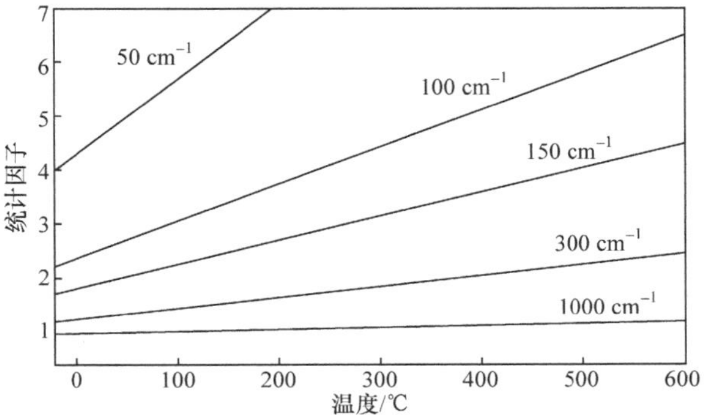

图 1.6　不同振动频率时统计因子随温度的变化

压力或温度的变化也通过改变转动持续时间影响拉曼光谱。转动持续时间实质上等于分子碰撞之间的时间。海森伯测不准原理指出：

$$\Delta\nu\Delta T = 常数$$

式中，$\Delta\nu$ 为频率测不准或峰宽；ΔT 为时间测不准或能级持续时间。常数的值取决于测不准单位，如均方根误差或离散等。可见，通过增大压力或升高温度使分子碰撞率增大，将导致拉曼峰变宽。可以观测到，在气相中转动峰的宽度总是小于转动峰间隔，所以转动峰能清楚地得到分辨。然而，液相密度要比气相大 1000 倍，故液体的转动峰宽度大于转动峰间隔，使转动峰合并成单一的宽峰。除持续时间引起的峰变宽外，根据玻尔兹曼方程(1.1)，温度升高还增大了高转动能级相对于低转动能级的浓度，这导致未能分辨的转动振动光谱结构宽化。

压力和温度对固体拉曼光谱的影响已有大量实验研究，有兴趣的读者可参阅相关文献[12-14]。

1.7　定量分析和定性分析

分析拉曼光谱的目标是测得有关试样的信息。这些要探测的信息主要包括元素、成分、分子取向和结晶形状以及试样的应力和应变状态。这些信息隐含在拉曼光谱各拉曼峰的高度、宽度、面积、位置(频移)和形状中。分析内容通常包含三部分：确定拉曼光谱中含有欲测信息部分的光谱；将有用的拉曼信号从拉曼光谱的其他部分(噪声)中分离出来；确定将拉曼信号与欲测试样信息间相联系的数学关系(或化学计量学关系)。分析拉曼光谱术还有一个同等重要的问题，即拉曼光谱仪器与试样的对接(或称界面)。拉曼分析通常是非破坏性的，并且不要求做试样预处理，与试样也不做物理接触。这种很容易、很方便的与试样对接的界面方式是拉曼光谱术优于其他分析方法最重要的特点之一。

凝聚相试样拉曼光谱的峰通常宽 5～20 cm^{-1}，位于 100～4000 cm^{-1}之间。所以，在一个拉曼光谱中可能有多达几百个可以分辨的拉曼峰。气相拉曼峰比较窄，在气相拉曼光谱中有更多易于分辨的拉曼峰。试样信息不仅可以从峰频移获得，也可从峰形状和峰强度获得。显然，一幅拉曼光谱图包含着大量可分析出来的试样信息。

1.7.1 定量分析

应用拉曼光谱术作定量分析的基础是测得的分析物拉曼峰强度与分析物浓度间有线性比例关系。分析物拉曼峰面积(累积强度)与分析物浓度的关系曲线通常是一条直线。这种曲线称为标定曲线。通常对标定曲线应用最小二乘法拟合以建立一方程式，据此从拉曼峰面积计算得到分析物浓度。

影响拉曼峰面积或峰高度的因素不仅有分析物浓度，还有其他因素，如试样的透明程度和插入收集光系统的薄膜。所以，几乎所有拉曼定量分析方法在建立标定曲线之前都使用某种类型的内标，以修正这些因素对拉曼峰面积或峰高度的影响。有时候，当分析物浓度变化时，试样中所有成分的浓度也发生变化，这种情况下可使用试样所有成分的总和作为内标。

分析物拉曼峰有时会与其他拉曼峰相重叠，所测定的分析物拉曼峰面积可能包含其他峰面积的全部或一部分。如果分析物浓度变化时，其他拉曼峰的形状或面积不发生变化，那么它们对分析物拉曼峰面积的贡献是不变的。最终的标定曲线仍然呈线性，分析物浓度的测定可照常进行。若其他峰的面积或高度发生变化，它们对分析物峰面积的贡献就不是常量，标定曲线就失去了其标定功能。

有几种方法可以减除其他拉曼峰对所测分析物拉曼峰面积的影响。例如，峰高度测量对部分峰重叠的敏感性比峰面积测量要小。若分析物峰形状不随浓度而变化，其峰面积就正比于峰高度。这样峰高度相对分析物浓度的标定曲线是线性的，可用于分析待测物浓度。虽然峰高度标定对峰重叠引起的偏差比较不敏感，但其精确度较低，这是因为对峰高度所测量的光子数比峰面积要少得多。拉曼光谱的数学调匀可使峰高测定含有更多的光子。在最好的调匀情况下，调匀峰的高度测量能基本上等效于峰面积的测量。

多元材料的重要性质通常由许多组成成分的联合贡献所决定。这类材料的拉曼光谱可能包含这些性质的信息，但是只对个别峰的测量是不够的，即使这个峰在光谱中是独立的，不与其他峰有任何交叠。为了测定某些感兴趣的性质，综合考虑一些峰的峰面积、形状或频移是必要的。先进的化学计量方法，如偏最小二乘法(PLS)，能够鉴别出哪些多元交叠的光谱区域最适用于测定所感兴趣的试样性质。这种方法的详细内容可参阅有关文献[15,16]。

市场上可购得用于分析光谱结构的计算机软件，这使得分析人员不必将其注意力过多地放在数学处理方法上。

1.7.2 定性分析

拉曼光谱术也是定性分析的强有力工具。拉曼光谱常包含许多确定的能分辨的拉曼峰，所以原则上应用拉曼光谱分析可以区分各种各样的试样。不过，所有可能的纯净材料及其混合物的数量是无穷尽的，仅有少量的简单分子及其混合物的拉曼光谱在与其他试样的光谱相比时，能轻易地区分出来。所以，定性分析必须做的一个工作是根据测得的拉曼光谱判定出可能的材料和混合物，限定这些可能物的数量。这一工作的完成需要应用试样的许多其他信息，如试样的来源和经历，其是否为混合物，它的物理性质和外貌以及从其他技术得到的资料，专业的分析人员通常在开始做拉曼测试和分析之前就收集了试样的这些信息。

定性分析可以经人工分析确定，也可用光谱数据库搜索测定。

用拉曼光谱术做试样鉴别的人工分析如同做侦察工作，从拉曼光谱中得到某些线索并与试样的其他资料相联系。拉曼峰位置表明某种基团的存在，相对峰高表明试样中不同基团的相对数量，基团峰位置的偏移则可能源于近旁基团的影响或某些类型的异构化。红外吸收光谱常用来与拉曼光谱作比对。一旦对试样鉴别有了确定的设想，通常分析人员会找到这种材料或类似材料的确切拉曼光谱，以便作进一步证实。

拉曼光谱的人工定性分析是一项很费时间的工作，通常要求分析人员有丰富的经验和技巧。目前，自动进行定性分析过程的方法已得到普遍应用，它就是光谱数据库搜索。一种被称为搜索引擎的计算机程序能自动地将未知材料的拉曼光谱与大量已知试样的拉曼光谱(光谱数据库)相比对。计算机会指出一个或几个已知试样，其拉曼光谱与未知试样光谱最接近，这个或这几个已知试样就可能与未知试样有相同的材料，而且能给出一个数字(符合指数)以定量表明光谱的相符程度。

如果光谱数据库只包含可能是未知试样的所有材料的光谱，而不包含多余的其他更多光谱，那么光谱数据库搜索效率最高。材料鉴别的确认通常使用一小型数据库自动进行，因为专用小型数据库的应用使搜索效率更高。当然，对于一般用途的定性分析，通常使用大型数据库，因为它能分析大范围的未知试样。

1.8　拉曼光谱的噪声及其减除方法

从拉曼光谱中获取的信息的可靠性不仅与拉曼信号的强度有关，还依赖于噪声的强度，拉曼信号强度相对于噪声强度的比值称为信号噪声比(信噪比)，是描述拉曼光谱质量的一个重要参数。从拉曼光谱中获取的信息的精确度常常线性地随信噪比的增大而增加。所以，好的拉曼光谱术不仅使拉曼信号强度达到最大，而且使噪声达到最小。充分了解拉曼光谱的噪声是很重要的，不仅有利于设计合适的分析方法以尽可能减小噪声，而且也明了噪声如何影响从拉曼光谱获得的信息。

光谱中的峰是信号还是噪声取决于分析的对象或目的。例如，溶剂的拉曼峰在某种分析中是所希望得到的信号，而在另外的分析中则可能是一种对有用信号的干扰。通常明显无规的强度脉动被认为是噪声，但是有时也包含有用信息的信号。例如，在应用交互作用的动力学测定和应用发射噪声(shot noise)的 CCD 增益测定时，噪声就是分析的主要对象。为清楚起见，对信号和噪声作如下定义：噪声是指光谱中的某些谱线，有用信息不能从中取得；而信号是光谱中能获取有用信息的那些谱线。

噪声通常可分为两类：固定的和无规的。固定的噪声在每次测得的光谱中都是相同的。固定的噪声如同信号一样，随相加在一起的重复光谱的数目(即扫描次数)线性增强。无规的噪声则随相加在一起的重复光谱的数目的增大而增强得比较慢。所以，如果噪声是无规的，增加重复光谱数目能改善信噪比，而如果噪声是固定的，则信噪比保持不变。若大数量重复光谱相加在一起，固定的噪声就成为主要噪声来源。有时还存在第三种类型的噪声，即非无规噪声，漂移是这类噪声的一种。另外，与温度循环变化引起的灵敏度的周期性变化有关的噪声也属于这一类型。

拉曼光谱术常遇到的最重要的噪声来源有发射噪声、仪器噪声和背景光。在波长小于 1000 nm 的拉曼测量中，发射噪声是最主要的噪声。仪器噪声主要取决于拉曼光谱仪的设计，而背景光总是拉曼光谱术的潜在问题，因为拉曼强度很弱。

1.8.1　发射噪声

发射噪声来源于光本身的统计特性。如果以每秒光子数来表示的光强度用性能完善的无噪声探测器来重复测量，那么检测到的光子数的标准偏差等于光子数的平方根。例如，一拉曼峰可能有每秒 10000 个检测到的光子数峰强度，这意味着 1 s 的测量就会得到 10000 个光子，其标准偏差是 100 个光子，相应的峰强度误差为±1%。4 s 的测量会得到 40000 个光子，标准偏差为 200 个光子，相应的峰强度误差为±0.5%。发射噪声一般是色散型拉曼光谱术的最大噪声来源，而在傅里叶变换拉曼光谱术中，探测器噪声通常比发射噪声大得多。

1.8.2　荧光和磷光

背景光可能源自试样、试样容器和试样周围的环境。原则上背景光可以从拉曼光谱中减除。然而，减除后，源自总信号(包括被减除部分)的发射噪声、不完善减除的残留部分和某些类型的固定噪声仍然保留着，并干扰对拉曼信号的分析。当背景光强度特别强时，背景光减除后的残留部分甚至会完全遮盖拉曼光谱。成功的实验设计将使背景光强度降低到最小。

荧光是背景光中最受关注的一种。由激光引起的荧光是拉曼光谱术中最普遍的背景光来源。荧光光谱外观通常比拉曼峰要宽得多，看起来就像拉曼光谱缓慢变化的基线。图 1.7(a)是荧光发射过程的能级示意图。试样吸收一个光子受激进入第一激发单一态。由于分子不存在不成对电子，单一态的净自旋角动量为零。试样将迅速衰退到第一激发单一态的最低振动能级。短时间(典型的为 1～10 ns)后，试样发射一荧光光子衰退回到基态。

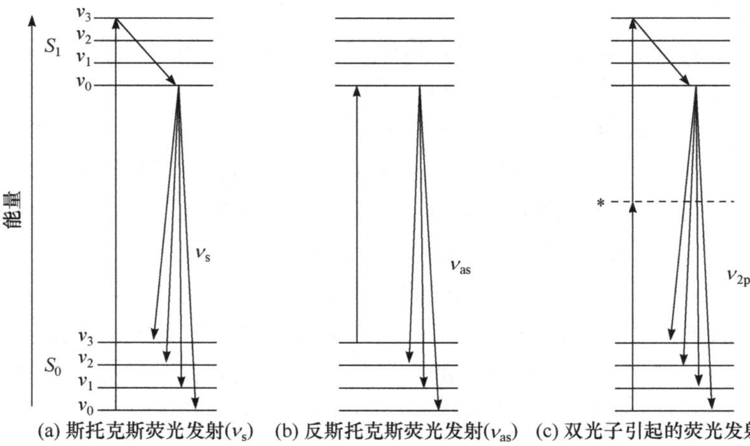

(a) 斯托克斯荧光发射(ν_s)　(b) 反斯托克斯荧光发射(ν_{as})　(c) 双光子引起的荧光发射(ν_{2p})

图 1.7　荧光发射过程能级示意图

在这种情况下，荧光光子的能量比激发光子小。荧光没有拉曼散射所具备的转动和振动选择定则。荧光的选择定则是跃迁，并不改变分子的净自旋角动量。

与普遍认可的拉曼散射情况相反，荧光光子的能量可大于激发光子的能量，而且这种情况是普遍出现的。图 1.7(b)显示，一处于振动激发态的分子吸收激发光子后由第一激发单一态衰退到基态的较低振动能级。在这种情况下，发射光子吸收试样的振动能以产生荧光光子。这种类型的荧光称为反斯托克斯荧光。重金属氟化物玻璃的反斯托克斯荧光甚至能使试样产生很大的冷却效果。图 1.7(c)显示了反斯托克斯荧光的第二种机制，这时有两个光子产生激发态。两个光子的吸收可能是同时的，中间态是虚的；也可能是依次吸收，中间态是稳定的量子力学态。两个光子依次吸收的反斯托克斯荧光已可应用于制作强反斯托克斯激光。一般地，依次吸收两个光子激发反斯托克斯荧光只在掺杂稀土金属的特殊材料中发生，所以这种效应很少在拉曼测量中产生背景强度。荧光发射光谱对怎样产生激发单一态并不敏感。所以，通过考察发射波长是否随激发波长的改变而变化，能够区分是荧光还是拉曼散射。

大多数材料并没有很强烈的荧光。然而，有些材料强烈吸收光子，并且几乎将每个吸收的光子转换成荧光光子。它们的荧光截面可能比典型的拉曼横截面大 10^{10} 倍。即使这种物质的浓度很低，它产生的荧光背景也会比整体材料产生的拉曼光谱更强。试样中这种痕量杂质的成分和浓度往往是未知的，所以未知试样荧光背景的大小必须由实验测定。不管怎样，在考虑或发展一种拉曼分析方法时，了解在什么条件下引起荧光和怎样降低荧光是十分必要的。

通常在有机分子中发现的简单发色团，如羰基、乙烯基或硝基基团，在紫外光谱区域吸收光子，而不在通常激发拉曼光谱的可见和近红外光谱区吸收光子。两个或更多的这种发色团的联合增强了 π 电子系统并使吸收向较长的波长方向偏移。π 电子系统内的非键合电子基团，如氨基、羟基或硫氢基，也使光吸收向较长的波长方向偏移。一般为了使吸收极大偏移到 350 nm 附近，至少需要 4～5 个耦合基团。吸收范围的长波长端通常会延伸到可见光区，这时以蓝或绿光激发会有十分强烈的荧光背景。吸收范围向更长的波长偏移要求有更多的耦合基团。作为一般的规律，通常遇到的材料中，能够以吸收光子产生电子激发态的那些材料所占的百分比随波长的增大而减小。这是近红外拉曼光谱术与可见光拉曼光谱术相比，前者在荧光背景方面遇到困难较少的原因之一。

能够从电子激发态回到基态有许多机制，荧光只是其中之一。其他机制中的大多数是非辐射的，也就是它们不发光。产生荧光的电子激发态所占百分比取决于荧光机制与其他机制的竞争。对大多数有机分子而言，引起分子破坏的化学反应是一个重要的非辐射机制。虽然这种机制可能有很低的概率，但它是不可逆的，所以它最终将破坏荧光分子并消除荧光背景。在实验室进行拉曼测量时，常常无意或有意在数据测定开始前用激光对试样照射一定时间，时间长短不一，可为几秒甚至几小时。在这一照射过程中，由于荧光分子的破坏，荧光背景减弱了，有时是显著减弱，这个过程称为光脱色(photobleaching)。对于非实验室的在线测量，光脱色是无效的，因为试样是移动着的，在光脱色尚未达到有效效果时，新的荧光材料已经取代了原来被照射的部分。所以，许多在实验室成功的拉曼分析，往往在在线分析时由于强荧光背景而失败。

若试样发射的荧光不在拉曼光谱范围内，荧光对拉曼光谱的分析就没有影响。激发光子的部分能量由于振动衰退而转换成热能。如果耗费在热能上的能量大于拉曼光谱最大频移的能量，荧光就会由于波长太长(荧光能量太小)而不出现在拉曼光谱中。由波长小于 240 nm 的激发光获得的拉曼光谱没有大的荧光背景，这是其部分原因。

专门的荧光光谱研究汇编很少，多数荧光光谱常在其他领域作为研究结果额外获得的资料发表。人们已经了解到，有些杂质常引起材料拉曼光谱中强烈的荧光背景，这些杂质常被称为荧光杂质。例如，在生物系统中的荧光杂质有核黄素、卟啉和色氨酸的降解产物，而在合成聚合物中，抗氧剂、紫外防护剂和颜料是最常见的荧光来源。在固体无机物中，过渡金属元素是近红外荧光背景的来源。

有许多方法可用于削弱拉曼光谱中的荧光背景[17-20]。减小或消除荧光背景最成功的方法是选择使用适当波长的拉曼激发光。对于这种波长的激发光，它不被荧光材料所吸收，因而不发射荧光，或者仅仅产生拉曼光谱范围以外的荧光。最常用的是近红外光或紫外光激发。对试样做某些预处理有时也是有效的，例如，对试样进行高温氧化以破坏荧光材料，又如，试样净化也是一种有效的方法。

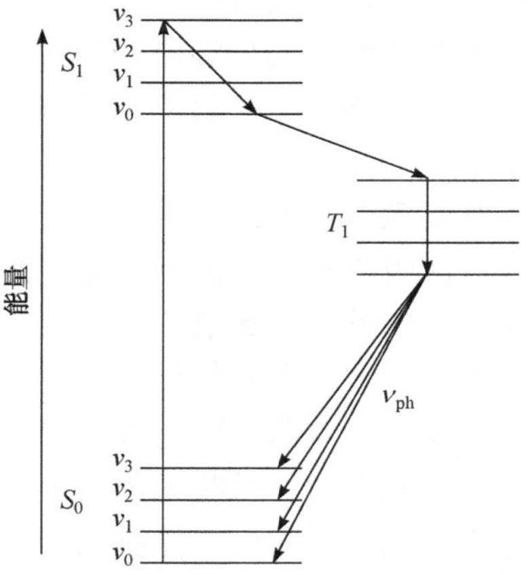

图 1.8　磷光发射过程的能级示意图

像荧光一样，磷光发射过程也在拉曼光谱中产生像光谱一样的宽阔的背景。图 1.8 是磷光发射过程的能级示意图。与荧光不同，磷光发生在从三重激发态向单一电子基态的跃迁。典型的磷光辐射持续时间比荧光长得多，从几毫秒到几秒。在液相中，磷光是很弱的。对于固态相，磷光有时能获取几乎所有的吸收光子。

当过渡金属元素替换进入非发光材料时，常产生荧光或磷光。这时，普通的金属离子杂质会在拉曼光谱中产生背景强度。例如，Mn^{2+}掺入 $CaCO_3$ 会在 580～700 nm 段产生很宽的发射，而且在 10～20 ppm① Mn^{2+}含量时就可检测到。这种发射能以绿光激发，并在以绿光激发的拉曼光谱中产生很宽的背景。纯氧化铝(Al_2O_3)是不发射荧光或磷光的，但仅 10 ppm 的 Cr^{3+}的掺入就会在 694 nm 处产生强烈的发射。更高浓度的 Cr^{3+}会在 700～850 nm 范围内出现很宽的发射。掺 Cr^{3+}的氧化铝产生很尖锐的荧光峰，而且峰位置对材料应力/应变状态十分敏感[21]。这一物理现象已成功地应用于材料微观力学研究，并且对这一领域的发展作出了杰出贡献[22-25]。Al_2O_3 中掺入 300 ppm 的 Fe^{3+}会发生宽背景发射，这种背景甚至会遮盖以 514.5 nm、632.8 nm 或 1064 nm 波长的光激发的拉曼光谱。一般在四边体配位中的 Fe^{3+}发射范围为 700～750 nm，而在八面体配位中的 Fe^{3+}发射范围为 900～1000 nm。

① 1 ppm=10^{-6}。

1.8.3　黑体辐射

黑体辐射是光谱宽背景信号的另一个可能来源，它是由于温度高于绝对零度才发生的辐射。黑体辐射的累积强度随绝对温度的 4 次方而增加。物体发出的黑体辐射光谱遵循普朗克定律：

$$L(T,\omega)\mathrm{d}\omega = \frac{2\times10^6 c\varepsilon\omega^2}{\exp\left(1.438\dfrac{\omega}{T}\right)-1}\mathrm{d}\omega \tag{1.11}$$

式中，$L(T,\omega)$ 为试样的光子辐射密度，单位为光子/(s · m^2 · 波数 · 球面度)；ω 为频率，单位为绝对波数；c 为光速；ε 为比辐射，无量纲，随 T 和 ω 变化；T 为绝对温度，单位为 K。黑体辐射光谱的形状常呈宽而无特征的曲线，在$(2.898\times10^6/T)$nm 处有一极大强度。室温(25℃)下极大黑体辐射强度位于 9700 nm 的中红外区，其强度在拉曼光谱术所用的区域(波长小于约 1700 nm)很小，可忽略不计。在 140℃时，黑体辐射极大强度偏移到 7020 nm 处，其短波长尾部的强度比由 1064 nm 激光激发的位于 3000 cm^{-1} 的斯托克斯拉曼峰还要强。温度继续升高，黑体强度的起始点也继续向短波长方向移动，如图 1.9 所示[26]。图 1.9 显示了不同温度下的黑体辐射光谱。纵坐标单位为 10^5 光子/(s · mm^2 · 波数 · 球面角)。图中显示的极大值，大致相当于用傅里叶变换拉曼光谱仪以 200mW 激光激发无规聚苯乙烯无环 C—H 伸缩振动拉曼强度的 4 倍。图 1.9 上方显示的是拉曼光谱术的频移范围。很明显，减小拉曼光谱中黑体辐射背景的一种方法是使用较短波长的激发光。

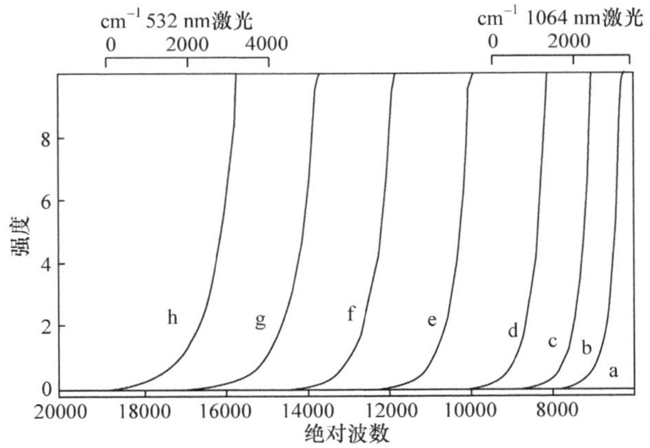

图 1.9　不同温度下的黑体辐射光谱

a. 25℃；b. 100℃；c. 140℃；d. 200℃；e. 300℃；f. 400℃；g. 500℃；h. 600℃

试样的黑体辐射可能源于加热的整个试样，也可能源于激发拉曼散射的激光对试样的局部加热区域。在整个试样被加热时，若使拉曼光谱仪的入射光对试样照射面积达到最小，就能最大限度地减小拉曼光谱中的黑体辐射强度。只要所有激光光线都落在所观察的试样面积上，就不会损失拉曼强度。扩大激光对试样的照射面积是减小激光局部加热引起的黑体辐射强度最有效和方便的方法。增大照射面积能降低激光功率密度，也因而降低了试样分析区域的温度。

还有一些其他常用的方法可降低拉曼光谱范围内的黑体辐射强度。试样对激光的吸收有时是由试样表面的污染物引起的。清除或不照射这种污染物能降低黑体强度。降低激光功率的同时将降低由激光加热引起的黑体辐射强度和拉曼信号强度，但前者比后者要降低得多得多，所以激光功率的减小将增大拉曼强度与黑体辐射强度的比值。冷却试样也是减小黑体辐射强度的方法。连续移动试样能将激光引起的热量分散，能降低温度并因此降低黑体辐射强度。使用脉冲激光的闸门式检测能有效减小黑体辐射强度。这时，将激光照射的小段时间作为拉曼测量时间，而在激光关闭的时段并不检测来自试样的光。激光波长的适当选择也是一种有效的方法，所用激光波长与试样的吸收峰不发生任何交叠，能降低激光引起的试样升温并因此降低黑体辐射强度。

黑体辐射不仅来自试样，也可能来自周围环境。最常遇到的是白炽灯光线。拉曼光谱中这种背景强度的消除只要关闭白炽灯或作适当遮盖就很有效。

1.8.4 其他背景光

有许多背景光有着尖锐的峰形。如果不在拉曼收集光学系统中将其排除，它们就会叠加在试样的拉曼光谱上。室内荧光灯是这类背景噪声最常见的来源。荧光灯的灯光实际上是荧光物质在氩气气氛中的汞放电所产生的。荧光物质有效地将紫外汞线转换成宽光谱又无特征峰的白光，但是它也发射了可见的原子汞光谱线、近红外原子氩光谱线和原子汞的 1013.975 nm 线。这些谱线可能出现在拉曼光谱中，成为尖锐峰形的背景噪声。仪器设备中的指示灯通常是氖光灯，这也是近红外原子谱线的来源。此外，太阳光线也含有丰富的这类谱线。

光谱尖锐的背景光也可能来自试样本身。溶液中溶剂的拉曼光谱在分析中往往用处不大，但它常常将溶质的光谱遮盖一部分。因为溶剂的浓度通常比溶质大得多，所以，即使溶剂的拉曼峰很弱，也会在溶质的拉曼光谱中占有很大的比例。纯净水的拉曼光谱强度很弱，而且在低于约 3000 cm^{-1} 频移后是宽光谱，这使得水在拉曼光谱术中是极好的溶剂。尖锐背景也来自试样中的杂质。在杂质的拉曼光谱被一吸收峰共振增强时会出现这种情况。共振增强能使拉曼散射截面极大地增大，这种效应将在第 2 章中描述。

参 考 文 献

[1] Pelletier M J. Analytical Application of Raman Spectroscopy. New York: Blackwell Science, 1999.

[2] 张树霖. 拉曼光谱学及其在纳米结构中的应用(上册)——拉曼光谱学基础. 许应英，译. 北京：北京大学出版社, 2017.

[3] Smith E, Dent G. Modern Raman Spectroscopy: A Practical Approach. New York: John Wiley and Sons, 2005.

[4] Schrader B. General survey of vibrational spectroscopy//Schrader B. Infrared and Raman Spectroscopy Method and Applications. Weinheim: VCH, 1995.

[5] Carter R L. Molecular Symmetry and Group Theory. New York: Wiley Interscience, 1998.

[6] Lin Vien D, Colthup N B, Fateley W G, et al. The Handbook of Infrared and Raman Characteristic Frequencies of Organic Molecules. Boston: Academic Press, 1991.

[7] Nyquist R A, Putzig C L, Leugers M A. Infrared and Raman Spectral Atlas of Inorganic Compounds and

Organic Salts: Raman spectra. San Diego Tokyo : Academic Press, 1997.
[8] Harju M E E. Solid-state transition mechanisms of ammonium nitrate phases Ⅳ, Ⅲ, and Ⅱ investigated by simultaneous Raman spectrometer and differential scanning calorimetry. Applied Spectroscopy, 1993, 47(11): 1926-1930.
[9] Chang H, Huang P J. Thermal decomposition of $CaC_2O_4 \cdot H_2O$ studied by thermo-Raman spectroscopy with TGA/DTA. Analytical Chemistry, 1997, 69(8): 1485-1491.
[10] Sprunt J C, Jayasooriya U A. Simultaneous FT-Raman differential scanning calorimetry measurements using low-cost fiber-optic probe. Applied Spectroscopy, 1997, 51(9): 1410-1414.
[11] Eckhardt G, Wagner W G. On the calculation of absolute Raman scattering cross sections from Raman scattering coefficients. Journal Molecular Spectroscopy, 1966, 19(1-4): 407-411.
[12] Ferraro J R. Vibrational Spectroscopy at High External Pressures: The Diamond Anvil Cell. New York: Academic Press, 1984: 247-259.
[13] Mernagh T P, Lui L G. Temperature dependence of Raman spectra of the quartz- and rutile-type of GeO_2. Physics and Chemistry of Minerals, 1997, 24: 7-16.
[14] Gillet P, Biellmann C, Reynard B, et al. Raman spectroscopic studies of carbonates. Part 1: High-pressure and high temperature behavior of calcite, magnesite, dolomite and aragonite. Physics and Chemistry of Minerals, 1993, 20: 1-18.
[15] Workman J J, Mobley P R, Kowalski B R, et al. Review of Chemometrics Applied to Spectroscopy: 1985-95, Part 1. Applied Spectroscopy Review, 1996, 31(1-2): 73-124.
[16] Mobley P R, Kowalski B R, Workman J J, et al. Review of chemometrics applied to spectroscopy: 1985-95, Part 1. Applied Spectroscopy Review, 1996, 31: 347.
[17] Asher S. UV resonance Raman spectroscopy for analytical, physical and biophysical chemistry. Analytical Chemistry, 1993, 65(2): 59A-66A.
[18] Hendra P, Jones C, Warnes G. Fourier Transform Raman Spectroscopy: Instrumentation and Chemical Applications. New York: Ellis Horwood, 1991.
[19] Chase D B, Rabolt J F. Fourier Transform Raman Spectroscopy: From Concept to Experiment. New York: Academic Press, 1994.
[20] Shreve A P, Cherepy N J, Mathies R A. Effect rejection of fluorescence interference in Raman spectroscopy using a shifted excitation difference technique. Applied Spectroscopy, 1992, 46(4): 707-711.
[21] Schawlow A L. Fine Structures and Properties of Chromium Fluorescence in Alumina and Magnesium Oxide // Singer J R. Advances in Quantum Electronic. Columbia University Press, 1960.
[22] 杨序纲, 王依民. 氧化铝纤维的结构和力学性能. 材料研究学报, 1996, 10(6): 628-632.
[23] Yang X, Young R J. Determination of residual strains in ceramic fiber reinforced composites using fluorescence spectroscopy. Acta Metallurgica et Materialia, 1995, 43(6): 2407-2416.
[24] Mahion H, Beakou A. Investigation into stress transfer characteristics in alumina-fiber/epoxy model composites through the use of fluorescence spectroscopy. Journal of Materials Science, 1999, 34(24): 6069-6080.
[25] Sinclar R, Martin R N S. Determination of the axial and radial fibre stress distributions for the Broutman test. Composites Science and Technology, 2004, 64(2): 181-189.
[26] Bennett R. Applications of a modulated laser for FT-Raman spectroscopy-1. Removal of thermal backgrounds. Spectrochimica Acta Part A: Molecular Spectroscopy, 1994, 50(11): 1813-1823.

第 2 章　拉曼光谱仪器学和主要技术

2.1　引　　言

21 世纪以来，拉曼光谱术在各个领域的广泛应用得到快速发展，除其本身特有的杰出功能，如能获得许多其他测试方法难以获取的信息、无损和非接触检测、几乎无需试样制备和适用于各种物理状态的试样外，主要归功于适用于拉曼光谱术的激光、探测器、计算机数据处理技术以及光谱仪仪器本身取得的引人注目的进展。仪器生产商将这些进展迅速地应用于拉曼光谱仪，从而生产出高性能、易于操作和适用于各种不同使用环境而价格又相对低廉的仪器。目前市场上能方便地购买到各种类型的适用于不同使用要求的设备，从实验室高性能和多用途的研究型仪器，到用于工业生产线工艺参数控制和产品质量检测的专用而简易的装置。

简言之，一台拉曼光谱仪主要需要做到两点，一是阻挡瑞利散射光和其他杂散光进入探测器；二是将拉曼散射光分散成组成它的各个频率(波段)，并使其入射于探测器。后一要求的理由是显而易见的，而对于前者主要是因为与拉曼散射光相比，瑞利散射光的强度通常高达 10^9。如此高强度的光束若未经衰减或阻挡而进入探测器，将会完全或部分地遮盖拉曼光谱。

对拉曼光谱仪的一般要求是最大限度地探测到来自试样的拉曼散射光，有较高的或合适的光谱分辨率和频移精度、合适的光谱范围，快速获得资料以及操作简便。

为达到上述要求，不论何种类型仪器都必须配置激发光源、光学系统、分光仪、探测器和计算机处理系统，并以它们的最佳组合满足使用者的要求。图 2.1 显示了一台拉曼光谱仪的结构示意图。

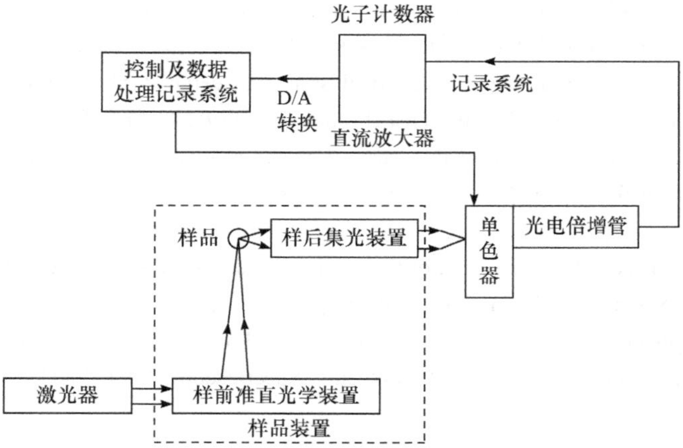

图 2.1　拉曼光谱仪的结构示意图

实际上，直到 20 世纪 90 年代，许多拉曼光谱实验室还都购买了各种合适的组件自行装配拉曼光谱仪。图 2.2 是英国曼彻斯特材料科学中心(Manchester Materials Science Centre)自行组装的一台显微拉曼光谱仪的照片。该装置主要用于材料微观力学研究，尤其在复合材料的界面行为研究领域作出了重大贡献。一台现代拉曼光谱仪的外观显示图见图 2.3。

图 2.2 英国曼彻斯特材料科学中心自行装配的显微拉曼光谱仪

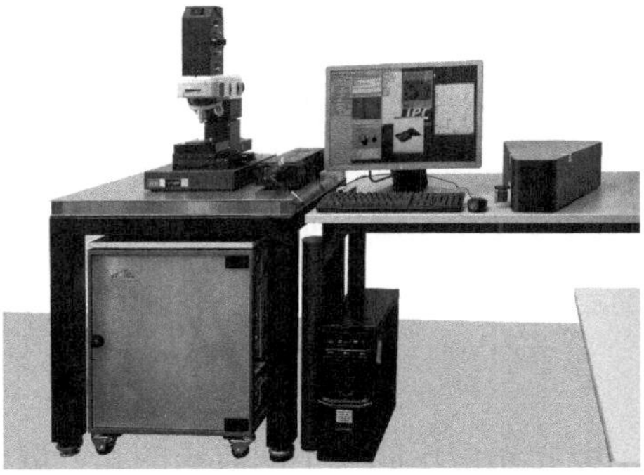

图 2.3 一台现代拉曼光谱仪的外观(德国 WITec 公司，型号：alpha300)

本章以下各节将简要阐述仪器的各个主要组成部分。部件详细结构和性能已超出本书范围，对此感兴趣的读者可参阅相关文献[1,2]。

为了满足各研究和应用领域对拉曼光谱测试工作的不同需求，一个能正常工作的实验室除了具备性能完备的仪器外，还要求研究人员熟知适用于不同场合的各种拉曼光谱术，例如，对物质微观结构和性能的研究需要使用能获得高空间分辨能力的显微拉曼光谱术，适用于远距离测试的纤维光学拉曼光谱术，用于需要增强试样拉曼信号的各种拉曼光谱增强技术。这些主要技术的阐述也包含在本章内容中。

按照仪器将来自试样的拉曼散射光随频移分散开的方式不同，可将拉曼光谱仪分为三种类型，即滤光器型、分光光谱仪型和迈克耳孙干涉仪型。

2.2 滤光器型拉曼光谱仪

最简单的拉曼光谱仪由单色光源、一个仅能通过单一波长拉曼光的滤光器和一光学探测器组成。拉曼本人就是使用这种类型的仪器发现了拉曼散射。他用经过彩色玻璃滤光的太阳光作为单色光源照射试样，用颜色不同的彩色玻璃通过拉曼光，而他的眼睛相当于探测器。现今，人们以激光作为激发光源，使用品质优良的滤光器和探测器用来检测拉曼光波。这种结构简单的仪器可以制作得很小，而且价格低廉。它对给定波长拉曼光波的光通量能与其他任何类型的光谱仪一样高甚至更高。然而，单滤光器拉曼光谱仪的使用有其局限性，它仅能检测到拉曼光谱的一个波长(实际上是一个很窄的波段)。

多滤光器拉曼光谱仪克服了仅能检测单波长拉曼光谱的限制而又能保留其他优点。以这类拉曼光谱仪制成的呼吸气体分析仪已在市场上流行多年，它能在 0.2 s 内同时测得

6 种气体的浓度且精确度达到 0.1%。当然，对于固体和液体试样，6 个拉曼波长常常是不够的。

使用可变波长滤光器可以检测到更多个波长的光波。依次检测相邻频移的拉曼强度就可获得某一波段，甚至整个波段的拉曼光谱。有许多类型的可变波长滤光器可用于拉曼光谱仪，其中最普遍使用的是扫描单色仪。单色仪的突出优点是有很高的光谱分辨率。用于单色仪的其他类型可变波长滤光器还有声光可调谐滤光器、双折射滤光器和干涉滤光器等。

滤光器型拉曼光谱仪阻挡了来自试样的绝大部分拉曼散射，只有很狭窄的光谱段进入探测器。对于大多数材料，这意味着绝大部分拉曼散射光波不能得到分析和应用。下节所述的分光光谱仪能克服这个缺点。

2.3 分光光谱仪型拉曼光谱仪

分光光谱仪能将不同波长的光分散开并将它们成像于成像平面的不同位置上。通常是将来自入射狭缝的光照射于衍射光栅，然后将衍射光聚焦在光谱仪输出平面上。在该平面上安装多元件探测器以同时测得不同波长光束的强度。这种类型的光谱仪具有所谓多通道效能，用它测量拉曼光谱比用扫描单色仪要快得多，具有所谓多通道效能。常见的有一维和二维分光光谱仪。

图 2.4 显示了一种常用于拉曼光谱仪的一维分光光谱仪光路示意图。图 2.4(a)为反射光栅式分光光谱仪光路图，来自入射狭缝的光由反射镜准直入射于平面反射光栅，另一个反射镜则将来自光栅的衍射光聚焦于位于成像平面的探测器上。两个反射镜独立装置以减小各种像差。如以复曲面代替球面反射镜则能有效地减小像散差。图 2.4(b)为透射光栅式分光光谱仪光路图，来自狭缝的光经过一透镜系统入射于一透射光栅，衍射光由另一组透镜系统聚集于探测器(成像平面)上。

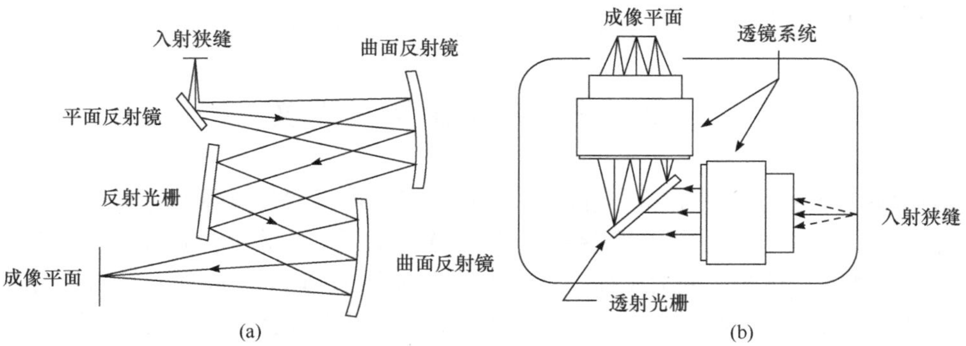

图 2.4　一维分光光谱仪光路示意图

(a) 反射光栅型；(b) 透射光栅型

图 2.5 是具有阶梯光栅的二维分光光谱仪示意图。来自入射狭缝 S1 的光束经准直透镜(L4)和反射镜(M1)入射于第一衍射光栅(CD)上，随后其衍射光被阶梯光栅(EG)衍射。CD 和 EG 两光栅的刻槽相互垂直，最后，二次衍射光经透镜 L5 聚焦于 CCD 探测器上。

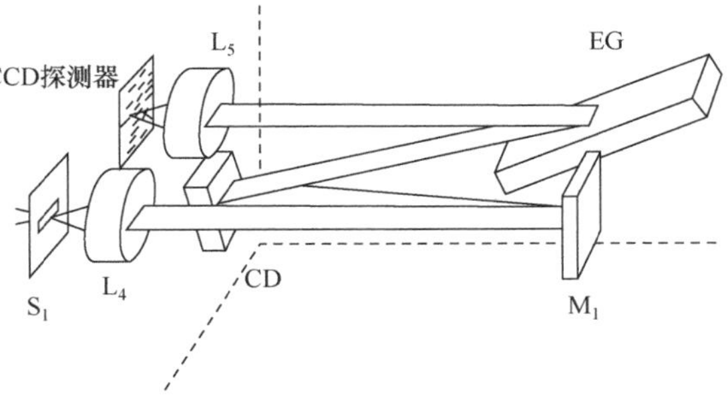

图 2.5　装有阶梯光栅的二维分光光谱仪光路示意图

S_1. 入射狭缝；L_4. 准直透镜；M_1. 反射镜；CD. 衍射光栅；L_5. 透镜；EG. 阶梯光栅

分光光谱仪用几个探测元件同时检测几个不同波长的光波，因此能显著缩短检测时间。常用于拉曼光谱仪的探测器是 CCD 阵列探测器。简单的分光光谱仪仅在一维就将不同波长的光分散。从理论上讲，在相同光谱分辨率下其检测时间要比单色仪快 500～2500 倍，这是多通道检测的最大好处。使用阶梯衍射光栅或全息光栅的光谱仪还能将光谱叠加。

实际上，上述理论的多通道缩短检测时间的好处是很难完全实现的。大多数光谱仪难以将光束精确聚焦到 CCD 探测器的每个探测元件上。另外，探测元件很小，限制了灵敏度。这些都抵消了多通道实际能获得的优点。然而，配备有 CCD 探测器的拉曼光谱仪毕竟能在 1 s 内获得高信噪比的拉曼光谱，这是迄今其他拉曼光谱仪难以达到的性能。

拉曼散射光的收集效率可能在检测过程中发生改变，如试样内移动的气泡会散射激光、激光功率会有脉动以及运动中试样会偏离出激光聚焦的位置等。不论哪种情况，由分光光谱仪和 CCD 探测器测得的光谱的每个波段都受到相同的影响，因而除因收集到的拉曼光子减少导致信噪比减小外，两个拉曼峰的面积比并不受拉曼强度变化的影响。这样，即使来自试样的拉曼散射光强度变化很大，仍然有可能做到精确的定量测量。这对于使用可调谐滤光器只能进行依次测量的拉曼光谱仪是难以做到的，除非使用能快速扫描的声光调谐滤光器。

紧凑型的分光光谱仪型拉曼光谱仪自 20 世纪 90 年代中期以来发展很快，已大量用于工业生产场合。

2.4　迈克耳孙干涉仪型拉曼光谱仪

使用傅里叶变换的干涉仪型拉曼光谱仪是拉曼光谱仪中很重要的一类。这时，来自试样的拉曼散射光通过干涉仪进入探测器，获得一干涉图，随后进行傅里叶变换得到拉曼光谱。

图 2.6 是通常用于拉曼光谱仪的迈克耳孙干涉仪示意图。入射光由分光镜分为两束，一束(透射光)入射于固定反射镜，另一束(反射光)入射于可移动反射镜。两束光经反射后入射于同一分光镜，随后聚焦于探测器上。这两束光来自同一光源，是相干光，因此探测器检测到的光强度是两束光相干的结果。平移可移动反射平面镜将引起两光束光程差

的变化，进而导致入射于探测器上的光强度的变化。当光程差发生一个波长的变化时，检测到的光强度将从极大变化到零，又回到极大。光强度与光程差之间是余弦函数关系，加上不变的偏置值即可画出干涉图。在大多数情况下，许多不同波长的光同时进入干涉仪，其干涉图是每个波长所产生余弦信号的相加。图 2.7 显示了光谱图及其相应的干涉图。用下列傅里叶变换可从干涉图得到光谱图：

$$S(\nu)=\int_{-\infty}^{+\infty} I(x)\cos(2\pi\nu)\mathrm{d}x \tag{2.1}$$

式中，$S(\nu)$ 为光谱函数；$I(x)$ 为相干函数；ν 为频率，以波数计；x 为光程差，以 cm 计。傅里叶变换拉曼光谱术的详情可参阅相关文献[3,4]。

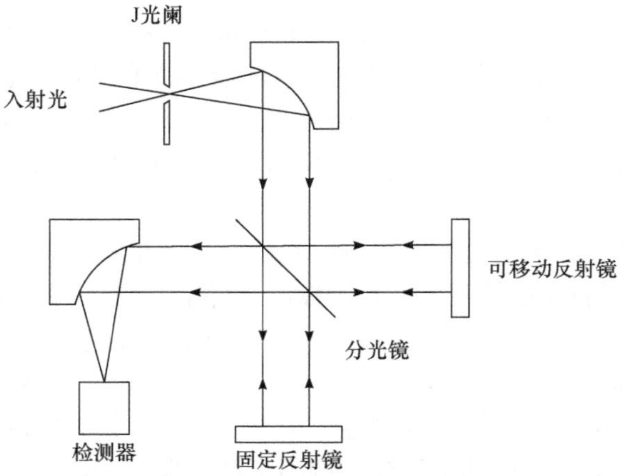

图 2.6　迈克耳孙干涉仪光路示意图

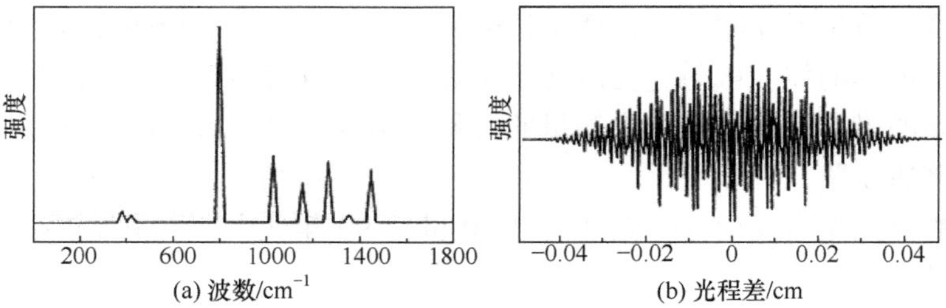

图 2.7　从迈克耳孙干涉仪获得的光谱图(a)和与其相应的干涉图(b)

降低光谱的荧光背景是使用傅里叶变换拉曼光谱仪的主要理由。这类仪器通常使用波长为 1064 nm 的近红外钕：钇铝石榴石(Nd：YAG)激光作激发光光源。这种波长的激发光得到的拉曼光谱一般只有很低甚至没有荧光背景。图 2.8 是高荧光的花青染料在不同波长激发光下的拉曼光谱图。可以看到，在 488 nm 激光时荧光背景几乎遮盖了所有的拉曼信号，而在 1064 nm 激光时则几乎不出现荧光背景。然而必须指出，对 1070～1700 nm 的激发光，探测器有很强的杂波。此外，因为拉曼散射效率正比于被散射光频率的 4 次方，当激发光从通常的可见光改变为 1064 nm 的近红外光时，散射光强将降低至原来的几十分之一。因此，如果荧光背景不严重，使用可见光激发和 CCD 探测器的分光光谱仪比使用傅里叶变换拉曼光谱仪更合适，因为能获得高得多的灵敏度。

使用这类仪器的另一个好处是激光对试样可能引起的损伤大为降低，这是因为许多试样对 1064 nm 光波的吸收比对可见光要小得多。另外，干涉仪允许激发光在试样上有较大的照射面积而不致降低拉曼散射光的收集效率，这就允许使用散焦入射于试样上，降低试样上的光功率密度，从而降低了入射光对试样的加热效应引起的热损伤。

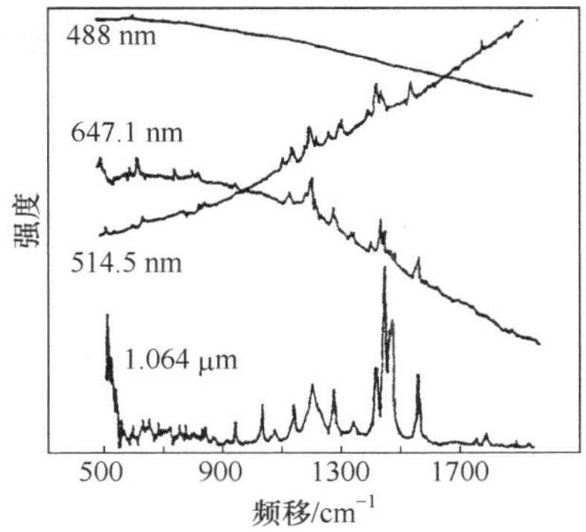

图 2.8　花青染料在不同波长激发光下的拉曼光谱

傅里叶变换拉曼光谱仪在测定干涉图时使用 632.8 nm 的氦氖激光作为参考频率，因而有很高的光谱频率精度。然而，要注意到这种校验并不校正所有影响拉曼频移精确度的仪器参数，例如，1064 nm 激光频率会随温度变化而漂移，从而引起拉曼峰位置的漂移；试样照明方式和散射光聚焦方式的变化也会引起拉曼峰位置的变化。傅里叶变换拉曼光谱仪能够达到很高的拉曼频移精度，但必须定期以标准参考试样作校正。

使用这类仪器时另一个值得注意的问题是试样移动对光谱的影响。如果试样连续移动过程中较大地偏离焦平面就可能引起拉曼峰的宽化和形状变化。例如，表面粗糙的试样快速移动时可能引起拉曼散射强度的快速起伏。图 2.9 是在固定试样台和旋转试样台上硫磺的傅里叶变换拉曼光谱图，可以看到试样运动引起光谱的强烈畸变。

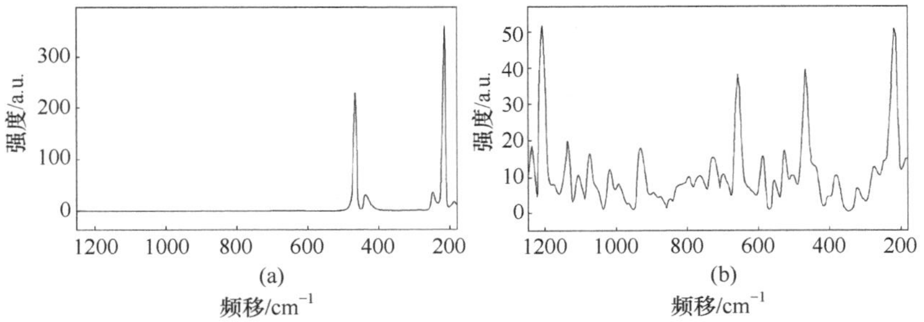

图 2.9　硫磺的傅里叶变换拉曼光谱

(a) 试样安置在固定试样台上；(b) 试样安置在旋转试样台上

2.5　拉曼探针——显微拉曼光谱术

近年来，“拉曼探针” (Raman probe)这个名词频繁出现，实际上，它并没有严格的定义，通常是指装有显微镜系统或者光导纤维系统的拉曼光谱仪。这两个系统都起着在试样和仪器之间界面的作用，即使来自光源的激发光准确入射于选定的试样待测区域，又同时收集来自该选定区域的拉曼散射光，并使之入射于光谱仪的入口。

2.5.1　横向分辨率——显微镜系统

装有显微镜系统的拉曼光谱仪使其功能扩大到成为微区分析的工具，与之相应的技术常常称为显微拉曼光谱术(micro-Raman spectroscopy)。借助于显微镜系统，仪器既能显示材料很小区域的形貌(对透明材料还能观察到内部结构)，又能收集到该区域的拉曼散射光。目前，常用拉曼光谱仪平面方向的空间分辨率(横向分辨率)为微米级，更高的分辨率主要受制于光的衍射。近年来，引入了近场光学和针尖增强拉曼光谱术。这时，在理论上，分辨率只取决于针尖尖端的大小，而与光波波长无关。实际获得的仪器空间分辨率已经高达纳米级。通常，激发光通过显微镜物镜聚焦于试样上，拉曼散射光则由同一物镜收集后送入光谱仪，这是一种 180°的背散射几何激发-收集模式。显微镜载物台能使试样相对物镜做精确的三维移动，也可额外加上标准的旋转载物台使试样做旋转移动。

装配显微镜的最大好处是能观察到试样的放大像，并能从中选定感兴趣的试样微区。这使得对试样给定区域的聚焦(对光)既容易又快捷，也有助于确保获得的光谱是来自材料感兴趣的区域，而不是污染物质或者不具代表性的区域。通常，拉曼显微镜可以使用多种观察模式，如透射照明模式、反射照明模式、偏振光模式和荧光模式等。使用者可选用合适的模式以便于找到欲做拉曼光谱分析的正确区域。

装配显微镜的另一好处是激光斑点很小，这便于研究很小的试样区域，但是也显著地限制了拉曼测量的灵敏度。激光功率密度受制于试样的热敏感性。试样上很小的激光斑点加上受限制的激光功率密度意味着低拉曼散射强度，因而拉曼散射测试灵敏度受到限制。所以当不需要高空间分辨率时，应使用大激光斑点，以便可以增大试样上总的激光功率。散焦是加大激光斑点的较方便的方法。

2.5.2　轴向分辨率——共焦显微拉曼光谱术

聚焦良好的激光束给出很小的斑点，从而能获得高的横向空间分辨率，而激光束的快速发散则能获得高的轴向(深度)分辨率。图 2.10 说明了获得高轴向分辨率的方法。图 2.10(a)显示一点光源(即聚焦的激光束)被透镜聚焦于透明试样上的一点。来自该点的拉曼散射光又由该透镜成像于共焦光阑的一点。图 2.10(b)表示试样移出聚焦点后的情况，此时照射在试样上的激光不再是一个点。由于激光束经聚焦后的发散，一个点变成了一个圆斑，试样的拉曼散射光来自整个被照明的圆斑，圆斑成像于共焦光阑的前面。来自圆斑像的光发散到共焦光阑，形成一个更大的圆斑。

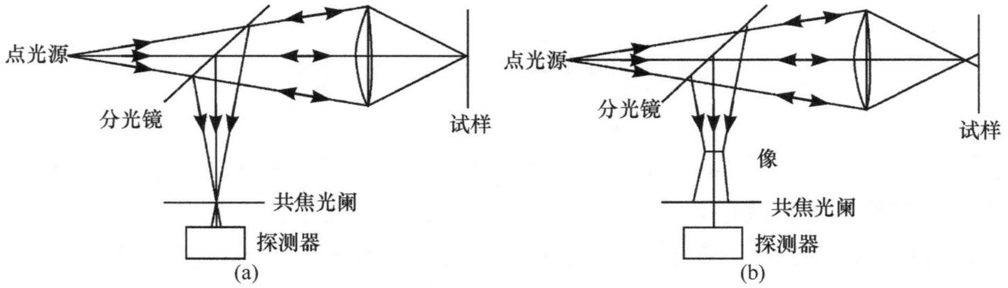

图 2.10　共焦成像原理示意图

(a) 聚焦点位于试样表面；(b) 聚焦点离开试样表面

在图 2.10(a)和(b)中，激发光入射于试样不同的区域，受光面积也不同，但总光量是相同的。假定试样材料完全均匀，则发出的拉曼散射光强度相同，到达共焦光圈的拉曼光强度也相同。如果不安装共焦光阑，则探测器收集到的光强度也相同，这就不能轴向(深度)分辨了。

共焦光阑通常有一针孔，其大小正好足以通过来自在焦试样的全部拉曼光，如图 2.10(a)所示。这时不论有没有安装共焦光圈，探测器测量到的光强度都是相同的。然而，若安装针孔光圈，则测到的来自离焦试样的光强度就会显著降低[图 2.10(b)]。有两个原因导致探测器上光强度的降低：一是试样的像大于光圈针孔的大小；二是像不聚焦在光圈上，从而使来自试样的光进一步发散。如此，由于试样离焦引起的强度损失产生了轴向分辨。通常，使用轴向分辨率来描述轴向分辨的能力，定义为在焦时拉曼强度比降低 50%的那一点到焦平面的距离。轴向分辨率正比于物镜数值孔径的平方。点光源、在焦试样点和试样点的聚焦像称为共焦点。使用共焦光阑以增加轴向分辨率的技术称为共焦显微术。几乎所有单色仪、分光仪和干涉仪型的拉曼光谱仪都是共焦的，因为它们的入射光圈(狭缝或 J 光阑)与聚焦激光照明的试样点是共焦的。共焦显微拉曼光谱术通常能达到 1～2 μm 的轴向分辨率。

高数值孔径物镜能给予仪器极好的光学性能，但如果使用不恰当，性能将显著降低。由球差引起的性能降低是最普遍的问题。球差使透镜中心的光束(近轴光)和远离中心的光束(远轴光)聚焦在不同的距离，这降低了物镜的有效数值孔径和像衬度。当锥形光束通过平行平板时也产生球差。对于使用盖玻片的物镜，在设计时使其球差的符号与盖玻片相反。这样，在使用时物镜与盖玻片的球差就会相互抵消。如果使用时没有加上盖玻片，物镜固有的球差无法抵消，物镜性能就会急剧恶化。同样，设计成不用盖玻片的物镜，若使用时加上盖玻片就会因球差使物镜性能恶化。必须注意到试样自身也能引起球差和其他像差，在对试样作轴向逐点测试时尤其要注意。共焦显微拉曼光谱术的实例可参阅文献[5]，Ma 和 Clark[5]用这种技术成功地测定了一种氧化铝纤维沿轴向的应变/应力分布。

图 2.11 显示了显微拉曼光谱仪光学系统的光路简图。

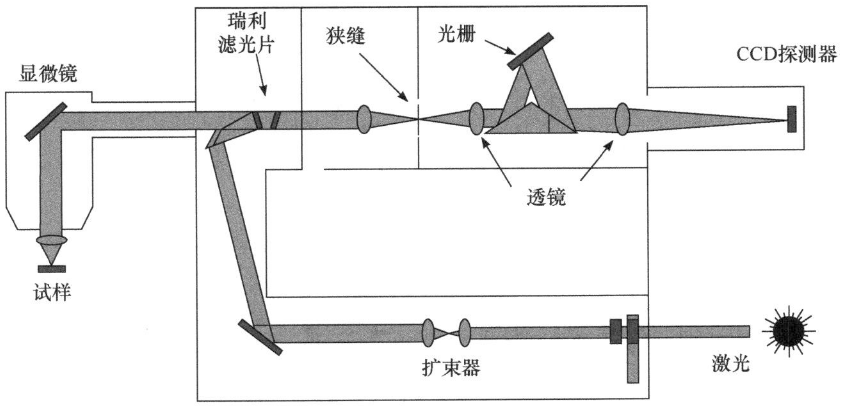

图 2.11　显微拉曼光谱仪光学系统的光路简图

2.5.3　成像拉曼光谱术

一张图可以想象成由许多像素组成的格子集合体。每个像素含有的信息可用颜色或黑色的深浅来表示。光谱成像就是制作每个像素都含有材料光谱信息的试样图，例如，用红色或蓝色分别表示拉曼羟基的峰宽或 C—H 伸缩峰的强度。光谱成像提供了一种全新的“观察”试样的方式，它能给出丰富的来自材料的信息。

拉曼光谱像现有三种成像方式：点成像、线成像和面成像。拉曼点成像是指测量与像的每个像素相对应的拉曼光谱(一次测定一个点)制作得到光谱像。这时，激发光依次照明试样上的各个点。这需要有一台计算机控制的 *X-Y* 平移台。完成一幅拉曼点像常常要花费几小时，但最终获得的像所包含的资料十分丰富。所幸的是现代计算机有巨大的储存能力和快速的运算功能，使用专用像分析软件能方便、快速地对资料进行分析。

拉曼线成像是指同时测定一直线上许多点的光谱。激光照明试样上一条直线上的各个像素，将该直线的拉曼散射成像于光谱仪的入射狭缝，直到入射于 CCD 探测器。线成像与点成像相比，测量时间显著缩短了。

面成像时，激光照明需要成像的整个二维表面，并最终使拉曼散射光成像于 CCD 探测器上，这进一步减小了测量时间。

拉曼成像的实例可参阅文献[6]和[7]。图 2.12 是一种双成分共混物的拉曼像[6]。图 2.12(a)显示了共混物的成分分布，图中右侧的明暗标尺指示一种聚合物的浓度百分比。图 2.12(b)则显示了共混物中一种成分的结晶度分布图，图像未经过调匀处理。图中右侧标尺为结晶度的相对值，表明不同微区结晶度相差的最大值约为 30%。

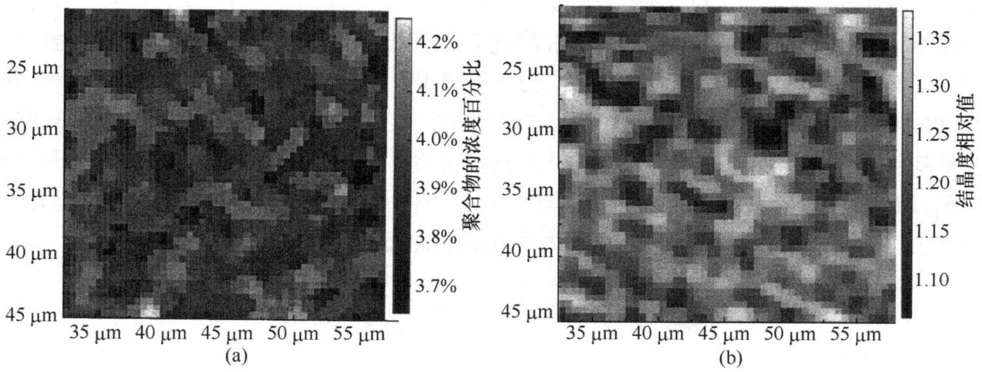

图 2.12　二月桂酰基磷脂酰乙醇胺/双酚 A 聚氧乙烯醚(DLPE/BPE)共混物的成分分布拉曼像(a)和结晶度分布拉曼像(b)

2.6　拉曼探针——纤维光学拉曼光谱术

纤维光学探针的应用扩大了拉曼测试的适用场合，它不再要求将试样置于拉曼试样池内或试样台上。最突出的优势是能对高温高压下的管道或反应器内具有危险性的材料进行测试。纤维光学探针使用一光学纤维将激光传送到试样，而由另一根或许多根光学纤维将拉曼散射光传送回拉曼光谱仪。激光光源和拉曼光谱仪可放置在距离试样几百米的实验室内。纤维光学探针使用方便，激发光和收集光的光路都是预先调整好的，通常不需要在探针和试样间烦琐地对光。

光学纤维(简称光纤)是径向对称的光波导管，由高折射率的纤维芯和低折射率的外包层组成。光由于在界面处的全反射而被限制在芯内。仅仅某些有确定横向空间花样(称为模)的光能通过光学纤维而消耗很小。最简单或最低次的模在纤维芯的中心有强度极大，而在芯和外包层的界面上有强度极小。高次模有更复杂的空间花样。如果芯的直径足够小，就只有最低次模能通过纤维传送。例如，632 nm 波长的光通过标准光纤材料，其芯直径约为 4 μm，这类光纤称为单模纤维。芯直径较大的光纤可传送许多模，称为多模纤维。通常用于拉曼光谱术的多模芯直径为 50 μm、62 μm、100 μm、200 μm 和 400 μm。

制作光纤的材料——二氧化硅的拉曼散射很弱，由激光引起的荧光也很微弱。然而，几米长的光纤有着很长的光路。这样，在光纤中由激光引起的二氧化硅拉曼散射光和荧光的强度就会逐渐增强，并和激光一起在光纤芯部传送，结果是很强的二氧化硅拉曼散射光和荧光“污染”连同激光一起从很长的光纤中射出。这种“污染”有时会在由纤维光学拉曼探针收集到的拉曼光谱中形成很强的背景。不过，近代探针常装有滤光器，能有效地解决这个问题。

2.6.1　不成像探针

不成像探针是纤维光学探针的一种类型。最简单的形式是两根光纤紧靠在一起平行排列。其中一根纤维传送激光，使其以发散锥角入射于试样。而在另一根纤维的芯部收集其受角锥体内的拉曼散射光，并传送到拉曼光谱仪。图 2.13 表示这类探针的工作情况。它的收集效率非常高，尤其是在使用大直径光纤时。图中激发光纤维和收集光纤维的锥形交叠区域(阴影区)所限定的试样区域对测量到的拉曼强度有贡献。

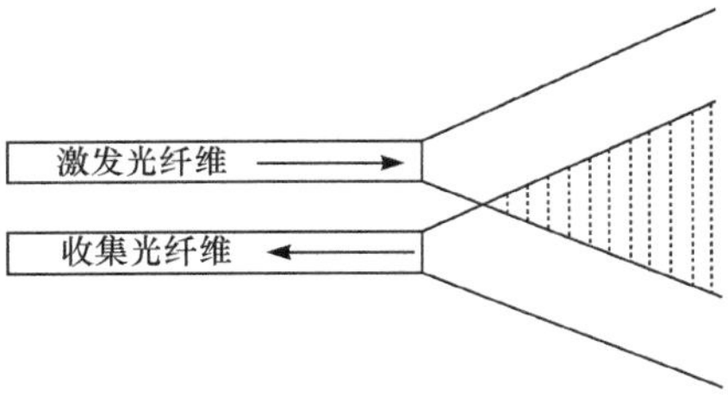

图 2.13　不成像探针示意图

双纤维不成像探针有许多改进型。围绕 1 根激发光纤维可以有多根收集光纤维。这些纤维在出射端作适当的排列，使得与光谱仪入射狭缝或与干涉仪 J 光阑的形状相一致。多收集纤维不成像拉曼探针最普遍的形式是 6 根收集光纤维围绕 1 根相同直径的激发光纤维，这种探针通常称为“6@1 探针”或“6 绕 1 探针”。6@1 探针收集的拉曼光强度是 1@1 探针的 6 倍。还可以加上第二层收集光纤维，这样就有 18 根收集光纤维围绕着 1 根激发光纤维，标志为 18@1 探针。加上的 12 根纤维仅仅改善了边缘区域的收集效率，所以并不常用。收集光纤维也可以与激发光纤维有不同的直径，如 3@1 和 9@1 探针。

可以对 6@1 探针的端头作适当改变以改善激光与收集光纤维收集锥区的交叠。图 2.14 表示三种不同的改变。图 2.14(a)中的改变是将收集光纤维倾斜，使其轴与激发光纤维的轴相交而不平行。图 2.14(b)是在 6@1 探针中保持纤维平行，但将纤维顶端磨成锥形。还有一种情形如图 2.14(c)所示，这里有 90°的收集角。在收集光纤维端头的一个 45°反射镜使收集光锥与激发光锥呈 90°相交。

不成像探针由于缺少光谱滤光不能去除二氧化硅拉曼散射光和荧光背景，使其应用受到很大限制。现在，带有滤光器的探针能有效地消除光谱背景，扩大了这类探针的应用范围。

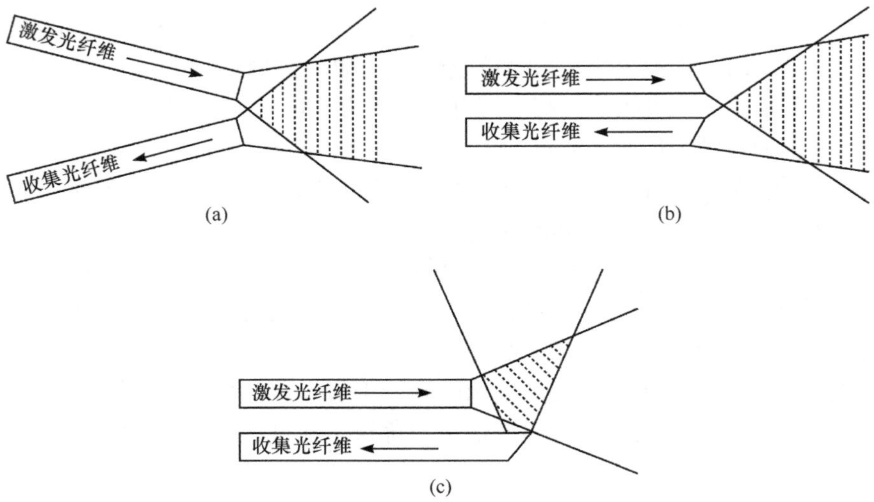

图 2.14　不成像探针的激发光纤维和收集光纤维端面的不同形式与纤维相对位置的安排

(a) 收集光纤维倾斜；(b) 纤维顶端磨成锥形；(c) 收集光锥与激发光锥呈 90°相交

为了使探针能应用于恶劣环境，6@1 探针常常安装在蓝宝石窗的后面以保护探针免受损害。在实验室环境下，可使用塑料薄膜将探针裹紧。这样，可将探针直接浸入溶液中。无定形的特氟隆(Teflon)对有机溶剂有很强的抗蚀能力，是很合适的薄膜材料。用环氧树脂代替金属焊料制备的探针可用于极端恶劣的环境中。

2.6.2　聚焦探针

图 2.15 是另一类纤维光学拉曼探针的结构示意图。这类探针将来自光纤的激光聚焦于试样的小区域，来自该区域的拉曼散射光则被聚焦到另一根返回光纤并传送回到拉曼光谱仪。所以，这类探针能排除非来自试样聚焦点的光。这种共焦特性使得这类探针特别适用于测定厚窗或透明容器内部试样的成分。图 2.16 示意了从外部测定丙酮槽内一并装甲苯的情形和获得的拉曼光谱图。甲苯瓶的直径为 25 mm，周围的丙酮也有 25 mm 厚，探针头距离甲苯约为 140 mm。尽管激发光穿过丙酮，光谱图中并未出现丙酮的光谱。

大部分聚焦探针使用可更换的聚焦光学透镜系统。若移去该系统，探针的激光输出几乎是平行的。所安装的透镜系统既聚焦激光束，又收集来自聚焦区域的拉曼光。若预先备有各种透镜系统，就可以选择不同的界面和工作距离(透镜系统与试样上激光点之间的距离)。探针与聚焦透镜系统间的距离可长达数米而不会使拉曼散射强度有大的损失。所以，插入反应器或管道的聚焦光学系统，可以简单地只是一根带有透镜和末端视窗的管道，而透镜的焦平面位于视窗外面。

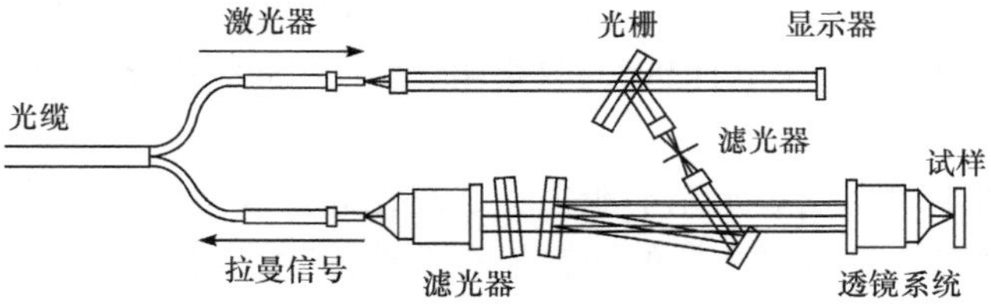

图 2.15　聚焦探针结构示意图

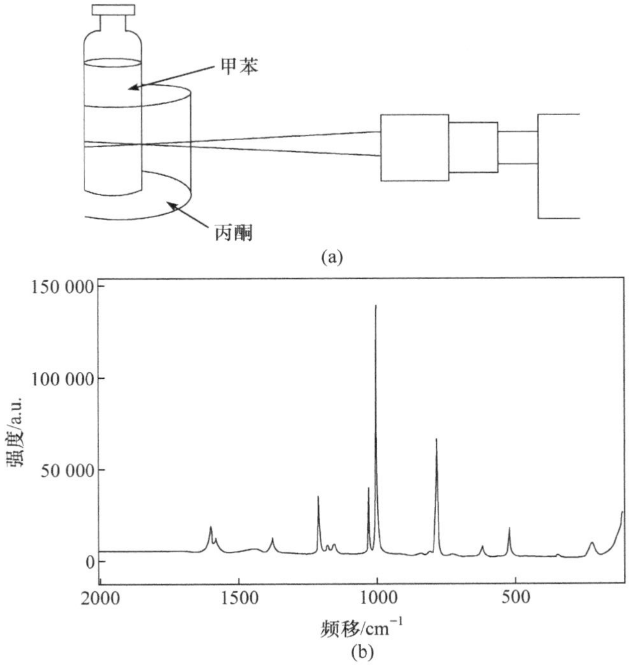

图 2.16　测定丙酮槽中玻璃瓶内甲苯拉曼光谱的实验装置示意图(a)和测得的甲苯的拉曼光谱(b)

聚焦探针对来自二氧化硅光学纤维的拉曼和荧光背景有极强的阻挡能力。使用介电滤光器、全息开槽滤光器或小型全息单色器能够消除二氧化硅背景。

2.6.3　不成像探针和聚焦探针的适用场合

聚焦探针和不成像探针都被广泛使用于实验室和生产线场合，它们各有优缺点。

聚焦探针比不成像探针有更好的空间分辨率。不过这并非在所有场合下都是优点，这取决于人们需要的是材料微区资料还是材料整体平均值。对于试样上的激光功率密度，聚焦探针比不成像探针要高得多。较高的激光功率能更可靠地抑制荧光背景，但也更可能使试样受到损伤。

由于聚焦探针光学系统的构造较为复杂，它的价格要比不成像探针高。不过，通常不成像探针使用的纤维光缆价格昂贵，这是因为它使用的纤维直径较大。所以，在需要长纤维光缆时聚焦探针总的装置费用实际上可能比不成像探针还低。

不成像探针比聚焦探针的体积要小得多，可以小到直径仅有 1 mm。所以不成像探针常常可以使用在聚焦探针因体积较大而无法安装的场合。另外，小体积在化学生产环境中对安全问题十分有利。在高压反应器中，由操作失误或破损而突然移出探针引起的泄漏，由于它的小体积就会慢得多。在探针断裂的情况下，不成像探针常常会堵住缺口，从而进一步抑制泄漏。

2.6.4　光缆的安装和保护

最后一个要考虑的问题是光学纤维的耐用性。太大的拉伸力或过度弯曲会引起纤维应变。较大直径的纤维有较大的最小弯曲半径。习惯于安装通信纤维的工程技术人员在安装拉曼探针时常常使光缆过度弯曲，这是因为通信纤维通常是单模的，而后者常常是多模的。有时这种过度弯曲产生的形变会使纤维在安装几个月后发生断裂。

若将光纤浸入水中，二氧化硅与水接触会降低光纤的断裂应变。这是因为水刻蚀了二氧化硅，产生引起应变集中的缺陷。光纤在制造时覆盖有一抗水层，但在用于湿环境时仍然需要附加保护。在设计光缆时已考虑到适合于各种环境和安装操作条件下对光纤的保护。为了纤维光学拉曼系统能长期使用，选择具有适当性质的纤维光缆是很重要的。

2.7 激光器

2.7.1 激光器的种类

将激光器用作拉曼光谱的激发光源对拉曼光谱术的快速发展起了至关重要的作用。激光光源的主要优点是亮度极高，方向性强，谱线宽度十分狭小(单色性十分好)以及发散度极小，可传输很长的距离而保持高亮度。

激光器种类繁多，根据所用材料不同大致可分为气体激光器、固体激光器、半导体激光器和染料激光器等。

(1) 气体激光器。气体激光器在拉曼光谱仪中的应用十分广泛。例如，由原子气体激发出激光的氦氖激光器已被广泛使用。它的制造工艺成熟，且有很长的连续使用寿命，但它的输出功率较低。氩离子激光器是另一种在拉曼光谱仪中广泛使用的气体激光器。它有较高的输出功率，波长稳定而且与激光器温度无关。输出功率很高的二氧化碳激光器是一种分子气体激光器，其重要优点是在一定范围内可以调谐，这扩大了它的应用范围。准分子激光器也是一种气体激光器，近年来被越来越广泛地应用于拉曼光谱仪。所谓准分子是指那些在受激状态稳定，而在基态则不稳定，容易离解的分子。离解后的原子或原子团，不管它们是同类型的还是不同类型的都统称为准分子。准分子的主要组合形式有气体卤化物准分子、金属准分子和金属卤化物准分子等，因而也有着与之相应的激光器。准分子激光具有输出功率高的特点。而且，其激光波长范围很宽，可以从红外覆盖至紫外，其中最有实用价值的是紫外准分子激光器。

(2) 固体激光器。固体激光器主要有红宝石激光器、掺钕的钇铝石榴石(Nd：YAG)激光器和掺钕的玻璃激光器等。这类激光器输出功率高，而且体积小又很坚固。其中 Nd：YAG 激光器常用于傅里叶变换拉曼光谱仪中。

(3) 半导体激光器。半导体激光器是所有激光器中效率最高和体积最小的。这种激光器可通过改变电流、外部磁场或温度微调输出激光的波长，也可通过改变半导体掺杂的组分进行调谐。

(4) 染料激光器。染料激光器是一种输出激光可在很宽的波段范围内连续平稳调谐的激光器。具有这种性能的激光器是某些特殊拉曼光谱术，如共振拉曼光谱术所需求的。影响染料激光器输出波长的因素除染料品种外，染料溶液的浓度、酸度、溶剂种类、温度、激活区长度和谐振腔损耗等都对激光波长有影响。因此，通过改变上述因素可以对激光波长进行粗略调谐。而当需要精细调谐和获得窄的线宽时，就需要用装有波长选择装置(如光栅、棱镜、双折射滤光器和电控调谐元件)的谐振腔进行调谐。

2.7.2　各类激光器的适用场合

上述几类激光器都不同程度地应用于拉曼光谱仪。对激光器的要求主要是价格较低，使用寿命较长(如可连续使用半年以上)，不需要冷却水设备和高功率电力设备。后两点对用于实验室以外的环境尤其重要。表 2.1 列出了常用的几种适用于拉曼光谱仪的激光器。

表 2.1　常用于拉曼光谱仪的几种激光器

激光器	波长/nm	功率/mW	评论
氦镉	325	1～75	工艺成熟
氦镉	354	3～30	可代替低功率近紫外水冷却离子激光
氦镉	442	5～200	成熟工艺
空气冷却氩离子	488	5～75	波长固定并与激光器温度无关
空气冷却氩离子	514	5～75	波长固定并与激光器温度无关
加倍频率的钕：钇铝石榴石(Nd：YAG)	532	10～400	比离子激光小得多的热发散
氦氖	633	5～25	2～4.5 年的连续使用寿命
二极管	785	50～500	可得到的波长为 660～680 nm 和 780～1000 nm
钕：钇铝石榴石(Nd：YAG)	1064	50～1000	热发散较小

基于原子跃迁的气体激光器，如氦氖激光器、氦镉激光器和氩离子激光器都有狭窄而又确定的激光波长。环境温度和光学系统调校对它们的工作波长影响不大。然而，对于固体激光器，如二极管激光器和钕：钇铝石榴石激光器并非如此。二极管激光的波长与激光系统的构成和光学系统调校有关，可在 10～25 nm 范围内变化。外空腔稳定作用能将其频率锁定在一固定值。加倍频率的钕：钇铝石榴石激光随温度的频移率为 0.09 $cm^{-1}\cdot ℃^{-1}$。室温变化或不适当的预热时间会使误差高达 1 cm^{-1} 以上。不过，固体激光的电效率比气体激光高，在危险环境中工作时这是个重要的优点。

工作于 632.8 nm 的氦氖激光器，由于连续工作寿命很长和价格低，对应用于拉曼光谱仪很有吸引力，它们的制作工艺很成熟。使用 632.8 nm 激光激发，在 640～835 nm 的拉曼光谱区对 CCD 探测器几乎是理想的。不过，为避免荧光背景，632.8 nm 波长对许多有机材料还不够长。如果荧光不是问题，用 532 nm 或 514.5 nm 激光比较合适，这是因为灵敏度较高。较高功率的氦氖激光(＞20 mW)有时在 650.0 nm 产生异常高的强度。不过，只要对输出信号作合适滤光就能消除 650.0 nm 线。

适用于实验室外环境的紫外激光有氦银激光(234.3 nm)、氖铜激光(248.6 nm、259.9 nm、260.0 nm 和 270.3 nm)和氦金激光(282.3 nm、284.7 nm、289.3 nm 和 291.8 nm)。它们产生 1～2 mW 的平均光学功率，这个波长范围对许多拉曼测量已经足够了。

2.7.3　激光器使用的安全问题

最后需要特别指出的是激光器使用时的安全问题。高功率激光会对人体组织产生严重伤害，尤其是对人眼的损伤。拉曼光谱仪使用者必须根据所用激光器的功率决定是否需要佩戴专用的防护眼镜，并定期做眼科检查。使用光导纤维时，尤其要防止其断裂，因为纤维一旦断裂，激光就会逸出，并且难以判断其照射的区域。近来有的光导纤维装置有激光自动快门，一旦光纤断裂，快门立即自动关闭，以阻断激光逸出。

2.8　探　测　器

探测器又称检测器，在拉曼光谱仪中，用于探测仪器收集到的拉曼散射光或经过变换的信号。常用的有硅CCD(电荷耦合器件)探测器、强化CCD探测器(ICCD)、近红外(NIR)探测器和光电倍增管，本节简述目前广泛应用的硅CCD探测器和在少数场合仍在使用的光电倍增管。

2.8.1　硅CCD探测器

对短于1000 nm的波长，大多数拉曼光谱测量选用硅CCD探测器。CCD探测器实际上是一阵列称为像元的探测器元件。像元呈边长5～30 μm的正方形，而CCD探测器由几千个到几百万个像元组成一长方形。例如，常用于拉曼光谱仪的一种CCD探测器含有256行，每行1024个，总共262144个独立并能同时工作的探测器元件。

CCD探测器元件实际上是光敏电容器。由于光电效应，探测器吸收光子产生了电荷并将其储存于电容器中，储存电荷的量正比于击中像元的光子数，将这些电荷送往电荷敏感放大器以测得累积电荷。放大器输出是数字化的，并储存于计算机中。

显然，CCD探测器要检测到入射的光就必须满足如下几点：入射光必须到达光敏硅；入射光必须被光敏硅所吸收；吸收的光子必须产生光电子；光电子必须传送到输出放大器。这四个阶段效率的乘积就是CCD探测器的量子效率。

到达光敏硅的光可能被反射、透射或吸收，其中仅吸收光对检测信号有贡献。硅有高折射率，因而它的表面反射率也很高。使用抗反射层在限定的光谱范围内能显著地降低反射。另外，光敏硅在近红外光谱范围的透射迅速增强，这时可以使用较厚的光敏硅来增加吸收。

光敏硅吸收的200～500 nm范围内的每个光子均会产生一个被收集的光电子，基本上所有收集到的光电子都会传送到输出放大器。通常量子效率高达80%～90%。

像宇宙射线这样的高能辐射会使CCD产生数以千计的光电子，这种情景随机发生，在CCD探测器上的位置也无规律可循。这样光电子会在拉曼光谱上产生强度很强的尖峰信号。它们通常都容易识别，这是因为在光谱图中它们非常窄，可以判定其不可能是拉曼峰。简单的去除办法是用相邻点的值来替代它们。如果光谱仪的点散布函数小于单个CCD像元，那么这种方法无效，必须使用更复杂的方法，可参考相关资料[8,9]。

2.8.2　光电倍增管

光电倍增管在 20 世纪 90 年代以前是拉曼光谱仪最重要的探测器，它由置于高真空中的光阴极和放大器组成。光照射在光阴极上产生光电子并逸出进入真空中。电场引导并加速光电子进入放大器。放大器由几个被称为中间极的特殊电极形成电场，使电子从一个中间极到下一个中间极之间获得加速。一个电子每次撞击中间极就会有几个电子逸出，并获得加速，撞击下一个中间极。最后一个电极称为阳极，收集到所有要离开放大器的电子。每个离开光阴极的光电子在阳极上能产生 10^3～10^8 个电子。

光电倍增管有高增益、低噪声和纳秒级响应时间等特性，但现在在拉曼光谱仪中用得并不普遍，主要是因为它的单通道特性，而用多通道的 CCD 探测器收集光谱效率要高得多。光电倍增管的其他缺点是近红外灵敏度低，易于被强光损伤，要使用高电压以及易碎的玻璃外壳。不过，由于它们有相当大的光敏表面积和价格低廉，对某些滤光器(单色仪)型仪器还是很合适的。

2.9　试样准备和安置

试样准备和安置最主要考虑的问题是如何能够以最有效的方式照明试样和收集拉曼散射光，同时要避免激光对试样的损伤。

2.9.1　固体试样

对通常的块状固体材料做拉曼光谱测试时，试样准备十分简便，不管其体积大小或形状如何，只要能固定于拉曼光谱仪的载物台上或试样池中即可。如果使用光纤探针，则可对材料在原位置进行测试而不必做任何试样准备工作。

图 2.17 显示了几种常见的固体材料安置方式[10]。仪器使用背散射(180°)几何获得拉

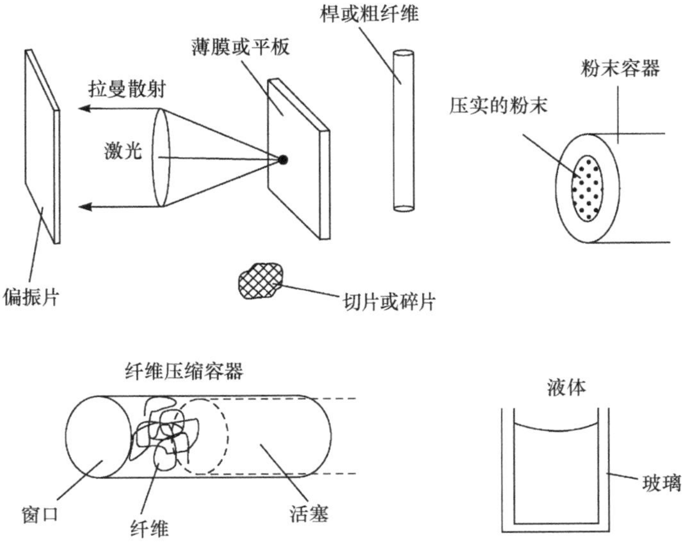

(a)

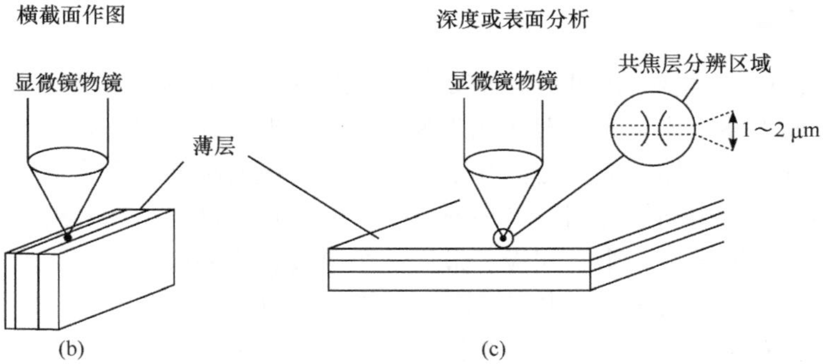

图 2.17 背散射拉曼信号收集光学示意图

(a) “宏观”试样；(b) 层状结构试样一；(c) 层状结构试样二

曼信息，用同一透镜系统聚焦激光和收集拉曼散射光，这是近代拉曼光谱仪使用最多的方式。这种方式使试样和光谱仪的对光十分方便。当然，也可以使用另一种透镜系统，在与激光成 90°的方向上收集拉曼散射光。这种方式对光比较困难，仪器占地面积较大，在“在线”测试时是不适用的。

图 2.17(a)显示的是“宏观”试样的安置方式，包括薄膜、杆件、切片、粉末、纤维和液体。图 2.17(b)和(c)则表示了用显微拉曼光谱术测试具有层状结构试样的安置方式。前者只需移动载物台即可对试样横截面上各组成层逐层测试；后者则可对试样做表面分析，或者应用共焦显微术对试样做逐层测试。

拉曼探针能测得玻璃后面或其他透明物质内部材料的拉曼光谱，其前提条件是玻璃或这些透明物质不吸收拉曼散射光。在可见光范围内，拉曼散射光确实不会被玻璃所吸收，所以可用玻璃制成各种形式的试样池，以安置待测试样，这对于气体和液体试样尤其便利。

2.9.2 气体试样

气体试样一般置于密封的玻璃管或细毛细管中。通常气体试样的拉曼散射光强度很弱，为增强拉曼信号，玻璃管内的气体应有较大的压力，或者使用一简单的光学系统使激光束多次通过试样。图 2.18 是该系统的示意图[10]。图中激光束由透镜 L_1 入射于试样 GC，随后经由反射镜 M_1 和 M_2 多次反射并通过试样，而拉曼散射光经反射镜 M_3 反射由透镜 L_2 收集。

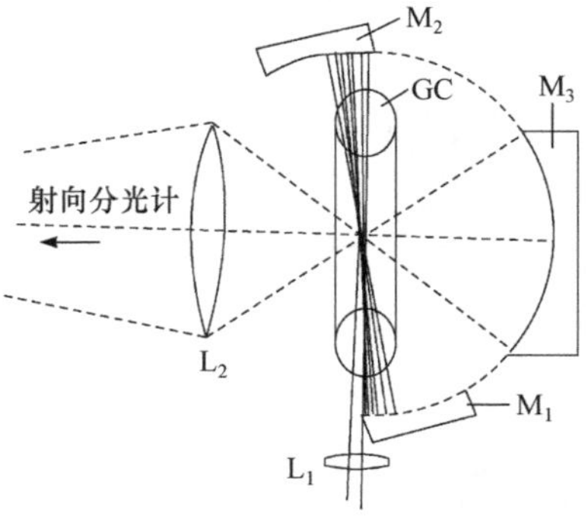

图 2.18 拉曼激发光多次照射试样

2.9.3 液体试样

液体试样较易处理，只需将试样置于合适的玻璃容器内。激发光在容器开口处被直接聚焦于液体或者透过容器壁玻璃聚焦于试样。

2.9.4 激光照射引起的试样损伤

必须足够重视激光照射对试样可能引起的损伤，损伤主要是由激光的热效应引起的。

有色材料，尤其是黑色材料对激光的吸收性较强，长时间的激光照射将引起试样局部过热，造成试样的分解和破坏。有些高聚物材料和生物材料耐热性能较差，或者对光辐射敏感，较长时间或较高功率的激光照射将改变材料原有的微观结构。这些都必须在拉曼光谱测试和最终对光谱作解释时给以充分考虑。

降低激光功率或以散焦方式照射试样可以降低试样单位面积上的激光照射强度，从而降低试样局部过热程度，但是这会明显导致拉曼信号减弱。一个好的解决方法是使用试样旋转池，使激光光束焦点不停留于试样的某一给定点上，以避免对同一点过长时间的照射。图 2.19 显示了一种用于液体试样的旋转池[10]。旋转池由透明的石英制成。旋转时，由于离心作用，池内液体将紧贴在池壁上。激光光束从试样池下方聚焦于靠近池壁的试样上，激光束始终与试样保持相对运动而不会聚焦于试样某一固定位置，避免试样局部位置因长时间照射引起结构上的变化。类似的方法可用于固体材料的测试。图 2.20 是固体试样旋转池的示意图。此时，试样可制成圆片形状并安置于旋转试样台上。

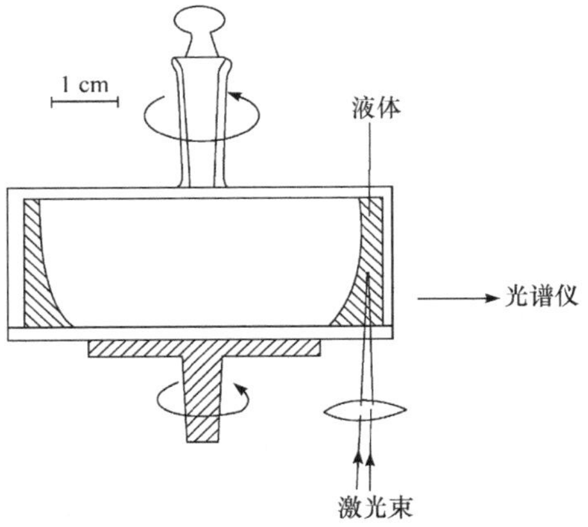

图 2.19　液体试样旋转池示意图

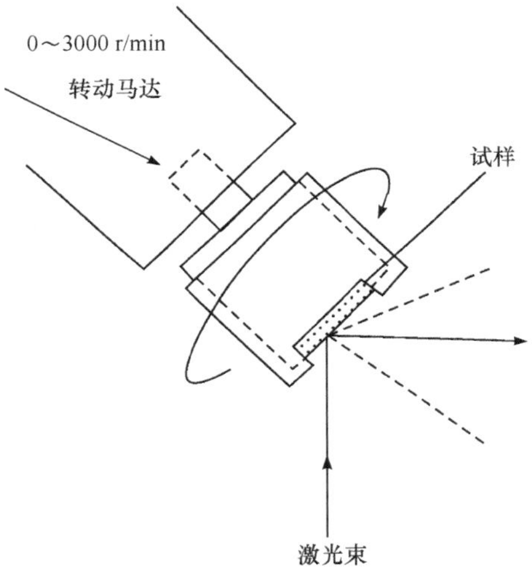

图 2.20　固体试样旋转池示意图

显然，旋转试样技术在对固体材料做微区分析时是不适用的。有时，用外加低温装备对试样降温可部分降低激光热效应对试样的损伤。

2.9.5　差分拉曼光谱术

旋转试样技术还可用于差分拉曼光谱术中。图 2.21 是差分试样池示意图。试样池分为相等的两部分，每部分各放置一种试样。测试时，试样台转动，使激光依次聚焦于两种试样上，同时记录这两种试样的拉曼光谱。这样，一次测试可获得两种不同试样的拉曼光谱。利用这种方法可除去测试溶液试样时不需要的溶剂光谱。例如，当在试样池的两部分分别加入溶液和溶剂时，便可同时测得溶液和溶剂的拉曼光谱，进而获得溶质的拉曼光谱。图 2.22 显示了该技术应用于测量 $CHCl_3$ 在 CCl_4 溶液中拉曼光谱的实例。图 2.22(a)为 CCl_4 和 $CHCl_3$ 混合溶液的拉曼光谱，图 2.22(b)为溶剂 CCl_4 的拉曼光谱，而图 2.22(c)是两种光谱相减而得的溶质 $CHCl_3$ 的拉曼光谱。

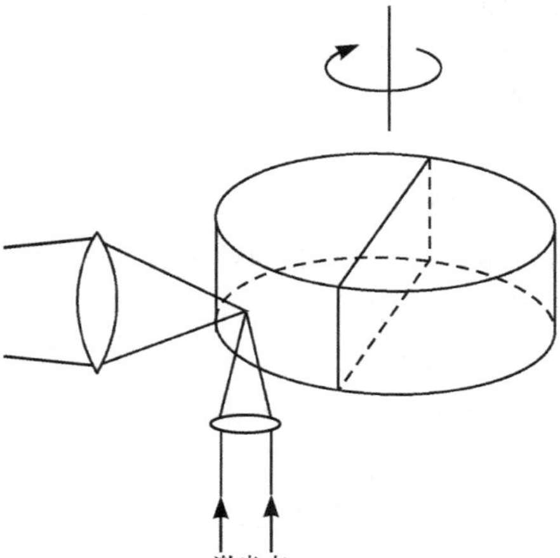

图 2.21　差分试样池示意图

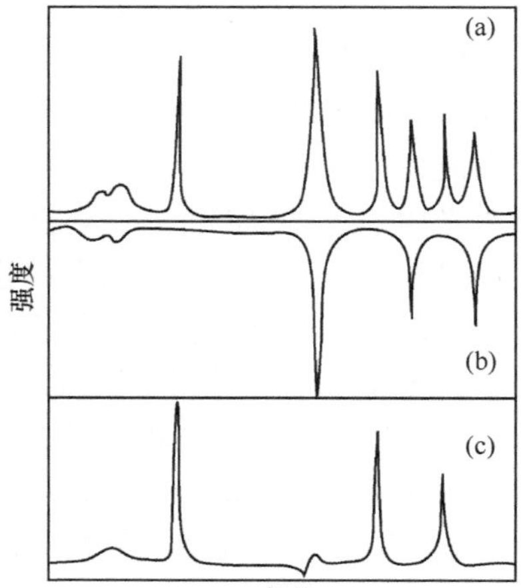

图 2.22　用差分试样池测得的 $CHCl_3$ 在 CCl_4 溶液中的拉曼光谱

(a) 混合溶液的拉曼光谱；(b) 溶剂 CCl_4 的拉曼光谱；(c) 溶质 $CHCl_3$ 的拉曼光谱

2.9.6　其他附属装置

试样的恒温、高温和低温装置以及施力装置也是拉曼光谱术常用的设备。这些专用装置都能在相关市场上购得。

2.10　增强拉曼光谱术

拉曼散射效应的弱信号是拉曼散射本身固有的特性。这是传统拉曼光谱术固有的一个主要缺点。由于能接收到的散射信号强度弱，检测灵敏度就相应较低，因而有时候低浓度试样难以得到有效检测，尤其在微量和痕量分析时会发生困难。

增强拉曼光谱术能有效地克服拉曼信号弱这个缺点，常用的有两类增强方式：表面增强和共振增强，它们能使试样的拉曼散射强度增强几个数量级。

2.10.1　表面增强拉曼光谱术

为了增强所分析试样的拉曼效应，或者提高拉曼光谱的质量或者满足某些分析的特殊需要，人们设计和实施了各种各样的拉曼光谱技术，其中表面增强拉曼光谱术(SERS)是最受关注者之一。

早在 20 世纪 70 年代科学家就发现了表面增强拉曼散射现象。此后，在理论研究和实验技术上都得到长足的发展。从 90 年代末期开始，由于拉曼光谱仪器学和纳米金属研究取得的重要进展，SERS 的应用得到了快速的扩展。目前，物理学、化学、材料学和生命科学等广泛学科领域的科学家都已开始在他们的研究工作中应用 SERS，而且注意到了这种技术强大的应用潜力。

在金属颗粒或粗糙金属表面作用下，材料的拉曼横截面可能增大 10^7 倍，这种增大只发生于直接吸附在金属表面上的物质，这种效应称为表面增强拉曼散射效应。银和金是最常使用的金属，因为它们有最强的增强效果，铜也用于表面增强拉曼光谱术。它们的增强效果依次为 Ag＞Au＞Cu。可见光或近红外激光可用于银的 SERS，而金和铜则要求使用红外或近红外激光。如果将 SERS 与共振增强拉曼光谱术(RRS)联合使用，可使拉曼横截面增大高达 10^{14}～10^{15} 倍，这使得单分子的拉曼光谱术成为可能。单分子 SERS 研究表明，SERS 光谱强度的大部分是由 SERS 基材上的一小部分分析物分子所贡献的。

SERS 有几种不同的机制，大致可分为两类：电磁效应(电场增强机制)和化学效应(化学增强机制，又称分子增强机制)[11-16]。电磁效应是由于金属表面与激发光的相互作用，分析物电场强度增大。电磁效应随离开金属表面距离的 3 次方而减弱，其范围为离金属表面几纳米。电磁效应与分析物本身没有大的关系。化学效应是由于分析物与金属波函数重叠而发生，与电磁效应相比，化学效应作用范围较小，效应较弱，而且强烈地与分析物有关。至今，这种机制的理论方面还不十分清楚。

不论考虑哪种增强机制，有一个一致的观点是，为了得到大的增强，金属表面必须具有合适的粗糙程度。银衬基在 SERS 效应中是最为有效的方法。银衬基可以是胶体态银、银岛薄膜(Ag/CaF_2)，沉积在石英或特氟龙(Teflon)粒子上的银膜、粗糙的电极和玻璃片上化学处理过的银膜。胶体态银、金和铜是最为广泛使用的类型，这是因为其准备过程不需要特殊仪器设备。化学刻蚀是适合于 SERS 研究衬基准备的一种较为方便而有效的方法[4]。刻蚀过程十分简便，在室温下将 0.025 mm 厚的银薄膜浸入搅动着的 4 mol/L HNO_3 中数分钟，直到薄膜呈乳白色。这一过程使银膜表面形成粗糙的海绵状，尺寸在 10～100 nm 范围的凹凸不平，其效果可从图 2.23 的拉曼光谱中观察到。图 2.23 中光谱 a 是没有附着物质的刻蚀银膜的拉曼光谱，未出现任何值得注意的峰。图 2.23 中光谱 b 显示了从附着于刻蚀银表面上的单层二硫化二苄测得的极佳 SERS 光谱。为比较起见，Ag/CaF_2 衬基上的 SERS 光谱(图 2.23 中光谱 c)和氯仿溶液中二硫化二苄的常规拉曼光谱(图 2.23 中光谱 d)也显示于图中。可以看到，在氯仿溶液的常规拉曼光谱中，归属于 S—S 伸缩振动的 520 cm^{-1} 拉曼峰在 SERS 光谱(图 2.23 光谱 b 和光谱 c)中消失了，这是由于位于金属表面的二硫化物分裂并形成了 R—S—金属表面键。经测算，硝酸刻蚀银膜的增强效果比 Ag/CaF_2 衬基要高约一个数量级。图 2.23 中(b)光谱的信噪比也显著优于图 2.23 光谱 c。可见，硝酸刻蚀银膜法确有较高的增强效果。

SERS 有效地弥补了拉曼信号灵敏度低的缺陷，可以获得常规拉曼光谱难以得到的信息。它在获取表面和界面信息方面的功能是非常突出的，这一技术已被广泛地应用于表面和界面的物理与化学研究中。它在生物大分子和聚合物的构型、构象及其他结构参数的研究中也很有应用价值。利用这种高灵敏的吸附增强效应进行生物分子的检测，特别是抗体分子、蛋白质分子和 DNA 分子的标记检测已成为近年来的发展趋势。在医学领域的应用令人瞩目，在许多方面如癌症的 SERS 诊断，几乎达到临床应用的成熟程度。在分析化学领域，由于 SERS 能获得痕量分子的结构信号，人们已做了诸多探索，但在定量分析方面仍然存在许多困难[16]。

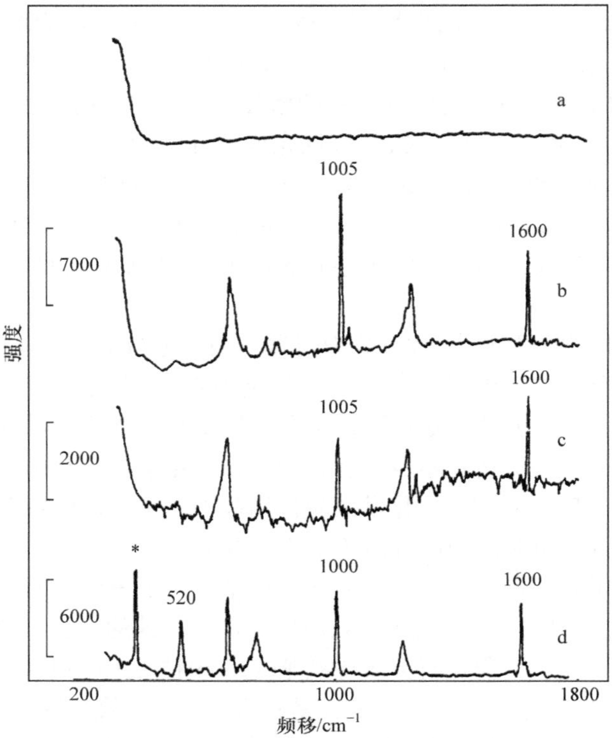

图 2.23　硝酸银刻蚀对 SERS 光谱的效果

a. 不含吸附物的硝酸刻蚀银膜的 SERS 光谱；b. 硝酸刻蚀银膜上的二硫化二苄的 SERS 光谱；c. Ag/CaF_2 衬基上的二硫化二苄的 SERS 光谱；d. 氯仿溶液中二硫化二苄的常规拉曼光谱

SERS 虽然有着强大的分析功能，但其应用仍然受到诸多限制。应用限制主要由下列因素所决定：SERS 要求试样与衬基相接触，则失去了拉曼光谱术非侵入和不接触分析的基本优点；SERS 衬基对不同材料的吸附性能不同，这使定量分析产生困难；衬基重现性和稳定性难以控制，常常难于寻找到合适的衬基或外标以用于实际试样的测量(不过对于这个困难的解决目前正在取得很大进展)；SERS 要求所检测的分子含有芳环、杂环、硝基、氨基、羰基或磷和硫原子其中之一，这使检测对象有一定的限制；试样可能与 SERS 衬基发生化学或光化学反应(对金衬基，这不是大问题)。

尽管有这些限制，SERS 已发展成一种成熟的分析技术。需要详细了解有关 SERS 的理论和应用以及实际分析时对 SERS 光谱的解释可参阅有关文献[17-21]。

2.10.2　共振增强拉曼光谱术

当激发光波长与分子的电子跃迁波长相等时将发生共振拉曼散射，这时，拉曼散射强度比常规散射情况要高出约 10^6 倍。灵敏度的极大升高使共振增强拉曼光谱能给出比常规拉曼光谱丰富得多的光谱特征信息，并能观察到在常规拉曼散射中难以出现的，其强度可与基频相比拟的泛音和组合振动光谱。原则上讲，拉曼散射强度的共振增强能用来升高几乎任何类型拉曼过程的灵敏度。共振增强拉曼光谱的高灵敏度使其可用于低浓度和微量试样的检测，特别适用于生物大分子试样检测。例如，应用这种技术不加预处理便可得到人体体液的拉曼光谱。许多生物分子的电子吸收区位于紫外区，紫外共振增强拉曼技术的研究已得到足够重视。利用紫外共振增强拉曼光谱术在蛋白质、核酸、DNA和丝状病毒粒子的研究已取得显著成果。采用共振拉曼偏振测量技术，还可获得有关分子对称性的信息。共振增强和表面增强拉曼光谱术在分析化学领域能够发挥的巨大作用早已引起关注[22]。

必须指出，在实验方面，实现共振拉曼散射比通常的拉曼散射要困难。激发光波长必须与所感兴趣的电子发色团的吸收区相吻合，才能发生共振拉曼散射。这使得激发强度和拉曼散射强度都与试样厚度有关，从而使定量分析复杂化。此外，由于热效应和光化学作用，激发光的吸收可能损伤试样；试样吸收区的激发常常增大荧光发射，在拉曼光谱中增强了荧光背景。这些都是在应用共振增强拉曼光谱术时必须注意的问题。

产生共振拉曼散射效应的必要条件是激发光的频率在试样的电子吸收谱带范围内。因此，激光器必须能输出多频率的激光，或者是可调谐的，以便选择输出激光的频率使其与试样吸收谱带频率相等或接近。

作为实例，图 2.24 显示了一种试样的常规拉曼光谱和共振增强拉曼光谱[23]，它们的激发光波长分别为 457.9 nm 和 257.3 nm。共振增强拉曼光谱的增强因子达到 10^5。共振增强拉曼光谱术的详细内容可参阅有关文献[24]。

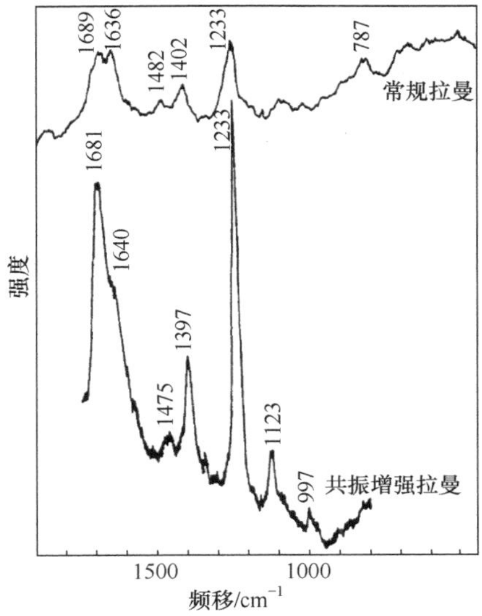

图 2.24　β-尿苷-5′-磷酸的拉曼光谱(上方光谱)和共振增强拉曼光谱(下方光谱)

2.10.3　针尖增强和近场光学拉曼光谱术

除拉曼散射效应的弱信号外，传统拉曼光谱术的另一个重要弱点是由于受限于光的衍射性质，它的空间分辨率较低，仅能达到微米级，因而无法分辨纳米级尺度的结构单元。

针尖增强和近场光学拉曼光谱术的应用，突破了光衍射对拉曼光谱术空间分辨率的限制，理论上没有最高分辨率的限制，实际应用上可使仪器的空间分辨率达到纳米级。这些技术的运用使拉曼光谱术的应用扩大到更为广泛的领域。

当直径十分微小的针尖接近试样表面时，针尖附近近场区域的拉曼效应将得到极大的增强，检测来自近场的拉曼信号可获得相应的拉曼光谱，这就是针尖增强拉曼光谱术(TERS)，它包含了针尖作用效应和近场光学显微术。

TERS 可以看成是表面增强拉曼光谱术的衍生。研究发现，当某些金属(如银、金、铜和铝)小粒子接近物质分子时，拉曼散射信号有着很大的增强，能被放大几个数量级[25]。这种现象后来被发展成表面增强拉曼光谱术，其确切机制目前仍然是讨论中的问题。一般被接受的观点认为是由金属小颗粒的表面离子态引起的。入射光的电场导致金属颗粒的表面离子态，引起金属表面及其附近电场振幅的显著增强。离子态引起的入射光和散射光两者的增强使得拉曼信号总增强达到几个数量级。

这种发现后来被用于产生近场拉曼散射[26]。探针的针尖被制成具有表面离子态的孤立纳米颗粒。当针尖被外光场照射并被引导逼近表面时，来自表面的拉曼信号强度将显著增强。这时检测的信号来自离子态增强场所在位置的十分微小的区域，通常约为几纳米。

信息强度微弱是限制拉曼光谱术应用范围的重要因素，因而，TERS 的出现受到了广泛的重视。与通常的 SERS 相比，TERS 克服了 SERS 的两个障碍：试样表面必须是非平面(即粗糙表面)和限制于某些特定的吸附物。此外，TERS 能在试样的任何区域探测这种拉曼增强。理论计算指出，在最佳针尖-表面几何和激发频率的条件下，可获得 1000 倍的场强，从而导致拉曼强度增强 12 个数量级。实验得出，有针尖与没有针尖的拉曼强度相对变化 $q=I_{TERS}/I_{RS}$ 为 1.4～40。目前 TERS 在材料科学和生命科学研究中已获得显著进展。

金属覆盖针尖的增强作用可以从对亚甲基蓝的测试中得到说明[27]。测试采用侧向照明的方式。图 2.25(a)是针尖撤离和逼近接触试样的示意图，注意针尖接触时引起的对入射光照明的阴影，该区域将不能激发出拉曼信号。图 2.25(b)的两条拉曼谱线分别对应未覆盖金属针尖撤离时和接触时测得的结果。由于阴影的影响，在针尖接触时，拉曼强度减弱了。图 2.25(c)的两条拉曼谱则分别对应金属覆盖针尖撤离和接触时测得的结果，由于针尖与亚甲基蓝试样的接触，拉曼强度增大了 5 倍。

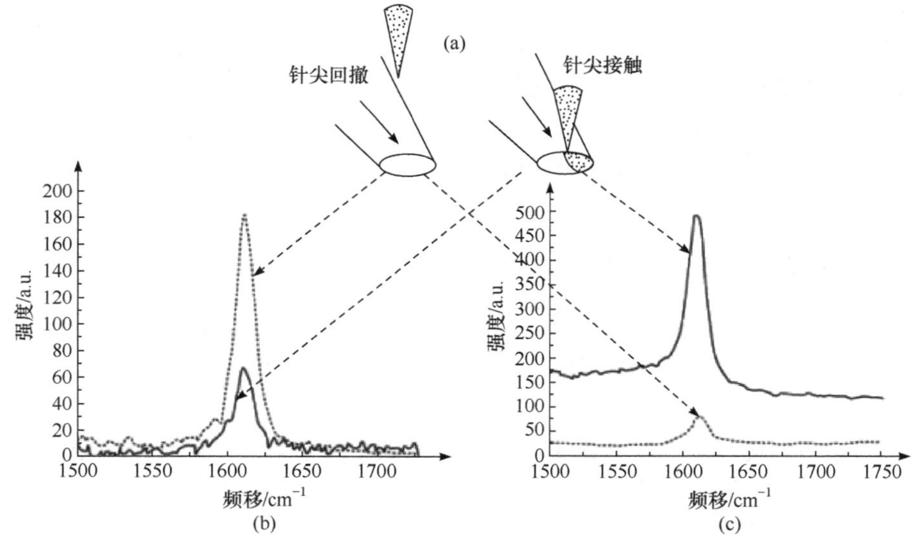

图 2.25　金属覆盖针尖对亚甲基蓝拉曼散射的增强作用

(a) 针尖接触试样表面和从试样表面回撤示意图；(b) 金属未覆盖针尖接触试样表面和从试样表面回撤后的拉曼光谱；(c) 金属覆盖针尖接触试样表面和从试样表面回撤后的拉曼光谱

测试表明，金覆盖针尖对聚合物材料、半导体材料和碳材料的拉曼信号都有着显著增强作用[25]。图 2.26 显示了对单壁碳纳米管的测定结果，针尖的接触使信号增强 3 倍。实验指出，金覆盖针尖对 C_{60} 的拉曼信号也有着十分显著的增强作用[28]。

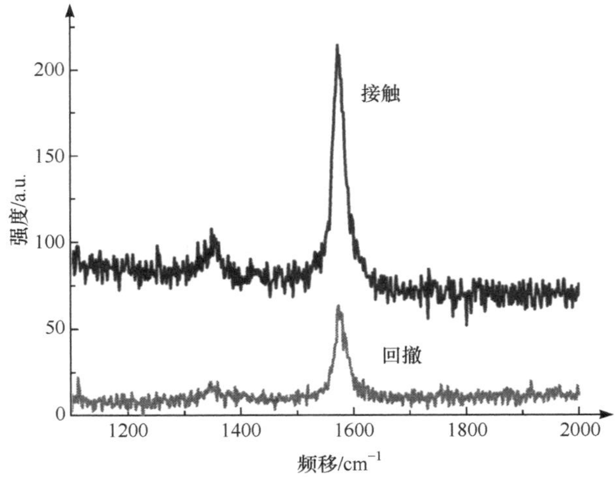

图 2.26　针尖接触试样表面和从试样表面回撤的单壁碳纳米管拉曼光谱

所谓近场光学是相对远场光学而言的。传统的光学理论，如几何光学和物理光学，通常只涉及远离光源或者远离物体的光场分布，一般统称为远场光学。远场光学在原理上存在一个远场衍射极限，限制了利用远场光学原理进行显微和其他光学应用时的最小分辨尺寸和最小标记尺寸。近场光学则研究距离光源或物体一个波长范围内的光场分布。在近场光学领域，远场衍射极限被突破，分辨率极限在原理上已不再存在，可以无限小。因而，基于近场光学理论可以提高显微成像和其他光学应用时的光学分辨率。

基于近场光学技术的光学分辨率可以达到纳米量级，突破了传统光学的分辨率衍射极限(约为波长的二分之一，$\lambda/2$)。据此发展起来的高分辨近场拉曼显微术显著地提高了拉曼光谱术和拉曼成像术的空间分辨率，实验研究表明，其实际分辨率已经达到纳米量级。

对单壁碳纳米管的近场拉曼测试结果证实这种空间分辨率前所未有的提高。对化学气相沉积法(CVD)制得的单壁碳纳米管进行共焦拉曼成像只能获得微米级的空间分辨率。图 2.27(a)表明，在放置尖锐银针尖于激光聚焦点附近后，试样拉曼像的衬度和分辨率得到极大的增强和提高。图 2.27(b)是同时获得的形貌像。与图 2.27(a)和(b)中虚线相对应的轮廓曲线分别显示在图 2.27(c)和(d)中[29]。拉曼信号由 633 nm 激光激发。检测碳纳

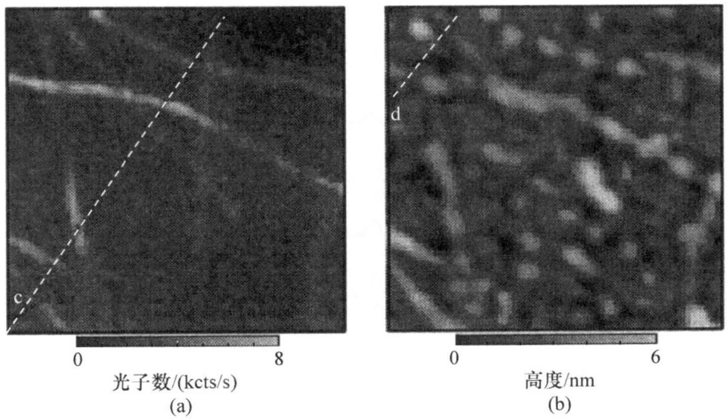

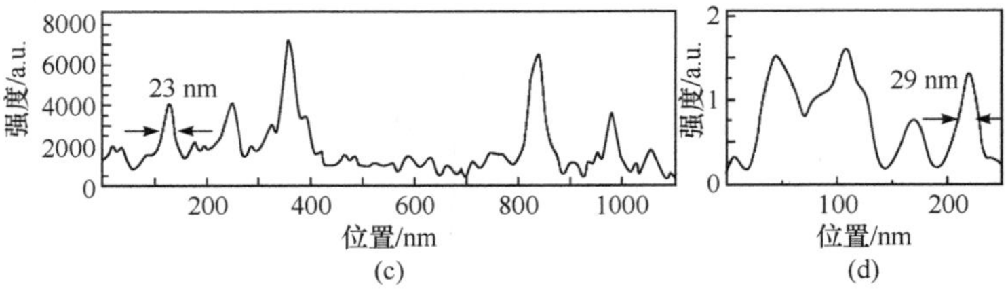

图 2.27　单壁碳纳米管的近场拉曼像和 AFM 形貌像

(a) 近场拉曼像；(b) AFM 形貌像，扫描尺寸为 1μm×1μm；(c, d)与(a)和(b)虚线相对应的吸收谱

米管的 G′峰(2615 cm^{-1})获得拉曼像[图 2.27(a)]。AFM 形貌像中显现的高度约为 2 nm 的大量小圆形物是凝结水，将试样加热至 70℃可以去除。纳米管的垂直高度约为 1.4 nm。图 2.27 除表明了测试的高分辨能力外，也表明了拉曼信号的近场起源。

图 2.28 显示了对弧光放电产生的单壁碳纳米管近场拉曼光谱测试的结果，进一步表明这种方法的高分辨光谱能力。纳米管的直径约为 1.7 nm。图 2.28(a)是纳米管接近端头附近的三维形貌像。在纳米管的上方有 3 个明显高约 5 nm 的凸起物，根据大小可判断其为 Ni/Y 催化剂颗粒，是纳米管生长的起始点。图中 1～4 各点表示金属针尖存在下的拉曼光谱检测位置，测得的相应各点的拉曼光谱显示在图 2.28(b)中。沿着纳米管各点拉曼光谱的变化清晰可见。在位置 1 和 2，G 峰(1596 cm^{-1})的振幅显著大于 G′峰(2619 cm^{-1})，它们的振幅比(G/G′)约为 1.3。而在位置 3 和 4，G 峰振幅相对 G′峰减小了，G/G′约为 0.7。同时，G′峰的形状发生变化，中心位置也发生偏移，从 2619 cm^{-1} 偏移到 2610 cm^{-1}，

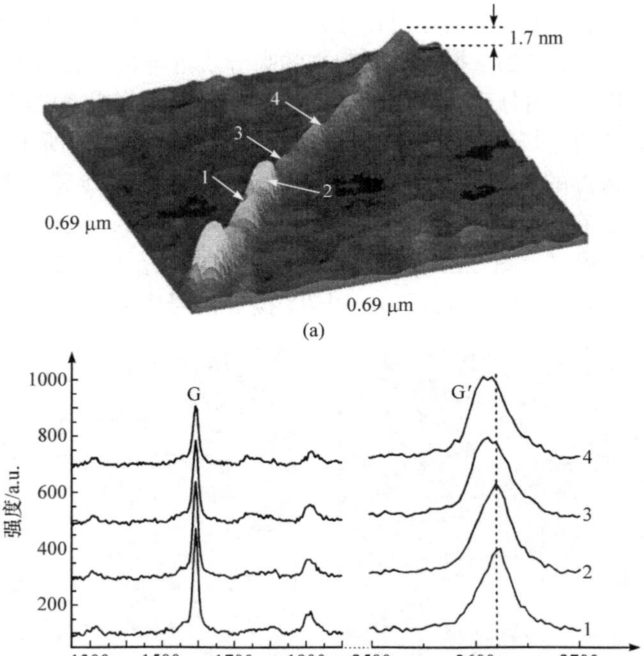

图 2.28　单壁碳纳米管的三维形貌像(a)和像中各点相应的近场拉曼光谱(b)

而 G 峰则保持不变。各点的间隔距离约为 35 nm。上述测试证明在这个空间范围不同点拉曼光谱的细节能得到分辨。

对表层以下试样也能做近场拉曼成像分析，如图 2.29 所示[30]。试样为覆盖均匀 SiO_2 薄层的碳纳米管，SiO_2 的厚度约为 7 nm。图 2.29(a)为 AFM 形貌像，显示了由弯曲的碳纳米管引起的 SiO_2 层的凸起外貌，凸起的高度为 1～2 nm，宽度则达到几百纳米。以 1590 cm^{-1} 拉曼峰测得的针尖增强拉曼像如图 2.29(b)所示，显示了包埋在 SiO_2 层下的碳纳米管。使用傅里叶过滤(Fourier filtering)从图 2.29(b)中分离出近场贡献和共焦背景，分别显示在图 2.29(c)和(d)中。试样近场像表明，分辨率达到约 30 nm。

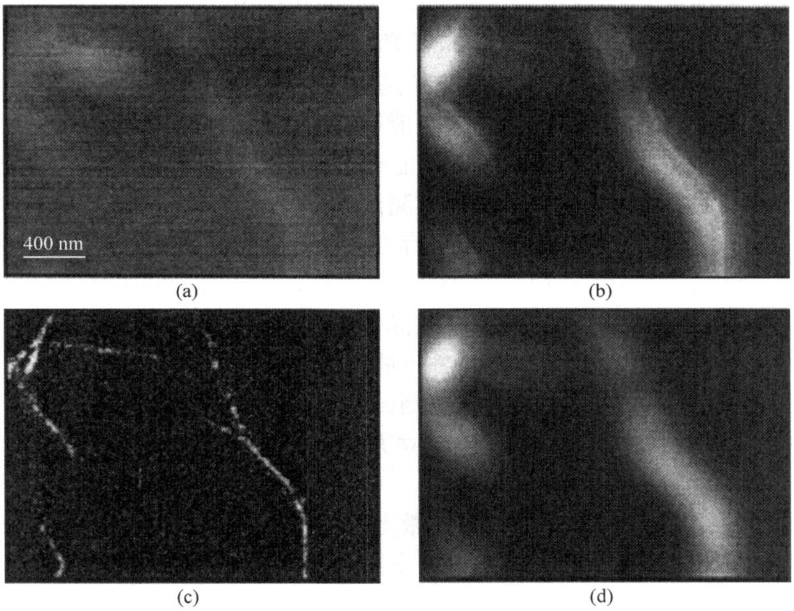

图 2.29　表层以下单壁碳纳米管的近场拉曼成像

(a) AFM 形貌像；(b) 针尖增强拉曼像；(c) 从图(b)中分离出的近场贡献；(d) 从图(b)中分离出的共焦背景

2.11　拉曼光谱术与其他测试技术的联用

2.11.1　概述

不论是经典表征技术还是近代获得快速发展的新表征技术，都不可能凭单一技术对材料的结构和性质作出全面的表征。因而，人们总是习惯于依次使用不同表征手段(测试仪器)研究同一种材料，以期尽可能地对所研究材料的结构和性质有较为全面的了解。这往往是一个费时又费钱的过程；对于微区分析，使用不同仪器依次分析时，定位是一个难以克服的困难；对于结构和性质随时间而变化的研究对象，依次测试显然是不合适的。

如果既能将不同表征方法整合在同一台仪器中实现，又不降低原有单台设备的性能指标，那将是一个重大的进步。实际上，一种联用技术的出现和成熟，常常预示着研究工作将上升到一个更高的水平。

最近 10 余年来，由各种不同类型表征技术组合的联用仪器和相应的测试技术不断出现，有些已经成熟，可作为通用实验室的常用设备。常见的有拉曼光谱术与 AFM 或 SEM 或红外光谱术(IR)的联用。

其中 SEM 与结构和化学分析仪(structure and chemical analyser, SCA)的联用技术[31]显示了多技术联用的强大功能。SEM-SCA 系统是多种成熟技术(包括拉曼光谱术在内的多种光谱术和 SEM)的联合，能够在显示试样形貌的同时，获得给定微区试样的元素组成、化合物组成和聚集态结构(结晶结构及其缺陷)，以及电子学性质等方面的丰富信息。

在 SEM-SCA 系统中，以激光作激发源，检测来自试样的拉曼散射光和光致发光(photo luminescence，又称荧光)，获得相应的光谱。同时也以电子束作激发源，检测阴极射线致发光(cathodoluminesence，又称电子致发光)，并获得相应的光谱。这些光谱可用于分析试样的物理性质和电子学性质，如化合物组成、结晶学性质、相分离、应变和载流子浓度等。而以电子束作为激发源的 SEM 则能给出试样的形态学结构，提供光谱分析的确切微区位置。装有能谱仪(EDX)的 SEM 还能给出微区的元素分析和元素的分布图。

图 2.30 显示了该系统对一多晶试样的测试结果。图 2.30(a)是试样的 SEM 二次电子像照片。SEM 的大场深使得易于识别试样存在两个形态不同的结晶体：一种为立方晶体，另一种为三方晶体。大多数 SEM 都装有 EDX 附件，用于对未知试样的常规元素分析。图 2.30(b)是 EDX 的分析结果，指出了立方晶体的主要组成元素是碳和氧，而三方晶体则主要包含氧、钠和氯。然而，这种分析并不能确定这些晶体是什么化合物。

使用该联合系统，对两类晶体的拉曼测试结果显示在图 2.30(c)中。将光谱与拉曼图谱资料库中的参照光谱作比对，可以确定立方晶体的化合物成分为蔗糖，而三方晶体为氯化钠。

荧光光谱术与拉曼光谱术一样，也以激光作信号激发源(在有些场合，也使用氙灯或高压汞灯，或 X 射线作激发光源)。在拉曼光谱分析中，荧光常常是必须消除或减弱的背景噪声。然而，荧光光谱对某些试样材料的许多物理性质(如应变)、结晶度和晶格缺陷、试样的电子学性质(如载流子浓度)，以及试样的微量杂质敏感。因而，荧光光谱术提供了某些材料的物理和电子结构的高空间分辨分析方法。

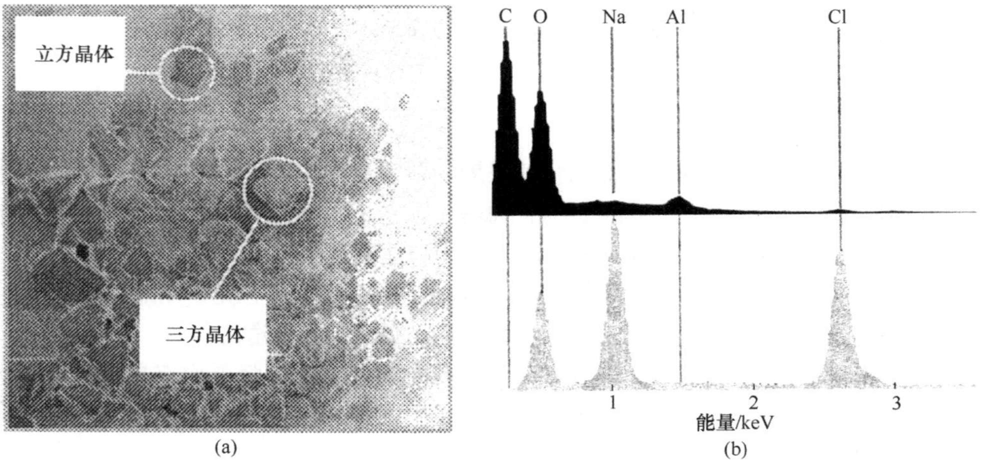

(a)　　(b)

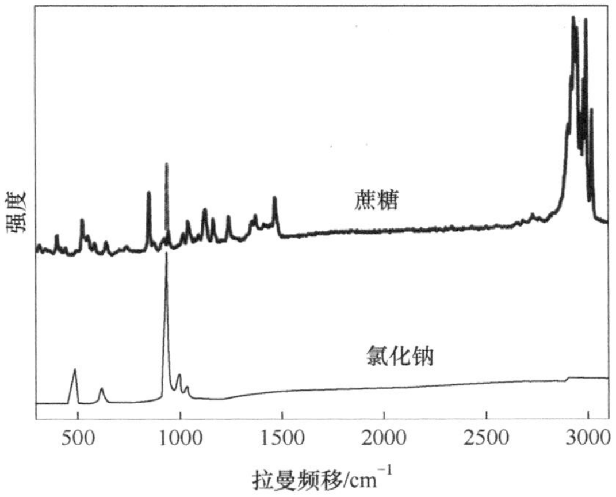

(c)

图 2.30　多晶体试样的 SEM-SCA 系统测试结果

(a) 晶体的 SEM 照片；(b) EDX 分析(上方谱相应于立方晶体，下方谱相应于三方晶体)；(c) 晶体的拉曼光谱

阴极射线致发光光谱以高能电子束作为激发源。从这种光谱中能够获得的信息大体上与荧光光谱相似。与荧光光谱术相比，阴极射线致发光光谱术有下述优点：改变电子束的加速电压将改变试样内部激发出光子的物质所处的深度，其范围可达到几微米。如此，可以测得缺陷、杂质和掺杂物等沿深度的分布情景；此外，光激发体积随加速电压的降低而减小，因而有可能达到亚微米级的空间分辨率。

上述实例表明联用技术能够在一台设备内获得比任何单台仪器丰富得多的来自试样的信息。应该强调的是，联用技术的功能并非是各个单项技术功能的简单叠加，它往往能够获得比使用各个单项相关技术依次检测所能得到的更为丰富的信息。

2.11.2　拉曼光谱术与 AFM 的联合

1. 拉曼光谱术与 AFM 联合的功能

拉曼光谱术和原子力显微术都是获得试样表面性质的测试方法，但它们工作的物理基础完全不同，前者利用试样对光子作用的反应获得信息，而后者则是利用试样对力学作用的反应检测相关信息。两种方法的联合不仅相互补充能够获取的资料，而且能从联合系统获得额外的从任何单一方法都不能够得到的资料。

拉曼光谱术和 AFM 的成功联用预示着将某些研究工作提高到了一个新的水平，尤其是对新材料的设计，如纳米材料设计和新型半导体材料设计。对于薄膜、单分子(原子)层膜和多相系统的研究、细胞和分子生物学及药物学的研究，它同样是一个新的、很有价值的研究工具。

AFM 主要能够以图像或曲线的形式给出试样形貌、相结构、微区力学性质(如弹性和功函数)、磁场和电场等方面的资料；而拉曼光谱术则主要能够检测试样微区的组成化合物、分子结构、聚集态结构(包括结晶学、取向和相结构)和微区应变等，获得的资料以光谱或者图像的形式来表达。

拉曼光谱术与 AFM 的联合使得人们能够在观察形貌图像的同时，检测试样给定微区的化学、物理、电学、磁学和力学性质。图 2.31 显示了 AFM/拉曼联用系统对金衬基上石墨烯的各种成像[32]。石墨烯是从石墨材料中剥离出来的单层碳原子面材料，是碳的二维结构。图 2.31(a)是石墨烯试样的 AFM 形貌像。图中的数字 1、2 表示相应区域石墨烯的层数。每个单层石墨烯的厚度由 AFM 测得为 0.5～1 nm。形貌像显示，石墨烯表面平滑，而金衬基则有粗糙的表面形态。与 G 峰(1580 cm^{-1})强度相应的拉曼像如图 2.31(b)所示，该峰的强度近似正比于石墨烯的层数(从而产生不同层数区域之间的图像衬度)。拉曼光谱中的二次 D 峰(或称 G′峰)的形状和质量中心位置也与石墨烯的层数直接相关，与之相应的拉曼像如图 2.31(c)所示。瑞利散射光的强度[图 2.31(d)]也给出相对于衬基层数的衬度。

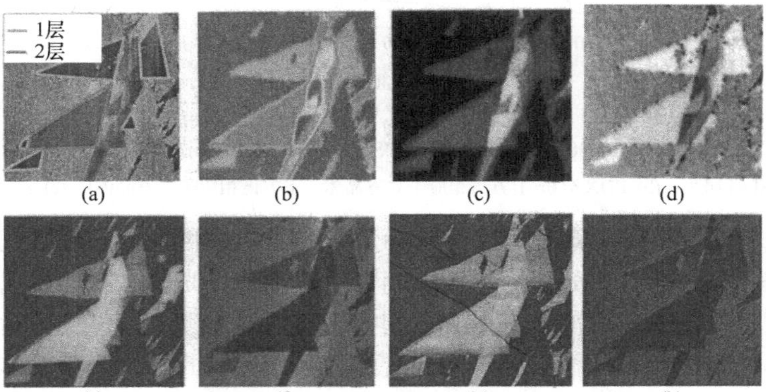

(a) (b) (c) (d)
(e) (f) (g) (h)

图 2.31 石墨烯的 AFM/拉曼光谱成像

(a) AFM 形貌像；扫描尺寸为 30 μm×30 μm；(b) G 峰强度的共焦拉曼像；(c) G′峰质量中心的共焦拉曼像；(d) 瑞利散射光的共焦像；(e) 开尔文探针显微像；(f) 静电力显微像；(g) 力调制显微像；(h) 侧向力显微像

图 2.31(e)～(h)中的拉曼像给出了石墨烯的物理性质。开尔文(Kelvin)探针显微术[33]测量试样的表面电势，其开尔文探针显微像(SKM 像)[图 2.31(e)]清楚地显示了不同层数石墨烯之间的衬度，表面功函数随着层数的增加单调增大。由静电力显微术(EFM)[34]测得的局部表面电荷分布如图 2.31(f)所示。EFM 像显示出单层、双层和三层石墨烯之间的强烈衬度。力调制显微术测量试样的局部弹性性质。从图 2.31(g)可见，较软的金衬基与较硬的石墨烯试样之间有强衬度，而单层与多层石墨烯之间则只有弱衬度。侧向力显微术(LFM)[35]可用于测量悬臂与试样之间的局部摩擦力。LFM 像[图 2.31(h)]显示了摩擦力随层数的增加而减小。

图 2.32 显示了两种方法的联合以及与近场扫描光学显微术的联合可以使用的各种技术。被测试样可处于空气环境中，也可处于流体环境中。最重要和最为常用的技术有下述三种。

1) AFM 的形貌像或相位像与拉曼光谱术的光谱和/或拉曼像相联系

图 2.33 是单壁碳纳米管在 AFM/拉曼联用系统中获得的 AFM 形貌像[图 2.33(a)]、拉曼光谱[图 2.33(b)]和拉曼像[图 2.33(c)][36]。结构完善的单壁碳纳米管显示确定的径向呼吸模(RBM)峰(上方光谱)，其右边是以其 173 cm^{-1} 峰成像的拉曼像[图 2.33(c)上图]，而光谱中 D 峰(下方光谱)的出现表明无定形碳的存在，与该峰(1351 cm^{-1})相应的拉曼像如图 2.33(c)下图所示。两幅拉曼像分别显示了单壁碳纳米管和无定形碳的分布情景。

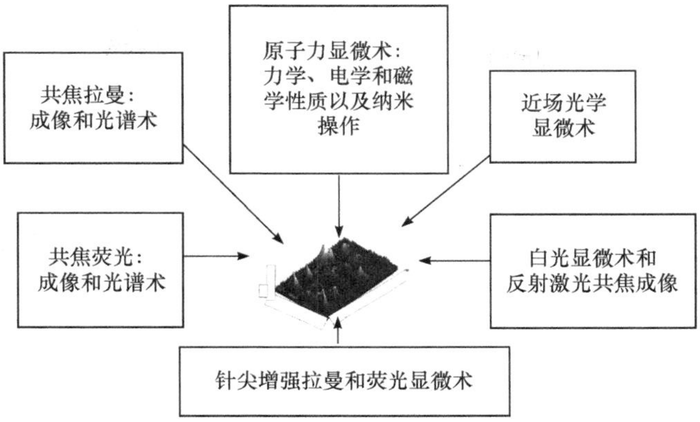

图 2.32　AFM/拉曼联用系统的功能

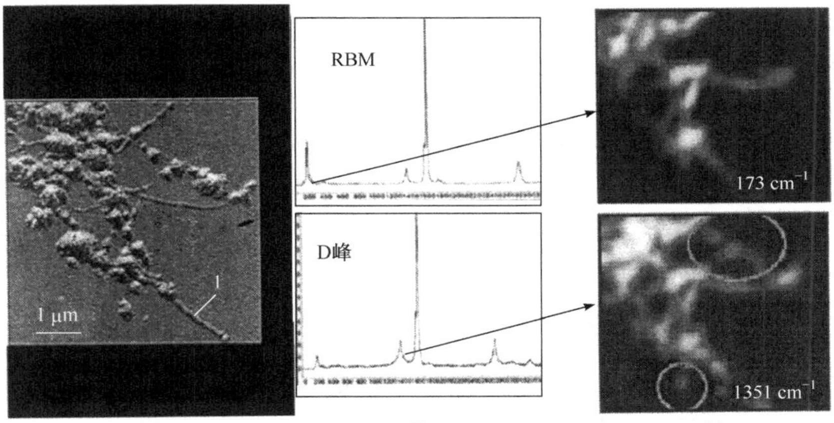

(a)　(b)　(c)

图 2.33　在 AFM/拉曼联用系统中测得的单壁碳纳米管 AFM 形貌像(a)、拉曼光谱(b)和拉曼像(c)

图 2.34(a)和(b)将海藻细胞从通常光学显微图(相位衬度像)所获得的信息与从AFM形貌像所获得的信息进行比较，相应的拉曼像[图 2.34(c)]则表明了β-胡萝卜素位于细胞的表面。

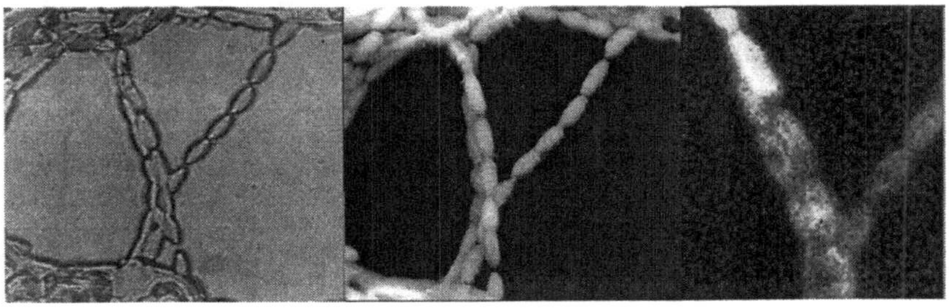

(a)　(b)　(c)

图 2.34　海藻细胞的光学相衬像(a)、AFM 形貌像(b)和拉曼像(c)

这种联合技术对药物工业尤其有意义。药物的多晶型体常常是药物性质的决定性因素。多晶型体是指同质多形物，具有相同的化学成分，但有不同的结晶晶格。拉曼光谱

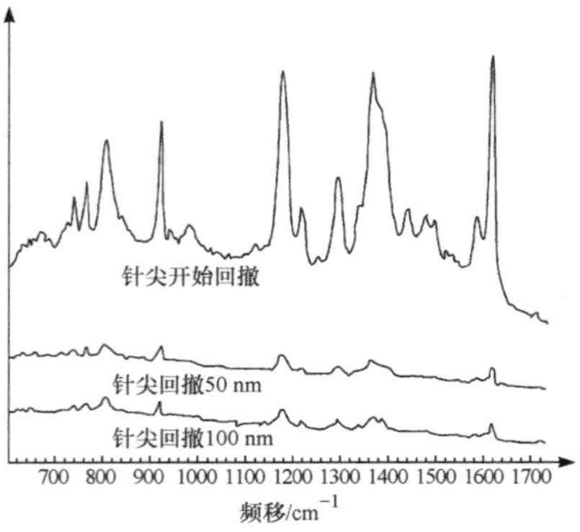

图 2.35　孔雀绿的针尖增强拉曼光谱

术用于研究多晶型现象，而 AFM 技术的定位功能可加速研究进度。

2) 针尖增强拉曼光谱术

在 AFM/拉曼联用系统中，AFM 的探针针尖正好可用作针尖增强拉曼光谱术中所需使用的针尖，利用专门制备的针尖引起的表面增强效应可使拉曼强度成倍增大。图 2.35 显示了孔雀绿的针尖增强拉曼光谱，使用金针尖，以 633 nm 光照明。图中的 3 条光谱相应于针尖相对于试样表面的不同距离。可以看到，在针尖逼近表面时，拉曼散射得到显著的增强。

3) 近场扫描光学显微术

在 AFM/拉曼联用系统中，通常在获得试样的 AFM 资料的同时可测得远场拉曼资料(应用共焦拉曼显微术)或者近场拉曼资料(应用近场扫描光学显微术)。

在使用远场拉曼模式时，使用者能获得试样的高分辨扫描探针测定结果，同时也可测得分辨率约为 0.5 μm 的远场分辨拉曼资料。从拉曼测试得到的信息能够与从 AFM 获得的高空间分辨形貌、电学和力学资料相联系。近场拉曼模式能同时获得高空间分辨率的拉曼和 AFM 资料。

2. AFM/拉曼联用系统仪器

图 2.36 显示了一种 AFM/拉曼联用系统的外观，AFM 的探针和其中一个物镜安装在一起，只需切换物镜就可实现 AFM/拉曼联用。

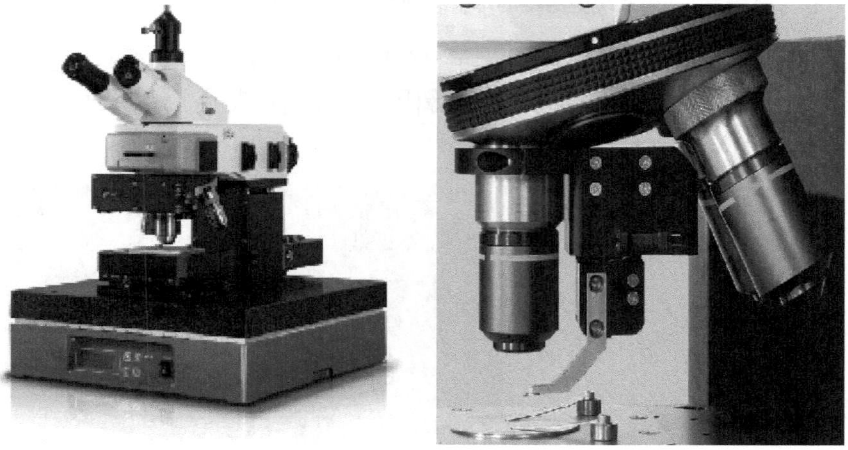

(a)　　(b)

图 2.36　一种 AFM/拉曼联用系统外观

(a) 整机照片；(b) 物镜部分放大照片

图 2.37 显示了使用某种 AFM/拉曼联用系统获得的石墨烯 AFM 像和拉曼像。

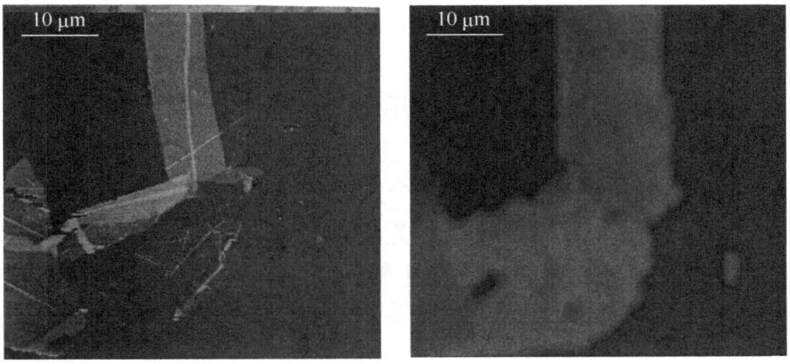

(a)　(b)

图 2.37　石墨烯的 AFM 像(a)和拉曼像(b)

图 2.38 显示了 AFM 与拉曼显微光谱仪探测部分相联合的几种典型设置[32]。这种联合的主要技术要求是在 AFM 悬臂近旁安装高分辨物镜，而又不会损害 AFM 的功能。物镜的分辨率或数值孔径(NA)是最重要的参数之一，因为它决定了拉曼像的空间分辨率和技术的灵敏度。此外，紧靠在一起的聚焦激光斑点与 AFM 探针必须有高精度的空间关系并保持稳定，以保证 AFM 和光谱测量精确地位于同一微区。

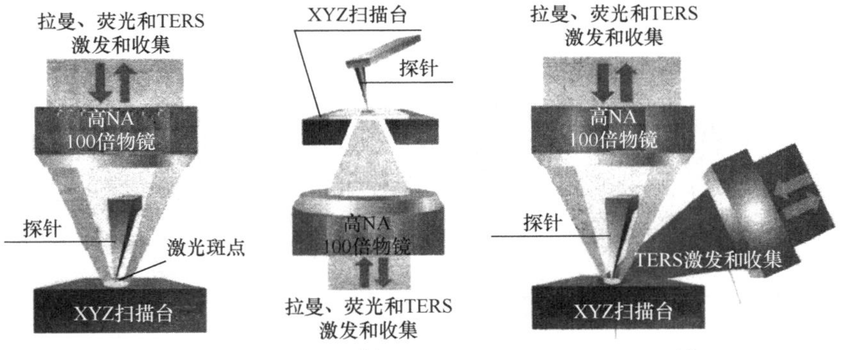

(a)　(b)　(c)

图 2.38　AFM/拉曼联用系统的几种联用模式

(a) 正立式物镜模式；(b) 倒立式物镜模式；(c) 侧向照明模式

正立式物镜和倒立式物镜是两种主要的设置模式，分别如图 2.38(a)和(b)所示。正立式模式将一高数值孔径物镜安装于 AFM 探针的上方，激发光直接聚焦于针尖的端头上。物镜分辨率可达到 280 nm(水浸)或 400 nm(空气中)。对于不透明试样的 AFM/拉曼成像，物镜正立设置是最佳选择。倒立式物镜模式适用于透明试样或沉积于薄显微镜玻片上的纳米尺度试样，这种模式有一个好处：悬臂和激光激发斑点分别位于试样上下两个表面，因而消除了激光的悬臂阴影效应。另外，倒立式物镜模式可以使用油浸物镜(油位于试样的反面，不会影响 AFM 的工作)，能够达到最高的光学灵敏度和空间分辨率。倒立式的限制也是明显的，它不适于通常的不透明试样。对于微细的不透明试样则需将其安装于透明基片(如薄玻片)上。

在某些情况下，可采用侧向照明的模式，如图 2.38(c)所示。一个附加物镜安置在 AFM

探针的侧面，将激发激光聚焦于针尖和试样表面上。由同一侧向物镜或者上端的直立高分辨物镜收集来自试样的光。

AFM/拉曼联用系统的计算机软件可以用一个程序控制 AFM 和拉曼光谱仪的测量参数，数据处理也可在同一台计算机中完成。

在 AFM/拉曼联用系统中，TERS 的一个关键技术是合适的针尖制备。针尖应尽可能地紧靠 AFM 微悬臂的端头，以减小悬臂的光阴影。可以用真空沉积方法在针尖上覆盖一薄层金或银。在沉积金属时，应预先在针尖上镀一层铬，以使金层能更好地被吸附。图 2.39 显示了一种氮化硅针尖的 TEM 图[19]。未覆盖银的氧化硅针尖具有光滑的表面，而覆盖有 60 nm 厚度银层的针尖表面粗糙，有着颗粒状的结构。有实验指出，对于 514.5 nm 激光的侧向照明，针尖覆盖 40～60 nm 厚度的银层或 70～100 nm 的金层能获得最佳增强。图 2.40 是覆盖银层的石英针尖的结构示意图和 SEM 照片[37]。先用双束聚焦显微术使石英针尖的端头锐化，直径达到 20～70 nm，随后在锐化的针尖上在溅射仪中先后镀上铬和银或金，并用双束聚焦显微术去除接近端头的金属层，以产生如像颗粒那样的针尖。结构参数可在如下范围内选用：尖端直径 a 为 70～150 nm，长度 b 为 300～500 nm，间隔长度 c 大于 1 μm。与通常的镀银石英针尖相比，这种几何形状的针尖更有利于获得高分辨的拉曼检测。悬臂式针尖对光学信号阻挡较少。用电化学方法将较粗的钨丝蚀刻成很细的针尖，如图 2.41(a)所示[38]，针尖末端的直径约为 30 nm。针尖表面以溅射法覆盖一层银。银层有利于增大悬臂的反射率，从而增强对原子力偏移的敏感性；银层的另一

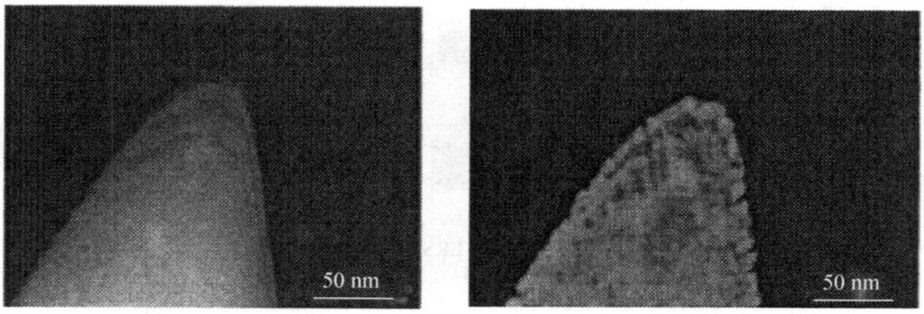

(a)　　(b)

图 2.39　氮化硅针尖的 TEM 图

(a) 未覆盖银层；(b) 覆盖 60 nm 厚度的银层

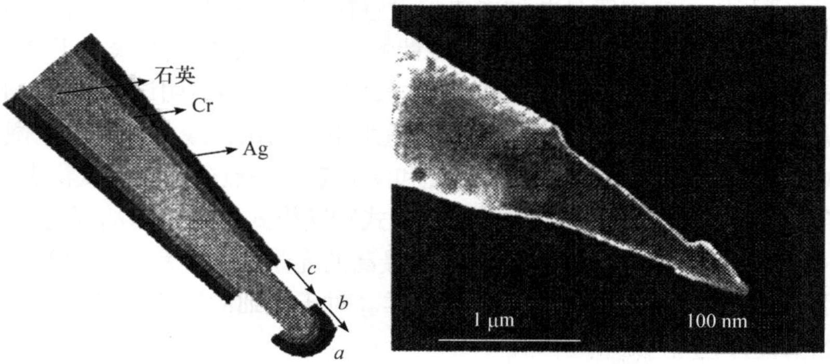

(a)　　(b)

图 2.40　覆盖银层的石英针尖的结构示意图(a)和 SEM 照片(b)

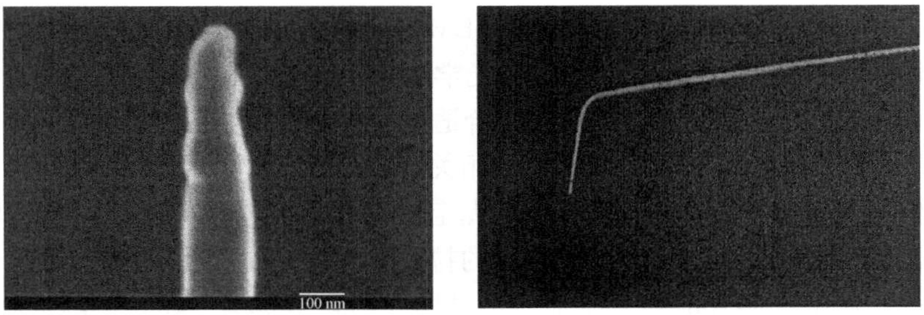

(a)　　(b)

图 2.41　用电化学方法制备的钨丝针尖

(a) 针尖的 SEM 照片；(b) 弯曲后针尖的光学显微像

个作用是增强入射激光与针尖的相互作用，有利于增强紧靠针尖的近场。随后使用专用工具将钨丝针尖弯曲成如图 2.41(b)所示的形状，其水平部分作为 AFM 的悬臂。

有很多种用于 TERS 的针尖制备方法，除去上述覆盖金属层[金属化针尖(metallized tips)]方法外，也可使用在针尖端头吸附或生长金属纳米颗粒的方法[39]。

图 2.42～图 2.44 显示了金覆盖针尖对某些聚合物材料、半导体材料和碳材料的拉曼增强作用[17]。图 2.42 是对一种共混聚合物薄膜[PEDOT/PSS(聚 3,4-乙烯二氧噻吩/聚乙烯磺酸盐)]的测定结果，针尖作用使信号增强了 1.6 倍。对硫化镉(CdS)膜的测定结果如图 2.43 所示，信号增强 7 倍。对硅晶片则仅有 30%的增强(图 2.44)。对碳材料的测试结果见图 2.26。

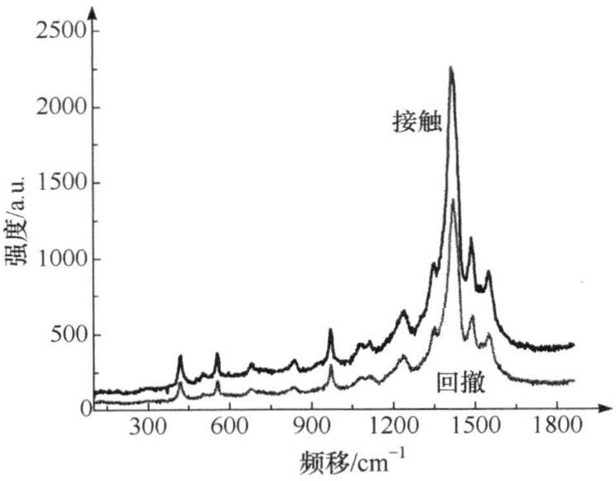

图 2.42　PEDOT/PSS 薄膜的拉曼光谱

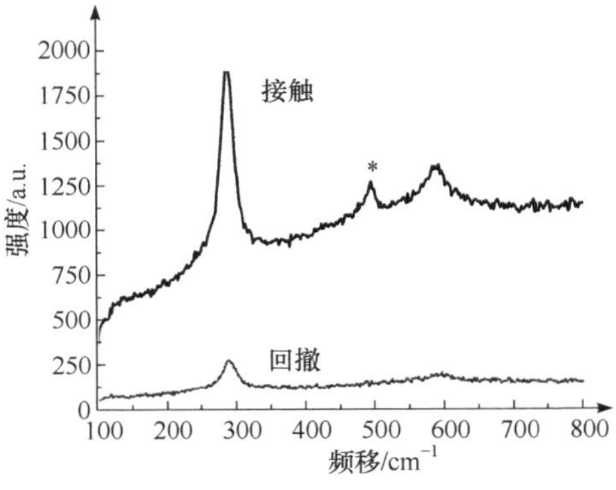

图 2.43　CdS 薄膜的拉曼光谱

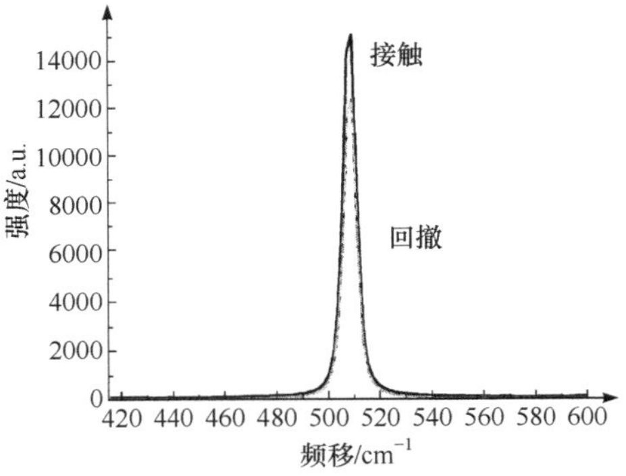

图 2.44　硅晶片的拉曼光谱

2.11.3　拉曼光谱术与 SEM 的联合

拉曼光谱测试对试样所处环境条件无任何特定要求，可以在低或高或超高真空以及高温或低温或常温环境下，甚至在外力作用发生应变的情况下正常运作。这与 SEM 中试样可能所处的环境相一致。此外，通常的 SEM 仪器都具有大的试样室，可用于安装多种附件，如与拉曼散射的激发和收集相关的光学系统，以及试样受力的应变装置等。因此，从仪器学方面考虑，这两种技术的联用是合适的。

拉曼光谱对给定物质具有指纹特性，相关技术可用于鉴别组成试样的化合物，也能用于确定材料的结晶度、结晶区取向度和无定形区取向度、聚集态的相结构以及材料局部区域的残余形变或受外力形变等。通常的拉曼光谱分析的空间分辨率可达到微米级。常用的 SEM 二次电子照片能高分辨地显示试样的形态学结构。如此，两种仪器的联合，对试样可同时实现 SEM 和拉曼光谱术检测，可用 SEM 确定试样中感兴趣的微区，然后使用拉曼光谱术快速而明确地分析该微区的化合物组成、物理学结构(结晶学、取向和微相等)以及微区的应力/应变等。若 SEM 中配备有能谱仪，则还可对试样做原子序数大于 5 的元素分析。

SEM/拉曼联用系统的应用遍及各个学科领域，主要包括材料科学(如复合材料、高聚物、碳材料、半导体电子材料、生物材料和纤维等学科)、生物医学、矿物学、药物学和司法刑事科学等。

一种 SEM/拉曼联用系统的仪器结构示意如图 2.45 所示[40]。由 SEM 二次电子照片显示试样形貌，并确定感兴趣的待分析微区，随后将该微区精确地移动到激光聚焦的坐标位置做拉曼光谱分析。由激光二极管发出的激光经分光半透镜分光，穿过真空室窗口进入 SEM 真空室，经过反射镜组反射通过 60 倍物镜入射于试样表面。激发出的拉曼散射光由同一物镜收集，沿着激发光光路相反的方向通过分光半透镜进入光谱分析仪，显示该微区的拉曼光谱。

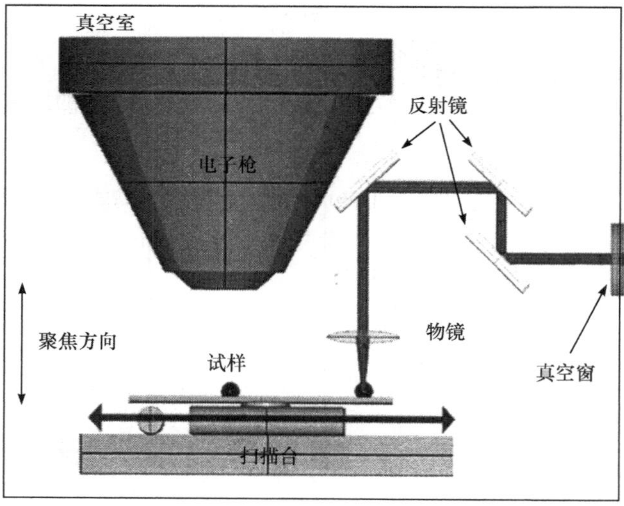

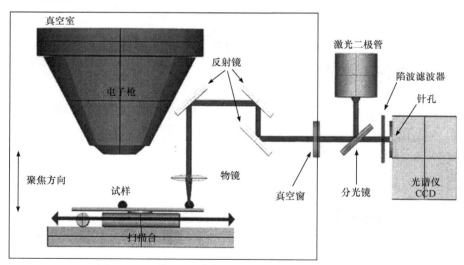

图 2.45　一种 SEM/拉曼联用系统的仪器结构示意图

图 2.46 显示了对聚苯乙烯小圆珠的测试结果。图 2.46(a)是图 2.46(b)中左边第 3 个小圆珠的拉曼光谱，显示了位于 1004 cm^{-1} 的特征峰。与电子显微图 2.46(b)相应区域的光学显微图如图 2.46(c)所示。图 2.46(d)则是选用 1004 cm^{-1} 峰强度作为衬度来源的拉曼像。拉曼像确认了 SEM 和光学显微像观察到的小圆珠的化学成分。

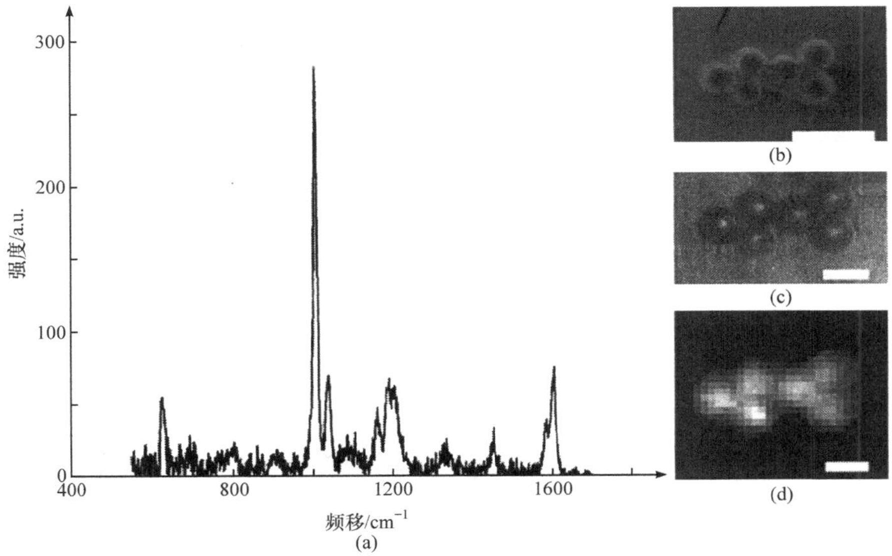

图 2.46　聚苯乙烯小圆珠的拉曼光谱(a)、电子显微图(b)、光学显微图(c)和 1004 cm^{-1} 峰的拉曼像(d)

使用这种联合系统分析试样表面同一微区形貌和化学组成的另一个实例如图 2.47 所示。试样为实验鼠骨。图 2.47(a)为鼠骨表面的 SEM 照片和拉曼像。SEM 照片显示了骨表面宽度为 15～20 μm 的微裂缝。图的右边为与该图中三个方框内区域相对应的拉曼像，从上到下依次为蛋白质拉曼像(1400～1440 cm^{-1})、CO_3^{2-}拉曼像(1070cm^{-1})和 PO_4^{3-}拉曼像(960 cm^{-1})。应用 SEM 的 X 射线微分析获得的 C、O、P 和 Ca 元素的分布如图 2.47(b)所示。图中白框内的区域与电子显微图相对应。

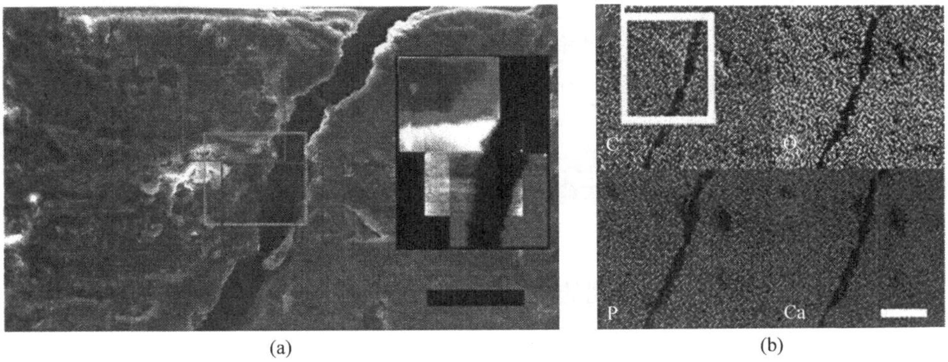

图 2.47　鼠骨表面的 SEM 照片和拉曼像(a)及 X 射线分析获得的元素分布图(b)

上述 SEM-SCA 系统实际上是 SEM/拉曼联用仪器的一种。图 2.48 显示了另一种联用装置的外观。

下述实例是使用 SEM/拉曼联用系统对砂岩结构和组成的分析。试样是砂石切片，表面未经导电层覆盖，是非导体。为了避免 SEM 照片中出现静电累积引起的假象，使用低真空模式(LV-SEM)观察。在这种条件下，图像衬度源于组分平均原子序数的不同。组分越明亮表明平均原子序数越大。图 2.49 是试样的 LV-SEM 照片，显示了所选取的用于 X 射线和拉曼光谱分析的区域。从该区域检测的 X 射线信号可制作出 X 射线图像，显示元素在试样内的空间分布。获得的资料可以作定量处理，然而，不可能确切地确定是哪种元素或其化合物，如是氧化物还是氢氧化物，也不能区分组成物的不同结晶形状。图 2.50 是该区域铁、钛和钾元素分布的 X 射线图。

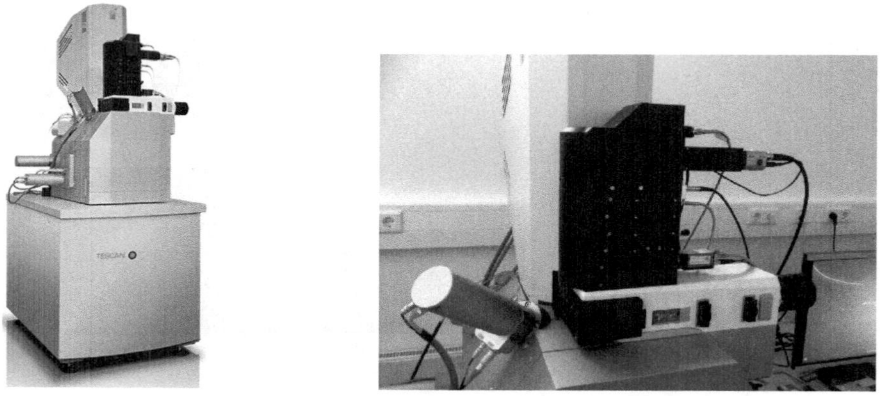

(a)　　(b)

图 2.48　一种 SEM/拉曼联用系统的外观

(a) 整机外貌；(b) SEM 与拉曼光谱仪耦合部分的放大照片

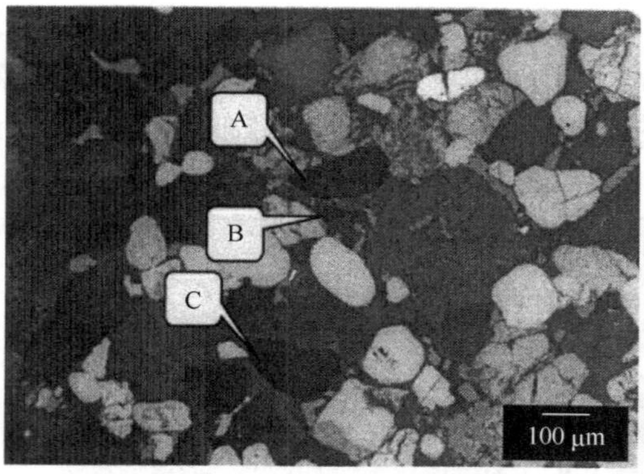

图 2.49　试样的 LV-SEM 照片

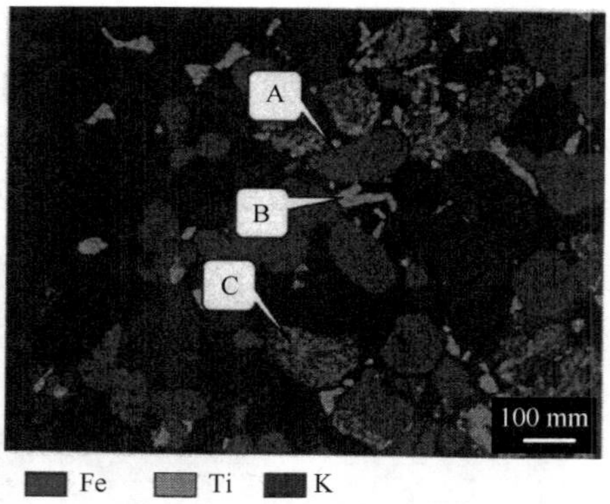

图 2.50　铁、钛和钾元素分布的 X 射线图

从图中微区 A、B 和 C 检测到的拉曼光谱分别显示在图 2.51～图 2.53 中。图中还显

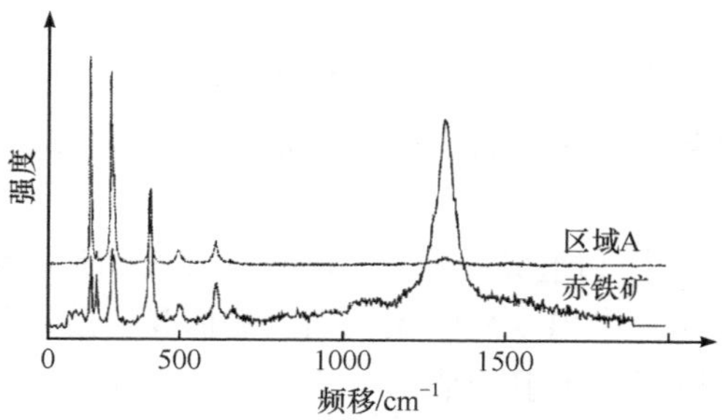

图 2.51　图 2.50 中 A 区的拉曼光谱和赤铁矿的参照拉曼光谱

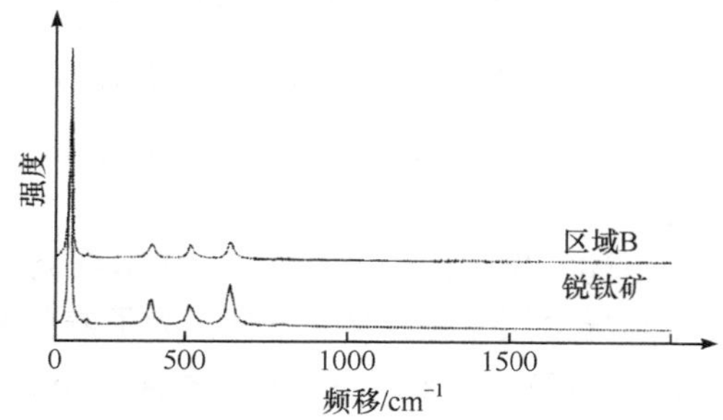

图 2.52　图 2.50 中 B 区的拉曼光谱和锐钛矿的参照拉曼光谱

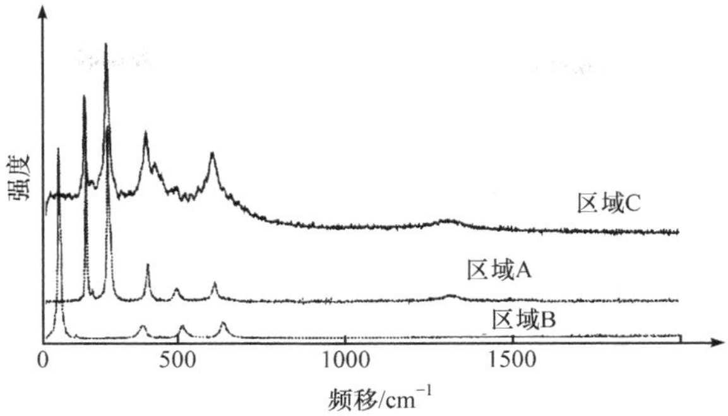

图 2.53　A 区、B 区和 C 区拉曼光谱的比较

示了与谱线相关的参照光谱。与资料库中的参照光谱相比，可以确定微区 A 的成分为赤铁矿(Fe_2O_3)，微区 B 的成分为锐钛矿(二氧化钛的一种多晶型体)。微区 C 的光谱稍微复杂，与赤铁矿的光谱相似，但谱峰较宽，强度也较弱，还出现了一个位于 436 cm^{-1} 的额外峰。通常认为，这个峰的出现是由于钛替换了赤铁矿中的铁，这与 X 射线结果是相一致的。

显而易见，SEM 的 EDX 检测资料有益于对拉曼光谱的分析。

SEM/拉曼联用系统在半导体工业领域是一种十分有效而可靠的检测工具，可用于生产线产品的质量监控和产品失效分析。一个实例是关于半导体-半导体逻辑(TTL)集成电路(IC)板污染颗粒物的检测[31]。这种污染物的存在可能引起电路板性能的降低甚至失效。图 2.54(a)是 TTL 电路板的 SEM 二次电子照片，显示了几微米大小的颗粒状污染物。在联用系统中对这些颗粒作拉曼光谱检测。由于硅基片有很强的拉曼散射，为了突出来自颗粒物的拉曼峰，在检测到的光谱中减除了硅峰，得到的拉曼光谱如图 2.54(b)所示。与资料库的参照光谱相比，可以确定三个颗粒物分别为 PMMA(聚甲基丙烯酸甲酯)、PTFE(聚四氟乙烯)及碳化硅(S：C)、金刚石与无定形碳的混合物。使用 SEM 的附件对颗粒物作 EDX 分析，得到如图 2.54(c)所示的典型的 EDX 谱。分析生产过程，可以确定 EDX 谱中所显示的各元素来源于何种原料或杂质，然而，EDX 谱不能确定各颗粒物的化合物成分。

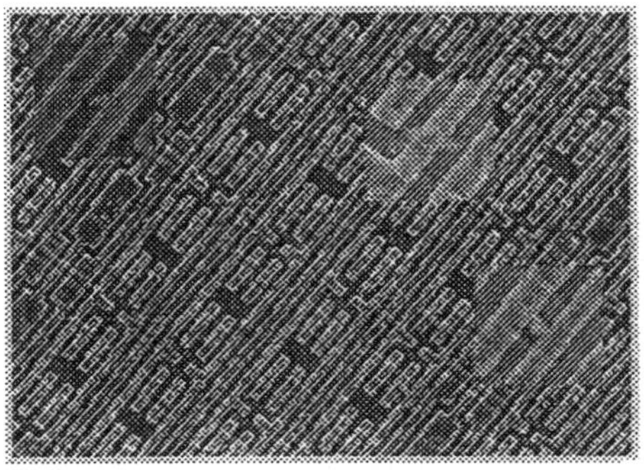

(a)

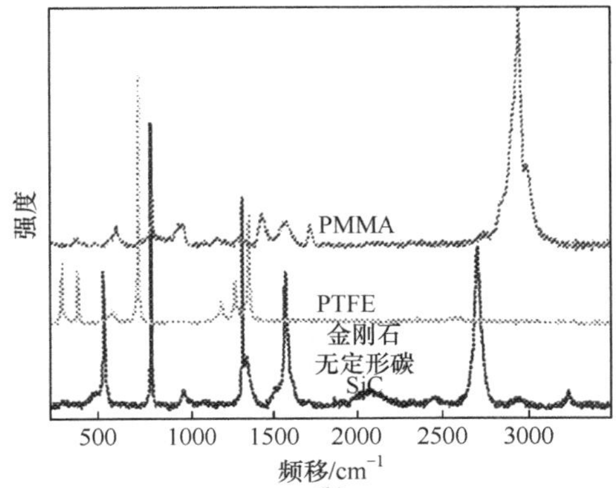

(b)

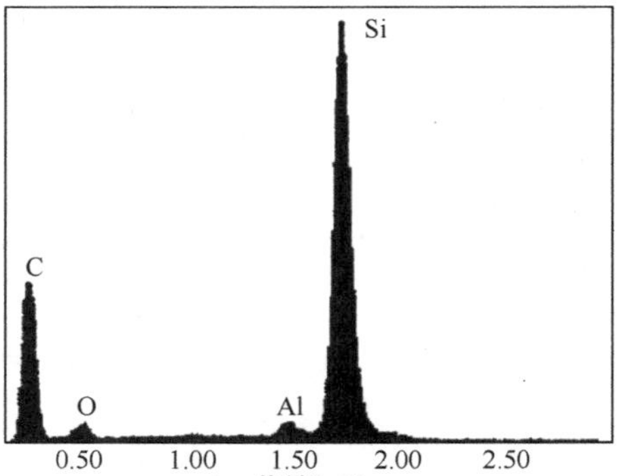

(c)

图 2.54 TTL 电路板的 SEM 二次电子照片(a)、颗粒物的拉曼光谱(b)和颗粒物的 EDX 谱(c)

2.11.4 拉曼光谱术与红外光谱术的联合

红外光谱仪是一种传统的常用分析工具，拉曼光谱仪则是近代快速发展并广泛认可的强有力分析仪器。它们的分析功能和适用场合是互补的。将这两种仪器相联合形成了一种新的功能更强大的分析系统，只需简单的开关，就可选择试样的视频或光学观察、拉曼测试或红外测试。视频观察给出试样的形貌并选定试样中待测试的微区，而拉曼测试和红外测试则能给出该同一微区的拉曼光谱和红外光谱。两种仪器的操作和两种光谱的资料处理使用同一计算机软件包，十分方便。这种系统结构紧凑，占用实验室空间小，能快速获得分析结果。

红外光谱和拉曼光谱都可反映来自分子振动的信息。然而，两种技术的物理基础截然不同。前者是一种吸收过程，在光波的波长改变时，测量被吸收的那部分光。当入射光的能量与试样分子振动跃迁能量相匹配时，入射光被吸收。拉曼光谱术则涉及光的散射过程。入射光中有极少数光子与试样分子振动相互作用时发生散射，其能量稍高于或稍低于入射光子的能量(此即拉曼散射)。拉曼光谱术测量入射光与拉曼散射光子之间的能量差。这种差值相应于振动跃迁的能量。

因此，这两种光谱都涉及试样分子振动能量的跃迁。对某给定的振动是红外活性还是拉曼活性取决于选择定则。当入射光能量等于试样的振动跃迁能量时，入射光能激发试样的分子振动。对于红外活性的振动跃迁，分子的振动过程中必须有偶极矩的变化。若振动改变分子的极化率，这种振动模式是拉曼活性的。这个原理可用于从理论上预测拉曼和红外活性振动的数量。偶极矩或极化率有大变化的振动将引起光子与振动跃迁的强烈耦合，从而分别导致强红外吸收或拉曼散射。所以，如羰基和腈基会产生强红外吸收，而芳环和不饱和碳碳键会导致强烈的拉曼散射，产生强拉曼峰。显然，有的物质可能仅出现红外强吸收峰，而另一些物质可能只显示强拉曼峰，也有的物质既显示红外峰，又显示出拉曼峰。所以使用从分子振动获得的光谱信息分析试样时，仅用其中的一种光谱术往往显得不足。从两种技术的物理基础考虑，它们应该是相互补充的。这种相互补充在做材料的成分分析时尤其重要。

图 2.55 显示了尼龙 6 和 PEG(聚乙二醇)嵌段共聚物在同一波数范围内的拉曼光谱和

红外光谱。拉曼光谱中出现了位于 395 cm^{-1}、515 cm^{-1} 和 635 cm^{-1} 的二氧化钛颜料氧化峰，而红外光谱则对—NH 峰(约位于 3300 cm^{-1})和酰胺Ⅰ峰(位于 1650 cm^{-1})敏感，而且酰胺Ⅱ峰(1550 cm^{-1})仅在红外光谱中出现。通常，拉曼光谱术特别适用于试样中无机物的检测。

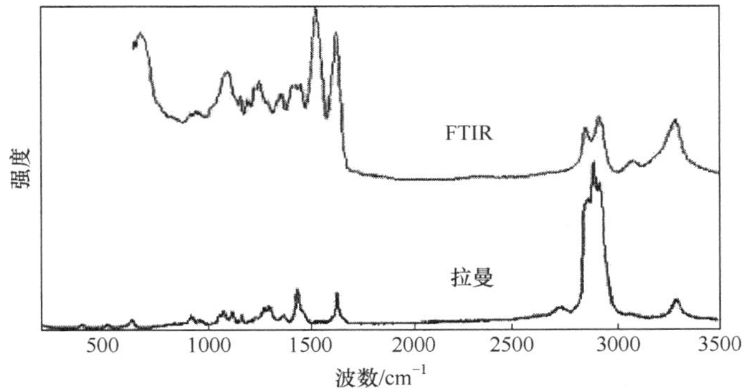

图 2.55　尼龙 6/聚乙二醇嵌段共聚物的拉曼光谱和红外光谱

从两种技术的功能考虑，它们的应用也是互补的。首先遇到的问题是它们显著不同的空间分辨率。拉曼光谱术有高得多的空间分辨率，使用高质量显微物镜，分辨率主要受限于光的衍射，可达到 0.5 μm，而在近场光学拉曼光谱术中已突破光衍射的限制，可达到纳米级。红外系统使用较长波长的光，因而理论光衍射限制要大得多，达到约 20 μm，实际的照明光斑的大小达到 100 μm。低空间分辨率使红外光谱术在分析不均匀混合物的成分时受到明显的限制。然而，它有大的视场，可以获得大尺寸的二维化学像。例如，对一种骨切片不同区域的红外光谱分析得出试样主要由两种相组成，一种为磷酸钙类的矿物质，另一种为有机组织基体。红外像给出了大尺寸范围(约 1000 μm)的两相物质分布图。拉曼像能给出高空间分辨(微米级，甚至纳米级)的微区成分分布图，而这种大尺寸范围成像是难以做到的。

许多材料被可见光照射时，常常能观察到荧光和磷光。可见光和紫外光有足够短的波长，会激发出这些射线，红外光则不会产生这种激发。所以，红外光谱术不受这些射线的干扰，而拉曼散射光有时会被这种射线完全掩盖(红外光激发的拉曼光谱可避免荧光干扰)。因此，对于有些试样的分析，使用拉曼光谱术会遇到难以克服的困难。虽然红外光作为激发光源能够避免荧光，然而，长波长激发光会使拉曼散射信号强度急剧减弱，甚至达到难以检测的程度。

试样中的水分对中红外波长的光有强烈的吸收，则使用红外光谱术分析含水材料遇到难以克服的困难。对于拉曼分析，水是其理想的试样溶剂，水对拉曼散射几乎没有干扰。因此，对含水试样，如活的微生物试样和其他生物试样，拉曼光谱术是合适的分析技术，而红外光谱术则是完全不适用的。

从两种光谱的产生机制和相关技术的功能考虑，作材料表征常常要求使用两种光谱术，以便相互补充。将两种仪器相联合无疑能显著提高测试效率，并能获得使用两台仪器依次检测所难以获得的信息，如从同一微区的两种光谱获得的试样信息。

在药物学、聚合物、催化剂、艺术品整修和考古学以及法学等主要与材料成分分析相关的课题中，应用这一联用系统的益处尤为明显。以下是一个关于汽车碰撞产生的油漆碎片的成分分析实例[31]。

试样为白色汽车和蓝色汽车碰撞后表面脱落的油漆，是白色和蓝色涂层的混合物。光学显微术分析得出蓝色涂层的表面是无色的清漆，其下方是含有蓝色颗粒的由分立的多层组成的次表面层。白色漆片则是单一的一层，表面上含有污染物。

对表层清漆、次表层中的蓝色颗粒和白色漆片的代表性区域作拉曼测试。清漆仅显示荧光和弱拉曼信号，难以作出可信的试样确认。可见拉曼光谱术不能用于鉴别这种环境中的清漆。蓝色颗粒的光谱显示很强的拉曼峰，如图 2.56 所示。由于所用拉曼系统的高度共焦，光谱中未出现表层清漆的荧光背景。对比图中所示的参照光谱可以确认蓝色颗粒为二噁嗪颜料紫罗兰 23。白色漆片显示很强的拉曼峰，与参照光谱比对可以认定为金红石型 TiO_2(图 2.57)。

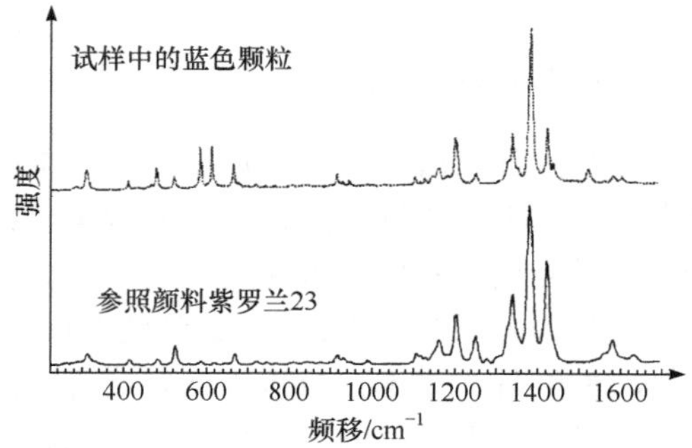

图 2.56　蓝色颗粒和紫罗兰 23 颜料的拉曼光谱

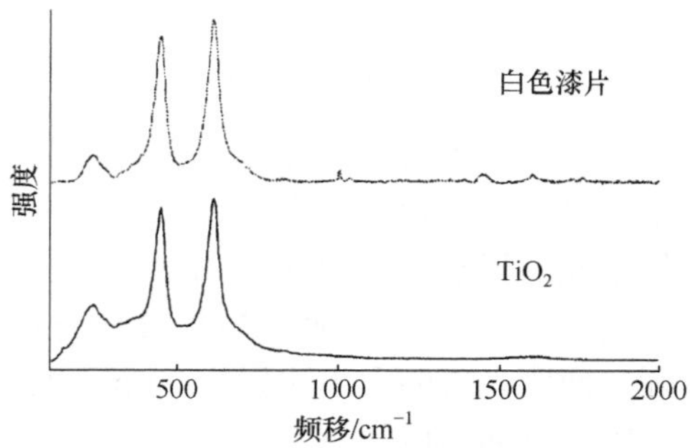

图 2.57　白色漆片和金红石型 TiO_2 的拉曼光谱

对蓝色涂层表层清漆红外光谱测试的结果如图 2.58 所示。检测使用衰减全反射(ATR)技术。与资料库中的参照光谱相比对，可以确认清漆是一种瓷釉。将碎片横向切开，以便使用 ATR 技术分析其蓝色涂层，其红外光谱如图 2.59 所示。从光谱分析可以确定该复合层只有单一成分，是一种常用的填充剂——硫酸钡。该层含有的蓝色颜料并不能用红外光谱术获得鉴别。

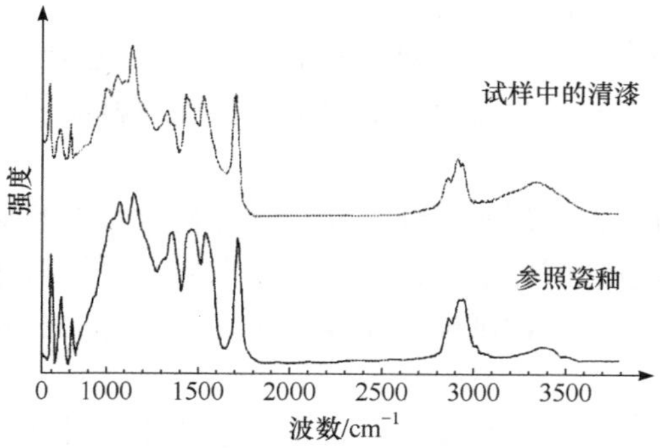

图 2.58　表层清漆红外光谱和瓷釉的参照红外光谱

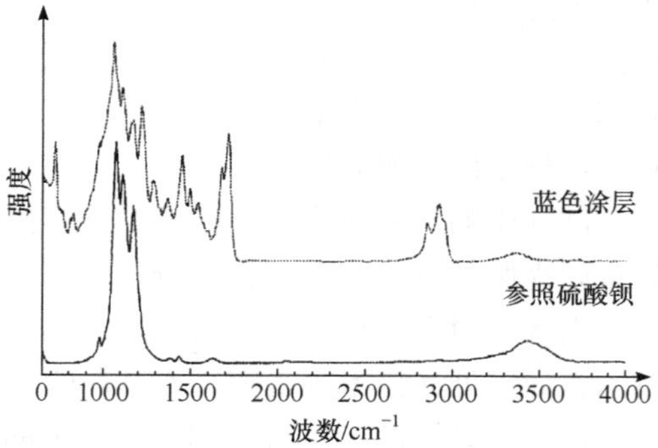

图 2.59　蓝色涂层的红外光谱和硫酸钡的参照红外光谱

参 考 文 献

[1] Smith E, Dent G. Modern Raman Spectroscopy: A Practical Approach. New York: John Wiley & Sons, 2005.
[2] Pelletier M J. Analytical Application of Raman Spectroscopy. New York: Blackwell Science, 1999.
[3] 薛奇, 陆云. FT-Raman 光谱在高分子结构研究中的应用. 光散射学报, 1998, (3): 158-167.
[4] Xue G. Fourier transform Raman spectroscopy and its application for the analysis of polymeric materials. Progress in Polymer Science, 1997, 22(2): 313-406.
[5] Ma Q, Clark D R. Measurement of residual stresses in sapphire fiber composites using optical fluorescence. Acta Metallurgica et Materialia, 1993, 41(6): 1817-1823.
[6] Morgan R L, Hill M J, Barham P J, et al. Morphology, melting behaviour and co-crystallization in polyethylene blends: The effect of cooling rate on two homogeneously mixed blends. Polymer, 1999, 40(2): 337-348.
[7] Morgan R L, Hill M J, Barham P J, et al. A Study of phase behaviour of polyethylene blends using micro-Raman imaging. Polymer, 2001, 42(5): 2121-2135.
[8] Kay L, Sadder D A. A method for processing CCD images to remove cosmic rays and other randomly positioned spurious events-theory and experiment. Measurement Science and Technology, 1991, 2(6): 532.
[9] Kay L. Removing cosmic rays and other randomly positioned spurious events from CCD images by taking the lesser image-statistical theory for the general case. Measurement Science and Technology, 1992, 3: 400.
[10] 朱自莹, 顾仁敖, 陆天翔. 拉曼光谱在化学中的应用. 沈阳: 东北大学出版社, 1998.
[11] Campion A, Kambhampati P. Surface-enhanced Raman scattering. Chemical Society Reviews, 1998, 27(4): 241-250.
[12] Moskovits M. Surface-enhanced spectroscopy. Review of Modern Physics, 1985, 57(3): 783.
[13] Metiu H, Dos P. Electromagnetic theory of surface enhanced spectroscopy. Annual Reviews Physical Chemistry, 1984, 35: 507-536.
[14] Xia L, Chen M, Zhao X, et al. Visualized method of chemical enhancement mechanism on SERS and TERS. Journal of Raman Spectroscopy, 2014, 45(7): 533.
[15] Otto A, Mrozek I, Grabhorn H, et al. Surface-enhanced Raman scattering. Journal of Physics-Condensed Matter, 1992, 4: 1143.
[16] Le Ru E C, Etchegin P G. Principles of Surface Enhanced Raman Spectroscopy. Amsterdam: Elsevier, 2009: 655-663.
[17] Aroca R. Surface-enhanced vibrational spectroscopy. Journal of Molecular Structure, 1997, 408-409: 17-22.
[18] Reinhard S S. Structure and dynamics of biomolecules probed by Raman spectroscopy. Journal of Raman Spectroscopy, 2005, 36(4): 276-278.
[19] Prochazka M. Surface-enhanced Raman Spectroscopy: Bioanalytical, Biomole Cular and Medical Applications. New York: Springer, 2016.
[20] Schlucker S. Surface-enhanced Raman spectroscopy: Concepts and chemical applications. Angewandte Chemie International Edition, 2014, 53(9): 4756-4795.
[21] McNay G, Eustace D, Smith W E, et al. Surface-enhanced Raman scattering (SERS) and surface enhanced resonance Raman stcettering: A review of applications. Applied Spectroscopy, 2011, 65(8):

825-837.
[22] 胡军, 胡继明. 拉曼光谱在分析化学的应用进展. 分析化学, 2000, 28(6): 764-771.
[23] Carey P R. Biochemical Applications of Raman and Resonance Raman Spectroscopes. New York: Academic Press, 1982.
[24] Laserna J J. Modern Techniques in Raman Spectroscopy. Chichester: Wiley, 1996.
[25] Chang R K, Furtak T E. Surface Enhanced Raman Scattering. New York: Plenum Press, 1982.
[26] Wessel J. Surface-enhanced optical microscopy. Journal of Optical Society of America, 1985, 2(9): 1538.
[27] Mehtani D, Lee N, Hartschuh R D, et al. Nano-Raman spectroscopy with side-illumination optics. Journal of Raman Spectroscopy, 2005, 36(1): 1068-1075.
[28] Stockle R M, Suh Y D, Deckert V, et al. Nano-scale chemical analysis by tip-enhanced Raman spectroscopy. Chemical Physics Letters, 2000, 318(1-3): 131-136.
[29] Hartschuh A, Sanchez E J, Xie X S, et al. High-resolution near-field Raman microscopy of single-walled carbon nanotubes. Physical Review Letters, 2003, 90(9): 095503.
[30] Anderson N, Anger P, Hartschuh A, et al. Subsurface Raman imaging with nanoscale resolution. Nano Letters, 2006, 6(4): 744-749.
[31] 杨序纲, 吴琪琳. 材料表征的近代物理方法. 北京: 科学出版社, 2013: 343-346.
[32] Dorozhkin P, Kuznetsov E, Schokin A, et al. AFM + Raman spectroscopy + SNOM + tip-enhanced Raman: Instrumentation and applications. Microscopy Today, 2010, 18(6): 28.
[33] Nonnenmacher M, O'Boyle M P, Wickramasinghe H K. Kelvin probe force microscopy. Applied Physical Letters, 1991, 58: 2921.
[34] Martin Y, Williams C C, Wickramasinghe H K. Atomic microscope-force mapping and profiling on a sub 100-A scale. Journal of Applied Physics, 1987, 61(10): 4723-4729.
[35] 杨序纲, 杨潇. 原子力显微术及其应用. 北京: 化学工业出版社, 2011: 22-24.
[36] Foster B. AFM/Raman opens new horizons for research and industrial characterization. American Laboratory, 2007, 39(6): 13.
[37] Zhu L, Geogi C, Hecker M, et al. Nano-Raman spectroscopy with metallized atomic microscopy tips on strained silicon structures. Journal of Applied Physics, 2007, 101(10): 104305.
[38] Sun W X, Shen Z X. Near-field scanning Raman microscopy using apertureless probes. Journal of Raman Spetroscopy, 2003, 34(9): 668-676.
[39] Wang J J, Saito Y, Batchelder D N, et al. Controllable method for the preparation of metalized probes for efficient scanning near-field Raman microscopy. Applied Physics Letters, 2005, 86(26): 263111-263111-263113.
[40] van Apeldoorn A A, Aksenov Y, Stigter M, et al. Parrallel high-resolution confocal Raman SEM analysis of inorganic and organic bone matrix constituents. Journal of the Royal Society Interface, 2005, 2(2): 39-45.

第3章 聚合物的拉曼光谱及其应用

3.1 引　　言

本章将着重阐述适用于聚合物研究的主要拉曼光谱术及其在聚合物基本性质表征中的应用。所涉及的拉曼光谱术主要用于测定聚合物的化学成分、聚合物链的微结构和形态(结晶度和取向度)。聚合物的拉曼光谱理论上只包含其应用所必需的部分，详细叙述已超出本书范围，有需要的读者可参阅相关专著[1-3]。

实际上，拉曼光谱在聚合物物理和材料科学上有着更广泛的应用领域，例如，分析聚合物的电子结构、用低频散射光谱表征无定形区域的特性以及测定聚合物的应变等。本书不可能涉及所有课题。然而，目前一个新兴的、十分活跃的领域，即用拉曼光谱术研究聚合物材料的微观力学将在本书第6章作专题讨论。

本章在评述用拉曼光谱术表征聚合物性质的优缺点后，将先后阐述聚合物的鉴别、成分的定量分析、分子结构分析(包括异构现象、立构规整度、测序和端基测定)、结晶度和取向度的定性与定量测定、共混聚合物相结构分析，固化和降解过程以及聚合物反应动力学等方面的拉曼光谱分析和在线测试技术。最后一节是有关聚合物形变下的拉曼光谱。聚合物的鉴别占用了较大的篇幅，这部分内容除聚合物生产和研究人员感兴趣外，还涉及刑事司法、商业贸易和考古等领域。对每项内容都包含适用的主要拉曼光谱术，并以应用实例作出详细说明，也对其适用范围作了讨论。

应用拉曼光谱术表征聚合物对人们有很强的吸引力，其重要原因之一是对试样的外形(厚度和形状)和物态(固态、液态或气态)没有任何特定要求，只简单地要求能将激光照射到试样待测区域上。基本上，不必预先对试样作任何修饰就可进行化学和物理结构的定性与定量分析。相比于一般红外光谱术(通常要求将试样制备成薄膜或KBr饼或溶液)，这是一个很突出的优点。尤其是对形态学研究，红外光谱术的试样制备程序可能会改变试样原有的形态学结构。虽然近代红外光谱术，如漫反射、镜面反射、全反射和显微红外技术有各种不同的试样制备要求，可以适应各种不同类型的试样，但实际上仍存在许多困难。此外，拉曼光谱术仍在两个十分重要的领域保留着它的优越性。一是显微光谱术，常用拉曼光谱术的空间分辨率要比红外高一个数量级，近场拉曼光谱术的空间分辨率则高达纳米级；二是远距测试技术，拉曼光谱术能进行远距离在线或原位分析。激发光的传送和信息收集可通过长达数百米、价格低和光学通过效率又很高的玻璃纤维进行，而且能透过玻璃容器壁获得信息。选用何种光谱技术主要取决于哪种光谱和所使用的技术能给出更丰富的信息。传统的关于拉曼光谱和红外光谱强度“拇指规则”依然有参考价值，不过要注意有时会产生误导。例如，羟基总是显示弱拉曼峰，在低浓度时的检测还是红外较为敏感，而羰基的峰强度则强烈地依赖于它周围的环境。

在某些情况下，选择拉曼光谱术进行分析是不成功的或者不是最佳选择。例如，染色过的或降解或污染过的深色试样常常会被激光烧伤或加热氧化，也常引起强烈的荧光。对于这类试样，荧光和试样损伤始终是拉曼光谱术的主要问题。使用近红外光作激发光源能显著减轻这些现象，但对于某些材料如聚酰亚胺和聚芳酮这类先进材料，荧光仍然普遍出现于光谱中。

聚合物中的杂质(添加剂、催化剂残留物和降解产物等)通常都引起荧光。比较复杂的聚合物，如上文提到的聚芳类聚合物，常含有较多的杂质。使用近红外激光作光源是这类材料能应用拉曼光谱分析的有效措施。实际上，傅里叶变换拉曼光谱术和 1064 μm 激发光的应用，使得人们能使用易于操作的仪器装备获得高质量的拉曼光谱，极大地促进了在聚合物分析中拉曼光谱术的应用。不过，应该注意到有些聚合物仍然强烈吸收即使波长大于 1 μm 的激发光。这类试样仍然存在热损伤和荧光问题，在拉曼光谱中导致宽而强的背景。应该注意到傅里叶变换拉曼光谱术对消除聚合物光谱的背景非常有效，但并非是万能的解决方法。

其他与试样有关的困难还有如碳填充聚合物材料的分析、很低含量($\ll 1\%$)添加剂或成分的测定、对降解的分析和很薄($\ll 1$ μm)表面涂层的分析等。这些情况在拉曼光谱分析时会出现什么困难及其解决办法在随后的相关各节中都有评述。

一般来说，在讨论应用之前，应基本了解聚合物振动及其相应的光谱，以及它们与小分子振动光谱间的关系。然而，对于本章以后各节所讨论的内容，这些并非都是必不可少的。必要的部分将穿插在各节中叙述。有兴趣深入了解的读者可参阅相关文献[4]。

3.2　聚合物的拉曼光谱鉴别

聚合物材料的鉴别是指对一给定的产品，分析它是何种聚合物或者含有哪些聚合物或其他非聚合物物质。更进一步的分析是鉴别某种给定材料含有哪些组分和组分的含量，例如，常用的各种高聚物薄膜常常由几层不同种类的高聚物薄膜叠加黏结而成，可以用拉曼光谱术鉴别出每层薄膜为何种聚合物和组成该聚合物的组分。毫无疑问，这种工作对工业生产上分析竞争对手的产品，为开发自己的新产品而检测试样的组成和结构以及对生产线的质量控制都是至关重要的。对于均匀材料，只要简单地将其放置于激光照射之下，仅一台拉曼光谱仪就能记录用于鉴别的信息，而无需使用复杂的辅助装置。最简单的应用例子是生产过程中对每批产品作检测，以保证每批产品有同等的品质。然而，聚合物产品常常具有不均匀的结构，如用于包装工业的薄膜，这时就需要使用具有空间分辨能力的拉曼光谱术。

3.2.1　参照光谱法

应用拉曼光谱术进行聚合物鉴别，通常是将从试样测得的光谱与已知光谱作比照，从而确定待测试样是何种聚合物或哪几种聚合物的组合。因此，预先准备好作为参照光谱的已知聚合物光谱，熟悉它们的特征拉曼峰是必不可少的预备工作。一般可在图书馆查找到聚合物的拉曼光谱图，它们可能是印刷图书，也可能是电子储存资料。近年来，许多拉曼光谱仪器厂商将常用谱图以计算机软件的方式提供给仪器的购买者，使用十分方便。

现以由 5 层材料构成的薄片为例加以说明。图 3.1 显示了薄片结构示意图和各层的拉曼光谱[5]。使用显微拉曼系统获得各层的光谱。结果指出，层 1 和层 5 有相同的光谱，层 2 则和层 4 相同，而中间层显示第 3 种光谱。通过与参照光谱对比，可以认定中间层材料是纸，而层 2 和层 4 是聚乙烯(PE)。

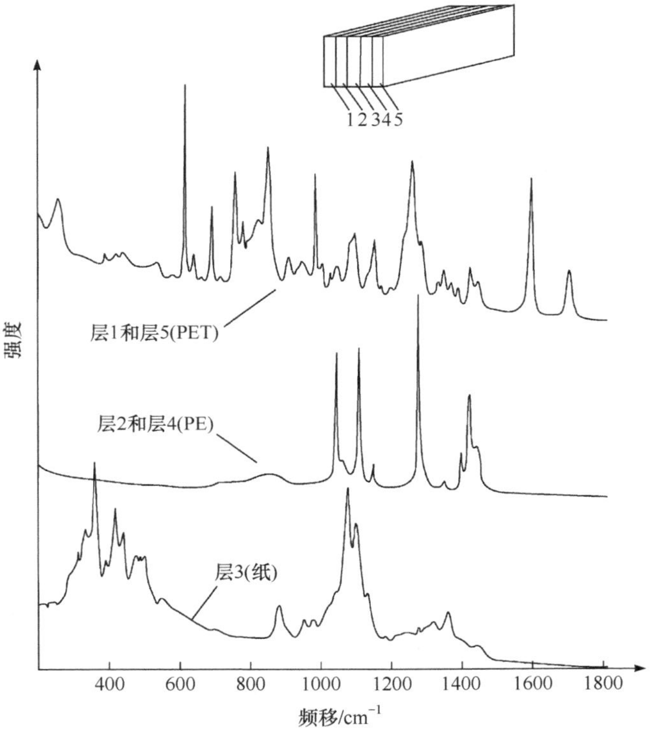

图 3.1　由 5 层薄膜构成的聚合物膜结构示意图和各层的拉曼光谱

层 1 和层 5 的光谱则要复杂得多。它有明显的芳香族聚酯光谱的特征，但又出现了在 1000 cm^{-1} 和 773 cm^{-1} 附近的强峰。这两个峰是聚酯[聚对苯二甲酸乙二醇酯(PET)]光谱所不应有的，这可能是由添加剂、填料、共聚物或共混物所引起的。注意到与该光谱对应的聚酯是无定形的，这就意味着可能存在共聚单体，它们“破坏”了通常在 PET 薄膜中出现的结晶相。实际上，与参照光谱对比可知，1000 cm^{-1} 和 773 cm^{-1} 峰分别是由间苯二酸和环二醇共聚单体引起的，这两种单体常在 PET 聚合时加入。正是这类单体的存在阻止了 PET 分子链形成长程有序的结构，从而阻碍了结晶相的形成。上述实例表明拉曼光谱不仅能鉴别单一聚合物，而且能分析组成比较复杂的聚合物材料。这在生产过程的质量控制和鉴别某批材料是否含有共聚单体及其含量等方面都是十分有用的。

3.2.2　光谱剥离法

除共聚物外，另一类常见的聚合物材料是共混物，这是一种物理混合物。对这类材料的鉴别，光谱剥离(spectral stripping)或称光谱减除是一种强有力的方法。图 3.2 显示了光谱剥离法应用的一个实例。

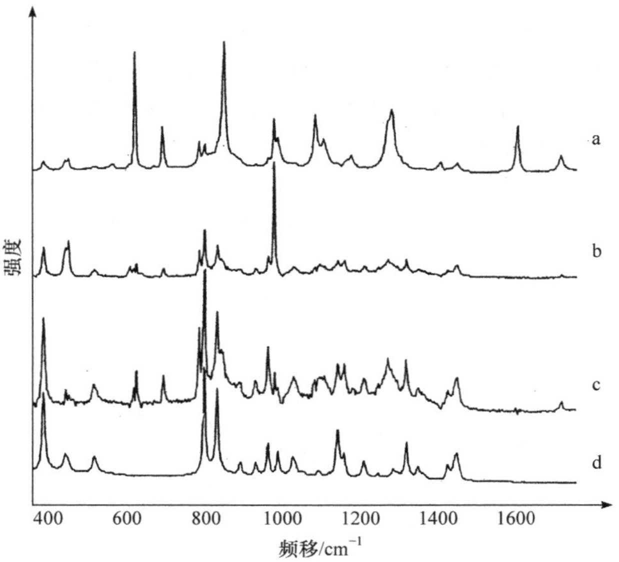

图 3.2　光谱剥离法应用实例：一白色聚合物光谱的剥离

a. 白色聚合物；b. 白色聚合物–PET；c. 白色聚合物–PET–$BaSO_4$；d. 参照聚烯烃

图 3.2a 是一白色聚合物的拉曼光谱。经与参照光谱比对，它的主要谱线与半结晶的 PET 谱线相近似，但存在并非来自 PET 的峰。显然，这是一条“复合”光谱。现将该光谱减去结晶 PET 光谱，剩下的光谱如图 3.2b 所示，该光谱有一位于 1000 cm^{-1} 附近的强峰。聚合物的颜色(白色)提示可能含有硫酸盐类的无机填料。硫酸钡($BaSO_4$)是该聚合物常用的填料。将光谱 b 减去 $BaSO_4$ 的参照光谱后得到光谱 c，这条光谱除由于 PET 光谱的不完全剥离而有些残留之外，与聚烯烃的参照光谱[图 3-2(d)]十分吻合。这表明该白色聚合物是 PET、$BaSO_4$ 和聚烯烃的混合物。与原始光谱 a 相比，减去 PET 的光谱后，$BaSO_4$ 光谱和聚烯烃光谱的存在变得十分明显。

光谱剥离法用于鉴别多组分混合物简便而有效。通常只要经过多次减除，能剩下一条可识别的成分光谱。这种方法的应用也受到某些限制，这取决于使用者对基本材料拉曼光谱的熟悉程度。首先，使用者至少要“认识”需要减去的光谱和最终剩下的光谱；其次，信号噪声和各种原因引起的光谱变形(包括频移、强度和峰外形变形)都会给鉴别带来一定程度的不确定性。

实际操作中，要完全精确地减去一个光谱而不留下任何痕迹，通常是难以做到的。这是因为与参照光谱相比，峰频移和峰相对强度一般不会与之完全相同，这就不可能做到完全的减除(图 3.2b 和 c)。光谱位置的很小偏移(如 1 cm^{-1})和外形的稍稍改变都会导致减除光谱的复杂性。此外，共混物组分间的相互作用会导致光谱位置偏移和外形改变，从而使其光谱与参照光谱发生差异。聚合物的形态，如结晶、分子取向和分子链构象，都对光谱有强烈的影响。即使光谱没有受到上述影响，由于每条光谱波数精度的不同，完全减除仍是难以做到的。不过，无论如何，即便是不完善的减除，仍然对鉴别很有参考价值。

上述实例不要求有高的空间分辨率。常用的多层结构薄膜产品常常包含很薄的聚合物层，这时必须使用具有高空间分辨功能的显微拉曼系统。此外，如果聚合物中含有小缺陷或污染物，仪器的高空间分辨性能也至关重要，以便于聚焦激发光于试样上时予以避开。

上述分析仅仅基于拉曼光谱就可作出确切的鉴别。原则上讲，只要未知光谱与参照光谱有正确的“匹配”，就可认定这是某种化学结构的足够证据。但是，实际情况往往不是这么简单，例如，有些基团的固有拉曼强度很弱，即便其含量很高，在拉曼光谱中也不出现明显的峰，这在红外光谱中也有类似的情况。

3.2.3 拉曼光谱术与红外光谱术的联合应用

将拉曼光谱术与 IR 联合应用常能克服上述困难。现举例说明：图 3.3 显示了一薄膜的拉曼光谱(光谱 b)和 IR 光谱(光谱 a)，而光谱 c 是纯 PE 的拉曼光谱。粗看，光谱 b 和光谱 c 相“匹配”，薄膜似乎是 PE。但其 IR 光谱中，在 1740 cm^{-1} 附近有一很强的峰，它是由羰基引起的，在拉曼光谱中则不明显。实际上，该材料是含有 7% VA(乙酸乙烯)的乙烯共聚物(乙烯乙酸乙烯酯，EVA)。如果不是非常仔细地观察，从拉曼光谱中检测到这种低含量的 VA 是很困难的。在拉曼光谱中羰基峰本身是很弱的，但 629 cm^{-1} 峰提供了 VA 存在的有力佐证，只是峰强度很弱，尤其在含量很低时，易于被忽视。

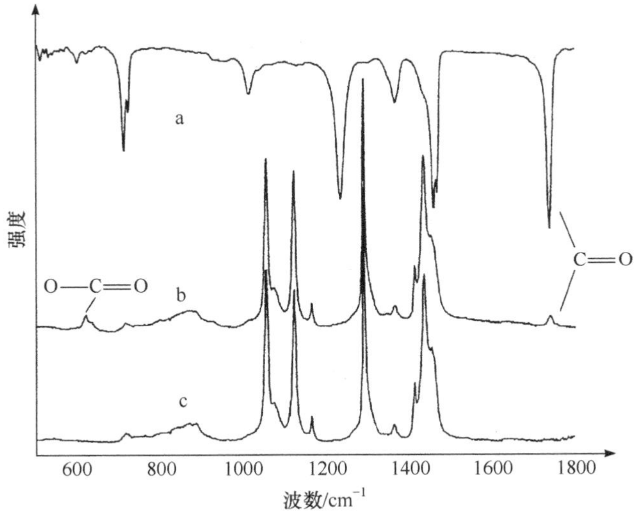

图 3.3 EVA 的拉曼光谱与红外光谱的比较

a. ATR-FTIR(7% VA)；b. 拉曼(7% VA)；c. 拉曼(0% VA)

与拉曼光谱相比，在红外光谱中 EVA 的存在更为明显，不可能发生草率忽视的情况。EVA 是多层聚合物产品常用的材料，因而在初步鉴别为 PE 时，应作进一步仔细的检测，以确定是否存在低含量的 VA。此外，为改善力学性能，在生产 PE 时常常有各种不同程度和类型的接枝，使 PE 含有少量诸如丁烯和乙烯这类共聚单体。如果希望确定所用的材料是何种特殊类型，对 PE 精确成分的定量化就显得十分重要。这时红外光谱术和核磁共振术的联合应用常常比单独使用拉曼光谱术更合适。

但是，不能由此认为 IR 对聚合物鉴别总是较为有用。实际上，在许多情况下应用拉曼光谱术分析更为合适，如检测和分析不饱和物、区分不同形态或立构规整度的聚合物和区分不同类型的聚酰胺等。尤其是在许多情况下，IR 光谱会出现很强的峰以致掩盖了其他成分的结构信息。例如，聚合物中如含有大量的玻璃或二氧化硅就很难用 IR 光谱进行鉴别。这是因为 IR 光谱会出现既强又宽的 Si—O 吸收峰而遮盖其他成分的峰。而对于拉曼光谱，这种填料很少引起这种类型的峰出现。使用拉曼光谱术区分 TiO_2 填料是锐钛矿还是金红石是很普通的工作，如硝酸根、碳酸根和硫酸根这类单分子离子有着尖锐的拉曼峰，考察它们的峰位置很容易鉴别是哪一种无机化合物。

近年来，人们将拉曼光谱仪和红外光谱仪两种仪器联合形成一个新的分析系统，只需通过简单的“开关”就能对试样作拉曼光谱和红外光谱测试，获得试样同一微区的拉曼光谱和红外光谱。该系统显著提高了测试效率，而且能获得使用分立的两种仪器依次检测难以获得的信息。应用实例[6]可参阅第 2 章 2.11.4 小节图 2.57～图 2.59。

必须强调，为了证实所作鉴别的正确性，获得补充资料是非常重要的。许多对鉴别聚合物种类十分有用的基团(如 OH、C═O、N—H)在拉曼光谱中正好只有较弱的峰，在低含量时容易疏漏。仅仅用一种技术鉴别常常使结论缺乏权威性。事实上，分析人员应具有何种共聚单体、添加剂和填料在哪些类型的聚合物中可能使用的经验，并据此选定必须使用的补充测试。常用的补充测试技术除 IR 外，还有 NMR、质谱术、分离技术、元素分析和显微镜技术等。使用何种补充技术取决于试样的复杂性和分析的重要性。例如，对试样中污染物的分析，光学显微术和装有能谱仪的电子显微术就能提供很有价值的补充证据。无论如何，拉曼光谱术和 IR 的联合使用能提高鉴别结论的可靠性。

3.2.4　含填料聚合物

前文已经指出，用拉曼光谱术分析含无机填料的聚合物一般不会遇到什么困难。然而，如果填料是碳材料就会有许多麻烦。通常的碳材料，不管是无定形碳，还是石墨碳都有强拉曼散射。同时，它们也强烈吸收来自聚合物的拉曼散射光。这使得碳填充聚合物的拉曼光谱常常只显示碳的光谱。如果使用大功率激光，以图获得聚合物光谱，试样就可能由于吸收强激光被烧毁。例外的情况是碳填料以较大体积的填充物，如成束的纤维形式出现，这时可将激光聚焦在碳填充物之间的聚合物上，从而获得纯聚合物的光谱。碳材料的类别则可以从碳光谱作出鉴别，详情将在本书第 4 章阐述。在多数情况下，碳填充物是十分微细的颗粒，而且均匀分布。这时，几乎无法获得任何聚合物的拉曼信息。在使用 1064 nm 激光时，试样被更强烈加热，这类问题更为严重。使用强力冷却装置对试样降温或许是一种解决办法。

3.2.5　多相聚合物

由两种或几种聚合物物理混合得到的共混物的多相结构，可以使用成像拉曼光谱术予以鉴别。最早使用的是点聚焦拉曼微探针，依次逐点获得试样的拉曼信息，然后拼凑成试样的图像。显然，这种测试非常费时。近代拉曼光谱仪能同时从试样许多点收集拉曼信息，并将其传递至二维探测器(CCD)，从而一次测试就获得试样的线拉曼像和二维拉曼像。本章 3.7 节将对聚合物相结构的拉曼光谱表征作详细阐述。

3.2.6　计算机图像识别技术

应用参照光谱法作聚合物鉴别时，即便具备充足的参照光谱资料，由人工来完成这一工作也是很费时间的，而且要求分析人员具有足够的经验，包括光谱学和材料学两方面的学识和经验。

幸运的是，近代计算机技术的发展已经提供了一个鉴别聚合物的崭新工具。图像识别技术和神经网络模拟(neural network modeling)已经成功地用于拉曼光谱鉴别材料类别。只要预先建立已知材料光谱的数字资料库，计算机就能自动作出判别，而无需分析人员的介入。当然，判别的正确性在很大程度上依赖于所建立资料库的完整性和可靠性，因而必要的人工检查仍然是需要的。

3.2.7　广泛的应用领域

聚合物鉴别在聚合物工业生产上对新产品的研发与产品质量的检测和控制的重要性是毋庸置疑的。实际上它的应用范围还要广泛得多，遍及商贸、刑事司法、环境保护、考古以及艺术品保护等领域。

一个图画保护层鉴别的有趣实例如下所述[7]。图画常常在其表面涂布一层很薄的聚合物黏结剂来作为保护层或用于修复损坏的部分。鉴别保护层或修复层为何种材料是这类艺术品保护者常常遇到的课题。常用的保护层或修复层涂料(黏结剂)是各种 EVA 共聚物或丙烯酸类聚合物。一般地讲，IR 能方便地予以鉴别。然而，IR 在取样时常常发生困难，这是因为所用黏结剂的用量通常很少，难以取到测试所需的足够量的试样。另外，为取样而毁坏艺术品显然是不允许的。这时，拉曼光谱术是最好的选择，它可以原位测定而不对试样造成任何损坏。图 3.4 是常用的不同品牌 EVA 共聚物涂层的拉曼光谱图。每条光谱都清楚地显示了 EVA 的特征峰。然而，由于它们配方的不同，有着不尽相同的拉曼光谱，因而从光谱相互之间的差别仍然足以将它们区分开来。通常遇到的问题是这种保护层很薄，因而难以完全避免衬底材料光谱的干扰，这使鉴别发生困难。图 3.5 是衬

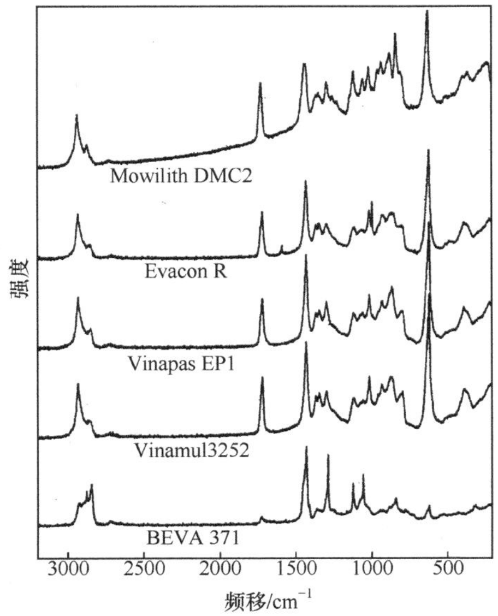

图 3.4　各种品牌 EVA 共聚物涂层的拉曼光谱

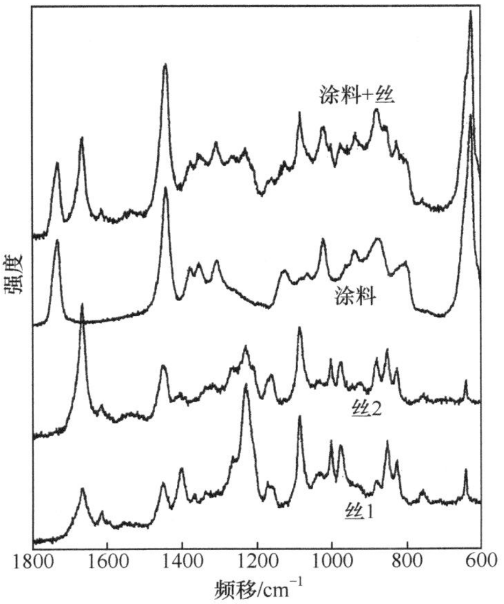

图 3.5　从衬底丝、涂层 EVA 和衬底上的 EVA 测得的拉曼光谱

底丝、涂层 EVA(Vinamul)和衬底上的 EVA 涂层测得的拉曼光谱图。衬底材料对涂层光谱的干扰是显而易见的。对于未知材料，这种干扰会给鉴别带来许多麻烦，必须给予足够的重视，以免作出错误的判别。有研究指出，对这类很薄涂层材料的鉴别，即便使用共焦模式，试样表面也并非激光聚焦的最好位置。对于均匀透明试样，激光聚焦于试样内 20 μm 处能获得最大拉曼峰强度(有赖于透明程度)，而将试样安置于激光聚焦点的稍稍下方则可降低衬底材料的干扰。对这种散焦照明，散焦到何种程度比较适合，则取决于试样的厚度、衬底材料的性质和仪器的光学系统参数。

3.3 聚合物成分的定量测定

聚合物成分的定量分析在许多方面都显得十分重要，例如，研究和开发新产品需要检测所试制聚合物的成分，分析竞争对手产品的成分和对现有产品质量控制所需的检测。定量分析还能作为一种原位传感器，用来监测和控制生产过程中产物的成分。

3.3.1 基本原理

拉曼光谱术之所以能成为一种定量技术是因为拉曼峰强度与散射单元浓度间有着线性比例关系。在做定量测定时需要足够注意以下几点。

拉曼光谱术并非绝对技术，即峰强度与浓度间的比例常数必须以已知成分样品的光谱来标定。

峰强度依赖于许多因素，如光谱仪的准直、激光功率、收集光学系统的效率和试样折射率等。所以通常必须将峰强度对一内标峰作归一化处理。

由于本征散射效率随浓度而变化，标定有时是非线性的。因此需要对较宽范围的成分变化作标定，而不可随意假定线性关系。

颗粒型固体的拉曼散射强度与颗粒大小的分布密切相关，所以标定必须正确反映试样颗粒大小的影响，尤其是颗粒很小(小于 1 μm)时，这种相关更为密切，要给予额外的关注。

有的试样对其拉曼辐射有自吸收现象，这会对整个光谱或者光谱的部分波段发生衰减。这种效应对试样厚度十分敏感，并强烈降低了定量精确度，对有色试样尤其要引起注意。

3.3.2 实例

下面以丙烯酸三元共聚物为例说明用峰强度比方法定量测定成分的程序[5]。

试样是一种橡胶共聚物，由甲基丙烯酸甲酯(MMA)、丙烯酸正丁酯(BuA)、苯乙烯和一种二不饱和交联剂共聚制得。为了控制试样的折射率和力学性能，测定成分并使其最佳化是很重要的工作。

图 3.6 是该橡胶共聚物的拉曼光谱图，图中标出了三种单体的特征峰和残留交联剂的 C═C 峰，位于 1731 cm^{-1} 的 C═O 峰是 MMA 和 BuA 的共同贡献。对成分的标定可分两

步实施。

首先标定苯乙烯的质量百分比。定义 I_1/I_2 是位于 1603 cm^{-1} 的苯环模相对位于 1731 cm^{-1} 的酯羰基的峰强比，M_S、M_{MMA} 和 M_{BuA} 分别是橡胶中各成分苯乙烯(S)、MMA 和 BuA 的质量。峰强度的测量以每个峰所画的基线作基准。画出 I_1/I_2 对 $M_S/(M_{MMA}+M_{BuA})$ 的关系图(质量比的范围较宽，0～6)。可以看到，这是一个极好的线性标定[图 3.7(a)]，据此可以测定橡胶中苯乙烯对总丙烯酸的质量比。

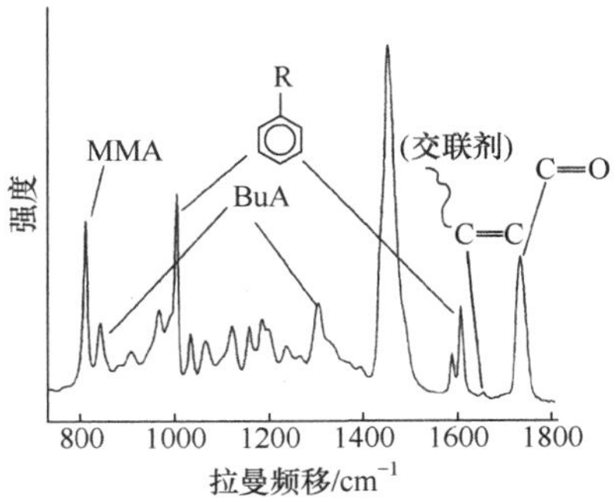

图 3.6 苯乙烯/BuA/MMA 共聚物的拉曼光谱

一个有趣的情况是 C═O 峰的相对强度仅取决于 MMA 和 BuA 的总质量，而与丙烯酸成分中 MMA 和 BuA 的相对含量无关，这纯属偶然。不过，这也表明，在这个实例中，MMA 和 BuA 分子量间的差异正好由它们本征拉曼散射效率间的差异来补偿。

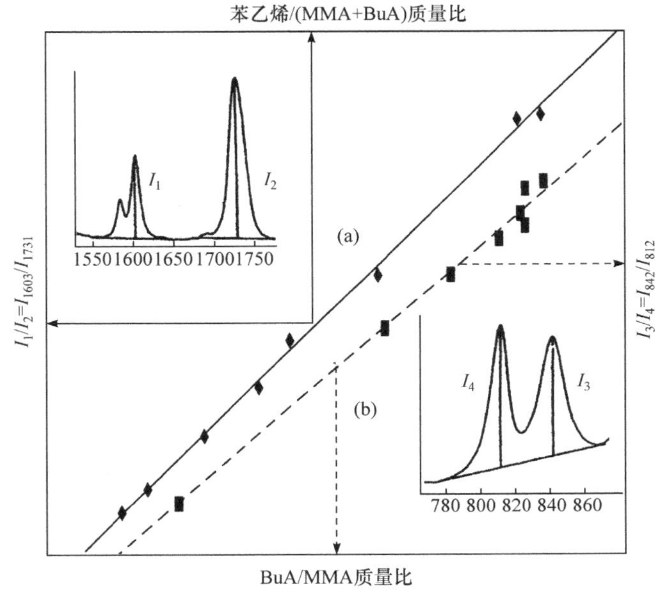

图 3.7 三元共聚物苯乙烯/(MMA+BuA)/MMA 质量比的标定曲线

设图 3.7(a)中标定直线的斜率和截距分别为 m_1 和 c_1，有：

$$\frac{M_S}{M_{MMA}+M_{BuA}}=\frac{(I_1/I_2)-c_1}{m_1}$$

据此，苯乙烯的质量百分比由下式给出：

$$\%S=\frac{100}{1+m_1/[(I_1/I_2)-c_1]} \tag{3.1}$$

下一步是标定丙烯酸成分中 MMA 和 BuA 的含量。以 I_3 表示位于 842 cm^{-1} 附近的 BuA 峰强度，I_4 表示位于 812 cm^{-1} 附近的 MMA 峰强度，作 I_3/I_4 相对 BuA/MMA 质量比的图[图 3.7(b)]。这时所得的标定曲线仍然是线性的，只是线性相关程度稍差一些。设 m_2 和 c_2 分别是直线的斜率和截距，即可得到由下式表示的 MMA 的质量百分比：

$$\%\text{MMA} = m_2 \frac{100 - \%\text{S}}{[m_2 + (I_3/I_4) - c_2]} \tag{3.2}$$

式中，%S 是由式(3.1)得到的值。显然，BuA 的质量百分比由下式得到：

$$\%\text{BuA}=100-\%\text{S}-\%\text{MMA} \tag{3.3}$$

如此，共聚物的所有成分(除交联剂外)的质量百分比得到测定。

图 3.6 中出现相对微弱的 C═C 峰，表示在最后产物中存在没有发生反应的交联剂。如果以已知未反应交联剂含量的试样作标定曲线，用类似的方法也可以测定残余交联剂的含量。

原则上讲，上述分析方法也可应用于其他共聚物，不管它由几个成分组成，只要找到每个成分的特征峰，就可测定其成分。由于分析时处理的是峰强度比值，而与峰强度的绝对值无关，这就消除了由于试样聚焦、激光功率和光谱仪等因素的不同而引起的误差。上述方法已经广泛应用于各种共聚物的定量分析，如高性能芳香族热塑性聚合物[8]、各种橡胶[9]、二甲基丁二烯与甲苯丙烯酸甲酯的共聚物[10]等。这种分析也同样可用于共混物，实际上，相同材料的共聚物光谱常常十分相似。

3.3.3　多变量技术

有时候对每种成分都找到一个唯一的特征峰并与之相对应是难以做到的，或者峰之间严重相互重叠，要做上述人工标定分析就有困难。在许多峰同时随成分含量不同而变化时，要选定适当的目标作最佳化标定也是困难的。在这些情况下应用多变量技术是一个很好的选择。这种技术利用了所有重要的光谱变量，较少受峰重叠的影响，而且能容许一定程度的信号干扰噪声。它还有一个重要的优点：能够同时标定几个参数。对于线性标定，偏最小二乘(partial least squares，PLS)模拟是目前应用最广泛的技术。市场上可买到许多包含该技术的软件包，使用十分简便。原则上讲，PLS 可用于任何待测参数与光谱变化呈线性关系的问题，而且对较低程度的非线性也适用。使用 PLS 不仅能测量试样成分，也可测量其物理性质，如结晶度。PLS 和其他多变量技术原理的阐述已超出本书范围，有兴趣的读者可参考有关文献[11]。应用实例可参阅文献[12]。

3.3.4　线性分解法

有研究者提出了共混聚合物拉曼光谱定量分析的线性分解法(linear decomposition method)[13]，并成功地应用于 PS(聚苯乙烯)和 PPO(聚苯醚)共混物的分析[14]。这种方法有较高的精确度且使用起来又十分简便，不需要对光谱作基线校正，可用几个振动峰进行计算，计算程序都是线性问题，从而避免了复杂的计算；同时对峰的数量、形状或其他峰参数都无特定要求，因而使用这种方法，分析人员的技巧和经验对结果几乎没有任何影响。对其他共混物的分析应用可参阅相关文献[15]。该分析方法已扩展到对 IR 光谱的分析[16]。

3.4　聚合物的分子结构

3.4.1　构象异构体

聚合物大分子构象异构体和构型异构体的行为都在聚合物的拉曼光谱中有显著反响。构象异构体由组成主链的原子围绕单键的旋转而形成，例如，PVC(聚氯乙烯)中围绕C—C 主链的旋转就形成构象子。各个构象子有不同的振动频率，因而可以从拉曼光谱区分开来。然而，它们振动频率的差异一般很小，这样，不同构象子的拉曼峰常常相互重叠。常用重叠合法或分解增强技术将它们分解[17]。材料形变，如拉伸形变常引起构象异构体的转换。PET 的乙二醇链段有着反式和偏转异构体，在拉伸形变时，前者将向后者明显转换。这两个异构体有很易区分的拉曼特征峰，能很方便地对不同异构体含量作定量处理[18]。图 3.8 是无定形 PET 试样的 FT-拉曼光谱图，对异构体敏感的光谱位于 750～1050 cm^{-1}。998 cm^{-1} 峰对应于反式异构体的 O—CH_2 伸缩模，而 886 cm^{-1} 则归属于乙二醇链段的偏转构象。在不同温度、100 mm/min 拉伸速度下该波段范围内的拉曼光谱显示于图 3.9。图中 US 表示未拉伸试样的光谱。可以看到，886 cm^{-1} 峰在未拉伸试样中有较高的峰强，表明与之相应的偏转异构体有较高的含量，而拉伸形变使 998 cm^{-1} 峰强度显著增强，表明形变使反式异构体的含量显著增加。以 795 cm^{-1} 作内标参照峰作定量处理。结果表明，未拉伸试样的偏转构象异构体含量为 78%，而反式异构体为 20%(误差为 5%)。拉伸形变使偏转构象显著向反式构象转换，转换的程度与拉伸速度和温度有关。

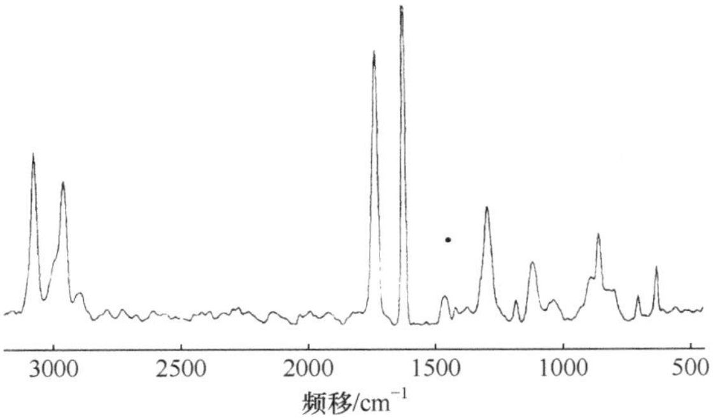

图 3.8　无定形 PET 试样的 FT-拉曼光谱

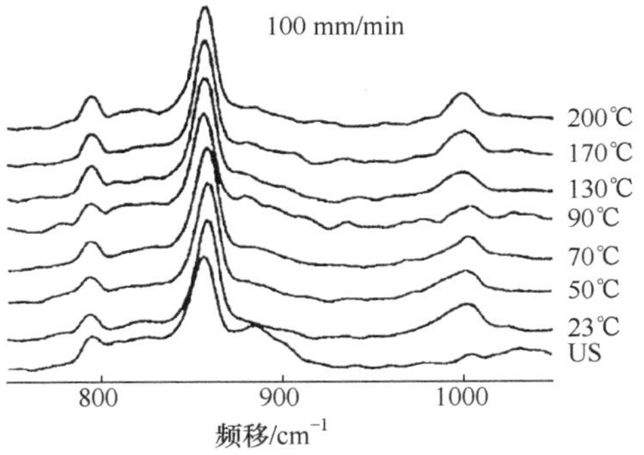

图 3.9　不同温度下拉伸 PET 试样的拉曼光谱

力学行为和热学行为都可能引起聚合物分子构象异构体的转换。拉曼光谱能对间同立构聚丙烯(sPP)的分子链构象给出很重要的信息[19,20]。图 3.10 显示了未拉伸各向同性的 sPP 和拉伸率达 300%的 sPP 的拉曼光谱。可以看到，前一种试样位于 826 cm^{-1}、845 cm^{-1} 和 1344 cm^{-1} 的峰，在拉伸试样中消失了或强度显著降低，而后一种试样的光谱中则出现了位于 868 cm^{-1}、964 cm^{-1} 和 1252 cm^{-1} 的新峰。研究指出，826 cm^{-1} 峰归属于螺旋构象，而 868 cm^{-1} 峰则归属于反式平面构象。这两个峰的强度表征了相应构象的含量。不同拉伸率下 sPP 的光谱如图 3.11(a)所示。图中可见，螺旋构象峰强度随拉伸率的增加而降低，反式平面构象峰强度则反而增加。这种峰强度的变化表明随拉伸率的增加螺旋构象向反式平面构象的转换。可以用 I_{826}/I_{868}(转换指数)来作定量表征，如图 3.11(b)所示，在未受拉伸(拉伸率为 0%)到拉伸率 100%之间，转换指数发生急剧下降，随后变化则比较平缓。图 3.12 显示了拉伸率 600%的 sPP 试样在不同温度下的拉曼光谱。826 cm^{-1} 和 868 cm^{-1} 峰强度随温度的变化也反映了试样分子链构象的变化。

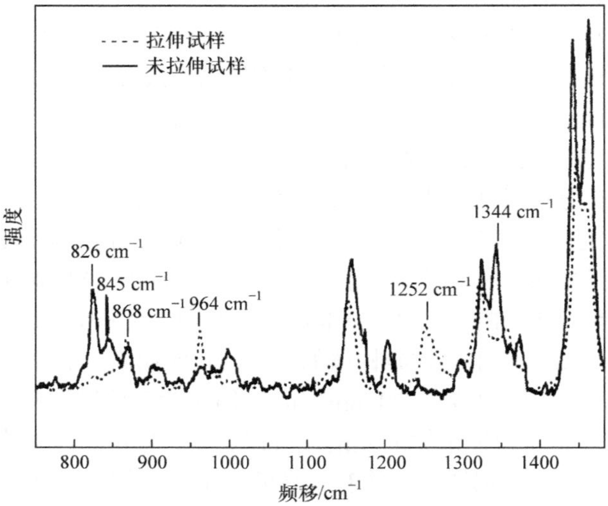

图 3.10　未拉伸和拉伸率 300%的 sPP 的拉曼光谱

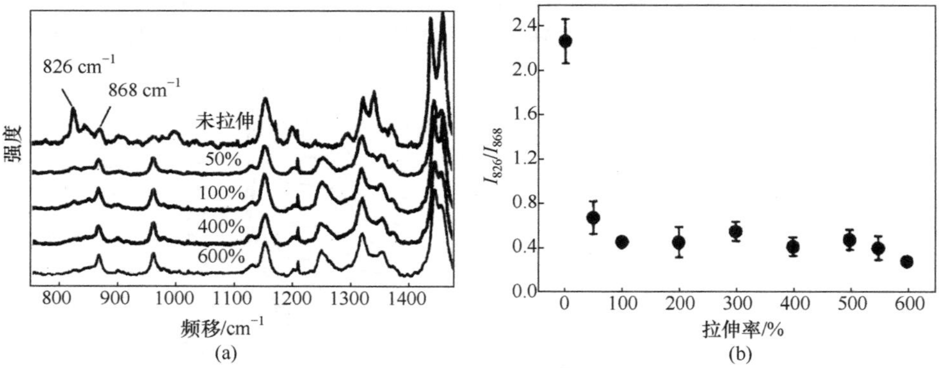

图 3.11　(a) 不同拉伸率下 sPP 的拉曼光谱；(b) I_{826}/I_{868} 值与拉伸率的关系

找到一对合适的拉曼峰，用它们的强度比描述构象分布这种方法也可用于其他聚合物。例如，聚乳酸(PLA)是一种很重要的生物医药材料。研究发现，PLA 位于 1044 cm^{-1} 和 1128 cm^{-1} 的一对骨架形变峰对其构象分布极为敏感，它们的强度比可用于定量描述材料形变过程中分子结构的构象变化[21]。

3.4.2　构型异构体

与构象异构体不同，构型异构体的转换必须断开原子间的键合。下面分析 C═C 基团的烃基取代。这是拉曼光谱用于构型异构现象研究的一个典型实例。C═C 伸缩峰的频

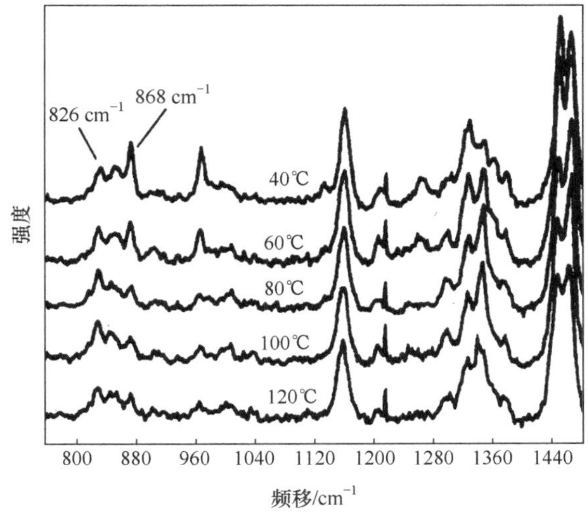

图 3.12　不同温度下拉伸率为 600%的 sPP 的拉曼光谱

移对取代很敏感，因而在分析聚合二烯类材料，如聚丁二烯或聚异戊二烯时十分有用。丁二烯能够以三种基本几何结构进行聚合，1, 4-聚合得到反式或顺式异构体，1, 2-聚合得到侧乙烯不饱和基团。从位于 1664 cm^{-1}、1650 cm^{-1} 和 1639 cm^{-1} 附近的 C═C 强峰可以很容易地区分出这三种异构体。图 3.13 是聚丁二烯的拉曼光谱，显示了与反式、顺式和乙烯异构体相应的 C═C 伸缩峰[22]。

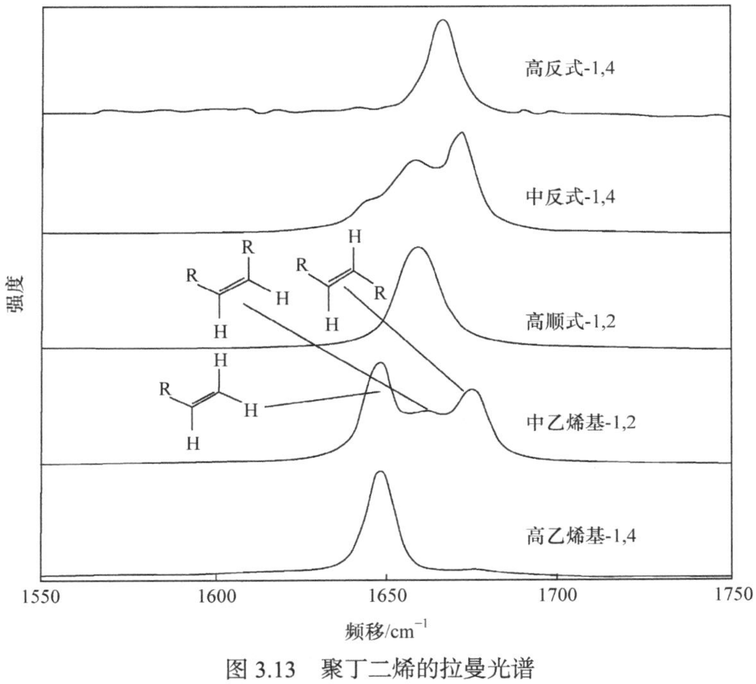

图 3.13　聚丁二烯的拉曼光谱

对于丁二烯与如苯乙烯、丙烯腈和丙烯酸酯这类单体共聚的定性和定量分析，拉曼光谱是很有用的技术[23,24]。图 3.14 是一复杂交联树脂的拉曼光谱，该树脂是丁二烯、苯乙烯和 MMA 的共聚物。对该光谱的分析得出苯乙烯、MMA 和丁二烯的含量分别为大约 25%、20%和 55%，同时光谱(见局部放大图)也显示了丁二烯成分中含有相当多的顺式、反式和乙烯异构体。

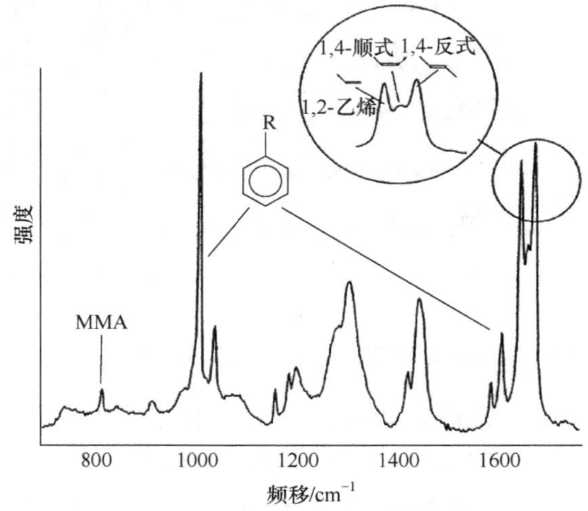

图 3.14　丁二烯/苯乙烯/MMA 共聚物的拉曼光谱

3.4.3　立构规整度

立构规整度是描述构型异构现象的形式之一。替代基基本上有三种排列方式：所有替代基都位于主链的同一侧，称为全同立构，替代基交替位于主链两侧，称为间规立构；替代基随机位于主链两侧，称为无规立构。

原则上讲，用拉曼光谱研究立构规整度是可行的，但实际操作起来，对稍微复杂的系统(如混合构型)就产生困难。在分析聚合物立构规整度时，目前以高分辨核磁共振作为第一选择。

3.4.4　测序和端基的测定

以最简单的由 A 和 B 聚合得到的二元共聚物为例，测序是指测定 A 或 B 的排列顺序，如 AA、AAA、AAAA…，分别称为二素组、三素组、四素组……。孤立的单元和有“邻居”的单元常有不同的振动，但要从拉曼光谱中判别有几个“邻居”常常比较困难。有时测序是要求测定头对头、头对尾或尾对尾聚合的含量。用拉曼光谱测序不乏成功的例子[25,26]，但红外光谱和核磁共振技术更为有用。

拉曼光谱也能用于端基测定，但一般地说，红外光谱术应是首选。

3.5　聚合物的结晶结构

大多数应用广泛的聚合物是半结晶聚合物，它们的微观结构是由结晶区和非结晶区组成的非匀质多相结构。这种多相性是由于无定形区和结晶区有不同的分子结构。在无定形区，链段形成无规线团，而在结晶区链段排列成三维晶格。由于这种多相性，结晶度必定对聚合物性质有很大的影响。结晶度与聚合物的热经历、立构规整度和形变密切相关。因此，在聚合物研制和加工工艺中一个很重要的问题是考虑用什么方法来测定包括结晶度在内的各项微结构表征参数，以便评论各工艺参数对产物性能的影响。

3.5.1　聚合物结晶度的测定方法

有许多方法可用于测定结晶度，如差示扫描量热(DSC)和 X 射线衍射分析都能对结晶度作定量测量。这些方法的使用是基于聚合物两相结构的假设，而实际上，聚合物并非完全呈两相结构。振动光谱研究指出，半结晶聚合物还存在与层状结构有关的中间非晶相。拉曼光谱能测定聚合物链的构象状态，因此可以鉴别聚合物振动光谱的峰与哪个特定的链段相关。许多文献[27-32]指出，拉曼光谱已经成功地用于研究 PET、PE、PS、PEEK(聚醚醚酮)和 PTFE(聚四氟乙烯)等聚合物的规整度和局部结构。拉曼光谱术的不足之处是作定量测量时有些难度。这是因为拉曼光谱仅仅对链段构象敏感，而对结晶相的测序不敏感。然而，这个困难正在被克服。作为一个实例，本章 3.5.4 节将详细叙述用拉曼光谱术对全同立构聚丙烯(iPP)结晶度的定量测定方法。

3.5.2　与聚合物结晶态相关的拉曼光谱峰

图 3.15 示意聚合物的结晶过程，其中图 3.15(a)显示无定形聚合物的无规线团示意图。当该聚合物在其玻璃化转变温度(T_g)以上进行退火时，这种无规线团会通过围绕骨架的旋转形成有规的伸直链结构，它有确切的对称性，并包含大量相同构象的次级单元，如图 3.15(b)所示。特定的构象子有着与其相应的特定拉曼峰，其强度正比于构象子的浓度。此外，伸直聚合物链比无规线团有更好的对称性，并导致拉曼峰宽度变窄。

退火的另一个效果是链段的有序区堆积在一起形成三维结晶晶格，如图 3.15(c)所示。部分有序的半结晶聚合物结晶程度的定量化用参数“结晶度”来表示，它是指处于三维有序态的聚合物占聚合物总量(质量或体积)的百分比。在结晶区，链间的相互作用会降低对称性，并导致峰分裂或使原来的禁带活化。这些才是真正的“结晶峰”，即只有三维有序，才会出现的峰。只是由于简单地改变分子内构象而出现的那些峰不是“结晶峰”，因为同样的构象子有时也存在于无定形区。实际上，人们可以制得没有分子间有序但含有分子内有序的无定形聚合物。

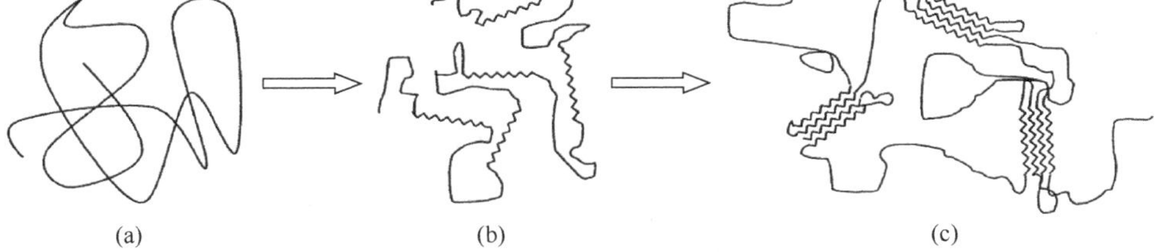

图 3.15　聚合物结晶过程示意图

(a) 无规线团；(b) 分子内有序(一维)；(c) 三维有序(结晶)

只有存在能产生伸直链的特定构象子，聚合物才能结晶。观测到构象子并不能保证结晶聚合物的存在。真正的结晶峰实际上是很少的。它们常常以峰分裂的形式出现。这种分裂通常很微弱，有时只有将试样冷却到低温时才能观察到，如本节后文提到的 iPP 的情况。

聚合物在结晶过程中，其拉曼峰会发生变化。有的是强度变化，有的是形状变化，判定哪个或哪些峰是特定的结晶峰必须十分小心谨慎。下面以 PET 纤维为例加以说明。

3.5.3　PET 纤维结晶度的测定

图 3.16 显示了无定形和结晶 PET 的拉曼光谱。可以看到两条光谱的 1096 cm^{-1} 峰强度显著不同，似乎可以用该峰作为特定的结晶峰对材料作结晶度定量处理。然而实际上，这样处理将得出不符合真实情况的结果。现举例说明如下。分别对冷抽伸 PET 纤维和抽伸后在玻璃化转变温度以上进行退火处理的纤维作拉曼光谱测定。同时，对这两种纤维用 X 射线衍射和密度法测定其结晶情况。从它们的衍射花样和试样密度判断，只有后一种纤维含有结晶 PET，而冷抽伸纤维并不含有结晶成分，尽管在抽伸过程中分子被部分地拉伸成伸直结构，即存在着分子内有序和部分取向的情景。将拉曼光谱的变化与 X 射线衍射和密度法的结果相比，可以得出结论：将 1096 cm^{-1} 峰归属为特定结晶峰是不合适的。事实上，这个峰只是纯粹由于在分子伸直过程中形成的反式乙二醇构象子而出现的。这个峰的出现并不表明存在真正的结晶有序。X 射线衍射的结果已经表明冷抽伸纤维是无定形的。然而，羰基峰(1730 cm^{-1})的峰宽(图 3.16)可以作为 PET 判定结晶情况的标志，因为当 PET 结晶时，该峰宽明显变窄了。

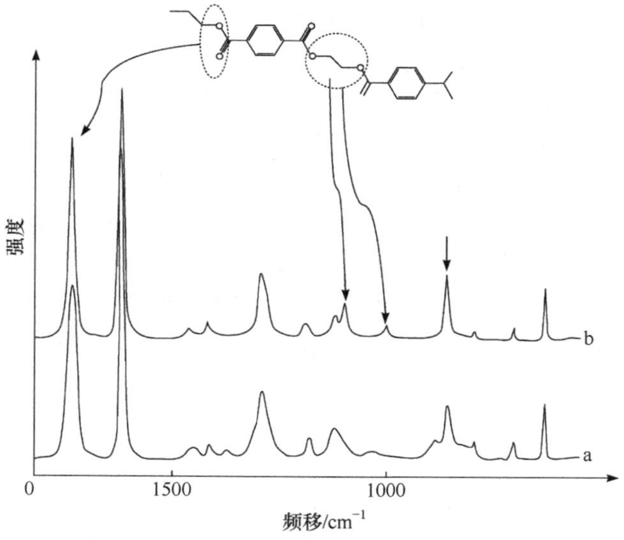

图 3.16　无定形(a)和结晶(b)PET 的拉曼光谱

最简单的定量处理就是将一个峰的强度与一特定构象子相联系而不管该构象子存在于哪个相。例如，有人[33]研究了 PET 受力形变时反式乙二醇构象子的变化。如果某个峰只是由某个特定的相(结晶相或无定形相)所引起的，那么它的强度就与那个相的“浓度”

相关。有时候，不是峰强度而是峰形状或频移的变化与相“浓度”相关。必须强调，在任何情况下都要留意拉曼峰常常不和某个特定相相关，而只和存在于该相的某个或某些构象子相关。下面关于 iPP 结晶度的定量处理过程可以作为一个实例说明前面的评述。

3.5.4　全同立构聚丙烯结晶度的定量测定

为了测定 iPP 的结晶度，首先要确定 iPP 的拉曼光谱图中哪些峰与晶区的拉曼散射相关，哪些峰与非晶区的拉曼散射相关。前文已经指出，拉曼散射能反映聚合物链的构象行为。在无定形区的链有着异构缺陷，不能形成结晶所需要的有规螺旋结构。对于非螺旋链，不存在相邻重复单元分子振动的耦合。每个重复单元是一个处于各自环境中的孤立分子，因而其拉曼光谱反映的是化学重复单元的基本模式。如果链是有规的，它们形成螺旋，并且由于链的线对称，每个重复单元的基本振动就变得相关。在这种情况下基本频移发生分裂，称为相关分裂。

比较熔融态(无定形)和固态(部分结晶)的拉曼光谱可以看到与分子链构象和结晶有关的相关分裂。图 3.17 和图 3.18 分别是熔融态和固态的拉曼光谱图[34]。光散射由波长为 633 nm 的氦氖激光所激发。在融熔态，归属于螺旋链构型或结晶单元的所有峰都消失了，而归属于基团频移或相邻化学重复单元间分子内耦合的螺旋链的那些峰则依然存在。表 3.1 列出了 iPP 拉曼峰的振动归属。

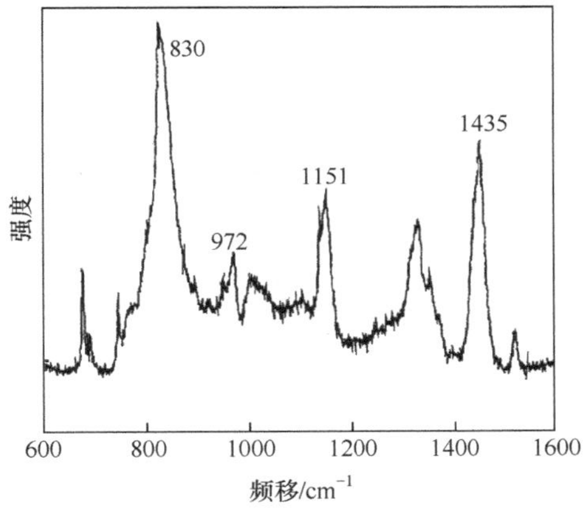

图 3.17　熔融态(无定形)iPP 的拉曼光谱

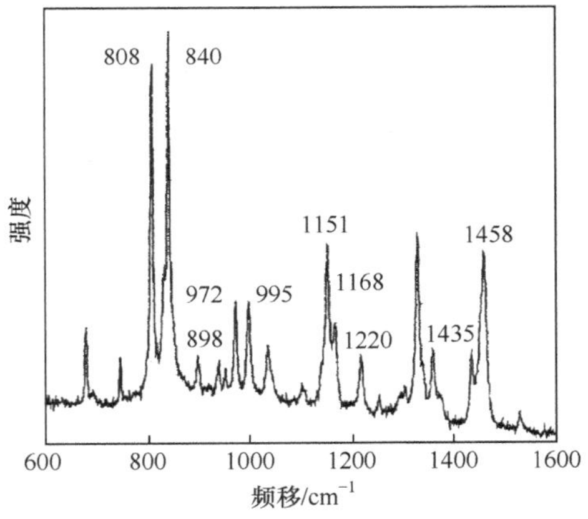

图 3.18　固态(部分结晶)iPP 的拉曼光谱

表 3.1　iPP 拉曼峰的振动归属

ω/cm^{-1}	振动归属	ω/cm^{-1}	振动归属
808	r(CH_2), v (C—C)	1168	v (C—C), r(CH_3), w(C—C)
840	r(CH_2)	1220	t(CH_2), w(CH), v (C—C)
972	r(CH_3), v (C—C)	1435	δ (CH_2)
995	r(CH_3)	1458	δ (CH_2)
1151	v (C—C), δ (CH)		

r：摆动；v：伸缩；δ：弯曲；w：摇摆；t：扭转。

在 iPP 熔融态拉曼光谱中可观察到 830 cm^{-1}、972 cm^{-1}、1151 cm^{-1} 和 1435 cm^{-1} 峰。其中 972 cm^{-1}、1151 cm^{-1} 和 1435 cm^{-1} 峰也出现在部分结晶态中。这表明这些峰来源于化学重复单元的基本频移或者短螺旋链片段内的局部振动(基团频率)。峰的宽度变宽是由于在熔融状态下的各个链段环境使无序程度增加了。1151 cm^{-1} 峰在全同立构和间同立构 PP 中都能观察到，因此其并非识别链构象的特征峰，而 1435 cm^{-1} 峰和 972 cm^{-1} 峰分别对应于 CH_2 和 CH_3 的基团振动。在熔融态时宽而不对称的 830 cm^{-1} 峰，在结晶时明显地分裂为 808 cm^{-1} 和 840 cm^{-1} 两个峰，这表明 830 cm^{-1} 峰相应于化学重复单元的这样一种基本频移，这种频移由于相邻分子间的耦合被螺旋构象的对称性所改变。事实上，由于晶胞中链间的相互作用，还有其他峰发生结晶分裂[34]，尤其是在低温状态下，如图 3.19 所示。

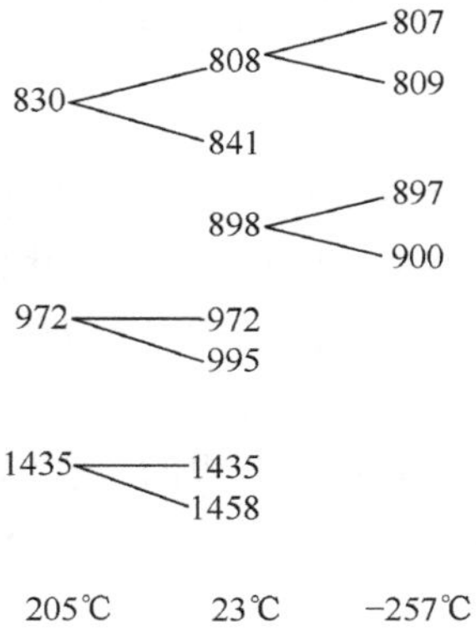

图 3.19　iPP 拉曼峰的分裂

可以认定，在结晶过程中拉曼光谱发生了很大的变化。同时也了解到拉曼光谱主要对沿着链长度的构象有序/无序(有规性)敏感，而对晶胞的侧向有序不敏感。然而，因为有规性是结晶的必要条件，拉曼光谱的某个峰归属于微结构的哪个相可依据链的有规性来判定，即显示异构缺陷的短螺旋链和非螺旋构象的链出现在非晶区，而高度有规的链则基本上位于晶区。

为了作拉曼散射的定量分析，对固态材料的 808～840 cm^{-1} 光谱区域作 Lorentzian-Gaussian 函数对三个峰的拟合，结果如图 3.20 所示。可以看到，在固态时该区域由 808 cm^{-1}、830 cm^{-1} 和 840 cm^{-1} 三个峰组成。分析认定，材料的结晶相与 808 cm^{-1} 峰的强度相关，由螺旋链组成的异构缺陷与 840 cm^{-1} 峰的强度相关，而熔融样的无定形相(无规非螺旋链)则与 830 cm^{-1} 峰的强度相关。对于三相结构，散射强度间的一般关系表示如下：

$$C_a \frac{I_{808}}{I_{ref}} + C_b \frac{I_{840}}{I_{ref}} + C_c \frac{I_{830}}{I_{ref}} = 1 \tag{3.4}$$

式中，下角标 a 表示无定形熔融相；b 表示缺陷相；c 表示结晶相；C_a、C_b 和 C_c 为校准常数；而 I_{ref} 为参考强度(即内标)。合适的参考峰是不受链构象和结晶影响的峰。已经发现，强度总和 $\bar{I} = I_{808} + I_{830} + I_{840}$，在所考虑的结晶度范围内与结晶度无关。

使用该强度总和作为参考强度等同于 $C_a = C_b = C_c$，即可得三个相的百分率如下：

$$X^a = I_{830}/\bar{I}$$

$$X^b = I_{840}/\bar{I}$$

$$X^c = I_{808}/\bar{I} \tag{3.5}$$

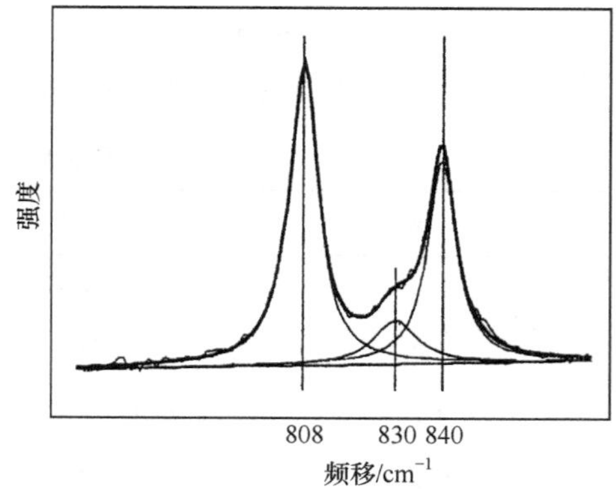

图 3.20　固态 iPP 在 808 cm^{-1} 和 840 cm^{-1} 附近光谱区的 Lorentzian-Gaussian 拟合

对于几种不同热处理试样，用上述方法计算得到的结晶度列于表 3.2。作为比较，对相同试样用 DSC 测得的结果 X^c(DSC)也列入表内。可以看到两种方法获得的结果相近，X^c(Raman)≈X^c(DSC)。

表 3.2 11 种 PP 试样应用拉曼光谱术和 DSC 方法测得的结晶度比较

试样	X^c(DSC)	X^a	X^b	X^c
1	47.1±0.8	18.7±7.0	34.1±7.8	47.2±7.0
2	48.9±6.2	9.7±6.1	34.0±5.6	56.3±1.0
3	60.1±4.3	5.5±0.7	37.2±1.1	57.3±0.5
4	60.7±2.5	6.8±1.3	36.0±1.2	57.2±0.4
5	48.8±2.7	12.3±1.0	35.7±1.2	52.0±0.8
6	50.4±1.5	5.7±0.9	39.5±0.8	54.8±1.2
7	50.6±1.0	6.3±0.9	38.2±1.1	55.5±1.4
8	53.6±1.2	4.7±0.9	39.4±1.2	55.9±1.5
9	62.8±1.2	4.7±2.4	38.8±2.4	56.5±152
10	59.8±6.0	4.3±1.6	40.0±0.8	55.8±0.8
11	59.3±2.3	3.6±1.1	40.7±1.0	55.7±1.3

3.5.5 聚合物结晶度的定性评定

对结晶度作定性评定则要简便得多。例如，间同立构聚苯乙烯(SPS)是一种具有高抗热性能(熔点达 270℃)和杰出抗化学作用的聚合物材料，图 3.21 是其典型的拉曼光谱图。774 cm^{-1} 峰是与材料结晶度相关的特征峰。结晶度的相对值可由该峰面积与在 1000 cm^{-1} 附近很强的环“呼吸”模的峰面积之比来表征。这种定性处理方式加上使用显微拉曼探针术能很直观地表征沿材料断面结晶度的变化情况。

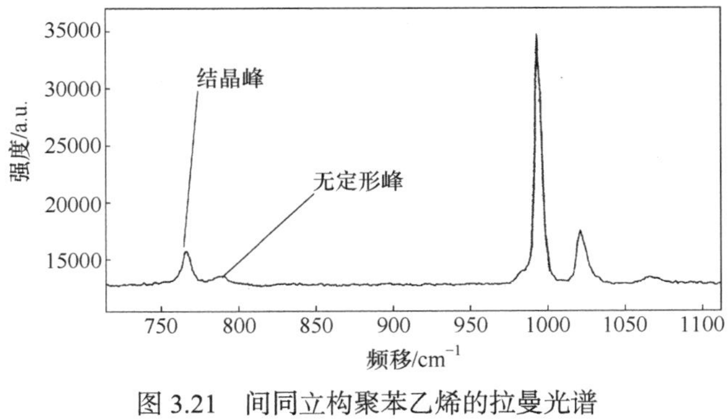

图 3.21 间同立构聚苯乙烯的拉曼光谱

3.5.6 影响结晶度测定的其他因素

应该注意到其他因素对结晶度测定值的影响，例如，形变能使半结晶聚合物产生应变引入的结晶，如果施加的应力保持足够长的时间，所增加的结晶在应力去除后仍能保留。这种结晶度的变化也可以用拉曼光谱术测定。

分子取向也对结晶度测量结果产生影响。聚合物材料常常显示分子取向，即分子或晶体不是无规排列的。由于激发光通常是线偏振的，因而材料的分子取向对拉曼峰的强度会有显著影响。在测量结晶度选取峰参数时必须充分考虑到取向度的变化不会对该参数有所影响，或者如果有影响的话，应考虑作出合适的修正。前面提到的对应变引入的结晶做拉曼光谱术测定时，考虑到应变(如拉伸)会对材料分子取向产生很大影响，常常在激光光路中插入一玻片，使线偏振光转变成圆偏振光，以消除形变过程中分子取向度发生变化对结晶度测量结果的影响。

对其他聚合物结晶情况的拉曼光谱术测定有许多文献可供参考[35-39]。

3.6 聚合物的取向结构

很多聚合物产品，如纤维和薄膜，都是在一定工艺条件下经过不同形式的拉伸过程制成的。研究这些材料分子链的排列状态，发现它们总是在某个方向或某两个方向甚至数个方向择优取向，从而产生了材料的各向异性。和聚合物的结晶状态一样，分子取向状态也在很大程度上决定了材料的宏观物理和力学性质。

3.6.1 取向状态的定量描述

图 3.22 是聚合物取向状态定量表征的示意图。其中图 3.22(a)描述了纤维类的单轴拉伸材料，而图 3.22(b)则描述了薄膜类的双轴拉伸材料。在纤维中，仅仅聚合物分子链与

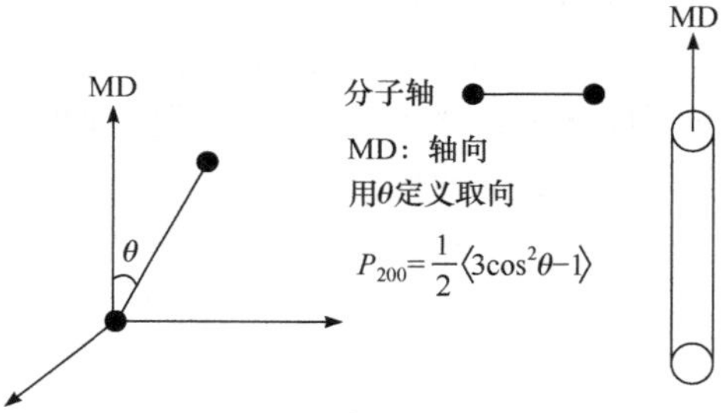

(a)

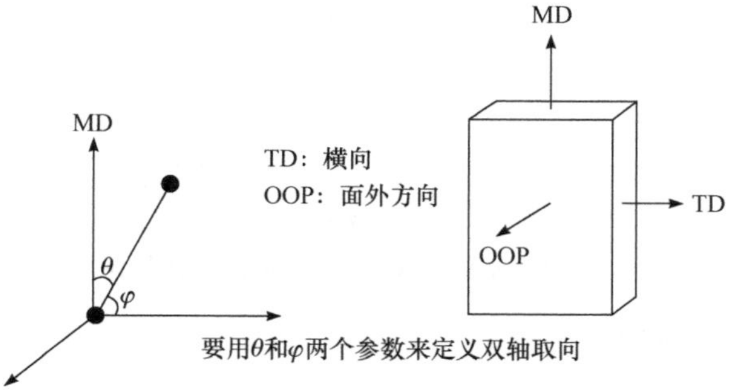

(b)

图 3.22　聚合物取向状态定量表征的示意图

(a) 单轴(纤维)对称；(b) 双轴(如薄膜)对称

拉伸轴之间的夹角θ是非无规的，而在薄膜中，θ和φ都是非无规的。可以用取向分布参数$\langle\cos^2\theta\rangle$和$\langle\cos^2\varphi\rangle$来描述大分子的取向状态，它们分别是对系统中所有分子链的$\cos^2\theta$和$\cos^2\varphi$的平均值，符号“⟨ ⟩”表示取平均。对于单轴拉伸材料，φ是无规的，以$\langle\cos^2\theta\rangle$和$\langle\cos^4\theta\rangle$来描述材料的分子取向。

也可采用取向分布系数P_{200}和P_{400}来描述取向状态，

$$P_{200}=(1/2)(3\cos^2\theta-1) \tag{3.6}$$

$$P_{400}=(1/8)(35\langle\cos^4\theta\rangle-30\langle\cos^2\theta\rangle+3) \tag{3.7}$$

若取向单元(分子链或微晶体)完全平行于参考方向(拉伸方向)，则$\theta=0$，因此$P_{200}=1$；若取向单元都垂直于参考方向，则$\theta=90°$，因此$P_{200}=-1/2$；若取向单元的取向是任意的，则单元在所有方向的概率相等，各方向的$\langle\cos^2\theta\rangle$值完全相等，应为 1/3，则$P_{200}=0$。

3.6.2　取向分布的测定方法

有许多方法可以用于定量测定聚合物的取向状态，主要有 X 射线衍射法、双折射法、核磁共振法、声速法和红外二色性法。这些方法在获得分子取向信息的多少、定量测量的精度、操作的难易和对试样的特殊要求等方面都有各自的限制。拉曼光谱术是获得分子取向分布信息的强有力工具，其主要是利用激光的偏振性，分析拉曼散射光的偏振情况来对分子链取向状态作定性或定量描述。

大多数聚合物都是非均质结构，通常都包含非晶区和晶区。在不同区域，分子链的排列是不同的，所以分子链的取向测定常常对不同区域进行，从而获得全体分子链的取向、晶区分子链的取向和非晶区分子链的取向等不同参数。

与其他方法相比，拉曼光谱术测定分子取向状态有诸多优点：它能分别获得晶区、非晶区和全体分子的取向状态信息；分析精度高；能获得高次分子取向分布函数；使用显微拉曼光谱术，能描述材料不同微区的取向状态，尺寸精度可达到微米级；对试样无特殊要求。另外，由于该方法使试样无损检测并能快速获得信息，因此有可能在生产过程中进行在线检测。

用拉曼光谱术研究聚合物分子取向分布的理论和实例已经有较为全面的评述[40]。

3.6.3　取向分布的测定实例

已经有许多研究人员应用拉曼光谱术研究了各种聚合物的分子取向，读者可参阅相关文献，其中得到最广泛研究的聚合物有 PET[40-42]和 PE[43-45]。其他报道较多的还有 PEN(聚萘二甲酸乙二醇酯)[46]、PEEK[47]、PC(聚碳酸酯)[48]和 PP[49]等。天然生成的生物类聚合物的分子取向分布状态同样也能用拉曼光谱术进行定性或定量分析[50, 51]。

最近 Tanaka 和 Young[40]对应用偏振拉曼光谱术测定聚合物分子取向分布进行了详尽的理论分析，并以 PET 纤维为实例，测定了背散射几何下不同偏振组合的拉曼光谱，用理论分析给出的方程式计算出几种 PET 纤维的分子取向分布系数P_{200}和P_{400}以及取向分布函数 $N(\theta)$。他们在测量试样的偏振拉曼散射强度之前，以 CCl_4 校验仪器系统的偏振灵敏度，在三种不同偏振组合下测得的 PET 纤维试样 PR 的偏振拉曼光谱显示在图 3.23。可以看到，入射光和散射光分析器的偏振方向都对光谱各个峰的强度有十分显著的影响。显然，这是由试样的取向分布引起的。考察 1616 cm^{-1} 峰，测定其峰高，用于计算取向分布系数 P。表 3.3 列出了对 4 种 PET 纤维测定的结果，表中数据以 $X_L(Z_LZ_L)X_L$ 几何测出的强度为基准作归一化处理。计算得出的取向分布系数 P_{200} 和 P_{400} 列于表 3.4。图 3.24 显示了 PL 和 PM 两种 PET 纤维的取向分布函数 $N(\theta)$曲线。可以看到在θ=0 处，与 PL 相比，PM 有较高的峰高和较小的峰宽，表明纤维 PM 的分子取向程度较高。

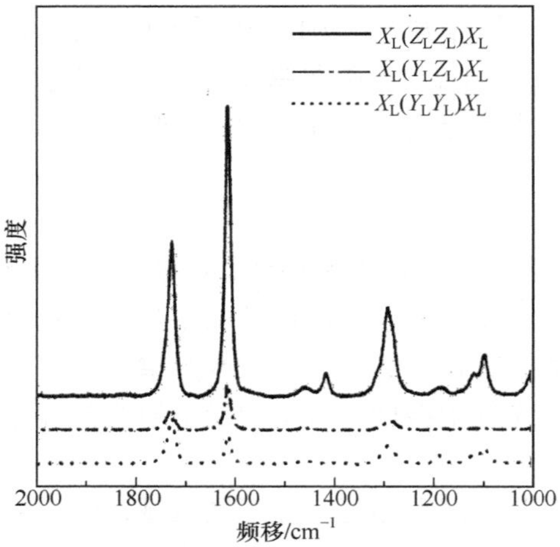

图 3.23 不同散射几何下 PET 纤维的偏振拉曼光谱

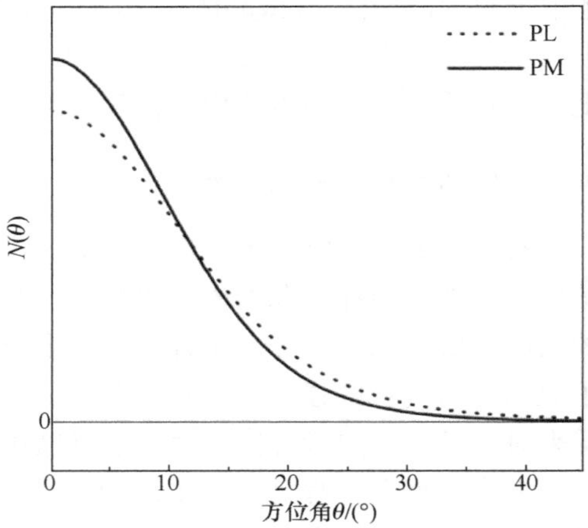

图 3.24 PET 纤维 PL 和 PM 试样的取向分布函数 $N(\theta)$

表 3.3 不同散射几何下四种 PET 纤维 1616 cm^{-1} 峰的强度

试样名称	$I_{X_L(Z_LZ_L)X_L}$	$I_{X_L(Y_LZ_L)X_L}$	$I_{X_L(Y_LY_L)X_L}$
PC	100	14.3±0.3	9.2±0.1
PL	100	17.2±2.0	10.8±0.2
PM	100	13.9±0.4	6.8±0.2
PR	100	15.0±0.3	9.2±0.2

注：对 $X_L(Z_LZ_L)X_L$ 几何测得的强度作归一化处理。

表 3.4 PET 纤维的取向分布系数 P_{200} 和 P_{400}

试样名称	P_{200}	P_{400}
PC	0.600±0.004	0.316±0.008
PL	0.557±0.003	0.263±0.003
PM	0.650±0.007	0.324±0.012
PR	0.596±0.005	0.298±0.005

Everall[41]则对单向拉伸的 PET 薄膜取向分布系数 P_{200} 进行了测定，同时也分析了结

晶度，结果如图 3.25 所示。其中图 3.25(a)显示了不同拉伸率薄膜的 P_{200} 值。图中可见，对于同一薄膜两表面有不同的值。实际上，取向沿薄膜厚度有一很大的梯度。结晶度沿厚度也有一梯度，如图 3.25(b)所示。

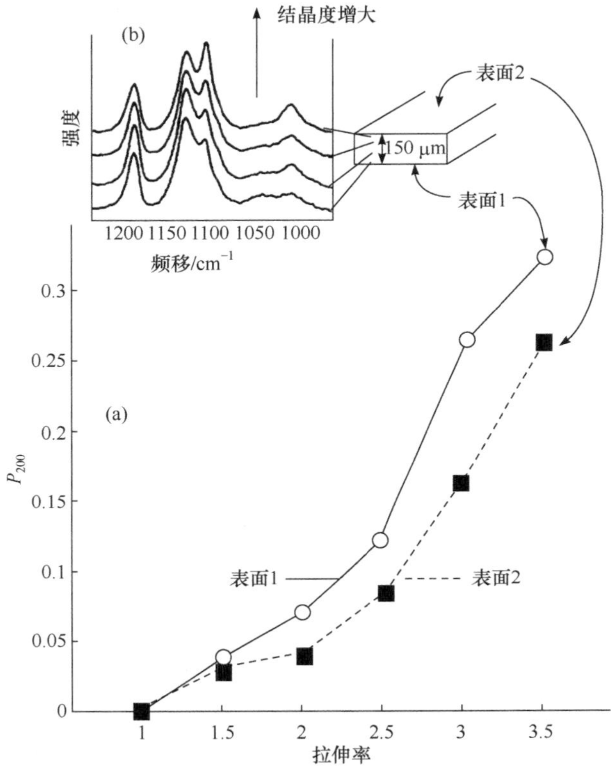

图 3.25　不同拉伸率单轴拉伸 PET 薄膜的取向分布系数 P_{200} 和结晶度沿厚度的变化

对 PE 纤维的研究表明，由 C—C 伸缩模引起的 1131 cm^{-1} 峰对分子取向十分敏感。图 3.26 显示了一种 PE 纤维不同偏振几何下的拉曼光谱[43]。三条光谱的测定都设置激光偏振方向平行于纤维轴向，对拉曼散射光既未设置偏振片也未插入 1/2 玻片时测得光谱 1，仅设置偏振片时测得光谱 2，而光谱 3 则对应于偏振片和 1/2 玻片都插入的情况。

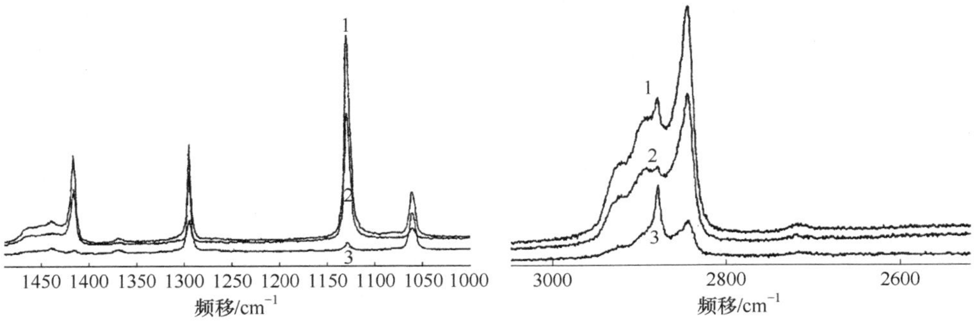

图 3.26　PE 纤维在不同偏振方向下三条散射光的拉曼光谱

两图分别对应不同的频移范围

注意 1131 cm^{-1} 峰峰高的变化。对不同拉伸率的 PE 纤维测定拉曼光谱，并作出 1131 cm^{-1} 峰对 1064 cm^{-1} 峰强度比相对纤维杨氏模量的关系曲线，如图 3.27 所示，据此可以定性地判断分子沿纤维轴向取向的情况。这是因为杨氏模量主要由分子取向决定。

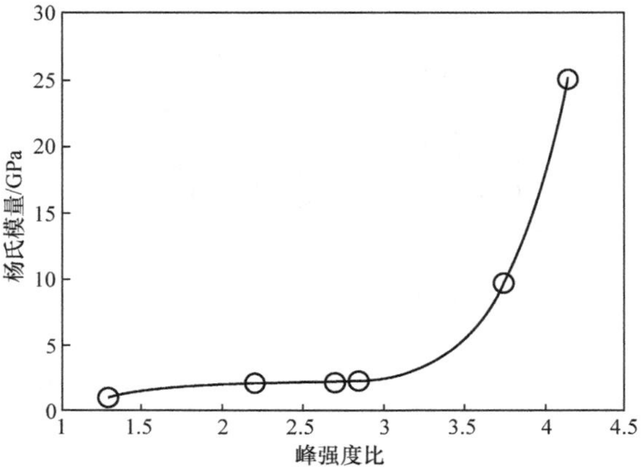

图 3.27　PE 纤维 1131 cm^{-1} 峰对 1064 cm^{-1} 峰强度比与纤维杨氏模量的关系曲线

对 PE 纤维和拉伸薄膜分子取向的定量测定有许多报道，其中 Nikolaeva 等[52-54]分别对 PE 的结晶区、无定形区和总体的取向分布作了详尽的理论分析并进行了实验测定，在分析中作了许多简化处理，应用起来比较方便。

3.7　共混聚合物的相结构

不同聚合物的共混是获得新聚合物材料简便而又十分有效的方法。实质上，这种方法就是通过共混方法将原有聚合物改性。共混改性必须满足人们对新材料具有某些特定性能的要求，同时也要求便于新材料的生产和加工。有时，共混主要是为了改善材料的加工性能。

3.7.1　共混聚合物相结构的测试方法

聚合物共混是指两种或两种以上聚合物经混合制成宏观均匀的材料的过程，通常是指物理混合。广义的共混则将其延伸到化学共混和物理/化学共混。显然，共混物的相结构是决定共混聚合物性能的关键因素。有许多方法可用于共混物相结构的研究，如电子显微术、动态力学性能测定术、DSC 和红外光谱术等。最近快速发展的拉曼微探针在共混物相结构研究中可发挥独特的作用，主要使用的是显微拉曼成像术。目前，一般情况下得到的拉曼成像的空间分辨率为 1～2 μm(应用近场拉曼光谱术可达到纳米级)，与共混聚合物相结构的大小数量级相当。成像可以用成分来表征，也可以用结晶状态或其他结构参数来表征。下面叙述了一个用显微拉曼成像术观测线型氘化聚乙烯和氢化支化聚乙烯共混聚合物相结构的实例[55]。这里并不评述形成这种相结构的细节和成因，而主要关心所用拉曼光谱术在相结构研究中能提供什么信息。

共混物由线型氘化聚乙烯(DLPE)和氢化支化聚乙烯(BPE)通过溶液共混法制得。用超薄切片机将共混物切成2～3 μm的薄片并用黏胶纸将其固定于石英玻片上(使用石英质玻片比用普通硼硅玻璃片能显著降低荧光背景)，以便于安装在拉曼光谱仪试样台上。测试使用共焦拉曼成像系统。由步进马达控制的 *XY* 扫描试样台能使试样做二维方向的自由移动。仔细地选择成像面积、针孔大小和光谱收集(扫描)时间等参数以便获得所希望的成像面积且有最佳的像质量。

DLPE/BPE 共混物的成分像是基于对 CD_2 和 CH_2 伸缩拉曼峰面积的测量[56]。成分含量由这两个峰面积的比值来决定。可预先对一定范围已知成分比例的匀质共混物作校正测量，以便将峰面积比值转换成成分含量。对于 DLPE 含量(＞30%)较高的共混物，测定位于 2100 cm^{-1} 的 CD_2 伸缩峰和位于 2900 cm^{-1} 的 CH_2 伸缩峰，它们是光谱中两个最强的峰。而对于 DLPE 含量较低的共混物，如 4%共混物，成像是基于位于 2100 cm^{-1} 的 CD_2 伸缩峰和位于 2720 cm^{-1} 的 CH_2 伸缩峰。这时，这两个峰有相近的低强度。

结晶度的测量是基于所有反式链区的浓度。在 BPE 中所有反式链区的量与 1130 cm^{-1} 峰的面积(以 1269 cm^{-1}、1295 cm^{-1} 和 1305 cm^{-1} 峰的面积作归一化)相关，而 DLPE 则与 986 cm^{-1} 峰的面积(以 914 cm^{-1} 峰面积作归一化)有关。图 3.28 是纯 DLPE 和纯 BPE 的拉曼光谱图，图中标出了用于计算结晶度的拉曼峰。

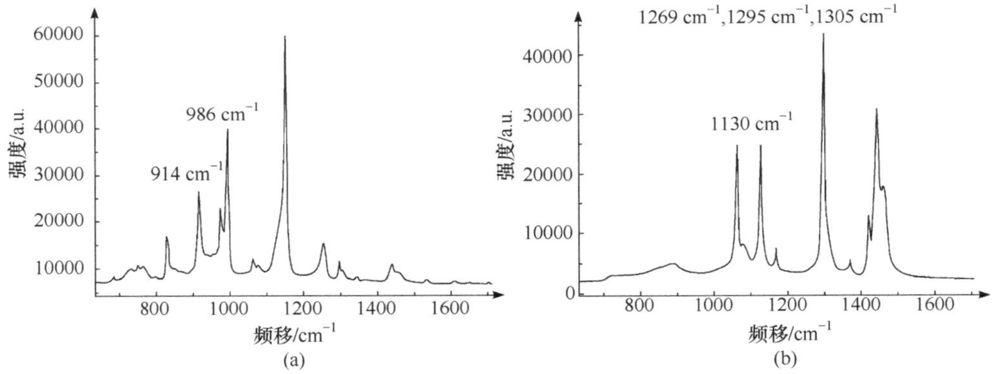

图 3.28 DLPE(a)和 BPE(b)的拉曼光谱

3.7.2 成分的区域分布像

图 3.29 是 10%共混物基于 2100 cm^{-1} 和 2900 cm^{-1} 峰面积比的成分拉曼像。像素的大小为(1×1)μm^2。图中的拉曼光谱分别从最大和最小 DLPE 含量的像素区域测得。其中图 3.29(a)是在 118℃等温结晶的 10%共混物的成分拉曼像。而图 3.29(b)是上述试样再熔融并在 150℃保持 48 h 后试样的像。图像的右侧是以黑色浓度表示的成分百分比标尺，较暗的区域表示 DLPE 有较低含量，反之亦然。从图 3.29(a)中可见，在所测量的几十微米的区域内成分分布是很不均匀的，有着 0%～40% DLPE 含量的变化。可以看到直径在几微米到 10 μm 大小的含 DLPE 较高的区域(DLPE 富相区)。再熔融的试样则有十分不同的成分分布情况，如图 3.29(b)所示。在所观察的区域内只有很小的成分变化，而且这可能是来自光谱基线变化引入的误差。如此，似乎可以得出结论，共混物等温结晶试样的成分相结构在再熔融保持过程中消失了而成为均匀结构。

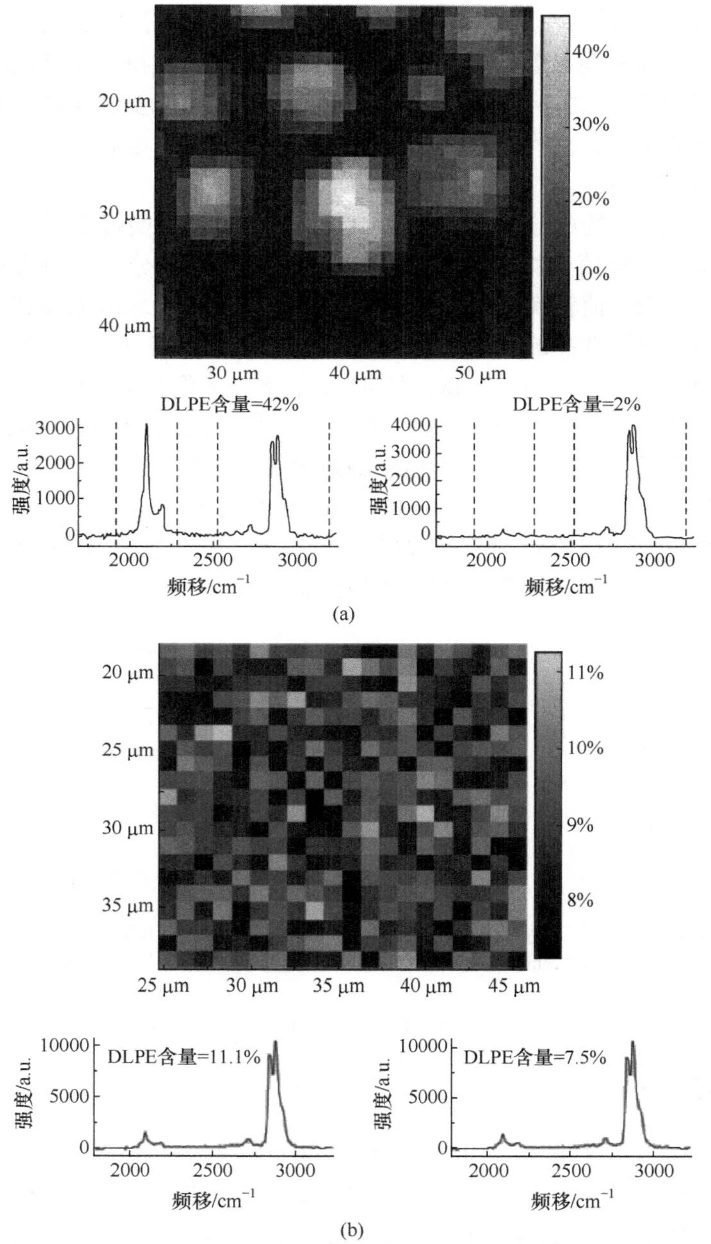

图 3.29　10% DLPE/BPE 共混物的拉曼光谱和拉曼像

像素大小为 1 μm×1 μm，拉曼像下方的两条光谱分别与像中最高和最低 DLPE 含量的像素相对应；(a) 试样在 118℃下等温结晶；(b) 上述试样在 150℃下再熔融并保持 48 h 然后淬火

图 3.30 显示了熔融温度保持时间对相结构的影响。该图是等温结晶 4%共混物经再熔融而有不同熔融保持时间的系列试样的成分拉曼像，熔融保持时间分别为 2 min[图 3.30(b)]、20 min[图 3.30(c)]、2 h[图 3.30(d)]和 5 h[图 3.30(e)]。图 3.30(a)是再熔融之前原材料的拉曼像，与 10%共混物等温结晶材料[图 3.29(a)]有相似的不均匀成分相结构。

图 3.30(b)与图 3.30(a)的像衬度分布情景十分相似，表明两种试样都有着很不均匀的成分分布，DLPE 富相直径为 5～10 μm。虽然在再熔融试样中极大 DLPE 含量比原材料小 9%(右侧标尺)，DLPE 富相间成分变化仍然很大。这两个像相似表明在 2 min 的熔融保持过程中相之间没有显著相互扩散。随着熔融保持时间的延长，DLPE 富相逐步扩展开来，同时 DLPE 含量极大值和极小值之间的差也在减小。图 3.31 显示了图 3.30 中各个 DLPE 含量的极大值和极小值，图中也标出了由扩散理论计算出的极大值。熔融保持 5 h 后成分变化很小，与熔融保持 2 h 的试样相比已经没有差别。

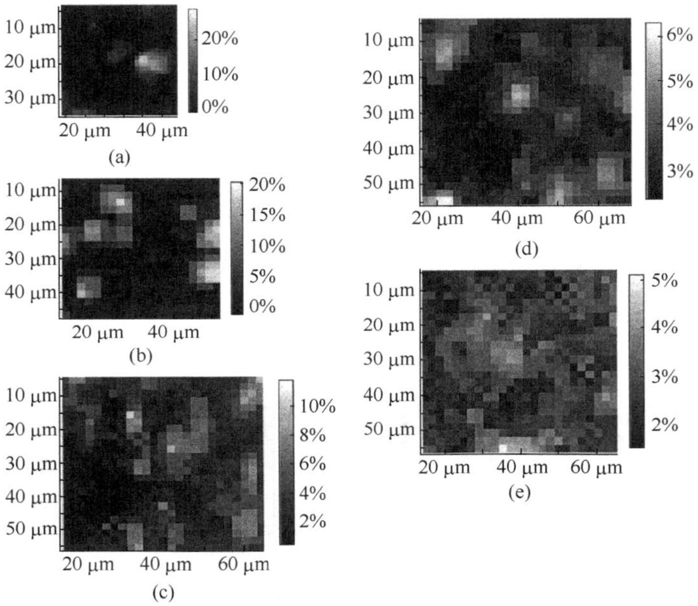

图 3.30　4% DLPE/BPE 共混物基于 2100 cm^{-1} 峰和 2720 cm^{-1} 峰面积比的拉曼像

b)～(e)中所有试样都在 118℃下等温结晶，除(c)外，其他试样都经再熔融并在 150℃下保温 2 min(b)、20 min(c)、2 h(d)、5 h(e)，然后淬火；(a)再熔融前的原材料

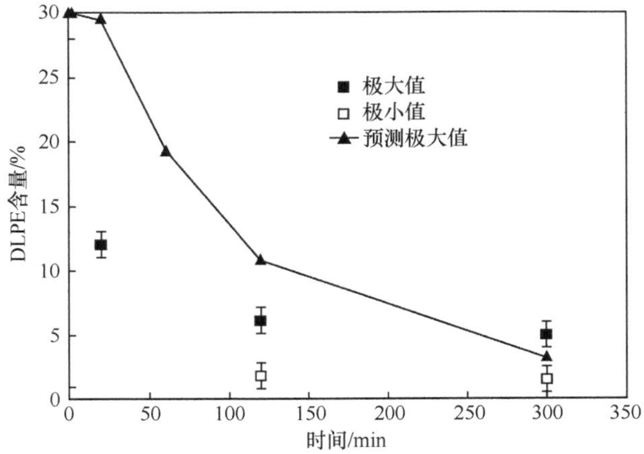

图 3.31　从图 3.30 各图中测得的 DLPE 成分含量的极大值和极小值与 150℃保温时间的关系

图中也标出了由扩散理论计算得出的极大值

3.7.3　结晶度的区域分布像

对适当的拉曼峰相对强度作图可将拉曼成像术用于表征共混物结晶度的区域分布。图 3.32 显示了 4% DLPE 共混物的拉曼光谱和结晶拉曼像，其中图 3.32(a)和(b)分别为 DLPE 和 BPE 结晶区的拉曼光谱，图 3.32(c)为 DLPE 的拉曼结晶像，由 986 cm^{-1} 与 914 cm^{-1} 峰面积比来表征，图 3.32(d)为 BPE 的结晶拉曼像，由 1130 cm^{-1} 与 1295 cm^{-1} 峰面积比来表征。此拉曼像的外观与图 3.29 和图 3.30 的成分拉曼像不同，结晶拉曼像图 3.32(c)和(d)是经过调匀处理后的像。注意图右侧标尺的数值不是试样的结晶度绝对值，而是相对值。

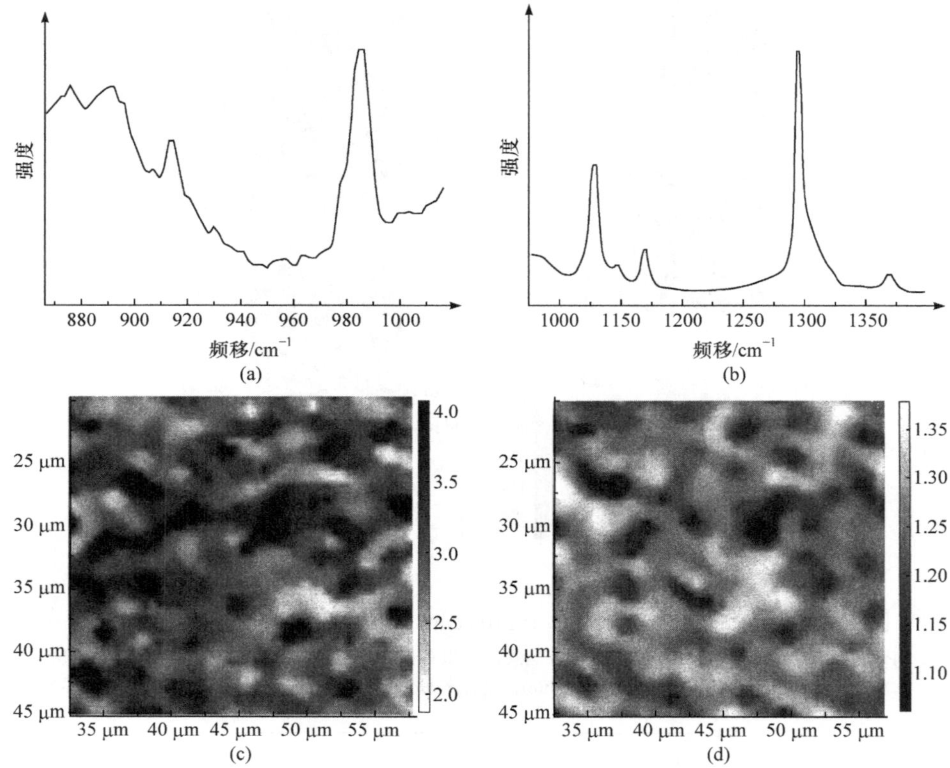

图 3.32　4% DLPE 共混物的拉曼光谱和结晶拉曼像

(a) DLPE 结晶区的拉曼光谱；(b) BPE 结晶区的拉曼光谱；(c) DLPE 基于 986 cm^{-1} 和 914 cm^{-1} 峰面积比的结晶拉曼像；(d) BPE 基于 1130 cm^{-1} 和 1295 cm^{-1} 峰面积比的结晶拉曼像

上述实例表明，拉曼微探针成像术在共混聚合物相结构研究中能给出如成分和形态学区域分布方面很有用的信息。需要指出的是，如果能配合使用其他测试方法，如电子显微术，则可以将所得结果相互印证，以便获得更确切和丰富的信息。

3.8　聚合物的固化和降解

3.8.1　固化

本节所述聚合物固化是指几种单体或低聚物组成的复杂混合物中发生的反应，这种反应常常能获得交联树脂，如涂料或黏结剂。监测反应功能基团的减少或消失，或者新键的产生能监控固化进程。拉曼光谱术是监测聚合物固化进程的有效手段。常用的程序是将试样部分固化，测得一拉曼光谱，进一步固化，再测得拉曼光谱，如此继续，直到材料完全固化。

用拉曼光谱术监测环氧树脂的固化过程是一个典型的实例[57]。在几小时的固化过程中监测环氧环的拉曼峰(1240 cm^{-1})，以偕二甲基基团的拉曼峰作内标进行归一化处理。随着聚合物的固化，1240 cm^{-1} 峰有一个逐渐减弱的过程(图 3.33)。

聚酯酰胺酸的固化过程可监测 1780 cm^{-1} 附近的酰亚胺 C═O 拉曼峰，以 1740 cm^{-1} 的酯羰基峰作内标(图 3.34)。

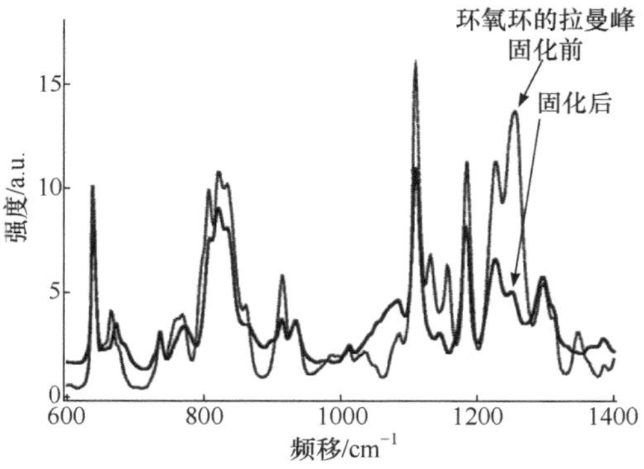

图 3.33　环氧树脂固化前后的拉曼光谱

固化使环氧峰强度急剧减小，但并不完全消失

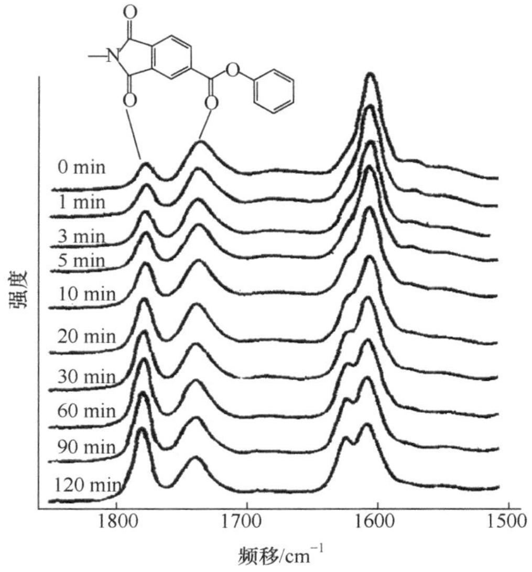

图 3.34　聚酯酰胺酸固化过程的拉曼光谱

设想酰亚胺峰 1780 cm^{-1} 的强度与酰亚胺基团的浓度之间有着线性关系，则转换百分比α可由下式给出：

$$\alpha = \frac{(I_{1780}/I_{1740})_t}{(I_{1780}/I_{1740})_\infty} \tag{3.8}$$

式中，下角标 t 和 ∞ 分别为在时间 t 和完全酰亚胺化后测得的强度比。

由于聚合物不同区域环境因素的差异，固化反应的进程有时并非各区域完全相同。这种固化的区域不均匀性可用显微拉曼光谱术测定。一种方式是移动试样以实现聚焦于试样不同的区域，另一种方式是用共焦显微术对试样不同深度区域聚焦。图 3.35 显示了对一聚合物薄膜表面上丙烯酸酯树脂涂层不同深度固化反应测试的结果。树脂涂层厚约 30 μm，以紫外光照射使其固化。拉曼光谱测定从表层与空气接触的界面开始，每隔 1 μm 依次测试一次。以羰基的 1730 cm^{-1} 峰作内标，对 C═C 基团的拉曼峰(约 1630 cm^{-1})作归一化处理，通过考察其强度变化来判断树脂的固化程度。随着固化程度的增强，C═C 基团浓度减小，与其相应的拉曼峰(1630 cm^{-1})强度降低。图中显示，1630 cm^{-1} 峰强度从空气界面向涂层内部深入而降低。这意味着涂层的固化程度是不均匀的，在空气界面处固化程度最低，深入 2 μm，固化程度得到显著增加，而到达 3 μm(重复实验)以后，固化程度就达到最高。表面层的固化程度较低是因为空气中的氧阻碍了固化反应。有趣的是有些材料，如聚酯树脂，由于氧能促进其固化反应，起固化催化的作用，因而在表层反而有较高的固化程度。

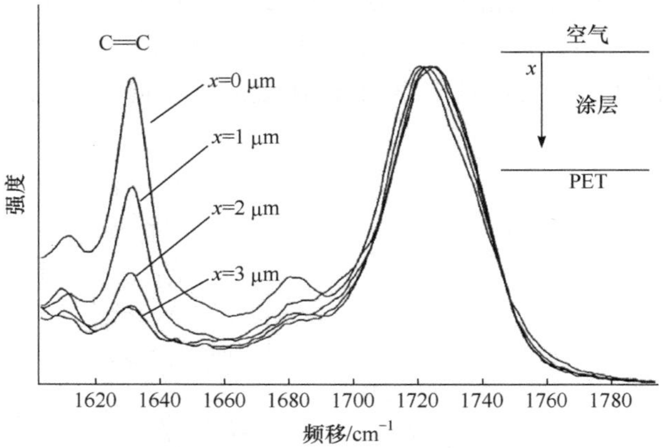

图 3.35　聚丙酸酯树脂涂层不同深度的固化程度

固化反应的拉曼光谱研究常常使用近红外激光作激发光源，这是因为用绿光或蓝光激光作激发光时，许多固化聚合物产生很强的荧光。

3.8.2　降解

一般地说，用拉曼光谱术研究聚合物氧化降解机制并非是理想的方法。这主要是因为拉曼光谱对检测低含量氧化物不敏感；另外，氧化聚合物常常有很强的荧光。不过也有例外，例如，用拉曼光谱术分析 PVC 由氯化氢引起的降解就获得了很有用的结果[58]。对一些特殊环境下引起的降解，如激光损伤或机械磨损引起的形态学和化学变化也可用拉曼光谱术进行分析[59,60]。

3.9　聚合反应动力学

有许多表征方法可用于监测聚合反应动力学，大致可以将其分为两类：①间接法，这类方法测量与反应过程函数相关的物理性质；②直接法，测量的是反应剂或反应产物的浓度。流变法和热学法属于前一类，而滴定法和光谱法则属于后一类。

前面已经指出，单体聚合会引起拉曼活性基团的消失或强烈变化，而反应器内反应物的拉曼信息又很容易用近年发展起来的拉曼探针穿过玻璃窗或管壁获得，这就使得有可能用拉曼光谱术在实验室(原位)或在生产线(在线)进行聚合反应动力学研究，而用其他技术一般难以做到。它的限制主要在于能否在一定时间内测得高信噪比的拉曼光谱和反应混合物引起的荧光强度。此外，如果试样温度显著高于 150℃，强烈的近红外试样白炽会妨碍傅里叶变换拉曼光谱仪的使用。

3.9.1　内标峰及其选择

拉曼光谱术试样准备简便，使其成为较早用于监测聚合过程的技术之一。在监测不饱和单体，如丙烯酸和苯乙烯的聚合时，它是最为有用的技术。可以用该技术在加热反应器中原位监测 MMA(甲基丙烯酸甲酯)和苯乙烯单体的聚合反应动力学。对于苯乙烯聚合，起初以“环”呼吸模的 1002 cm^{-1} 峰为内标，测定反应过程中它与 C═C 在 1631 cm^{-1} 峰的比值。后来发现，在一次反应过程中，若仪器足够稳定，只要简单地测得 1643 cm^{-1} 峰的绝对强度就能得到相关的动力学资料。对 MMA 单体聚合同样也可以只测量 1643 cm^{-1} C═C 峰的绝对强度。有研究者[61]用傅里叶变换拉曼光谱术和膨胀测定法研究了 MMA 和 BuA(丙烯酸正丁酯)单体的共聚反应动力学，仅测量 C═C 峰的绝对强度便获得了很有用的资料。图 3.36 显示了用拉曼光谱术监测 BuA 单体聚合动力学的实验装置和测试结果(不同温度下的转化率变化)。图中转化率急剧上升之前的导入期很明显。

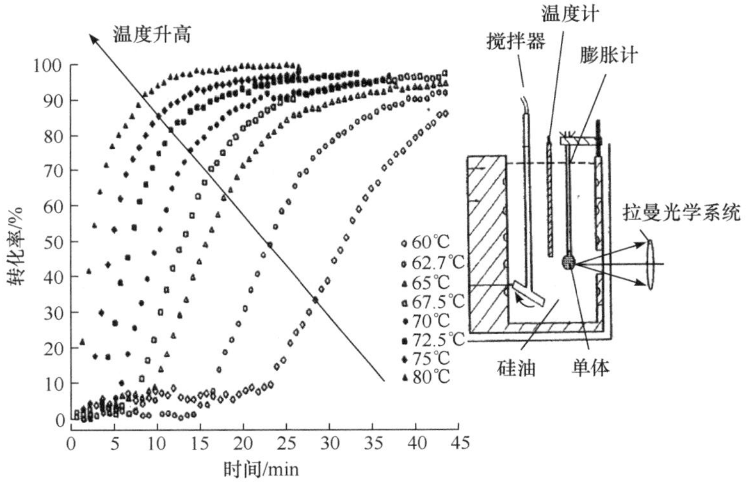

图 3.36　BuA 单体聚合动力学的拉曼光谱监测

虽然用绝对峰强度测量动力学参数是可能的，但多数情况下并不可取。这是因为有许多因素会影响光谱仪测得的绝对峰强度，例如，在反应过程中溶液的光学性质(混浊度、折射率和颜色)会发生改变；激光功率的大小可能脉动；试样或光谱仪的光学校准发生漂移以及观察试样的窗口被污染等。这些因素中的任何一个都可能对测量结果产生重大影响，因此在实际生产环境中的在线分析还是使用内标峰比较合适。

显然，内标选择的一个重要问题是必须确定在反应过程中所选标准峰的绝对强度没有变化，或者如果有变化的话必须能够测得变化的大小。有研究工作者[62]用 6@1 纤维光学探针测定含水乳胶中苯乙烯聚合的拉曼光谱。在聚合过程中试样的混浊度发生变化，因而绝对峰强度也发生变化。他们用 1602 cm^{-1} 环变形峰作为内标，取 C═C 峰对其的比值作指标，并对变化的混浊度影响作归一化处理。然而，他们注意到，比起聚合物，单体 1602 cm^{-1} 峰的固有强度比聚合物相应峰大 5 倍以上。显然，这样得到的单体聚合率是不正确的。

不过，如果已知单体和聚合物特征峰固有散射强度的比值就会得到十分合理的结果。设$[S]_0$是单体在 t=0(反应开始)时的浓度，α为单体转化成聚合物的百分数，k_1、k_2 和 k_3 分别为 1631 cm^{-1}C═C 峰、1602 cm^{-1}峰(单体环模)和 1602 cm^{-1}峰(聚合物环模)峰强度与相应浓度有关的拉曼响应系数，则有

$$I_{1631}=k_1[C═C]=k_1[S]_m=k_1(1-\alpha)[S]_0 \tag{3.9}$$

$$I_{1602}(单体环)=k_2[S]_m=k_2(1-\alpha)[S]_0 \tag{3.10}$$

$$I_{1602}(聚合物环)=k_3[S]_p=k_3\alpha[S]_0 \tag{3.11}$$

式中，下标 m 和 p 分别表示单体和聚合物。对 1602 cm^{-1}峰测得的总强度是 I_{1602}(单体)+I_{1602}(聚合物)：

$$I_{1602}(总强度)=k_2(1-\alpha)[S]_0+k_3\alpha[S]_0=[S]_0[k_2(1-\alpha)+k_3\alpha] \tag{3.12}$$

以式(3.12)除以式(3.9)并重新整理得到下式：

$$1-\alpha=\frac{[k_2(1-\alpha)+k_3\alpha](I_{1631}/I_{1602})}{k_1} \tag{3.13}$$

从上式可得：

$$\alpha=\frac{k_2(I_{1631}/I_{1602})-k_1}{(I_{1631}/I_{1602})(k_2-k_3)-k_1} \tag{3.14}$$

如此，只要知道 k_1、k_2 和 k_3 的值就可从测得的峰强度计算出转化率α。这三个常数可由比较已知浓度聚合物和单体溶液的峰强度得到。从纯净单体的光谱测量 1630 cm^{-1}峰和 1602 cm^{-1}峰的相对强度(环峰和 C═C 峰两者都在纯净单体相同浓度下测试)可得到 k_1/k_2 的比值。显然，如果单体和聚合物环模有相同的本征强度，则 $k_2=k_3$，下式成立，该式给出了转化率和强度比呈线性关系：

$$\alpha=\frac{k_2(I_{1631}/I_{1602})-k_1}{-k_1}=1-\frac{k_2}{k_1}(I_{1631}/I_{1602}) \tag{3.15}$$

很容易验证该式是合理的。若反应是完全的，则α=1 和 I_{1602}=0(不存在 C═C 残留)。而当 t=0 时(即反应开始)，α=0，$I_{1630}/I_{1602}=k_1/k_2$(C═C 和环模本征强度之比)。

内标峰强度的变化对α值的影响见图 3.37，该图显示了对不同 k_2 和 k_3 比值下，α与 I_{1631}/I_{1602} 之间的关系，直线(a)是假定内标峰不变时(k_2/k_3=1)计算得到的α值，很明显与聚合时内标峰变化情况下α的值[曲线(b) k_2/k_3=2 或曲线(c)k_2/k_3=5]相差甚大。

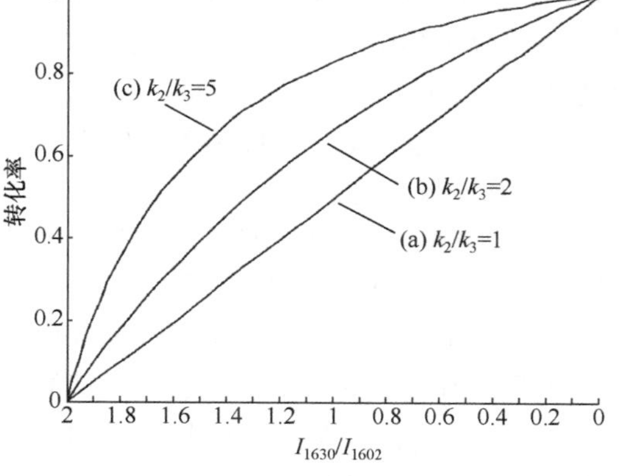

图 3.37　苯乙烯聚合内标峰强度的变化对转化率的影响

MMA 在含水乳液中的聚合也可用纤维光学探针原位研究其聚合动力学。这时以 1640 cm^{-1} H_2O 形变峰作为内标，该峰强度

在聚合过程中不发生变化。但是这个峰与单体 C═C 峰交叠甚多。解决的方法是用适当的最小二乘法拟合程序将 MMA、PMMA(聚甲基丙烯酸甲酯)、水、表面活性剂和来自二氧化硅纤维的背景散射对光谱的贡献分开。应该注意在电解液中聚合或在单体或聚合物对水有强烈氢键合的系统中，用水峰作内标来监测聚合反应并不合适，因为在这种情况下水峰的本征强度是变化的。

图 3.38 显示了对一种乳液随反应时间测得的系列拉曼光谱图。反应器内的含水乳液含有 MMA、BuA、苯乙烯、交联剂和聚合物。使用纤维光学探针，激发光透过反应器的玻璃窗测得光谱。图中明显可以看到成分的变化，例如，图 3.38(a)中 C═C 峰的强度，图 3.38(b)中苯乙烯的结合和图 3.38(c)中饱和 C—H 基团增长的变化。

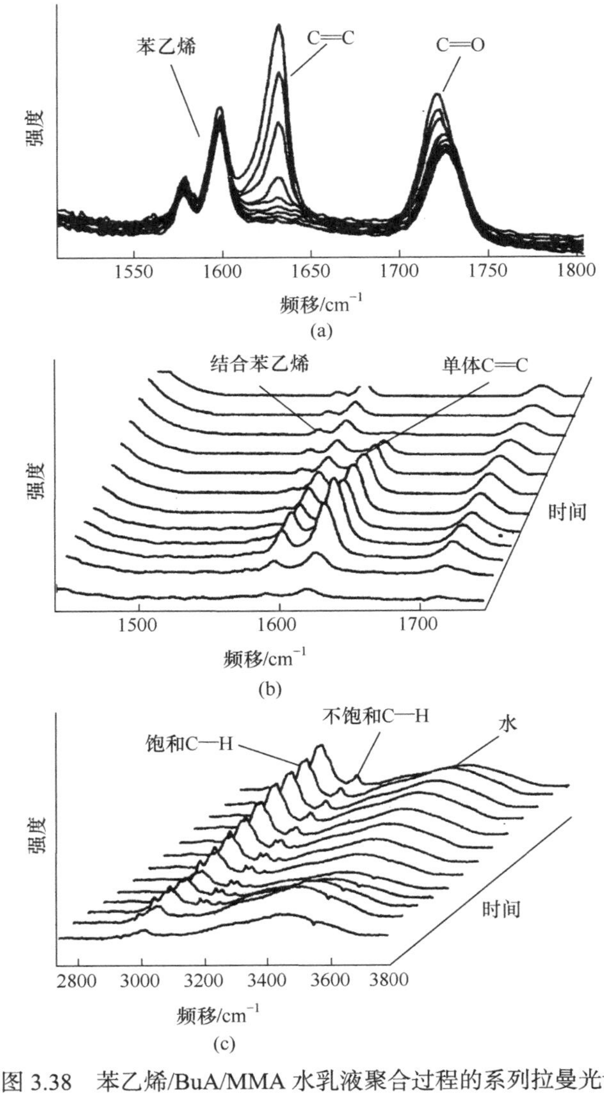

图 3.38　苯乙烯/BuA/MMA 水乳液聚合过程的系列拉曼光谱

如上述实例所表明的，纤维光学拉曼探针的应用使拉曼光谱术在聚合物反应动力学研究中成为很有价值的技术。用于这类分析的纤维光学探针可以是插入式的，探针进入反应液，也可以完全不进入反应液而透过空气或玻璃容器壁监测化学反应。插入式探针能获得较高的灵敏度，而且几乎没有聚焦的要求，但在危险环境中应避免使用。

硅氢化反应是 SiH 和硅-乙烯基团之间在催化剂作用下形成 $SiCH_2Si$ 键合的一种反应。因为 SiH 和乙烯基都有强拉曼散射，所以可以用拉曼光谱术来监测这类反应的进程。图 3.39 显示了该反应过程的系列拉曼光谱。该光谱图是使用外探针在容器外测得的，反应剂装在玻璃容器内，并缓慢地搅动。每隔 1 min 测量 1 次拉曼光谱。从图中可见，在反应过程中由于反应剂中 SiH 和 C═C 的消耗，与之相应的 2160 cm^{-1} 和 1600 cm^{-1} 拉曼峰强度减弱，而由于产物的形成，其他峰也发生变化，临近结束时反应十分强烈，在最后 1 min 反应剂快速消耗。然而，在最后一个光谱图中仍然有着小小的 C═C 峰，这表明与之相应的反应剂稍稍过量。

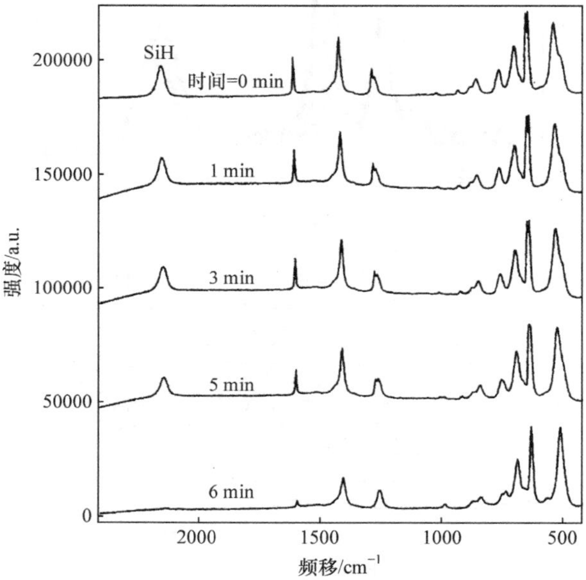

图 3.39　硅氢化反应过程中的拉曼光谱

拉曼光谱术也可用于监测空气敏感成分的聚合反应。这时，扰动试样会对反应产生影响。例如，在单体聚合为线型聚合物时，反应剂和产物都对湿空气敏感，可选取合适的峰强度变化来探索反应情况[63]。

拉曼光谱术也能用于监测高速聚合反应。反应可快速到不足 1 min 即可完成，而拉曼光谱测量时间间隔可短到 1 s 以内[64]。

3.9.2　热塑性材料的反应动力学

在热塑性状态下进行聚合的反应动力学研究可在拉曼显微镜下实施。作为实例，以下简述对一种非催化热塑性聚氨酯(TPU)配方聚合反应动力学应用原位拉曼光谱术所作的定量分析[65]。

测试使用 180°背散射拉曼测量几何。将大约 1 mm 厚的 TPU 反应剂混合物放于两石英片之间，随后将其置于预热到给定等温聚合温度的加热台上。激光束穿过加热台的孔聚焦到试样上。

为了作定量分析，取 1612 cm^{-1} 峰的强度作为内标以对测得的所有光谱作归一化处理。该峰归属于 MDI 二苯基亚甲基二异氰酸酯亚苯基团内的芳香环“呼吸”/伸缩振动模。因为光谱的峰形状并不随浓度有大的变化，取峰高度而不是峰面积作为峰强度。

用拉曼光谱术对聚合反应系统作定量动力学分析的基础是测定在反应期间归属于反应剂或产物官能团的特征拉曼峰强度的变化。因此，首先要做的工作是确定 TPU 配方中哪些峰适合做动力学测量。图 3.40 是非催化 TPU 反应剂混合物在 120℃下反应 1 min、30 min 和 12 h 后的拉曼光谱图。参考先前人们对聚酯、异氰酸酯和氨基甲酸乙酯拉曼研究的资料[66]，将图中几个峰的归属列于表 3.5。原则上讲，所有这些官能团的拉曼峰都可用于测定该 TPU 配方的聚合反应动力学，而且有些峰的强度随聚合反应的持续变化很大。然而绝大多数拉曼峰或者由于强度太小，信噪比(S/N)太低，或者由于与其他峰相叠合，用来作动力学分析，处理起来很不方便。

来自 MDI 亚苯基环的 1530 cm^{-1} 峰的强度随反应的持续明显减小，经分析可以认定 1530 cm^{-1} 峰强度正比于 MDI 的浓度。因此，测定该峰强度的变化可用于 TPU 反应动力学的分析。

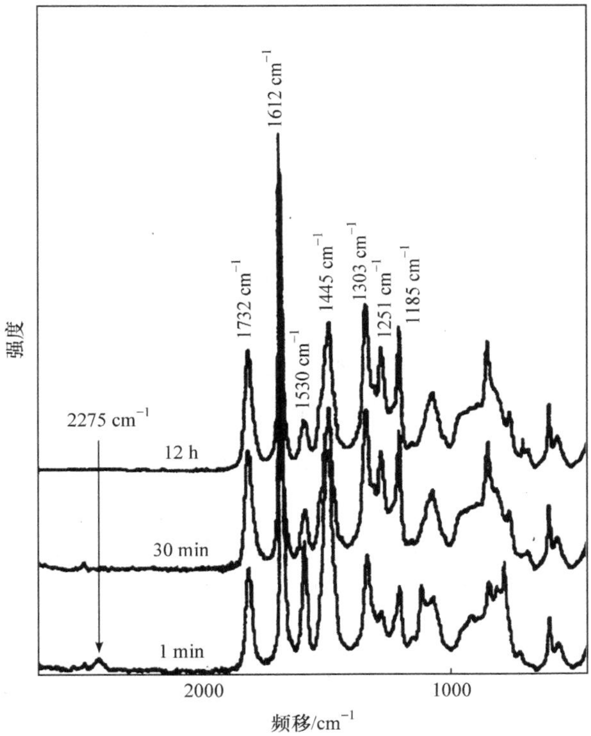

图 3.40　热塑性聚氨酯聚合反应过程的拉曼光谱

表 3.5　热塑性聚氨酯在 120℃聚合时反应混合物的拉曼峰归属

拉曼频移/cm^{-1}	归属	拉曼频移/cm^{-1}	归属
2275	$v_{assym.}$(N═C═O)	1445	$v_{sym.}$(N═C═O)，δ (CH_2)
1732	酯 v (C═O)，聚氨酯酰胺 I v (C═O)	1303	δ (CH)，聚氨酯酰胺Ⅲ?
1612	v (Ar)	1251	聚氨酯酰胺Ⅲ?
1530	v (Ar)，聚氨酯酰胺Ⅱ v (C—N)+δ (N—H)	1185	聚氨酯酰胺?

以 MDI 峰高作为其强度，因此峰高也是浓度的量度。反应剂的 TPU 转化与 MDI 峰高之间的关系可用下式表示：

$$\alpha(t)=\frac{I_0-I(t)}{I_0} \tag{3.16}$$

式中，$\alpha(t)$为 TPU 随时间的转化率；$I(t)$为 MDI 峰高的时间函数；I_0为零转化时的峰高。

随着 TPU 反应剂发生聚合，氨基甲酸乙酯键合逐步形成。这些键包括 C—N 伸缩振动和 N—H 弯曲振动(表 3.5)，都是拉曼活性的，而且这些酰胺Ⅱ振动模式也在 1530 cm^{-1} 拉曼频移附近产生散射。从图 3.40 可以看到，在 120℃下进行 12 h 聚合反应后完全聚合的 TPU($\alpha\approx1$)拉曼光谱中，这些振动产生了虽然较弱但是不可忽略的拉曼峰。因此，考虑到逐渐增强的位于 MDI 峰附近的酰胺Ⅱ峰，必须对方程(3.16)作修正。

对 1530 cm^{-1} 峰高的贡献来自 MDI 和酰胺Ⅱ的拉曼峰，而后者的峰高正比于 TPU 的转化率，因此，随时间变化的 MDI 峰高 $I(t)$可表示为下列方程：

$$I(t)=S(t)-A_\infty\alpha(t) \tag{3.17}$$

式中，$S(t)$为实验测得的复合 1530 cm^{-1} 峰高；A_∞为完全转化时(即转化率为 1)酰胺Ⅱ的峰高。将方程(3.17)代入式(3.16)，即得：

$$\alpha(t)=\frac{I_0-[S(t)-A_\infty\alpha(t)]}{I_0} \tag{3.18}$$

考虑到 I_0 等于复合 1530 cm^{-1} 峰在零转化率时的峰高 S_0，而 A_∞等于复合 1530 cm^{-1} 峰在完全转化时的峰高 S_∞，重新整理式(3.18)，得出转化率的解，即有

$$\alpha(t)=\frac{S_0-S(t)}{S_0-S_\infty} \tag{3.19}$$

应用此式可从反应实验过程中测得的各拉曼光谱计算出 TPU 的转化率。

图 3.41 是 TPU 反应剂混合物在不同温度下聚合的实测和预测转化率随时间的变化图。图中各数据点用式(3.19)计算得到。可以看到，聚合温度越高，转化率越大，而且 30 min 之后发生最后转化。图中各数据点有一定程度的分散，是由于拉曼光谱的噪声和计算方法(如基线的选取、归一化和峰高的测量)所引起的误差，这在拉曼光谱的定量分析，尤其是动力学研究中通常是难以避免的。

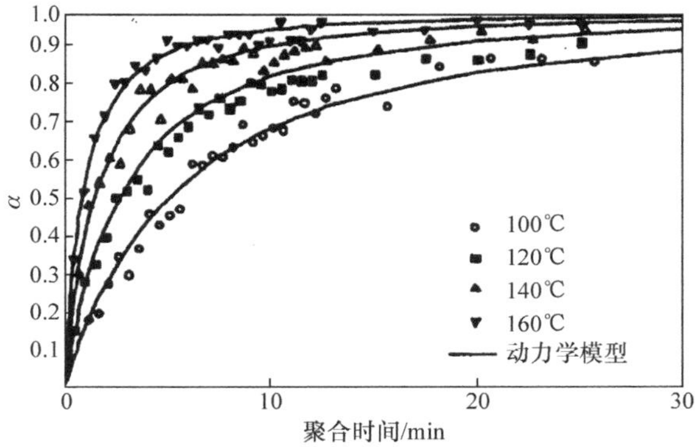

图 3.41　热塑性聚氨酯在不同温度下聚合的实测和预测等温转化率

3.9.3　应用拉曼光谱术监测反应动力学的限制

应用拉曼光谱术监测聚合反应动力学也受到某些限制。首先，反应剂溶解于溶液后，其拉曼散射的灵敏度将显著降低。红外光谱术常用增加光程来解决这个问题，而目前在拉曼光谱术中尚无类似的使用简便的装置来增加光程。其次，气泡和强烈搅拌对拉曼监测的效果有很大影响。气泡中的空气与试样间的界面会将激光反射进入收集光学纤维，使得光谱中出现纤维材料的拉曼散射，形成很强的二氧化硅背景。虽然附有滤光器的探针能消除大部分这种背景，但测量灵敏度将随之降低。如果反应必须强烈搅拌，建议在拉曼光谱测量时将搅拌暂停。

3.10　聚合物加工的在线测试

聚合物产品的性能不仅仅取决于材料的聚合度，也有赖于它的结晶度、取向度以及添加剂、填料及其共混聚合物成分的性能和份量。如果能够以非“侵入”式不干扰生产线地对这些参数予以监测，那么对产品质量的控制显然十分有利。为了不接触试样就能获得生产线上移动着的纤维、薄膜、板材或其他性状聚合物的光谱，从而推算出这些参数，拉曼光谱术是一种非常理想的技术。这主要归功于近年来在纤维光学和拉曼光谱仪器学方面取得的重大进展。

使用非“侵入”式拉曼探针可监测生产过程中聚合物的化学和物理性质，如将这些测得的信息回馈，就能对生产过程进行即时自动控制。

对于比较平坦的固体材料，激光束在试样运动中能保持相当精确的聚焦，对这类材料的在线测试比较方便，即便存在某些困难也易于克服。而对其他性状的材料，如运动中的熔融态试样或表面不平坦的固体材料则比较困难。本节对前一类材料只作简要评述，而着重于对后一类性状材料在线测试的表述。

3.10.1　固态聚合物

对生产线中固态材料的拉曼光谱测试主要提供其分子结构、形态学结构和成分方面的信息。

图 3.42 是对一种聚合物在加工过程中在线测得的拉曼光谱图[5]。该图显示了生产过程中材料结晶度和共混物成分的变化情况，其中图 3.42(a)是从不同拉伸率的熔融挤出聚合物中测得的拉曼光谱，而图 3.42(b)是从生产过程中成分改变的双成分共混聚合物中测得的光谱。这些光谱都是在正常生产条件下在生产线上实时从移动着的材料上测得。由试样移动引起的荧光背景已在基线校正时予以去除。图 3.42(a)显示，随着拉伸倍率的增加，存在于结晶相中的构象元显著增加，而图 3.42(b)则显示了双成分共混物在生产过程中成分的变化。

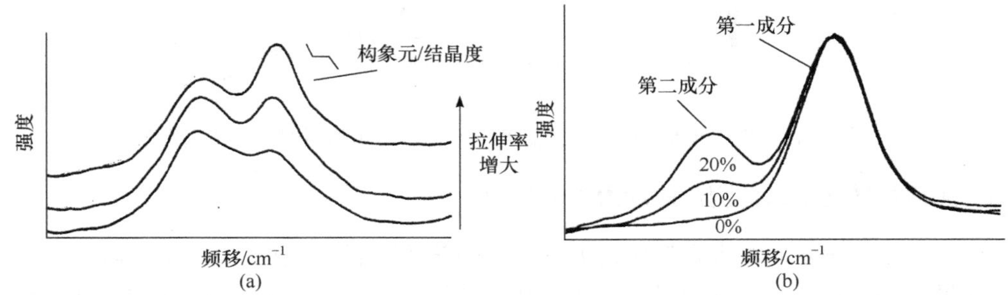

图 3.42　聚合物加工过程中在线测得的拉曼光谱

(a) 结晶相中与构象元相应的峰随拉伸率的变化；(b)与共混物中成分相应的拉曼峰在生产过程中的变化

在线测试常常同时使用其他测试技术对拉曼光谱术获得的资料进行对比和校正，例如，在使用纤维光学拉曼系统原位实时监测低密度聚乙烯(LDPE)的结晶情况时，同时使用了 DSC 和光偏振测量术对拉曼结果予以校正[67]。该方法能够测量的结晶度变化的时间分辨率约为 10 s。

除峰强度测量外，偏振拉曼散射光强度也可用于在线监测分子取向度和结晶度，例如，对单方向拉伸 PET 薄膜的测量，详情可参阅本章 3.6 节。对双轴聚合物的在线测试则要复杂得多[68]。

3.10.2　熔融态聚合物

熔融材料的物理和化学特性强烈地依赖于它经历的应力、应变、应变率和温度。因此，如果“离线”，在实验室测定熔融聚合物的性质，必定与真实情况有很大的偏离。这是因为离开生产线后，聚合物材料离开了生产线的环境，就有可能发生分子结构的变化。例如，通常为了表征熔融剪切流变，在标准毛细管流变仪中的熔融保留时间超过 5 min，而在挤出机中典型的熔融保留时间约为 1 min。如果在给定温度下保压时间对聚合物有物理或化学方面的影响(如 PET 和许多其他工程聚合物)，那么离线测试获得的材料参数与生产线中材料的真实参数就可能大不相同。实际上，离线测试时间常常需要以小时计，通常在此期间加工中的材料的性质已经发生了变化。另外的问题是离线测试只能对很小量的试样进行，测试结果不一定对生产线中的整体材料具有代表性。

在线监测的主要目标是实时评估聚合物的某些特定性质，如成分或分子结构或剪切流变。另外，在线监测也能获得加工稳定性(不同槽材料性状的变化)的信息。

许多技术可用于聚合物熔融的在线测试，如光谱波谱术、光学技术、超声技术和流变术等。测试的参数可以是聚合物结构、形态、成分、添加剂浓度、尺寸大小、外貌、颜色、流动性能以及产物的稳定性等。通常所说的在线监测有两种方式，一种方式是随线(on-line)监测，常用齿轮泵从主生产线中取出聚合物熔融试样，随后用生产线(通常是挤出机)旁的测试装置对试样进行测试。这种方式必然引起测试时间的延后，并且取样时干扰了生产线。同时还存在试样的代表性问题，这是因为与整个生产线流体相比所取试样很少，尤其是试样取自生产线流体的边缘区域，如管壁处。不过，这种方式也有好处，可以调整测试条件以保证测试环境的一致性，也可以获得不同外界条件下测得的信息。另一种方式是真正意义的在线(in-line)测试，这时对生产线流体直接测试获得资料而对流体没有任何干扰(测试仪器的探测头与流体管道壁齐平)。这样就可将多得多的熔融体作为试样进行测试，而且这种测试是在与生产线完全一致的环境条件下进行的。

拉曼光谱术的在线测试中主要能提供聚合物化学成分和分子结构的信息。目前比较成功的应用还是对固体聚合物的测试。将光谱术用于对熔融体在线测试的困难在于被测对象的温度(高温)和压力(高压)。然而，近年来对聚合物熔融加工过程越来越迫切地要求予以严密控制以提高生产效率和产品的稳定性。对熔融体的在线测试正在取得进展，但对在线表征聚合物熔融体的研究报道[69-72]仍然较少。

参考文献[73]报道了安装有在线拉曼探针的挤出机的详情。该机器中还同时安装有红外、近红外、压力和超声波探测器或传感器。拉曼探针端头安装成与管道壁齐平，既提供激发光，又收集拉曼散射光。该文献还报道了从该挤出机获得的聚合物拉曼光谱资料和测得的聚合物的相关性质。

毫无疑问，拉曼在线监测能提供生产线中熔融体的有用资料，为保证这种实时获得的资料的精确性，必须进一步改进探测器、纤维光学和其他器件的适应性能以及开发更合适的光谱分析软件。

3.10.3　在线测试的困难和解决方法

在线测试除存在由于熔融物的高温高压引起的测试设备安置和光谱荧光背景等问题外，即便测试对象是固体聚合物，也还有许多如由生产线中试样连续移动引起的问题。

首先是由于试样连续移动引起的强烈荧光背景。图 3.43 显示了一种挤出拉伸中的聚合物的拉曼光谱图。作为对比，图中也显示了从静态试样测得的光谱(光谱 a)，未见明显的荧光背景，而光谱 b 是对相同材料从生产线上移动的试样测得的光谱，有着严重的荧光背景。

这种现象不难得到解释。大多数材料在首次受到可见激光束照射时，会显示非常强的荧光，不过这种荧光在几秒或几分钟后就会消失。这种称为“猝灭”的效应是由于材料中的荧光基团在激光的强烈辐照下发生了挥发。然而在生产线中未经辐照的新材料不断地移进激光聚焦点，除非“猝灭”在极快的时间内发生，这种效应就不会产生效果。即使生产线以很低的速率，如 1 m/s 移动聚合物，在激光点 100 μm 直径下，若要在新试样完全替代原试样之前猝灭荧光，就要求猝灭时间短至约 10^{-4} s。这个值比实际观测到的值有数量级的差异。因此，许多材料尽管在实验室静态下能测得无荧光的光谱，但在生产线中仍显示很强烈的荧光。

降低荧光的有效方法是使用较长波长的激光作为激发光，其效果可从比较图 3.43b 与图 3.44a 两条光谱看出。两者都从移动中的相同试样测得，所不同的是前者使用 532 nm

绿光作激发光，而后者使用波长较长的 785 nm 红光作激发光。可以看到，在图 3.43b 光谱中的强烈荧光背景在图 3.44a 中基本消失了。

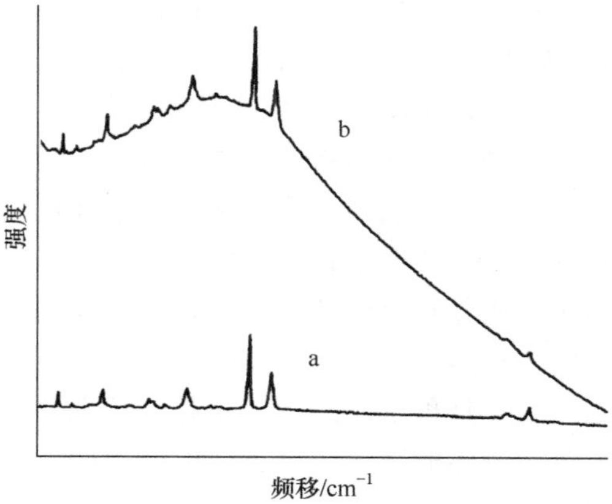

图 3.43　静态和挤出拉伸(移动)聚合物的拉曼光谱

a. 静态聚合物；b. 挤出拉伸聚合物

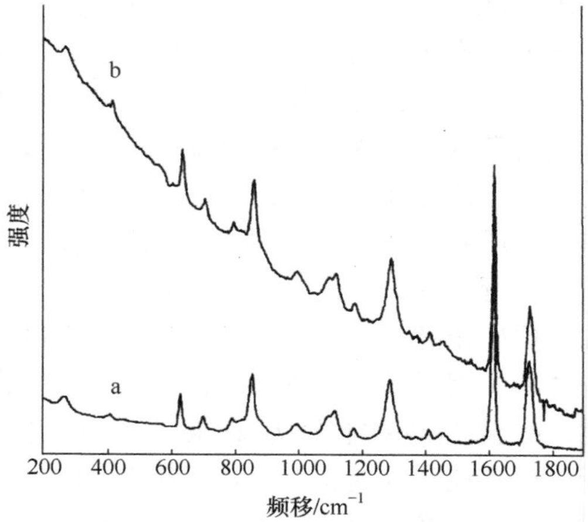

图 3.44　原始未使用过的和回收重炼的聚合物的拉曼光谱

a. 原始聚合物光谱；b. 回收重炼聚合物光谱

其次是重炼过的材料或回收再生聚合物往往在拉曼光谱中出现强烈的荧光背景。图 3.44a 光谱来自原始聚合物，相同聚合物经过使用、回收重炼后测得的拉曼光谱如图 3.44b 所示，其显示着强烈的荧光背景。这是由于重炼材料至少多做一次乾燥、熔融和挤出工序，因而将遭受一定程度的降解和污染。降解材料更易引起荧光，以致即使使用波长较长的红光仍然出现严重的荧光背景。使用重炼聚合物在生产中十分普遍，重炼材料比原始材料更易出现荧光确实是拉曼分析应用于这类材料的一个难题。

似乎可用波长更长的激光作激发光来消除或降低荧光强度，例如，傅里叶变换拉曼光谱术中使用 1064 nm 激光。在降低荧光背景方面这确实是有效的，然而更长的波长降低了拉曼散射效率，傅里叶变换系统比可见光分光系统的灵敏度要低得多。因此，在实际应用时，需要在降低荧光背景和降低系统灵敏度之间作一折中选择。

再次是与试样形状有关的采样问题。试样表面粗糙会导致拉曼散射光收集透镜聚焦的困难。例如，传送带上移动中的聚合物切片，由于其堆积不平，常常使试样位置超出拉曼收集透镜的焦深范围。对于这类试样，表面粗糙度成为大问题。这是因为为了尽可能多地收集到拉曼散射光，通常使用低光圈数透镜，这就限制了透镜焦深在 1 mm 之内，而送料带上的切片常有超过 1 mm 的高低差异，因此试样常常位于焦深范围之外，致使收集到的拉曼散射明显减弱。

一个解决办法是将试样磨成粉末状并刮平使其在送料带上各点有相同的高度。另一个办法是将材料颗粒置于试样管道中输送，或者通过一视窗将材料颗粒放在对激光聚焦合适的位置。最巧妙的办法是使用快速扫描自动对焦系统。当然也可以使用较大焦深的透镜系统以降低拉曼信号的收集效率来保证试样位于焦深范围之内。这些问题对于纤维、薄膜和板材是不会发生的，这是因为这类形状的材料很容易使其在生产流程中保持在透镜焦深范围之内。

对于液体试样，如果是透明的，激光能通过示窗聚焦于试样内部，采样没有什么困难。如果试样是混浊的或者高吸收率的，激光不能有效地透过试样，就会导致采样困难。图 3.45 显示了用背散射收集透镜模式，通过二氧化硅示窗分析稀释的聚合物乳液的几种情况。调节激光束的聚焦点，会产生下列可能结果：①如图 3.45a 所示，如果聚焦于二氧化硅示窗上，就会出现强烈的二氧化硅背景，遮盖了光谱的低频移部分；②如图 3.45b 所示，若聚焦于液体与示窗的界面处，此时能获得比较好的试样光谱，尽管仍有较弱的二氧化硅背景；③如图 3.45c 所示，聚焦更远些以试图进入试样，由于液体混浊，激光不能穿透，而在试样与示窗的界面处形成弥散斑，此时收集效率很低，得到的是信噪比很低的光谱。

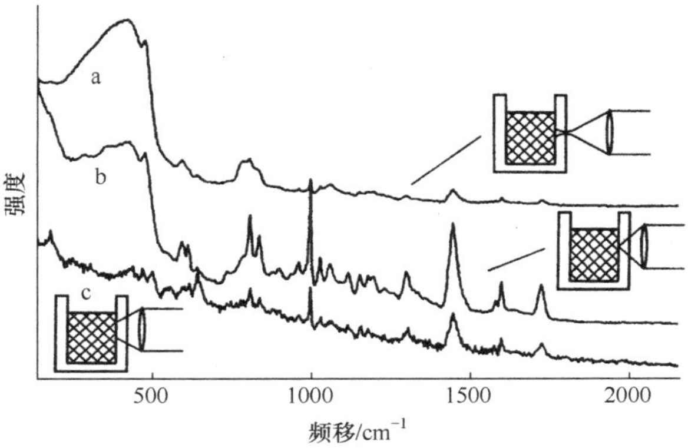

图 3.45　通过透明示窗聚焦于液体试样的几种模式和相应的拉曼光谱

a. 聚焦于二氧化硅示窗上；b. 聚焦于液体与示窗的界面处；c. 聚焦于试样

显然，情况②是可以接受的。不过，如果液体在反应过程中发生变化，它的光学性质也随之改变，例如，折射率和混浊度的变化都会引起光谱质量的变化。

示窗材料的合理选择有时也能改善光谱质量。应该选择示窗的光谱峰尽可能不是位于感兴趣的试样光谱的范围内，或者能很容易从最终获得的光谱中剔除的示窗光谱。图 3.46 是几种常用示窗材料的拉曼光谱。结晶材料通常有很尖锐的峰，与无定形玻璃相

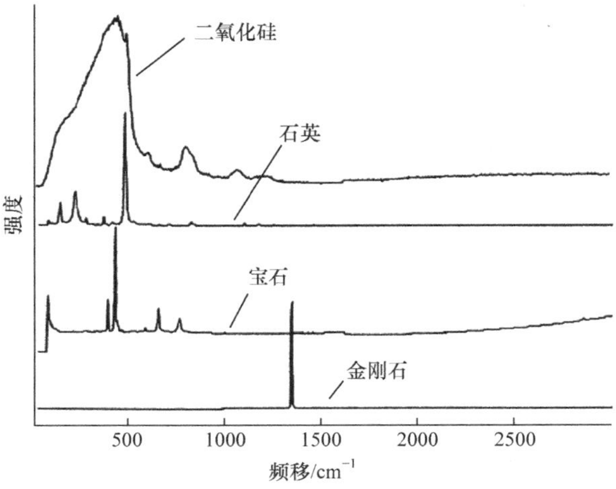

图 3.46　几种示窗材料的拉曼光谱

比，比较易于从试样光谱中剔除。很明显，如果感兴趣的峰不在 1330 cm^{-1} 附近，金刚石是最理想的示窗材料，只是其价格不菲。

最后要指出的是由于在线测试技术往往具有应用于工厂生产线的实用价值，因此涉及知识产权和保密问题，公开发表的可供参考的资料较少。

3.11 聚合物形变的拉曼光谱行为

高聚物材料外负载下形变将引起其拉曼峰发生某些有规律的变化，包括峰强度、峰宽度和峰形状的变化。这种现象可用于聚合物两方面的研究。一是材料微观力学，探索微观行为与宏观力学性能之间的关系；二是聚合物材料宏观形变时微观形态学结构的变化。本书第 6 章和第 7 章将详细阐述前一种情况，而后者则是本节的主要内容。

现以聚酰胺 6(PA6)薄膜拉伸形变后，由于结晶结构的转换而引起的拉曼光谱变化为例作一说明[74]。

3.11.1 聚酰胺 6 的拉曼光谱

研究指出，PA6 有三种类型的结晶结构，即单斜α 结晶、单斜γ 结晶和准六方晶系β 结晶。它们能够单独或以很高的含量存在于一薄膜中，也能够共存于同一薄膜中，这取决于薄膜制备的工艺参数。在α 结晶中，链段完全伸直，酰胺基团和亚甲基基团位于同一平面上。而在γ 结构中，酰胺基团相对于主链旋转了 67°。β结构也称介晶相，其亚稳准六方晶系结构并不像α和γ 结构那样易于识别。人们已经发现 PA6 在形变时会发生结晶相转换[75, 76]。

用共焦显微拉曼光谱术获取薄膜的拉曼光谱。对试样表面 10 μm×10 μm 面积完成拉曼成像。纵向和横向都每间隔 2 μm 进行扫描。这样，对每个给定的面积可收集到 25 条光谱。最终显示的试样光谱是从扫描面积中获得的这 25 条光谱的平均。这项平均计算工作可由专用处理软件完成。

以特定的成膜工艺分别制得 PA6-α、PA6-β和 PA6-γ 薄膜。用上述方法测得它们的拉曼光谱，如图 3.47 所示。它们都是 25 条光谱的平均光谱。平均光谱与收集到的每条光谱间的偏差小于 3%。这表明在 10 μm×10 μm 面积内其结构是均匀的。可以看到，从拉曼光谱中能区分出三种不同结晶结构。α和β结构的各个拉曼峰有着很相近的频移，但在峰相对强度上有很大差别，而γ 结构则显示了在 925 cm^{-1}、962 cm^{-1} 和 1298 cm^{-1} 的特征频移。三种结构各拉曼峰的频移和所归属的主要振动模可参阅有关文献[77]。

一种采用通常工艺制得的 PA6 薄膜的拉曼光谱如图 3.48 所示。该光谱与 PA-α、PA-β和 PA-γ 的光谱都有所不同。这意味着该薄膜多半是三种结晶结构的混合。使用专用处理软件可以计算得到该薄膜三种结构成分的含量分别为 16%(α)、64%(β)和 20%(γ)。

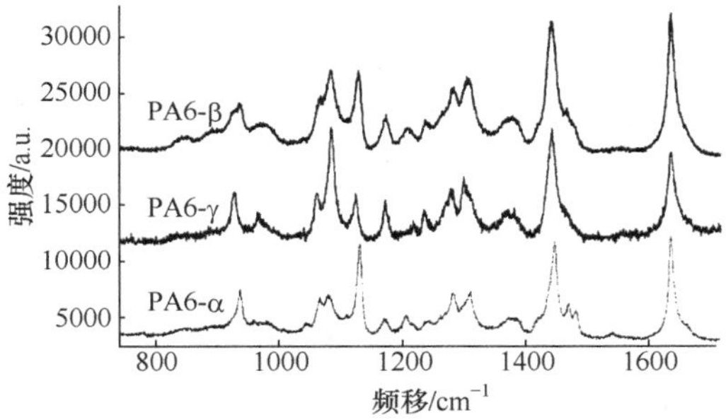

图 3.47　PA6-α、PA6-β和 PA6-γ 薄膜的拉曼光谱

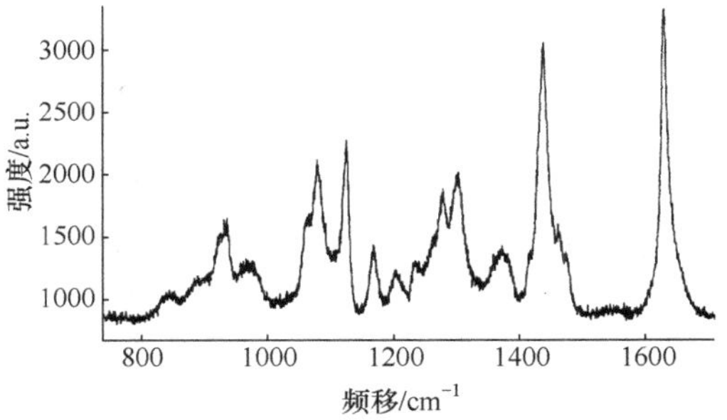

图 3.48　通过常用工艺制备的 PA6 薄膜的拉曼光谱

3.11.2　聚酰胺 6 形变下的结晶相转变

在 120℃和 25℃时分别对薄膜作拉伸形变，所发生的塑性应变与α、β和γ结构所占比例之间的关系如图 3.49 所示，这是用共焦显微拉曼光谱术测得的结果。在 120℃下拉伸，薄膜没有明显的颈缩，材料形变是均匀的。对伸长薄膜的中央部分进行测量，该区域内的应变与外加应变几乎相等。实验表明，结构相转变仅与材料塑性变形有关，而与 120℃温度可能引起的热效应无关。

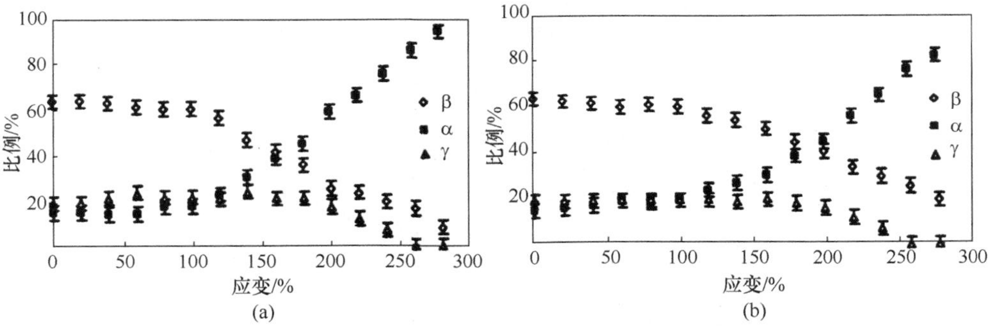

图 3.49　PA6 拉伸应变与薄膜中α、β和γ结构所占比例之间的关系

(a) 拉伸时温度为 120℃；(b) 拉伸时温度为 25℃

由图 3.49(a)可见，应变 e 小于 100%～120%时，β和α结构的比例随应变只有很微小的变化，而直到 e =140%时，γ 的比例还是保持不变。这些资料显示，在应变小于 100%～120%时，发生了小量的β向α的转变。在应变超过 150%后，同时发生β向α和γ 向α的转变。从 e =180%开始，α结构成为主要结构成分。当外加应变达到 280%时，α结构的比例高达 91%。γ 结构在应变 150%～160%时开始减少，在达到 280%时消失。实际上，上述从拉曼测试获得的结晶相转变结果与原子力显微镜观察到的应变增加时剪切带(shear bands)形态的变化以及拉伸试验的应力-应变曲线[78]都能相互印证。

图 3.49(b)是在较低温度 T=25℃下测得的结果。与图 3.49(a)相比，相结构随应变的变化情况大致相同，只是向α结构的转变在更大的应变时才发生。这种行为可从温度降低时

分子链的移动性也降低作解释。

在 160℃以上拉伸 PA6 薄膜，当应力超过屈服点后会出现明显的颈缩现象。在颈缩区，垂直于拉伸方向的原纤化区和原纤间区交替出现，如图 3.50 所示。应用共焦显微拉曼光谱术可以测得这两个区域的结晶相比例。图 3.51(a)是显微镜下待测区域的光学显微图，可以看到间隔出现的两个区域，黑色箭头表示原纤化区的宽度，而白色箭头则表示原纤间区的宽度。图中长方形框内区域的共焦拉曼像显示在图 3.51(b)中。框内面积的右部分是原纤化区，而左部分是原纤间区，这是β结晶结构的拉曼像。完全黑色的像素区(1 μm× 1 μm)相应于最小β结构比例(18%)，而白色像素区则相应于β结构比例的最大值(48%)。图中黑色正方形框内面积是原纤间相的一个像素，从中获得的拉曼光谱显示在图 3.51(c)中。而与原纤化区白色正方形框内面积(一个像素)相应的拉曼光谱为图 3.51(d)。两图中还标出了测得的三种结晶相结构所占比例和误差值。表 3.6 列出了分别从远离颈缩区未发生形变区域和颈缩区域测得的结构成分。表中可见，在原纤化区主要是α结构，而γ 结构已经完全消失。这表明在原纤形成过程中，有着强烈的从β向α的结构转变。与此同时，在原纤化区γ 结构的缺失也表明在该区域发生了γ 向α结构的转变。表中数据也指出，在拉伸形变过程中原纤间区域也发生了β向α和γ 向α的转变。

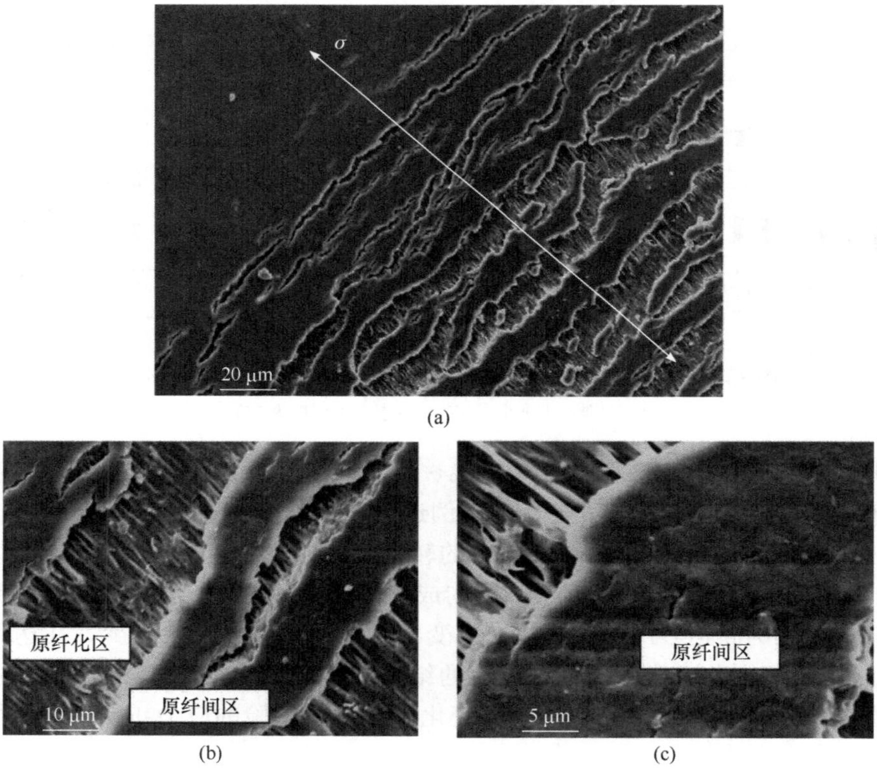

图 3.50　拉伸引起的 PA6 薄膜颈缩区域的 SEM 照片

(a) 出现裂纹，其方向垂直于拉伸方向(白色箭头表示拉伸方向)；(b) 出现原纤化；(c) 原纤间区域结构

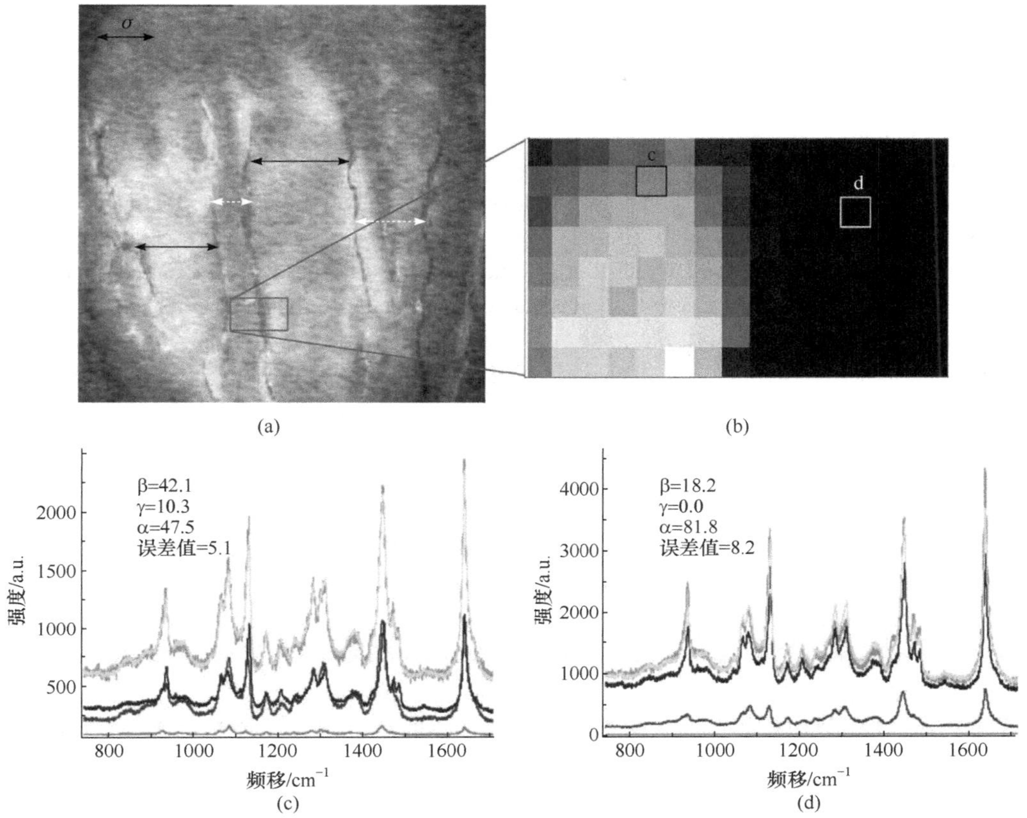

图 3.51 应变 PA6 颈缩区域的结构分析

(a) 颈缩区域的光学显微图(黑色箭头表示原纤化区域的宽度，白色箭头表示原纤间区域的宽度)；(b) 图(a)中长方形框内区域的共焦拉曼像；(c) 与图(b)中原纤间区像素 c 相应的拉曼光谱；(d) 与图(b)中原纤化区像素 d 相应的拉曼光谱

表 3.6 拉伸 PA6 薄膜在未变形区、颈缩的原纤化区和颈缩的原纤间区的结构成分

区域	α结构占比/%	β结构占比/%	γ结构占比/%
未变形区	16	64	20
原纤化区	82	18	—
原纤间区	48	42	10

上述实例表明，拉曼光谱术是研究聚合物形变时微观结构变化的有力工具。目前，这方面的资料还不是很丰富，研究主要受制于对测得资料处理的困难。可以预期，随着专用资料处理软件的开发，该领域的研究将取得长足的发展。

参 考 文 献

[1] Smith E, Dent G. Modern Raman Spectroscopy: A Practical Approach. New York: John Wiley & Sons, 2005.

[2] Chalmers J M, Everall N J. Vibrational Spectroscopy//Hunt B J, James M I. Polymer Characterization. London: Blackie Academic and Professional, 1993.

[3] 张树霖. 拉曼光谱学及其在纳米结构中的应用(上册)——拉曼光谱学基础. 许应英译. 北京: 北京大学出版社, 2017.
[4] Hendra P J, Agbenyega J K. The Raman Spectra of Polymers. Chichester: John Wiley & Sons, 1994.
[5] Everall N. Raman spectroscopy of synthetic polymers//Pelletier M J. Analytical Application of Raman Spectroscopy. New York: Blackwell Science, 1999.
[6] Renishaw. Renishaws' structural and chemical analyser (SCA) for scanning electron microscopes. L-8012-3893-01-D SPD096PN, 1991.
[7] Macdonald A M, Vaughan A S, Wyeth P. Application of confocal Raman spectroscopy to thin polymer layers on highly scattering substrates: A case study of synthetic adhesives on historic textiles. Journal of Molecular Structure, 2005, 36(3): 185-191.
[8] Ellis G, Sanchez A, Hendra P J, et al. Fourier transform vibrational spectroscopy in the study of poly(aryl ether sulphone), poly(aryl ether ether sulphone) and their copolymers. Journal of Molecular Structure, 1991, 247: 385-395.
[9] Kurosaki K. The possibility of application of Raman spectroscopy to analysis of rubbers. International Polymer Science and Technology, 1988, 15: T29.
[10] Edwards H G M, Johnson A F, Lewis I R, et al. Preparation and characterization of copolymers of 2, 3 dimethybutadiene and methyl-methacrylate. Journal of Raman Spectroscopy, 1993, 24(8): 495-500.
[11] Luinge H J. Multivariate methods for automated spectrum interpretation. Spectroscopic databases// George W O, Steele D. Computing Applications in Molecular Spectroscopy. Cambridge: Royal Society of Chemistry, 1995.
[12] Shimoyama M, Maeda H, Matsukawa K, et al. Discrimination of ethylene/vinyl acetate copolymers with different composition and prediction of the vinyl acetate content in the copolymers using Fourier Raman spectroscopy and multivariate data analysis. Vibrational Spectroscopy, 1997, 14(2): 253-259.
[13] Tomba J P, Puente E D L, Pastor J M. Calculation of polymer blend compositions from Raman spectra: A new method based on parameter estimation techniques. Journal of Polymer Science Part B: Polymer Physics, 2000, 38(8): 1013-1023.
[14] Tomba J P, Carella J M, Pastor J M, et al. Limited-supply diffusion in the liquid polystyrene-glassy poly (phenylene oxide) pair. Further results in extended times scale. Polymer, 2002, 43(25): 6751-6760.
[15] Tomba J P, Carella J M, Garcia D, et al. Liquid-liquid limited-supply diffusion studies in the polystyrene-poly(vinyl methyl ether) pair. Macromolecules, 2004, 37(13): 4940-4948.
[16] Tomba J P. Calculation of polymer blend compositions from vibrational spectra: A simple method. Journal of Polymer Science Part B: Polymer Physics, 2005, 43(9): 1144-1151.
[17] Robinson M E R, Bower D I, Maddams W F. A study of the C—Cl stretching region of the Raman spectrum of PVC. Polymer, 1978, 19(7): 773-784.
[18] Rodriguez-Cabello J C, Merino J C, Quintanilla L, et al. Deformation-induced conformational changes stretched samples of amorphous poly(ethylene terephthalate). Journal of Applied Polymer Science, 1996, 62(13): 1953-1964.
[19] Hahn T, Suen W, Kang S, et al. An analysis of the Raman spectrum of syndiotactic polypropylene. 1. Conformational defects. Polymer, 2001, 42(13): 5813-5822.
[20] Gatos K G, Kandilioti G, Galiotis C, et al. Mechanically and thermally induced chain conformational transformations between helical form I and trans-planar form III in syndiotactic polypropylene using FT-IR and Raman spectroscopic techniques. Polymer, 2004, 45(13): 4453-4464.
[21] Yang X, Kang S, Yang Y, et al. Raman spectroscopic study of conformational changes in the amorphous phase of poly(lactic acid) during deformation. Polymer, 2004, 45(12): 4241-4248.

[22] Edwards H G M, Johnson A F, Lewis I R. Application of Raman spectroscopy to the study of polymers and polymerization processes. Journal of Raman Spectroscopy, 1993, 24(8): 475-483.

[23] Jackson K D O, Laodman M J R, Jones C H, et al. Fourier transform Raman spectroscopy of elastomers: an overview. Spectrochimica Acta Part A Molecular Spectroscopy, 1990, 46(2): 217-226.

[24] Hendra P, Jones C, Warnes G . Fourier transform Raman spectroscopy. New York: Ellis Horwood, 1991.

[25] Jones C H, Wesley I. A preliminary study of the Fourier transform Raman spectra of polystyrenes. Spectrochimica Acta Part A: Molecular Spectroscopy, 1991, 47(9-10): 1293-1298.

[26] Tashiro K, Sasaki S, Kobayashi M. Structural investigation of orthorhombic to hexagonal phase transition in polyethylene crystal. Macromolecules, 1996, 29(23): 7460-7469.

[27] Mutter R, Stille W, Strobl G. Transition region and surface melting in partially crystalline polyethylene: A Raman spectroscopic study. Journal of Polymer Science Part B: Polymer Physics, 1993, 31(1): 99-105.

[28] Strobl G R. The Physics of Polymers-concepts for Understanding Their Structures and Behaviour. Berlin: Springer, 1996.

[29] Everall N, Taylor P, Chalmers J M, et al. Study of density and orientation in poly(ethylene terephthalate) using Fourier transform Raman spectroscopy and multivariate data analysis. Polymer, 1994, 35(15): 3184-3192.

[30] Williams K P J, Everall N J. Use of micro Raman spectroscopy for the quantitative determination of polyethylene density using partial least-squares calibration. Journal of Raman Spectroscopy, 1995, 26(6): 427-433.

[31] Stuart B H. Polymer crystallinity study using Raman spectroscopy. Vibrational Spectroscopy, 1996, 10(2): 79-87.

[32] Bower D I, Maddams W F. The vibrational spectroscopy of polymers. Cambridge: Cambridge University Press, 1992.

[33] Rodringue-Cabello J C, Merino J C, Quintanilla L, et al. Deformation-induced conformational changes in stretched samples of amorphous PET. Journal of Applied Polymer Science, 1996, 62(11): 1953-1964.

[34] Nielsen A S, Batchelder D N, Pyrz R. Estimation of crystallinity of isotactic polypropylene using Raman spectroscopy. Polymer, 2002, 43(9): 2671-2676.

[35] Chalmers J M, Edwards H G M, Lee J S, et al. Raman spectra of polymorphs of isotactic polypropylene. Journal of Raman Spectroscopy, 1991, 22(11): 613-618.

[36] Bulkin B J. Polymer Application//Grasselli J G, Bulkin B J. Analytical Raman Spectroscopy. New York: Wiley Interscience, 1991: 223-252.

[37] Lehnert R J, Hendra P J, Everall N, et al. Comparative quantitative study on the crystallinity of poly(tetrafluoroethylene) including Raman, infra-red and ^{19}F nuclear magnetic resonance spectroscopy. Polymer, 1997, 38(7): 1521-1535.

[38] Rull F, Prieto A C, Casado J M, et al. Estimation of crystallinity in polyethylene by Raman spectroscopy. Journal of Raman Spectroscopy, 1993, 24(8): 545-550.

[39] Everall N J, Chalmers J M, Ferwerda R, et al. Measurement of poly(aryl ether ether ketone) crystallinity in isotropic and uniaxial samples using Fourier transform-Raman spectroscopy: A comparison of univariate and partial least-squares calibrations. Journal of Raman Spectroscopy, 1994, 25(1): 43-51.

[40] Tanaka M, Young R J. Review Polarised Raman spectroscopy for the study of molecular orientation distributions in polymers. Journal of Materials Science, 2006, 41(3): 963-991.

[41] Everall N J. Measurement of orientation and crystallinity in uniaxially drawn PET using polarized confocal Raman spectroscopy. Applied Spectroscopy, 1998, 52(12): 1498-1504.

[42] Yang S Y, Michielsen S. Orientation distribution function obtained via polarized Raman spectroscopy of

PET fibers. Macromolecules, 2003, 36(17): 6484-6492.

[43] Lu S, Rusell A E, Hendra P J. The Raman spectra of high modulus polyethylene fibers by Raman microscopy. Journal of Materials Science, 1998, 33(19): 4721-4725.

[44] Citra M J, Chase D B, Ikeda R M, et al. Molecular orientation of high-density polyethylene fibers characterized by polarized Raman spectroscopy. Macromolecules, 1995, 28(11): 4007-4012.

[45] Prokhorov K, Gordeyev S, Nikoleava G, et al. Raman study of orintational order in polymer. Macromolecular Symposia, 2002, 184(1): 123-136.

[46] Huijts R A, Peters S M. The relation between molecular orientation and birefringence in PET and PEN fibres. Polymer, 1994, 35(14): 3119-3121.

[47] Everall N J, Lumsdon J, Chalmers J, et al. The use of polarized fourier transform Raman spectroscopy in morphological studies of uniaxially oriented PEEK fibres-some preliminary results. Spectrochima Acta Part A: Molecular Spectroscopy, 1991, 47(9-10): 1305-1311.

[48] Nielsen A S, Pyrz R. A novel approach to measure local strains in polymer matrix systems using polarised Raman microscopy. Composites Science and Technology, 2002, 62(16): 2219-2227.

[49] de Baez M A, Hendra P J, Judkins M. The Raman spectra of oriented isotactic polypropylene. Spectrochimica Acta Part A: Molecular and Biomolecular Spectroscopy, 1995, 51(12): 2117-2124.

[50] Tsuboi M, Suzuki M, Overman S A, et al. Intensity of the polarized Raman band at 1340-1345 cm^{-1} as an indicator of protein-helix orientation: Application to Pf1 filamentous virus. Biochemistry, 2000, 39(10): 2677-2684.

[51] Rousseau M E, Lefevre T, Beaulieu L, et al. Study of protein conformation and orientation in silkworm and spider fibers using Raman spectroscopy. Biomacromolecules, 2004, 5(6): 2247-2257.

[52] Nikoleava G Y, Prokhorov K A, Pashinin P P, et al. Analysis of the orientation of macromolecules in crystalline area of polyethylene by means of Raman scattering spectroscopy. Laser Physics, 1999, 9(4): 955-958.

[53] Nikoleava G Y, Semenova L E, Prokhorov K A, et al. Quantitative analysis of the orientation macromolecules of polycrystalline polymers with the help of polarized Raman spectroscopy. Optics and Spectroscopy, 1998, 85(3): 416-421.

[54] Nikoleava G Y, Semenova L E, Prokhorov K A, et al. Quantitative characterization of macromolecules orientation in polymers by micro Raman spectroscopy. Laser Physics, 1997, 7(2): 403-415.

[55] Morgan R L, Hill M J, Barham P J, et al. A Study of phase behaviour of polyethylene blends using micro-Raman imaging. Polymer, 2001, 42(5): 2121-2135.

[56] Morgan R L, Hill M J, Barham P J, et al. A combined Raman imaging and transmission electron microscopy study of blends of a deuterated linear polyethylene and a low-density polyethylene. Journal of Macromolecular Science-Physics, 1999, B38(4) : 419-437.

[57] Chike K E, Myrick M L, Lyon R E, et al. Raman and near-infrared studies of an epoxy resin. Applied Spectroscopy, 1993, 47(10): 1631-1635.

[58] Hillimans J P H M, Colemonts C M C J, Meier R J, et al. An *in-situ* Raman spectroscopic study of the degradation of PVC. Polymer Degradation and Stability, 1993, 42(3): 323-333.

[59] Jawhari T, Merino J C, Pastor J M. Damage of polymers studies by micro-Fourier transform Raman spectroscopy. Polymer Bulletin, 1995, 34(1): 71-77.

[60] Siperkpo L M, Creasy W R, Brenna J T. Raman studies of laser-ablated ETFE films. Surface and Interface Science, 1990, 15(2): 95-99.

[61] Clarkson J, Mason S M, Williams K P J. Bulk radical homo-polymerisation studies of commercial acrylate monomers using near infrared Fourier transform Raman spectroscopy. Spectrochimica Acta Part A: Molecular Spectroscopy, 1991, 47(9-10): 1345-1351.

[62] Wang C, Vickers T J, Schlenoff J B, et al. *In situ* monitoring of emulsion polymerization using fiber-optic Raman spectroscopy. Applied Spectroscopy, 1992, 46(11): 1729-1731.

[63] Everall N J. Industrial applications of Raman spectroscopy//Andrews D L, Demidov A A. An introduction to laser spectroscopy. New York: Plenum Press, 1995: 115.

[64] Nelson E W, Scranton A B. *In situ* Raman spectroscopy for cure monitoring in divinyl ether cationic photopolymerizations. Polymer Materials Science and Engineering, 1995, 209: 235.

[65] Shane Parnell, Min K, Cakmak M. Kinetic studies of polyurethane polymerization with Raman spectroscopy. Polymer, 2003, 44(18): 5137-5144.

[66] Socrates G. Infrared and Raman characteristic group frequencies. New York: Wiley, 2001.

[67] Cakmak M, Serhatkulu F T, Graves M, et al. Development of non-contact techniques for on-line measurement of crystallization: an integrated laser Raman spectroscopy and light depolarization system. 55th Annual Technical Conference of the Society-of-Plastics-Engineers-Plastics Saving Planet Earth (ANTEC 97). Toronto, 1997: 1794.

[68] Jarvis D A, Hutchison I J, Bower D I, et al. Characterisation of biaxial orientation in poly(ethylene terephthalate) by means of refractive index, Raman and infrared spectroscopies. Polymer, 1980, 21(1): 41-54.

[69] Khettry A, Hansen M G. Real-time analysis of ethylene vinyl acetate random copolymers using near infrared spectroscopy during extrusion. Polymer Engineering and Science, 1996, 36(9): 1232-1243.

[70] Hansen M G, Vedula S. In line measurement of copolymer composition and melt index//Coates P D. Polymer Process Engineering 97. London: Institute of Materials, 1997: 89.

[71] Sibley M G, Brown E L, Edwards H G M, et al. Combined IR spectroscopy and ultrasound studies of changing melt composition during single screw extrusion. SPE Tech Papers, 59th Annual Technical Conference; ANTEC 2001. Dallas, Texas, 2001: 3100-3104.

[72] Dhamdhere M, Li J, Deshpande B, et al. At-process Raman spectrometry of polymer melts. Polymer Process Engineering International Conference. Bradford, 2001: 46-58.

[73] Coates P D, Barnes S E, Sibley M G, et al. In-process vibrational spectroscopy and ultrasound measurements in polymer melt extrusion. Polymer, 2003, 44(19): 5937-5949.

[74] Ferreiro V, Depecker C, Laureyns J, et al. Structure and morphologies of cast and plastically strained polyamide 6 films as evidenced by confocal Raman microspectroscopy and atomic force microscopy. Polymer, 2004, 45(11): 6013-6026.

[75] Penel-pierron L, Depecker C, Lefebvre J M. Structural and mechanical behavior of nylon 6 films. Part 1. Identification and stability of the crystalline phase. Journal of Polymer Science Part B: Polymer Physics, 2001, 39(5): 484-495.

[76] Murthy N S, Bray R G, Correale S T, et al. Drawing and annealing of nylon-6 fibers: Studies of crystal growth, orientation of amorphous and crystalline domains and their influence on properties. Polymer, 1995, 36(20): 3863-3873.

[77] Vansanhan N, Salem D R. FTIR spectroscopic characterization of structural changes in polyamide-6 fibers during annealing and drawing. Journal of Polymer Science Part B: Polymer Physics, 2001, 39(5): 536-547.

[78] Ferreiro V, Coulon G. Shear banding in strained semicrystalline polyamide 6 films as revealed by atomic force microscopy: Role of the amorphous phase. Journal of Polymer Science Part B: Polymer Physics, 2004, 42(4): 687-701.

第 4 章　碳、矿物质和半导体的拉曼光谱

4.1　引　　言

本章涉及拉曼光谱术在无机物分析中的应用，主要包括拉曼光谱术应用十分活跃的碳材料、矿物质和半导体等领域。将讨论这类物质拉曼光谱的特征和适合于表征这类物质物理和化学性质的拉曼光谱方法。

碳材料根据不同的原子排列情况传统上可分为三类：金刚石、石墨和无定型碳。有争议的卡宾可另作一类，第四类。近代发现的则有多种类型的纳米碳，包括石墨烯(石墨的单层构体)、富勒烯(球碳)、碳纳米管和碳量子点(碳点)等，可作为第五类，如图 4.1 所示[1]。图中也表示出了它们各自的电子学结构。实际上，由于原子间键合的多样性，纳米碳还有更多的型式[2]。由于碳键结合的方式和相应的振动方式的不同，每种结构型式都有各自的振动模和特征拉曼光谱，而且无序、掺杂、温度和压力的变化都会对特征拉曼光谱产生影响。用拉曼光谱术表征碳材料结构很有成效，测试程序方便易行，特别是在表征新型碳材料(石墨烯、球碳和碳纳米管)结构方面有其他测试手段不能替代的功能。本章随后四节(4.2～4.5 节)将分别讨论石墨类碳和无定形碳、金刚石类碳、球碳、碳纳米管的特征拉曼光谱及其在这类材料和相关材料研究中的应用。石墨烯的理论和应用研究是当前新材料研究的热点领域，将另列 1 章(第 5 章)作专题阐述。

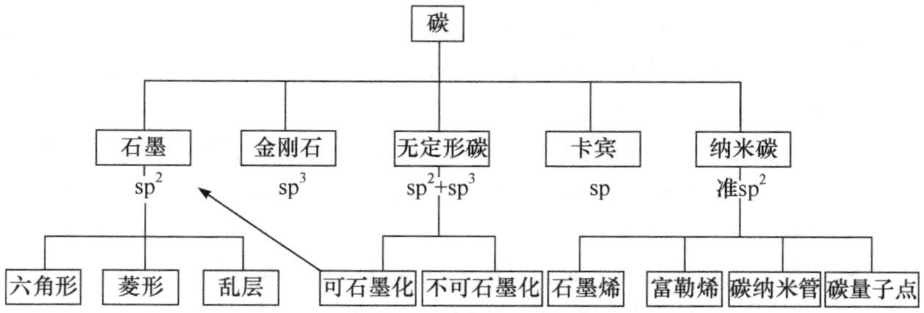

图 4.1　碳的同素异形体

矿物质的种类繁多，拉曼光谱术在矿物质结构分析和鉴别方面功效显著。本章 4.6 节将以宝石和珍珠的鉴别为例，讨论拉曼光谱在矿物质的鉴别、微量和超微量杂质成分分析以及结构研究中的应用。

本章最后一节(4.7 节)将评述拉曼光谱在半导体研究中的应用。拉曼光谱术是半导体材料结构和性能表征的强有力工具。应用有关理论能够成功地预测半导体拉曼光谱的偏振性质、频移和强度，这使得拉曼光谱术在半导体材料的鉴别和结晶结构的测定方面可

谓得心应手。在半导体材料表征的应用主要有下列几方面：成分鉴别；结晶结构和结晶取向的测定；温度和应力的测量；掺杂的表征和合金半导体界面特性的研究。

需要指出的是拉曼光谱术在探测半导体电子结构方面同样有着强大的功能，限于篇幅，本书将不涉及这部分内容。

4.2　石墨类碳和无定形碳

4.2.1　石墨类碳和无定形碳的拉曼光谱[3,4]

石墨类碳是人们最常遇到的碳材料。石墨碳具有层状结构。同一层平面内碳原子采用 sp^2 杂化以σ键与三个碳原子结合形成六元环结构。每个碳原子剩余的 p 电子形成一个大π键，因此，在六元环形成的平面内碳原子有很强的结合。在层面的垂直方向上，层与层之间由分子间力的作用结合在一起，结合力较弱。图 4.2 显示了石墨结构模型和与拉曼活性相应的振动模式[3]。大的石墨单晶的一级拉曼光谱只有一位于约 1580 cm^{-1} 的单峰，相应于拉曼 E_{2g_2} 模式[图 4.2(b)]，在特殊条件下，也能观察到位于 42 cm^{-1} 附近与 E_{2g_1} 模式[图 4.2(a)]相对应的峰。图 4.3 显示了高取向热解石墨(HOPG)、活性炭和无定形碳的代表性拉曼光谱。高取向热解石墨有近似的单晶石墨结构，该图中光谱(a)只显示了一个单峰。实际上，高取向热解石墨也显示所占比例很小的无序结构引起的第二个拉曼峰，只是强度很弱，如图 4.4 所示[4]。该图还显示了与这两个峰相应的原子振动模式，与 E_{2g_2} 振动模式相应的第一个峰(位于约 1580 cm^{-1} 处)常称为 G 峰，而与无序碳结构相应的第二个峰(位于约 1360 cm^{-1} 处)常称为 D 峰。活性炭和炭黑这类石墨结构碳的拉曼光谱如图 4.3(b)

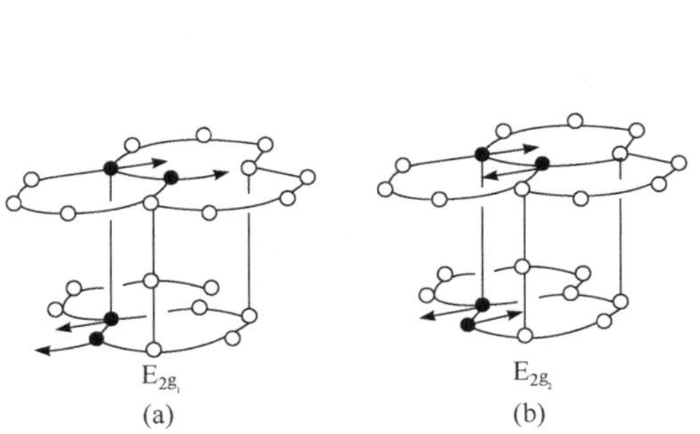

图 4.2　石墨的结构模型和与拉曼活性相应的振动模式

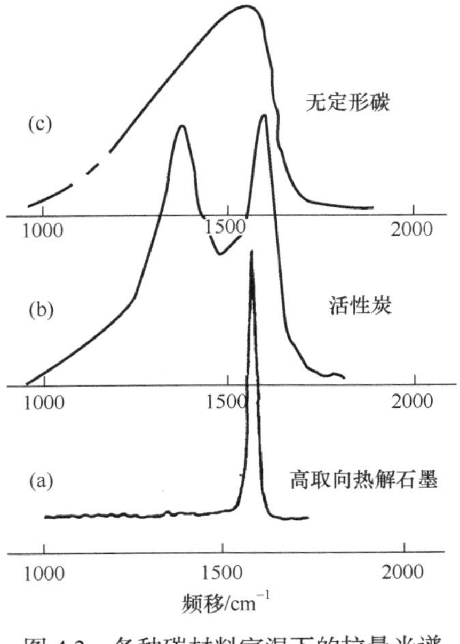

图 4.3　各种碳材料室温下的拉曼光谱

(a) 高取向热解石墨；(b) 活性炭；(c) 无定形碳

所示。由于无序对第二个峰的贡献增大，因此其强度可以与第一个峰相比拟，而且两个峰的峰宽也显著增大。

无序引起的 D 峰与 E_{2g_2} 振动模式引起的 G 峰的强度比 $R=I_D/I_G$ 是一个对试样无序程度很敏感的参数。Tuinstra 和 Koenig[5]将 R 值与从 X 射线衍射测得的结果相比，得出结论：面内晶粒尺寸 L_a 与 I_D/I_G 成反比。L_a 是多晶石墨的一个重要特征参数。图 4.5 显示了 L_a(Å①)和 I_D/I_G 间的函数关系[6](适用于 488 nm 和 514.5 nm 激光的激发)。从试样拉曼光谱测得 R 值，即可从该图获得试样的晶粒尺寸 L_a。由于 E_{2g_2} 模式是面内振动，因此 R 值主要只对 L_a 敏感。石墨类碳不存在拉曼活性的 c 轴向模，因而拉曼光谱术无法提供 c 轴晶粒尺寸 L_c 的直接数据。在应用图 4.5 的校正曲线时，需要注意以下两点：①在 $L_a \leqslant 25$ Å 时，拉曼光谱对 L_a 的变化不再敏感，需慎用；②拉曼光谱并非只取决于晶粒尺寸，尚有其他因素影响峰强度，因此，图 4.5 的校正曲线仅适用于试样的定性评估。欲作定量测量，必须对特定的碳材料和所用激光波长以 X 射线直接测量作校正。

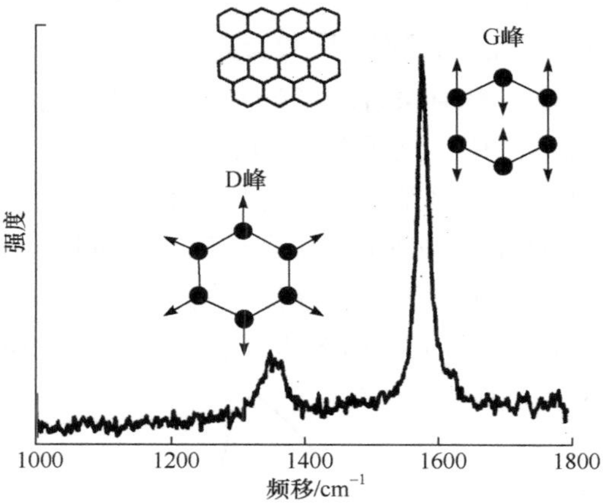

图 4.4　显示 G 峰和 D 峰的高取向热解石墨的拉曼光谱和与两峰相应的晶格振动模式

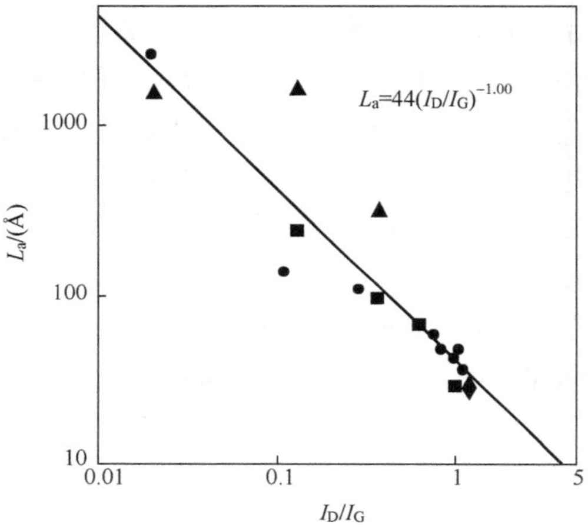

图 4.5　L_a 与 I_D/I_G 间的函数关系

无定形碳的典型拉曼光谱显示了一个很宽的峰，如图 4.3(c)所示。无定形碳是金刚石中的 sp^3 杂化碳和石墨中的 sp^2 杂化碳的非结构混合物(sp^3 键合占大部分，约 80%)。显然，它已不能归属于石墨类碳。无定形碳膜的性质强烈地依赖于这两种类型碳的含量。一般高 sp^3 含量的碳膜(又称四面形无定形碳)比高 sp^2 含量的碳膜更硬、更透明，也有更高的电阻抗，同时，也较易于从衬基(如硅片)上分离。无定形碳膜常包含氢，这取决于膜的制备方式。与无氢膜相比，含氢无定形碳膜较软、更稳定也更透明。

碳膜中 sp^2/sp^3 比值的大小取决于碳膜的沉积条件。一般地，无定形碳膜的制备方法是使碳离子向衬基加速运动而沉积(如流体放电或脉冲激光沉积)。碳离子对衬基的撞击形成了热动力学稳定性较差的 sp^3 结构。为使 sp^3 含量达到最大，应使衬基保持在室温状态。

---

① 1 Å=10^{-10} m。

过度加热会引起石墨化。图 4.6 显示了在不同温度硅衬基上沉积的碳膜的拉曼光谱[7]。由图可见，在 400℃下沉积的碳膜，其拉曼光谱[图 4.6(b)]出现了石墨化的迹象。

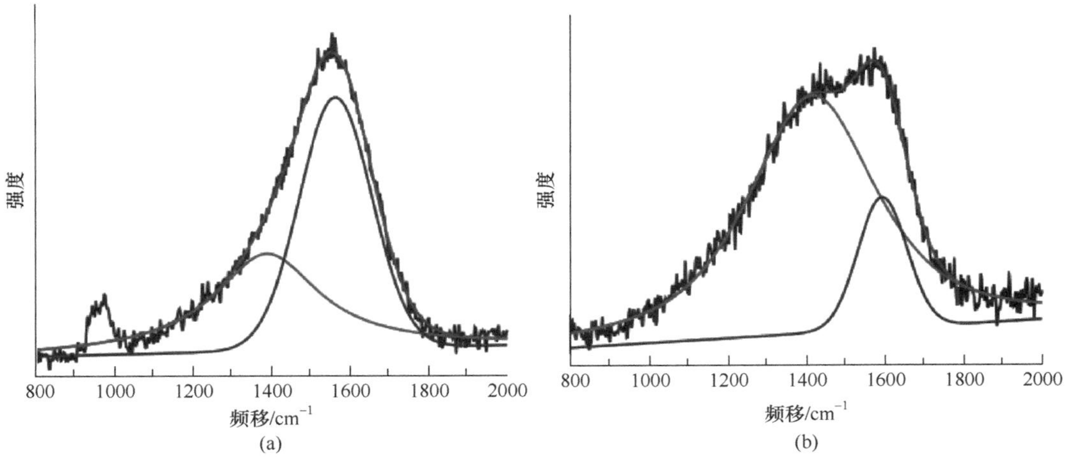

图 4.6　在不同温度硅衬底上沉积的无定形碳膜的拉曼光谱

(a) 硅衬底温度为 25℃；(b) 硅衬底温度为 400℃

在用拉曼光谱术研究如无定形碳这类同时包含 sp^2 和 sp^3 的双成分杂化碳试样时，考虑每种成分的相对极化性是必要的。由 sp^2 杂化碳形成的π键比 sp^3 杂化碳形成的σ 键更易极化，因而有较大的拉曼截面。此外，在使用可见光激光激发时，π 态会发生共振增强，而σ 态则不发生，结果是即使碳膜的 sp^3 含量很高(约 80%)，其拉曼光谱仍由 sp^2 信号占主导。所以，无定形碳的拉曼光谱与石墨类碳的相似，显示出 G 和 D 两个信号，但是峰宽要宽得多得多(这与试样的有序程度有关)。在无定形碳情况下，"G"并不意味着石墨。不论是环或链，G 模来自任何一对 sp^2 晶格格位的伸缩，而 D 模是 sp^2 在环晶格格位的呼吸模。

与石墨类碳一样，D 峰相对 G 峰强度之比(I_D/I_G)也是无定形碳试样无序/有序程度的量度。纯净的石墨单晶不包含无序，其拉曼光谱只有一个尖锐的 G 峰，而没有 D 峰。若晶体大小减小，长程周期性被破坏，就会出现 D 峰，并且其强度增强。对于纳米晶体石墨试样，它达到最大无序，但仍仅仅包含 sp^2 环，I_D/I_G 达到最大值。从纳米晶体石墨过渡到无定形碳是进一步无序化的过程，此时，sp^2 链和 sp^3 网格取代了某些环结构。这种情况下，无序仍然是高的，所以 D 峰仍然存在，但 sp^2 环相对 sp^2 链的比例减小了，I_D/I_G 也随之减小。如此继续直到成为无 sp^2 结构的无定形碳膜。此时，光谱中也仅保留一宽单峰(G 峰)。图 4.6 中的两条光谱分别是从脉冲激光烧蚀方法制得的两片碳膜测得的，除衬基温度不同外，其他制备条件完全相同。光谱数据以高斯函数拟合。该图表明较高衬基温度使 I_D/I_G 增大。

若以紫外光(UV)激光激发，也能在无定形碳膜的拉曼光谱中观察到 sp^3 网格产生的振动，这是因为 UV 激发σ态产生共振。所产生的信号宽而且很弱，出现在 1050 cm^{-1} 附近。

4.2.2　碳纤维的拉曼光谱[3,8-10]

碳纤维是石墨类碳最重要的材料之一，有着广泛的应用领域。

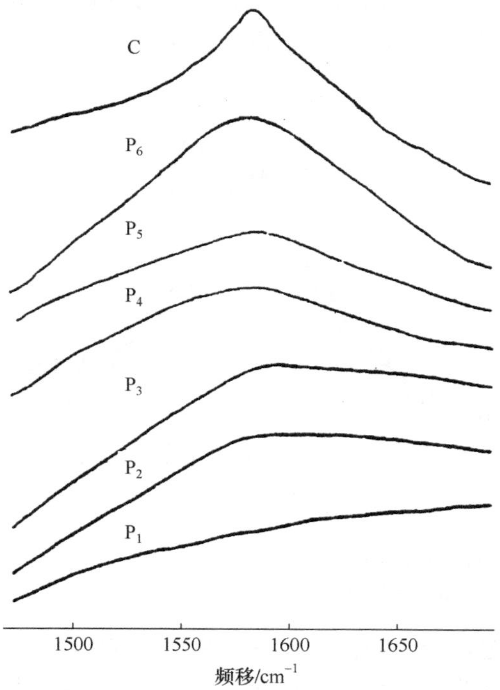

图 4.7　碳纤维 PAN 先驱体预氧化过程不同阶段(P_1～P_6)的拉曼光谱

C：碳纤维

碳纤维的拉曼光谱通常可用显微拉曼光谱术测得。激光束通过仪器附有的显微镜聚焦在纤维表面上，形成 1～2 μm 的光斑，因此可对单根纤维测定拉曼光谱。将光斑沿纤维移动到不同部位，可探测碳纤维的结构不均匀性和缺陷。

一般的碳纤维作为石墨类碳材料在其一级拉曼散射中显示两个拉曼峰。一个位于约 1580 cm^{-1} 处，归属于 E_{2g} 模式，它在所有碳纤维光谱中都出现；另一个位于约 1360 cm^{-1} 处，归属于 A_{1g} 模式，是石墨中结晶边界区域的拉曼活性，可以说是来自结晶大小效应的贡献。所以，1580 cm^{-1} 峰的存在是纤维石墨结构的证据。此外，峰宽随纤维结构的无序而增大。

碳纤维拉曼光谱的这种特征可用于检测碳纤维聚丙烯腈(PAN)先驱体预氧化过程中纤维结构的变化。图 4.7 显示了 PAN 先驱体预氧化过程不同阶段的拉曼光谱(1450～1700 cm^{-1} 范围)，作为比较，图中也显示了同一光谱段碳纤维的光谱(光谱 C)。起始阶段试样 P_1 的光谱不显示任何可以辨认的拉曼峰。随后阶段的试样 P_2 和 P_3，在该光谱段显现一平台。然而，试样 P_4、P_5 和 P_6 都在 1580 cm^{-1} 附近出现一拉曼峰，而且从 P_4 到 P_6，峰宽依次减小。与上述预氧化纤维不同，碳纤维显示窄而尖锐的拉曼峰。预氧化 PAN 拉曼光谱的变化表明预氧化过程也是碳纤维 APN 先驱体转变为石墨结构的过程。

碳纤维热处理温度对其一级拉曼光谱的影响如图 4.8 所示。从中可推断碳纤维微观结构随热处理温度升高发生的变化。试样为气相生长的碳纤维。图中可见，无序引起的 1360 cm^{-1} 峰与拉曼峰 1580 cm^{-1} 的强度比(I_{1360}/I_{1580})随热处理温度的不同而发生变化。同时，两个峰的峰宽也随结构无序程度的增强而加宽。R 与 L_a 函数关系的存在使得拉曼光谱术成为表征碳纤维结构有序量的强有力工具。实际上，拉曼峰强度比 R 与电阻抗[11,12]、磁阻抗[13]和热传导[12]等物理参数也密切相关。

从图 4.8 可见，峰强度比 R 随热处理温度(T_{HT})的升高而减小。在 $T_{HT}<1700$℃时，R 随 T_{HT} 的减小相对较慢，而在 1700℃$<T_{HT}<$2400℃时变得较快。T_{HT} 超过 2900℃以后，R 变得非常小($R<0.1$)，以致要精确测定 R 值都发生困难。R=0.1 相应于 L_a 约为 500 Å。上述一级拉曼光谱的行为表明，若 $T_{HT}\geqslant$2900℃，气相生长碳纤维就几乎完全石墨化。与此同时，三维石墨有序几乎完全建立起来。随热处理温度的变化，碳纤维拉曼光谱行为的另一个表现是 1580 cm^{-1} 峰的峰半高宽随 T_{HT} 的升高急剧减小，1360 cm^{-1} 峰也有相似的行为，如图 4.9 所示。这些光谱行为都与试样的有序/无序结构的变化密切相关。上述

实例表明拉曼光谱术确实能够表征碳纤维中石墨晶格的无序程度。

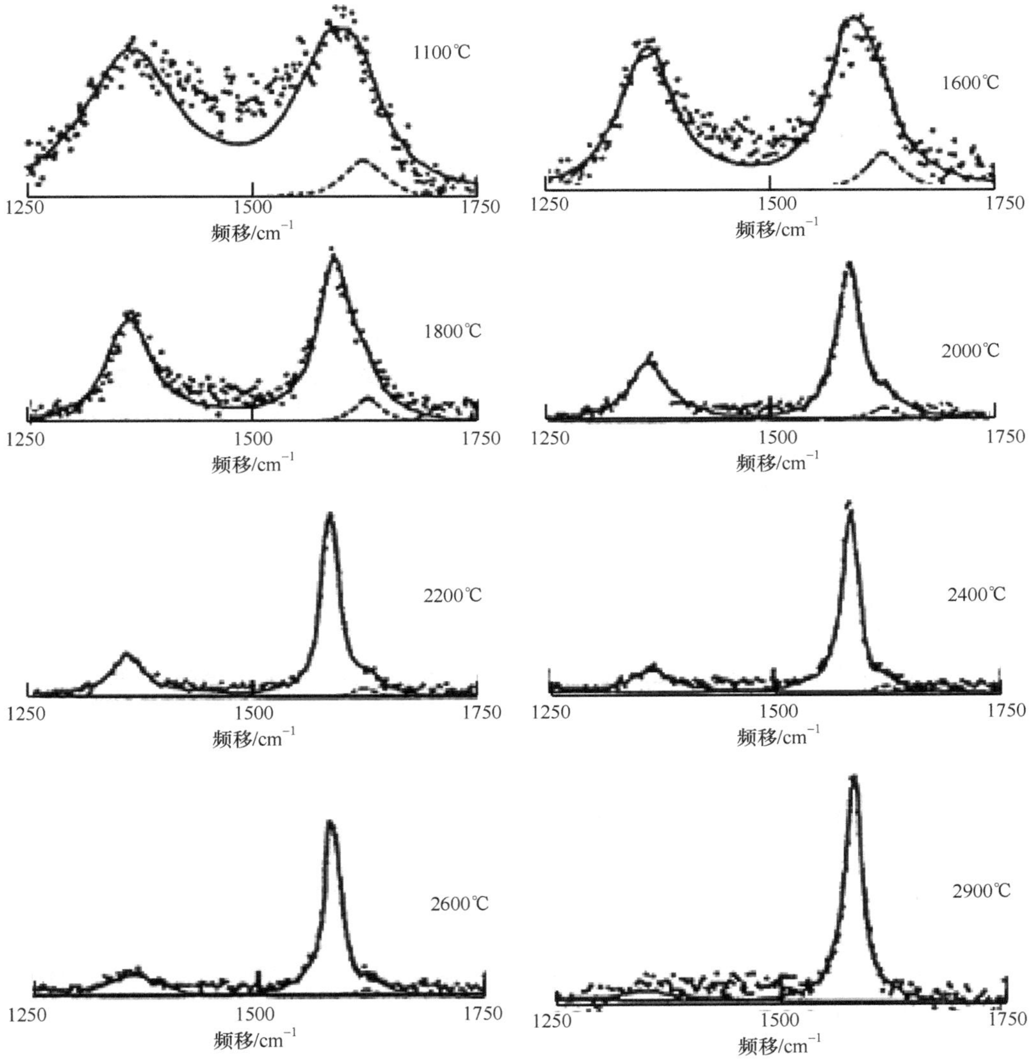

图 4.8　不同温度热处理碳纤维的一级拉曼光谱

碳纤维光谱行为还有一个明显的表现是试样的拉曼峰频移随热处理温度而变化。图 4.10 是对该试样测得的 1580 cm^{-1} 峰频移与热处理温度的关系图。可以看到，峰频移随热处理温度的降低向高频移方向偏移。

二级拉曼峰也是碳纤维拉曼光谱中值得重视的部分。拉曼峰对碳纤维晶格无序敏感，而且，与前文所述一级拉曼峰相比，对石墨晶格中的少量无序更为敏感。石墨二级拉曼峰的主要特征是位于 2730 cm^{-1} 附近的强峰和 3250 cm^{-1} 附近弱而尖锐的峰。石墨晶格的无序在二级拉曼峰中表现为有大的峰宽。图 4.11 显示了气相生长碳纤维不同热处理温度的二级拉曼峰(与图 4.8 中一级拉曼峰相应)。随着热处理温度的升高，峰宽明显变窄，如

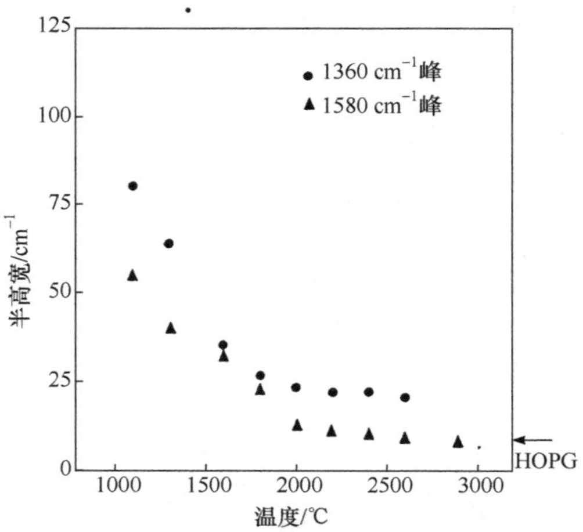

图 4.9　碳纤维拉曼峰半高宽与热处理温度间的关系

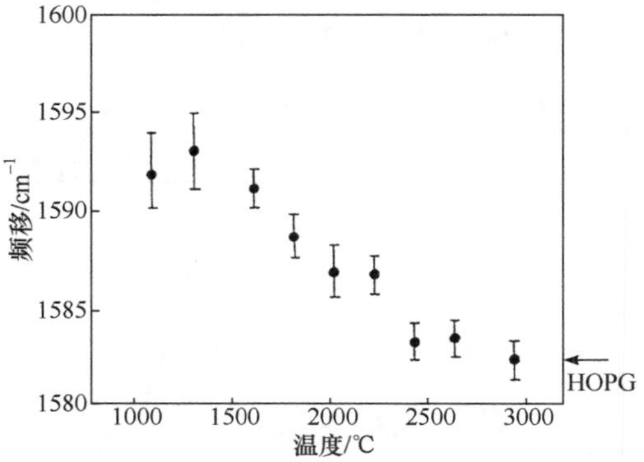

图 4.10　碳纤维 1580 cm^{-1} 峰频移与热处理温度间的关系

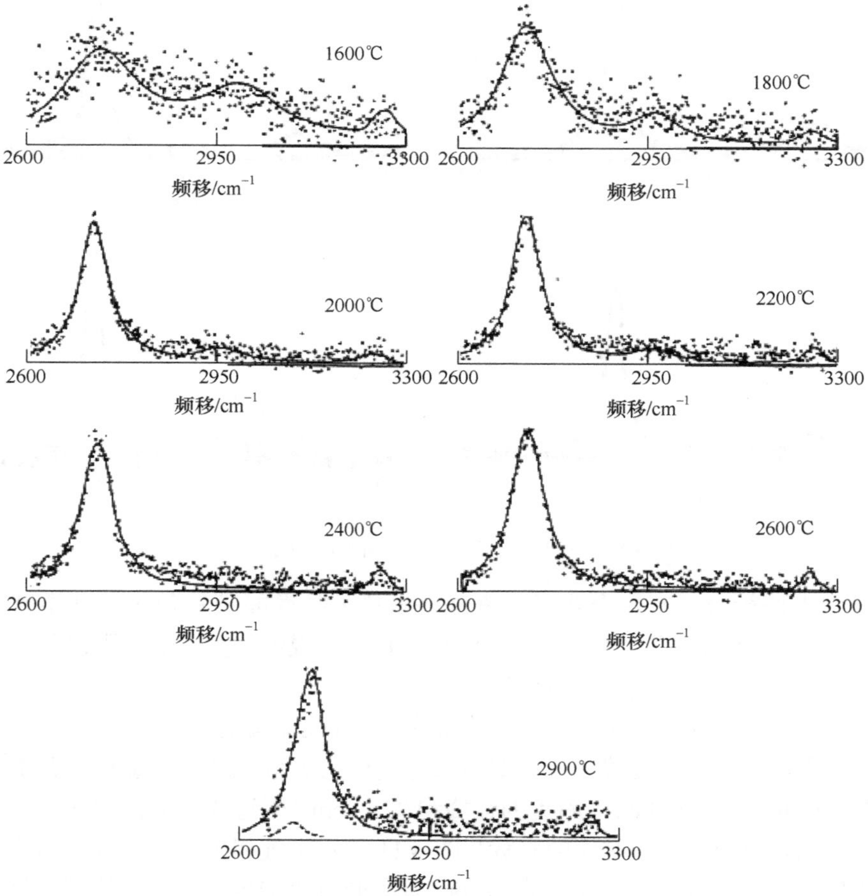

图 4.11　不同温度热处理碳纤维的二级拉曼光谱

图 4.12(a)所示。在热处理温度大于 2000℃以后，峰宽基本上保持不变，而且接近于单晶石墨和裂解石墨的峰宽。二级拉曼峰(2730 cm^{-1})的频移也随热处理温度而变化，其函数关系显示于图 4.12(b)。

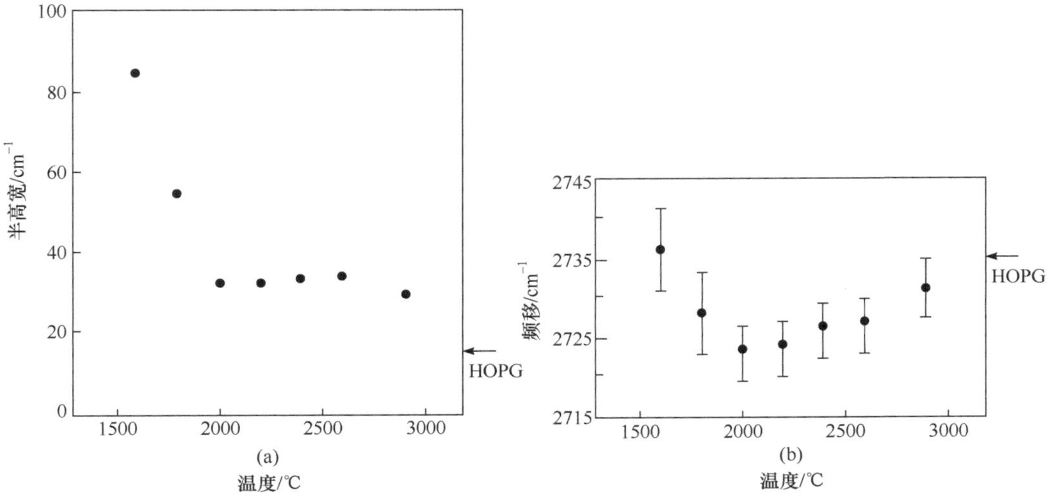

图 4.12　碳纤维二级拉曼峰(2730 cm^{-1} 附近)半高宽和频移与热处理温度间的关系

(a) 峰半高宽；(b) 频移

4.2.3　碳纤维和碳/碳复合材料的微观结构[8,14,15]

一种借助激光低压下化学气相沉积制得的碳纤维，其横截面如图 4.13 所示。将激发光分别聚焦于横截面不同部位和纤维表面，测得的拉曼光谱显示于图 4.14。中心区域(r=1 μm)的拉曼光谱有一很强的 G 峰(频移=1581 cm^{-1}，峰宽=29.9 cm^{-1})和很弱的 D 峰(频移=1353 cm^{-1}，峰宽=41.2 cm^{-1})，两个峰的强度比 $R=I_D/I_G$=0.05。这意味着中心区域的石墨材料近似于单晶石墨。根据 Tuinstra-Koenig 方程[5]，计算得出晶粒大小约为 82.7 nm。在纤维边缘区域(r=46 μm)，D 峰(频移=1352 cm^{-1}，峰宽=53.7cm^{-1})的强度比 G 峰(频移=

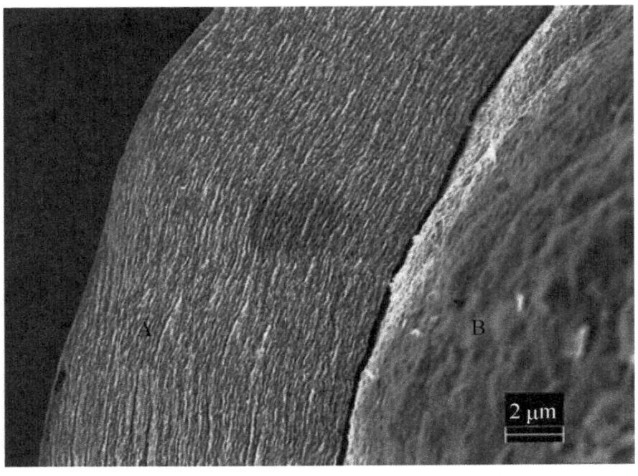

图 4.13　一种化学气相沉积法制得的碳纤维横截面

A 为边缘区；B 为芯部区

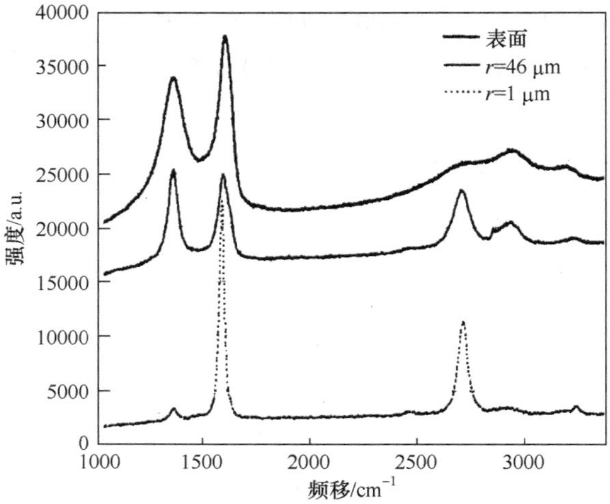

图 4.14　一种化学气相沉积法制得的碳纤维横截面不同半径和表面的拉曼光谱

1588 cm^{-1}，峰宽=52.9 cm^{-1})稍强，I_D/I_G=1.12，相应的 L_a=3.9 nm。比较这些数据，可以看到，从纤维的中心向边缘方向，G 峰的频移、G 峰和 D 峰的峰宽和 I_D/I_G 都变大了，而 L_a 变小了。这些变化意味着纤维从中心区域的近似单晶石墨结构变化为在边缘区域的较为无序的湍层碳形式，其 *a* 方向的结晶尺寸为纳米级。在纤维表面，G 峰和 D 峰的峰宽更宽，频移也向更高方向偏移，在二级光谱区域也未见确定的峰，I_D/I_G 达到 1.44。这相当于无定形化过程的第二阶段，无序有了极大的增加[16]。在这一阶段，G 峰的频移和 I_D/I_G 的值在达到极大值以后，随着无定形化程度的增大而减小。

上述分析表明，碳纤维 G 峰和 D 峰的频移、峰宽和强度表征了纤维微观结构沿径向的变化。纤维微观结构常常取决于纤维制备工艺过程的各个参数，如沉积过程中的入射激光功率和先驱体压强。拉曼光谱分析有助于找到合适的制备工艺参数。

碳/碳复合材料在航天航空、军事和核工业中有极为重要的应用，其中用于航空制动系统的占了世界年产量的一半以上。这主要是利用了碳/碳复合材料的高摩擦性能，这种性能在很大程度上取决于它的微观结构。拉曼光谱术结合电子显微术的应用能较为全面地了解它们的微观结构，并与其摩擦性能相联系。

试样 A 和 B 都是具有高摩擦性能的碳/碳复合材料，由不同种类的碳纤维和采用不同的碳基体沉积工艺制得。试样 B 的抗磨损性能显著地优于试样 A，在相同试验条件下，试样 B 的磨损量仅为试样 A 的 1/5。

用显微拉曼系统将激发光分别聚焦于经抛光暴露的纤维截面和基体上。激发光的偏振方向平行于纤维轴向。图 4.15 和图 4.16 分别显示了试样 A 和试样 B 来自碳纤维和碳基体在频移范围为 1300～1700 cm^{-1} 的拉曼光谱。可以看到，两种试样的纤维和基体都有确定的来自碳晶体的两个一级拉曼峰，表明它们都有石墨多晶结构。两个峰分别是位于 1600 cm^{-1} 附近的 G 峰(E_{2g} 模式)和位于 1350 cm^{-1} 附近的 D 峰(A_{1g} 模式)。根据前文指出的两个峰的强度比 $R=I_D/I_G$ 与石墨晶粒在石墨平面内的大小 L_a 间的关系，计算得到的试样 A 中碳纤维和碳基体的石墨晶粒大小分别为 8 nm 和 2.5 nm，试样 B 则分别为 4.5 nm 和 6.5 nm。

考察图 4.15 和图 4.16 中两试样的 1600 cm^{-1} 峰，可以判定，与试样 B 相比，试样 A

中的纤维有较为有序的碳结构，这与它有最大的石墨晶粒尺寸相一致，而试样 B 的纤维和基体的光谱都显示了很宽的 1600 cm^{-1} 峰，因而其相对无序。

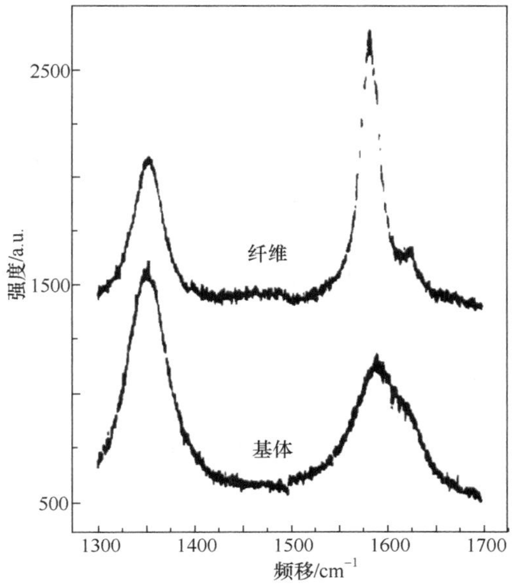

图 4.15　碳/碳复合材料试样 A 的纤维和基体的拉曼光谱

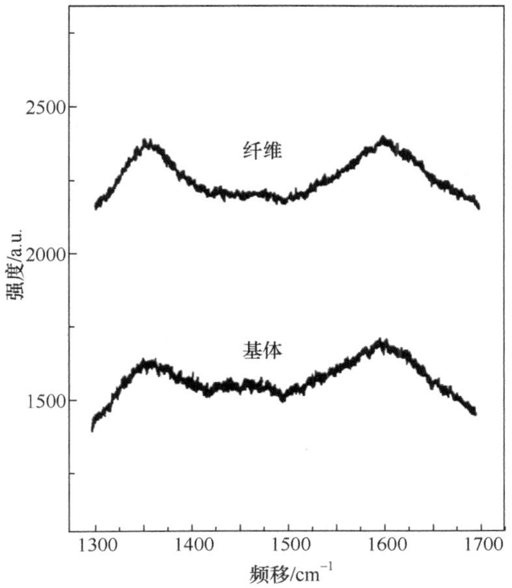

图 4.16　碳/碳复合材料试样 B 的纤维和基体的拉曼光谱

碳石墨结晶结构较完善的碳纤维和含碳材料在 2700 cm^{-1} 附近会出现二级拉曼峰。对试样 A 和 B 的纤维和基体测得在 2625～2800 cm^{-1} 间的拉曼光谱如图 4.17 所示。可以看到，试样 A 中纤维显示明确的二级拉曼峰，而基体碳仅有很宽且强度很弱的峰。对于试样 B，其纤维和基体都不能显示二级拉曼峰。这种情况与 G 峰半高宽所表现的规律相一致，同时也是材料碳石墨晶体结构有序程度的反映。

影响碳/碳复合材料抗磨损性能的因素有很多，微观结构只是其中之一。拉曼光谱探测并不能回答什么样的微观结构才是合适的，但是它确切地给出了碳/碳复合材料各组分碳石墨晶体微观结构丰富的信息。

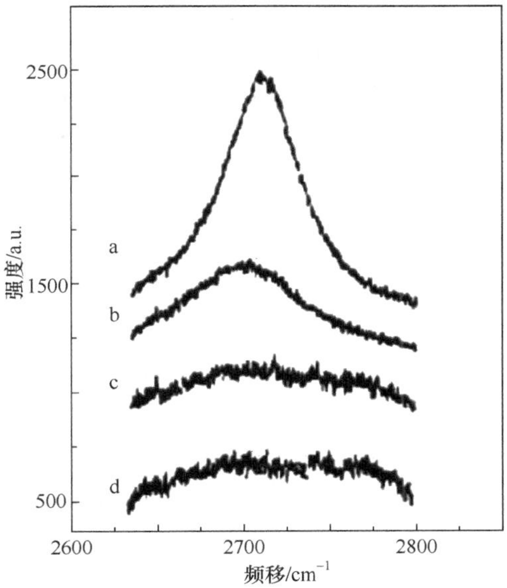

图 4.17　碳/碳复合材料试样在 2625～2800 cm^{-1} 范围内的拉曼光谱

光谱 a 来自试样 A 的纤维；光谱 b 来自试样 A 的基体；光谱 c 来自试样 B 的纤维；光谱 d 来自试样 B 的基体

4.2.4　石墨插层化合物[3,17,18]

插层化合物是指某种客体物质的分子或原子插入到主体材料(如石墨)的层间制成

的化合物。插层可使主体物获得所希望的物理性质。插层过程发生在高度各向异性的层状结构中。在这种结构中，层内结合力比层间结合力要大得多。插层是使主体材料获得所希望物理性质的一种方法。实施对石墨的插层可以用施主插入物质，此时插入物体传输电子给石墨主体材料。也可以用受主插入物质，此时插入物质接收石墨的电子。插层可对石墨碳实施，也可发生在球碳晶体和碳纳米管系列。

插入速率和最终插入浓度强烈地依赖于插入条件，如压强、主体材料与插入物质间的温度差、试样尺寸以及主体材料的结晶有序程度和缺陷密度等。插入碱金属层的石墨插层化合物是非常活泼的，必须储藏在惰性气体中。通常，在制备以后，石墨插层化合物被封装在玻璃或石英安瓿中以防止插层物质的退解。激光和拉曼散射光能轻易地透过这种容器壁，所以拉曼光谱术在石墨插层化合物的测试中能发挥其独特的作用。

拉曼光谱术在石墨插层化合物结构研究中的应用很早就已受到重视[19-21]。下文简述一个实例，涉及一种可膨胀插层石墨微观结构的拉曼光谱研究[18]。

石墨碳的层状结构特性使得一些基团或原子可插入到石墨层间，形成石墨插层化合物而成为可膨胀石墨。在高温加热时可膨胀石墨的插入物质分解挥发，使石墨沿 c 轴发生数百倍的膨胀形成蠕虫状的膨胀石墨。不同加热温度将影响膨胀速度，因此有关于最终产物的微观结构，拉曼光谱能反映这种微观结构的变化。

图 4.18 显示了不同温度制备的膨胀石墨在 800～4700 cm^{-1} 范围内的拉曼光谱，光谱与高取向热解石墨的拉曼光谱相近似。通过考察各峰的频移得出，在诸多拉曼峰中，位于 1350 cm^{-1}、2445 cm^{-1} 和 4300 cm^{-1} 附近的三个峰的频移对制备温度敏感。当制备温度从 550℃提高到 920℃时，频移发生显著偏移，偏移的大小分别达到 13 cm^{-1}、8 cm^{-1} 和 11 cm^{-1}。石墨的膨胀是在插层物质高温分解挥发的过程中发生的，不同温度下插层物质的分解速度和挥发速度不同，同时石墨的退火条件也可能不同，这些都可能使膨胀石墨产生不同的微晶结构。位于 1350 cm^{-1}、2445 cm^{-1} 和 4300 cm^{-1} 附近的拉曼峰频移可能对膨胀石墨的微观结构差异敏感。

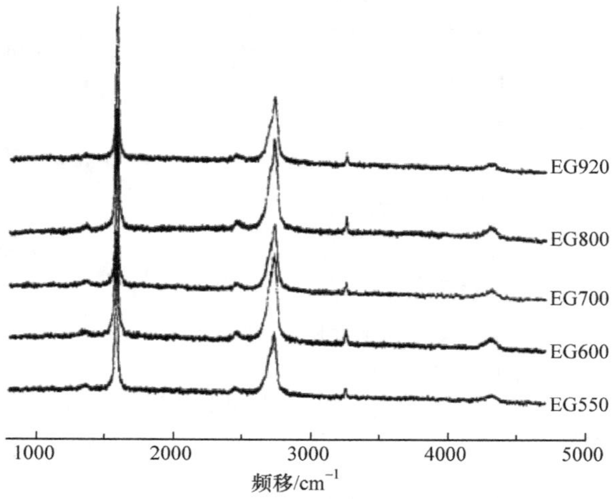

图 4.18　不同制备温度下膨胀石墨的拉曼光谱

通过分析峰强度与制备温度之间的关系得出，膨胀石墨的 I_D/I_G 值与制备温度间存在确定的函数关系，在 550～920℃范围内，I_D/I_G 值随温度的升高而逐渐减小。在最高温度920℃时，I_D/I_G 值达到最小值。拉曼光谱的这种行为表明高温下制备的膨胀石墨结晶结构有较高的有序和完善程度。

4.3　金刚石类碳

4.3.1　概述

金刚石最早只是作为一种贵重装饰品的材料。现今，这种有规则四面体排列的碳也是有广泛用途的工程材料，如金刚石膜。这归功于人工合成金刚石方法的发展。最重要的方法之一是化学气相沉积法。

根据制备条件的不同，金刚石膜可以是单晶的(若在金刚石衬底上外延生长)，也可以主要由微晶或纳米晶组成，而这些晶体由无定形碳颗粒边界结合在一起。

有一类无定形碳膜，其有类似金刚石膜的性质，通常称为类金刚石膜(diamond-like film，DLC)。这种膜常用于高科技的电子产品中，如计算机硬盘驱动器的保护膜。纳米厚的薄膜能防止读/写对它的可能损伤；也可用于日常生活用品，如剃刀上覆盖一薄层无定形碳，能使其更锋利和更耐用。无定形碳膜比纳米晶金刚石膜更平滑、更柔软，而后者则比微米晶膜更光滑。选用何种碳膜，取决于它们的性质是否符合使用要求，而性质则由它们的结构决定。

如何确定已制备的碳膜为何种类型？X 射线衍射和透射电子显微术能确切地鉴别试样是否是金刚石结晶。但是这两种方法很花时间，而且通常必须破坏试样。拉曼光谱术无需试样准备程序和能快速测定的功能，使其在测定金刚石膜的结构方面成为首选方法。只要将激发光聚焦于试样表面，一般在以分计的时间内就能确定金刚石膜的类型。常用的激发光为可见光(氦氖激光的 632 nm 红光或氩离子激光的 514.5 nm 绿光)、紫外光(325 nm 的 He：Cd 激光)和近红外光(785 nm 的二极管激光)。

4.3.2　单晶金刚石[4]

单晶金刚石的拉曼光谱有一特征指纹拉曼峰。图 4.19 显示了单晶金刚石位于 1332 cm^{-1} 强而尖锐的指纹峰和相应的晶格振动模式。这个峰的峰宽仅为约 2 cm^{-1}。在晶体冷却时，指纹峰的频移稍有增大，而峰宽则稍有减小。

金刚石拉曼光谱的另一个重要情景是在 2100～2700 cm^{-1} 范围内出现一宽峰，这与二级过程相关。这个宽峰在约 2450 cm^{-1} 处有一尖锐的极大。金刚石的二级宽峰在可见光激光激发时，由于存在强荧光背景几乎观察不到。这个问题的解决方法是使用大于 3.0 eV 的高能激光激发，相当于使用小于 400 nm 波长的激光。

4.3.3　微米晶金刚石[4,6]

微米晶金刚石膜由金刚石微米结晶粒加上无定形边界颗粒组成，所以化学气相沉积制得的微米晶金刚石膜的拉曼光谱可看成由两部分贡献构成，一是 1332 cm^{-1} 的金刚石声子的贡献，二是无定形碳 D 模和 G 模的贡献。测试指出，金刚石信号对非金刚石信号的相对强度与激发光波长强烈相关。这是否是由于 sp^3 成分的共振增强或 sp^2 成分共振增强的减少，还是某些其他激发过程的作用并不完全清楚。

图 4.20 显示了同一试样使用不同波长激发光测得的拉曼光谱。清楚可见，随着激发光波长的减短，$I_{金刚石}/I_G$ 值显著增大了。这说明必须注意选择适当的激光波长，以符合测试要求。例如，由于纳米晶金刚石有表面平滑、均匀性好和杨氏模量高等特性，这种材料的应用日益普遍，尤其在微电子装置中是一种理想的材料。用近红外光(NIR)激发的拉曼光谱术分析这种试样时并未发现金刚石峰，而来自无定形碳颗粒边界的信号则非常强。然而，若用 UV 激发，就会显示一小的金刚石信号，表明试样实际上是纳米晶金刚石，而不是单纯的无定形碳。相反，若要区分两个高质量的化学气相沉积金刚石试样，使用 NIR 激发比 UV 更合适，这是因为 sp^2 杂质会被增强。

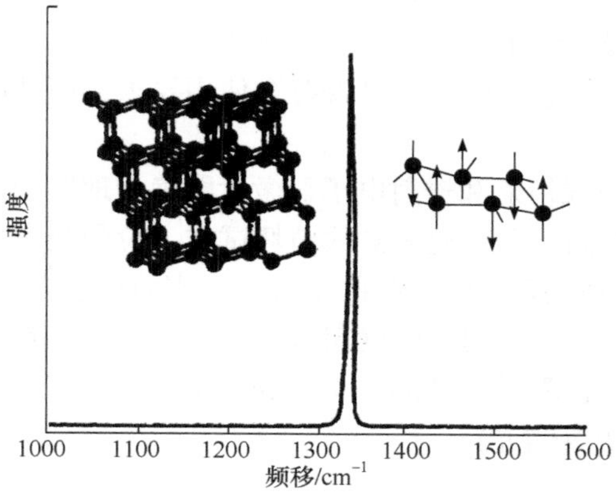

图 4.19　单晶金刚石的拉曼光谱和晶格振动模式示意图

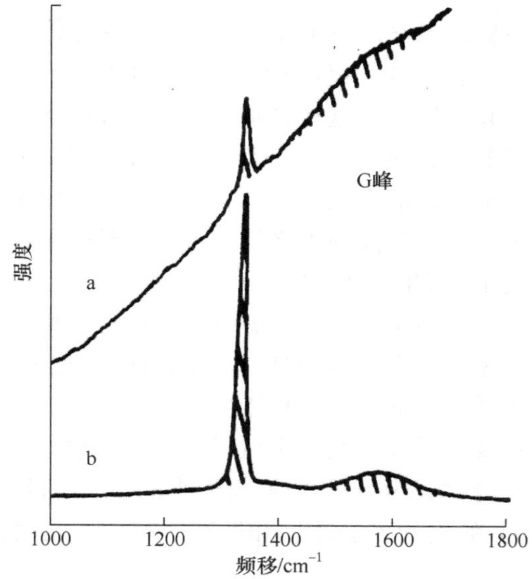

图 4.20　微晶金刚石的拉曼光谱

光谱 a 由 514 nm 激发光激发($I_{金刚石}/I_G$=2.2)；

光谱 b 由 325 nm 激发光激发($I_{金刚石}/I_G$=11.7)

金刚石峰相对 G 峰的相对强度常常用作化学气相沉积金刚石相纯度的粗略评估。这在实验探寻沉积条件对试样质量的影响时十分有用。图 4.21 显示了使用化学气相沉积法以 CH_4/H_2 混合物制作的微晶金刚石膜的拉曼光谱。随着气体混合物中 CH_4 克分子百分比的增大，1550 cm^{-1} 峰的强度增强了，表示来自 sp^2 的无定形碳背景增大，即金刚石膜的纯度降低，金刚石膜的质量减小了。

化学气相沉积金刚石膜的总体质量包含两方面的内容，即金刚石晶体结晶的完善性和膜的纯度。在拉曼光谱中，前者以来自 sp^3 的 1332 cm^{-1} 峰的峰宽来表征，而后者以 I_{1332}/I_{1550} 值来表征。

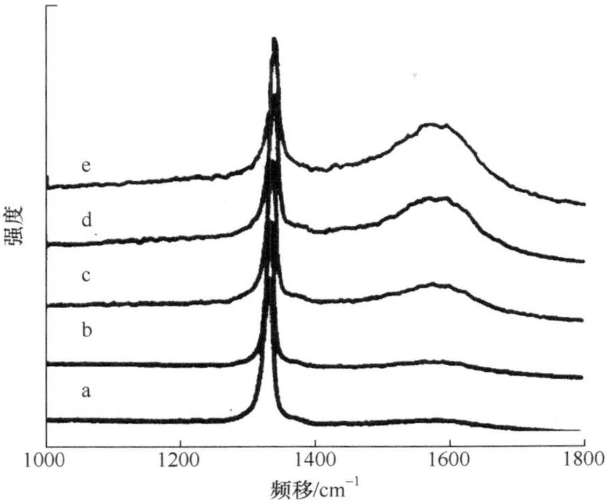

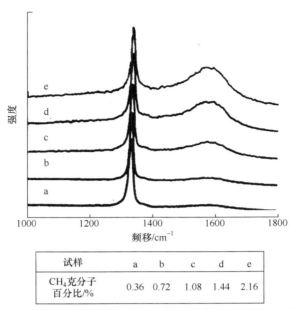

试样	a	b	c	d	e
CH_4克分子百分比/%	0.36	0.72	1.08	1.44	2.16

图 4.21　以 CH_4/H_2 混合物使用化学气相沉积法生长的微晶金刚石膜的拉曼光谱随 CH_4 克分子含量的不同发生的变化

必须注意到金刚石膜拉曼光谱中的 1332 cm^{-1} 特征指纹峰的频移与所用衬底有关。当沉积在如氧化铝、碳化钨和二氧化硅玻璃这类不同的硬衬底上时，该峰频移会发生变化。偏移可能是正的，如对氧化铝衬底为 1345 cm^{-1}，偏移也可能是负的，如对碳化钨衬底为 1327 cm^{-1}。这取决于在硬衬底上外延生长时引起的金刚石膜应力是正的还是负的。在硅片上沉积的膜没有观察到峰频移的偏移。硅片的模量比金刚石低。

对于非常薄的金刚石膜，其拉曼测试可以使用表面增强拉曼光谱术得以实现。

显微拉曼光谱术在表征金刚石膜结构方面有重要作用。它能以高达 1 μm 的空间分辨率对金刚石膜作局部区域的观察，分析金刚石结晶情况和试样的不均匀性。使用共焦针孔光阑，能对金刚石膜沿深度进行分析，深度分辨率约为 2 μm。

使用显微拉曼光谱术时要特别注意入射光偏振方向相对晶体轴向的取向对光谱有强烈的影响。金刚石拉曼峰的频移、峰宽和强度都受入射光偏振方向的影响，详情可参阅相关文献[22]。

4.3.4　纳米晶金刚石

随着金刚石晶粒尺寸从微米级减小到纳米级，其拉曼光谱的分析变得更为复杂。在处理大的结构完善的单晶时，晶格大小可看成无限大的，仅有某些确定的声子是拉曼活性的，其光谱十分简单。对于纳米晶或高度无序试样，选择规则已不适用，会有多得多的振动模式是拉曼活性的。这在光谱中会有两种效果：现存拉曼峰的频移发生偏移和峰宽发生不对称变化；出现由无序激活的新的信号，如与石墨中无序有关的 D 峰的激活。在纳米金刚石粉末中已经观察到 1332 cm^{-1} 峰的频移偏移和不对称宽化。不过，对于金刚石膜，峰偏移一般看成是膜受到拉伸或压缩应力的响应。

纳米金刚石膜的拉曼光谱中与无序相关的新信号的出现仍然还是有争议的问题。图 4.22 显示了在典型的纳米金刚石条件下生长的膜的拉曼光谱，由 325 nm 波长激光激发。光谱中可见金刚石峰以及 D 峰和 G 峰，还有位于 1150 cm^{-1} 附近的小宽峰。这个小宽峰在微米晶金刚石光谱中并不出现，这个峰的出现常常作为纳米金刚石晶体存在的直接证据，它被看作是无序激发的峰。目前，这个峰被认为来源于 sp^2 杂化结构，如可能存在于表面和晶粒边界的聚乙炔型分子。

4.3.5　金刚石型碳氢化合物[23]

若金刚石晶体的大小进一步减小，最终的材料就更近似于碳氢化合物，而不是金刚石晶体，这类分子称为金刚石型碳氢化合物。它在石油产品中被发现，但浓度很低，分离出来比较困难。图 4.23 显示了一种这类金刚石型碳氢化合物的拉曼光谱和晶格结构模型图。可以看到，金刚石型碳氢化合物的光谱有许多峰，与金刚石光谱相比差异甚大，而更近似于碳氢化合物，如环己烷的光谱。

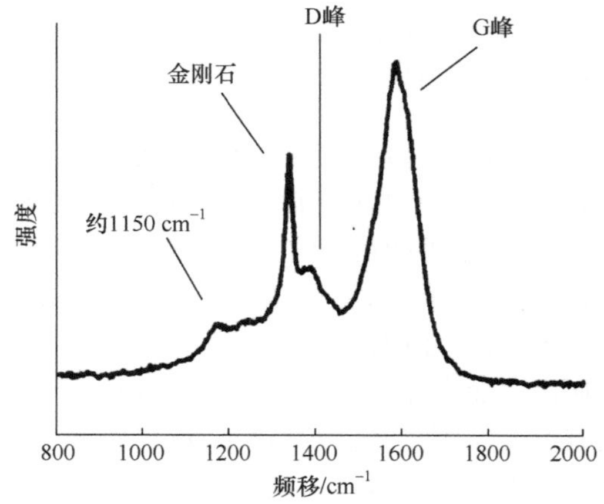

图 4.22　纳米金刚石晶体的拉曼光谱以 325 nm 波长激发

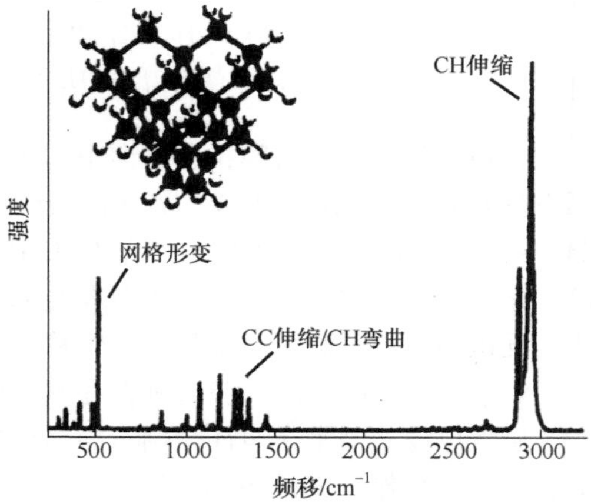

图 4.23　一种金刚石型碳氢化合物的拉曼光谱和晶格结构模型图

4.4　球　　碳

4.4.1　球碳的结构

球碳(fullerene)又称富勒烯或碳笼或巴基球。球碳分子是结晶相的基本构成单元。尽管由于其他物质能通过离子或共价键合进入球碳，可能使其结构或多或少地受到扭曲，但球碳分子在形成结晶相时，大体上仍然保留其原来的形态。

最早发现和最常遇到的球碳是由 60 个碳原子组成的分子 C_{60}，十分稳定，呈二十面体对称。球碳这个名称实际上是指一系列紧密的壳笼碳分子，这些分子由 12 个五角形环和数目可变的六角形环组成。根据组成环的数目和排列方式的不同，有着许多其他形式的稳定的球碳，如 C_{70}、C_{76} 和 C_{80} 等。图 4.24 是几种球碳分子的结构示意图[3]。图 4.24(a)为二十面体足球形的 C_{60} 分子，图 4.24(b)为橄榄球形的 C_{70}，而图 4.24(c)和(d)都是 C_{80}。由于结构的差异，各种球碳分子都有各自独特的互不相同的拉曼光谱。

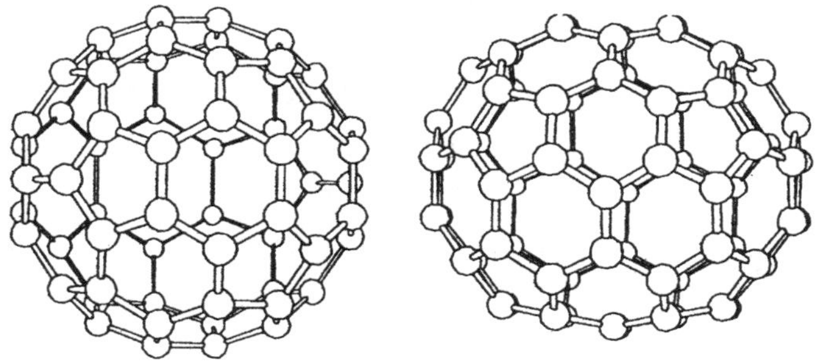

(a)　(b)

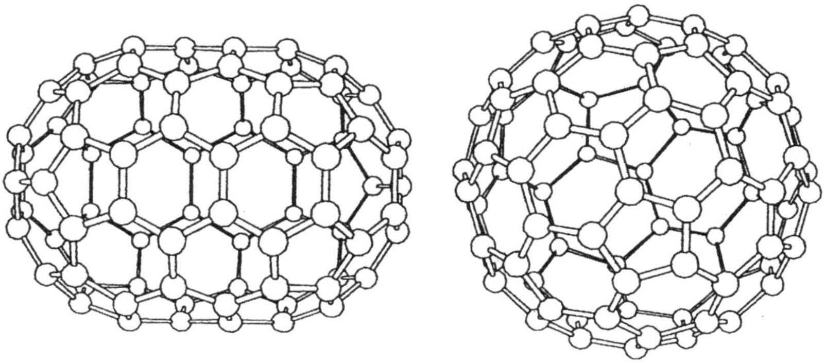

(c)　(d)

图 4.24　球碳分子结构示意图

(a) C_{60}；(b) C_{70}；(c) C_{80} 的一种异构体；(d) C_{80} 的另一种异构体

对球碳进行碱金属掺杂将引起主体球碳电学性质的极大变化，从而能获得具有高超导转变温度的导电材料。例如，球碳系列的超导体 K_3C_{60} 的 T_c 达到约 19 K，而 Cs_3C_{60} 在 12 kbar 压力下 T_c 则达到约 40 K。超导性质的发现，激发了对球碳相关材料领域的研究活动，当然也包括这类材料的拉曼光谱研究。

4.4.2　球碳的振动和拉曼光谱

固体球碳是一种将众多分子以弱范德瓦耳斯键结合在一起的近乎理想的分子固体。固体 C_{60} 的振动可以分为两类：分子间振动模(振格模)和分子内振动模(分子模)。分子间振动模又可进一步细分为三个次级类别：声模、光模和振动模。作为例子，图 4.25 显示了 C_{60} 两种分子内振动模碳原子移动方式的示意图[24]。图中 $A_g(1)$径向呼吸模(RBM, 492 cm^{-1})是指所有 60 个 C 原子都做相同的径向移动，而较高频率的 $A_g(2)$模式称五角形收缩模(1469 cm^{-1})，是指 C 原子做切向移动使五角形环收缩。这两种振动模在图 4.26 所示固体 C_{60} 的拉曼光谱中都能找到相应的拉曼峰，光谱中也能分辨出 C_{60} 的其他 8 个拉曼峰[25]。

几种掺混有碱金属的 C_{60} 的拉曼光谱也显示在图 4.26 中。由于掺混，C_{60} 的原有结构发生了某些变化，图中可见，与径向呼吸模和五角形收缩模相应的两个拉曼峰也发生了不同程度的变化。

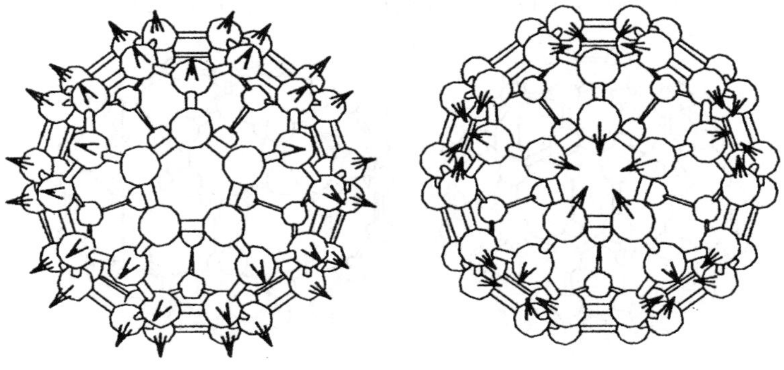

(a) A_{g_1}　(b) A_{g_2}

图 4.25　C_{60} 振动模分子移动示意图

(a) 径向呼吸模；(b) 五角形收缩模

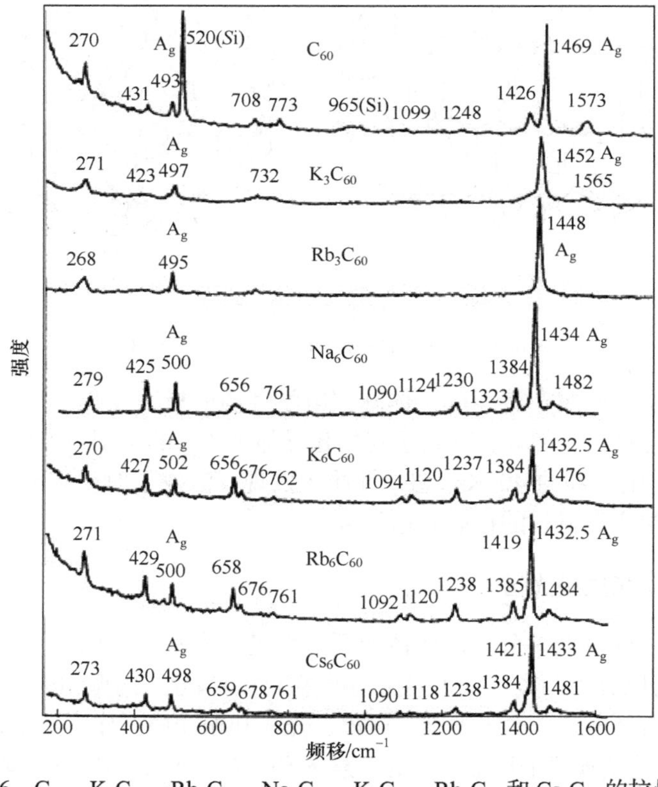

图 4.26　C_{60}、K_3C_{60}、Rb_3C_{60}、Na_6C_{60}、K_6C_{60}、Rb_6C_{60} 和 Cs_6C_{60} 的拉曼光谱

对球碳分子的振动模式和拉曼光谱的详细讨论已超出本书范围，有兴趣的读者可参阅相关文献[3,24,25]。对球碳的制备、结构、性质和各种表征方法可参阅文献[26]。

4.5 碳纳米管

4.5.1 碳纳米管的结构和拉曼光谱

碳纳米管由于其不同寻常的优异力学和电学性能受到人们的广泛关注。碳纳米管可应用于电子发射源、氧储存、单电子晶体管和气体传感器等，作为材料增强剂的用途也已受到重视。

碳纳米管可分为单壁和多壁两类。单壁碳纳米管(SWCNT)可以看成由单层石墨片(石墨烯)卷曲而成，而多壁碳纳米管(MWCNT)则是若干个单壁管的同心套叠。图 4.27 显示了三种不同结构的单壁碳纳米管结构示意图。三种管分别为扶手椅管(a)、锯齿形管(b)和手性管(c)。碳纳米管的两端由两个球碳的一半来封闭，所以其最小直径受球碳的最小直径所限制，为 7.1 Å。

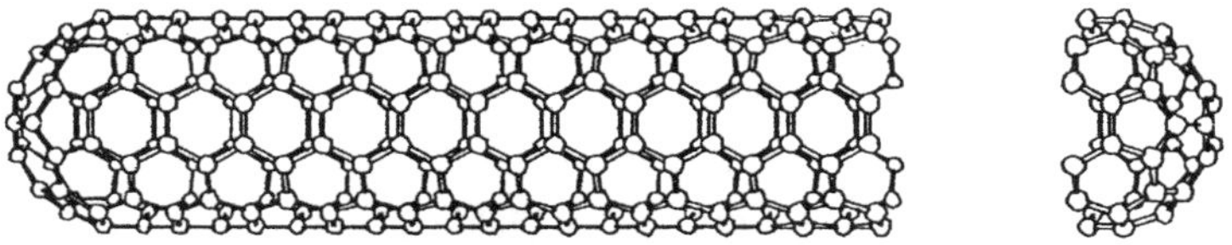
(a)
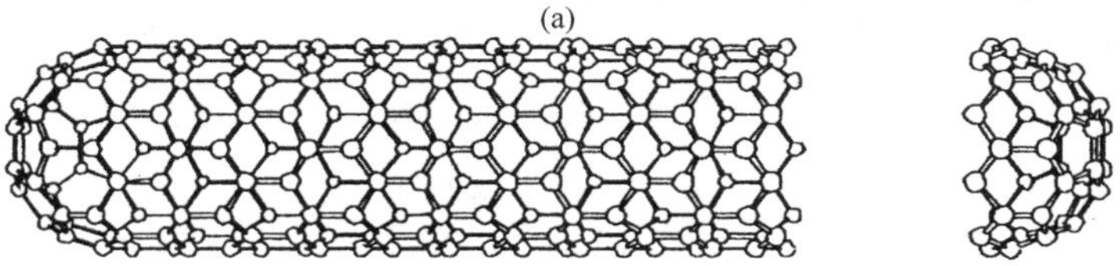
(b)
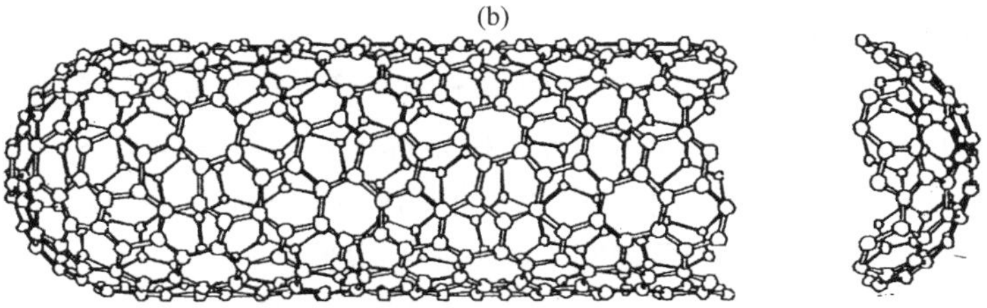
(c)

图 4.27　单壁碳纳米管结构示意图
(a) 扶手椅管；(b) 锯齿形管；(c) 手性管

图 4.28 是单壁碳纳米管的拉曼光谱[27,28]，显示了许多个可以分辨的确定的拉曼峰，其中出现在 186 cm^{-1} 附近的强峰与碳纳米管的径向呼吸模相应，是碳纳米管的特征峰。

碳纳米管的晶格振动模的对称性分类研究认为，将石墨卷曲成管子时，碳原子垂直于平面移动的平移模转变为管子的呼吸振动模。此时，所有碳原子都在管子的径向移动[类似于图 4.25 中球碳 C_{60} $A_g(1)$振动模的原子移动情况]。理论计算指出，一个孤立单壁碳纳米管完全对称径向呼吸模的频移与碳纳米管的直径呈简单的反比关系。这种关系似乎可以直接用于测量碳纳米管的直径。但是，在实验中难以获得孤立的单壁碳纳米管，它们往往成束分布，管间的相互作用不能忽略，因此实际应用拉曼光谱术测量单壁碳纳

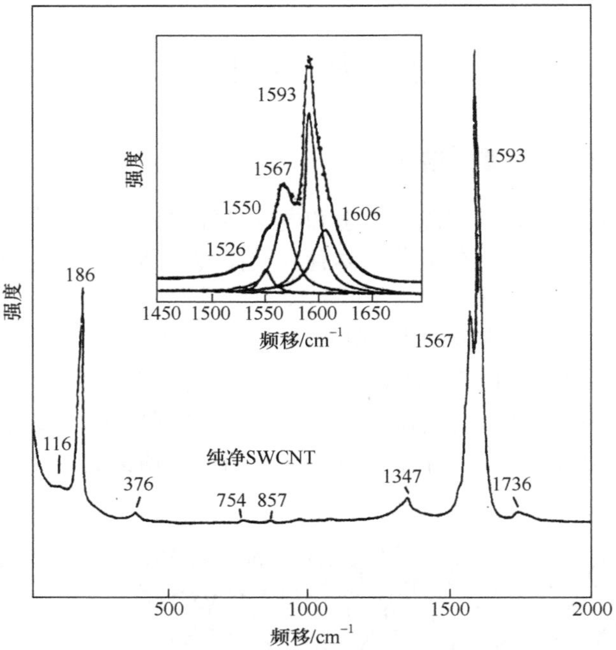

图 4.28　单壁碳纳米管的拉曼光谱

不包含二级光谱；插图显示了 1580 cm^{-1} 附近光谱的细节

米管直径时，需对理论径向呼吸模频移与碳纳米管直径的关系作适当修正。每一给定激发能量优先激发相应直径的碳纳米管，所以通过测量不同激发能量下的径向呼吸模，可以获得试样中单壁碳纳米管的直径分布信息[29]。实际上，所有的拉曼活性低频模的频移对碳纳米管直径都有强的相关性[30]。

与之不同，在 1580 cm^{-1} 高频附近的模与碳纳米管直径只有很弱的相关性。碳纳米管在拉曼光谱 1550～1600 cm^{-1} 范围内的高频模常称为正切拉伸模(GM)。这种模独有的特性在于，与之相应的拉曼峰行为对金属性碳纳米管和半导体性碳纳米管有显著不同，例如，与正切模相应的峰，前者明显较宽，频移中心也偏移约−50 cm^{-1}。

碳纳米管一级拉曼光谱的 1250～1450 cm^{-1} 范围内，有时也会出现一个对应于石墨层 D 模的弱峰。碳纳米管一级拉曼光谱中的 D 模应该是禁戒的，只是由于各种无序而被部分激活，因此，与前面所述其他碳材料相似，D 模与 G 模的强度比也可用来描述石墨结构中缺陷的密集程度。

碳纳米管也在 2500～2900 cm^{-1} 范围出现与 G′ 模(也称 D*模)相应的拉曼峰(图 4.28 未显示该范围的拉曼光谱)。与 D 模一样，它没有直径选择共振拉曼效应。试样中所有的碳纳米管都对 G′ 峰有贡献。

碳纳米管有许多不同寻常的物理性质，它们的拉曼光谱行为也不例外。一般物质拉曼散射有两个基本特征，一是拉曼散射的频移不随入射激发光波长而改变，二是斯托克斯散射的拉曼频移与反斯托克斯散射的拉曼频移的绝对值相同。碳纳米管独特的纳米结构使其具有与一般物质拉曼散射截然不同的光谱行为。首先，随激发光波长的改变，拉曼散射光的频移也发生变化，同时峰的强度也受到显著影响。图 4.29 显示了不同激发光波长下的单壁碳纳米管拉曼光谱，激发光波长对拉曼峰频移和强度的影响明显可见[28]。其次，碳纳米管的斯托克斯和反斯托克斯散射频移的绝对值并不相等，此类现象称为反常的反斯托克斯拉曼光谱现象。

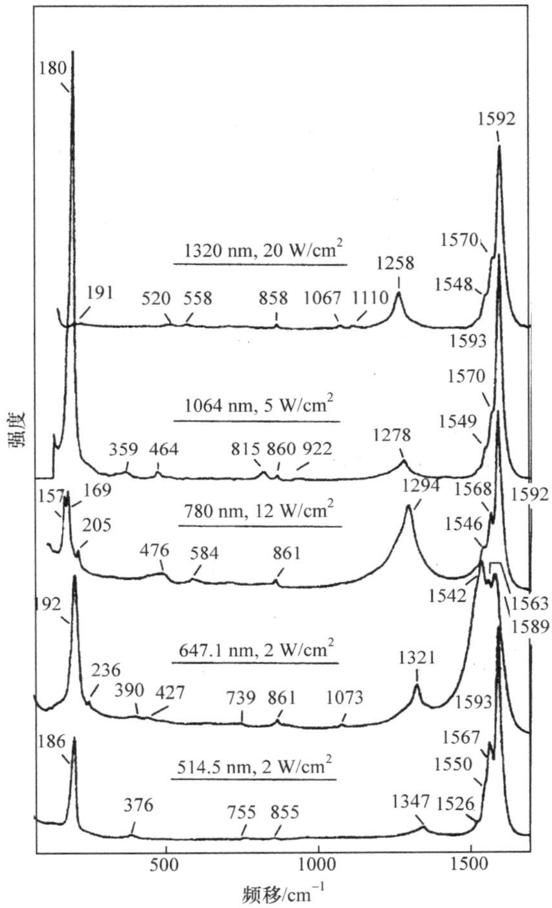

图 4.29　不同波长激发光激发的单壁碳纳米管的拉曼光谱

碳纳米管在共振拉曼散射、表面增强拉曼散射、偏振拉曼散射以及不同环境因素(如温度和压力)的影响等方面都有与其他材料相异的光谱行为，详细可参阅相关文献[24,26,31-33]。

有关碳纳米管的研究已经在物理学、化学和材料学领域获得显著进展。不同领域研究的着重点不同。物理学家着重于碳纳米管特有的电学性质，化学家的兴趣是碳纳米管用作“纳米试管”的可能性，而材料学家则更关注碳纳米管的力学性能，如高刚性、高强度和韧性。对于所有这些研究领域，拉曼光谱术都是强有力的表征工具。

4.5.2　碳纳米管形变的拉曼光谱行为

碳纳米管的优良力学性能使人们考虑将碳纳米管用作复合材料的增强剂。用什么方法表征碳纳米管的力学行为是首先需要关心的问题。研究人员已经使用原子力显微术测量了单壁碳纳米管的弹性模量(高达 1 TPa 数量级)，使用透射电子显微术测得多壁碳纳米管的弹性弯曲模量(在 0.1～1 TPa 范围内，其确定值与碳纳米管直径强烈相关，随直径增大而增大)。拉曼光谱术则是探索碳纳米管受力形变行为的强有力的工具。

图 4.30 显示了用脉冲激光法制备的单壁碳纳米管在 1000～3000 cm^{-1} 范围的拉曼光谱[34]。位于 1557 cm^{-1} 和 1597 cm^{-1} 的拉曼强峰(G 峰)归属于几个振动模的联合作用。位于 1325 cm^{-1} 的 D 峰来自无序激活的模，而 2639 cm^{-1} 峰(G′ 峰)是 D 峰的二级峰。图中没有显示可能出现径向呼吸模的低频光谱区域。测试表明，各个峰的频移随碳纳米管制备方式的不同或浸入液体的不同而有差异。

将单壁碳纳米管置于金刚石测头测压器内，对试样施以不同的压强，可测得 G′ 拉曼峰频移随压强的偏移。压强大小由荧光 R 线随压强的校正曲线来标定(荧光 R 谱线的相关性质将在第 7 章详述)。图 4.31 显示了单壁碳纳米管 G′ 拉曼峰频移与压强的关系曲线。G′ 峰随着压强的增加向较高频移方向偏移，起始斜率为 23 cm^{-1}/GPa。若将单壁碳纳米管包埋于热固化环氧树脂中，冷却到室温后，G′ 峰将偏移向较高的频移，这是由于树脂固化收缩使碳纳米管受到压力。

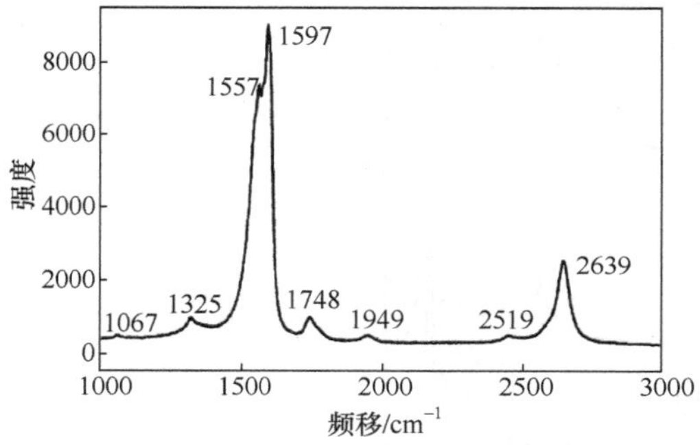

图 4.30　脉冲激光法制备的单壁碳纳米管的拉曼光谱(包含二级光谱，不包含 RBM 模的低频峰)

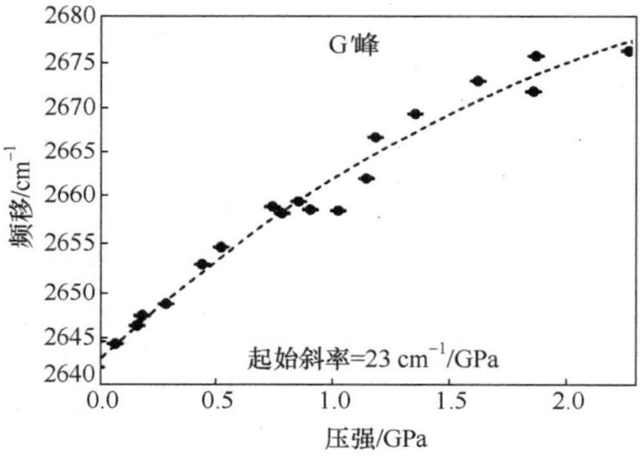

图 4.31　单壁碳纳米管 G′ 拉曼峰频移与压强的关系曲线

碳纳米管受拉伸力作用的拉曼行为可用四点弯曲试验测定。首先制得冷固化的碳纳米管环氧树脂复合材料(碳纳米管的体积分数小于 0.1%)。冷固化可避免热残余应力，简化数据处理。虽然复合材料中碳纳米管只有很低的含量，但仍然可以测得碳纳米管高质量的拉曼光谱。拉伸应变下碳纳米管 G′ 峰频移的变化如图 4.32 所示。G′ 峰频移随复合材料拉伸应变的增大明显向较低频移方向偏移，起始斜率为−15 cm^{-1}/%。这表明复合材料的宏观应力使碳纳米管发生了形变。这种现象与其他碳材料，尤其是碳纤维的拉曼行为相似。

多壁碳纳米管的拉曼光谱与单壁碳纳米管有显著不同。图 4.33 是多壁碳纳米管在 1000～3000 cm^{-1} 范围内的拉曼光谱。该光谱与碳纤维(图 4.8)和石墨(图 4.4)的拉曼光谱十分相似。位于 1582 cm^{-1} 的尖锐峰归属于 E_{2g} 模。位于 1340 cm^{-1} 的峰是 D 峰，是由微晶结构引起的，而 D 峰的谐波峰 G′ 峰则位于 2663 cm^{-1}。从多壁碳纳米管环氧树脂复合材料测得多壁碳纳米管 G′ 峰随拉伸应变的变化如图 4.34 所示。与单壁碳纳米管相似，其 G′ 峰频移随复合材料表面拉伸应变的增大向较低频移方向偏移，但有不相同的偏移率。

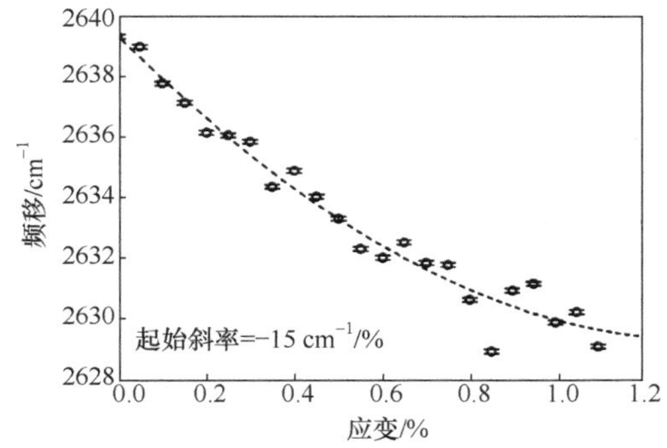

图 4.32　分散在环氧树脂中的单壁碳纳米管 G′ 拉曼峰频移与拉伸应变的关系曲线

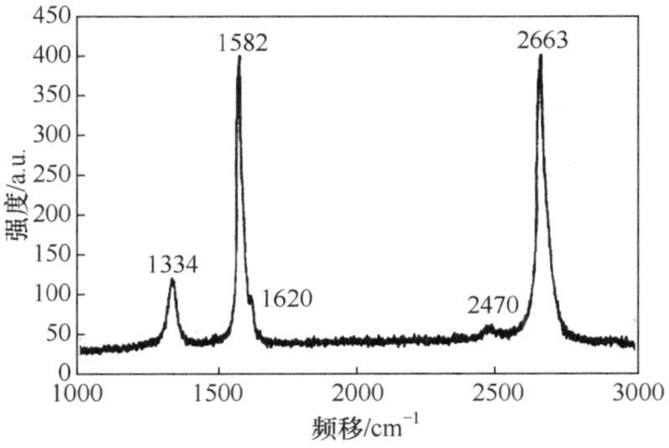

图 4.33　多壁碳纳米管的拉曼光谱

应变不仅使碳纳米管的二级拉曼峰频移发生偏移，还可使峰宽化。图 4.35 显示了单壁碳纳米管拉曼 G′ 峰的半高宽随复合材料应变变化的关系，随着应变的增大，峰宽化明显可见。碳纳米管在环氧树脂基体内是无规取向的，所以这种现象表明在所检测的 2 μm 范围(激光斑点大小)内，所有对形变轴不同取向的碳纳米管都对拉曼峰有贡献。相对应变轴成 90°取向的碳纳米管，由于泊松效应，基体在垂直于拉伸应变的方向发生收缩而发生压应变，它们对 G′ 峰的贡献是使其向较高频移方向偏移(图 4.31)。

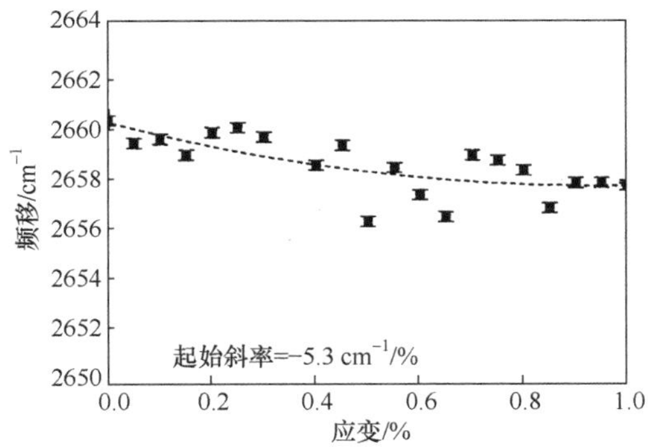

图 4.34　分散在环氧树脂中的多壁碳纳米管 G′ 拉曼峰频移与拉伸应变的关系曲线

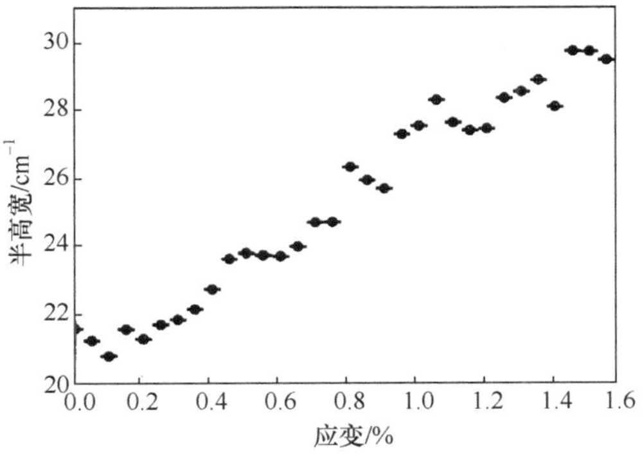

图 4.35　分散在环氧树脂中的单壁碳纳米管 G′ 拉曼峰半高宽与拉伸应变的关系曲线

上述应变下拉曼峰发生偏移的行为证明碳纳米管和基体两相之间发生了应力传递。应用这种方法，与应力引起高模量碳纤维的拉曼峰频移偏移相比，可以确定碳纳米管在复合材料中的有效模量[34]。

碳纳米管典型的拉曼光谱有四组主要的峰，D 峰、G 峰、G′ (D*)峰以及与 RBM 模相应的低频峰。与石墨碳和碳纤维相似，前三个峰的频移都对应变敏感。RBM 模峰是碳纳米管的特征拉曼峰，每组 RBM 模峰都对应于一种类型的碳纳米管，应变对 RBM 模峰有什么影响是人们所关心的问题。

图 4.36 显示了某种生产工艺制得的单壁碳纳米管典型的低频区拉曼光谱[35]。洛伦兹函数拟合显示：在 200～300 cm^{-1} 范围内至少有五个峰，分别位于 210 cm^{-1}、232 cm^{-1}、238 cm^{-1}、268 cm^{-1} 和 272cm^{-1}。前面已经指出，单壁碳纳米管的 RBM 峰频移与该管的直径有关。RBM 峰的强度则对应变敏感。

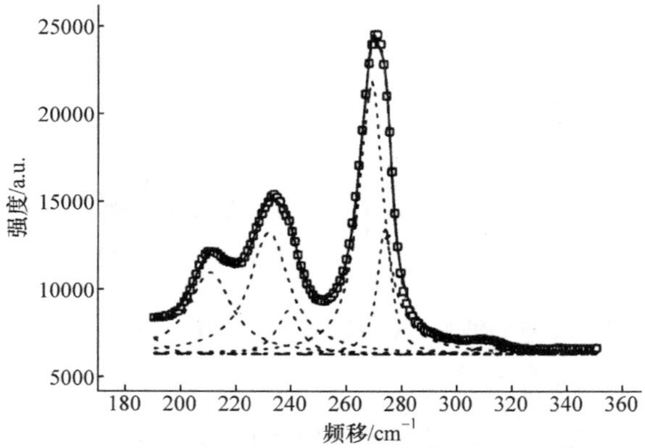

图 4.36　单壁碳纳米管的低频区拉曼光谱

激发光波长为 785 nm

分散于环氧树脂基体中的单壁碳纳米管 RBM 峰的强度随试样表面应变的关系如图 4.37 所示[35]。图中纵坐标是相对零应变时的强度归一化值。五个峰对应变的响应并不相同，在拉伸过程中，位于 210 cm^{-1}、232 cm^{-1} 和 238 cm^{-1} 的三个峰随应变的增大，其峰强度增大，而位于 268 cm^{-1} 和 272 cm^{-1} 的两个峰的峰强度则随应变的增大而减小。在压缩过程中，RBM 峰的强度则向相反的方向变化，前三个峰随应变的增大，强度减小，

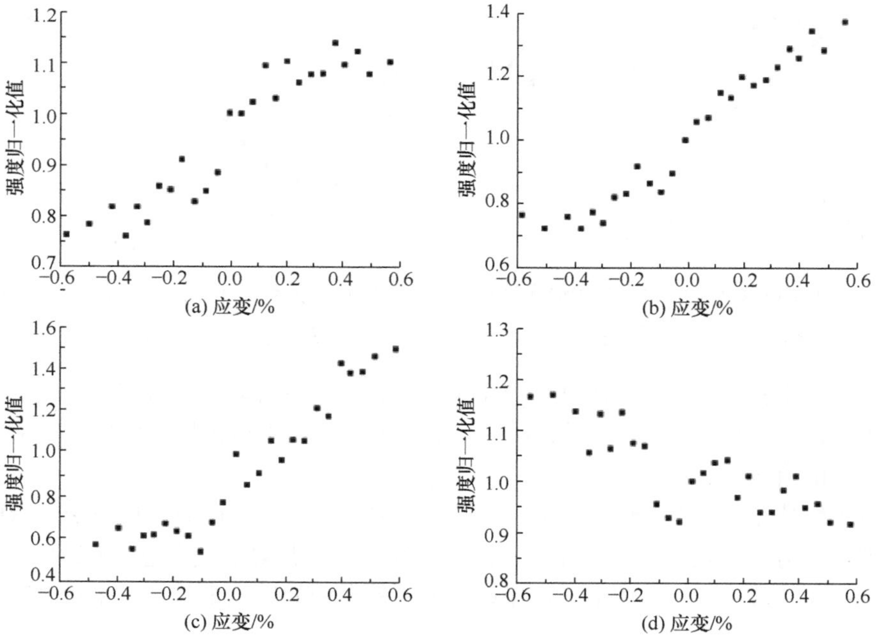

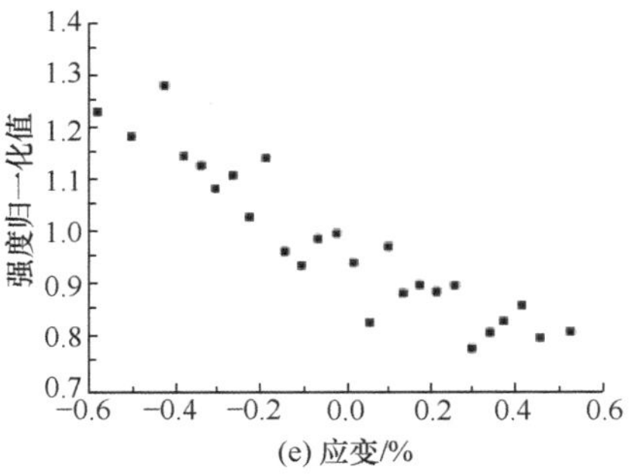

图 4.37　单壁碳纳米管 RBM 峰强度与应变的关系曲线

(a) 210 cm^{-1}；(b) 232 cm^{-1}；(c) 238 cm^{-1}；(d) 268 cm^{-1}；(e) 272 cm^{-1}

而后两个峰随应变的增大，强度也增大。而且，在相同应变范围下，强度的变化值也不相同，强度变化范围在 30%(210 cm^{-1} 峰)～100%(238 cm^{-1} 峰)之间。

单壁碳纳米管 RBM 模几个峰的强度对应变的不同响应表明峰强度变化不仅与应变有关，也与纳米管的结构有关。峰强度随应变的变化取决于碳纳米管的直径和手性。

4.5.3　碳纳米管/聚合物复合材料的增强机制

由于碳纳米管具有不同寻常的力学和电学性质，人们已经作了很大的努力，试图将碳纳米管作为一种如同纳米纤维这样的增强剂，以改善基体材料的性能或赋予基体新的特性。这方面的研究工作已经取得了很大进展，显示了碳纳米管/聚合物复合材料实际应用的光明前景。例如，少量碳纳米管的加入可使环氧树脂的拉伸和压缩模量增大 20%～30%[36,37]，使 PMMA 的拉伸强度增大约 30%，韧性增大约 10%，而硬度则能增大约 43%[38]。其他增强系统可参阅有关研究报道[39-42]。

拉曼光谱术是碳纳米管/聚合物复合材料研究的强有力工具。最简便的应用是基体中碳纳米管的鉴别，而对碳纳米管增强机制的研究，拉曼光谱术有着其他测试方法不可替代的作用。

1. 多壁碳纳米管/聚乙烯复合材料[43]

将一种多壁碳纳米管(MWCNT)均匀地混合于超高分子量聚乙烯(UHMWPE)溶液中，待溶剂蒸发，获得复合材料薄膜。图 4.38 显示了该复合材料薄膜的透射电镜照片。由图 4.38(a)可见，碳纳米管成簇分布，但在每簇内各碳纳米管并未成束，而是各自分散分布[图 4.38(b)]。同时注意到碳纳米管引起的基体聚乙烯的再结晶效果，图 4.38(a)中清楚地显示了从碳纳米管簇向外辐射的层状结构(试样未经金属染色，因而层状结构的图像衬度较弱)。从图中估算，多壁碳纳米管的直径约为 15 nm。力学测试得出，1%碳纳米管的加入使基体聚乙烯的力学性质发生显著变化，杨氏模量增大约 25%，屈服应力增大约 48%，而断裂应变的增大超过 100%。拉曼光谱测试能用于解释碳纳米管的增强作用。

图 4.39(a)显示了一种多壁碳纳米管的拉曼光谱，其中虚线测自含有炭黑等杂质的碳纳米管，而实线测自经酸处理后纯净的碳纳米管。由图可见，多壁碳纳米管有三个确定的拉曼峰，分别位于 1574 cm^{-1}、1348 cm^{-1} 和 2691 cm^{-1}。这种情景与碳纤维和石墨的拉曼

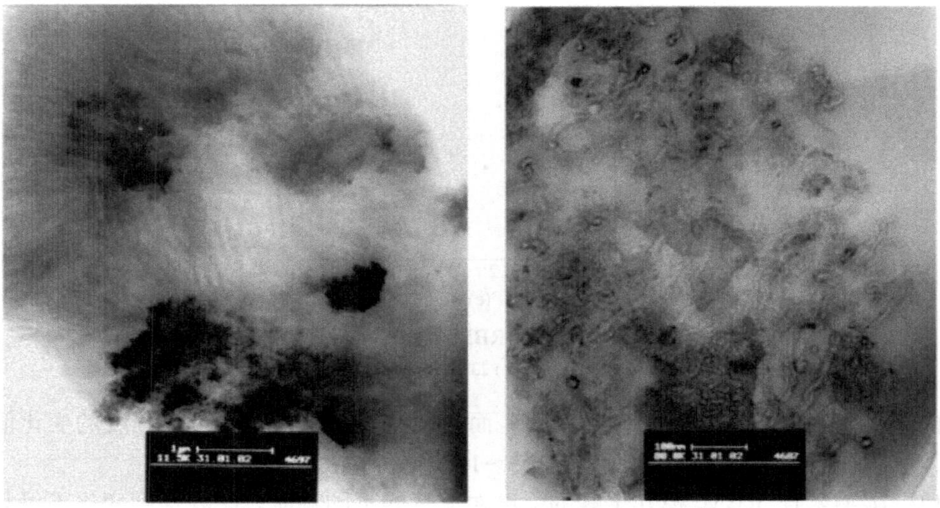

(a) (b)

图 4.38 多壁碳纳米管/超高分子量聚乙烯复合材料的透射电子显微图

(a) 低放大倍数；(b) 高放大倍数

光谱十分相似。前两个峰分别对应于石墨单晶的 E_{2g} 模(G 峰)和多晶石墨的 A_{1g} 模(D 峰)，而 2691 cm^{-1} 是 D 峰的谐波，又称 D*峰或 G′ 峰。光谱显示酸处理使 1348 cm^{-1} 峰明显增强，这可能是由于酸处理去除了无定形碳。

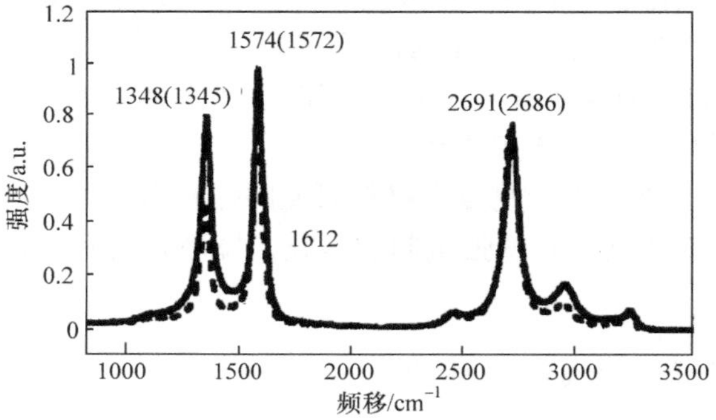

(a)

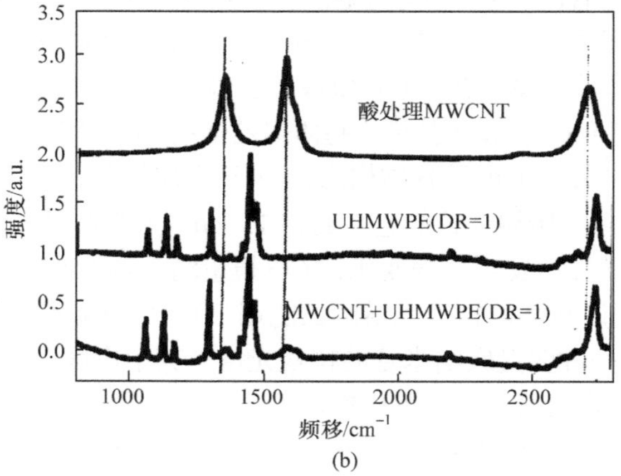

(b)

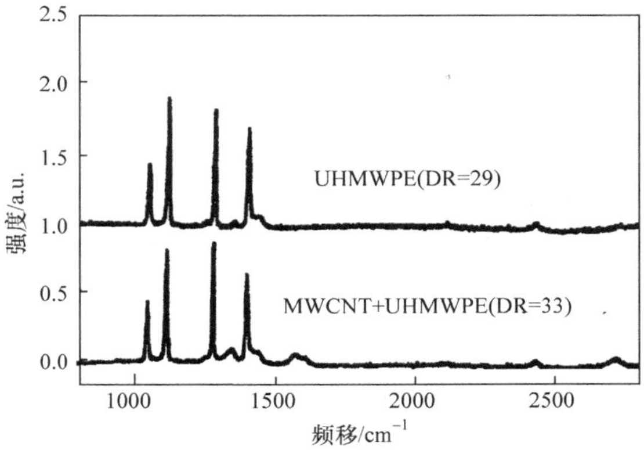

(c)

图 4.39 多壁碳纳米管和纯净超高分子量聚乙烯及其复合材料的拉曼光谱

(a) 多壁碳纳米管；(b) 酸处理的多壁碳纳米管、纯净超高分子量聚乙烯(DR=1)和复合材料(DR=1)；(c) 纯净超高分子量聚乙烯(DR=29)和复合材料(DR=33)

图 4.39(b)显示了 1%含量的纯净多壁碳纳米管/超高分子量聚乙烯复合材料的拉曼光谱。为比较起见，同时显示了纯净碳纳米管和超高分子量聚乙烯的拉曼光谱。可以看到，聚乙烯基体中碳纳米管的拉曼峰发生了蓝偏移(即移向较高频移)。已知单壁和多壁碳纳米管在发生压缩形变时特征拉曼峰向高频移方向偏移，在发生拉伸形变时向低频移方向偏移[34,44]。因此，这种蓝偏移可以认为是多壁碳纳米管在聚乙烯基体中受到了压应力，这是由聚乙烯基体在溶剂蒸发和热拉伸冷却时收缩引起的。注意到聚乙烯和多壁碳纳米管的拉曼光谱在 1350 cm^{-1} 和 2700 cm^{-1} 附近有所交叠，而在高拉伸倍数下聚乙烯在 2700 cm^{-1} 处的峰消失了[图 4.39(c)]，所以用多壁碳纳米管在该高频移处的峰来分析包埋于基体中的碳纳米管的力学拉曼行为是较为合适的。

与纤维增强复合材料的情况有所不同，增强剂纤维对基体材料的微观结构基本上不产生大的影响，而碳纳米管的加入，即便是 1%含量的少量加入，也会对聚乙烯基体的微观结构产生显著的影响[图 4.38(a)中基体材料的条纹结构]。这直接与碳纳米管的增强机制有关。因此，预先讨论纯聚乙烯及其复合材料中聚乙烯的拉曼行为是必要的。

聚乙烯的拉曼光谱及其形变行为已有广泛报道[45]。通常可用 C—C 不对称伸缩模 B_{1g}(相应于 1060 cm^{-1} 峰)和对称伸缩模 A_{1g}(相应于 1130 cm^{-1})来描述高模量聚乙烯的形变行为。在拉伸应变下，这两个峰向低频移方向偏移。

图 4.40(a)和(b)分别显示了 1%含量的多壁碳纳米管/聚乙烯复合材料薄膜在不同拉伸应变下碳纳米管 D*峰及聚乙烯 B_{1g} 和 A_{1g} 峰的拉曼偏移，而图 4.40(c)为纯净聚乙烯不同拉伸应变下的拉曼峰。三张图都表明，各个拉曼峰都随拉伸应变的增加向低频移方向偏移。

复合材料中碳纳米管的 D*峰与复合材料应变的关系如图 4.41 所示。由图可见，峰频移较为分散，尤其是在 1%～10%应变区域，但仍然可以将整个形变过程分为形变行为明显不同的四个阶段。第一阶段，应变小于 1%，拉曼峰随应变发生红偏移，而且有近似线性关系。1%～10%应变为第二阶段，数据较为分散，既有红偏移也有些蓝偏移。第三阶段，应变在 10%～15%，拉曼峰发生明显的红偏移。而最后的第四阶段，应变大于 15%，

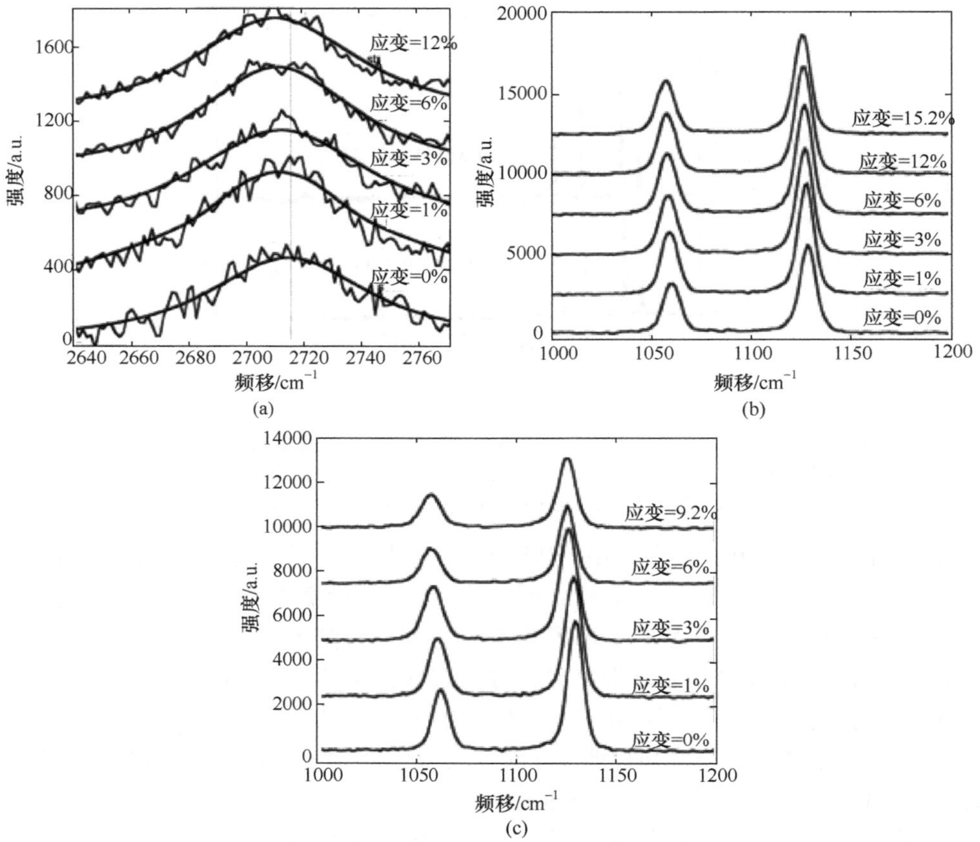

图 4.40　复合材料中聚乙烯基体和纯净聚乙烯在不同应变下的拉曼光谱

(a) 增强剂碳纳米管的 D*拉曼峰；(b) 复合材料中聚乙烯基体的 C—C 伸缩峰；(c) 纯净聚乙烯薄膜的 C—C 伸缩峰

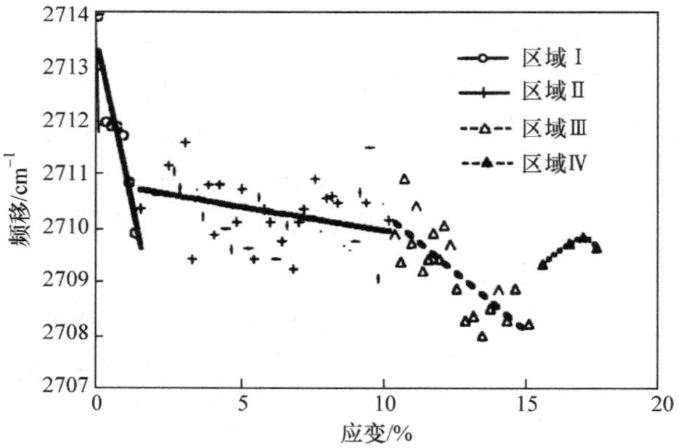

图 4.41　多壁碳纳米管/聚乙烯复合材料中碳纳米管 D*峰频移与复合材料应变的关系曲线

拉曼峰发生蓝偏移，表明多壁碳纳米管遭受压缩应变。总的来讲，在整个拉伸过程中，聚合物中的碳纳米管 D*峰有约 6 cm^{-1} 的红偏移。

上述 D*峰频移的偏移情况表明，在复合材料低应变和高应变(分别对应于第一和第三阶段)下，包埋于聚乙烯的多壁碳纳米管受到拉伸负荷，外加负荷通过碳纳米管/聚合物界面传递给碳纳米管。应变中间阶段(第二阶段)的数据振荡变化则表明存在复合材料界面的黏结和滑移。从基体光谱的分析可以证明，在基体材料屈服时，这种情况是可能发生的。在很高的应变区域(第四阶段)，碳纳米管受到压缩，这可能是由基体内局部微观破坏而引起的。一旦基体弯折或皱缩，就会有大的压缩应力传递给多壁碳纳米管。

图 4.42 显示了纯净聚乙烯和含 1%多壁碳纳米管聚乙烯的 1060 cm^{-1} 峰频移与复合材料应变的关系。由图可见，纯净聚乙烯和含碳纳米管的聚乙烯有着十分不同的光谱行为。对于纯净聚乙烯，基本上可分为两个阶段，在应变小于 5%时，应变和峰频移有近似线性关系，此后，随应变的增大，峰频移几乎保持不变，直到约 10%应变时薄膜损坏，而在试样断裂之前有压缩行为出现。对于含有 1%多壁碳纳米管的聚乙烯复合材料，其 C—C 伸缩峰随应变增加则有很不同的响应。在应变小于 2%区域，应变与峰频移有近似线性关系。随后，随应变增大，峰频移有较缓慢的红偏移，直到 5%应变。此后，峰频移几乎不变，形成一个平台，直到 10%应变。应变继续增大，引起第二阶段的红偏移，这与复合材料中碳纳米管第三阶段的情况(图 4.41)相似。在大于 15%的更高应变时，又出现近似平台区(稍有红偏移)。在整个形变范围内，复合材料中聚乙烯的光谱偏移比纯净聚乙烯要小。

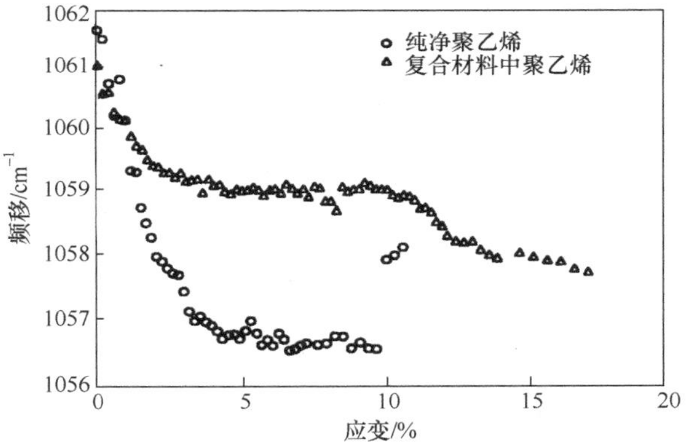

图 4.42　复合材料中聚乙烯和纯净聚乙烯 1060 cm^{-1} 峰频移与复合材料应变的关系曲线

从上述复合材料中多壁碳纳米管和聚乙烯基体拉伸应变下的拉曼光谱行为及其与纯净聚乙烯拉曼行为的比较，同时考虑到复合材料的微观结构以及宏观力学性能，可以认为，碳纳米管增强复合材料中，多壁碳纳米管和聚乙烯基体之间能通过其界面进行负载传递。韧性的增大是由于多壁碳纳米管的加入发生了二次结晶。拉伸强度的增大来源于碳纳米管在基体中起了类似于聚乙烯中连结分子(taut-tie molecules)承受负载的作用。从拉曼光谱测试结果得出上述结论的详细分析可参阅相关文献[43]。

2. 单壁碳纳米管/环氧树脂复合材料

拉曼光谱术在单壁碳纳米管/聚合物复合材料增强机制研究中同样能发挥杰出的作用。所用方法与前述多壁碳纳米管增强复合材料相似，主要是测定和分析复合材料受力作用下碳纳米管的拉曼行为，推断其增强机制。通常测定碳纳米管的 G′ (D^*)峰频移随应变的变化，因为这个峰对应变较为敏感。测试表明，单壁碳纳米管与聚合物之间也能通过界面传递负载。图 4.43 显示了单壁碳纳米管/环氧树脂复合材料受拉伸和压缩变形时 G′峰频移偏移，碳纳米管的含量仅为 0.1%[46]。对于环氧树脂基体复合材料系统，单壁碳纳米管作为增强剂的应力传递机制与传统的纤维增强复合材料相似。在复合材料遭受拉伸形变时，拉伸负载不仅提供使碳纳米管伸长的力，也在碳纳米管和基体间界面产生剪切应力。若碳纳米管与基体间有强黏结，碳纳米管与环氧树脂就有同样的应变。这与图 4.43 中小应变时(＜0.2%)应变值与 G′峰频移偏移成近似线性关系相一致。若碳纳米管与基体发生脱结合，应力传递就会发生困难。此时，碳纳米管的拉曼行为表现为 G′峰频移随拉伸应变增大的变化率变小。另外，考虑到复合材料中的碳纳米管并非每根均匀分散分布，而往往是呈束状或绳状分布，应力传递也发生在束中的相邻纳米管之间。因此，所测出的拉曼光谱行为也可能来源于束中碳纳米管间界面的破坏。这些都可能在图 4.43 中表现为非线性行为。在复合材料遭受压缩形变时，碳纳米管的拉曼光谱行为也可作类似的解释。

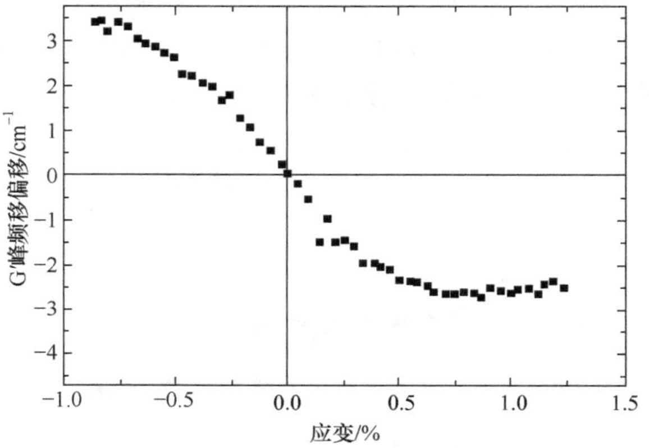

图 4.43　SWCNT/环氧树脂中纳米管 G′峰频移偏移与复合材料应变的关系曲线

碳纳米管由于其小尺寸和大比表面积，常常对基体聚合物的微观结构产生重大影响。前面已经指出很少量的多壁碳纳米管的加入就可引起超高分子量聚乙烯的二次结晶。单壁碳纳米管同样也会引起聚合物微观结构的变化。例如，不同含量单壁碳纳米管对等规聚丙烯的结晶有不同的影响[41]。这可通过拉曼光谱术结合电子显微术等其他测试方法予以测定。单壁碳纳米管的加入加速了聚丙烯的晶核生成和结晶成长，这种作用在低含量加入时更为显著。拉曼光谱分析能对该现象从微观结构的变化作出合理的解释。通过分析单壁碳纳米管低频移区域拉曼峰的变化还得出，在碳纳米管含量较低时，聚合物能插入碳纳米管束(聚集体)内部，进入各单个碳纳米管之间的区域，但在含量较高时，则难以插入大量的聚合物。

4.5.4　碳纳米管取向的拉曼光谱术测定

碳纳米管在聚合物中的排列情况是聚合物获得新的力学和电学性能的决定性因素之一。碳纳米管的取向可应用偏振拉曼光谱术测定，其基本依据是碳纳米管各拉曼峰的强度直接与激发光偏振方向相对于碳纳米管取向的夹角之间有着确定的函数关系。

用一种特殊而简便的方法可以制备单壁碳纳米管纤维束，各碳纳米管沿纤维轴向排列。以波长为 647.1 nm 的氪离子激光作为激发光，测定激发光偏振方向相对单壁碳纳米管纤维轴向不同角度时的拉曼光谱，得到如图 4.44 所示的结果[32]。光谱的 647.1 cm^{-1} 峰来源于激发光，而 520 cm^{-1} 峰是硅的拉曼峰(测试时纳米管纤维放于硅片上)。可以看到，所有来自碳纳米管的拉曼峰强度都随夹角的增大明显减小。这种现象是由于在垂直偏振的情况下共振拉曼散射的衰减[32]。

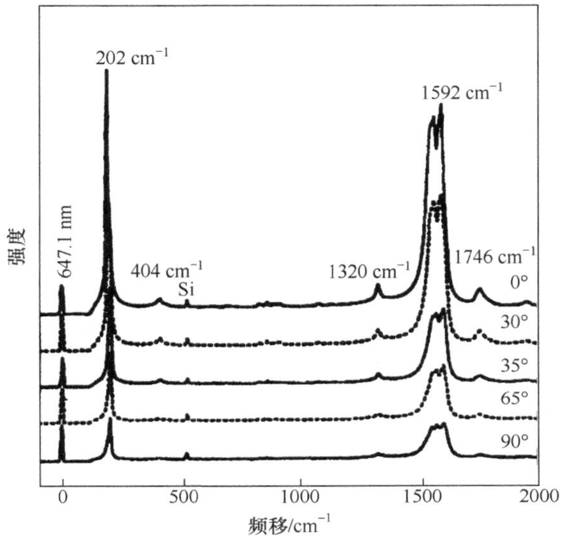

图 4.44　SWCNT 纤维束轴向与激发光偏振方向不同夹角(0°～90°)时的拉曼光谱

多壁碳纳米管的偏振拉曼光谱也有类似的表现[47]。不过与图 4.44 中单壁碳纳米管随角度增大其拉曼峰强度单调降低不同，对于多壁碳纳米管，当纳米管纤维轴向相对激发光偏振方向的夹角从 0°变化到 90°时，1600 cm^{-1} 附近的正切模在 55°时有一强度极小。

通常使用力学剪切方法使碳纳米管在聚合物中形成某种程度的排列[39,43,48,49]。剪切力法能显著改善复合材料的力学性质，但降低了材料的电学和介电性能。最近，一种新的方法是应用外加电场使碳纳米管获得在聚合物中的有序排列，而且可以通过交变电场的场强、频率和施加时间来控制碳纳米管的排列情况[50]。这时，偏振拉曼光谱术可用于检测碳纳米管在聚合物内部的取向程度。

一种单壁碳纳米管/聚甲基丙烯酸甲酯(SWCNT/PMMA)复合材料纤维由融纺法制得，其高拉伸倍数使碳纳米管在基体内有很好的延纤维轴向的取向排列(对于 1%质量碳纳米管纤维，最大拉伸率可达 3600)。测定复合材料纤维轴向相对入射激光偏振方向不同夹角时的拉曼光谱，结果如图 4.45 所示[49]。复合材料纤维内碳纳米管拉曼峰的强度随夹角的变化趋势与图 4.44 中单壁碳纳米管纤维束的情况相似，几个表征碳纳米管的特征拉曼峰都在该光谱中出现。应用适当的分析方法，可将碳纳米管呼吸模(202 cm^{-1})强度相对夹角的函数关系用来定量表征纳米管的排列程度[49]。

应用类似于制备复合材料薄膜的剪切混合方法[43]，并随后用凝胶纺丝法挤出成形和热拉伸，可以获得多壁碳纳米管/超高分子量聚乙烯纤维[51]。可以应用偏振拉曼光谱术分析纤维内碳纳米管的排列情况。

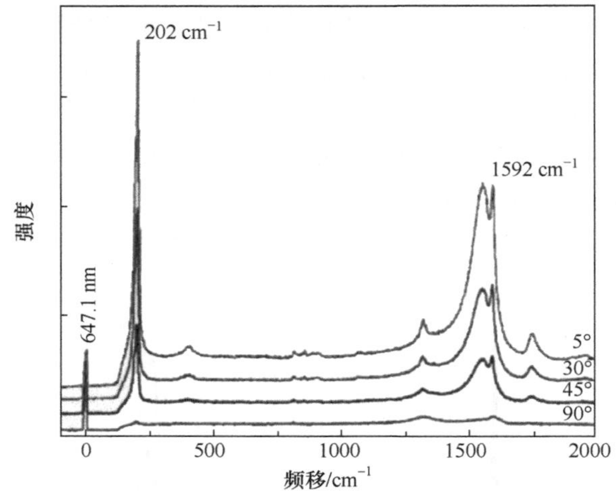

图 4.45　SWCNT/PMMA 复合材料纤维轴向相对入射激光偏振方向不同夹角时的拉曼光谱

图 4.46 显示了纤维和碳纳米管在 900～1800 cm^{-1} 范围内的拉曼光谱。多壁碳纳米管在该频移范围内的光谱有三个尖锐的拉曼峰，外加位于 1160 cm^{-1} 附近的一个强度很小的峰。三个峰分别位于约 1317 cm^{-1} 和相互交叠的 1588 cm^{-1} 和 1615cm^{-1}。纤维的拉曼光谱是碳纳米管和聚乙烯基体光谱的叠合。纯净聚乙烯的拉曼光谱在该区域的几个峰都显示在复合材料纤维的光谱中，其中有些峰的行为对聚乙烯大分子取向十分敏感[52]。

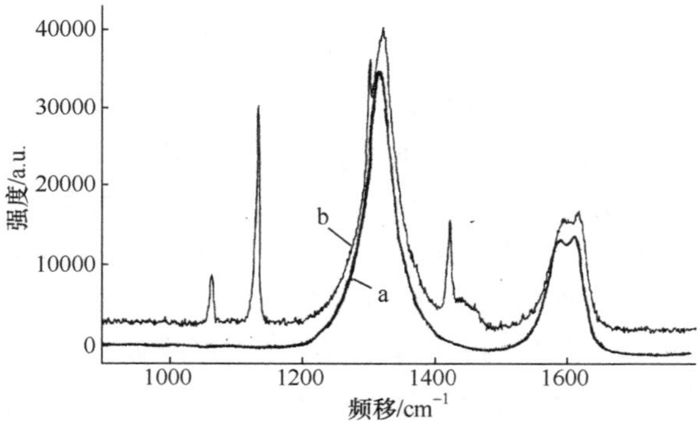

图 4.46　MWCNT(光谱 a)和 MWCNT/UHMWPE 复合材料纤维(光谱 b)的拉曼光谱

激发光偏振方向相对纤维轴向不同夹角下纤维的拉曼光谱如图 4.47 所示(所测纤维拉伸率 DR=42)。可以看到，随着夹角的增大，碳纳米管三个主要拉曼峰的强度增强，而聚乙烯拉曼峰的表现较为复杂，有的峰增强(如 1130 cm^{-1} 峰)，有的峰则减弱(如 1063 cm^{-1} 峰)。现以 1297 cm^{-1} 峰和 1063 cm^{-1} 峰相对 1130 cm^{-1} 峰的强度比 I_{1297}/I_{1130} 和 I_{1063}/I_{1130} 作为参考值，测定不同夹角下碳纳米管三个峰的强度和这两个参考值，并列于表 4.1。由表可见，碳纳米管三个峰的强度随夹角的增大近似单调增强，不过在接近垂直时，增强的速度变缓。这意味着激发光偏振方向垂直于纳米管的排列方向(拉伸纤维的轴向)比平行时多壁碳纳米管与上述三个拉曼峰相应的振动模式有更强的拉曼散射。这种行为与单壁碳纳米管的拉曼峰强度变化相反(图 4.44)。

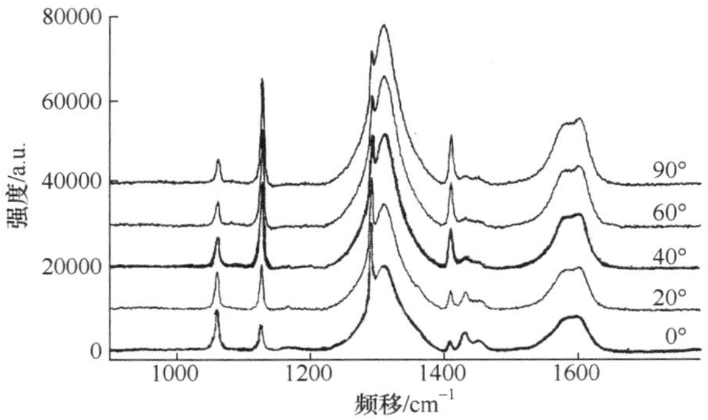

图 4.47　MWCNT/UHMWPE 复合材料纤维轴向相对入射激光偏振方向不同夹角的拉曼光谱

表 4.1　图 4.47 各条光谱相应的来自纤维中 MWCNT 各拉曼峰的强度和来自纤维中 UHMWPE 的 I_{1297}/I_{1130} 和 I_{1063}/I_{1130}

夹角	峰强度/a.u.			I_{1297}/I_{1130}	I_{1063}/I_{1130}
	1588 cm^{-1}	1615 cm^{-1}	1317 cm^{-1}		
0°	6217	6776	20689	3.02	1.44
20°	7483	8536	25121	1.66	0.87
40°	9463	11075	32037	0.68	0.36
60°	10581	12446	36371	0.45	0.25
80°	11687	13464	39246	0.40	0.22
90°	11843	13576	38938	0.40	0.22

基体聚乙烯的 I_{1297}/I_{1130} 和 I_{1060}/I_{1130} 值则随夹角的增大近似单调减小，在接近垂直时，减小速度变缓或近乎不变。这种行为与超高分子聚乙烯纤维大分子取向的拉曼行为一致。

现以 I_p 和 I_n 分别表示激发光偏振方向相对纤维轴向平行和垂直时碳纳米管的拉曼峰强度，它们的比值 S 命名为取向拉曼指数，即有

$$S=I_p/I_n \tag{4.1}$$

表 4.2 列出了 CNT/PE 纤维(DR=42 和 DR=0)、CNT/PE 薄膜和纯净 CNT 各个拉曼峰的 S 值。由表可见，经过拉伸的 CNT/PE 纤维复合材料(DR=42)有最大取向 S 值，表明复合材料中的碳纳米管有最高的取向程度。薄膜中 CNT 和纯净 CNT 是随机取向的，表中的值并不等于 1.0，这可能与仪器中光学系统的安排有关。

表 4.2　CNT/PE 纤维和薄膜以及纯净 CNT 各个拉曼峰的 S 值

试样	1588 cm^{-1} 峰的 S 值	1615 cm^{-1} 峰的 S 值	1317 cm^{-1} 峰的 S 值
CNT/PE 纤维(DR=42)	1.95±0.29	2.08±0.26	2.01±0.24
CNT/PE 纤维(DR=0)	1.57±0.10	1.53±0.16	1.56±0.08
CNT/PE 薄膜	1.20±0.08	1.22±0.06	1.20±0.10
纯净 CNT	1.24±0.08	1.26±0.10	1.31±0.06

4.6 矿物质的拉曼光谱术鉴别

4.6.1 概述

X 射线衍射技术历来是矿物质研究的主要手段。传统的 X 射线衍射术获得的是试样整体的平均信息，对微区分析无能为力。近代出现的同步辐射技术能提供精细且亮度又极高(功率强大)的探针，不过所需设备非常庞大、复杂和昂贵，难以得到普遍使用。红外光谱反射技术能提供矿物质表面的信息，或用全反射技术获得很薄表层区域的试样信息，但无法深入到矿物质内部的物质。拉曼光谱术具有的许多特有功能在矿物质分析中能发挥其他测试技术难以起到的重要作用。首先，显微拉曼光谱术能方便地对矿物质进行微区分析，分辨率高达微米级(应用近场光学拉曼显微术可达到纳米级)。使用共焦显微术还能将激光通过透明矿物质聚焦于内部包含物或其他感兴趣的区域，获得试样内部的信息。近代拉曼光谱仪能快速测得试样的拉曼光谱并对测得数据进行计算机处理，结合精密的试样移动装置，能方便地测得矿物质成分和结构的二维或三维拉曼图像。其次，拉曼光谱测试的高灵敏度足以对矿物质的微量甚至超微量杂质进行成分和结构分析。拉曼光谱术还有一个重要功能，即其测试对象的物态几乎不受限制，可以是固体，也可以是熔体、液体和气体。这个功能对分析矿物质的产地、种属及其地质环境的演变是非常有用的。最后，拉曼光谱术是一种非破坏性和不接触试样的测试方法，这对有些矿物质，如珠宝类贵重试样和某些考古类稀少试样是十分重要的。

和碳材料一样，矿物质也是一种无机物，不过，它常常有更复杂的组成和结构，因而也有更复杂的拉曼光谱。过去十余年来，拉曼光谱术在矿物质的结构研究方面已经取得十分丰硕的成果。本节仅以宝石和珍珠的鉴别为例，说明拉曼光谱术在矿物质研究中的应用。

4.6.2 宝石的鉴别

应用拉曼光谱术鉴别宝石常常能在很短时间内(如几分钟)对外貌十分相似的宝石的真伪或类型作出正确的判断。

天然钻石为单晶金刚石，十分贵重。人造钻石通常为氧化锆晶体，价格低廉，但其外貌可以制作得与天然钻石十分相似，凭肉眼常常难以分辨。应用拉曼光谱术能轻易方便地作出正确鉴别。这是基于它们的拉曼光谱之间的显著差异。单晶金刚石有一位于 1332 cm^{-1} 的特征指纹拉曼峰，而立方氧化锆晶体则在 1084 cm^{-1}、1019 cm^{-1}、957 cm^{-1}、607 cm^{-1}、378 cm^{-1}、350 cm^{-1} 和 282 cm^{-1} 附近多处显示拉曼峰。

翡翠的矿物成分为硬玉($NaAl[Si_2O_6]$)，其拉曼光谱显示的四个最强拉曼峰都与具共价键链性质的氧四面体链有关[53]，其中 1037 cm^{-1} 和 989 cm^{-1} 峰归属于$[Si_2O_6]^{4-}$基团的 Si—O 对称伸缩振动，698 cm^{-1} 峰归属于 Si—O—Si 的对称弯曲振动，而 373 cm^{-1} 峰则归属于 Si—O—Si 的不对称弯曲振动，其他较弱的拉曼峰分别位于 579 cm^{-1}、525 cm^{-1}、

450 cm^{-1}、378 cm^{-1}、304 cm^{-1} 和 255 cm^{-1} 附近。天然翡翠的光谱通常出现上述拉曼峰。若存在其他共生矿物，光谱中将叠加有共生矿物的特征峰。

经过充填处理的翡翠，假以时日由于充填材料的老化，会失去其原有明亮鲜艳的颜色。常用充填材料为环氧树脂和蜡，它们都有各自与硬玉明显不同的特征拉曼峰[54]。因此，如果在试样的光谱中，除硬玉或其他共生矿物的特征拉曼峰外，还发现有上述有机物的拉曼峰共存，即可确定该试样为充填翡翠。

经强酸清洗后加色处理的翡翠，由于其化学结构遭到破坏，它的拉曼光谱与天然硬玉有十分明显的差异，易于鉴别。

图 4.48 显示了三种翡翠玉件(分别称为 A 货、B 货和 C 货)的拉曼光谱。其中 A 货为天然翡翠玉，经充填处理的称为 B 货，而经过强酸清洗后再加色处理的称为 C 货。三种试样的光谱的差异十分明显。

红宝石的化学成分为氧化铝。天然红宝石和人造红宝石的拉曼光谱相似，但二者位于 378 cm^{-1} 和 415 cm^{-1} 附近的两个峰的峰宽有明显差异。前者的半高宽一般大于 8 cm^{-1}，而后者均小于 6 cm^{-1}[53]。这可能是由于这两种晶体的生长环境不同。人工合成氧化铝时，如温度控制及其他各项晶体生长环境比自然环境理想，结晶结构比较完善，因而有较窄的峰宽。

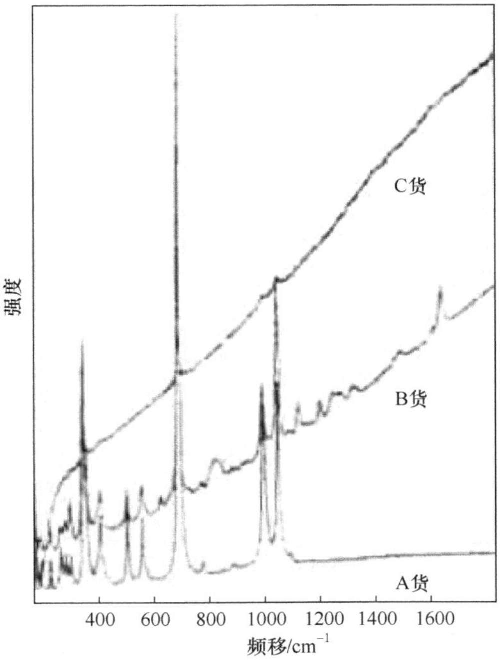

图 4.48　翡翠 A 货、B 货和 C 货的拉曼光谱

考古发现的玉石常有相似的外貌，目测难以相互区分。拉曼光谱术在测定考古发现玉石的矿物种类和物相、包裹物成分和结构以及斑晶特性等方面有其突出的功能。

有三件古玉管外貌相近，都呈象牙白色，局部有黄色沁分布。目测判断均为透闪石玉。三件玉管的拉曼光谱如图 4.49 所示[55]。可以看到，光谱(a)和光谱(b)相似，都在 230 cm^{-1}、379 cm^{-1} 和 683 cm^{-1} 附近出现拉曼峰，这是蛇纹石矿物的特征峰。可见，与这两个光谱相应的玉管主要由蛇纹石组成。而光谱(c)出现位于 179 cm^{-1}、224 cm^{-1}、672 cm^{-1} 和 1059 cm^{-1} 的拉曼峰，这些是透闪石矿物的特征峰，表明与其相应的玉管由透闪石矿物组成。

新鲜的透闪石玉和蛇纹石玉在颜色、透明度和密度等方面均有明显差别，通过目测易于区分。然而，古玉石由于长期埋藏于地下，显现相似的外观，目测难以辨别。这时，拉曼光谱术是强有力的鉴别工具，它的无损检测特性正是考古工作所要求的。

用拉曼光谱进行宝石包裹体的鉴别和斑晶分析的方法可参阅第 3 章 3.2 节。

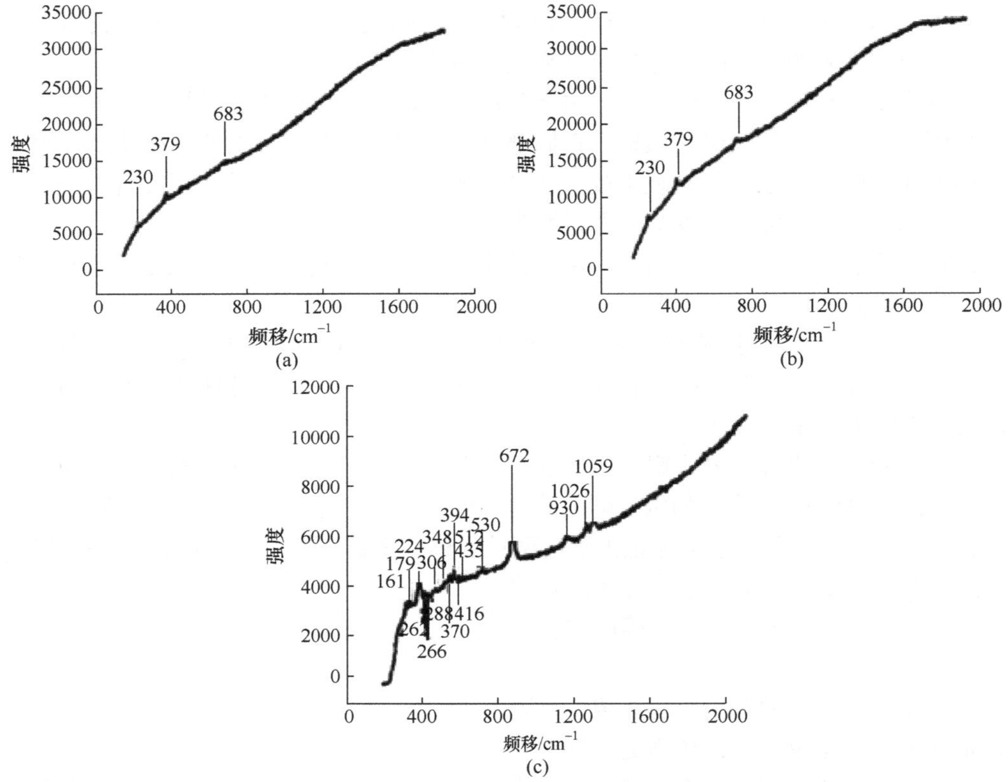

图 4.49　蛇纹石玉管(a)和(b)及闪透石玉管(c)的拉曼光谱

4.6.3　珍珠的拉曼光谱鉴别和荧光光谱鉴别

珍珠的主要成分为文石($CaCO_3$)，此外还含有介壳质和水，有色珍珠还含有某些有机物。珍珠不仅是装饰品，而且是美容和医药等领域不可或缺的原料。天然珍珠和人工养殖珍珠的市场价格相差甚大。天然珍珠是以砂粒或昆虫等为核心，文石晶体放射状地呈同心圈层沉淀而成，文石晶体的 c 轴与圈层垂直。养殖珍珠由于其成长过程与前者有异，具有双层结构：内层是珠母的平行层结构，文石晶体的 c 轴不一定和表面垂直，外层才是放射状的珍珠质结构。这些结构上的差异或许能在它们的拉曼光谱中得到反映。

图 4.50 显示了几种珍珠的拉曼光谱[56]。三条光谱都出现了 $CaCO_3$ 晶体的特征拉曼峰，是珍珠主要成分(文石)的贡献。光谱间的差异主要是淡水养殖珍珠出现较强的 1134 cm^{-1} 峰和 1527 cm^{-1} 峰。这一拉曼行为或许可以作为鉴别海水或淡水珍珠的“指纹”标志(仍然需要进一步的确证)。天然和人工养殖海水珍珠的拉曼光谱未见明显差别。然而，它们在 1600～6000 cm^{-1} 区域出现的荧光光谱为珍珠鉴别提供了确切的识别信息。图 4.51 显示了三种珍珠在该区域的荧光光谱，作为比较，也显示了文石的荧光光谱。天然海水珍珠的荧光光谱极大值位于 4200 cm^{-1} 左右，光谱线平整光滑。人工养殖珍珠，不论是海水还是淡水养殖，其荧光光谱极大值均出现在比前者低得多的 3000 cm^{-1} 附近，而且谱线噪声明显较大。这些差别可用于对天然或人工珍珠的鉴别。

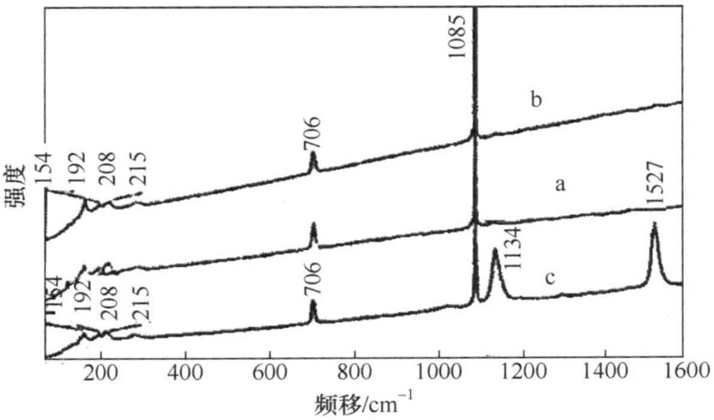

图 4.50　天然珍珠和养殖珍珠的拉曼光谱

a. 天然海水珍珠；b. 人工海水珍珠；c. 人工淡水珍珠

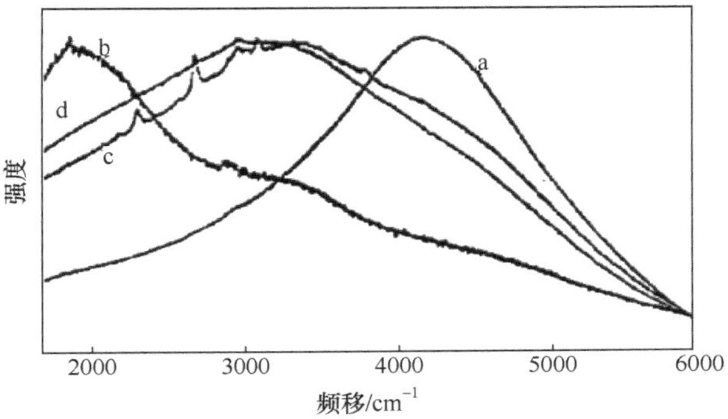

图 4.51　天然珍珠和养殖珍珠的荧光光谱

a. 天然海水珍珠；b. 文石($CaCO_3$)；c. 人工淡水珍珠；d. 人工海水珍珠

尽管不同生长来源的珍珠可以从它们的拉曼光谱和荧光光谱的差异得以鉴别。但是，如何从它们的结构或成分解释拉曼行为的差异仍是待研究的问题。

通常认为珍珠中探测到的有机物拉曼峰来源于其中的类胡萝卜素。然而，最近的研究表明，珍珠中探测到的有机物拉曼峰可能来源于聚乙炔类物质，而非类胡萝卜素[57]。

用不同波长的激光(λ_1=514 nm、λ_2=633 nm 和λ_3=785 nm)作激发光，测定珍珠的拉曼光谱，结果如图 4.52 所示。光谱 a、光谱 b 和光谱 c 中出现的 1085 cm^{-1}、704 cm^{-1} 和低于 300 cm^{-1} 的拉曼峰来源于珍珠中的文石，它们不发生频移色散(即拉曼频移不随波长变化而变化)。值得注意的是，①光谱中位于 1500～1527 cm^{-1} 和 1120～1133 cm^{-1} 范围内分别与 C═C 和 C—C 伸缩振动相应的有机物拉曼峰(光谱 a 和光谱 b)只在有色试样中出现；②随着激光波长λ的增大，上述有机峰向波数较小的方向显著偏移。例如λ=514 nm 时，两个峰分别位于 1527 cm^{-1} 和 1133 cm^{-1}，而λ=633 nm 时，这两个峰分别偏移到 1503 cm^{-1} 和 1120 cm^{-1}。

苹果蜗牛卵壳包含类胡萝卜素已获得确认，其在不同波长激发光下的拉曼光谱如图 4.53 所示。出现在光谱 a 和光谱 b 中的拉曼峰 1510 cm^{-1}、1152 cm^{-1} 和 1003 cm^{-1} 为典型的反式类胡萝卜素特征峰。

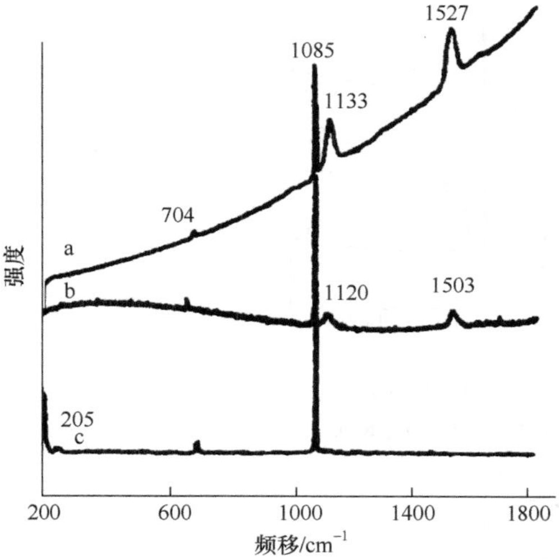

图 4.52 淡水珍珠在不同波长激发光下的拉曼光谱

a. 514 nm；b. 633 nm；c. 785 nm

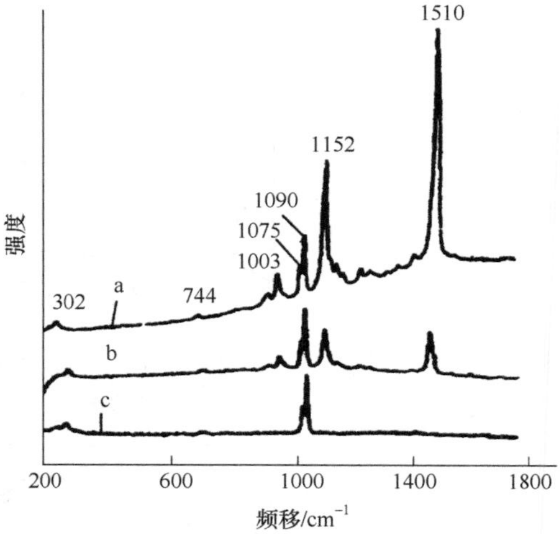

图 4.53 苹果蜗牛卵壳在不同波长激发光下的拉曼光谱

a. 514 nm；b. 633 nm；c. 785 nm

比较图 4.52 和图 4.53，可以看到珍珠中有机物与苹果蜗牛卵壳中类胡萝卜素的拉曼行为有明显不同。后者无频移色散现象，而前者频移色散现象明显，峰位置偏移高达 20 cm^{-1} 左右，这一现象与聚乙炔类物质的特征相同。据此推断珍珠中的有机物并非类胡萝卜素。此外，考虑到聚乙炔和类胡萝卜素的其他拉曼行为，推测珍珠中的有机物为聚乙炔类物质。

4.7 半导体的拉曼光谱表征

除在成分鉴别和微观结构(包括形态学结构和电子学结构)的测定外，拉曼光谱术测量不接触试样的特性和显微拉曼光谱术的高空间分辨(微米级，甚至纳米级)使其在微电子装置测试中尤为重要。将细小的拉曼探针聚焦于半导体微电子装置的不同位置，能测得局部区域的温度和应变。它在微电子装置领域的另一个重要应用是测定界面特性，这是因为拉曼光谱对金属与半导体之间的化学反应敏感。

拉曼光谱术在半导体材料生产中的应用也已受到广泛重视。

4.7.1 半导体材料的成分

拉曼光谱术在半导体研究中的应用，最容易的工作是试样鉴别，确定试样的成分组成。半导体的拉曼光谱一般都很简单，只有单峰或少数几个峰。大多数用于微电子工业的半导体属于金刚石类型或闪锌矿类型。金刚石型半导体材料的一级斯托克斯拉曼光谱显示单峰，如图 4.54 所示的 Si 拉曼光谱是其典型的光谱，显示了位于 520 cm^{-1} 附近的单峰。GaAs 的拉曼光谱则是闪锌矿类材料的代表性光谱，如图 4.55 所示，常常出现位于 292 cm^{-1}

和 269 cm^{-1} 附近的两个峰。表 4.3 列出了一些常见半导体材料拉曼光谱的特征峰频移。

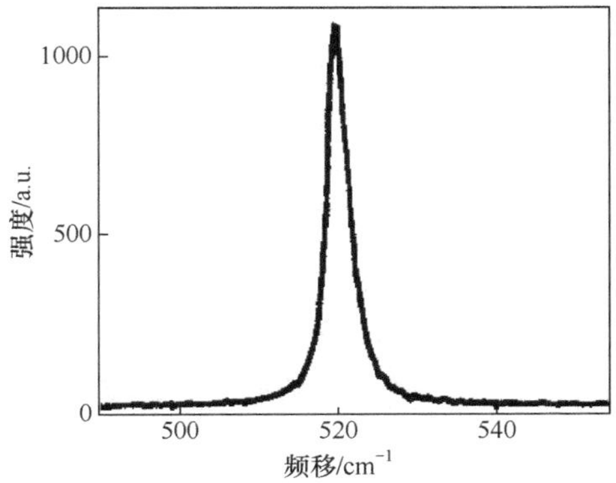

图 4.54　Si 的典型拉曼光谱

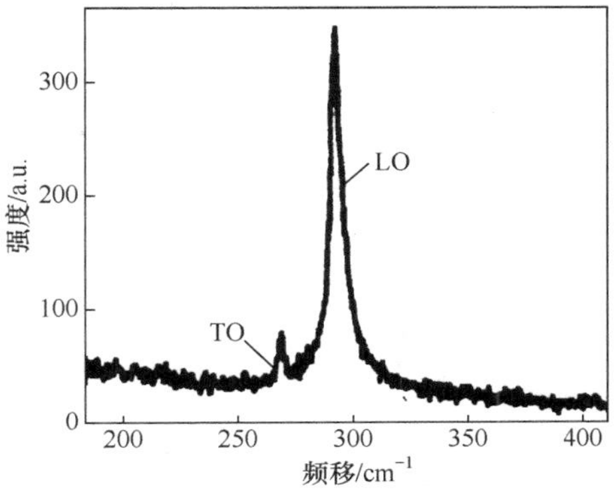

图 4.55　GaAs 的典型拉曼光谱

LO：纵模光学声子；TO：横模光学声子

表 4.3　常见半导体材料拉曼光谱的特征峰频移

半导体材料	频移/cm^{-1}	
	LO	TO
金刚石类型(LO=TO)		
Si	521	
Ge	301	
金刚石	1332	
闪锌矿类型		
GaAs	292	269
InSb	190	179
InAs	240	218
InP	345	304
GaSb	237	227
AlAs	404	362

对于合金半导体，其拉曼峰位置与组成的成分比有关。图 4.56 显示了 $Al_xGa_{1-x}As$ 不同 x 值的拉曼光谱，可以看到，不同 x 值的材料的拉曼峰频移有着显著的差异。

图 4.57 显示了 Si 衬基上 SiGe 薄膜的拉曼光谱，光谱中的三个拉曼峰分别对应 Ge—Ge、Si—Ge 和 Si—Si 原子键的三种振动模式。对于较小厚度的薄膜，激光穿透深度将超过薄膜厚度到达 Si 衬基，因此光谱中也出现了 Si 衬基的拉曼峰，图中以 Si—Si 衬基表示。

$Si_{1-x}Ge_x$ 薄膜光谱的三个拉曼峰中，与 Si—Si 振动相应的峰最强。这个峰的频移 v_{Si-Si} 是该半导体合金成分 x 的函数，v_{Si-Si} 与 x 有下列线性关系：

$$v_{Si-Si}=521-70x \tag{4.2}$$

应用该式可测定半导体合金的组分。实际上，SiGe 的另外两个峰的位置也与组分有关。

必须指出的是，上述由拉曼峰频移决定组分的关系只有在试样不存在力学应变时才是有效的。由于 Ge 和 Si 的晶格参数不同，Si 衬基上的 SiGe 薄膜会受到双轴压应变。而且对于厚膜和薄膜，应变松弛的机制也不相同。因此在实际应用时，必须对方程(4.2)所表示的关系作适当的修正。

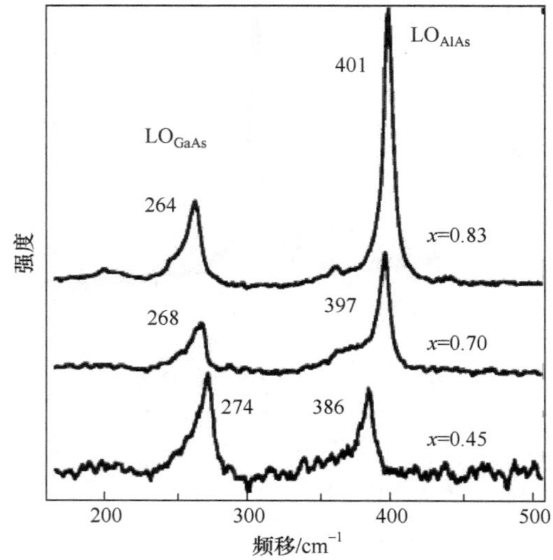

图 4.56　不同 x 值的 $Al_xGa_{1-x}As$ 的拉曼光谱

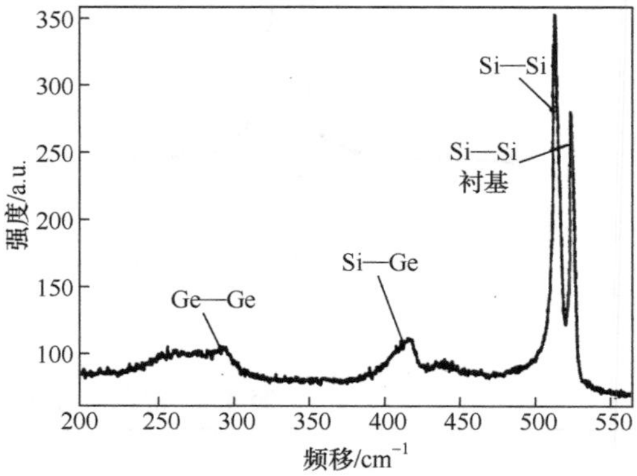

图 4.57　Si 衬基上 SiGe 的拉曼光谱

4.7.2　结晶结构和晶体取向

结晶半导体显示尖锐的拉曼峰。晶体缺陷增加、晶粒变小和结构无定形化都会使拉曼光谱峰的形态发生变化，包括峰位置向低频移方向偏移、峰宽宽化和峰形状不对称，而且依上述顺序，这些变化变得更为强烈。图 4.58 显示了结晶 Si(c-Si)、多晶 Si(poly-Si)和无定形 Si(a-Si)的拉曼光谱。c-Si 有尖锐的拉曼峰，频移位于 521.05 cm^{-1}，半高宽为 2.98 cm^{-1}。poly-Si 的拉曼峰向低频移方向偏移，位于 520.27 cm^{-1}，峰强度也明显比 c-Si 的小，这是因为 poly-Si 对激发光有较大的吸收系数，激光能深入的深度较小。晶粒越小，峰偏移越大，强度减小得越大，不对称也更强烈。a-Si 是这种效应的极端，这时显示的是宽而弱的峰，位于约 480 cm^{-1} 处。注意图中 a-Si 的拉曼光谱强度已放大 10 倍。

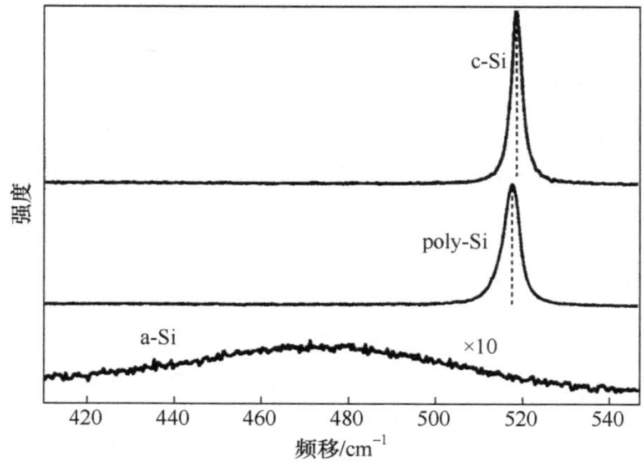

图 4.58　晶体 Si(c-Si)、多晶 Si(poly-Si)和无定形 Si(a-Si)的拉曼光谱

拉曼峰频移和强度的上述变化规律可用于监测半导体的结晶度和晶粒尺寸。图 4.59 显示了 a-Si 薄膜在退火过程各阶段的拉曼光谱[58]。使用纯净的 SiH_4 或 Si_2H_6 作为源气体在基片上生成 Si 薄膜。两种源气体沉积的 Si 薄膜都是无定形结构，其拉曼光谱显示出位于 480 cm^{-1} 附近的宽而弱的峰。退火引起薄膜的结晶化。由图可见，对于 SiH_4 源试样，在 600℃下退火 1 h 后，与 a-Si 相应的拉曼峰完全消失，表明试样中已不再存在 a-Si。与之不同，对于 Si_2H_6 源试样，5 h 的退火仍能在光谱中检测到与 a-Si 相应的拉曼峰。

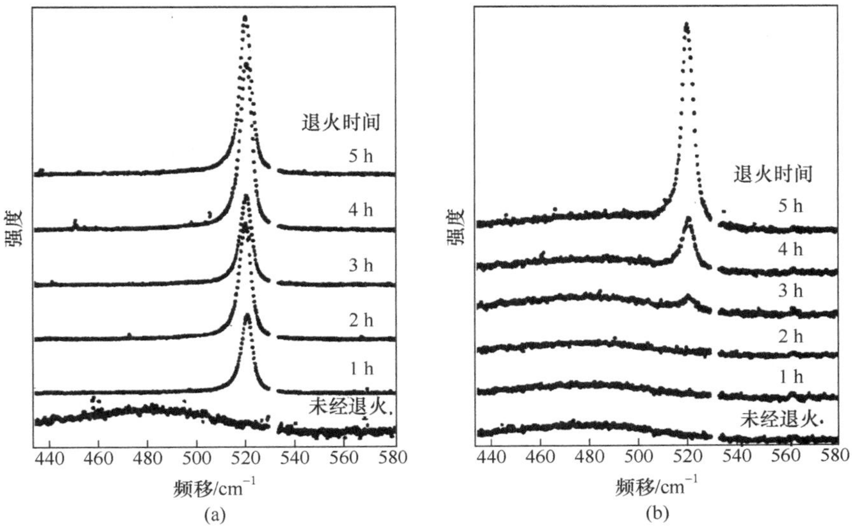

图 4.59　不同退火时间后 a-Si 薄膜的拉曼光谱

(a) SiH_4 源试样；(b) Si_2H_6 源试样

拉曼光谱不仅能用于监测 Si 半导体结构随退火时间从 a-Si 到 poly-Si 的转变过程，而且能测定结晶结构的区域分布(测定 Si 结晶特征峰的积分强度在给定区域内的分布，峰强度的分布反映了结晶程度的分布)。图 4.60 显示了 SiH_4 和 Si_2H_6 试样经 5 h 退火后(退火温度为 600℃)，拉曼峰积分强度在 10 μm×10 μm 范围内的分布。测试使用显微拉曼光谱术。由图可见，对于 SiH_4 源试样，在整个测试区域内 poly-Si 峰的积分强度几乎为常数，很小的强度变化可能是由 poly-Si 颗粒结晶取向的变化引起的。而 Si_2H_6 源试样在测试区域内则有显著的强度变化。

前面指出结构无序会引起拉曼峰的不对称宽化和峰频移偏移，这些拉曼行为也能用于半导体材料的结构研究[59]。

硅膜结晶情况的定量描述可用晶化率 X_c 来表示，X_c 是指 poly-Si 特征峰(520 cm^{-1})与 a-Si 特征峰(480 cm^{-1})的积分强度比：

$$X_c=I_{520}/(I_{480}+I_{520}) \tag{4.3}$$

或更精确的表达：

$$X_c=(I_{520}+I_{510})/(I_{520}+I_{510}+I_{480}) \tag{4.4}$$

式中，I_{510}、I_{520} 和 I_{480} 分别为 510 cm^{-1}、520 cm^{-1} 和 480 cm^{-1} 特征峰的积分强度。

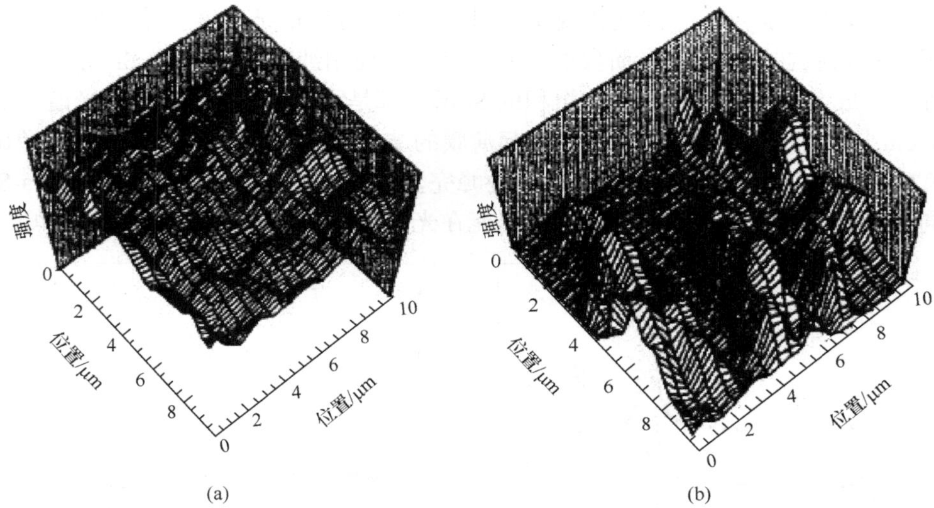

图 4.60　poly-Si 拉曼峰积分强度的拉曼像

(a) SiH_4 源试样；(b) Si_2H_6 源试样。两种试样除气体源不同外，有相同的退火温度和时间

图 4.61 显示了不同 SiH_4 浓度下制备 Si 膜试样的拉曼光谱[60]。分解这些光谱可以得出，随着 SiH_4 浓度φ从 5%降到 1%，480 cm^{-1} 峰的强度逐渐减小，而 520 cm^{-1} 峰强度逐渐增大，表明薄膜中的晶体成分增加，非晶成分减少。由方程(4.3)计算可得，当φ从 5%变化到 1%时，Si 薄膜的晶化率 X_c 由 24%增大到 91%。这种变化趋势与理论分析的结果一致。

沉积温度对 Si 薄膜的结晶状况有很大的影响，拉曼光谱术同样能用于这种现象的表征。图 4.62 显示了在不同温度下沉积试样的拉曼光谱。由图可见，在 200℃下沉积的薄膜的拉曼光谱主要在 480 cm^{-1} 处出现一宽而弱的峰，这是 a-Si 的特征峰，表明该试样中非晶态占主要成分。在 300℃沉积时，除 480 cm^{-1} 峰外，520 cm^{-1} 峰已经非常明显，后者是 poly-Si 特征峰，表明晶硅和非晶硅成分大致相当。在 400℃沉积时，520 cm^{-1} 峰占主导，表明此时的薄膜已经为多晶结构。由此可见，随着沉积温度从 200℃升高到 400℃，Si 薄膜中的晶体成分增加，非晶成分减少，逐渐由非晶态向多晶态转变。对各拉曼光谱进行分解，由方程(4.3)求得：随着温度的升高，X_c 由 15%增加到 73%。

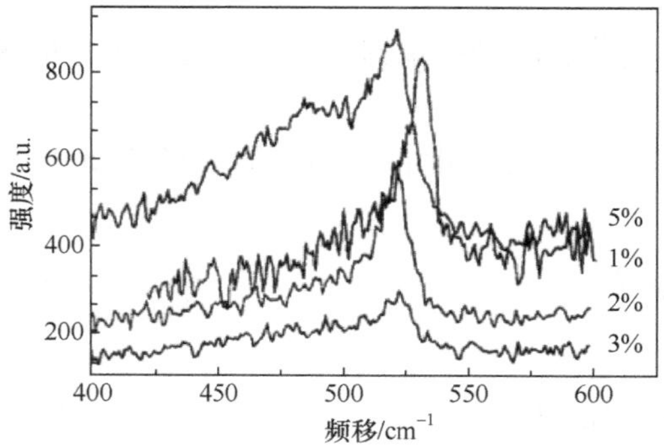

图 4.61　不同 SiH_4 浓度下制备的 Si 膜的拉曼光谱

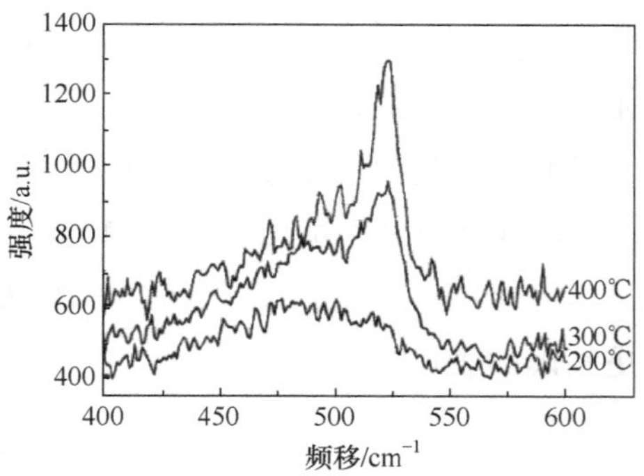

图 4.62　不同温度下制备的 Si 膜的拉曼光谱

拉曼测试的上述结果能够从理论上得到解释。当沉积温度较低时，离化的 Si 原子或原子团只有较低的表面活性，不容易找到能量最低的位置成键结晶，而沉积在较高温度衬基上的 Si 原子有较大的扩散自由能，使其有能力形成稳定的键。此外，较高的温度还有利于薄膜中[H]的释放和活性基团的分解。这些情况都有利于在较高温度时获得较高晶化率。

用显微拉曼光谱术测定压力对半导体材料结晶结构的影响简便易行，并能快速获得结果。人们最熟知的硅具有金刚石型结构(Si-Ⅰ)。然而，在高压力下发现存在几种其他晶型的硅。例如，在 10～13 GPa 的高压力下，Si 发生从半导体态 Si-Ⅰ转变成金属态，形成β -Sn(Si-Ⅱ)结构。更高的压力和压力卸载时将出现更多的其他晶型。

测定硬度试验压痕周围不同区域的拉曼光谱是一个很好的实例。图 4.63 是对硅试样的测定结果[61]。在压痕以外的区域，观测到的是原有的 Si-Ⅰ结构(图中光谱 a)。在压痕区，则观测到几种不同的光谱(光谱 b、光谱 c、光谱 d 和光谱 e)，但都消失了位于 520 cm^{-1} 的、与原有 Si-Ⅰ结构相应的峰。其中光谱 b、光谱 c 和光谱 d 是缓慢卸载时在压痕处测得的光谱，每条光谱都显示有许多比较尖锐的峰，表明材料具有结晶相结构。快速卸载时测得的光谱如曲线 e 所示，所显示的宽峰表明材料 Si 是无定形结构。光谱中位于 430 cm^{-1}、411 cm^{-1}、381 cm^{-1} 和 163 cm^{-1} 的峰来源于 Si-Ⅲ相，位于 393 cm^{-1} 和 350 cm^{-1} 的峰来源于 Si-Ⅻ相，而位于 290 cm^{-1} 和 500～510 cm^{-1} 的峰则与 Si-Ⅳ相对应。上述结果表明压痕试验结合显微拉曼光谱术是探索压力引起半导体材料结晶相转变的有效方法。

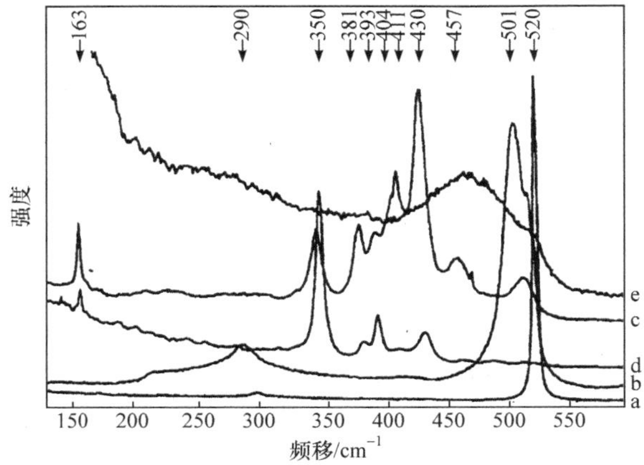

图 4.63　硅材料硬度压痕周围不同位置的拉曼光谱

用于测定半导体晶体取向性质的传统方法有 X 射线衍射术、透射电子显微术、电子和离子通道术和蚀刻技术等。拉曼光谱术是近期得以快速发展的十分有效的方法，有些情况下是各种方法中的最佳选择。这主要归功于拉曼光谱术的下述特性：非破坏性的无损测试，能完全保留试样的原有性状；能在空气中测试而不要求如真空这种特殊环境；有较高的空间分辨率。拉曼光谱术测定半导体晶体取向的基础是拉曼信号的强度与散射光偏振方向相对试样晶体轴向的夹角有关。因此，应用偏振旋转器就可获得拉曼信号强度与试样方位间的关系，从而确定晶体取向。

用拉曼光谱术测定半导体晶体取向的实例可参阅相关文献[62-64]。

4.7.3　界面结构

应用显微拉曼光谱术能方便地探测半导体薄膜与衬基间界面(界相)结构的情景。对厚度较薄的膜，使用共焦模式，沿显微镜物镜光轴方向逐点聚焦，即可获得界面两边的结构信息。对于厚度较厚的膜，这种模式不适用。这时，需对试样稍加预处理，将试样切开，随后在截面上沿垂直界面的方向扫描，测得各点的拉曼光谱。图 4.64 显示了探测结果的一个实例[65]。GaN 是一种宽带半导体，常用于光电装置中。用显微拉曼光谱术沿与 GaN/蓝宝石(衬基)界面垂直的方向，每隔 1 μm 测得各点的拉曼光谱，即得到图 4.64。GaN 膜的厚度约为 400 μm。图 4.64(a)显示了在−5～35 μm(界面位置为 0 μm)扫描的结果，而图 4.64(b)显示的是在 15～55 μm 的拉曼光谱。衬基区域可由蓝宝石位于 419 cm^{-1} 的拉曼峰(A_g模)来鉴别。GaN 区域则出现分别位于 534 cm^{-1}[A_1(TO)模]和 569 cm^{-1}(E_2模)的两个拉曼峰。

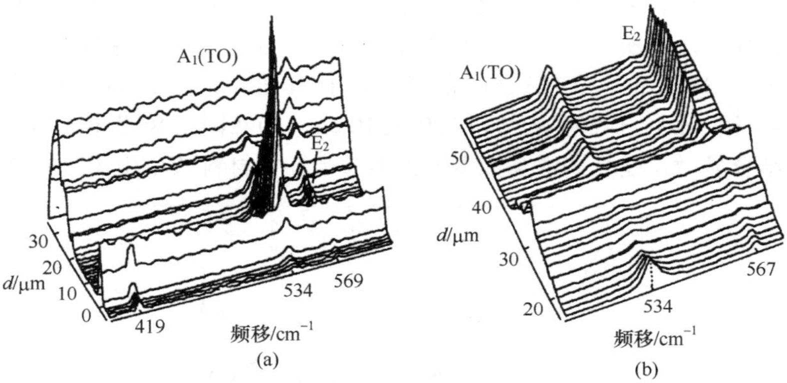

图 4.64　GaN/蓝宝石试样沿与其界面垂直的方向扫描获得的拉曼光谱

(a) −5～35 μm；(b) 15～55 μm

这些拉曼光谱提供了 GaN/蓝宝石系统界面区的丰富信息。由图 4.64 可见，界面(0 μm)处有明显的背景增强，在离开界面 30 μm 处也有类似的现象。这种背景增强与 GaN 半导体的荧光特性相关。另一个值得注意的光谱行为是以 30 μm 处为界，GaN 两个拉曼峰 A_1(TO)和 E_2 的强度比有着十分显著的变化，这是由 GaN 膜的取向发生变化而引起的。在邻近界面区域(0～30 μm)，GaN 层的 c 轴平行于界面，而离开界面较远处，c 轴发生了 90°的转动。从光谱图中还可知，在离开界面的距离大于 30 μm 的区域，GaN 的两个拉曼峰的频移都向低频方向偏移约 2 μm，这来源于 GaN 层的应变松弛。

拉曼光谱术也能用于监测半导体衬基上薄膜的厚度和厚度均匀性，而不必破损(如切开)试样。例如，Si 衬基上的 CoSi 膜，只要将激发光透过薄膜测定衬基的拉曼信息即能检测 CoSi 的厚度。这是由于膜厚度的变化对衬基的拉曼峰强度十分敏感。如欲获得厚度的绝对值，则必须预先制作校正曲线。测定不同厚度薄膜衬基的拉曼峰强度相对参考强度(无薄膜时的衬基强度)的比值，并以此比值作为膜厚度的函数作曲线图，即得校正曲线。膜厚度的正确值可用电子显微术测得。

拉曼光谱术已经广泛地应用于金属/硅界面的研究。特别受到重视的是硅化物形成的特性。由硅和金属组成的硅化物在微电子工业中十分重要，它们普遍地被用作大规模集成电路的连接材料。最受重视的硅化物是二硅化钛($TiSi_2$)，其他制成硅化物的金属有 Ni、Mo、Co、Pt 和 W。这些硅化物的检测和结构研究大多数可以应用拉曼光谱术获得满意的结果。$TiSi_2$ 有两种晶相：底心晶系的 C49 晶相和面心晶系的 C54 晶相。通常将 Ti 溅射在 Si 基上并进行退火来获得这种硅化物。在较低退火温度下，例如 450～600℃之间，得到 C49 晶相，这种材料有高阻抗。在高于 650℃ 的较高温度下，则形成低阻抗的 C54 晶相。图 4.65 显示了在不同温度下退火，厚度为 200 Å 的 $TiSi_2$ 膜的拉曼光谱[66]。在 500℃和 600℃ 退火温度时 $TiSi_2$ 膜显示了三个归属于 C49 的拉曼峰，而在 700℃以上，则出现归属于 C54 晶相的拉曼峰。

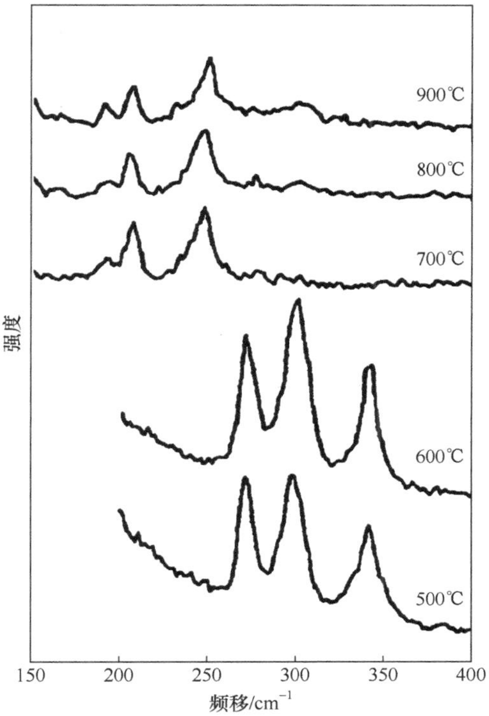

图 4.65　不同温度退火的 $TiSi_2$ 膜的拉曼光谱

对不同厚度薄膜的测试表明，从 C49 相向 C54 相转变的退火温度 T_c 与膜厚度有关。T_c 也与 $TiSi_2$ 连接线的线宽有关，窄的 $TiSi_2$ 线常常有着反常的高阻抗，同步加速器 X 射线衍射研究指出这是由于存在高阻抗的 C49 相。不过，该测试的射线斑点较大，需将许多条 $TiSi_2$ 线排列成束才能测量，不能对单根线进行监测。虽然近代同步辐射装置已能提供很小的射线斑点，但是这种装置昂贵、庞大而又稀少。一个最好的选择是使用显微拉曼光谱术，它能对单根 $TiSi_2$ 线进行扫描，获得沿 $TiSi_2$ 线的晶相分布。图 4.66 显示了一个测试实例的测试结果。试样为三根 0.25 μm 宽、80 μm 长的 $TiSi_2$ 线。测量沿线扫描，每隔 5 μm 测得一拉曼光谱，测点分布如图 4.66(d)所示。第一根线有所预期的低阻抗(532 Ω)，其拉曼光谱[图 4.66(a)]显示了 C54$TiSi_2$ 的所有三个特征峰(图中箭头所示)。这些光谱中也出现了位于 302 cm^{-1} 的拉曼峰，这个峰归属于 c-Si，来源于 Si 基底。这是由于激光斑点大于线宽，部分激发光照射到 Si 基底，因此光谱仪也同时接收到来自 Si 的拉曼信号。第二根 $TiSi_2$ 线有较高的阻抗(935 Ω)，其拉曼光谱如图 4.66(b)所示。可以看到，在 $TiSi_2$ 线的某些部分检测到 C49 相的特征拉曼峰(图中箭头所示，光谱线以虚线表示)。第三根 $TiSi_2$ 线有更高的阻抗(2150 Ω))，其拉曼光谱[图 4.66(c)]显示大部分区域为 C49 相。从上述测试可得出结论，某些 $TiSi_2$ 窄线的高阻抗不是由连接线局部区域厚度较薄或宽度较窄引起的，而是由 C49 相没有完全转变为 C54 相所引起的。

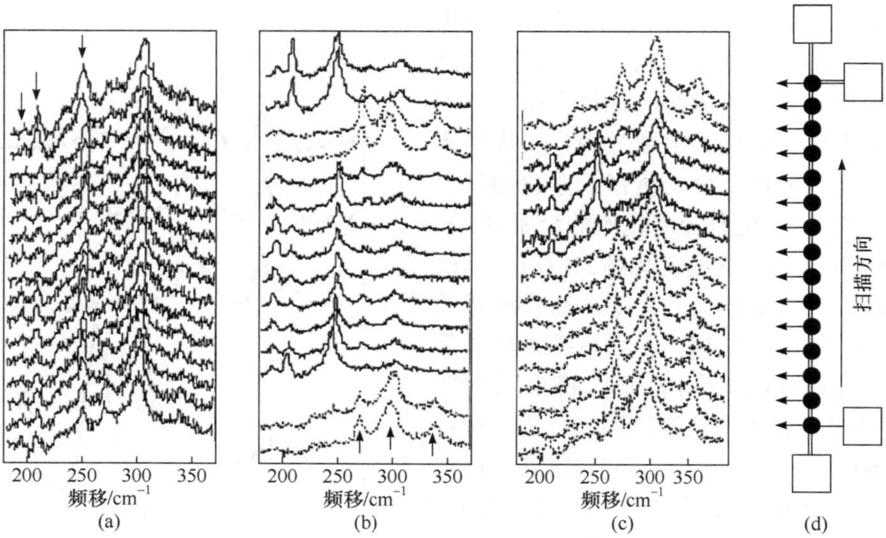

图 4.66　不同阻抗 $TiSi_2$ 线上各点的拉曼光谱

(a) 532 Ω；(b) 935 Ω；(c) 2150 Ω；(d) 线上各测试点位置示意图

4.7.4　局部温度的检测

半导体拉曼光谱的性状对半导体的温度十分敏感，据此，有三种不同途径可以从拉曼光谱中获得半导体材料有关温度的信息：斯托克斯散射光与反斯托克斯散射光的强度比，拉曼峰频移，拉曼峰的峰宽。

斯托克斯散射光与反斯托克斯散射光的强度比 I_S/I_{AS} 提供了一种直接测量温度的方法，它不必进行已知温度下的参照测量。强度比与温度 T 有下式关系[67]：

$$\frac{I_S}{I_{AS}}=\left(\frac{\omega_S}{\omega_{AS}}\right)^3\exp\left(\frac{h\omega}{kT}\right) \tag{4.5}$$

式中，$\omega_S=\omega_i-\omega$，$\omega_{AS}=\omega_i+\omega$，$\omega_i$ 为入射激光频率，ω 为半导体的拉曼频移；用斯托克斯散射光与反斯托克斯散射光强度比测定温度只适用于相当高温度的测量，因为在低温下(低于 400 K)反斯托克斯散射光的强度很弱。这种方法的测量误差一般为 5～10 K。

应用拉曼峰频移 ω 与温度 T 间的关系是测定半导体温度更精确和更快速的方法。对于大多数半导体，在室温到 400 K 范围内。ω 与 T 之间可以认为是线性关系，而这个温度区间正是大多数半导体装置的工作范围。表 4.4 列出了某些半导体拉曼峰频移随温度变化的偏移率 $\Delta\omega/\Delta T$。使用这种方法，温度测定的精确度可以高达 1 K，其缺点是必须预先作出已知温度下的校正曲线。

表 4.4　某些半导体拉曼峰频移随温度变化的偏移率 $\Delta\omega/\Delta T$

半导体	$\Delta\omega/\Delta T/(cm^{-1}\cdot K^{-1})$
Si	−0.0247
Ge	−0.0200
GaAs	−0.0135

一般不应用峰宽与温度的关系测定半导体的温度，通常只从学术研究的观点探索这种关系。

由于温度影响拉曼峰频移，对半导体材料的某些测量，如力学参数的测定有时会变得无效。尤其是在显微拉曼测试时，必须十分留意聚焦激光束对试样的加热效应是否影响其拉曼光谱。这种影响很容易得到证实，只要测定拉曼峰频移的偏移与激发激光功率的函数关系即可。图 4.67 显示了 Si 拉曼峰频移的偏移$\Delta\omega$与所用激光输出功率间的函数关系。波长为 514 nm 的氩激光经 100 倍物镜聚焦于试样上。试样上的功率约比激光输出功率小 10 倍。图中显示即使很小的激光输出功率，也可检测到 Si 峰频移的偏移。应用表 4.4 中关于 Si 的$\Delta\omega/\Delta T$值，可以推算出激光引起的试样局部加热与激光功率的关系(参阅图中右边纵坐标)。对于很高的激光功率，聚焦激光束会引起大的温度梯度。这导致拉曼峰的不对称形变，并使简单地从峰位置推算出的温度变得不正确。不过，如果仔细地分析峰形状，可以获得有关温度梯度的信息。

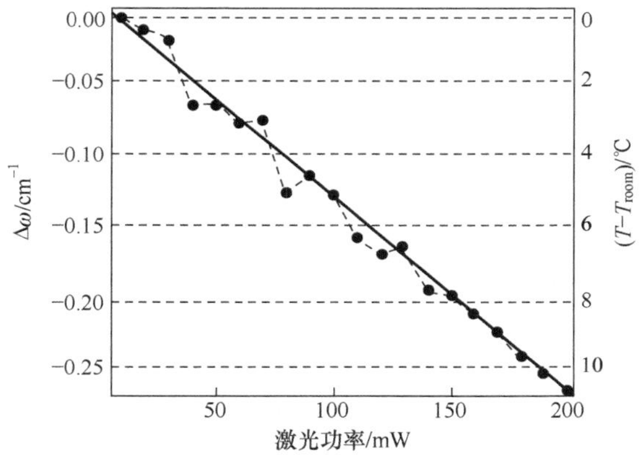

图 4.67　Si 拉曼峰频移的偏移$\Delta\omega$与激光输出功率的函数关系
右纵坐标为与$\Delta\omega$相应的温度升高值

微电子装置局部温度的升高可能影响它们的正常运行和可靠性。例如，MOSFET(金属-氧化物半导体场效应半导体管)在运行过程中本身的发热将引起工作参数的变化。显微拉曼光谱术可用于检测该装置工作过程中多晶硅的局部温度。

图 4.68 描述了用显微拉曼光谱术测定的多晶硅的温度分布[68]。在 0～30 V 的不同偏压下，沿 20 μm 长的多晶硅电阻测定不同位置的拉曼光谱，各条光谱多晶硅峰的频移列于图的左侧纵坐标。应用表 4.4 中的值将拉曼峰频移偏移推算成温度差，标示于右纵坐标。由图可见，无偏压时，沿试样整个长度都有不变的拉曼峰频移，各点温度相同(室温)。随着偏压的增大，峰频移向低频方向偏移，温度升高。与试样两端相比，中央部分的温度升高得更高。这是因为多晶硅两头与金属连接头相接触，易于导热。

应用拉曼峰频移对温度敏感的特性测定半导体温度必须十分留意材料内应力引起的峰频移偏移。例如，在衬基上生长的薄膜，其晶格失配通常与温度有关，而由此产生的内应力对拉曼频移也有贡献。即便是均匀的试样，由于局部加热引起温度梯度，产生不均匀的热膨胀，由此引起的内应力也对拉曼频移有贡献。

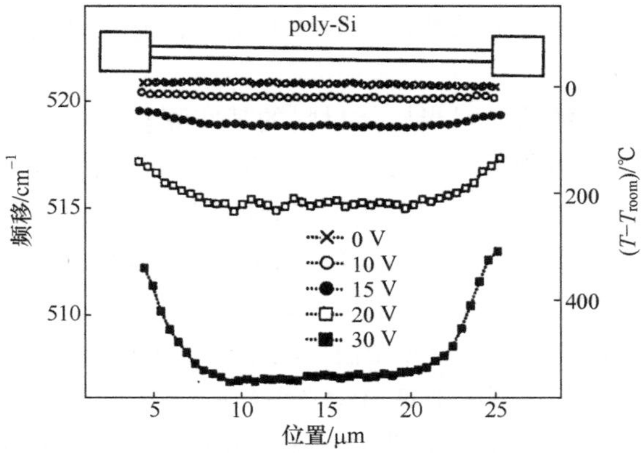

图 4.68　不同偏压下多晶 Si 的拉曼峰频移和相应的温度升高值(相对于室温)

4.7.5　应力和应变

前面已经指出材料的拉曼光谱对试样的应力或应变状态敏感，特征拉曼峰频移与应力或应变的函数关系可用于测定材料的应力或应变分布。这同样适用于半导体材料。与通常使用的 X 射线衍射术相比，用拉曼光谱术测定应力或应变有许多优点，其中最主要的是显微拉曼光谱术有高得多的空间分辨率，使用合适的物镜，分辨率可达到 0.5 μm(应用近场光学显微拉曼光谱术可达到纳米级)。它的缺点是难以测定各个不同的应变张量元。一般而言，拉曼频率与应变或应力的关系比较复杂，所有非零应变张量元都影响拉曼峰的位置。常用的拉曼光谱术仅测量一个值：拉曼峰频移相对无应力状态下频移的偏移。除非预知应力或应变张量的某些资料，如应变在试样中的分布，否则仅从一个值推算出所有应变张量元是不可能的。不过，若使用偏振拉曼光谱术，测定入射光和散射光不同偏振角下的拉曼光谱，可能会使问题得以解决。

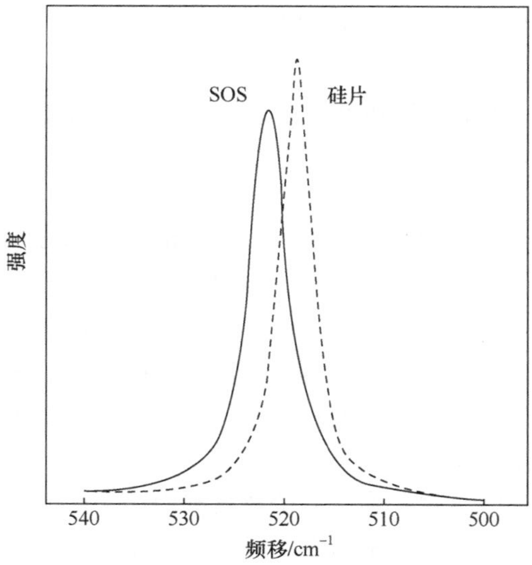

图 4.69　蓝宝石衬基 Si(SOS)和无衬基 Si(硅片)的拉曼光谱

通常，拉曼光谱峰的频移与应变或应力之间有着复杂的张量关系。在某些情况下，这种关系可以演变成简单的线性关系。例如，对硅[100]面上的单轴应力(σ)或双轴应力(σ_{xx}和σ_{yy})，这种关系如下式所示：

$$\sigma(\mathrm{MPa}) = -435\Delta\omega(\mathrm{cm}^{-1})$$

或　$$\sigma_{xx}+\sigma_{yy}(\mathrm{MPa}) = -435\Delta\omega(\mathrm{cm}^{-1}) \quad (4.6)$$

上式表明，压应力将引起拉曼频移增大，而张应力引起拉曼频移减小。

半导体装置 SOS(蓝宝石衬基硅)中的硅膜有高达 10^8～10^9 Pa 的应力。图 4.69 显示了蓝宝石衬基上的硅膜和无衬基硅片的拉曼光谱[69]。可以看到，SOS 的硅拉曼峰明显向较高频移方向偏移，从方程(4.6)计算得出相当于有约 700 MPa 的压缩应力。

显微拉曼光谱术正在越来越广泛地应用于测定硅微电子工业各不同加工工艺阶段中引起的局部应力。方法十分简单，只要使用 *XY* 移动试样台或扫描激光监测试样不同位置的 Si 拉曼峰，随后，用洛伦兹函数对测得的数据拟合以确定拉曼峰频移，算出相对无应力时频移的偏移值$\Delta\omega$，最后画出相对试样位置的函数图。

应用这种显微拉曼光谱术的一个测试实例简述如下：实验测定了包含有几条宽度为 3 μm、[110]取向 $CoSi_2$ 线的硅片的应力分布，以考察硅基片上硅化物引起的应力，结果如图 4.70 所示[70]。两条 $CoSi_2$ 线之间的间隔为 9 μm 或 3 μm。使用波长为 457.9 μm 的氩激光作为激发光，使得激发光深入硅的深度较小。这是考虑到靠近硅表面处的应力最大。硅化物的厚度仅为 16 μm，这么薄的厚度足以允许检测到硅化物下方 Si 的拉曼信号。不过，信号强度被硅化物衰减，这使得频移测定的误差增大。图中 $CoSi_2$ 下方的数据有较大的分散，这是信号衰减引起的。

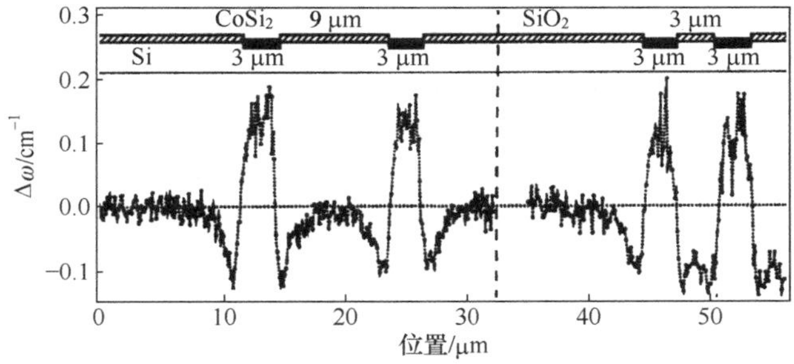

图 4.70　含有 $CoSi_2$ 线硅片拉曼峰频移相对无应力状态下频移的偏移与位置的函数关系

在 Si 基片远离 $CoSi_2$ 的区域，由硅化物引起的应力很小，可以忽略不计。可以设定该区域 Si 基片的应力为零，并取频移偏移 $\Delta\omega = \omega - \omega_0 = 0$。在接近硅化物的位置，$\Delta\omega$ 为负值，表明 Si 基片在该区域受到张应力[方程(4.6)]，而且在靠近硅化物边缘处有最大值。在 $CoSi_2$ 的下方，$\Delta\omega$ 变成正值，表明 Si 基片在该区域有压应力。假定在该区域是单轴应力，$\Delta\omega = 0.15\ \text{cm}^{-1}$ 的偏移相当于约 70 MPa 的压应力[方程(4.6)]。在 $CoSi_2$ 线间隔 9 μm 区间的中央部分$\Delta\omega$为零，表示 Si 基片应力松弛。在 3 μm 的较小间隔区间，$\Delta\omega$ 仍为负值，表明在两 $CoSi_2$ 线之间 Si 基片有拉应力。似乎较小的间隔距离会有较大的拉应力。这从图 4.71 中看得更明显，这是在含有一系列 16 nm 厚 $TiSi_2$ 线的 Si 基片上测定的结果。线宽度和线间隔距离有几个不同的值。图 4.71 上方的长方形空格表示 TiSi 线的位置和宽度，图中只显示了测得的线间区域的拉曼数据。这个测试证实，随着线间距离的减小，线间区域 Si 基片的拉应力增大。

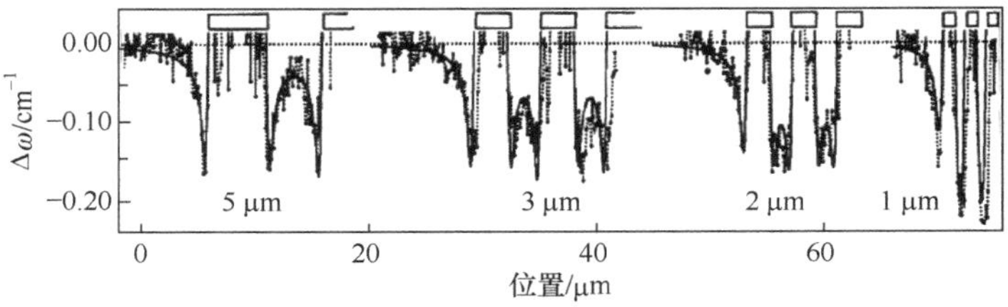

图 4.71　含有 $TiSi_2$ 线硅片拉曼峰频移相对无应力状态下频移的偏移与位置的函数关系

参 考 文 献

[1] 杨序纲, 吴琪琳. 纳米碳及其表征. 北京: 化学工业出版社, 2016: 2.

[2] Tagmatarchis N. Advances in Carbon Nanomaterials: Science and Application. Singapore: Pan Stanford, 2012.

[3] Dresselhaus M S, Dressalhaus G, Pimenta M A, et al. Raman scattering in carbon materials//Pelletier M J. Analytical Application of Raman Spectroscopy. New York: Blackwell Science, 1999.

[4] Filik J. Raman spectroscopy: A simple, non-destructive way to characterize diamond and diamond-like materials. Spectroscopy Europe, 2005, 17(5): 10-17.

[5] Tuinstra F, Koenig J L. Characterization of graphite fiber surfaces with Raman spectroscopy. Journal of Composite Materials, 1970, 4: 492-499.

[6] Knight D S, White W B. Characterization of diamond films by Raman spectroscopy. Journal of Materials Research, 1989, 4(2): 385-393.

[7] Robertson J. Diamond-like amorphous carbon. Materials Science and Engineering R: Reports, 2002, 37(4-6): 129-281.

[8] Longtin R, Fauteux C, Pegna J, et al. Micromechanical testing of carbon films deposited by low laser-assisted chemical vapor deposition. Carbon, 2004, 42(14): 2905-2913.

[9] Zhu Y, Yang X G. Transformation of structure in polyacrylonitrile fibers during stabilization. Journal of China Textile University, 1993, 10(4): 9.

[10] Fitzer E, Gantner E, Rozploch F, et al. Application of laser Raman spectroscopy for characterization of carbon fibers. High Temperature-High Pressure, 1987, 19(5): 537-544.

[11] Chieu T C, Dresselhaus M S, Endo M. Raman studies of benzene-derived graphite fibers. Physical Review B, 1982, 26(10): 5867-5877.

[12] Heremans J. Electrical conductivity of vapor-grown carbon fibers. Carbon, 1985, 23(4): 431-436.

[13] Rahim I, Sugihara K, Dresselhaus M S, et al. Magnetoresistance of graphite fibers. Carbon, 1986, (6): 663-669.

[14] 杨序纲, 袁象恺. 高摩擦性能碳／碳复合材料的微观结构. 宇航材料工艺, 1997, 27(5): 38-42.

[15] 黄彬, 邓海金, 李明, 等. 石墨化处理对碳／碳复合材料激光拉曼特性的影响. 材料热处理学报, 2005, 26(6): 20-24.

[16] Ferrari A C, Robertson J. Interpretation of Raman spectra of disordered and amorphous carbon. Journal of Physical Review B, 2000, (20): 14095-14107.

[17] Zabel H, Solin S A. Intercalation of Graphite Films. Berlin: Springer-Verlag, 1992.

[18] 杨建国, 吴承佩. 膨胀石墨的 Raman 光谱研究. 光散射学报, 2005, 17(4): 341-346.

[19] Chieu T C, Timp G, Dresselhaus M S, et al. High field megnetoresistance measurements on highly ordered graphite fibers. Journal of Physical Review B: Condensed Matter, 1983, 27(6): 3686-3696.

[20] Dresselhaus M S. Intercalated fibers and their physical properties. Journal de Chimie Physique et de Physico-Chimie Biologique, 1984, 81: 738-750.

[21] Escribano R, Sloan J J, Siddique N, et al. Raman spectroscopy of carbon containing particles. Vibrational Spectroscopy, 2001, 26(2): 179-186.

[22] Prawer S, Nugent K W, Weiser P S. Polarized Raman spectroscopy of chemically vapor deposited diamond films. Applied Physics Letters, 1994, 65(18): 2248-2250.

[23] Dahl J E, Liu S G, Carlson R M K. Isolation and structure of higher diamondoids, nanometer-sized diamond molecules. Science, 2003, 299(5603): 96-99.

[24] Dresselhaus M S, Dresselhaus G, Eklund P C. Science of Fullerenes and Carbon nanotubes. New York: Academic Press, 1996.
[25] Wang K A, Wang Y, Zhou P, et al. Raman scattering in C_{60} and alkali-metal-doped C_{60} films. Physical Review B: Condensed Matter, 1992, 46(4): 2595.
[26] 杨序纲, 吴琪琳. 纳米碳及其表征. 北京: 化学工业出版社, 2016: 84-112.
[27] Dresselhaus M S, Dresselhaus G, Jorio A, et al. Raman spectroscopy on isolated single wall carbon nanotubes. Carbon, 2002, 40(12): 2043-2061.
[28] Roa A M, Richter E, Bandow S, et al. Diameter-selective Raman scattering from vibrational modes in carbon nanotubes. Science, 1997, 275(5297): 187-191.
[29] Kasuya A, Sasaki Y, Saito Y, et al. Evidence for size-dependent discrete dispersions in single-wall nanotubes. Physical Review Letters, 1997, 78(23): 4434-4437.
[30] Dresselhaus M S, Eklund P C. Phonons in carbon nanotubes. Advances in Physics, 2000, 49(6): 705-814.
[31] Corio P, Brown S D M, Marucci A, et al. Surface-enhanced resonant Raman spectroscopy of single-wall carbon nanotubes absorbed on silver and gold surface. Physical Review B: Condensed Matter, 2000, 61(19): 13202-13211.
[32] Gommans H H, Alldredge J W, Tashiro H, et al. Fibers of aligned single-walled carbon nanotubes: Polarized Raman spectroscopy. Journal of Applied Physics, 2000, 88(5): 2509-2514.
[33] Li H D, Yue K T, Lian Z L, et al. Temperature dependence of the Raman spectra of single-walled carbon nanotubes. Applied Physics Letters, 2000, 76(15): 2053-2055.
[34] Cooper C A, Young R J, Halsall M. Investigation into the deformation of carbon nanotubes and their composites through the use of Raman spectroscopy. Composites Part A, 2001, 32(3): 401-411.
[35] Lucas M, Young R J. Raman spectroscopic study of the effect of strain on the radial breathing modes of carbontubes in epoxy/SWCNT composites. Composites Science and Technology, 2004, 64(15): 2297-2302.
[36] Schadler L S, Giannaris S C, Ajayan P M. Load transfer in carbon nanotube epoxy composites. Applied Physics Letters, 1998, 73(26): 3842-3844.
[37] Gong X, Liu J, Baskaran S, et al. Surfactant-assisted processing of nanotube/polymer composites. Chemistry of Materials, 2000, 12(4): 1049-1052.
[38] Jia Z, Wang Z, Xu C. Study on poly(methyl methacrylate)/carbon nanotube composites. Materials Science and Engineering A, 1999, 271(1-2): 395-400.
[39] Munoz E, Suh D S, Collins S, et al. Highly conducting carbon nanotube/polyethyleneimine composite fibers. Advanced Materials, 2005, 17(8): 1064-1067.
[40] Safadi B, Andrews R, Grulke E A. Multiwalled carbon nanotubes polymer composites: synthesis and characterization of thin film. Journal of Applied Polymer Science, 2002, 84(14): 2660-2669.
[41] Valentini L, Biagiotti J, Kenny J M, et al. Morphological characterization of single-walled carbon nanotubes-PP composites. Composites Science and Technology, 2003, 63(8): 1149-1153.
[42] Frogley M D, Ravich D, Wagner H D. Mechanical properties of carbon nanoparticle-reinforced elastomers. Composites Science and Technology, 2003, 63(11): 1647-1654.
[43] Ruan S L, Gao P, Yang X G, et al. Toughening high performance ultrahigh molecular weight polyethylene using multiwalled carbon nanotubes. Polymer, 2003, 44(19): 5643-5654.
[44] Lourie O, Wagner H D. Evaluation of Young's modulus of carbon nanotubes by micro-Raman spectroscopy. Journal of Materials Research, 1998, 13(9): 2418-2422.
[45] Tarantili P A, Andreopoulos A G, Galiotis C. Real-time micro-Raman measurements on strained polyethylene fibers 1. Strain rate effects and molecular stress redistribution. Macromolecules, 1998,

31(20): 6964-6976.
[46] Kao C C, Young R J. A Raman spectroscopic investigation of heating effects and the deformation behaviour of epoxy/SWNT composites. Composites Science and Technology, 2004, 64(15): 2291-2295.
[47] Rao A M, Jorio J, Pimenta M A, et al. Polarized Raman study of aligned multiwalled carbon nanotubes. Physical Review Letters, 2000, 84(8): 1820-1823.
[48] Wood J R, Zhao Q, Wagner H D. Orientation of carbon nanotubes in polymer and its direction by Raman spectroscopy. Composites Part A, 2001, 32: 391.
[49] Haggenmueller R, Gommans H H, Rinzler A G, et al. Aligned single-wall carbon nanotubes in composites by melt processing methods. Chemical Physics Letters, 2000, 330(3-4): 219-225.
[50] Park C, Wilkinson J, Banda S, et al. Aligned single-wall carbon nanotube polymer composites using an electric field. Journal of Polymer Science Part B: Polymer Physics, 2006, 44(12): 1751-1762.
[51] Wang Y, Cheng R, Liang L, et al. Study on the preparation and characterization of ultra-high molecular weight polyethylene-carbon nanotubes composite fibers. Composites Science and Technology, 2005, 65(5): 793-797.
[52] Lu S, Rusell A E, Hendra P J. The Raman spectra of high modulus polyethylene fibers by Raman microscopy. Journal of Materials Science, 1998, 33(19): 4721-4725.
[53] 祖恩东，陈大鹏，张鹏翔．一些天然、合成及仿造宝石的显微拉曼光谱鉴别．光散射学报，2002, 14(2): 63-68.
[54] 朱自莹, 顾仁敖, 陆天翔. 拉曼光谱在化学中的应用. 沈阳: 东北大学出版社, 1998.
[55] 王荣，冯敏，吴卫红，等．拉曼光谱在薛家岗古玉测试分析中的应用．光谱学与光谱分析，2005, 25(9): 1422-1425.
[56] 李茂材，张燕，张鹏翔，等．显微拉曼光谱在珍珠鉴定中的应用．光散射学报, 2000, 12(3): 161-164.
[57] 郝玉兰，张刚生．淡水养殖珍珠中有机物的激光共振拉曼光谱分析．光谱学与光谱分析，2006, 26(1): 78-80.
[58] Mizoguchi K, Yamauchi Y, Harima H, et al. Characterization of thermally annealed thin silicon films on insolators by Raman image measurement. Journal of Applied Physics, 1995, 78(5): 3357-3361.
[59] Pollak F H. Characterization of semiconductors by Raman spectroscopy//Grasselli J G, Bulkin B J. Analytical Raman Spectroscopy. Chemical Analysis Series Vol 114. New York: John Wiley & Sons, 1991: 137-221.
[60] 李瑞，卢景霄，陈永生，等．Raman 散射和 AFM 对多晶硅薄膜结晶状况的研究．光散射学报，2005, 17(2): 142-147.
[61] Kailer A, Gogotsi Y G, Nickel K G. Phase transformations of silicon caused by contact loading. Journal of Applied Physics, 1997, 81(7): 3057-3063.
[62] Kolb G, Salbert T, Abstreiter G. Raman-microprobe study of stress and crystal orientation in laser-crystallized silicon. Journal of Applied Physics, 1991, 69(5): 3387-3389.
[63] Mizogichi K, Nakashima S. Determination of crystallographic orientations in silicon films by Raman-microprobe polarization measurements. Journal of Applied Physics, 1989, 65(7): 2583-2590.
[64] Nakashima S, Hangyo M. Characterization of simiconductor materials by Raman microprobe. IEEE Journal of Quantum Electronics, 1989, 25(5): 965-975.
[65] Siegle H, Thurian P, Eckcy L, et al. Raman and photoluminescence imaging of the GaN/substrate interface. Defect Recognition and Image Processing in Semiconductors, 1996, (149): 97-102.
[66] Jeon H, Sukw C A, Honeycutt J W, et al. Morphology and phase stability of $TiSi_2$ on Si. Journal of Applied Physics, 1992, 71(9): 4269-4276.
[67] Wolf I D. Semiconductors//Pelletier M J. Analytical Application of Raman Spectroscopy. New York:

Blackwell Science, 1999.

[68] Rasras M, de Wolf I, Groeseneken G, et al. A simple and sensitive alternative for continuous wavelength photo emission spectroscopy. Microelectronics Reliability, 1997, 37(10-11): 1595-1598.

[69] Englert T, Abstreiter G, Pontchara J. Determination of existing stress in silicon films on sapphire substrate using Raman spectroscopy. Solid-State Electronics, 1980, 23(1): 31-33.

[70] Wolf I D, Pozza G, Pinardi K, et al. Experimental validation of mechanical stress models by micro-Raman spectroscopy. Microelectronics Reliability, 1996, 36(11-12): 1751-1754.

第 5 章　石墨烯及其复合材料的拉曼光谱表征

5.1　石墨烯的结构和性质

拉曼光谱术是石墨烯表征的最重要，也是得到最广泛应用的手段之一。拉曼光谱术能在空气环境中作精确定位的非接触无损伤检测，而且能高效、快速地获得检测结果。

对于石墨烯，拉曼光谱术能够用于探测它的结构和性质，主要包括石墨烯的厚度(层数)、结构缺陷和无序、堆叠几何、边缘手性和掺杂等。此外，对石墨烯的力学性质，如应变，也能给出丰富的资料。通常，拉曼光谱术用于分析物质晶格振动模的情景。光谱对原子排列和声子结构很敏感，而对电子结构则不敏感。然而，对于石墨烯，由于强共振效应，拉曼散射对电子能级十分敏感，因此，拉曼光谱术也是石墨烯电子结构研究的强有力工具。石墨烯的上述性质正是在电子结构和电子-声子相互作用上的反映。

5.1.1　石墨烯层数的测定

大多数制备方法获得的石墨烯片常由 1 层、2 层、3 层和更多层石墨烯组成。不同层数的石墨烯片的电子结构和电子-声子相互作用有所不同。这些不同能够在它们的拉曼特征峰结构中得到显示，而且具有指纹特性，因此拉曼光谱术可正确无误地判别石墨烯片的层数。

石墨烯和由大量石墨烯堆叠而成的块状石墨的拉曼光谱显示两个强峰，分别位于频移约 1580 cm^{-1} 的 G 峰和约 2700 cm^{-1} 的 G′ 峰(也称 2D 峰)(图 5.1[1])。分析 2D 峰的位置(频移)、形状和强度可以确定组成石墨烯片的石墨烯层数。图 5.1(a)显示了石墨烯形状对称的强而窄的 2D 峰，强度约为其 G 峰的 4 倍，频移约为 2680 cm^{-1}，而石墨的 2D 峰形状明显不对称[图 5.1(b)]，可看成由 $2D_1$ 和 $2D_2$ 两个较小的峰组合而成，强度明显较弱，其频移则向较高的方向偏移，略大于 2700 cm^{-1}。不同层数的石墨烯的 2D 峰拟合曲线情景如

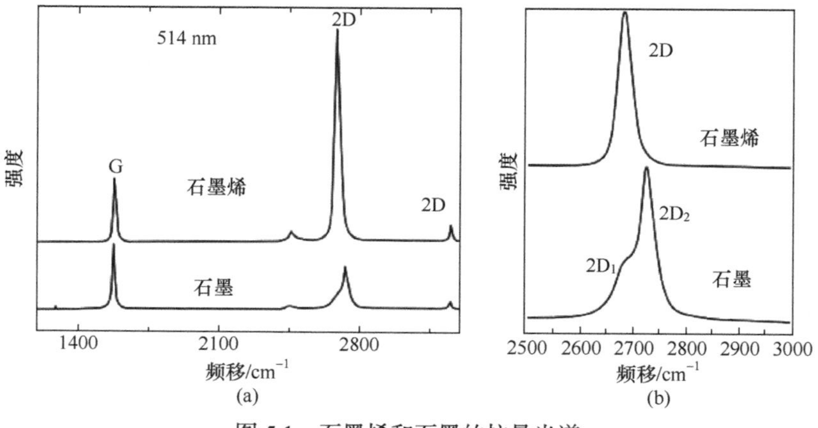

图 5.1　石墨烯和石墨的拉曼光谱

(a) G 峰和 2D 峰；(b) 2D 峰的比较

图 5.2 所示[2]，显示了石墨烯层数与 2D 峰结构之间的关系。单层石墨烯的 2D 峰由一个很强的洛伦兹(Lorentz)峰拟合，2 层和 3 层石墨烯则分别需要 4 个和 6 个洛伦兹峰才能获得合适的拟合，即层数的增加使 2D 峰分裂。从 4 层到更多层组成的石墨，分峰又趋向合并，例如，裂解石墨的 2D 峰仅由 2 个洛伦兹峰组成。图中还显示，石墨烯层数的变化也引起 2D 峰形状的明显变化。峰半高宽的大小可用于定量描述这种关系。图 5.3 显示了石墨烯 2D 峰的半高宽随层数变化的统计资料[3]。可见，随着层数的增加，峰半高宽向更宽的方向变化。

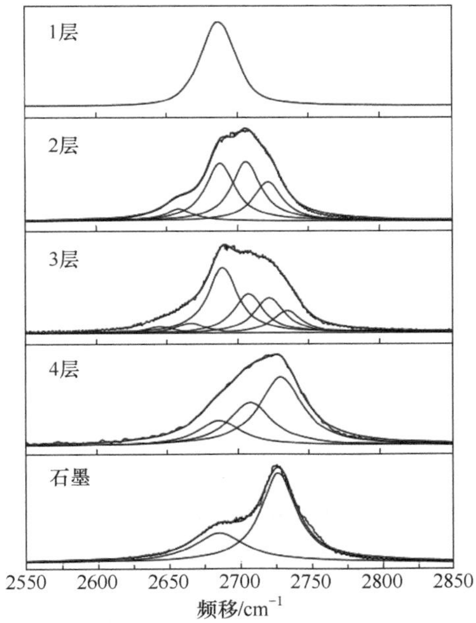

图 5.2　石墨和不同层数石墨烯的拉曼光谱

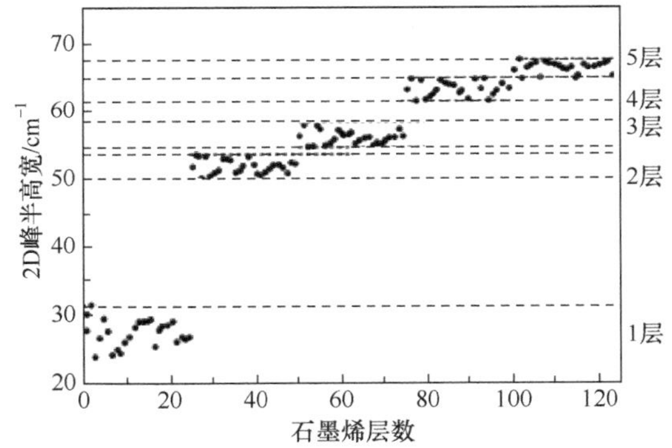

图 5.3　石墨烯的层数和 2D 峰半高宽关系的统计数据

拉曼成像也可用于表征石墨烯的层数。图 5.4(a)是一片石墨烯的光学显微图，试样含有 1 层、2 层、3 层和 4 层石墨烯的不同区域，与图中两虚线长方框相对应的拉曼像分别显示在图 5.4(b)和(c)中。用于成像的信号是 2D 峰的半高宽。较明亮的区域有较大的半高宽，相应于较多的层数(图中数字表示层数)[3]。

应该指出，2D 峰的结构与石墨烯层数的确切关系还与石墨烯层的几何堆叠有关。这涉及石墨烯的电子结构和层间相互作用，详尽的理论解析可参阅相关文献[3-5]。

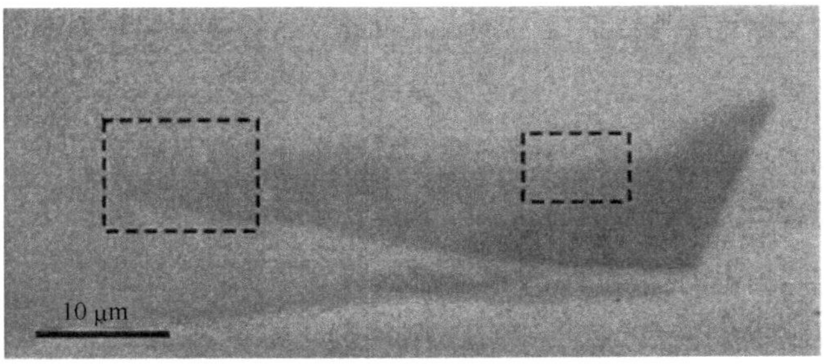

(a)

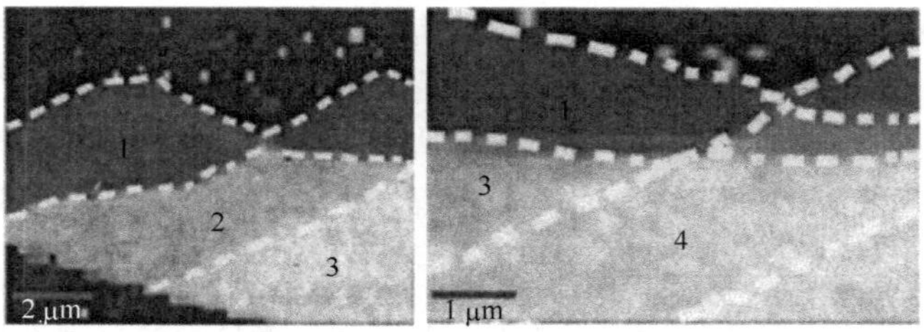

(b)　(c)

图 5.4　石墨烯的光学显微图(a)和拉曼像(b, c)

实际上，石墨烯的层数在 G 峰强度上也有明显反映[6]。图 5.5(a)显示了不同层数石墨烯拉曼光谱的 G 峰，可以看到位于 1580 cm^{-1} 的 G 峰强度随石墨烯层数的增大而单调增大。图 5.5(b)是试样的 G 峰强度拉曼像，试样包含 1 层、2 层、3 层和 4 层石墨烯的不同区域，由层数不同引起的图像衬度明显可见。

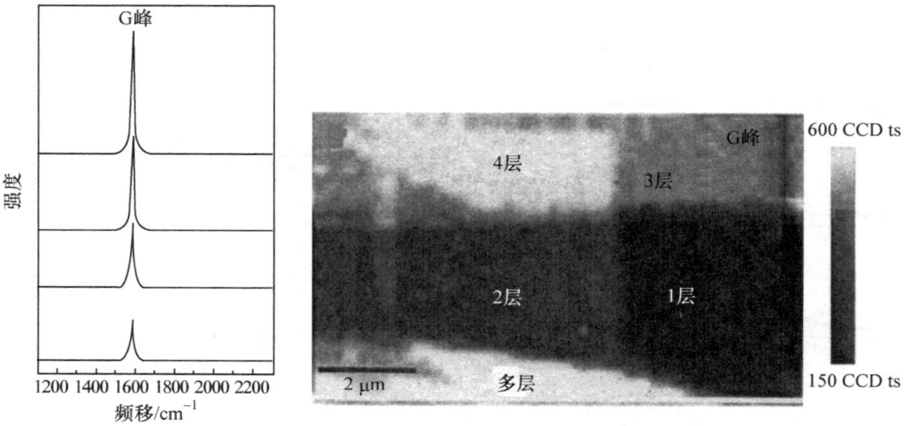

(a)　(b)

图 5.5　不同层数(从下向上依次为 1 层、2 层、3 层和 4 层)的石墨烯的拉曼光谱(a)和 G 峰强度拉曼像(b)

5.1.2　石墨烯的缺陷和无序

缺陷对石墨烯材料的电子结构和传输有着强烈的影响，即使缺陷的浓度很小。尽管石墨烯这种 sp^2 杂化碳是最稳定的材料之一，但石墨烯的结晶质量依然很易受到外界的影响，这是因为它仅有一个原子的厚度。一般而言，拉曼光谱对大多数材料的缺陷并不敏感，除非损伤十分严重。然而，对石墨烯却有所不同。对于纯净的结构完好的石墨烯，一级 D 峰通常是拉曼非活性的，其拉曼光谱并不出现 D 峰。缺陷的存在将导致 D 峰的出现，而且非常敏感。例如，石墨烯的边缘可视为有缺陷结构，如若激发光光斑包含试样边缘，则其拉曼光谱将出现 D 峰，即便试样整体具有完善的结构。图 5.6 显示了无缺陷、含缺陷和完全无序单层石墨烯的一级拉曼光谱[5]。在具有完善结构石墨烯边缘区域获得的拉曼光谱 D 峰如图 5.7 所示，在其中心区域的拉曼光谱[图 5.6(a)]中没有这个峰，图中还显示了石墨边缘的 D 峰，与前者(单峰)不同，它由 D_1 和 D_2 两个峰组成[7]。

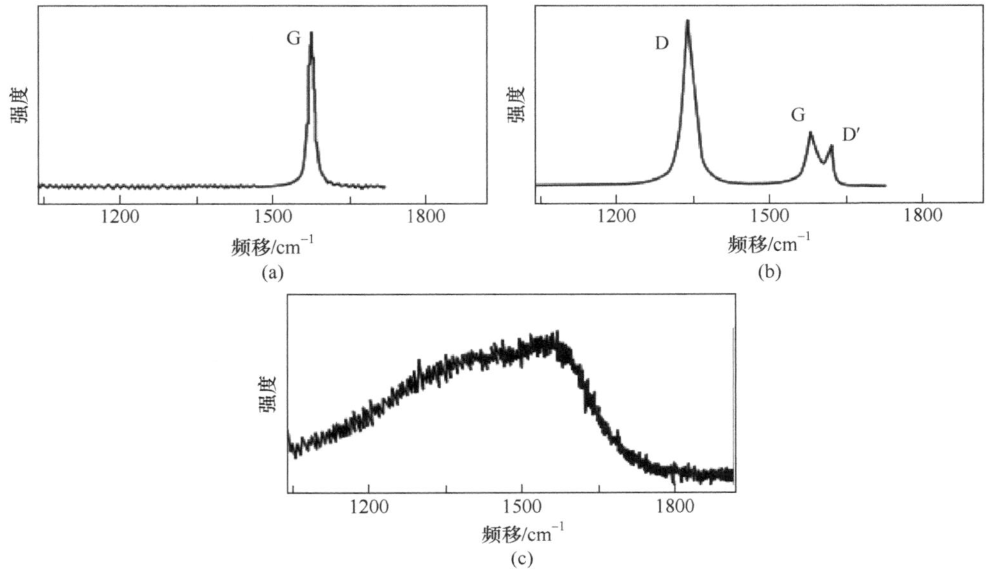

图 5.6　单层石墨烯的一级拉曼光谱

(a) 无缺陷；(b) 含缺陷；(c) 完全无序

对石墨烯拉曼光谱的更详尽研究指出，缺陷不只涉及 D 峰的行为，还在其他峰的行为上有所反映，而且还能作出某种程度的定量描述。

实际上，如石墨、石墨烯及其氧化物和炭黑等碳同素异形体都能用拉曼光谱术检测它们的缺陷和无序程度。这些材料通常都会在拉曼光谱中显现分别位于 1350 cm^{-1} 和 1580 cm^{-1} 的 D 峰和 G 峰。峰的强度和形状能反映这些同素异形体结构的无序程度。D 峰的出现表明该碳同素异形体中缺陷的存在。缺陷和无序程度的增大将导致 D 峰强度的增大，而且 D 峰相对 G 峰的强度比(I_D/I_G)也增大。同时，无序程度的增大还将使 D 峰峰宽宽化，但其频移则基本保持不变，仍位于 1350 cm^{-1} 附近。G 峰也会宽化，而位置则向高频数方向偏移，频移超出了 1600 cm^{-1}。除 D 峰和 G 峰外，对石墨烯缺陷和无序敏感的拉曼峰还有 D′、2D(G′)、D+D′和 2D′(G″)等峰。

可用 D 峰与 G 峰的强度比 I_D/I_G 来估算三维石墨结晶的大小。然而，与石墨中纳米级晶体大小相关的缺陷和石墨烯 sp^2 碳晶格中的点缺陷在基本几何上并不相同。因此，对于含有零维点缺陷的石墨烯，通常使用缺陷平均间距 L_D 来定量描述其无序程度[7,8]。

石墨烯的缺陷也能在拉曼像中显现。图 5.8 是一幅石墨烯的拉曼像，以其拉曼光谱的 G 峰频移成像。石墨烯的生长缺陷会引起拉曼 G 峰频移的偏移，从而产生图像衬度。插图由 G 峰的强度获得，石墨烯厚度的变化产生了该图像的衬度。

总之，拉曼光谱术可用于高效快速地检测石墨烯片的缺陷和无序程度。上述方法的理论依据和光谱行为解析可参阅相关文献[4,8,9]。

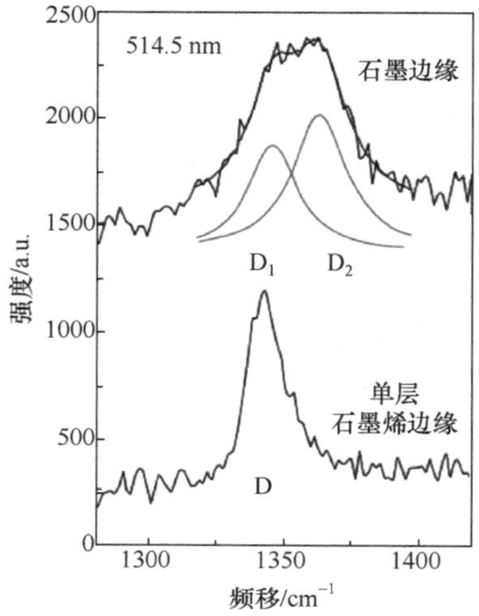

图 5.7　含试样边缘区域的拉曼光谱 D 峰

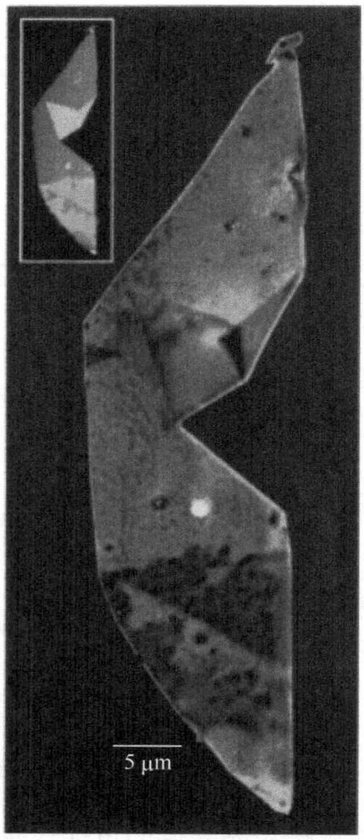

图 5.8　含缺陷石墨烯的 G 峰频移拉曼像
插图为 G 峰强度拉曼像

5.1.3　石墨烯的边缘手性

石墨烯的许多重要特性(光学、电学和磁学性质)，都与它的边缘手性有关。例如，石墨烯可分割成石墨烯纳米带(nanoribbon)，其电子学性质强烈依赖于最终形成的边缘结构：拉曼光谱术是探测石墨烯边缘手性的最有效手段。

通常，石墨烯有两种类型的边缘结构：锯齿形(zigzag)和扶手椅形(armchair)，如图 5.9 所示[10]。若石墨烯两相邻边缘的夹角等于$(2n-1)\times30°$(n 为整数 1、2 或 3)，两边缘将有不同的手性(上方两图)；若等于 $2n\times30°$(n 为整数、1 或 2)，则两边缘有相同的手性(下方两图)。

石墨烯边缘的原子没有完善的 sp^2 杂化。因此，如前所述，边缘可视为一种特殊的缺陷，而且能在其拉曼光谱中得到反映，主要表现在缺陷的存在激发了 D 峰的活性。进一步的研究指出，对 D 峰的激活程度与边缘手性直接相关。据此，可实验检测石墨烯的边缘手性。

图 5.10(a)和(b)分别显示了石墨烯的 G 峰和 D 峰强度拉曼像[10]。图 5.10(a)中的明亮区域对应于 G 峰强度较强区域。可见整个石墨烯片具有均匀分布的 G 峰强度，表明试样具有高的质量。两条边缘夹角 30°，所以有相反的边缘手性，边缘 1 为扶手椅形，而边缘 2 为锯齿形。图 5.10(b)和(c)显示了 D 峰强度拉曼像，图中箭头指示两幅像有不同的激发光偏振方向。由图可见，D 峰仅在石墨烯的边缘出现，而且强烈相关于激发光偏振方向。图 5.10(b)还显示，边缘 1 比边缘 2 有强得多的 D 峰强度。这种强度差异不是来源于激发光偏振方向的

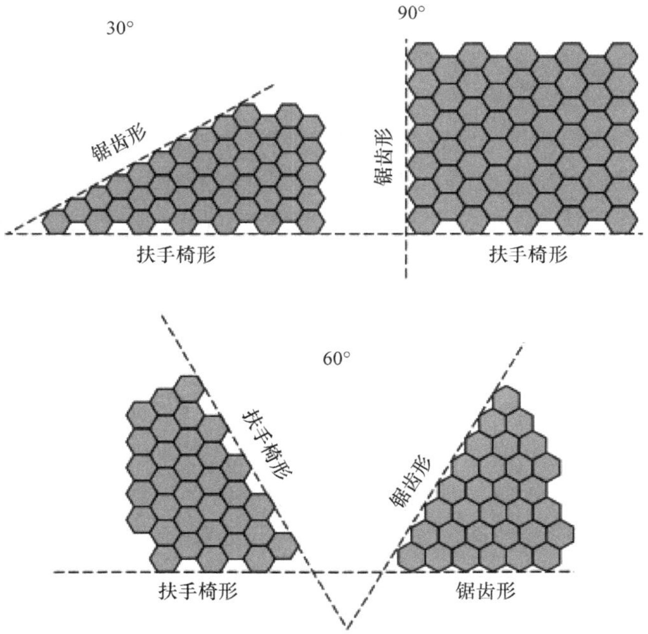

图 5.9　石墨烯边缘的原子结构

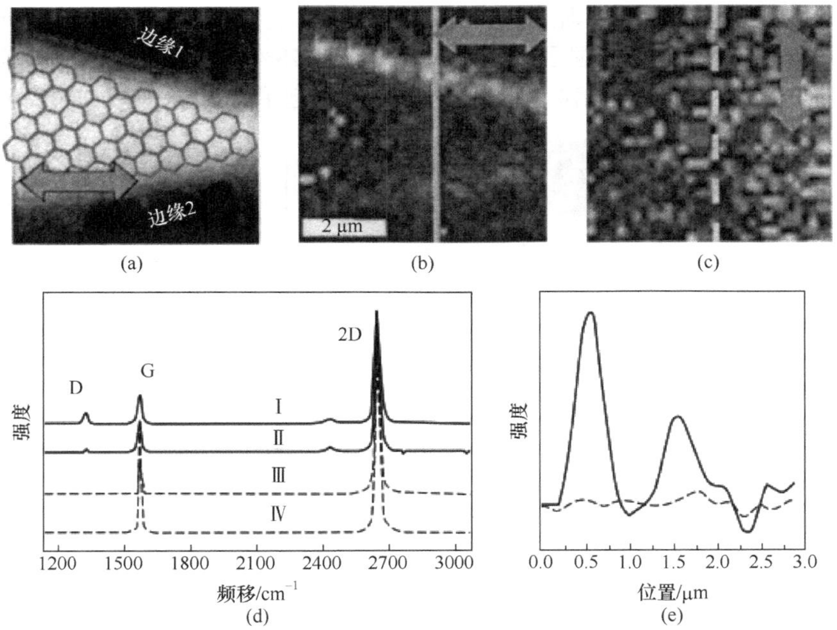

图 5.10　石墨烯的峰强度拉曼像和拉曼光谱

(a) G 峰的拉曼像；(b, c) D 峰的拉曼像，图中箭头表示激发光的偏振方向；(d) 边缘区域的拉曼光谱；(e) D 峰强度沿图(b)中直实线和图(c)中直虚线的分布

影响，而是与碳原子的排列情况有关，即手性，因为偏振方向相对边缘都有相同的偏角。边缘 2 仍然出现了 D 峰，只是强度很弱，这是因为所测试试样的边缘 2 只含有少量扶手椅形原子排列。对于具有完善结构的石墨烯，仅仅扶手椅形边缘在拉曼光谱中出现 D 峰，而锯齿形

边缘并不出现 D 峰。图 5.10(d)显示了激发光两种偏振方向下试样边缘区的拉曼光谱。光谱Ⅰ和光谱Ⅱ分别来自水平偏振方向时的边缘 1 和边缘 2(此时，偏振方向几乎与两边缘平行)。边缘 1 的 D 峰强度明显强于边缘 2 的。据此可以判断边缘 1 为扶手椅形，而边缘 2 为锯齿形。光谱Ⅲ和光谱Ⅳ分别来自激发光垂直偏振时的边缘 1 和边缘 2，它们都不显示 D 峰，这是由于激发光偏振方向的影响。图 5.10(e)显示了 D 峰强度沿着图 5.10(b)中直实线和图 5.10(c)中直虚线的变化。曲线形状表明的强度变化情景与图 5.10(d)中谱线的 D 峰强度一致。

5.1.4　石墨烯的应变

应变将引起石墨烯晶格的扭曲，从而强烈影响石墨烯的电子学结构和性能，因而应变也是受到研究人员关注的重要物理参数。单轴和双轴应变是最常探索的应变类型。拉曼光谱术能有效而快速地检测这两种应变。

材料微观力学的拉曼光谱学研究指出，包括碳材料在内的许多材料，它们的某个或几个特征峰的频移对应变敏感，而且常常呈简单的线性函数关系[11-14]。据此可使用拉曼光谱术定量测定试样的应变，这个原理同样适用于石墨烯。

将石墨烯沉积在软质的基片(如 PET)上，单方向拉伸基片，可实现对石墨烯的单轴应变[15]。图 5.11 显示了不同应变值下对石墨烯拉曼 2D 峰的测定结果。图 5.11(a)是不同应变下的 2D 峰频移拉曼像，其中较明亮的微区表明该微区 2D 峰有较大的频移。显而易见，随着应变的增大，拉曼像变得越来越暗，表明 2D 峰频移随着应变的增大发生红偏移(即向较低频移方向偏移)。图 5.11(a)右边图显示了未受应变、应变 0.78%和松弛后石墨烯的拉曼光谱。明显可见，应变使 2D 峰发生红偏移，而应变松弛(e_6)则引起了蓝偏移。图 5.11(b)显示了 1 层和

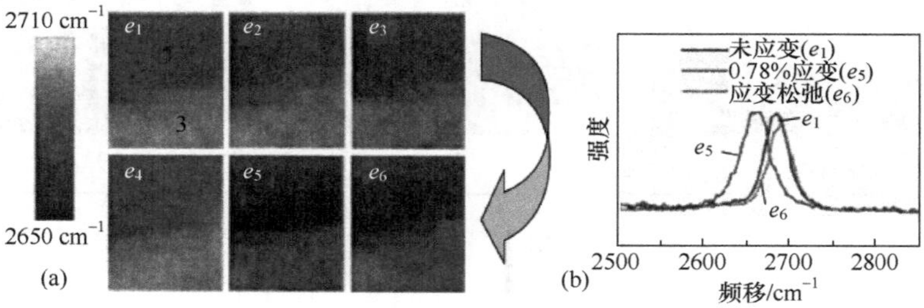

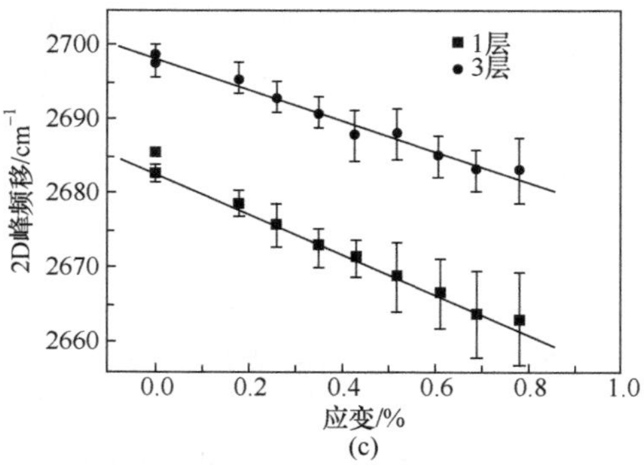

图 5.11　石墨烯的拉曼像和应变与频移的关系

(a) 应变大小分别为 e_1：0%，e_2：0.18%，e_3：0.35%，e_4：0.61%，e_5：0.78%；(b) 为不同应变下的拉曼光谱；(c) 应变与 2D 峰频移间的函数关系

3 层石墨烯应变与 2D 峰频移的关系，两者都有近似的线性函数关系。1 层和 3 层石墨烯的拟合直线斜率分别为(–27.8±0.8)cm^{-1}/%和(–21.9±1.1)cm^{-1}/%。据此，可以应用拉曼光谱术定量测定石墨烯的应变大小。同样，对 G 峰也有相似的物理现象。但是，两个峰的应变敏感性并不相同，2D 峰频移对应变的敏感性要显著高于 G 峰；此外，应变引起的单层石墨烯的 2D 峰和G峰频移的红偏移比3层石墨烯更敏感。更多的单轴应变研究结果可参阅相关文献[16-18]。

双轴应变被认为更适合于反映应变对双共振过程(D 峰和 2D 峰)的影响[19,20]。将制得的纯质石墨烯转移到具有压电功能的基片上，变化电压以实现应变大小的调节。D、G、2D 和 2D′峰的频移与双轴应变 $e_{\|}$的函数关系如图 5.12 所示。可见各个峰的频移与双轴应变都有着良好的线性关系，拟合直线的斜率分别高达–61.2 cm^{-1}/%、–57.3 cm^{-1}/%、–160.3 cm^{-1}/%和–112.4 cm^{-1}/%，远高于单轴应变时 D 峰和 G 峰相应的值。

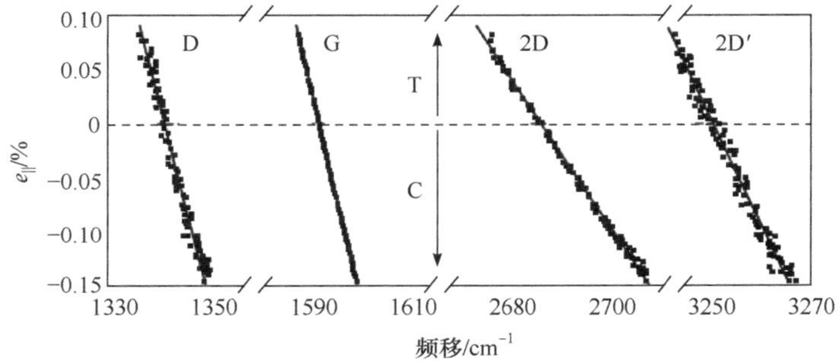

图 5.12 石墨烯双轴应变与 D、G、2D 和 2D′峰频移间的函数关系
图中 T 和 C 分别表示拉伸和压缩

石墨烯拉曼光谱的某些特征峰的频移对单轴和双轴应变高度敏感，而且其偏移与应变之间有着简单的线性函数关系。这一物理现象提供了一种使用拉曼光谱术定量测定石墨烯应变的手段。测量过程对试样无损伤，不接触，而且简单快捷。在使用 CVD 或外延方法制备石墨烯时，常常使产品含有不同程度的残余应变。显然，拉曼光谱术是对这一参数很合适的表征技术。另外，与碳纳米管相似，这一物理现象使石墨烯可用作力学传感器[21]。

5.1.5 氧化石墨烯的拉曼光谱

拉曼光谱术广泛地应用于检测石墨类材料结构的无序程度，它是氧化石墨烯表征的强有力工具[9,22-24]。氧化石墨烯有着与石墨烯十分不同的拉曼光谱。图 5.13 比较了安置于氧化硅表面上的单层氧化石墨烯和单层石墨烯在 1100～1800 cm^{-1} 范围内的拉曼光谱，测试使用 633 nm 氦氖激光[23]。由图可见，石墨烯显现出一个尖锐的强单峰，即 G 峰，位于约 1580 cm^{-1}处，是 sp^2 杂化碳的特征峰。与之相比，氧化石墨烯的 G 峰则明显更宽，而且呈不对称形状。

图 5.14 显示了氧化石墨烯纳米片(纸)的 G 峰分析，可见 G 峰曲线轮廓与 G^-、G^+和 D′三个单峰形成很好的拟合[21]。G 峰形状的不对称来源于两个原因：①由于缺陷产生的位于约 1620 cm^{-1} 的 D′峰的存在；②由于氧化引入的各种功能基团而导致 G 峰分裂为 G^-和 G^+两个峰。氧化石墨烯的 G 峰位置与石墨烯相比则发生明显的蓝偏移(向高频移方向偏移)。表 5.1 列出了石墨、氧化石墨和少层石墨烯拉曼 G 峰的峰位置和左右峰半高宽[24]。

出现 D 峰(约位于 1330 cm^{-1} 处)是氧化石墨烯拉曼光谱的最重要特征之一，该峰强而宽。D 峰的出现清楚地表明氧化石墨烯中 sp^3 碳键合的存在，尽管光谱也表明了存在结构缺陷。氧化石墨烯 G 峰的宽化和蓝偏移，以及宽而强 D 峰的出现表明氧化石墨烯的制备过程中 sp^2 碳晶格发生了强烈的破坏和无序化。

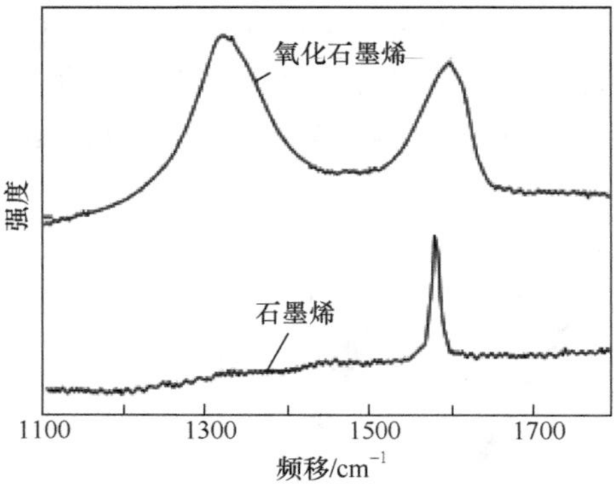

图 5.13　单层氧化石墨烯和单层石墨烯的拉曼光谱

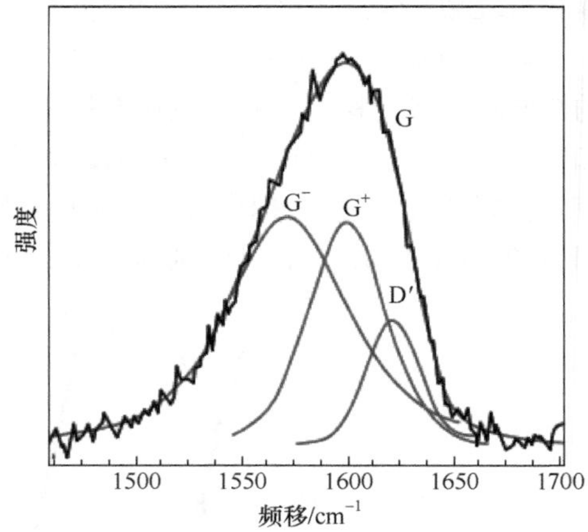

图 5.14　氧化石墨烯纳米片(纸)的拉曼光谱 G 峰

表 5.1　石墨、氧化石墨和少层石墨烯的拉曼峰位置和左右峰半高宽

试样	峰位置/cm^{-1}	左峰半高宽/cm^{-1}	右峰半高宽/cm^{-1}
石墨	1580	9	8
氧化石墨	1593	55	29
石墨烯	1581	55	43

拉曼光谱术也能用于估算氧化石墨烯的力学性质[25]。拉曼光谱 G 峰的应变偏移反映了氧化石墨烯的分子形变，将微观力学与宏观力学指标相联系。测试得出，氧化石墨烯 G 峰的 G^-分峰的应变偏移为−15 cm^{-1}/%，与石墨烯相同峰的应变偏移值(−32 cm^{-1}/%)相当。如此可估算出氧化石墨烯纸的有效弹性模量。设石墨烯的杨氏模量为 1020 GPa，则氧化石墨烯的等效模量为 1020×(15/32)=478 GPa。考虑到两者的厚度差异(石墨烯为 0.34 nm，而氧化石墨烯为 0.7 nm)，氧化石墨烯的有效杨氏模量应为 480×(0.34/0.7)=233 GPa，与使用 AFM 测定的值相近。

5.1.6　功能化石墨烯

由于石墨烯固有的微观结构特性，具有完善结构的石墨烯在许多场合的应用(如复合材料的制备)发生困难，功能化石墨烯是克服这种困难的有效途径。另外，功能化还能方便地调整石墨烯的结构，改变其光学、电学和磁学等物理性质，以满足各个不同应用领域的需要。将石墨烯功能化常用的方法是将活性官能团或其他物质引入到石墨烯分子结构中。实际上，氧化石墨烯也可看作是功能化石墨烯的一种。

拉曼光谱术是功能化石墨烯最重要的表征手段之一。功能化过程使原有排列规整的原子结构受到干扰，其原有的结晶结构受到不同程度的破坏。这在拉曼光谱的相关谱峰中常有着敏感的反映，主要表现在 D 峰的出现及其强度的变化。通常用 I_D/I_G 值来表达这种反映，它的大小可作为石墨烯结构缺陷密度的量度，能反映石墨烯被功能化的程度。实际上，与石墨烯的 E_{2g} 模相应的 G 峰与石墨烯二维六角形晶格中 sp^2 键碳原子的振动相关，而 D 峰则归属于六角形石墨烯层的缺陷和无序。通常，石墨烯的拉曼光谱中，依据石墨烯结构的完整程度，只显现很小强度的 D 峰，甚至不出现 D 峰。

例如，在吡咯烷功能化石墨烯中，吡咯烷环共价结合于石墨烯表面，每个吡咯烷环使石墨烯片的 2 个 sp^2 碳原子转变为 sp^3 杂化。这种变化在产物拉曼光谱的两个特征峰(G 和 D 峰)的强度比 I_D/I_G 中表现得很清楚，如图 5.15 所示[26]，功能化使 I_D/I_G 明显增大。实际上，I_D/I_G 比值的增大可作为共价功能化程度增大的标志。这种变化归因于石墨烯 sp^3 碳原子的数量对 D 峰强度的影响。

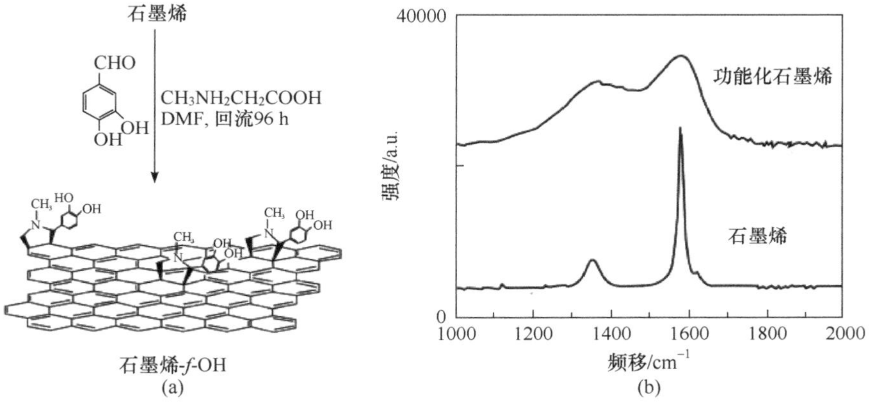

图 5.15 石墨烯的吡咯烷功能化

(a) 功能化反应示意图，DMF 表示二甲基甲酰胺；(b) 石墨烯和功能化石墨烯的拉曼光谱

类似的功能化流程得到的产物，由于石墨烯参与反应的碳原子从 sp^2 向 sp^3 转变，测试得出，其拉曼光谱的 I_D/I_G 从功能化前的 0.22 增大到功能化后的 0.4[27]。

有机金属功能化石墨烯有着很有趣的拉曼光谱行为，如图 5.16 所示[28]。Cr 有机物的结合，使拉曼光谱的 I_D/I_G 值从原始单层石墨烯的 0.0 增大到功能化石墨烯的 0.13。这一少许的增大，表明功能化反应使石墨烯原有的规整网络结构受到某种程度的干扰。解络合反应去除 Cr 有机物后(相当于解除功能化)，石墨烯拉曼光谱的 I_D/I_G 值几乎恢复到原始的 0.0，表明解除功能化后，石墨烯又基本恢复到原有规整的碳网络结构。

在功能化石墨烯中，与石墨烯相结合的功能化物质或基团有时也能在产物的拉曼光谱中得到检测。图 5.17 显示了纯净 C_{60}、石墨烯、锂化石墨烯和 C_{60} 接枝功能化石墨烯的拉曼光谱[29]。化学还原石墨烯分别显现位于 1357 cm^{-1} 的 D 峰(sp^3 碳)和位于 1602 cm^{-1} 的 G 峰(sp^2 碳)，而纯净 C_{60} 则显现位于 1466 cm^{-1} 的六角形收缩模以及附加的位于 1425 cm^{-1} 和 1572 cm^{-1} 的 H_g 模。对于 C_{60} 接枝功能化石墨烯，清楚可见三个峰，分别归属于石墨烯的 D 峰(1354 cm^{-1})和 G 峰(1601 cm^{-1})以及 C_{60} 的 1476 cm^{-1} 峰。注意到功能化石墨烯中 C_{60} 的这个峰与纯净 C_{60} 相应的峰有 10 cm^{-1} 的偏移。这个偏移意味着石墨烯片与 C_{60} 之间存在着强烈的相互作用。此外，另一个值得注意的现象是锂化石墨烯的拉曼 G 峰(1594 cm^{-1})相对石墨烯的 G 峰(1602 cm^{-1})有一个约−10 cm^{-1} 的偏移，这表明从锂向石墨烯网络的电荷转移[30,31]。反之，C_{60} 接枝功能化石墨烯的 G 峰位置相对锂化石墨烯有一个 7 cm^{-1} 的正偏移，表明石墨烯网络向共价键结合的 C_{60} 电荷转移[30]。

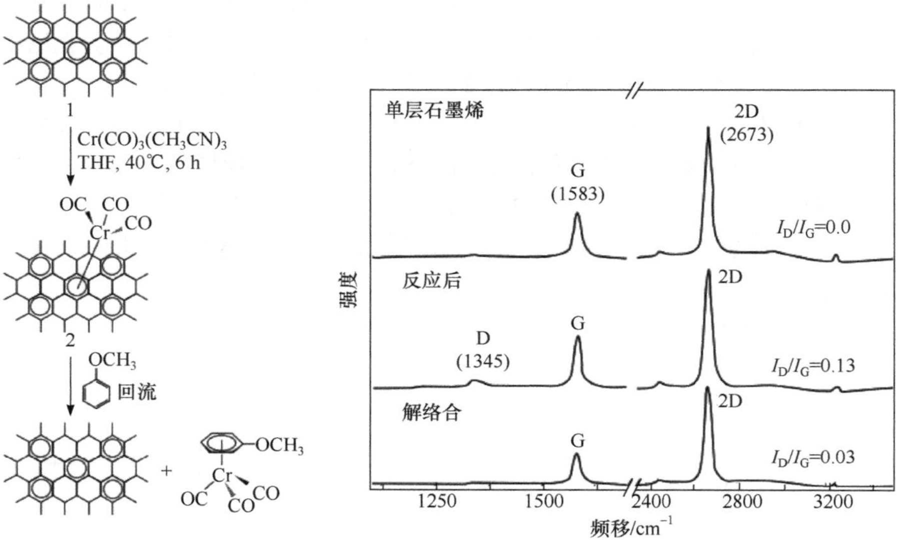

(a)　　(b)

图 5.16　有机金属功能化石墨烯的拉曼行为

(a) 络合和解络合的反应过程，THF 表示四氢呋喃；(b) 拉曼光谱

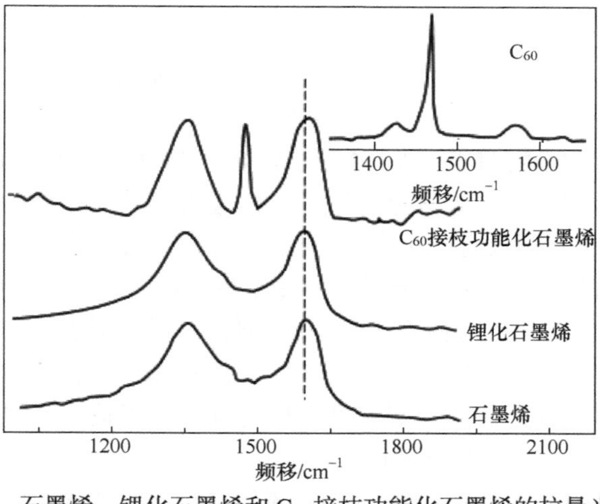

图 5.17　石墨烯、锂化石墨烯和 C_{60} 接枝功能化石墨烯的拉曼光谱

使用其他纳米碳构体与石墨烯或氧化石墨烯相结合制备的功能化石墨烯是一类新的纳米材料，它们具有某些优异的性质，近年来受到广泛关注。这些碳纳米构体主要包括碳纳米管、富勒烯 C_{60} 和碳纳米球。这类产物可看成是碳杂化纳米复合材料，由于具有特有的某些优良性质，在诸如超级电容、锂离子电池、光催化电池和聚合物增强剂等领域有着巨大的潜

在应用价值。得到最广泛研究的是氧化石墨烯与碳纳米管的结合产物，在大多数情况下，这两种纳米碳的结合使得产物的导电性、活性表面积和力学强度等性能都得到显著提升。

碳纳米管/石墨烯复合物是近年来发展起来的一类纳米复合材料。石墨烯这类二维的纳米材料与诸如单壁和多壁碳纳米管这类一维的丝状纳米构体的结合将形成有趣的三维杂化物，其优良的性能使得这类杂化物有着很有潜力的应用前景。

石墨烯或氧化石墨烯与碳纳米管具有共同的石墨结构是它们之间发生相互作用的基础。碳纳米管管身由 π 键共轭形成的六角形碳环组成，因而可通过 π-π 相互作用与石墨烯相结合，获得碳纳米管功能化石墨烯。

有许多方法可用于使碳纳米管与石墨烯相互结合[32]。直接生长法是制备碳纳米管功能化石墨烯的一种重要方法[33]。这时，石墨烯起基体的作用，碳纳米管在其表面垂直生长，形成 3D 碳纳米结构。碳纳米管的生成可以从产物的拉曼光谱分析中得到确认。图 5.18 显示了石墨烯/单壁碳纳米管杂化物和作为对比的纯净单壁碳纳米管的拉曼光谱。功能化产物的 D 峰和 G 峰是两种组分的共同贡献，而一组径向呼吸峰的存在表明了产物中确实存在单壁碳纳米管。光谱显示功能化产物的 I_D/I_G 比起单壁碳纳米管的 I_D/I_G 明显较高，功能化处理使 I_D/I_G 值从 0.12 增加到 0.28，这可解释为功能化过程中，在石墨烯表面和石墨烯与单壁碳纳米管结合处增加了大量缺陷。

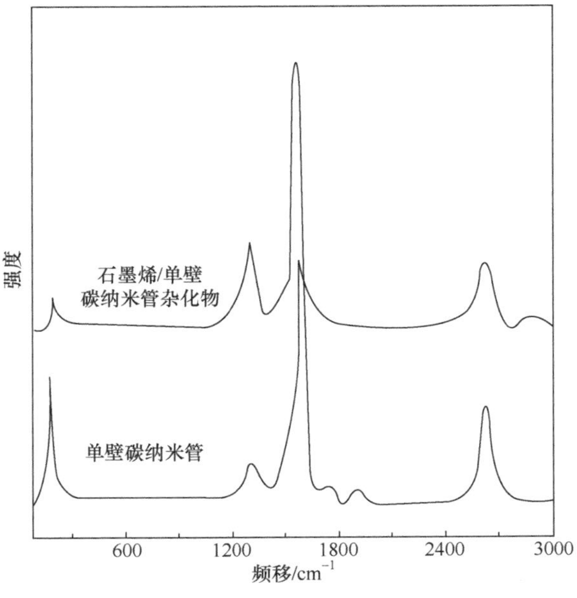

图 5.18　石墨烯/单壁碳纳米管杂化物和单壁碳纳米管的拉曼光谱

石墨烯和氧化石墨烯的 C_{60} 功能化通常有两种方式：与 C_{60} 衍生物的共价结合；C_{60} 在石墨烯表面的简单沉积。

石墨烯和富勒烯的结构不允许这两种成分直接结合，即便是使用富含氧基团的氧化石墨烯替代石墨烯，由于两种成分不同的特性(如大小和溶解性)，相互间仅有的弱相互作用不足以保证杂化产物的稳定性。然而，含有胺类或其他氮基团(如吡咯烷环)的 C_{60} 衍生物通过与氧化石墨烯的羧基形成酰胺键能够实现它们的共价结合。氧化石墨烯的 C_{60} 功能化通过拉曼光谱的观察得到证实。图 5.19 显示了氧化石墨烯、吡咯烷/C_{60}和石墨烯/C_{60}的拉曼光谱[34]。与氧化石墨烯相比，石墨烯/C_{60}在 D 峰和 G 峰之间出现了一个位于 1482 cm^{-1}的新峰，它归属于C_{60}的A_{2g}模，与吡咯烷/C_{60}相应的峰有 13 cm^{-1}的偏移。这种相对偏移足以表明C_{60}本体与石墨烯片间发生了强相互作用，可以解释为其来源于两者的共价结合。

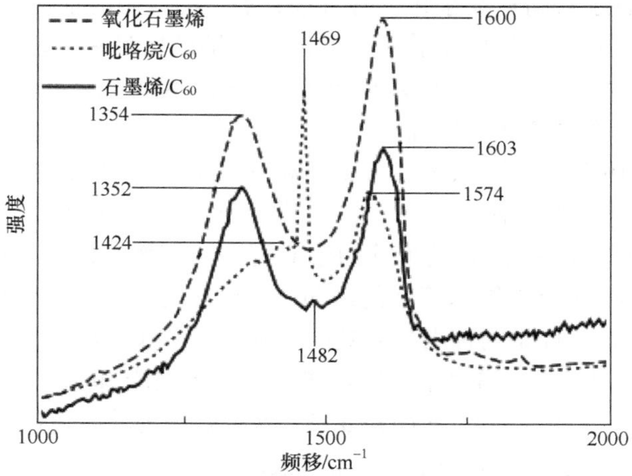

图 5.19　氧化石墨烯、吡咯烷/C_{60}和石墨烯/C_{60}的拉曼光谱

5.1.7　石墨烯片的取向

石墨烯片的排列和取向有时会成为影响材料性质的决定性因素。在纳米复合材料中石墨烯片空间取向的定量表征是研究人员面临的值得探索的课题。这一课题近年来取得了重要进展[35,36]。

偏光拉曼光谱术能用于定量描述各种不同材料(如聚合物大分子、半导体晶体和纳米复合材料中的碳纳米管)的取向分布[37,38]。这种表征方法的基本原理如下：当一束偏振光入射于试样时，拉曼散射光的某个或某几个峰的强度与入射光的偏振方向和取向试样方位之间的夹角有关。这一原理同样适用于石墨烯片取向的定量表征，只是由于石墨烯的特殊几何形状和拉曼特性，在方法上有所修正。

图 5.20 显示了石墨烯试样几何与激发光入射方向和偏振方向之间的关系[35]。实验指出，当偏振入射光垂直入射于石墨烯片表面时(即沿图中 Z 轴方向)，拉曼散射光的 2D 峰强度与石墨烯片的取向无关[即与Φ_Z角无关，图 5.20(b)]。然而，当偏振入射光垂直于石墨烯片侧面即平行于石墨烯片表面(如沿图中 X 轴方向)入射时，即使试样只有一个原子厚度的侧面，由于共振拉曼散射很强，依然能获得可供分析的拉曼散射光谱，而且拉曼散射光的 2D 峰强度强烈依赖于入射偏振光偏振方向与石墨烯片取向的夹角[Φ_X，图 5.20(c)]。

作为实例，图 5.21 显示了对一单层石墨烯试样作偏振拉曼分析的测定结果[35]。待测试样为采用 CVD 法生长于铜箔衬基上的石墨烯片。图 5.21(a)是用超薄切片机制得的铜箔横截面光学显微图。供拉曼测试的试样的构造如图 5.21(b)所示，沉积有石墨烯片的铜箔被包埋于聚合物中以便支撑。偏振光束平行于 Z 轴入射，即垂直于石墨烯片表面入射时，获得的拉曼散射光谱显示在图 5.21(c)中，这是由 CVD 法生成的石墨烯片的典型拉曼光

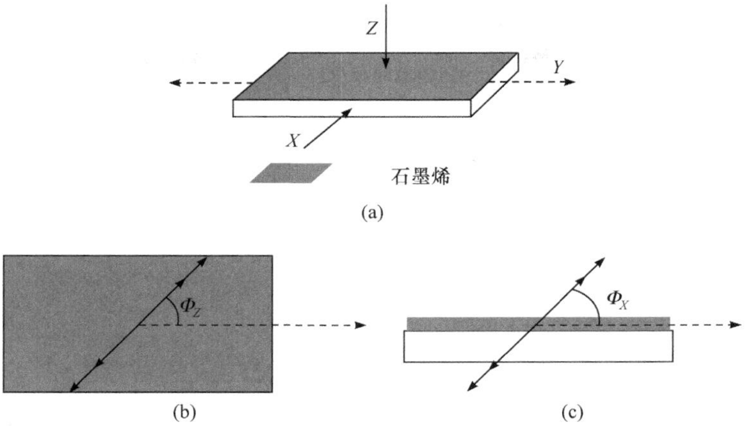

图 5.20　试样几何与偏振光偏振方向间的关系示意图

(a) 三维示意图，X 和 Z 箭头表示激光入射方向；(b) Z 方向入射激光，实线箭头表示入射光和散射光的偏振方向，虚线箭头代表 Y 坐标方向；(c) X 方向入射激光，实线箭头表示入射光和散射光的偏振方向，虚线箭头代表 Y 坐标方向

谱。分析光谱可知，其 2D 峰强度与 G 峰强度比值高，同时，2D 峰显示峰半高宽小于 35 cm^{-1}，具有尖锐的峰形，这是单层石墨烯片的特征。2D 峰强度(I_{2D})随入射光偏振方向相对石墨烯片的方位角(Φ_Z)的变化如图 5.21(d)所示。可以看到，I_{2D} 基本上不随 Φ_Z 角发生变化。图 5.21(c)也显示了入射激光束沿 X 轴，即平行于铜箔表面的方向，而且 Φ_X=0 时入射所获得的拉曼光谱。这时 2D 峰的强度较弱，但仍然可以清楚地观测到，由于入射光束在试样表面光斑直径达到约 2 μm，因此光谱中除显示厚度仅为 0.34 nm 的石墨烯的拉曼信息外，还包含了来自试样支撑聚合物的拉曼信号，光谱显现出较强的荧光背景。散射光谱 2D 峰强度(I_{2D})随入射光偏振方向相对石墨烯片的方位角(Φ_X)的变化如图 5.21(e)所示，I_{2D} 在 Φ_X=0°时为极大，而 Φ_X=90°时为极小。对石墨烯纸作类似的拉曼测量，发现其散射拉曼光谱的 D 峰强度对偏振方向相对试样表面的方位角敏感，测试结果如图 5.22 所示。

取向分布函数 $f(\theta)$ (orientation distribution function, ODF)和由偏振拉曼光谱术测得的取向序列参数[orientation order parameter, $\langle P_2(\cos\theta)\rangle$ 和 $\langle P_4(\cos\theta)\rangle$]常用于定量描述石墨烯的取向。一般而言，$\langle P_2(\cos\theta)\rangle$ 和 $\langle P_4(\cos\theta)\rangle$ 的值越大，表示取向越好。$\langle P_2(\cos\theta)\rangle$ 是主要参数，包含了取向的基本信息(平均取向度)。与之相比，$\langle P_4(\cos\theta)\rangle$ 与平均取向度的相关性较弱，但在构建取向分布函数时是不可缺少的参数。例如，$\langle P_2(\cos\theta)\rangle$ =0 意味着石墨烯片随机取向。有时在描述某种特殊情况时，$\langle P_4(\cos\theta)\rangle$ 更为合适。对取向分布函数和取向序列参数的详细分析和从偏振拉曼光谱测得数据的处理可参阅相关文

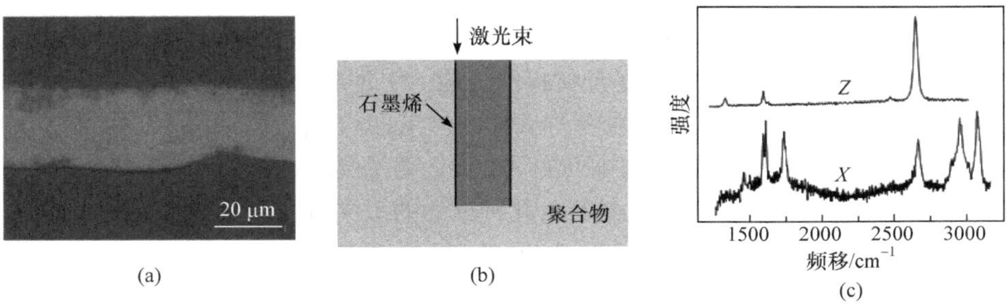

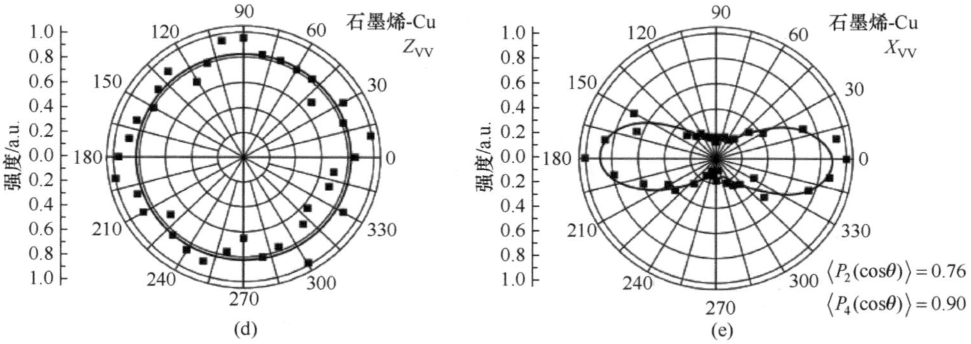

图 5.21　铜基上单层石墨烯拉曼散射光偏振行为的测定

(a) 试样横截面光学显微图；(b) 试样构造示意图；(c) 激发光沿 X 轴和 Z 轴入射的拉曼光谱；(d) 激发光沿 Z 轴入射的拉曼光谱(I_{2D} 随 Φ_Z 的变化)；(e) 激发光沿 X 轴入射的拉曼光谱(I_{2D} 随 Φ_X 的变化)

献[35,36,39-43]。对几种试样(铜衬基-石墨烯、PET 衬基-石墨烯、HOPG 和石墨烯纸)测得的取向序列参数列于表 5.2，取向分布函数 $f_N(\theta)$显示在图 5.23 中。表 5.2 中可见，与其他试样相比，石墨烯纸的〈$P_2(\cos\theta)$〉和〈$P_4(\cos\theta)$〉都有最低值，表明其取向程度最差。这是一个合理的结果。比较取向分布函数图中各条曲线，可见 HOPG 与铜衬基-石墨烯和 PET 衬基-石墨烯有近似的取向分布曲线，而石墨烯纸则有最差的空间取向。这与使用其他表征方法测得的结果一致[35]。

表 5.2　四种试样的石墨烯取向参数

材料	〈$P_2(\cos\theta)$〉	〈$P_4(\cos\theta)$〉
铜衬基-石墨烯	0.85±0.12	0.94±0.05
PET 衬基-石墨烯	0.76±0.14	0.83±0.05
HOPG	0.79±0.01	0.73±0.02
石墨烯纸	0.17±0.01	0.05±0.05

基于上述研究结果，偏振拉曼光谱术已成功地应用于几种纳米复合材料中氧化石墨烯空间分布的定量表征[36]。对氧化石墨烯/PVA 纳米复合材料的偏振拉曼光谱测试表明，当入射偏振光沿 X 轴方向即平行于试样表面的方向入射时，散射光谱的 G 峰强度随偏振方向与试样表面间的方位角 Φ_X 发生变化，而沿 Z 轴方向即垂直于试样表面的方向入射时，G 峰强度与试样的方位角，即 Φ_Z 无关。测试结果如图 5.24 所示[36]，图中还标示了取向参数〈$P_2(\cos\theta)$〉和〈$P_4(\cos\theta)$〉的值，表明氧化石墨烯片在纳米复合材料中的排列有一定程度的空间取向。这与 SEM 观察得出氧化石墨烯片大致与试样表面相平行的结果相吻合。对氧化石墨烯/环氧树脂纳米复合材料沿 X 轴、Y 轴和 Z 轴方向做类似测试的结果如图 5.25 所示[36]。散射光谱 G 峰的强度与试样方位角即与 Φ_X、Φ_Y 和 Φ_Z 无关，表明氧化石墨烯片在复合材料中的分布是随机排列的。对氧化石墨烯/PMMA 纳米复合材料的测试也给出与氧化石墨烯/环氧树脂相似的结果。几种试样的取向分布函数曲线如图 5.26 所示[36]。氧化石墨烯/环氧树脂和氧化石墨烯/PMMA 的 $f_N(\theta)$的值都不随 θ 角变化，表明石墨烯片随机取向，而 $f_N(\theta)$的值随 θ 角减小越快，表示取向度越高。

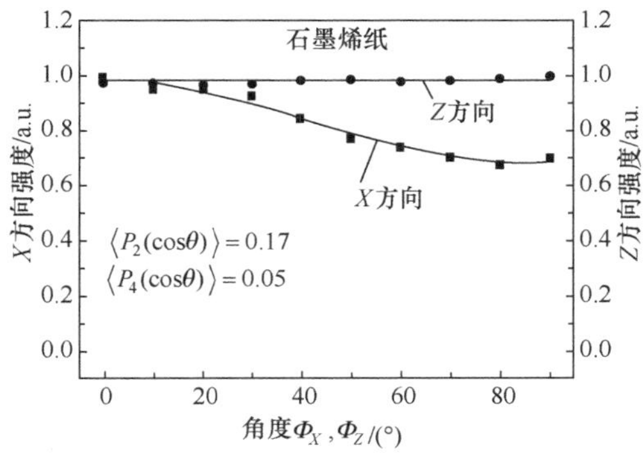

图 5.22　入射光沿 Z 和 X 方向入射石墨烯纸的拉曼光谱 I_G 随 Φ_Z 和 Φ_X 的变化

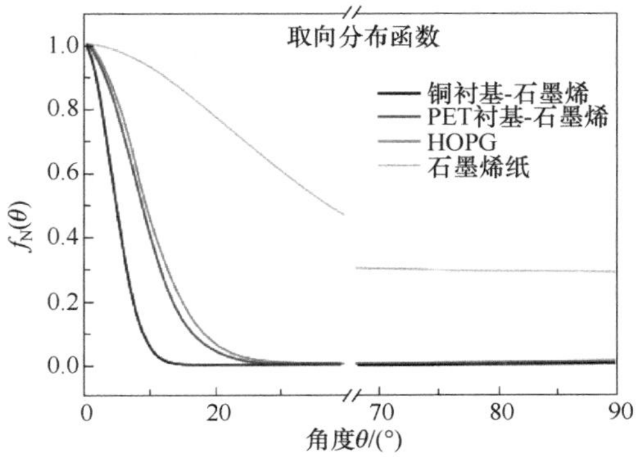

图 5.23　四种试样的石墨烯取向分布函数

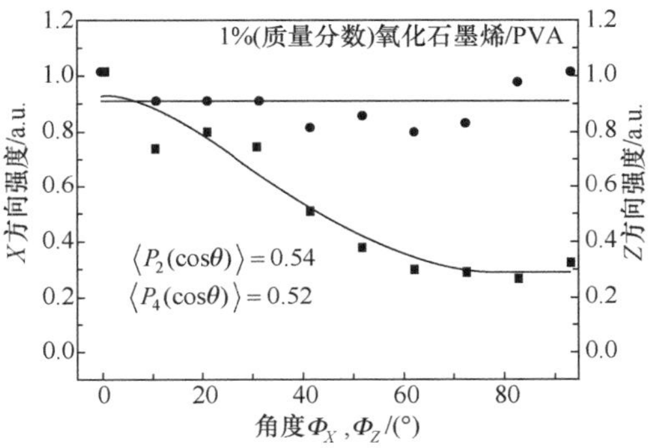

图 5.24　激光沿 Z 和 X 方向入射时，氧化石墨烯/PVA 纳米复合材料的拉曼光谱的 I_G 随 Φ_Z 和 Φ_X 的变化

图中圆点对应于 Z 方向，方块对应于 X 方向

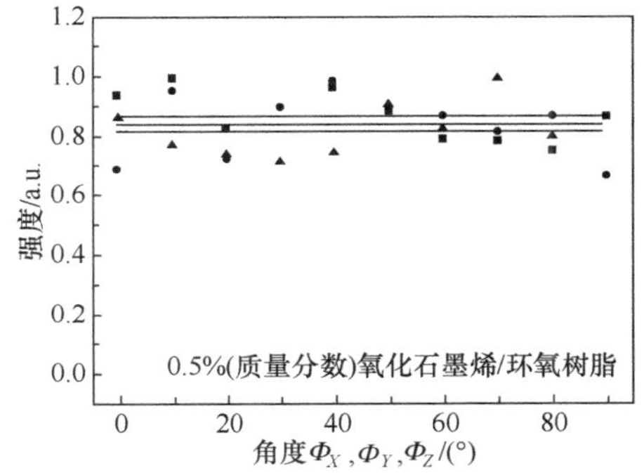

图 5.25　激光沿 X、Y 和 Z 方向入射时，氧化石墨烯/环氧树脂纳米复合材料的拉曼光谱的 I_G 随 Φ_Z，Φ_Y 和 Φ_X 的变化

图中方块表示 Φ_X，三角表示 Φ_Y，圆点表示 Φ_Z

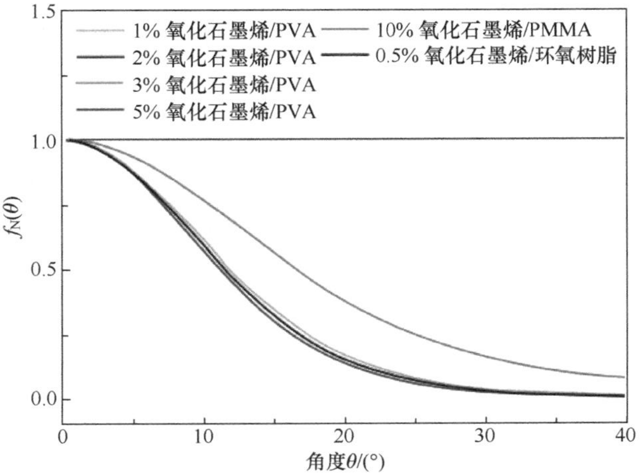

图 5.26　几种复合材料石墨烯的取向分布函数

5.2 模型石墨烯纳米复合材料

模型单纤维复合材料广泛应用于纤维复合材料界面行为的研究，在界面微观力学领域取得显著成果[44]。对于石墨烯增强复合材料，研究人员也采用类似的方法研究在外负荷下的界面行为。这种方法的基础是增强体石墨烯的拉曼光谱峰行为对施加应变的敏感响应。

5.2.1 石墨烯的拉曼峰行为对应变的响应

对应变/应力敏感的石墨烯拉曼峰行为表现在峰频移的变化。一些研究者报道了他们测定的石墨烯拉曼峰频移相对应变的函数关系[45-49]。

1. *实验方法*

对仅为原子厚度的石墨烯直接做单向拉伸或压缩，以目前的实验技术是难以实现的。一般的做法是将石墨烯吸附在聚合物材料制成的基片(板或膜)上，而外负荷直接施加在塑料基片上，将应变传递给石墨烯。一种将合成的石墨烯片转移到基片上的方法如图 5.27 所示[45]。这是将在 Si 基片上合成的单层石墨烯转移到聚二甲基硅氧烷(PDMS)膜上的成功方法。PDMS 是一种硅酮弹性体，适合于施加应变。第一步是在 Si 基片上沉积一层金膜以支撑单层石墨烯，随后在金膜上涂布一层浓 PVA 溶液；待 PVA 固化后，将其从 Si 基片上剥离，获得石墨烯/金膜/PVA 组合物；将该组合物覆盖到 PDMS 上；最后，用去离子(DI)水去除 PVA，用蚀刻法溶解金，石墨烯被转移到 PDMS 上。为了夹紧石墨烯，在试样表面蒸发上 Ti 栅条(宽 2 μm，厚 60 nm)[图 5.27(g)]。转移后的基片上的石墨烯在光学显微镜下可见，如图 5.27(f)所示。也可以选用其他聚合物材料制作基片，如 PET 和 PMMA 等。为了改善基片上石墨烯的光学可见性，可在转移前在基片表面涂布一薄层光刻胶(感光性树脂)，厚度约为 400 nm。对机械剥离的石墨烯可直接转移到基片上。

通常使用将基片弯曲的方法对石墨烯施加沿基片纵向的应变，可以是二支点弯曲，也可选用四支点弯曲，如图 5.28 所示[18]。注意：示图尺寸并未按真实比例绘制。一个典型

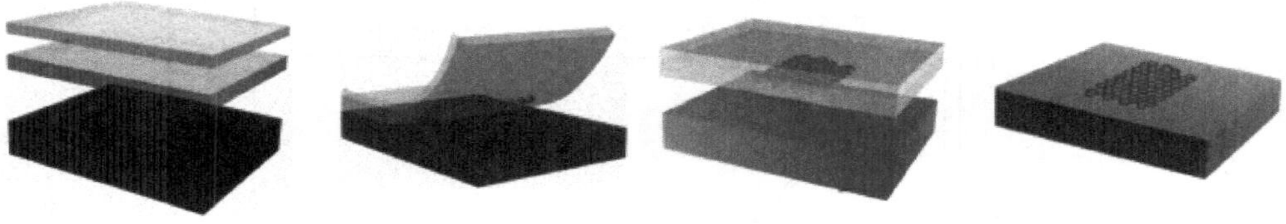

(a) (b) (c) (d)

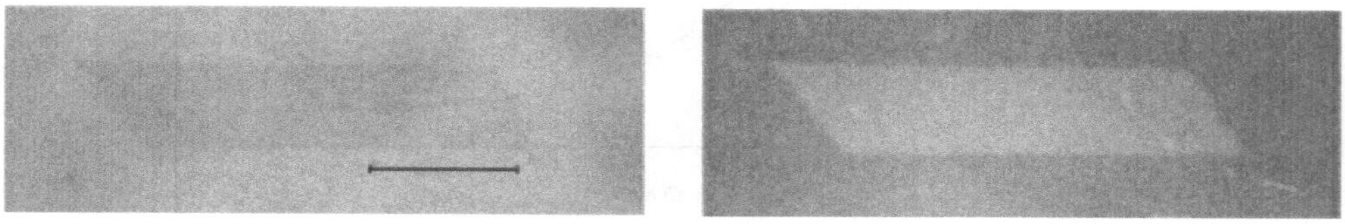

(e) (f)

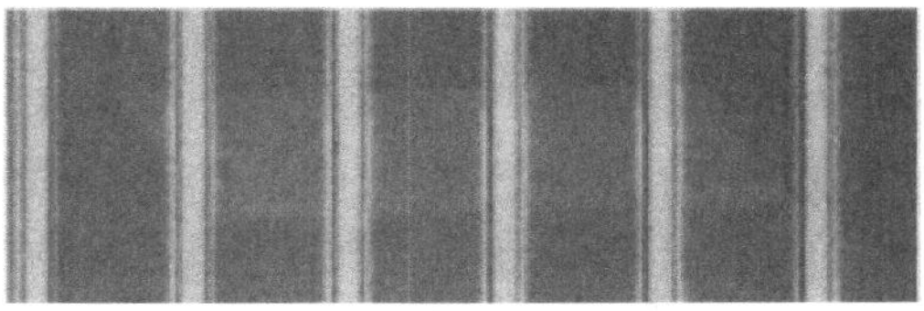

(g)

图 5.27　石墨烯的转移过程

(a～d) 将 Si 基片上的石墨烯转移到 PDMS 膜上；(e) Si 基片上(转移前)石墨烯片的光学显微图；(f) PDMS 片上石墨烯(转移后)的光学显微图；(g) 沉积 Ti 栅条后的光学显微图

的 PET 膜基片尺寸为厚 720 μm，长 23 mm，丙烯酸塑料(perspex)基片的尺寸为厚 3 mm、长 10 cm 和宽 1 cm[18]。石墨烯位于基片的中央，其尺寸应为基片长度的 $1/10^4$～$1/10^3$。有多种测量基片(石墨烯)纵向应变的方法。对如图 5.27(g)所示的试样，可在光学显微镜下直接测量 Ti 栅条间距的变化以获得应变的大小；使用应变片是另一种方便的方法；测量支点的位移，通过计算获得基片表面的应变值。

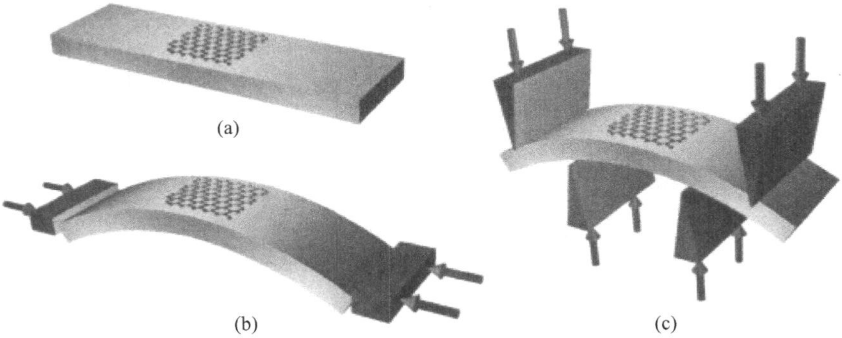

图 5.28　负载实验示意图

(a) 安置了石墨烯的基片，石墨烯片位于中央位置；(b) 二支点弯曲；(c) 四支点弯曲

做拉曼光谱测试时应注意激光功率的控制，通常应使试样上的功率小于 2 MW，以保证石墨烯不会发生热损伤(在给定应变下，拉曼峰的频移和峰宽都不发生变化)。负载和卸载时数据的重现情况能确定石墨烯与基片间是否发生滑移。

2. 峰频移与应变的函数关系

高质量石墨烯在 800～3000 cm^{-1} 范围内的拉曼光谱通常显示两个特征峰：G 峰和 2D 峰。原子结构有缺陷的石墨烯和氧化石墨烯除这两个峰外，还出现 D 峰。使用上述实验装置，各个研究组测得的拉曼峰频移与应变的函数关系既相似又有不同。共同的结果是：各个峰的峰频移都随应变的增大向低频移方向偏移，而且有良好的线性关系；在较大的应变下，G 峰发生分裂，成为 G^+峰和 G^-峰。不同的是测得的频移随应变的偏移率有所差异。

图 5.29 显示了不同应变下石墨烯的拉曼光谱[18]。可以看到，应变使拉曼峰的频移发生红偏移，而且应变越大，偏移越大；在较大应变下 G 峰分裂为两个峰(G^+峰和 G^-峰)。

拉曼峰频移与应变的函数关系如图 5.30 所示[18]。对 2D 峰、G^+峰和 G^-峰的数据点的拟合直线的斜率分别为$-64\ cm^{-1}/\%$、$-10.8\ cm^{-1}/\%$和$-31.7\ cm^{-1}/\%$。图 5.30 显示，测定的数据相对拟合直线有些分散。这可能是由于这组数据不仅包括两种实验装置(二支点弯曲和四支点弯曲)测定的数据，也包括循环负荷(负载和卸载)测定的所有数据。有些研究者测得的数据与直线则有很好的相关性[18,42,46]，如图 5.31 所示[45]。

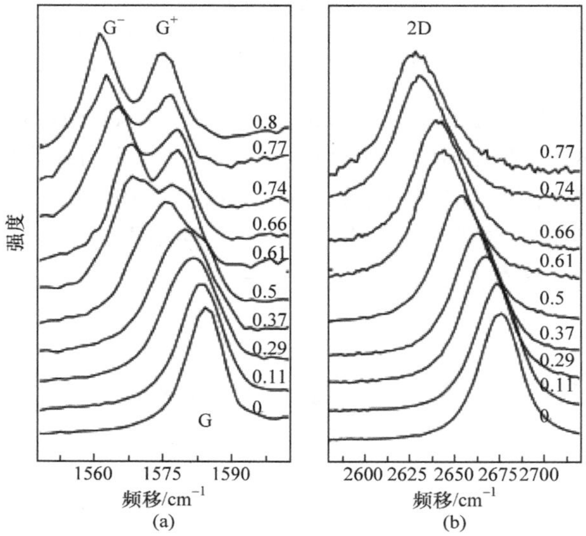

图 5.29　不同应变下石墨烯的拉曼光谱

(a) G 峰；(b) 2D 峰

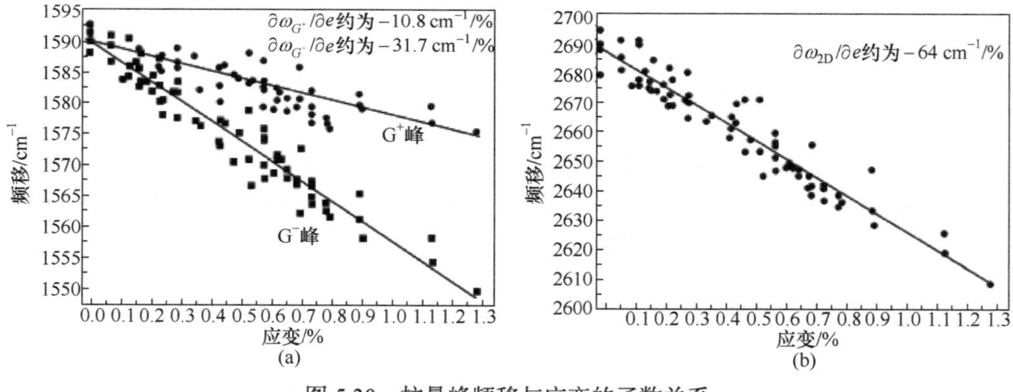

图 5.30　拉曼峰频移与应变的函数关系

(a) G 峰；(b) 2D 峰

显然，2D 峰的行为适合于测定负荷下复合材料中石墨烯的应变及其分布，并据此分析界面应力的传递情况。

对于氧化石墨烯，其拉曼光谱显现很强的 D 峰。研究指出，D 峰的频移也随应变的增大向低频移方向偏移，而且有良好的线性关系[50]。这个函数关系也可应用于研究相关复合材料的形变微观力学。

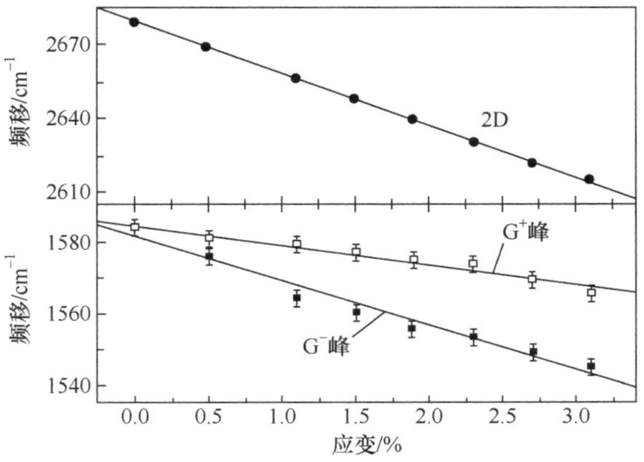

图 5.31　石墨烯 G 峰和 2D 峰频移随应变的线性关系

5.2.2　界面应力传递

1. Cox 模型剪切-滞后理论的有效性

Cox 的剪切-滞后理论(shear-lag theory)[51]是讨论复合材料微观力学的基础。对于石墨烯纳米复合材料，增强体石墨烯的厚度仅有一个原子的厚度，这一理论是否适用?

对于长连续纤维增强复合材料，复合材料中的纤维沿纤维排列方向的轴向应变与基体应变一般是相同的。因此，相对于基体材料，较高模量的纤维承担了负荷的主要部分，起到了增强作用。对于短纤维增强体，情况比较复杂。Cox 的剪切-滞后理论已成功地应用于分析这种情况下的界面应力传递。对于诸如石墨烯这样的片状增强体，可将它考虑成纤维增强体的二维问题。实际上，剪切-滞后理论已经被用于分析诸如层状黏土[52]和某些生物材料(骨骼和壳)[53,54]等片状增强体的增强作用。

实验和理论研究表明 Cox 的剪切-滞后理论也适用于石墨烯纳米复合材料的分析。

类似于不连续单纤维的情况，经某些修正后，剪切-滞后理论能用于模拟单层石墨烯在基体中的力学行为[48]。假定石墨烯是力学连续体，而且其周围是一层弹性聚合物树脂，如图 5.32 所示[55]。图中τ为剪切应力，作用在距离单层石墨烯片中心 z 处。弹性应力通过增强体与基体之间界面的剪切应力从基体传递给增强体。根据片状体的剪切-滞后分析，对给定的基体应变 e_m，单层石墨烯片上的应变 e_f随位置 x 的变化由下式[48]表示：

$$e_f = e_m\left[1-\frac{\cosh\left(ns\dfrac{x}{l}\right)}{\cosh\left(\dfrac{ns}{2}\right)}\right] \tag{5.1}$$

其中

$$n=\sqrt{\frac{2G_m}{E_g}\left(\frac{t}{T}\right)} \tag{5.2}$$

式中，G_m为基体的剪切模量；E_g为石墨烯片的杨氏模量；l 为石墨烯片在 x 方向的长度；t 为石墨烯的厚度；T 为树脂的总厚度；s 为石墨烯在 x 方向的长厚比(l/t)；参数 n 为在复

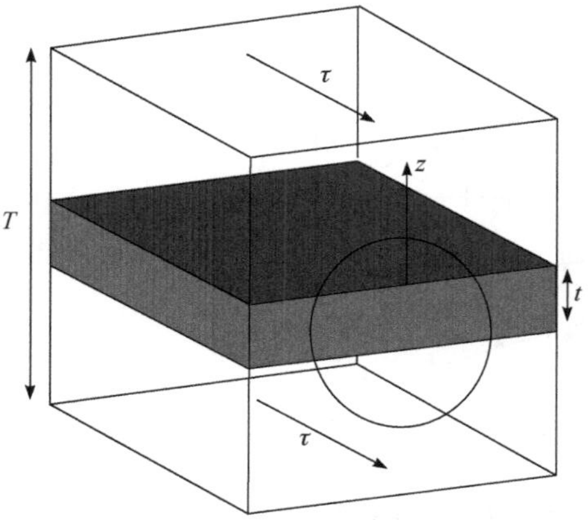

图 5.32　用于剪切-滞后分析的树脂内石墨烯片的模型

合材料微观力学中被广泛认可的界面应力传递效率的有效量度，所以，ns 既与石墨烯片的形态有关，又石墨烯与基体的相互作用程度有关。

石墨烯/聚合物界面的剪切应力 τ_i 由下式给出[48]：

$$\tau_{\mathrm{i}} = nE_{\mathrm{g}}e_{\mathrm{m}} \frac{\sinh\left(ns\dfrac{x}{l}\right)}{\cosh\left(\dfrac{ns}{2}\right)} \tag{5.3}$$

考察这些方程式可知，在乘积 ns 有高值时，单层石墨烯将承受高应力，即增强体有高的增强效果。这意味着为了获得好的增强效果，应该有大的长厚比 s 和大的 n 值。必须指出，上述分析假定单片石墨烯和聚合物都具有线性弹性连续体行为。

2. 应变分布和界面剪切应力

应用石墨烯 2D 拉曼峰频移与石墨烯应变间的近似线性关系，可监测石墨烯复合材料的应力传递行为。一些纤维，包括碳纤维[56-58]、陶瓷纤维[59-61]和聚合物纤维[62,63]的拉曼峰频移或荧光峰波数对纤维应变敏感，据此，拉曼光谱术已经被成功地用于测定基体内纤维的应变分布，研究纤维与基体间的相互作用[44]。对于石墨烯复合材料，可比照相似的方法，制备模型石墨烯复合材料，测定负荷下石墨烯沿负荷方向应变的分布，然后分析界面应力传递的详情。

图 5.33(a)显示了一种模型石墨烯复合材料的构造示意图[55]。作为实例，以下叙述模型石墨烯复合材料试样的一种制备方法。将厚度约为 5 mm 的 PMMA 板材表面旋涂一层

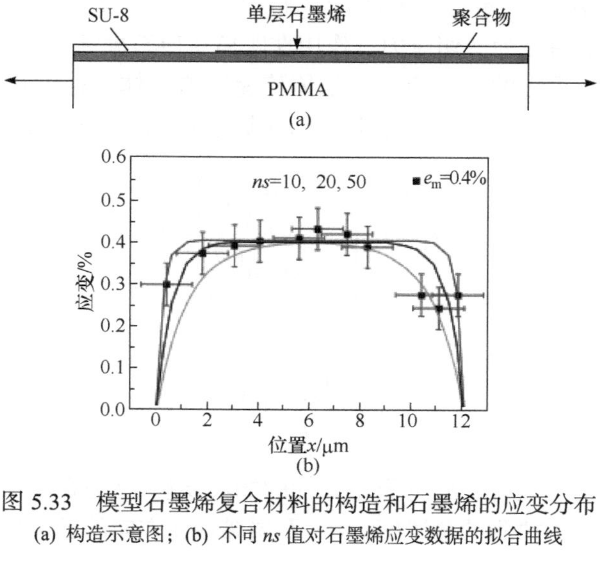

图 5.33　模型石墨烯复合材料的构造和石墨烯的应变分布

(a) 构造示意图；(b) 不同 ns 值对石墨烯应变数据的拟合曲线

SU-8 环氧树脂，厚度约为 300 nm。将用机械剥离法获得的石墨烯片转移到环氧树脂表面上。这种方法制备的石墨烯片常有不同的层数，用光学显微术或拉曼光谱术可确定单层石墨烯。最后用旋涂法在板材上覆盖一薄层 PMMA，厚度约为 50 nm。两聚合物层之间的石墨烯在光学显微镜下可见。图 5.34 显示了具有不同厚度石墨烯片的光学显微图，从石墨烯片与基片之间的衬度差异可以确定与单层石墨烯相应的区域。使用拉曼光谱术也能确定单层石墨烯片。

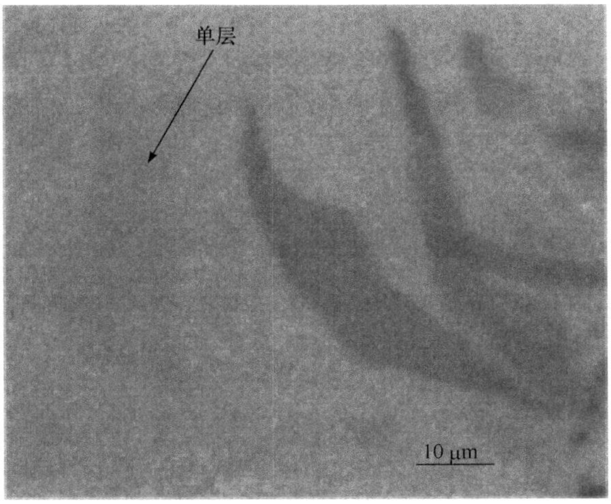

图 5.34　石墨烯片的光学显微图

用四支点弯曲法对 PMMA 板材施加负载(图 5.28)，粘贴在其表面上的应变片能测定其应变值。石墨烯拉曼光谱的测定使用低功率的氦氖激光，试样上的功率小于 1 mW。石墨烯的形变以其 2D 峰频移的偏移获得。激光束的偏振方向通常平行于拉伸方向。

应用方程(5.1)对从图 5.33(a)所示的试样测得的实验数据进行拟合，可得到拟合曲线[图 5.33(b)]。最佳拟合曲线的获得取决于 *ns* 值的合适选取。取不同 *ns* 值的拟合处理得出，在基体应变为 e_m = 0.4%时，取 *ns* = 20 获得了合适的拟合，如图 5.33(b)中粗黑实线曲线所示。或大(*ns* = 50)或小(*ns* = 10)的 *ns* 值，都使拟合曲线与实验数据有更大的偏离。是否达到最佳拟合，可从拟合系数(率)判断，完全理想的拟合，其拟合系数应达到 1。

图 5.35(a)显示了基体应变 e_m = 0.4%时，由应力引起的拉曼峰频移偏移测得的单层石墨烯沿 x 方向(拉伸方向)的应变[与图 5.33(b)所示不同的另一组数据]。图中可见，石墨烯在平行于应变轴方向的轴向应变沿 x 轴是不均匀的，应变在端头发生，沿中央方向逐渐增大，在中央区域成为平台常值，等于基体的应变 e_m = 0.4%。模型不连续单纤维复合材料，当纤维与基体有强界面结合，基体应变不是太大时与上述情况完全相似，可以用剪切-滞后理论来分析。

应用方程式(5.3)，可确定石墨烯-聚合物间界面剪切应力 τ_i 沿 x 轴的变化。端头具有最大的剪切应力，约 2.3 MPa。

当基体应变达到 e_m=0.6%时，测得的单片石墨烯轴向应变的数据分布情况与图 5.35(a)所示大有不同，如图 5.35(b)所示。这时，石墨烯两端的应变近似呈直线分布，直到靠近中央的 0.6%应变(等于基体应变 e_m=0.6%)。在石墨烯的中央应变下降到 0.4%。这种情况下，似乎石墨烯与聚合物基体间的界面已经遭到破坏，发生了脱结合，应力传递通过界面摩擦力发生。在石墨烯中央应变并不下降到零，意味着石墨烯仍然与聚合物保持接触。这与碳纤维的单纤维断裂试验中发生的情况不同。这种情况下的界面剪切应力可使用下列力平衡方程从图 5.35(b)的直线斜率计算得到：

$$\frac{de_f}{d_x} = -\frac{\tau_i}{E_g t} \tag{5.4}$$

计算得出，界面剪切应力在 0.3～0.8 MPa 范围内。

在轴向应变大于 0.4%后，单层石墨烯复合材料的形变导致石墨烯聚合物间界面破坏，与之相应，应变分布曲线出现显著不同的形状，界面剪切应力仅为约 1 MPa。与碳纤维复合材料测得的界面剪切应力(τ_i 为 20～40 MPa[56-58])相比，单层石墨烯与聚合物间的结合程度明显较弱，因此增强效果是相当低的。考虑到一个原子厚度平坦的表面，与基体间的相互作用是较弱的范德瓦耳斯结合，这个结果是合理的。

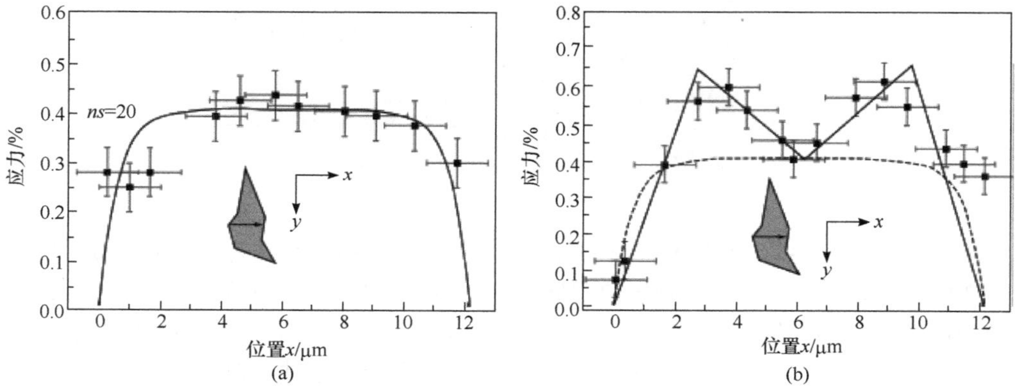

图 5.35　沿 x 轴方向石墨烯应变的分布

(a) 基体应变 0.4%；(b) 基体应变 0.6%

3. 最佳石墨烯尺寸

在纤维增强复合材料中，增强质量常用临界长度 l_c 来描述。这个参数被定义为从纤维端头到应变上升到平台区域距离的 2 倍，它的值越小，界面结合越强[64]。由图 5.35(a)可见，从石墨烯端头到应变上升到平台区域应变 90%的距离约为 1.5 μm，因此，对这个试样的石墨烯增强剂，临界长度约为 3 μm。为了获得好的纤维增强，一般认为纤维长度应为约 $10l_c$。据此，为了有效的增强果，石墨烯片需要有相当大的尺寸(大于 30 μm)。然而，就目前制备石墨烯的剥离技术而言，获得的单层石墨烯尺寸要达到这个要求还很困难。这也解释了目前制备的石墨烯聚合物复合材料只有低增强效率。

4. 应变图

在图 5.35 所示试样中对 y 轴方向各点应变的测量得出，在中央区域，沿 y 轴方向的应变分布也是均匀的。实际上，应用拉曼光谱术能对上述试样精确作出二维应变分布图。

图 5.36(a)显示了一单层石墨烯形变前的光学显微图[49]。利用其拉曼 2D 峰频移与应变间的近似线性函数关系，测得在不同基体应变下，石墨烯各点应变的分布如图 5.36(b)所示[55]。图中各黑色圆点表示拉曼测试点。由于激光斑点有约 2 μm 的大小，不可能测出石墨烯近边缘区域的应变，在应变图外绘出了试样的轮廓。示图显示，未形变和直到基体应变达到 0.6%，石墨烯各点的应变基本上是均匀的，应变超过 0.6%后，石墨烯表现出高度不均匀的应变分布(基体应变为 0.8%时的应变图)。高负荷将导致石墨烯与聚合物层间界面的破坏，应力传递的方式受到改变，表现为石墨烯应变发生变化。引起模型复合材料损伤的可能机制有如下两个(图 5.37)：单层石墨烯断裂[图 5.37(b)]；覆盖聚合物 SU-8 发生开裂[图 5.37(c)]。考虑到石墨烯约 100 GPa 的断裂应力和 20%的断裂伸长，仅仅 0.8%的外加应变不可能使石墨烯发生破坏，因此，可能的机制是聚合物的开裂。尽管界面受到损伤，但石墨烯与基体仍然保持接触。裂纹间石墨烯应变分布的形状呈三角形，界面剪切应力仅为约 0.25 MPa，比开裂前小一个数量级。

(a)

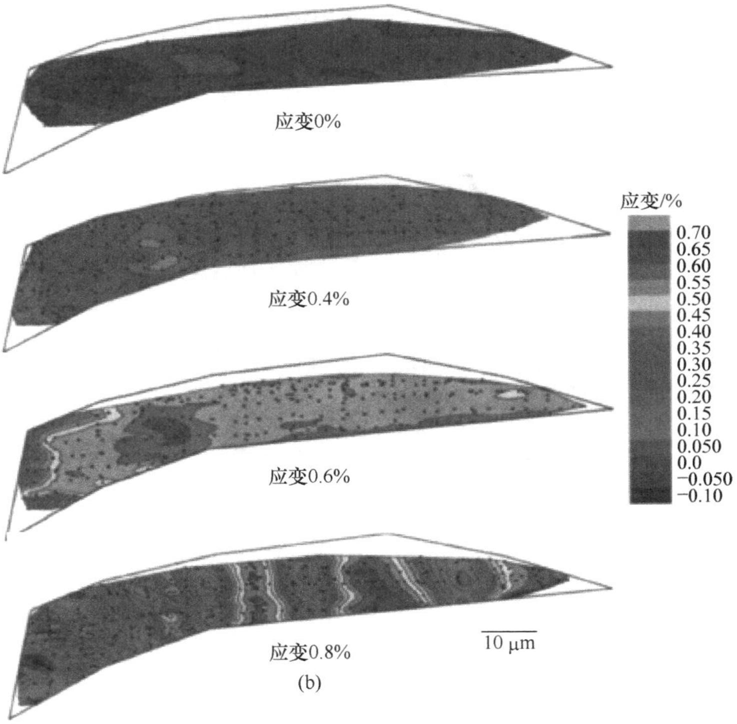

(b)

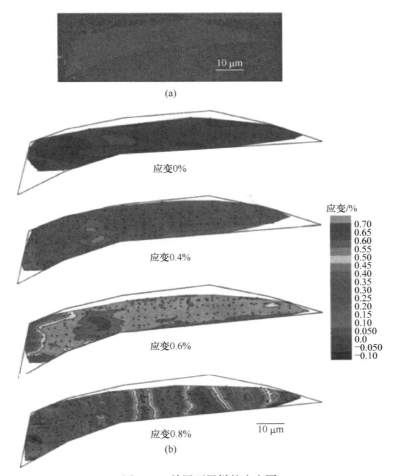

图 5.36 单层石墨烯的应变图

(a) 试样的光学显微图；(b) 不同应变下石墨烯片上的应变分布

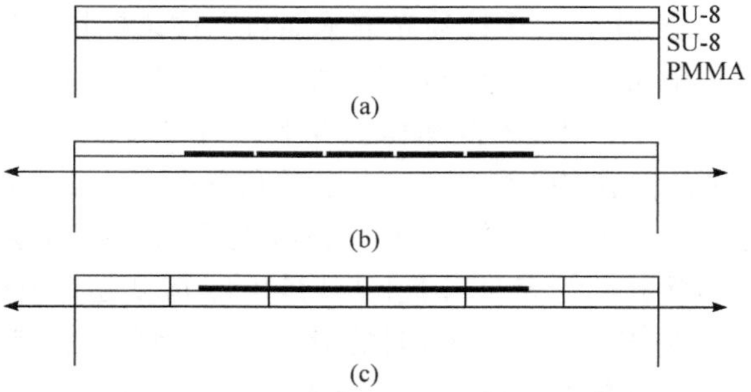

图 5.37　模型石墨烯复合材料界面破坏的可能机制

(a) 形变前；(b) 石墨烯断裂；(c) 覆盖聚合物开裂

5. 压缩负荷下的界面应力传递

复合材料在实际应用中通常都承受很复杂的应力场，而且常常损坏于压缩负荷下的压曲破坏。拉曼光谱术可应用于在压缩负荷下模型石墨烯复合材料的界面力学行为的研究[16,65]。使用与图 5.33(a)所示相似的试样，一种试样顶部覆盖一薄层聚合物，呈三明治结构，另一种试样石墨烯裸露在外。一种悬臂梁装置可用于对模型复合材料施加拉伸和压缩负荷，如图 5.38 所示[16]。

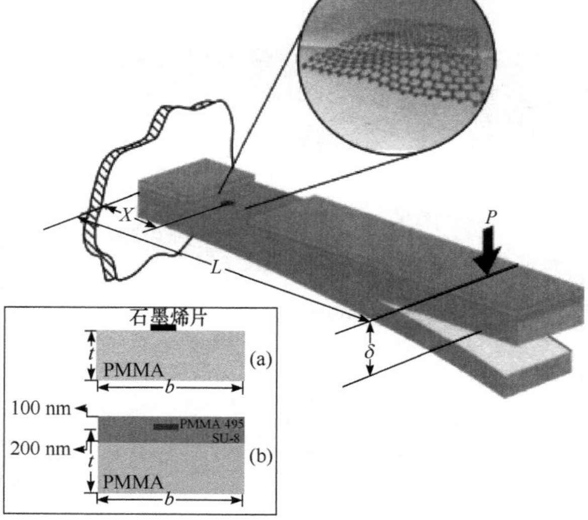

图 5.38　用于拉伸和压缩试验的悬臂梁装置

方框图内为试样结构示意图；(a) 试样石墨烯裸露在外；(b) 试样为三明治结构

调节悬臂梁端头的螺丝使其弯曲，对试样施加应变。应变值由下式计算得到：

$$e(x)=\frac{3t\delta}{2L^2}\left(1-\frac{x}{L}\right) \tag{5.5}$$

式中，L 为悬臂梁的跨度；δ 为施加负荷支点的位移；t 为悬臂梁的厚度。

图 5.39 显示了拉伸和压缩负荷下石墨烯的拉曼光谱 G 峰[65]。与拉伸时的拉曼光谱行

为不同，在压缩负荷下，石墨烯拉曼 G 峰随应变的增大向高频移方向偏移，相似的行为是在较高负荷下 G 峰都发生分裂，形成 G^+和 G^-两个峰。试验表明，石墨烯的几何形状对峰频移与压缩应变的函数关系有影响。图 5.40 显示了三种不同几何形状石墨烯(F1、F2 和 F3)G 峰和 2D 峰峰频移与压缩应变的函数关系[65]。可以看到，拟合曲线的形状、起始斜率和随压缩应变的增大斜率的变化都与石墨烯的形状相关。不过，整体而言，在压缩负荷下，小应变时 2D 峰频移以一定偏移率(与拉伸负荷时相近)随应变增大向高频移方向偏移。然而，当压缩应变增大后，峰频移偏移率逐渐减小，直到临界压缩应变。这时，由于发生 Euler 型压曲过程，不再有进一步的峰偏移。临界压缩应变的大小与单层石墨烯的几何形状有关。

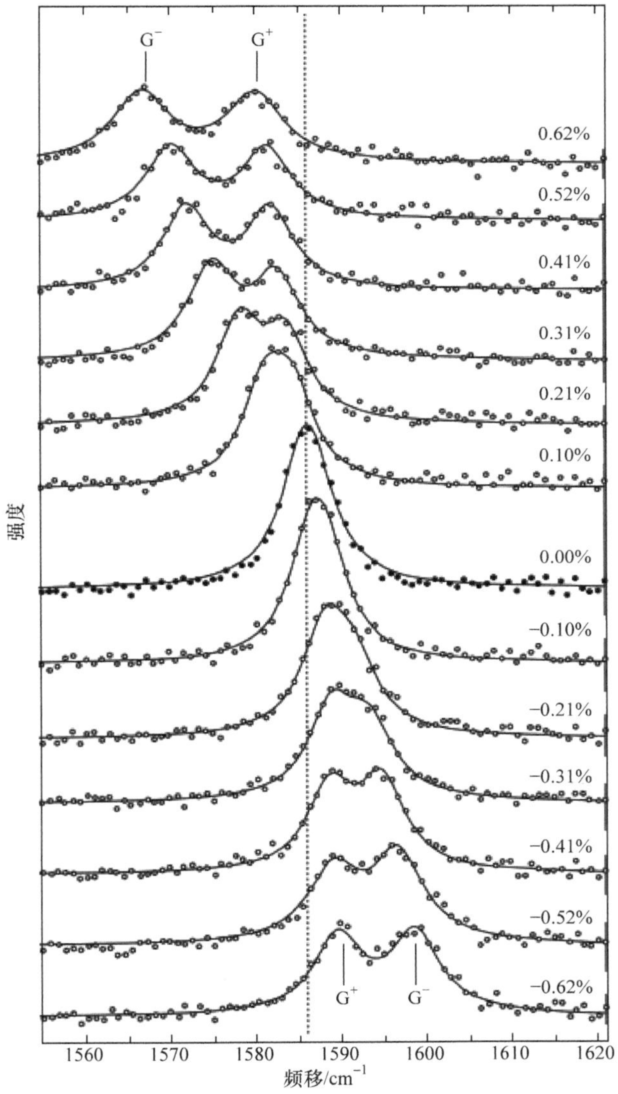

图 5.39　拉伸和压缩负荷下的石墨烯拉曼光谱 G 峰

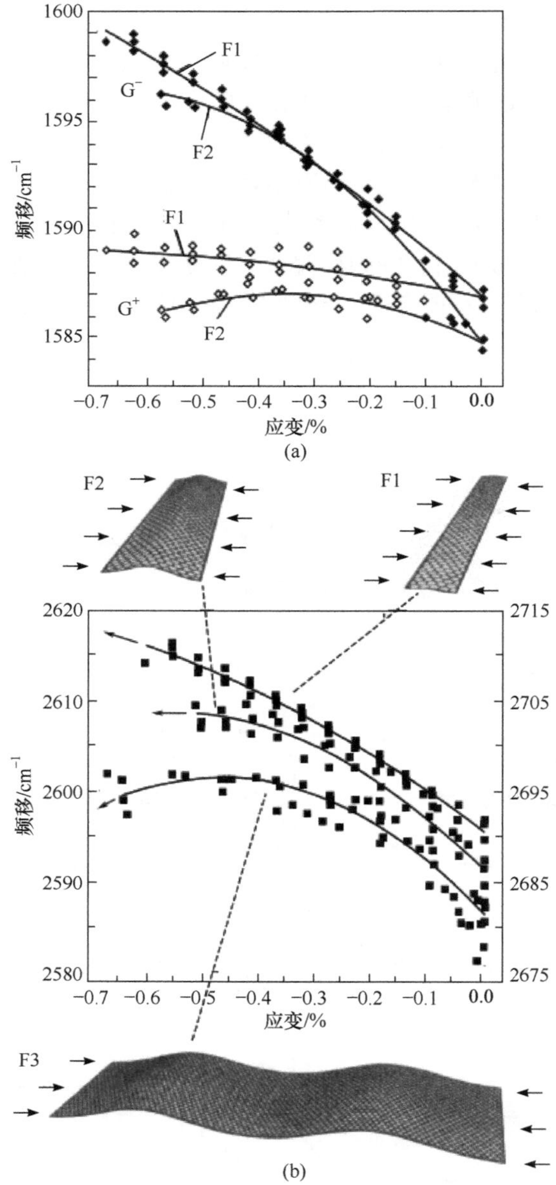

(b)

图 5.40　压缩负荷下石墨烯拉曼峰频移与应变的函数关系

(a) F1 和 F2 试样的 G 峰；(b) F1、F2 和 F3 试样的 2D 峰(左纵坐标与 F1 和 F2 对应，右纵坐标与 F3 对应)

6. 最佳石墨烯层数

前面讨论了单层石墨烯复合材料的有效增强要求石墨烯片有足够大的平面尺寸(大于 30 μm)。石墨烯的层数对复合材料的增强效果的影响是值得探索的另一个课题。许多研究人员已经花费了很大的努力研究如何从石墨大批量获取单层石墨烯[66-69]，以便用于复合材料的增强。一个疑问是单层石墨烯是否最有利于复合材料的增强。

文献[70]报道了应用拉曼光谱术系统研究石墨烯层数对增强效果的影响，颇具参考价值。

使用类似于图 5.33(a)所示的方法制备试样，用弯曲法实现石墨烯片的形变。对覆盖和未覆盖顶层聚合物的单层和双层石墨烯片测得的 2D 峰频移随拉伸应变的函数关系如图 5.41 所示[70]。图 5.41(a)显示，对于单层石墨烯，不论是否覆盖顶层聚合物，都有相近似的 2D 峰频移应变偏移率；与之不同，对双层石墨烯相同测试的结果[以单峰拟合光谱，图 5.41(b)]得出，覆盖顶层聚合物的石墨烯比未覆盖试样有显著高的单位应变 2D 峰频移偏移。这个结果表明石墨烯与聚合物之间有较好的应力传递，而上层与下层石墨烯之间则有相对较弱的应力传递效果。图 5.42 显示了不同层数石墨烯 2D 峰频移随应变的变化[70]。测试时，除多层石墨烯片外，其他不同层数的石墨烯都在同一片试样上，这是为了保证每个区域石墨烯的取向相同。石墨烯片上方都覆盖有一薄层聚合物。双层石墨

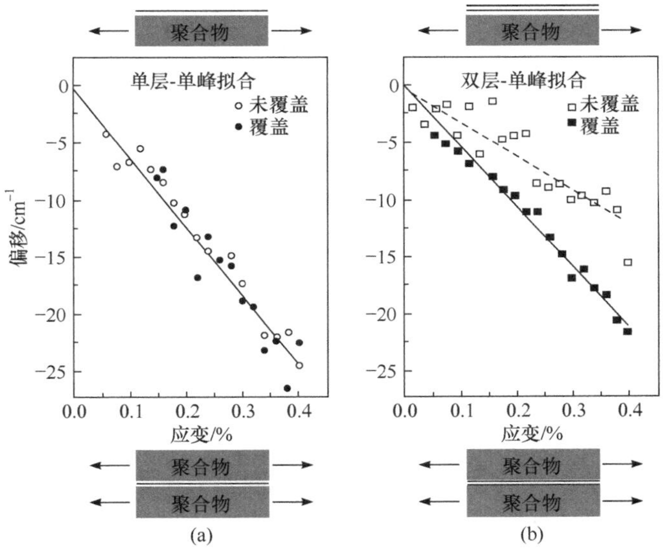

图 5.41　石墨烯 2D 峰频移随应变的偏移

(a) 单层石墨烯；(b) 双层石墨烯

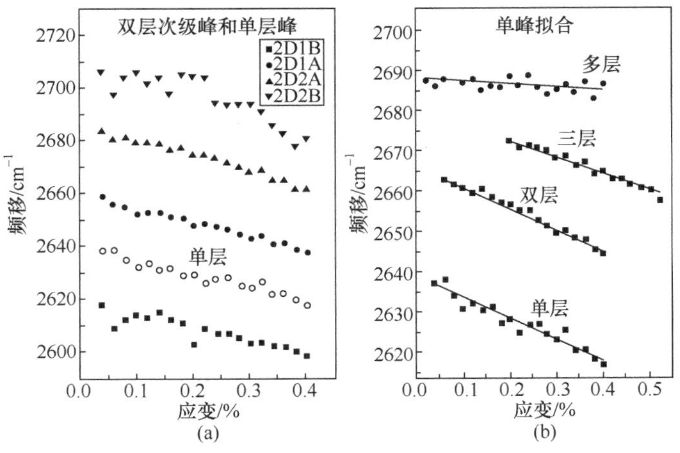

图 5.42　石墨烯 2D 峰频移随应变的偏移

(a) 双层石墨烯次级峰；(b) 双层、三层、多层和单层石墨烯的单峰拟合

烯片的 4 个次级峰频移随应变的变化显示在图 5.42(a)中，作为比较，也显示了相邻区域单层石墨烯的数据。由图可见，2D1B 和 2D2B 次级峰的数据较为分散，这是因为这两个峰的强度较弱。但是，2D1A 和 2D2A 两个强峰的拟合直线斜率都与邻近的单层石墨烯区域的相应斜率相近。这意味着双层石墨烯与单层石墨烯有相似的增强效果。图 5.42(b)比较了不同石墨烯层数的 4 种试样的实验数据，其中多层石墨烯片与其他 3 种石墨烯不在同一片试样上。每个 2D 峰都拟合成单洛伦兹峰，以便于比较。图中显示了双层与单层石墨烯有相近的拟合直线斜率(分别为$-53\ \mathrm{cm^{-1}}/\%$和$-52\ \mathrm{cm^{-1}}/\%$)，3 层石墨烯较小($-44\ \mathrm{cm^{-1}}/\%$)，而多层石墨烯则有低得多的斜率($-8\ \mathrm{cm^{-1}}/\%$)。这一实验事实再一次说明，石墨烯与聚合物间有好的界面结合，但是，石墨烯层间的应力传递能力较低。

多壁碳纳米管有着类似的情况。有人提出一种理论[71]，用参数 K_i 表征壁间的应力传递效率，对壁间的完善传递，$K_i=1$；无应力传递，则 $K_i=0$。这种分析已经成功地模拟了复合材料中双壁碳纳米管内外壁间的应力传递。应用这一理论，根据测得的 2D 峰频移偏移率，能对多层石墨烯的层间应力传递效率作出定量描述[70]。

对于复合材料中石墨烯的增强效果，除考虑石墨烯层间应力传递效率外，还必须考虑其他相关因素的作用。例如，使用双层石墨烯比单层材料的相对好处：对良好地分散在聚合物中的两片单层石墨烯，它们有的最小间距是聚合物线团的尺度，即至少几纳米。然而，在双层石墨烯中两原子层间的距离仅为 0.34 nm，因此，在聚合物纳米复合材料中更易于获得较高的填充物(石墨烯)含量，使得增强能力的改善比单层石墨烯高出 2 个数量级。考虑上述因素可以确定对聚合物基纳米复合材料的最佳多层石墨烯层数。双层和单层石墨烯有相近的有效杨氏模量，此后则随层数的增加而降低。然而，在高体积含量的纳米复合材料中，石墨烯片间需要容纳聚合物线团，石墨烯片的间距将被聚合物线团的尺寸所限制，如图 5.43 所示[70]。石墨烯片的最小间距取决于聚合物的类型和聚合物与石墨烯的相互作用方式。这种最小间距不会小于 1 nm，多半会达到几纳米，而在多层石墨烯中，层间距仅为 0.34 nm。假定纳米复合材料内的所有石墨烯片都平行排列，片间充满厚度均匀的聚合物薄层。图 5.43 是分别含有单层和三层石墨烯的这种纳米复合材料的示意图。对给定的聚合物层厚度，复合材料中石墨烯的最大含量随石墨烯层数的增大而增大[图 5.44(a)[70]]。这种纳米复合材料的杨氏模量 E_c 可应用简单的混合物规则(rule of mixtures)模型由下式确定[64]：

$$E_c = E_{\mathrm{eff}}V_g + E_m V_m \tag{5.6}$$

式中，E_{eff}为多层石墨烯的有效杨氏模量；E_m为聚合物基体的杨氏模量(约为 3 GPa)；V_g 和 V_m 分别为石墨烯和基体的体积分数。使用该方程式和实验资料可确定纳米复合材料的最大杨氏模量。图 5.44(b)显示了对几种不同厚度聚合物层，最大复合材料杨氏模量与石墨烯层数的函数关系[70]。对于 1 nm 厚的聚合物层，当层数为 3 时，模量达到峰值，随后递减。对于给定的石墨烯层数，模量随基体聚合物厚度的增大而降低。在聚合物层厚度达到 4 nm 时，纳米复合材料的杨氏模量最大，在石墨烯片层数大于 5 以后，基本保持不变。

基于上述应用拉曼光谱术的研究，总的来说，为了达到最佳增强效果，单层材料并非是必须的条件。最佳增强效果取决于聚合物层的厚度和石墨烯层间的应力传递效率。需要指出，上述分析假定了石墨烯片是无限长的，而且石墨烯与聚合物间界面有良好的应力传递。实际上，石墨烯片的尺寸是有限的，石墨烯片与聚合物间也可能存在界面损伤，所以，实际模量要比预测值小。

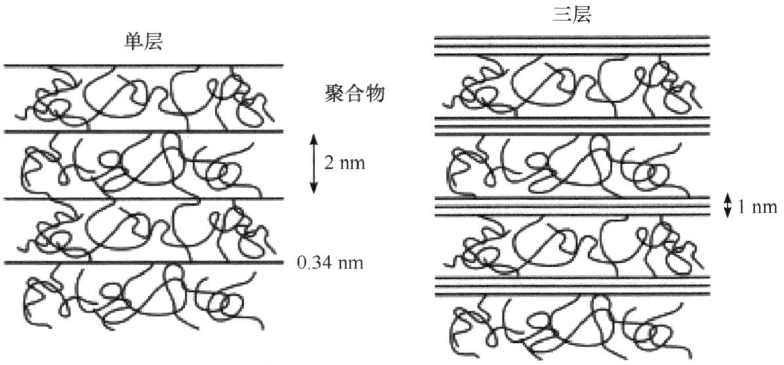

图 5.43　单层和三层石墨烯纳米复合材料结构示意图

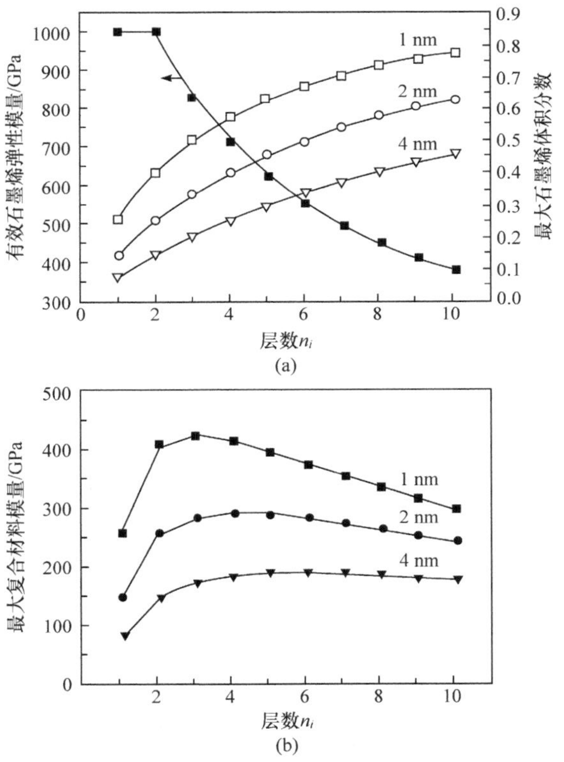

图 5.44　石墨烯层数对复合材料力学性能的影响

(a) 有效石墨烯弹性模量和不同聚合物层厚度的最大石墨烯体积分数随石墨烯层数的变化；(b) 不同聚合物层厚度最大复合材料模量随石墨烯层数的变化

5.3　聚合物基石墨烯纳米复合材料

以上分析的对象大多是模型复合材料。与真实复合材料相比，这种试样可以限定材料中的可变参数，将问题简单化，便于分析测试获得的数据，很适用于复合材料界面行为的分析。对真实复合材料界面应力传递行为的拉曼光谱术的研究至今报道甚少，以下仅涉及石墨烯/DMS(聚二甲基硅氧烷)纳米复合材料[72,73]和氧化石墨烯/聚合物纳米复合材料[50,74]。

5.3.1 石墨烯/PDMS 纳米复合材料的界面应力传递

一种石墨烯/PDMS 纳米复合材料使用溶液共混法制得[72]。石墨烯为热还原氧化石墨烯，平均尺寸为 3～5 μm，每片石墨烯片含 3～4 层石墨烯。作为参考，以下列出相关拉曼测试的实验参数[72]。使用可以安装在显微拉曼光谱仪中的微型力学试验仪对试样施加拉伸或压缩负荷；PDMS 的拉曼峰在负荷下不发生频移偏移，因此将标准的 PDMS 位于约 2906 cm^{-1} 的峰作为内标；用高斯-劳伦斯(Gaussian-Lorentzian)函数拟合各个拉曼峰；选取聚合物表面以下大于 5 μm 处的石墨烯片作为拉曼测试对象，以保证填充物与基体有适当的相互作用；所有峰的频移准确到约 0.2 cm^{-1} 。

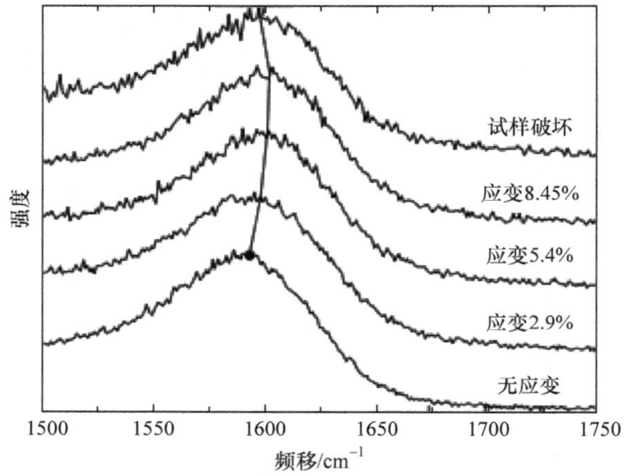

图 5.45 不同应变下石墨烯/PDMS 纳米复合材料中石墨烯片的拉曼光谱

以石墨烯片的 G 峰作为考察对象。石墨烯/PDMS 纳米复合材料在不同应变下的石墨烯 G 峰显示在图 5.45 中[72]。在应变增大的起始阶段，峰频移随应变向高频移方向偏移。在大于约 7%以后，峰频移回到无负荷时的位置。这是因为大负荷下石墨烯与基体间发生界面脱结合后石墨烯的松弛。扫描电子显微镜下的原位应变动态观察，能清楚地看到石墨烯片与聚合物发生界面脱结合的情景。对于石墨烯添加量为 0.1%(质量分数)的石墨烯/PDMS 纳米复合材料，G 峰频移随应变的变化如图 5.46 所示[72]。作为比较，图中还包含了石墨烯/PS 和单壁碳纳米管/PDSM 纳米复合材料的相应数据。图 5.46(a)显示了弹性范围内的情况(应变小于 1.5%)，而图 5.46(b)则指出大应变下的响应。在弹性范围内，G 峰频移随施加的拉伸应变向低频移偏移，而在压缩应变下，则向高频移方向偏移。在拉伸和压缩负荷下的应变偏移率分别为约 2.4 cm^{-1}/%和 1.8 cm^{-1}/%。相同含量的单壁碳纳米管增强纳米复合材料则有低得多的偏移率(约 0.1 cm^{-1}/%)。这表明石墨烯/聚合物的界面比单壁碳纳米管/聚合物的界面有更佳的负荷传递效果。PS 有较高的模量，在拉伸和压缩下石墨烯/PS 纳米复合材料的频移偏移率达到约 7.3 $cm^{-1}/\%$。在弹性区域，石墨烯/PS 有更高的偏移率，这是因为 PS 有着比 PDMS 高得多的剪切模量，约高 3 个数量级。

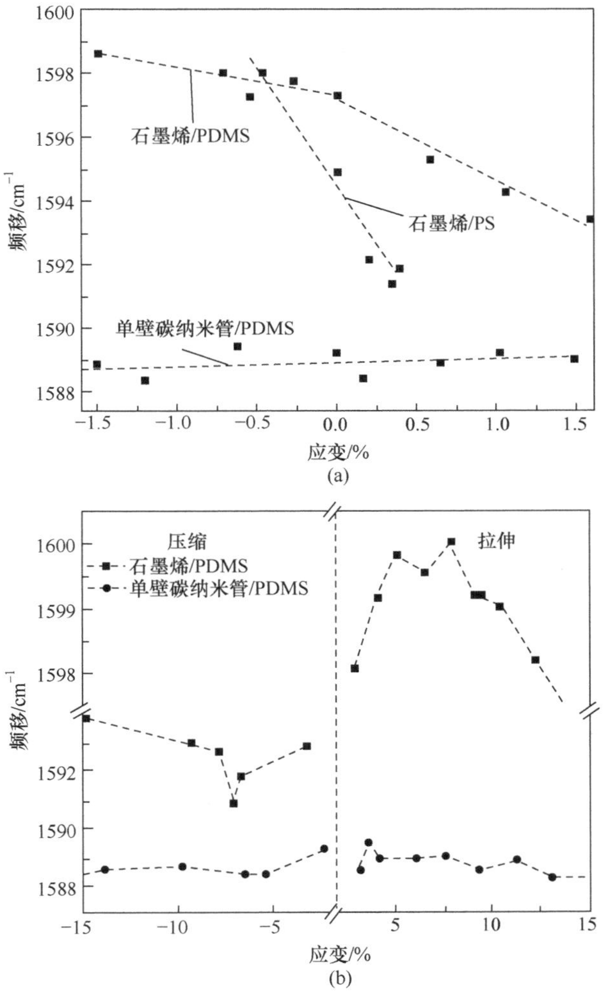

图 5.46　石墨烯添加量为 0.1%(质量分数)的石墨烯/PDMS、石墨烯/PS 和单壁碳纳米管/PDMS 纳米复合材料 G 峰频移随应变的变化

(a) 弹性应变；(b) 大应变

在大应变区，G 峰频移对应变的响应如图 5.46(b)所示。在该区域(应变大于 2%)，聚合物已经发生塑性形变。此时，出现一个不寻常的现象，石墨烯在复合材料受拉伸的情况下，遭受压缩应变，反之亦然。这是因为在小应变时，基体对石墨烯有着有效的弹性应变传递，而在大应变时，易流动的 PDMS 分子链在单轴应力方向发生延伸。在这个过程中，分子链横向地压向石墨烯，使其原子间键受到压缩，导致拉曼峰向较高频移方向偏移。与此类似，在压应变时，分子链将向石墨烯施加拉伸应力(图 5.47)。图 5.46(b)还指出在应变大于 7%后，不论是拉伸应变，还是压缩应变，拉曼峰都返回到原始频移位置。

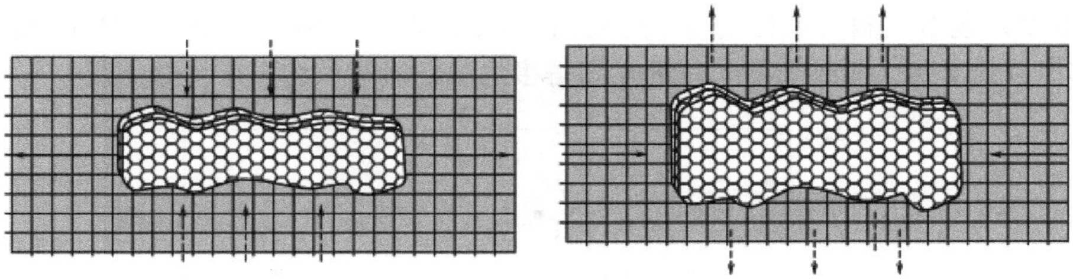

图 5.47　大应变下石墨烯/PDMS 纳米复合材料界面负荷传递机制示意图
(a) 拉伸负荷；(b) 压缩负荷

5.3.2　氧化石墨烯/聚合物纳米复合材料的界面应力传递

作为石墨烯的衍生物，氧化石墨烯由于具有优良的性质和能够在低成本下大批量生产，在复合材料的应用中受到广泛重视[75]。

拉曼光谱术同样能用于这类复合材料界面行为的研究。然而，与石墨烯不同，对于氧化石墨烯，其 2D 峰峰强度很弱，G 峰很宽而且包含一弱 D′峰形成不对称的形状，因此使用 2D 峰或 G 峰监测氧化石墨烯纳米复合材料的形变是困难的。研究指出，复合材料中氧化石墨烯的 D 峰频移随应变有较大的偏移，可用于监察这类材料的形变微观力学行为。

一个实例是关于氧化石墨烯/PVA 纳米复合材料的界面应力传递研究[50]。使用溶液共混法制备氧化石墨烯/PVA 复合材料薄膜试样。试样粘贴在 PMMA 板材上，使用与模型复合材料测试相似的四支点弯曲法施加负荷。图 5.48 显示了施加拉伸应变 0.4%前后氧化石墨烯的 D 峰，可见拉伸应力使 D 峰频移向低频移方向偏移，这是由于石墨烯 C—C 键的伸长。复合材料中氧化石墨烯 D 峰频移与复合材料应变的函数关系显示在图 5.49 中，图中包含了负载和卸载的两组数据。图中显示负载和卸载下 D 峰频移随应变变化的实验数据几乎相互重合，而且都有近似的线性关系，偏移率约为$-8\ cm^{-1}$/%。这表明氧化石墨烯与 PVA 之间有良好的界面应力传递。

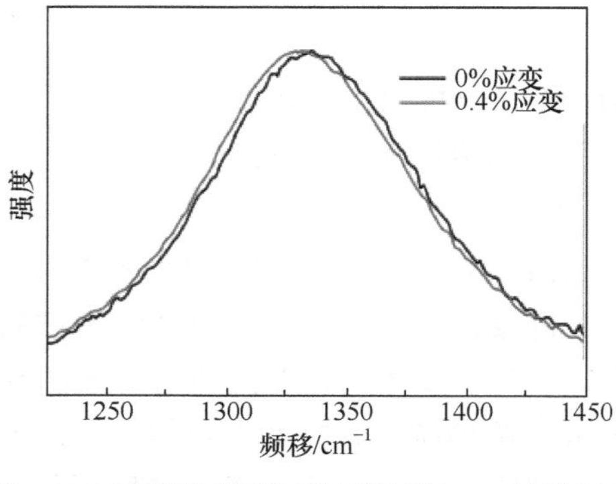

图 5.48　不同应变下氧化石墨烯/PVA 纳米复合材料中氧化石墨烯的拉曼光谱 D 峰

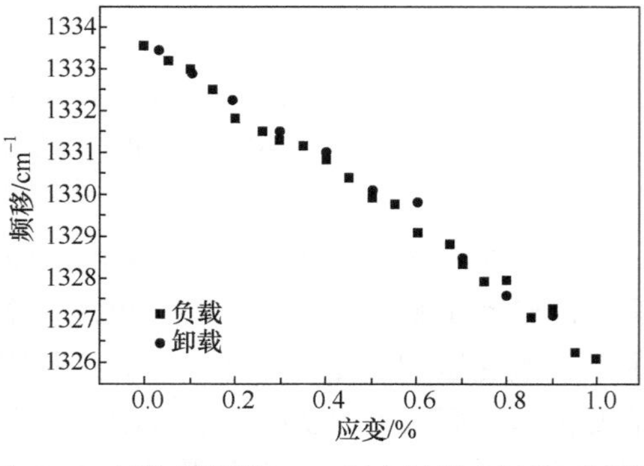

图 5.49　氧化石墨烯/PVA 复合材料中氧化石墨烯的拉曼光谱 D 峰频移与复合材料应变的函数关系

用 Hummers 方法制备的氧化石墨烯实际上是一种功能化石墨烯。最近的研究[76]指出，氧化石墨烯附着有某些氧化碎片。碱(NaOH)洗能够去除这种附着物，使氧化石墨烯的含氧量从 33%降低到小于 20%。显然，碱洗氧化石墨烯和氧化石墨烯与聚合物基体可能会有不同的界面结合程度。拉曼光谱术能检测这种不同，并判断不同的界面应力传递效率。

另一个实例有关于氧化石墨烯/PMMA 纳米复合材料。融熔共混法(使用双螺杆挤出机)用于制备氧化石墨烯/PMMA 和碱洗氧化石墨烯/PMMA 纳米复合材料。采用四支点弯曲法对试样直接施加应变。由于从基体 PMMA 通过界面的应力传递，石墨烯受到相应的应变，其拉曼 D 峰的频移向低频移方向偏移。测得的纳米复合材料中的氧化石墨烯和碱洗氧化石墨烯拉曼 D 峰频移与复合材料应变的函数关系如图 5.50 所示(增强填充物的含量均为 10%)[74]。拟合直线的斜率分别为 4 cm^{-1}/%和 2.4 cm^{-1}/%，估算的有效杨氏模量分别为约 60 GPa 和 36 GPa，与拉伸试验和 DMTA(动态热力学分析)试验的结果一致。这个结果表明两种填充物有明显差异的增强效果，与碱洗氧化石墨烯相比，氧化石墨烯与基体聚合物有更强的相互作用，应力传递效率更高。该项研究认为，这是由于氧化石墨烯中氧化碎片的存在产生了与基体聚合物间更强的界面结合，它也使石墨烯片在基体中获得更佳的分散。为了在纳米复合材料中获得好的石墨烯填充物增强效果，石墨烯的功能化似乎是一条值得选择的途径。

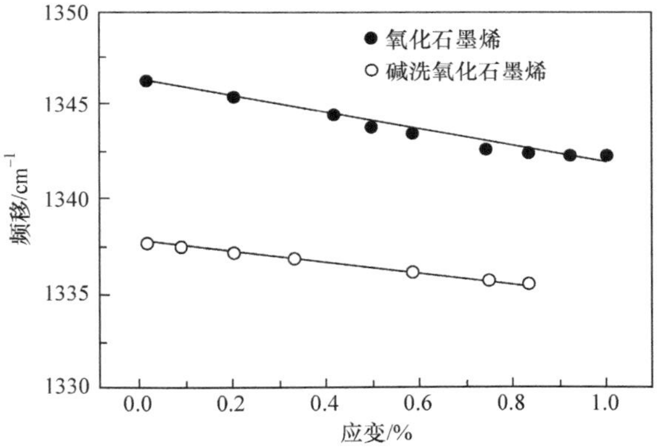

图 5.50　氧化石墨烯/PMMA 和碱洗氧化石墨烯/PMMA
纳米复合材料中氧化石墨烯和碱洗氧化石墨烯 D 峰频移与复合材料应变的函数关系

5.4　陶瓷基和金属基石墨烯纳米复合材料

拉曼光谱术是石墨烯研究最重要的表征手段之一，在石墨烯增强陶瓷基和金属基复合材料微观结构的表征中同样能发挥重要作用。主要作用在于可确定石墨烯在基体(混合粉体或烧结后的块体)中的分布和取向，石墨烯片的质量(缺陷和堆叠的无序程度)，石墨烯片的层数和遭受的内应力等。若基体材料是拉曼活性的，也可用于基体材料微结构的表征。

由于大多数陶瓷和金属材料都是不透明物质，激发光难以穿越，因此拉曼光谱术在这类复合材料表征的应用受到限制。然而，在有些场合，对这类材料，拉曼光谱术的应用仍然是其他技术难以替代的表征方法。

5.4.1　陶瓷基石墨烯纳米复合材料

放电等离子体烧结(SPS)是制备陶瓷基石墨烯纳米复合材料的重要技术，它的一个突出优点是石墨烯能在基体中呈取向排列分布。石墨烯的二维结构使其在垂直于外加应力的方向取向排列，即石墨烯的表面垂直于 SPS 烧结时的压力方向。拉曼光谱术能用于明确无误地证实石墨烯片在氧化铝基体中的取向排列[77]。例如，应用搅拌分散法制得石墨烯/氧化铝复合材料粉体，随后以 SPS 技术烧结成块体复合材料。图 5.51(a)和(b)分别是垂直于和平行于压力方向抛光截面的光学显微图[77]。拉曼光谱术证实，图中的暗区与石墨烯片相对应，而明亮区则对应于基体氧化铝。显微图表明石墨烯在基体中有良好的分散；同时，不同方位截面图显示出明显不同的石墨烯区域分布情景，表明这种非三维对称的二维结构填充物有取向排列的倾向。拉曼光谱分析能给出这种取向排列的强有力的证据。复合材料两种不同截面的拉曼光谱显示在图 5.52 中[77]。图 5.52(b)中光谱的强度坐标为观察方便已作放大，插入图箭头分别指出 a 和 b 光谱拉曼激发光的入射方向，前者平行于压力方向，而后者则垂直于压力方向。比较两条光谱的各个峰强度，可见图 5.52(a)中光谱的强度明显大于(b)光谱的强度。这是石墨烯在复合材料中择优取向的结果。此外，考察 D 峰与 G 峰强度比 I_D/I_G，它能用于定量描述石墨烯的结构缺陷。早先对石墨的拉曼光谱研究指出，石墨平面的拉曼光谱 I_D/I_G 值比边缘面要小[78]。这是可以理解的，因为石墨烯的边缘常含有较多的结构缺陷，所以 I_D/I_G 值较大。现测得用 SPS 法烧结的复合材料平行于压力方向平面的 I_D/I_G 值(0.83)比垂直于压力方向平面的值(1.13)明显较小。这是石墨烯片在氧化铝基体中，其基本平面在垂直于压力方向取向排列的有力证据。实际上，从两个平面拉曼 D 峰和 G 峰半高宽的数据比较也可以得出同样的结论[77]。

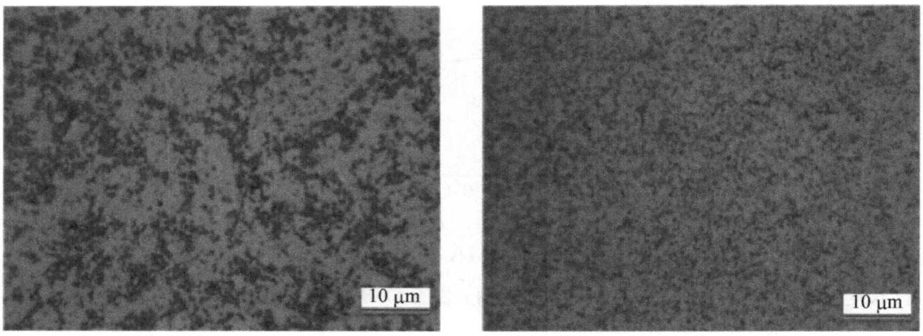

图 5.51　SPS 技术制备的石墨烯/氧化铝复合材料截面的光学显微图

(a) 垂直于 SPS 压力方向；(b) 平行于 SPS 压力方向

拉曼光谱术也可用于监测制备过程中石墨烯微观结构的变化，如石墨烯/氮化硅复合材料在 SPS 加工过程中基体氮化硅内石墨烯结构发生的变化。图 5.53 显示了纯净氮化硅、原料石墨烯和不同石墨烯含量复合材料(烧结后)的拉曼光谱[79]。氮化硅未显现拉曼活性。原料石墨烯清楚地显示出分别位于约 1317 cm^{-1}(D 峰)和 1582 cm^{-1}(G 峰)的两个峰，而未见 2D 峰，这是多层石墨烯或石墨烯薄片典型的拉曼光谱。添加 0.02%(体积分数)石墨烯的复合材料的拉曼光谱出现了位于约 2624 cm^{-1} 的新峰 2D 峰。这表明原来的多层石墨烯或石墨烯薄片已经被减薄成少层甚至双层石墨烯。因此，研究者认为 SPS 的高温度和压力联合作

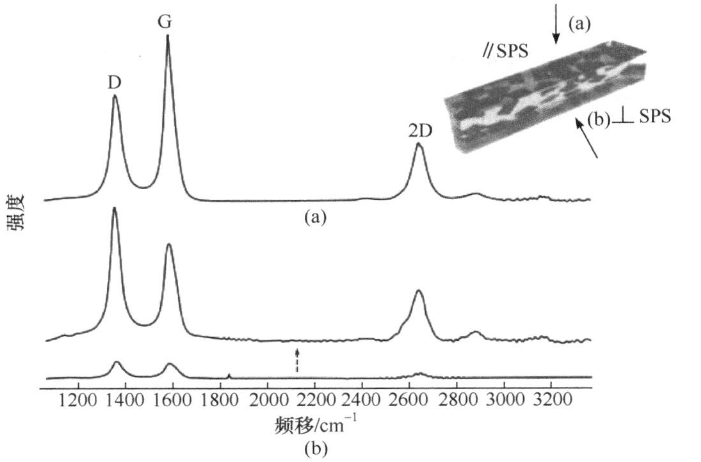

(b)

图 5.52　石墨烯/氧化铝复合材料不同方位的拉曼光谱
(a) 表面平行于 SPS 压力方向；(b) 表面垂直于 SPS 压力方向

用能够转变石墨烯的结构(从多层到少层)。然而，当石墨烯的含量(体积分数)从 0.02%增加到 1%和 1.5%后，2D 峰的强度显著减弱，表明石墨烯含量高时，石墨烯片并不能得到有效的减薄。一个例外的情景是 0.5%(体积分数)石墨烯含量时的复合材料，其拉曼信号不出现 G 和 2D 峰，而出现了一个位于约 1332 cm^{-1} 的新峰，这相应于结晶金刚石的特征峰。显然，SPS 技术的压力和冲击电流的同时作用对石墨烯结构转变的影响是个有待进一步研究的课题。

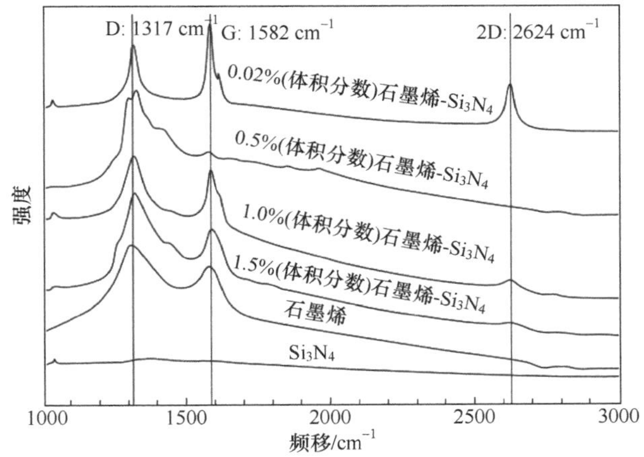

图 5.53　纯净氮化硅、原料石墨烯和不同石墨烯含量复合材料(烧结后)的拉曼光谱

拉曼光谱术在评估复合材料中氧化石墨烯在 SPS 烧结过程中热还原为石墨烯时，也是一种有用的工具。图 5.54 中光谱 a 是还原氧化石墨烯/氧化铝粉体在 SPS 烧结前的拉曼光谱[77]。一级拉曼峰 D 峰和 G 峰表现出大的峰宽，二级拉曼峰 2D 峰几乎可忽略不计，这是典型的氧化石墨烯的拉曼光谱的特征。出现这种光谱特征是由于试样的低有序程度和 sp^1、sp^2 与 sp^3 的混杂原子结构。高温环境下的 SPS 烧结使氧化石墨烯发生了还原反应。这种热还原是一个复杂的过程，其中包括含氧基团和分子的去除、缺陷的形成、晶格收缩和层构型的变化等。而且，重要的是蜂巢样六角形晶格得到某种程度的恢复，使得有

序程度得以提高。这些结构上的变化可在拉曼光谱中得到反映。在 1300℃下 SPS 烧结后的复合材料的拉曼光谱如图 5.54 中光谱 b 所示，与原材料相比，其 D 峰和 G 峰变得尖锐一些，而且出现了位于 2700 cm^{-1} 的 2D 峰。在 1500℃ SPS 烧结后的复合材料的拉曼光谱(图 5.54 中光谱 c)显示，表征无序的 D 峰强度降低了，而归属于石墨结构的 G 峰强度则相对增强。此外，2D 峰峰形变得对称又更尖锐。这些结果表明 SPS 烧结时的氧化石墨烯热还原(包括大的 sp^2 区域的恢复)在 1500℃下实施更合适。

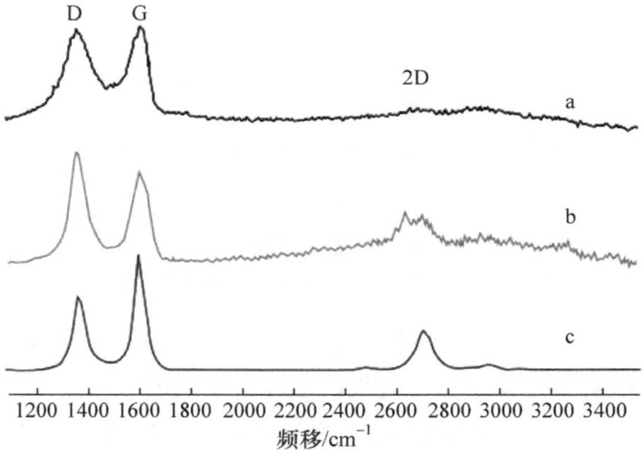

图 5.54　还原氧化石墨烯/氧化铝粉体复合材料的拉曼光谱

a. 烧结前的粉体；b. 1300℃下烧结；c. 1500℃下烧结

以石墨烯拉曼特征峰的强度扫描试样表面获得的拉曼图像能显示石墨烯在复合材料中的分布[80,81]。一般的显微拉曼光谱术的空间分辨率为微米级。近年来，近场光学被应用于拉曼光谱术，突破了传统光学的分辨率衍射极限，可达到纳米级的高分辨率[82]。

5.4.2　金属基石墨烯纳米复合材料

下面一个实例是关于金属基石墨烯纳米复合材料制备时球磨对氧化石墨烯结构影响的拉曼光谱研究。图 5.55 显示了氧化石墨烯和氧化石墨烯/铝合金粉料的拉曼光谱[83]，

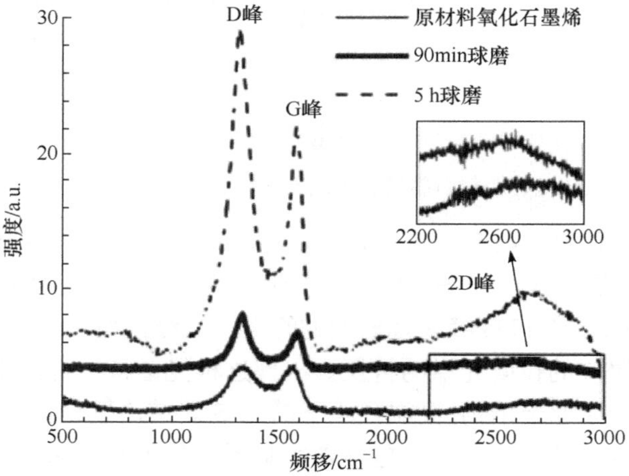

图 5.55　不同球磨时间氧化石墨烯/铝合金粉料和原材料氧化石墨烯的拉曼光谱

从光谱测得的相关峰强度和频移等参数列于表 5.3。粉料复合材料使用球磨法制备。图中的原材料氧化石墨烯的拉曼光谱显示出 D 峰、G 峰和 2D 峰。G 峰是石墨单晶的本征振动模，D 峰与氧化石墨烯的无序和 sp^3 缺陷的存在有关，而 2D 峰是 D 峰的谐波。其中 2D 峰有很宽的峰宽和很弱的强度，这是典型的氧化石墨烯拉曼光谱的特征。

表 5.3　从氧化石墨烯/铝合金粉料和原材料氧化石墨烯的拉曼光谱测得的相关数据

试样	I_D/I_G	I_G/I_{2D}	G 峰频移/cm^{-1}
原材料	1.08	0.65	1572.7
90 min 球磨	1.46	0.38	1593.3
5 h 球磨	1.42	0.28	1594.0

石墨烯拉曼光谱的各个特征峰参数与试样的质量直接相关。D 峰与 G 峰的强度比(I_D/I_G)是石墨结构无序和缺陷密度的标志[84]。球磨 90 min 后，I_D/I_G 由 1.08 增大到 1.46 (表 5.2)，这表明石墨烯的无序和缺陷增加了(缺陷的增加来源于球磨过程中对石墨烯的力学作用)。可见球磨导致石墨烯更多的缺陷和石墨烯堆垛的更大无序。更长时间(5 h)的球磨，I_D/I_G 并没有继续增大，表明缺陷没有进一步增加。这可能是由于石墨烯片已被包埋于铝合金颗粒中，有助于其免受进一步的损伤。

强度比 I_G/I_{2D} 随石墨烯片层数的减少而减小[85]。由表 5.3 可见，复合材料经过 90 min 球磨后，I_G/I_{2D} 从 0.65 减小到 0.38。球磨时间延长到 5 h 后，I_G/I_{2D} 进一步减小到 0.28。根据文献[85]，石墨烯的层数从四层减少到双层，最后达到单层构型。层数的减少是由于在加工过程中的作用力有利于石墨烯层的相互分离。

G 峰的峰位置(频移)与石墨烯所受的应力有关。当石墨烯遭受应变时，原子间距发生改变，因此与 G 峰相关的振动频率改变，导致频移偏移，而且偏移量的大小随应变的大小而变化。表 5.3 显示在 90 min 球磨后频移从 1573 cm^{-1} 增大到约 1593 cm^{-1}，表明石墨烯的原子间距减小了，石墨烯遭受压缩应力。然而，当球磨时间从 90 min 增加到 5 h 后，G 峰频移几乎不发生变化，表明石墨烯遭受的应变没有发生大的变化。

参 考 文 献

[1] Ferrari A C. Raman spectroscopy of graphene and graphite: disorder, electron-phonon coupling, doping and nonadiabatic effects. Solid State Communications, 2007, 143(1-2): 47-57.

[2] Malard L M, Pimenta M A, Dresselhaus G, et al. Raman spectroscopy in graphene. Physics Reports, 2009, 473(5-6): 51-87.

[3] Hao Y F, Wang Y Y, Wang L, et al. Probing layer number and stacking order of few-layer graphene by Raman spectroscopy. Small, 2010, 6(2): 195-200.

[4] Wu Y H, Shen Z X, Yu T. Two-Dimensional Carbon. Singapore: Pan Stanford Publishing, 2014: 155-157.

[5] Dresselhaus M S, Jorio A, Hofmann M, et al. Perspectives on carbon nanotubes and graphene Raman spectroscopy. Nano Letters, 2010, 10(3): 751-758.

[6] Luo Z Q, Yu T, Kim K J, et al. Thickness-dependent reversible hydrogenation of graphene layers. ACS Nano, 2009, 3(7): 1781-1788.

[7] Lucchese M M, Stavale F, Martins Ferriera E H, et al. Quantifying ion-induced defects and Raman relaxation length in graphene. Carbon, 2010, 48(5): 1592-1597.

[8] Cancado L G, Jorio A, Matins Ferreira E H, et al. Quantify defects in graphene via Raman spectroscopy at different excitation energies. Nano Letters, 2011, 11(8): 3190-3196.

[9] Nair R R, Ren W C, Jalil R, et al. Fluorographene: a two-dimensional counterpart of Teflon. Small, 2010, 6(24): 2877-2884.

[10] You Y M, Ni Z H, Yu T, et al. Edge chirality determination of graphene by Raman spectroscopy. Applied Physics Letters, 2008, 93(16): 163112.

[11] Zhou M, Wang Y L, Zhai Y M, et al. Controlled synthesis of large-area and patterned electrochemically reduced graphene oxide films. Chemistry - A European Journal, 2009, 15(25): 6116-6120.

[12] Filiou C, Galiotis C. *In situ* monitoring of the fibre strain distribution in carbon-fibre thermoplastic compositesl. Application of a tensile stress field. Composites Science and Technology, 1999, 59(14): 2149-2161.

[13] 杨序纲, 王依民. 氧化铝纤维的结构和力学性能. 材料研究学报, 1996, 10(6): 628-632.

[14] Yang X, Young R J. Fibre deformation and residual strain in silicon carbide fibre reinforced glass composites. British Ceramic Transactions, 1994, 93(1): 1-10.

[15] Ni Z H, Yu T, Lu Y H, et al. Uniaxial strain on graphene: Raman spectroscopy study and band-gap opening. ACS Nano, 2008, 2(11): 2301-2305.

[16] Tsoukleri G, Parthenios J, Papagelis K, et al. Subjecting a graphene monolayer to tension and compression. Small, 2009, 5(21): 2397-2402.

[17] Yu T, Ni Z H, Du C L, et al. Raman mapping investigation of graphene on transparent flexible substrate: The strain effect. Journal of Physical Chemistry C, 2008, 112(33): 12602-12605.

[18] Mohiuddin T M G, Lombardo A, Nair R R, et al. Uniaxial strain in graphene by Raman spectroscopy: G peak splitting, Grüneisen parameters, and sample orientation. Physical Review B, 2009, 79(20): 205433.

[19] Ding F, Ji H J, Chen Y H, et al. Stretchable graphene: A close look at fundamental parameters through biaxial straining. Nano Letters, 2010, 10(9): 3453-3458.

[20] Zabel J, Nair R R, Ott A, et al. Raman spectroscopy of graphene and bilayer under biaxial strain: Bubbles and balloons. Nano Letters, 2012, 12(2): 617-621.

[21] 杨序纲, 吴琪琳. 材料表征的近代物理方法. 北京: 科学出版社, 2013: 310-313.

[22] Wilson N R, Pandey P A, Beanland R, et al. Graphene oxide: Structural analysis and application as a highly transparent support for electron microscopy. ACS Nano, 2009, 3(9): 2547-2556.

[23] Kudin K N, Ozhas B, Schiepp H C, et al. Raman spectra of graphite oxide and functionalized graphene sheets. Nano Letters, 2008, 8(1): 36-41.

[24] Gao Y, Liu L Q, Zu S Z, et al. The effect of interlayer adhesion on the mechanical behaviors of macroscopic graphene oxide papers. ACS Nano, 2011, 5(3): 2134-2141.

[25] McAllister M J, Li J L, Adamson D H, et al. Single sheet functionalized graphene by oxidation and thermal expansion of graphite. Chemistry of Materials, 2007, 19(18): 4396-4404.

[26] Georgakilas V, Bourlinos A B, Zboril R, et al. Organic functionalisation of graphenes. Chemical Communications, 2010, 46(10): 1766-1768.

[27] Zhang X Y, Hou L L, Cnossen A, et al. One-pot functionalization of graphene with porphyrin through cycloaddition reactions. Chemistry - A European Journal, 2011, 17(32): 8957-8964.

[28] Sarkar S, Zhang H, Huang J W, et al. Organometallic hexahapto functionalization of single layer graphene as a route to high mobility graphene devices. Advanced Materials, 2013, 25(8): 1131-1136.

[29] Yu D S, Park K, Durstock M, et al. Fullerene-grafted graphene for efficient bulk heterojunction polymer

photovoltaic devices. Journal of Physical Chemistry Letters, 2011, 2(10): 1113-1118.
[30] Rodrigues O E D, Saraiva G D, Nascimento R O, et al. Synthesis and characterization of selenium-carbon nanocables. Nano Letters, 2008, 8(11): 3651-3655.
[31] Wang S, Yu D, Dai L. Polyelectrolyte functionalized carbon nanotubes as efficient metal-free electrocatalysts for oxygen reduction. Journal of the American Chemical Society, 2011, 133(14): 5182-5185.
[32] Zhang C, Liu T X. A review on hybridization modification of graphene and its polymer nanocomposites. Chinese Science Bulletin, 2012, 57(23): 3010-3021.
[33] Zhao M Q, Liu X F, Zhang Q, et al. Graphene/single-walled carbon nanotube hybrids: One-step catalytic growth and applications for high-rate Li-S batteries. ACS Nano, 2012, 6(12): 10759-10769.
[34] Zhang X, Huang Y, Wang Y, et al. Synthesis and characterization of graphene-C_{60} hybrid material. Carbon, 2009, 47(1): 334-337.
[35] Li Z, Young R J, Kinloch I A, et al. Quantitative determination of the spatial orientation of graphene by polarized Raman spectroscopy. Carbon, 2015, 88: 215-224.
[36] Li Z, Young R J, Wilson N R, et al. Effect of orientation of graphene-based nanoplatelets upon the Young's modulus of nanocomposites. Composites Science and Technology, 2016, 123: 125-133.
[37] 杨序纲, 吴琪琳. 拉曼光谱的分析和应用. 北京: 国防工业出版社, 2008: 75, 239.
[38] 杨序纲, 吴琪琳. 材料表征的近代物理方法. 北京: 科学出版社, 2013: 141-147, 290.
[39] Liu T, Kumar S. Quantitative characterization of SWNT orientation by polarized Raman spectroscopy. Chemical Physics Letters, 2003, 378(3-4): 257-262.
[40] van Gurp M. The use of rotation matrices in the mathematical description of molecular orientations in polymers. Colloid and Polymer Science, 1995, 273(7): 607-625.
[41] Perez R, Banda S, Ounaies Z. Determination of the orientation distribution function in aligned single wall nanotube polymer nanocomposites by polarized Raman spectroscopy. Journal of Applied Physics, 2008, 103(7): 074302.
[42] Chatterjee T, Mitchell C A, Hadjiev V G, et al. Oriented single-walled carbon nanotubes-poly(ethylene oxide) nanocomposites. Macromolecules, 2012, 45(23): 9357-9363.
[43] Bower D I. Orientation distribution functions for uniaxially oriented polymers. Journal of Polymer Science: Polymer Physics Edition, 1981, 19(1): 93-107.
[44] 杨序纲. 复合材料界面. 北京: 化学工业出版社, 2010.
[45] Huang M Y, Yan H G, Chen C Y, et al. Phono softening and crystallographic orientation of strained graphene by Raman spectroscopy. Proceedings of the National Academy of Sciences, 2009, 106(18): 7304-7308.
[46] Ferralis N. Probing mechanical properties of graphene with Raman spectroscopy. Journal of Materials Science, 2010, 45(19): 5135-5149.
[47] Huang M Y, Yan H G, Heinz T F, et al. Probing strain-induced electronic structure change in graphene by Raman spectroscopy. Nano Letters, 2010, 10(10): 4074-4079.
[48] Gong L, Kinloch I A, Young R J, et al. Interfacial stress transfer in a graphene monolayer nanocomposite. Advanced Materials, 2010, 22(24): 2694-2697.
[49] Young R J, Gong L, Kinloch I A, et al. Strain mapping in a graphene monolayer nanocomposite. ACS Nano, 2011, 5(4): 3079-3084.
[50] Li Z L, Young R J, Kinloch, I A. Interfacial stress transfer in graphene oxide nanocomposites. ACS Applied Materials & Interfaces, 2013, 5(2): 456-463.
[51] Cox H L. The elasticity and strength of paper and other fibrous materials. British Journal of Applied Physics, 1952, 3(3): 72-79.

[52] Tsai J L, Sun C T. Effect of platelet dispersion on the load transfer efficiency in nanoclay composites. Journal of Composite Materials, 2004, 38(7): 567-579.

[53] Kotha S P, Kotha S, Guzelsu N. A shear-lag model to account for interaction effects between inclusions in composites reinforced with rectangular platelets. Composites Science and Technology, 2000, 60(11): 2147-2158.

[54] Chen B, Wu P D, Gao H. A characteristic length for stress transfer in the nanostructure for biological composites. Composites Science and Technology, 2009, 69(7-8): 1160-1164.

[55] Young R J, Kinloch I A, Gong L, et al. The mechanics of graphene nanocomposites: A review. Composites Science and Technology, 2012, 72(12): 1459-1476.

[56] Huang Y L, Young R J. Analysis of the fragmentation for carbon fiber epoxy model composites by means of Raman spectroscopy. Composites Science and Technology, 1994, 52(4): 505-517.

[57] Huang Y L, Young R J. Interfacial behavior in high temperature cured carbon fibre/epoxy resin model composite. Composites, 1995, 26(8): 541-550.

[58] Huang Y L, Young R J. Interfacial micromechanics in thermoplastic and thermosetting matrix carbon fibre composites. Composites Part A: Applied Science and Manufacturing, 1996, 27(10): 973-980.

[59] 袁象恺, 潘鼎, 杨序纲. 模型氧化铝单纤维复合材料的界面应力传递. 材料研究学报, 1998, 12(6): 624-627.

[60] Young R J, Yang X. Interfacial failure in ceramic fibre/glass composites. Composites Part A: Applied Science and Manufacturing, 1996, 27(9): 737-741.

[61] Mahiou H, Beakou A, Young R J. Investigation into stress transfer characteristics on alumina-fibre/epoxy model composites through the use of fluorescence spectroscopy. Journal of Materials Science, 1999, 34(24): 6069-6080.

[62] de Lange P J, Mäder E, Mai K, et al. Characterization and micromechanical testing of the interphase of aramid-reinforced epoxy composites. Composites Part A: Applied Science and Manufacturing, 2001, 32(3-4): 331-342.

[63] Andrews M C, Day R J, Patrikis A K, et al. Deformation micromechanics in aramid/epoxy composites. Composites, 1994, 25(7): 745-751.

[64] Young R J, Lovell P A. Introduction to Polymers. 3rd ed. Chapter 4. London: CRC Press, 2011.

[65] Frank O, Tsoukleri G, Parthenios J, et al. Compression behavior of single-layer graphene. ACS Nano, 2010, 4(6): 3131-3138.

[66] Hernandez Y, Nicolosi V, Lotya M, et al. High-yield production of graphene by liquid-phase exfoliation of graphite. Nature Nanotechnology, 2008, 3(9): 563-568.

[67] Khan U, O'Neill A, Porwal H, et al. Size selection of dispersed, exfoliated graphene flakes by controlled centrifugation. Carbon, 2012, 50(2): 470-475.

[68] Smith R J, King P J, Lotya M, et al. Large-scale exfoliation of inorganic layered compounds in aqueous surfactant solutions. Advanced Materials, 2011, 23(34): 3944-3948.

[69] Khan U, Porwal H, O'Neill A, et al. Solvent exfoliated graphene at extremely high concentration. Langmuir, 2011, 27(15): 9077-9082.

[70] Gong L, Young R J, Kinloch I A, et al. Optimizing the reinforcement of polymer-based nanocomposites by graphene. ACS Nano, 2012, 6(3): 2086-2095.

[71] Zalamea L, Kim H, Pipes R B. Stress transfer in multi-walled carbon nanotubes. Composites Science and Technology, 2007, 67(15-16): 3425-3433.

[72] Srivastava I, Mehta R J, Yu Z Z, et al. Raman study of interfacial load transfer in graphene nanocomposites. Applied Physics Letters, 2011, 98(6): 063102.

[73] Xu P, Loomis J, Bradshaw R D, et al. Load transfer and mechanical properties of chemically reduced graphene reinforcements in polymer composites. Nanotechnology, 2012, 23(50): 505713.
[74] Valles C, Kinloch I A, Young R J, et al. Graphene oxide and base-washed graphene oxide as reinforcements in PMMA nanocomposites. Composites Science and Technology, 2013, 88: 158-164.
[75] 杨序纲, 吴琪琳. 石墨烯纳米复合材料. 北京: 化学工业出版社, 2018.
[76] Rourke J P, Pandey P A, Moore J J, et al. The real graphene oxide revealed: stripping the oxidative debris from the graphene-like sheets. Angewandte Chemie International Edition, 2011, 50(14): 3173-3177.
[77] Centeno A, Rocha V G, Alonso B, et al. Graphene for tough and electroconductive alumina ceramics. Journal of the European Ceramic Society, 2013, 33(15-16): 3201-3210.
[78] Katagiri G, Ishida H, Ishitani A. Raman spectra of graphite edge planes. Carbon, 1988, 26(4): 565-571.
[79] Walker L S, Marotto V R, Rafiee M A, et al. Toughing in graphene ceramic composites. ACS Nano, 2011, 5(4): 3182-3190.
[80] Miranzo P, Ramírez C, Román-Manso B, et al. *In situ* processing of electrically conducting graphene/SiC nanocomposites. Journal of the European Ceramic Society, 2013, 33(10): 1665-1674.
[81] Belmonte M, Ramírez C, González-Julián J, et al. The beneficial effect of graphene nanofillers on the tribological performance of ceramics. Carbon, 2013, 61: 431-435.
[82] 杨序纲, 吴琪琳. 材料表征的近代物理方法. 北京: 科学出版社, 2013: 352-357.
[83] Bastwros M, Kim G Y, Zhu C, et al. Effect of ball milling on graphene reinforced Al6061 composite fabricated by semi-solid sintering. Composites Part B: Engineering, 2014, 60: 111-118.
[84] Ferrari A C, Robertson J. Interpretation of Raman spectra of disordered and amorphous carbon. Physical Review B, 2000, 61(20): 14095-14107.
[85] Graf D, Molitor F, Ensslin K, et al. Spatially resolved Raman spectroscopy of single- and few-layer graphene. Nano Letters, 2007, 7(2): 238-242.

第 6 章　复合材料微观力学的拉曼光谱分析

复合材料微观力学是在研究复合材料力学性能时，考虑到材料的多相性即微观非匀质性，将复合材料视为各相材料组成的结构，研究各相之间的相互作用，根据组分材料的性能、含量、取向和排列方式等相几何因素来预测材料的力学性能(主要是弹性常数和基本强度)。在简单情况下，可用混合定律估算，即把复合材料的性能看成组分性能的体积加权平均数。如果需要更精确的数据，则使用以弹性理论为基础的更复杂的方法来估算。

复合材料是由增强材料和基体材料组成的两相或多相材料。当前应用广泛的高力学性能复合材料常常采用长纤维作为增强材料。增强纤维是材料的主要承载体，而纤维只有在沿其轴向方向上才有较大的承载能力，因此导致这类复合材料具有明显的各向异性。显然，复合材料的力学性质与其组成材料、组合方式以及组成物间的结合(bonding)情况有关。而且，由于基体与增强体间的结合情况大体上决定了负荷下材料的界面行为，因此往往是决定复合材料力学性质(包括沿纤维轴向和其他方向)的关键因素。

实际上，纤维的强度和刚性在复合材料中能否得到充分利用取决于负荷能否通过界面得到有效的传递，因此，良好的界面结合往往是制作复合材料时所要求的。然而，对于陶瓷这类脆性基体复合材料，增韧是主要目的，这要求较弱的界面结合。显然，纤维和基体间界面强度的设计、测量和控制十分重要，是许多科技工作者努力的目标。要达到这个目标，充分了解负荷下的界面行为是必不可少的。

近 30 余年来，拉曼光谱术已经在该领域作出了杰出的贡献，在某些方面获得了突破性的进展。本章所讨论的复合材料微观力学主要局限于增强体和基体间的界面行为，探索负荷下力通过界面的传递问题，也包括由增强体和基体热性能不匹配引起的热残余应力(应变)以及与之相关的界面微观结构。

6.1　复合材料界面微观力学的主要试验方法

本节所述界面微观力学是指用显微拉曼光谱术研究的界面力学问题。主要试验方法借用了传统的研究纤维/基体界面行为的方法，主要有单纤维拉出试验(pull-out test)、微滴包埋(micro-bonding)拉出试验、单纤维断裂(fragmentation)试验、纤维压出(push-out)试验和弯曲试验(包括四支点弯曲、三支点弯曲和悬臂梁弯曲试验)。这里着重介绍试验技术，扼要给出有关的微观力学理论分析和结论，详情可参阅文献[1]。

6.1.1　单纤维拉出试验

拉出试验是研究界面结合情况的经典试验方法，可以是成束纤维也可以是单纤维从基体中拉出，后者能给出较为精确的结果。单纤维拉出试验是一种以模型单纤维试样模拟真实复合材料界面行为的研究方法。纤维拉出试验能给出界面结合情况的最直接测量，这种直观表征的特点使其应用十分广泛。对于陶瓷基复合材料，拉出试验更具吸引力。这是因为纤维与基体间的脱结合(debonding)和纤维从基体中拉出都是控制这类材料韧性的重要微观机制，而单纤维拉出试验恰恰能直观地予以表征。此外，对于陶瓷基复合材料，用其他方法在试验设计和技术上都比较困难。图 6.1 是单纤维拉出试验试样示意图[2]。

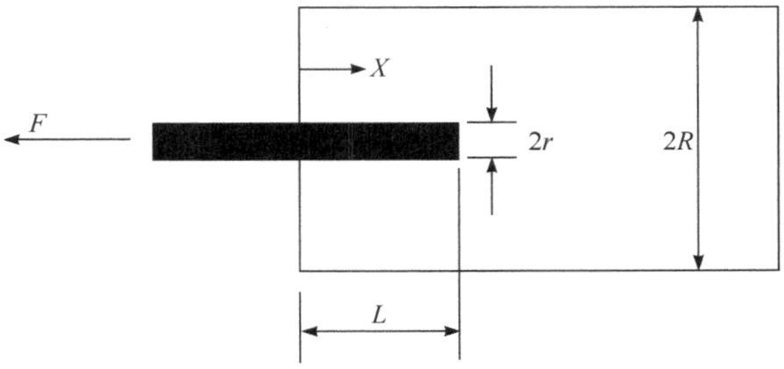

图 6.1　单纤维拉出试验试样示意图

为了获得界面力学性质中的两个重要参数：界面摩擦剪切应力 τ_i(frictional shear stress)和界面脱结合剪切应力 τ_d(debonding shear stress)，需要测得将不同包埋长度的纤维拉出基体所需的力，并记录位移-负荷曲线。依据拉出力与被包埋纤维长度之间的关系和包埋区沿纤维轴向的应力分布可以推算出这两个参数的值。然而，在应用拉曼光谱术前，应力分布的试验测定是很困难的，所以通常不得不作出关于应力分布的某些假设。

最简单的方法是假定剪切应力 τ 沿整个界面近似不变。这样就有下式成立：

$$F=2\pi rL_e\tau \tag{6.1}$$

式中，F 为纤维和基体间脱结合或相互滑移所需的拉力；r 为纤维半径；L_e 为纤维被包埋的长度。

另一种通常使用的方法是假定拉出过程中沿纤维有着弹性应变分布，应用剪切-滞后分析(shear-lag analysis)，考虑到力平衡原理，最后可得如下最大拉出力与界面剪切强度关系的方程：

$$F_p^{\max}=\frac{2\pi r\tau_s\tanh(ns)}{n} \tag{6.2}$$

式中，τ_s 为界面剪切强度；s 为纤维长度半径比 L_e/r；n 为一个常数，取决于纤维和基体的力学常数和几何参数以及二者的体积比。

随后，可据此方程分析拉出试验获得的数据(最大拉出力与包埋纤维长度间的关系)，方法是调节 τ_s 值使方程式对试验数据有最佳拟合。

对纤维从弹性基体拉出试验的各种理论和计算方法已有详细评论，详情见参考文献[3]。

用拉曼光谱术进行单纤维拉出试验时使用相类似的试样。首先以外力拉伸纤维的自由端，使其产生一给定应变，随后用显微拉曼探针对纤维各点，主要是被包埋区域内各点聚焦，测出纤维应变沿轴向的分布，分析测得的数据就能获得界面力学的有关资料。

一个明显的缺陷限制了拉曼光谱术进行拉出试验的应用范围。因为要将激光聚焦于被包埋的纤维上，基体必须是透光的，如玻璃或透明的聚合物。实际上，后面讨论的几种试验方法，除压出试验外，都面临同样的限制。

6.1.2 微滴包埋拉出试验

这种方法是将包埋于微滴(microdroplet)基体中的单纤维拉出，依据拉出力(脱结合力)和被包埋纤维的长度计算出界面结合强度。原理上，它与前面所述的单纤维拉出试验没有差别。在试验形式上，只是以微滴替代了整块基体。这种方式克服了单纤维拉出试验的如下限制：如果包埋长度超过临界长度，纤维在拉出之前就会发生断裂；制备很短包埋长度的试样是很困难的。所以在一定程度上讲，它是单纤维拉出试验的改进型试验方法。

一种微滴包埋拉出试验装置如图 6.2 所示。微滴大小为直径 80～200 μm。两刀片(阻挡板)尽可能靠近，以致几乎接触纤维但尚未触及。在加负荷之前测定纤维直径和被包埋长度。沿纤维轴向施加负荷，测出纤维从微滴脱结合所需的力和脱结合长度，随后计算界面剪切强度。

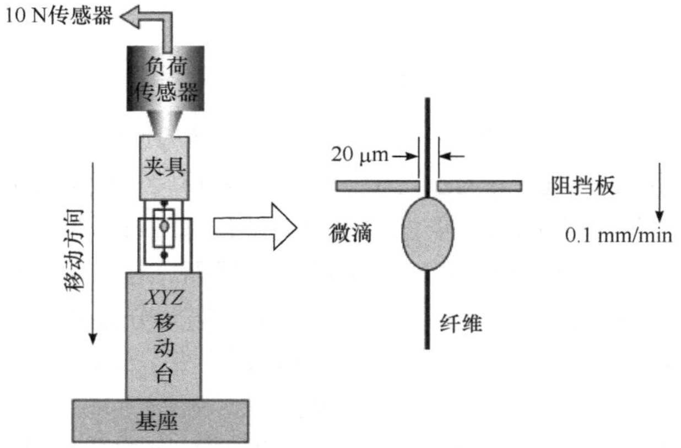

图 6.2　微滴包埋试样装置示意图

应力分布仍然是分析数据时必须考虑的问题，通常用光测弹性力学方法和有限元分析来确定包埋于微滴内纤维沿其轴向的应力状态。与实际情况相比，它们都可能存在一定程度的不确定性。显微拉曼光谱术能正确地测出应力分布，使微滴拉出试验的结果与实际情况更为接近。

微滴包埋拉出试验的主要优点是能测出脱结合瞬间力的大小。另外，这种技术能用于几乎任何纤维/基体组合。不过，它受到的限制也是明显的。脱结合力是包埋长度的函数，当使用纤维直径为 5～50 μm 的很细增强体时，最大包埋长度的范围被限定在 0.05～0.1 mm，更长的包埋长度会引起纤维断裂。另外，由于试验参数的多变性，例如，树脂在与纤维接触处常形成弯月形，导致包埋长度测定的不正确、纤维直径测量的误差、微滴在负荷装置中的位置和卡住微滴情况的多变性等，因而，即使对同一种纤维/基体组合，试验数据常有较大的分散。

对微滴包埋拉出试验需要更深入了解的读者可参阅有关文献[4-6]。

6.1.3 单纤维断裂试验

将一根纤维整体包埋于基体中(基体的断裂应变至少要比纤维大 3 倍)，制得合适形状的试样，随后沿纤维轴向拉伸，观察纤维一次或多次断裂现象，这就是单纤维断裂试验。显然，随着拉伸应变的增加，只有纤维中所受应力达到纤维强度的点才发生断裂。继续加大应变，这种断裂就会反复再现，一直到所有各段纤维，其长度变得如此之短，以致界面剪切应力沿着这些长度传递到纤维引起的拉伸应力不足以使纤维断裂。图 6.3 是受拉试样和纤维断裂过程的示意图。断裂纤维中，最长的那段长度称为临界长度 l_c。假定沿纤维临界长度的界面剪切应力是常数，纤维各处直径相同，就可根据简单的力平衡原理计算得到平均剪切强度τ。这个数值常可作为复合材料界面剪切强度的估计值。

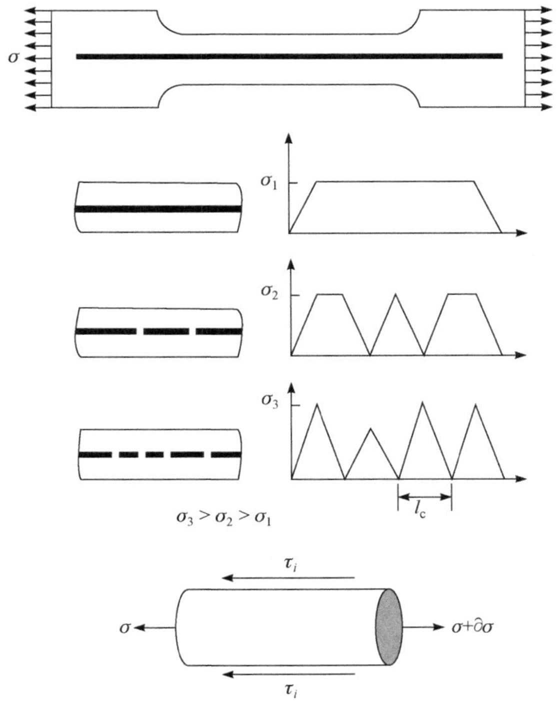

图 6.3　单纤维断裂试验中的试样和纤维断裂过程以及纤维受力情况示意图

人们提出了许多理论模型，并以试验测定来处理和分析这种不连续纤维的应力分布[7,8]。

光测弹性力学可用于试验测定不连续纤维的剪切应力分布，有限元应力分析也能给出较好的结果。然而，能精确测定应力分布的还是近代发展起来的显微拉曼光谱术。

断裂试验法具有如下优点：能获得大量数据，便于作统计处理；如果基体是透明的，可通过偏振光显微镜观察到纤维断裂过程；用于表征的参数较少。

这种试验方法的缺点也是显而易见的。首先，对基体材料有一定限制，如前所述，其断裂应变至少要比纤维大 3 倍，而且要有足够的韧性，避免由于基体破坏引起纤维断裂。其次，由于泊松(Poisson)效应，如果有较高的横向垂直应力，将引起较高的界面剪切应力，使测试结果的处理复杂化。

6.1.4　纤维压出试验

这是一种可对真实复合材料在原位测定界面结合强度的试验方法。将高纤维体积比的复合材料沿与纤维轴向垂直的方向切割成一定形状，并对截面作抛光，选定合适形状的压头，在纤维端面沿轴向施压，直至发生脱结合或纤维滑移。记录压入过程中的负载和位移，据此可计算出界面剪切强度。图 6.4 是其示意图。界面剪切应力强度取决于基体剪切模量、纤维轴向拉伸模量、纤维直径、试验纤维到相距最近纤维的距离。

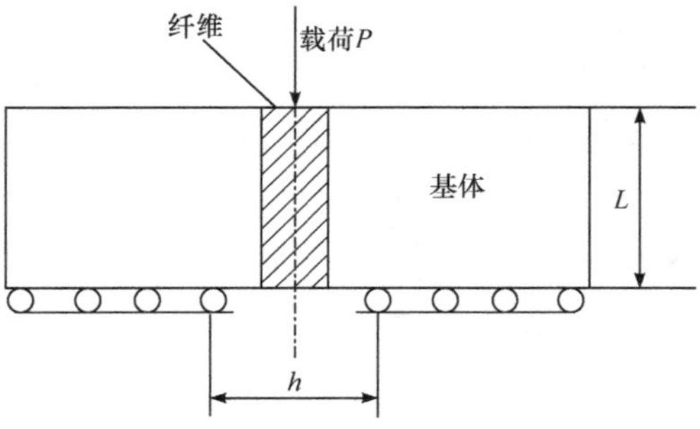

图 6.4　纤维压出试验示意图

显然，由于高纤维体积比，光测弹性分析试验已无法应用于这类试样，因而通常用有限元分析法处理数据。然而，对某些陶瓷纤维(如氧化铝纤维)增强复合材料，共焦显微拉曼系统能用于压出试验中精确地测定应力分布。

这种试验的优点是很明显的，其测试对象不是前几种试验所用的模型复合材料，而是真实材料，因而能反映材料实际加工(制作)工艺对材料性能的影响，也能测定材料使用过程中疲劳或环境因素作用下的界面剪切强度，监测界面性质的变化。能快速获得资料也是其吸引人的优点。然而，这种方法观察不到断裂模式和断裂位置；试样表面的准备过程常引入人为因素。此外，施压过程中常发生纤维脆损的情况，因而适用的纤维有所限制。

欲作深入了解的读者可参阅相关文献[9,10]。

6.1.5　弯曲试验

对于脆性的、断裂应变很小的纤维，如氧化铝纤维，应用拉出或微滴包埋拉出试验在试样制作和随后的试验操作上都要求研究人员具有高超的操作技巧。即便如此，也往往以失败而告终。单纤维断裂试验是研究单纤维增强复合材料界面强度的好方法，不过它不适合应用于陶瓷基复合材料，这是因为通常的陶瓷都是脆性的，只有很小的断裂应变，而弯曲试验法适用于这类复合材料。

1. 四支点弯曲

图 6.5 是四支点弯曲试验示意图[11]。两个上支杆相对两个下支杆相向移动，使平板发生弯曲。如图 6.5 所示，平板上表面发生拉伸应变，而下表面则处于压缩状态。两内支点之间各点的应变值相等。平板可以是待测试的复合材料，也可以是其他承载材料，将待测的纤维或薄片复合材料用强力胶粘贴于上表面(拉伸)或下表面(压缩)。平板表面粘贴一高灵敏应变片，以便精确测定试样的应变值，应该注意应变片与测试对象可能并不在同一平面上，由于应变片显示的应变值与待测对象的应变值可能存在一差值。如果该差值超出了测量误差值，应作适当修正。

一典型的 PMMA 平板尺寸为 3 mm×10 mm×75 mm。复合材料薄片试样，如模型 SiC 纤维/玻璃复合材料的尺寸为 0.4 mm×9 mm×18 mm。

2. 三支点弯曲

如果将图 6.5 中四支点弯曲装置中的两个内支杆变换成安置于平板中央的一个支杆，

便成为三支点弯曲装置。此时，平板上表面处于拉伸状态。三支点弯曲不能应用应变片测定应变值。由于应变大小随离开中央支点的距离而不同，应变片面积内包含多个不同的应变值。应变大小及其随距离的变化可用计算方法获得。

3. 悬臂梁弯曲

悬臂梁弯曲装置如图 6.6 所示。薄片试样或承载试样的平行板一端固定，另一端悬空。一螺旋测微器固定于平板上，其触头的位移使试样发生弯曲。在图 6.6 中所示的情况下，试样上表面处于压缩状态，下表面则处于拉伸状态。根据力学原理，受拉伸表面上某点拉伸应力的大小与上表面相应位置压缩力的大小相等。

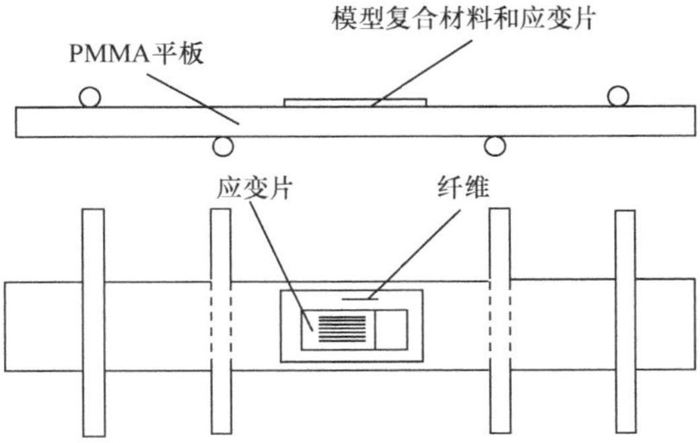

图 6.5　四支点弯曲试验示意图

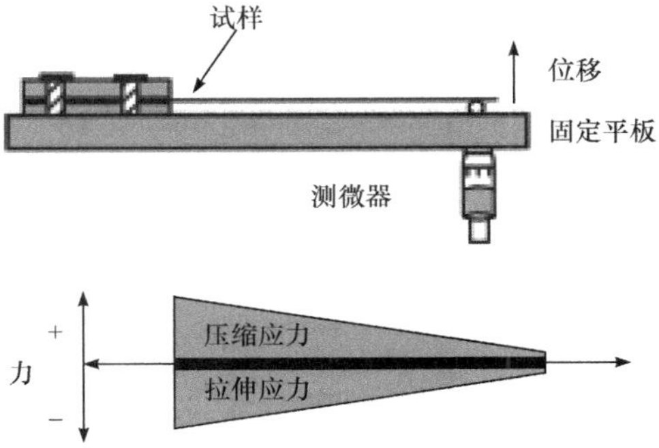

图 6.6　悬臂梁弯曲装置示意图

对于所有三种弯曲方式，拉曼探针都能方便地用于监测纤维或者基体的应力/应变状态。在拉伸或压缩下的应变可以直接应用光学显微镜物镜聚焦，也可使用光导纤维探针聚焦。测试时应注意将激光聚焦于试样宽度的中央区域，以避免边缘效应的影响。

显然，上述方法的明显限制是不能应用于大应变试验。

6.2　陶瓷纤维的微观结构和形变微观力学

6.2.1　Nicalon 类碳化硅纤维[12-17]

碳化硅纤维具有极佳的化学和物理性能，是目前用于高温环境的最重要纤维之一。它具有高比强度和高比模量，而且在氧化环境下的最高使用温度高达 1800℃。这种抗高温性能和极高的抗压缩强度及电阻抗特性是碳纤维所无法比拟的。它可用于增强陶瓷、金属和高聚物，是目前增强玻璃和玻璃陶瓷复合材料的首选纤维。

Nicalon 类碳化硅纤维，如 Nicalon NLM202 纤维由 SiC(65%)、SiO_2(23%)和 C(12%)组成，直径约 16 μm。纤维中的 SiC 是β型结晶颗粒结构，晶粒大小均匀，约为 3 nm，而 SiO_2 则以无定形状态存在，纤维中游离碳的微结构可从其拉曼光谱判断。

自由状态下 Nicalon NLM202 碳化硅纤维的拉曼光谱如图 6.7 所示。光谱显示两个宽而强的峰，分别位于约 1345 cm^{-1} 和约 1600 cm^{-1} 处。另有一相对较弱的峰，位于 835 cm^{-1} 处附近。这个频移较低的峰归属于 SiC 的晶格振动，而较高频移的两个峰来源于纤维中的石墨碳成分，分别对应于石墨的 E_{2g} 和 A_{1g} 模式。碳纤维也有两个类似的峰，其位置与碳的微结构有关，但与碳化硅纤维相比，都偏向较低频移位置。一个值得注意的现象是碳化硅纤维的两个拉曼峰都比碳纤维相应的峰宽得多。我们知道，这两个峰强度二分之一高度时的峰宽度(半高宽)随碳材料结构的无序而变宽。这个现象表明碳化硅纤维中碳结构的相对无序。另一个引起注意的现象是碳化硅纤维 1345 cm^{-1} 峰的强度通常高于 1600 cm^{-1} 峰。已知 1345 cm^{-1} 峰来自石墨晶粒的边界区，其强度反比于晶粒在石墨平面方向上的尺寸，所以该现象表明碳化硅纤维中有较小的晶粒尺寸。通过两个拉曼峰的强度比与晶粒尺寸的关系曲线，计算得出所测 Nicalon 纤维内游离碳结构单元的大小为 3.5 nm，比碳纤维的相应值要小得多。

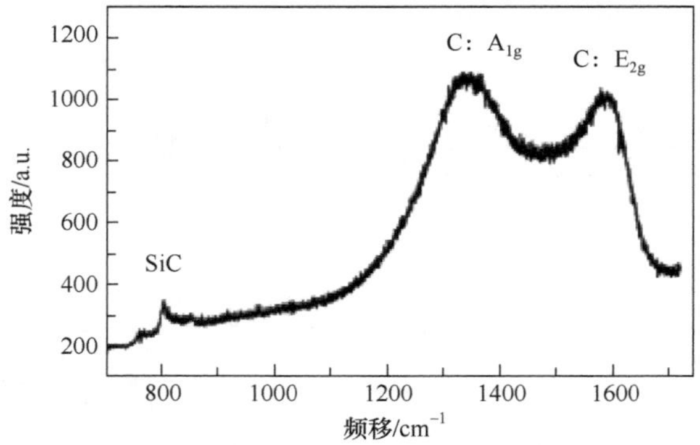

图 6.7　自由状态下 Nicalon NLM202 碳化硅纤维的拉曼光谱

拉曼光谱术不但能在碳化硅纤维微观结构研究上发挥作用，而且能对探索纤维形变行为作出很有价值的贡献，这是基于纤维拉曼峰的频移对纤维形变敏感的物理现象。

拉伸试验测得碳化硅纤维三个拉曼峰的频移都随纤维拉伸应变而发生偏移，其中来自游离碳的两个峰随拉伸应变增加而向低频移方向偏移(图 6.8)，而来自碳化硅晶粒的峰则相反，它向高频移方向偏移(图 6.9)。

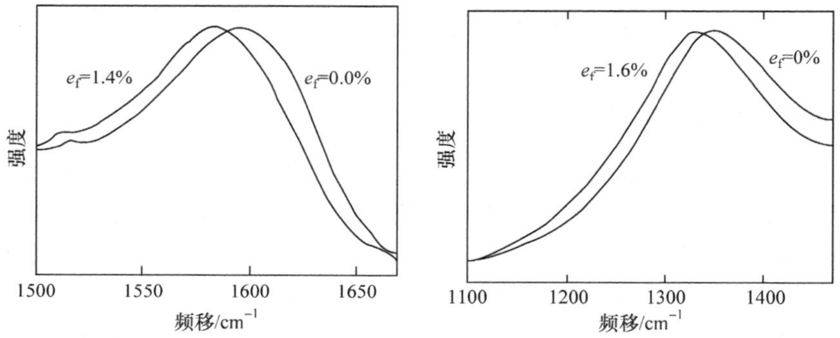

(a)　　(b)

图 6.8　拉伸下 SiC 单纤维来自游离碳的拉曼峰频移的偏移

(a) 1600 cm^{-1} 峰；(b) 1345 cm^{-1} 峰

图 6.10～图 6.12 分别表示测得的 1600 cm^{-1} 峰、1345 cm^{-1} 峰和 835 cm^{-1} 峰频移与纤维应变的函数关系。可以看到，它们都有着良好的线性关系。峰频移偏移率 $d\Delta\nu/de$ 分别

为−6.2 cm^{-1}/%、−6.5 cm^{-1}/%和+8.2 cm^{-1}/%。

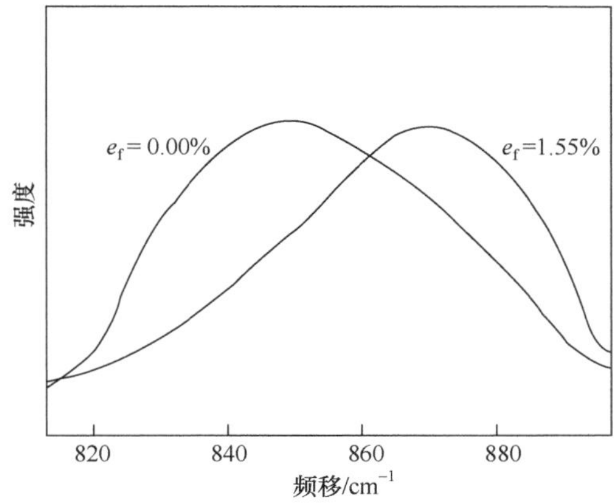

图 6.9　拉伸下 SiC 单纤维来自 SiC 的拉曼峰频移的偏移

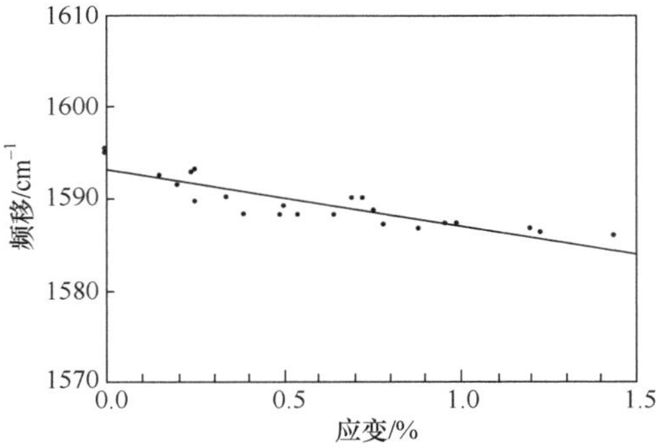

图 6.10　SiC 单纤维 1600 cm^{-1} 峰频移与应变的函数关系

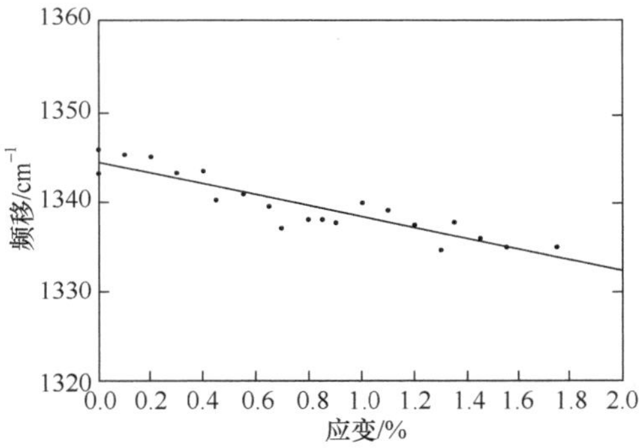

图 6.11　SiC 单纤维 1345 cm^{-1} 峰频移与应变的函数关系

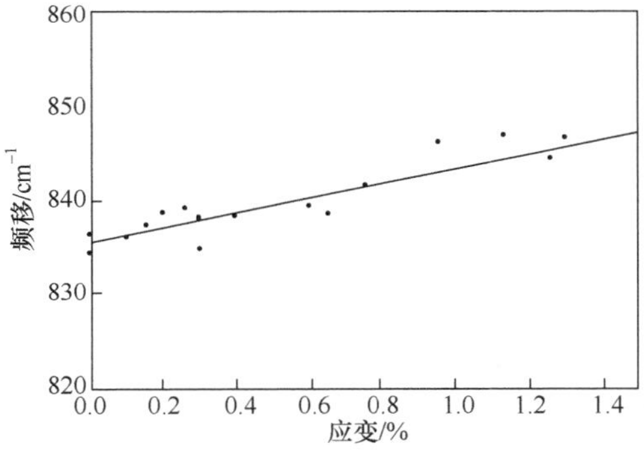

图 6.12　SiC 单纤维 835 cm^{-1} 峰频移与应变的函数关系

拉曼峰频移随应变增加向低频移方向偏移的特性和碳纤维的行为相似。这可解释为由于纤维宏观形变引起 C—C 链原子间距的增加，即键距的伸长导致拉曼频谱的红偏移，而峰位置随应变偏移的线性关系在该纤维的宏观应力-应变曲线(直线)中得到反映。

这种线性关系在复合材料微观力学研究中具有重要的应用价值。由于纤维和基体材料热膨胀系数的差异而导致的复合材料残余应力是材料设计和应用中应予充分考虑的问题，尤其是对耐高温的陶瓷复合材料。上述函数关系可用来逐点测定残余应变(应力)，给出分布情况。利用上述关系也能测定外负荷作用下纤维增强复合材料中纤维与基体相互作用力的分布，为最终了解复合材料的界面行为提供重要资料。这是迄今任何其他研究界面行为的方法都难以做到的。

使用相关分析软件可将来自游离碳的两个峰的重叠部分分离，从而获得每个峰的半高宽。

两个碳峰半高宽与应变的函数关系分别显示在图 6.13(a)和(b)中。可以看到两个峰的半高宽都随纤维伸长的增加而减小，而且近似呈线性关系。已知纤维有不均匀的微观结构，因而在给定伸长下各原子键将经受不同的应力。这意味着原子键间的应变随纤维内该微区的结构而不同。如此，拉伸将引起拉曼峰的变宽。然而，拉伸形变也可能引起纤维结构的有序化，尤其是对未形变过的碳化硅纤维，因为它的石墨颗粒的排列是完全随机的，而有序化将导致碳材料拉曼峰变窄，因而拉伸有可能引起纤维拉曼峰变窄。显而易见，应力的不均匀分布和结构有序化对碳化硅纤维拉曼峰的半高宽有着相反的作用。这里，拉伸可能引起重大的结构有序化，以致由此机制引起的拉曼峰的变窄起主要作用，最终导致拉曼峰随拉伸应变的增大而变窄。

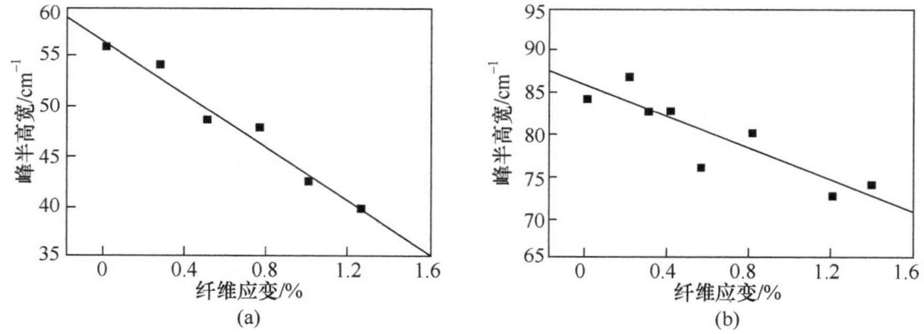

图 6.13　SiC 纤维拉曼峰半高宽与纤维应变的函数关系

(a) G 峰；(b) D 峰

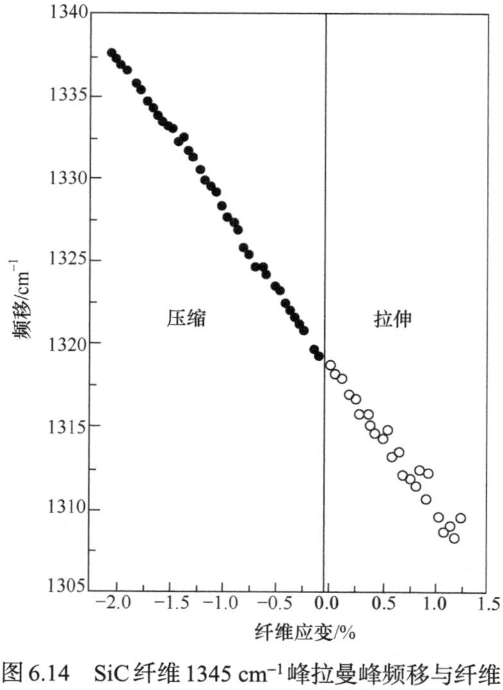

图 6.14　SiC 纤维 1345 cm^{-1} 峰拉曼峰频移与纤维压缩和拉伸应变的函数关系

碳化硅纤维在压缩负荷下的形变行为也可由其拉曼光谱来表征。测试表明，压缩应变下纤维的形变行为与拉伸应变下的相似[14]。图 6.14 显示了 1345 cm^{-1} 峰位置与纤维应变间的关系。可以看到，不管是拉伸应变还是压缩应变，与峰位置偏移都有近似的线性关系，只是偏移率稍有不同，对应的拉伸和压缩分别是(-9.1 ± 0.1) cm^{-1}/%和($+9.4\pm0.1$) cm^{-1}/%。这个结果表明，与拉伸应变的情况一样，压缩应变下纤维内部的碳材料也有着相当大的形变。

6.2.2　SCS 类碳化硅纤维[16,17]

SCS 是另一类常用的碳化硅纤维，也称碳化硅单丝，它是陶瓷和高熔点金属的重要增强材料，其结构与 Nicalon 类纤维十分不同。图 6.15(a)是 SCS-6 纤维横截面结构示意图。通常，纤维由 CVD 法制得，直径约为 140 μm。中央芯部是一覆盖有裂解石墨的碳纤维，直径约 37 μm，应用 CVD 法在碳纤维表面覆盖上 SiC 层，达到约 140 μm 直径，最后在表面上加一厚度约 1 μm 的碳和 SiC 颗粒层。为了用拉曼光谱测定纤维的微观结构，将 SCS-6/Ti-6Al-4V 合金复合材料垂直于纤维轴向的横截面抛光[图 6.15(b)]。随后，从一个纤维横截面的中心开始，用显微拉曼光谱仪，每隔 10 μm 测得其拉曼光谱，结果如图 6.16 所示。可以看到，不同位置的光谱有显著的差别。

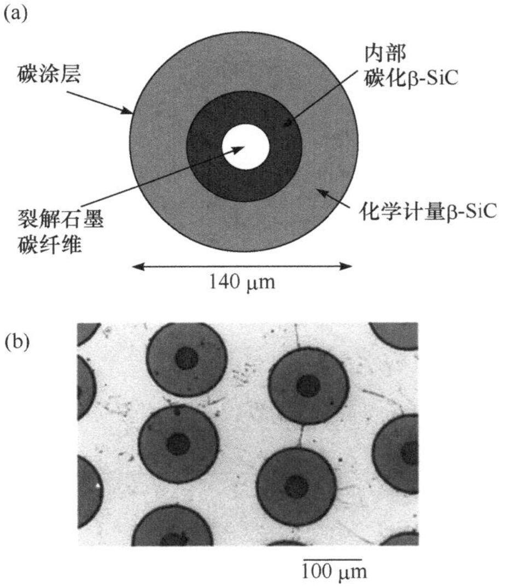

图 6.15　(a)SCS-6 纤维横截面结构示意图
(b)复合材料横截面抛光后光学显微图

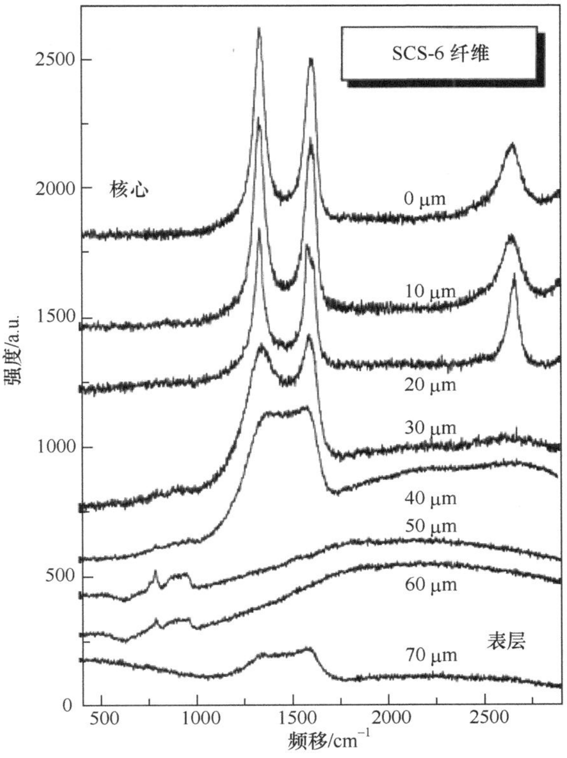

图 6.16　SCS-6 纤维横截面不同位置的拉曼光谱

核心区(0～20 μm)：在该区域内的光谱有着 3 个确定的峰，位于 1320 cm^{-1} 和 1600 cm^{-1} 的峰分别相应于石墨的 E_{2g} 和 A_{1g} 模，另一峰是位于 2700 cm^{-1} 的二级峰。这些峰是高模碳纤维的特征峰，表明纤维有着由碳组成的芯部。

内区(30～40 μm)：该区域的两条光谱都有位于 1320 cm^{-1} 和 1600 cm^{-1} 的较宽的碳峰，未见位于 2700 cm^{-1} 附近的二级峰。这表明内区的碳结构与低模量碳纤维近似，并不特别有序。此外，在 750～1000 cm^{-1} 区域有着很弱的 SiC 宽峰。可见，该层是碳和 SiC 的混合物。

外区(50～60 μm)：该区域的两条光谱相类似，仅在 750～1000 cm^{-1} 区域内显示 SiC 的峰，未见任何自由碳的迹象。可见该区域仅由 SiC 构成。

表层(70 μm)：该区域的光谱仅有大约位于 1320 cm^{-1} 和 1640 cm^{-1} 的两个宽而又相互交叠的碳峰，表明表层是相对无序的富碳区。

上述由拉曼光谱术获得的 SCS 纤维微观结构情景当然也可由其他技术获得，例如，高分辨电子显微术、选区电子衍射和扫描俄歇显微术等。然而，这些技术要求使用价格高昂和操作复杂的仪器设备，同时试样准备也十分麻烦和费时。此外，拉曼光谱术在鉴别碳结构的不同形式方面特别有用，而对其他技术这常常是困难的。

实际上，拉曼光谱术对碳化硅纤维的研究还可延伸到更广的范围，例如，SiC 本身的结构详情、SiC 晶粒的取向、纤维的内应力和 SCS 纤维的形变微观力学等。从碳化硅单丝(如 SCS-6 和 Sigma 1140+)的表面也能获得确定的拉曼光谱[17]，光谱显示了来源于纤维表层石墨碳的两个拉曼峰，即位于 1330 cm^{-1} 附近的 D 峰和位于 1600 cm^{-1} 附近的 G 峰。用四支点弯曲法对 SCS-6 单丝施加拉伸应变，测得不同应变下单丝的拉曼光谱，发现与碳纤维和碳化硅纤维相似，两个拉曼峰的频移都随单丝拉伸应变的增大向低频移方向偏移，如图 6.17(a)和(b)所示。峰频移与单丝应变之间的函数关系显示在图 6.18(a)和(b)中。每幅图中都列有两组数据，分别由光谱拟合过程中的三峰和双峰拟合模式得到。不同拟合模式获得的峰频移不同，然而与应变都有近似线性的关系，而且直线斜率近似相等。对于 D 峰和 G 峰，直线斜率 $d\Delta\nu/de$ 的值分别为(−3.6±0.6) cm^{-1}/%和(−2.6±0.3) cm^{-1}/%。单丝 Sigma 1140 +也有类似的拉曼现象。

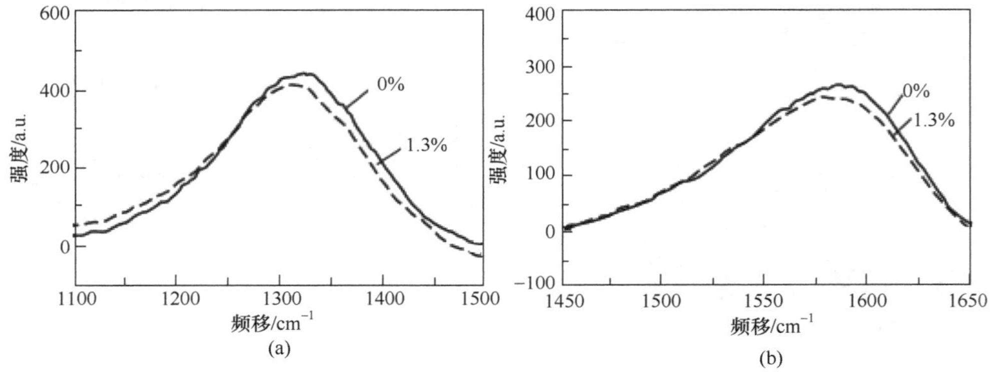

图 6.17　应变引起的碳化硅单丝表面拉曼峰的频移偏移

(a) 1330 cm^{-1} 峰；(b) 1600 cm^{-1} 峰

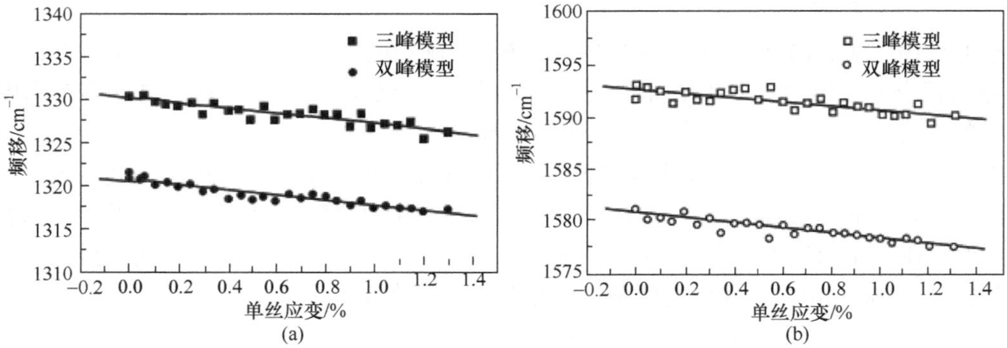

图 6.18　拉曼峰频移与单丝应变间的关系

(a) 1330 cm^{-1} 峰；(b) 1600 cm^{-1} 峰

光谱中两个碳峰的出现表明两种单丝表面存在碳结构单元。与碳纤维相似，宏观应变作用下的拉曼峰行为可以从石墨碳微观结构受力形变的行为来解释。

表 6.1 列出了几种碳化硅 Nicalon 纤维(包括表面处理和退火处理)和碳化硅单丝的 $d\Delta\nu/de$ 的值。

表 6.1　碳化硅纤维和碳化硅单丝的 $d\Delta\nu/de$ 值

纤维或单丝		频移偏移率 cm^{-1}/%			数据来源
		D 峰	G 峰	SiC 峰	
Nicalon NLM202	未处理	−6.2	−6.5	+8.2	[8]
	上浆	−3.82±1.4	−2.11±0.7		[12]
	退火	−4.01±0.5	−3.33±2.0		[12]
Hi-Nicalon	上浆	−2.72±0.3	−2.59±0.8		[12]
	退火	−3.05±0.2	−2.84±0.8		[12]
SCS-6		−3.6±0.6	−2.6±0.3		[11]
Sigma 1140+		−2.6±0.4	−1.8±0.3		[11]

6.2.3　氧化铝-氧化锆纤维[18-20]

氧化铝(Al_2O_3)类纤维有很高的模量和强度，在氧化环境下的最高使用温度在 1600℃以上，常用作高温复合材料金属基体和陶瓷基体的增强纤维。Al_2O_3-ZrO_2 纤维，如杜邦公司出产的 PRD-166 是其中性能较优良者。该纤维含有 80%的 Al_2O_3、20%的氧化锆(ZrO_2)和微量氧化铱，为颗粒状多晶结构。Al_2O_3 颗粒的大小为 0.1～0.6 μm，而 ZrO_2 为 0.1 μm 左右。多边形的颗粒随机排列，相对纤维轴向无任何择优取向。纤维芯部和表皮部在结构上也没有什么不同，纤维的拉伸应力和应变之间有着线性关系。

使用显微拉曼系统获得的自由状态下单纤维的拉曼光谱如图 6.19 所示。为比较起见，图中同时显示了纯多晶 Al_2O_3 纤维(FP 纤维)的光谱。激发光为 488 nm 波长的氩离子激光，聚焦于纤维表面 1～2 μm 直径范围内，因此照明光斑一般同时包含 Al_2O_3 和 ZrO_2 颗粒。光谱显示了 378 cm^{-1}、415 cm^{-1}、460 cm^{-1}、641 cm^{-1} 和 747cm^{-1} 等拉曼峰，其中 378 cm^{-1} 和 415cm^{-1} 峰源自α-Al_2O_3，而 460 cm^{-1} 和 641cm^{-1} 峰对应于 ZrO_2，未能确定 747cm^{-1} 峰的归属。由于缺乏足够的理论分析，目前还难以标定这些峰归属于何种分子振动模式。

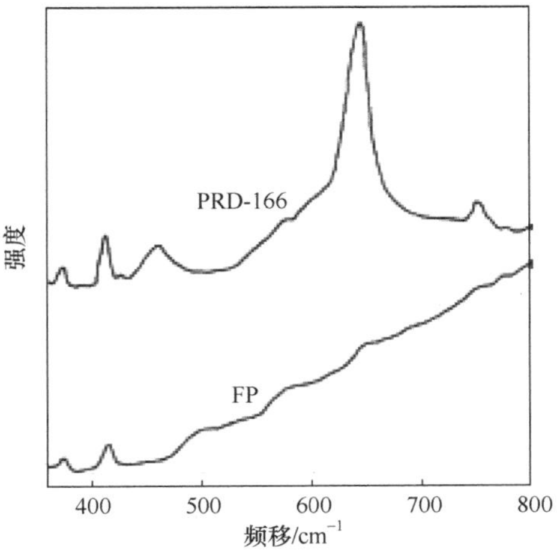

图 6.19　PRD-166 纤维和 FP 纤维的拉曼光谱

图 6.20 显示了纤维在自由状态和随后拉伸应变 0.34%下，350～430 cm^{-1} 范围内的拉曼光谱。可以看到，来自α-Al_2O_3 的 378 cm^{-1} 和 415 cm^{-1} 峰随应变都向高频移方向偏移。纤维

应变对拉曼峰位置的影响如图 6.21 所示，应变与峰频移间有一线性关系，其斜率即 $d\Delta\nu/de$ 值，分别为+4.9 cm^{-1}/%和+4.4 cm^{-1}/%。

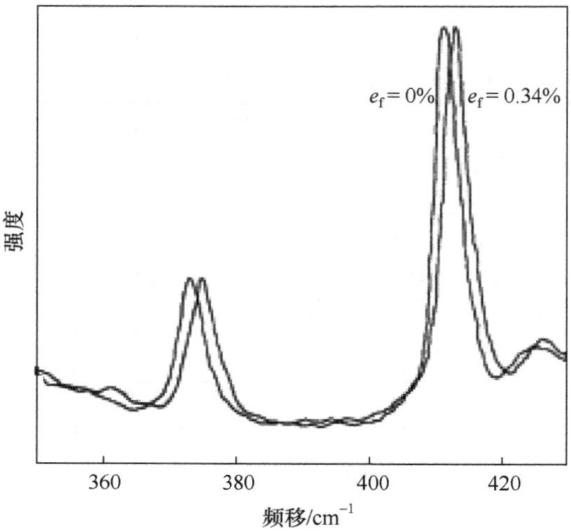

图 6.20　PRD-166 纤维自由状态和 0.34%拉伸应变下的拉曼光谱

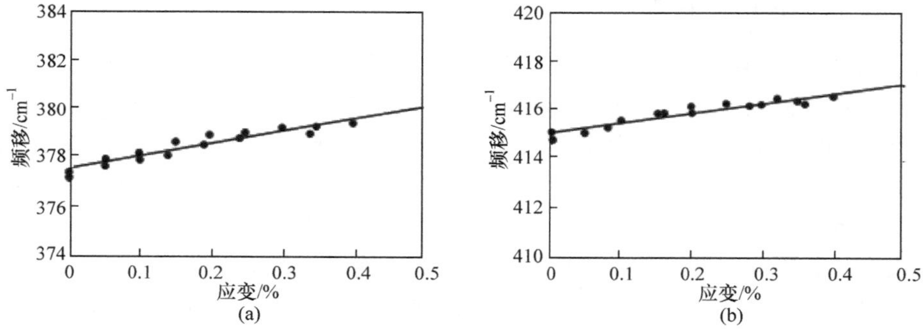

图 6.21　PRD-166 纤维拉曼峰频移与纤维应变的函数关系

(a) 378 cm^{-1}峰；(b) 415 cm^{-1}峰

对来自 ZrO_2 的两个峰，应变对峰频移的影响却有不同的偏移方向，分别如图 6.22 和

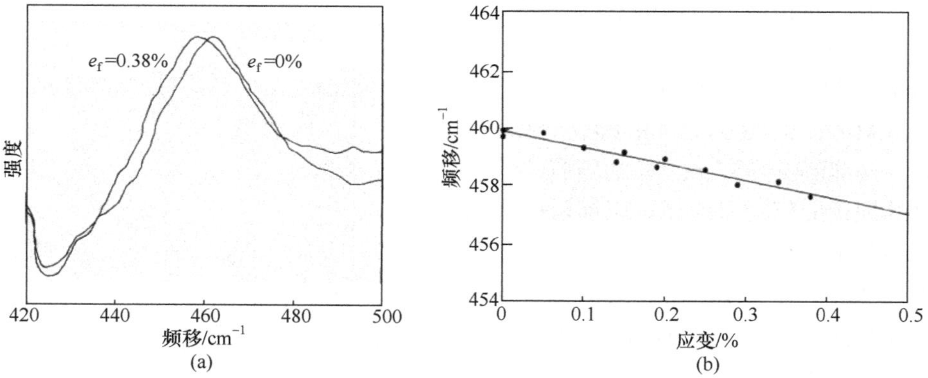

图 6.22　PRD-166 纤维中来自 ZrO_2 的 460 cm^{-1} 拉曼峰行为

(a) 拉伸引起的拉曼峰频移的偏移；(b) 频移与纤维应变的关系

图 6.23 所示。460 cm^{-1} 峰的频移随应变向负的方向偏移，其 $d\Delta\nu/de$ 为−5.7 $cm^{-1}/\%$，而 641 cm^{-1} 峰则偏移向正方向，其 $d\Delta\nu/de$ 为+4.3 $cm^{-1}/\%$。

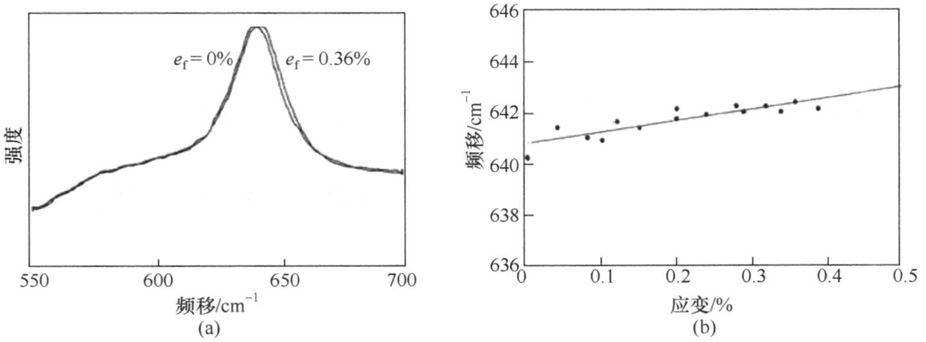

图 6.23　PRD-166 纤维中来自 ZrO_2 的 641 cm^{-1} 的拉曼峰行为

(a) 拉伸引起的拉曼峰频移的偏移；(b) 频移与纤维应变的关系

747 cm^{-1} 峰也对纤维应变敏感，但因荧光背景强，数据较为分散。

表 6.2 列出了该纤维 5 个拉曼峰的 $d\Delta\nu/de$ 值。

表 6.2　Al_2O_3-ZrO_2 纤维的 5 个拉曼峰的归属和 $d\Delta\nu/de$ 值

拉曼峰/cm^{-1}	$d\Delta\nu/de/(cm^{-1}/\%)$	归属
378	+4.9±0.7	α-氧化铝
415	+4.4±0.8	α-氧化铝
460	−5.7±0.9	氧化锆
641	+4.3±0.8	氧化锆
747	−3.7±0.9	

所有 5 个拉曼峰频移和纤维应变的线性关系与纤维的宏观应力-应变线性关系一致。已知 Al_2O_3-ZrO_2 纤维是多晶结构，纤维的宏观形变必定伴随着纤维中晶体的形变，如晶体伸长和/或晶体旋转。这意味着由于外加应变导致的拉曼峰频移的偏移直接与晶格形变有关。上述 5 个拉曼峰的应变敏感性是纤维中两种金属氧化物由于宏观形变而引起的晶格形变的反映。要完全了解这种现象，必须对金属氧化物的拉曼散射作详细的理论研究。尽管这种线性关系还未得到详细的理论解释，它在复合材料微观力学，尤其是在界面力学行为研究中十分有用。

6.2.4　纯氧化铝纤维

纯氧化铝纤维，如 FP 纤维和 Nextel 610 纤维，也有很高的模量和强度，而且耐高温，适合用作耐高温复合材料的增强纤维。它们都是多晶结构，后者由很微小的 Al_2O_3 颗粒组成，有较好的柔韧性，便于编织加工。单晶氧化铝纤维也有类似的力学和热学性质。这些纤维也有与 Al_2O_3-ZrO_2 纤维相似的应变下的拉曼峰行为。

6.3　高性能合成纤维的形变微观力学

6.3.1　PPTA 纤维

PPTA 的学名为聚对苯二酰对苯二胺，商品名为 Kevlar(凯芙拉)，别名为芳纶树脂或芳纶纤维，属于芳香族聚酰胺，是一种新型合成纤维。这种纤维具有超高强度和高模量的力学性能，同时它还具有耐高温、耐酸、耐碱和质量轻等优良的物理性能。

PPTA 纤维典型的拉曼光谱如图 6.24 所示，显示了几个确定的峰[21]。大多数峰都随外加应变而发生偏移，其中以 1610 cm^{-1} 峰的频移对纤维形变最为敏感。图 6.25 显示了不同拉伸应变下 Kevlar 49 纤维的 1610 cm^{-1} 峰，可以看到，其峰随拉伸应变的增加向低频移方向偏移。五种不同型号的 PPTA 纤维 1610 cm^{-1} 峰频移与纤维应变间的函数关系如图 6.26 所示，都显示了近似线性关系。拟合直线的斜率 $d\Delta\nu/de$ 与纤维杨氏模量间的关系如图 6.27 所示，也有近似线性关系。从微观角度考虑，PPTA 纤维的上述拉曼光谱行为反映了纤维材料的宏观形变直接转换成了分子共价键的伸长。

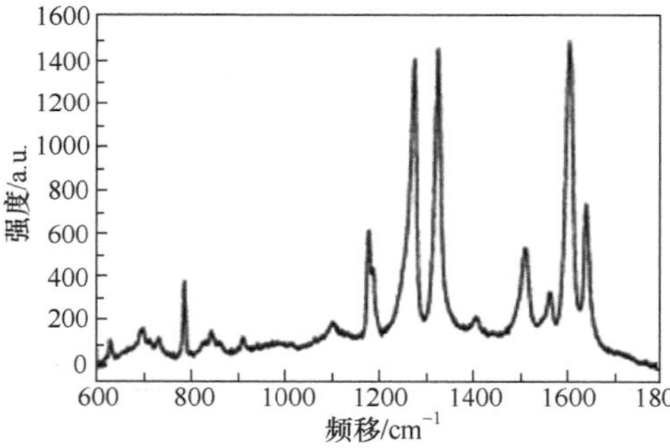

图 6.24　PPTA 纤维典型的拉曼光谱

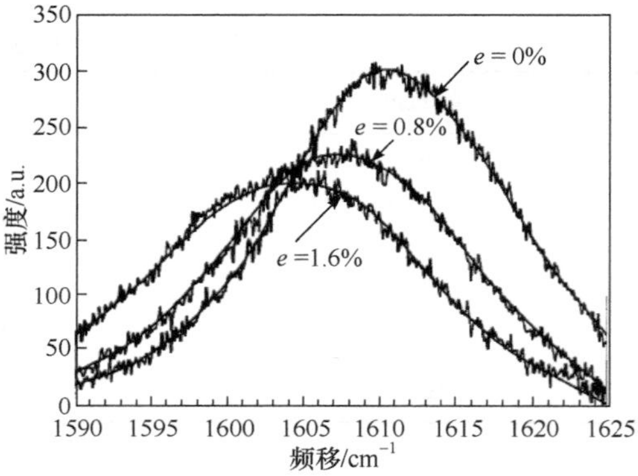

图 6.25　拉伸应变下 PPTA 纤维 1610 cm^{-1} 峰频移的偏移

图 6.27 显示的函数关系可用来对分子链伸长作直接测量。这是因为较高拉伸模量值的纤维的 $d\Delta\nu/de$ 较高，有较大的分子链伸长。

尽管每单位应变纤维拉曼峰频移的偏移 $d\Delta\nu/de$ 随纤维模量的增大而增大，每单位应力的峰偏移对不同模量的纤维却是相同的，都等于约−4.0 cm^{-1}/GPa。

PPTA 纤维拉曼光谱行为的另一个现象是随施加应变的增大，拉曼峰宽化。导致宽化的可能原因有两个。其一，PPTA 纤维的微观结构是不均匀的，因此聚合物分子链局部应变大小是其在纤维中位置的函数；其二，近代振动模型计算指出，有些拉曼峰可能是未能分辨的双峰，在外加应力下这些峰发生分裂。

纤维内分子形变微观力学已用拉曼光谱术作了详细的研究，有兴趣的读者可参阅相关文献[22]。

最后需要指出的是 PPTA 纤维的拉曼光谱行为对激光功率敏感。拉曼光谱的测定需

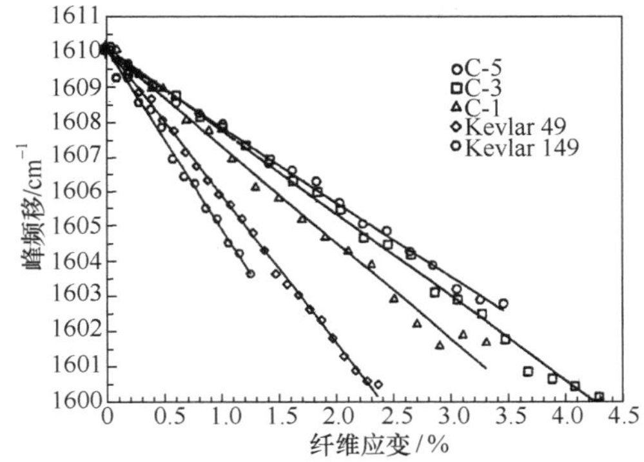

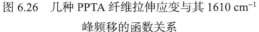

图 6.26　几种 PPTA 纤维拉伸应变与其 1610 cm^{-1} 峰频移的函数关系

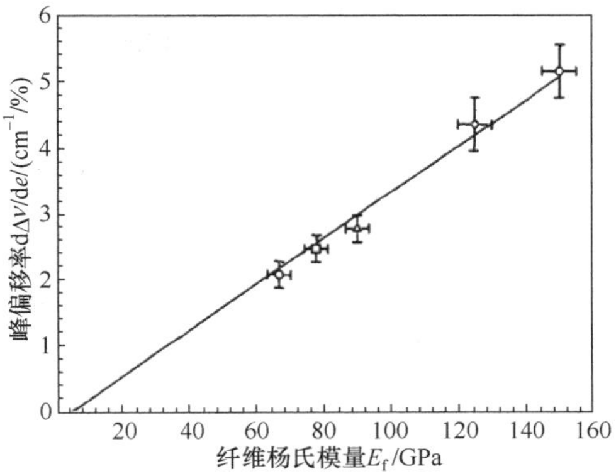

图 6.27　单位纤维应变的 1610 cm^{-1} 峰频移偏移 $d\Delta\nu/de$ 与纤维杨氏模量的关系

选用较小功率的光源。通常，以氦氖激光较为合适，能方便地测得峰频移与纤维形变的函数关系。用氩离子激光常常观测到峰频移随纤维形变的无规则变化，并且由于激光对纤维的损伤，纤维在小形变下就发生断裂。因此，如果选用氩离子激光，必须是小功率的，而且曝光时间尽可能短。

6.3.2　PBO 纤维

PBO(聚对苯撑苯并双噁唑)纤维是一种具有超高模量和强度的合成纤维，其强度和模量均比芳纶纤维高出一倍多，经过特殊处理的实验室产品，模量更高达 360 GPa[23]。该类纤维还兼具高耐热性和阻燃性。拉曼光谱术是研究该类纤维受力作用下分子形变的强有力工具[24-26]，而且从其特征拉曼峰频移和形状的变化能获得纤维形态学方面的信息。据此，研究人员能获得进一步改善加工条件的启示，以制造出更高力学性能的纤维。

图 6.28 是自由状态下 PBO 纤维在 800～1700 cm^{-1} 范围内的拉曼光谱，显示了位于 920 cm^{-1}、1275 cm^{-1}、1305 cm^{-1}、1540 cm^{-1} 和 1618 cm^{-1} 的拉曼峰。测试表明，有几个峰的频移对纤维应变或应力敏感，其中以 1618 cm^{-1} 峰最为敏感。这个拉曼峰归属于分子主链中对亚苯基环的振动。

图 6.29 显示了 PBO 纤维在拉伸和压缩状态下形变对 1618 cm^{-1} 峰位置和形状的影响。在拉伸应变下峰向低频移方向偏移，同时明显宽化，而在压缩应变下峰向相反方向偏移，同时峰宽变窄。显然，这种现象是纤维分子对外加宏观形变的响应，同时也表明纤维分子有着不均匀的应变分布。

不同模量 PBO 纤维拉伸应变与 1618 cm^{-1} 频移间的函数关系如图 6.30 所示。纤维模量从大到小依次为纤维 HM、HM_+和 AS，其中纤维 HM 为市场可购商品纤维，其 $d\Delta\nu/de$ 为-8.6 $cm^{-1}/\%$。经过性能改进的 HM_+纤维，$d\Delta\nu/de$ 达到约-12 $cm^{-1}/\%$。这类纤维的拉曼峰随应变的偏移率是由分子取向决定的。这个很高的值反映了 HM_+纤维的分子有很高的取向程度。

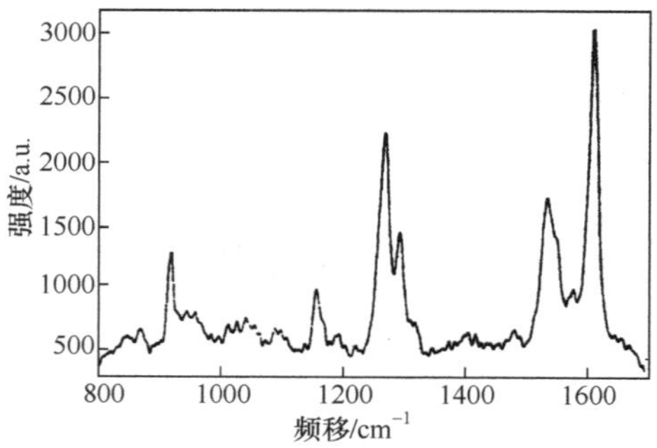

图 6.28　自由状态下 PBO 纤维的拉曼光谱

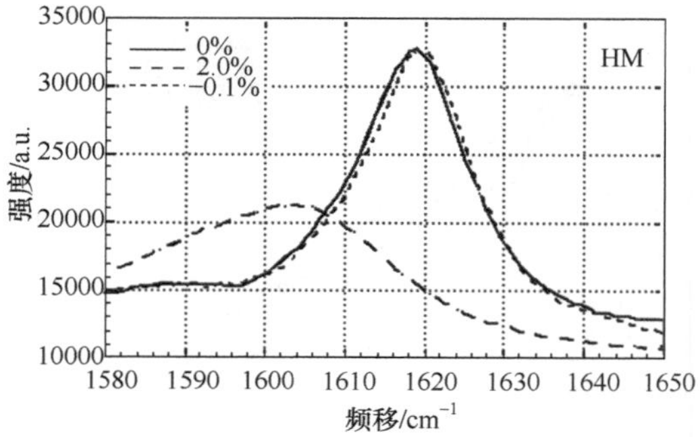

图 6.29　PBO 纤维受拉伸和压缩时 1618 cm^{-1} 峰的频移和形状

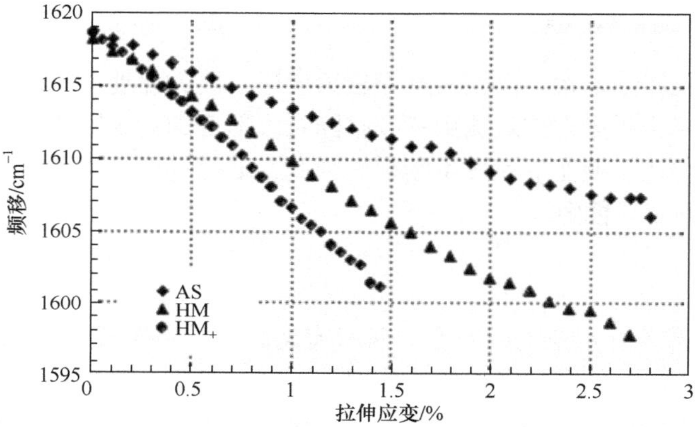

图 6.30　不同模量 PBO 纤维拉伸应变与 1618 cm^{-1} 峰频移间的函数关系

拉曼峰半高宽与纤维拉伸应变的关系显示在图 6.31 中。可以看到，三种纤维随拉伸应变的增大都有显著的峰宽化，宽化的程度取决于纤维分子的应力分布，而应力分布情况则由纤维的超分子结构决定。所以峰宽化也是纤维超分子结构在拉曼光谱行为上的反映。

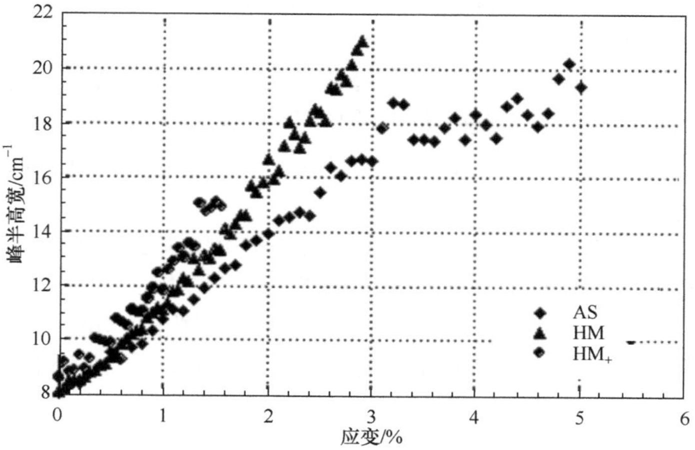

图 6.31　PBO 纤维 1618 cm^{-1} 峰半高宽与纤维拉伸应变的关系

PBO 纤维压缩应变下 1618 cm^{-1} 峰频移和半高宽与应变间的关系如图 6.32 所示。为便于比较，也同时显示了拉伸应变下的情况。可以看到从拉伸应变到压缩应变，数据的变化是连续的。但是它们的拉曼光谱行为有着明显不同。在拉伸应变下，峰频移向较低方向偏移，而且有近似线性关系。而在压缩应变下，峰频移近似线性地偏向较高波数，在一临界应变下到达最高值，然后保持在一平台值。这种行为对三种 PBO 纤维都是相同的。同时，峰半高宽在拉伸时宽化，而在压缩时则变窄，而且在到达临界应变后成为常数。这个应变临界值与频移偏移到达平台时的临界应变值相近。从达到平台的临界应变值可计算出 PBO 纤维的压缩强度。

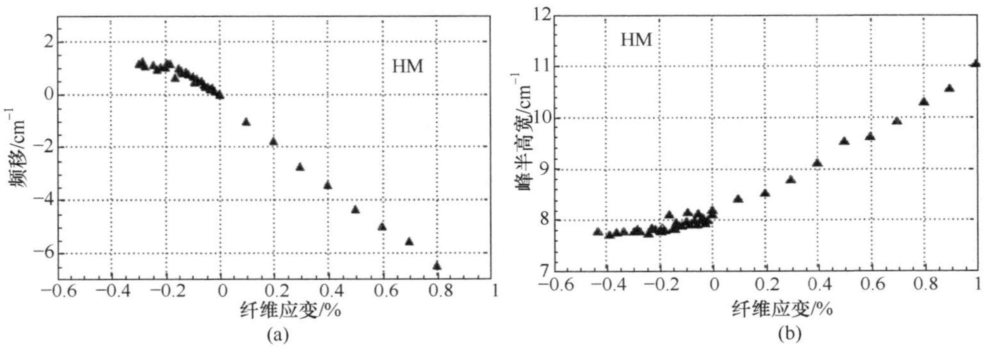

图 6.32　PBO 纤维压缩应变下 1618 cm^{-1} 峰频移和半高宽与纤维应变的关系

(a) 频移；(b) 峰半高宽

从微观角度考虑，压缩应变下拉曼峰半高宽较窄意味着局部分子应力的分布范围减小了。PBO 的这种行为与碳纤维不同，后者在拉伸和压缩时拉曼峰都变宽。这与它们有不同的超分子结构有关。PBO 纤维中分子并不像碳纤维的碳那样形成三维结晶结构，碳纤维的每个分子都可以形成自己的与众不同的构象。PBO 纤维在凝固和热处理过程中产生的残余应变在压缩形变时得到松弛，从而导致拉曼峰变窄。

进一步的分析指出，拉曼峰的宽化只在纤维上发生，而不会在单晶上发生。这意味着，如果能制造出零峰宽化的纤维，那么测出的模量就是晶体模量了。拉曼峰的宽化取决于纤维结构的完善程度。如果纤维由 100%完善的晶体所构成(如所有分子都沿纤维轴向完美地排列)，纤维的峰宽化就为零，其模量将达到晶体模量。显然，拉曼峰宽化是用于表征纤维微观结构的均匀性与纤维力学性质间关系的重要参数。

PBO 纤维分子间只有弱相互作用，沿着纤维轴向，其结构是不均匀的。当纤维发生轴向形变时，无序区就可能引起分子滑移，并且随应力增大而传播到整个纤维。拉曼峰的宽化就是这种分子滑移的结果。

6.3.3　超高分子量聚乙烯纤维

超高分子量聚乙烯(UHMWPE)纤维也有高模量和高强度的优良力学性能，其缺点是在室温或更高温度时对蠕变的敏感，即纤维不能在静负荷下保持其模量和强度。另一使其应用受到限制的缺点是抗热性能较差。然而，UHMWPE 纤维有一个突出的优点，它的密度较小，即有较高的模量或强度质量比。因此在对质量敏感的应用场合，它是一种杰出的可供选用的材料。

PE 纤维的典型拉曼光谱见图 3.1 中间光谱或参阅文献[27]。在 800～1600 cm^{-1} 范围内有六个来自全反式 PE 分子的强峰，其中 1060 cm^{-1}、1130 cm^{-1} 和 1295 cm^{-1} 峰分别归属于不对称C—C 伸缩、对称C—C 伸缩和CH_2扭转振动，而1418 cm^{-1}、1440 cm^{-1}和1463 cm^{-1}峰归属于 CH_2 弯曲振动。我们知道，归属于 C—C 伸缩振动的拉曼峰，其位置和形状对施加于分子主链的拉伸应力较为敏感。拉曼光谱术可应用这种应力敏感性来研究分子应力分布。PE 拉曼光谱中的 1060 cm^{-1} 和 1130 cm^{-1} 峰显示出对力学形变最大的偏移，偏移率分别达到约−6.0 cm^{-1}/GPa 和−4.5 cm^{-1}/GPa[28]。偏移率对不同牌号的 PE 会有差异，上述数据是对某给定牌号纤维测得的值。这两个峰在高应力时会发生明显变宽，可能有较大的相互重叠，在曲线拟合时必须考虑到这一现象。

PE 的拉曼光谱行为还有两个特性应该特别引起注意。一是对温度的敏感性；二是大应力下可能发生分峰，即在小应力时显示的单个拉曼峰，在大应力时可能分裂成 2 个或多个峰。用拉曼光谱术表征宏观应变(应力)下 PE 纤维的分子行为已有大量报道[29-32]。

表 6.3 列出了 S1000PE 纤维在室温和液氮温度下四个拉曼峰的频移和峰宽以及它们随应力的偏移率。1064 cm^{-1} 和 1130 cm^{-1} 这两个 C—C 伸缩峰有较大的偏移率。在小应力下它们都随应力增大向低频移方向近似线性偏移，但达到某一定应力后，主峰不再偏移，这个应力约为 1.2 GPa。

表 6.3　PE 纤维在室温和液氮温度下几个拉曼峰的频移和峰宽以及它们随应力的偏移率

	峰频移/cm^{-1}		峰宽/cm^{-1}		偏移率/(cm^{-1}/GPa)	
	298K	77K	298K	77K	298K	77K
C—C 不对称伸缩(B_{1g})	1063.7	1064.8	7.6	6.8	−4.9	−5.4
C—C 对称伸缩(A_g)	1130.5	1133.5	6.2	4.2	−3.4	−3.9
C—H 扭转(B_{1g})	1293.3	1292.2	4.8	4.6	−1.1	−1.3
C—H 弯曲(A_g)	1417.1	1413.2	6.7	4.4	−1.7	−1.4

PE 纤维沿其轴向的热膨胀系数为负值，在相同应变值下冷却和拉伸对峰频移偏移应有相同的效果。冷却到 77 K 的膨胀率约为 0.2%，C—C 伸缩峰应该向较低频移方向偏移。然而表中列出的实际测定结果是两峰都向更高频移方向偏移。1063.7 cm^{-1} 不对称伸缩峰偏移 1.1 cm^{-1}，而 1130.5 cm^{-1} 对称伸缩峰偏移 3 cm^{-1}。这种现象是分子间相互作用的结果，聚二乙炔晶体的三键伸缩也有类似现象。

和在室温下的情况相似，在 77 K 时两个 C—C 伸缩峰也随应力发生近似线性偏移和宽化，直到 1.2 GPa，大于该应力后，在每个峰的较高频移位置会出现第二个峰。图 6.33 显示了 1064.8 cm^{-1} 峰在大应力下出现第二个峰(次峰)的情形。从拟合曲线可以看到，峰的宽化十分显著。峰频移与应力的关系如图 6.34 所示，当应力在 0～1.2 GPa 时，直线斜率，即峰频移随应力的偏移率为−5.4 cm^{-1}/GPa；当应力大于该范围后，分为两个峰，主峰有更高的偏移率，约为–6.8 cm⁻¹/GPa，而次峰斜率则仅有约–3 cm⁻¹/GPa。不过不管何种情形，偏移和应力都有很好的线性关系。峰半高宽随应力的变化如图 6.35 所示。可以看到，主峰比应力为零时宽了约三分之二，而次峰的峰半高宽则近乎不变。

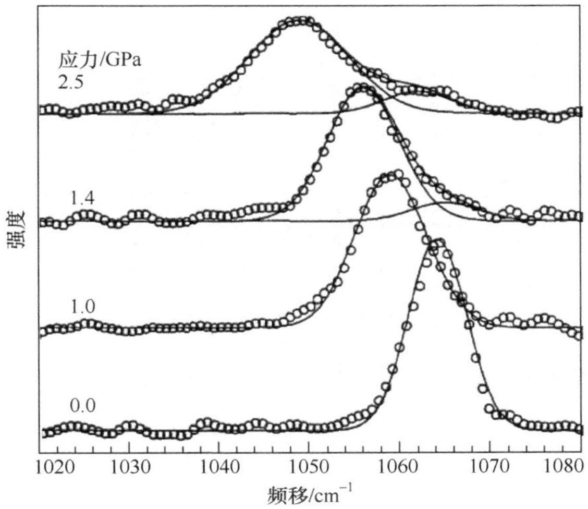

图 6.33　液氮温度下 PE 纤维不同负荷时的 1064.8 cm⁻¹ 拉曼峰

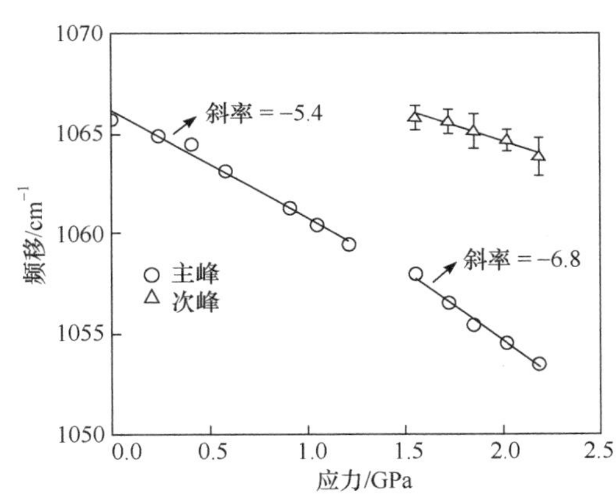

图 6.34　液氮温度下 PE 纤维 1064.8 cm⁻¹ 拉曼峰的频移与应力的关系

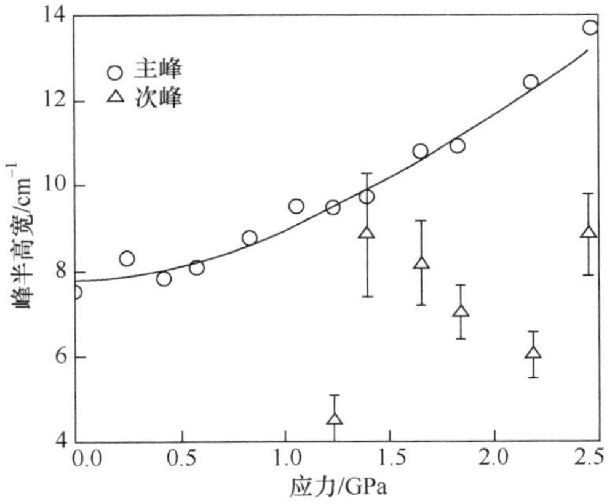

图 6.35　液氮温度下 PE 纤维 1064.8 cm⁻¹ 拉曼峰峰半高宽与应力的关系

上述应变下 PE 纤维的拉曼光谱行为都可以从纤维分子结构和分子应力分布得到合理的解释[29, 32]。

纤维蠕变在拉曼光谱中的反映显示在图 6.36 中。图中显示了固定负荷下不同时间在 900～1200 cm⁻¹ 范围内的拉曼光谱。可以看到，蠕变下 1064 cm⁻¹ 和 1130 cm⁻¹ 两个峰都有相同的行为。在开始施加负荷 2.2 GPa 时，每个峰都有一主峰和一次峰。主峰频移随外加应力的增大发生偏移，然而其位置并不随时间而变化。次峰则有不同的表现，其位置随时间进一步向低频移方向偏移，而且发生明显宽化，蠕变达到一定时间(如 52 min)后，光谱曲线变得平坦，已经不能区分出次峰。

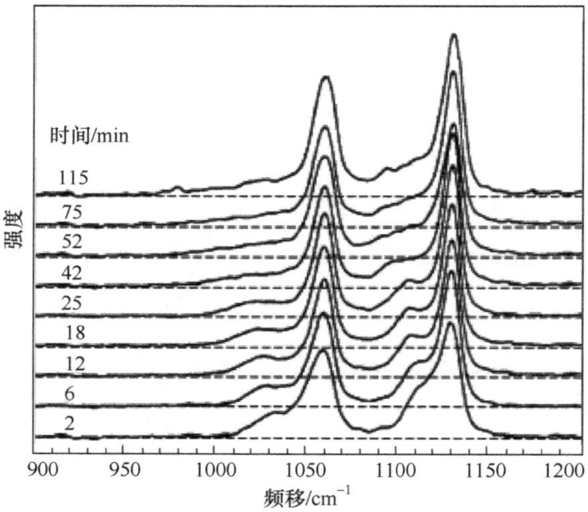

图 6.36　室温下 PE 纤维在固定负载下不同时间的拉曼光谱

纤维蠕变必定伴随着纤维微观结构的变化，从而也发生分子应力分布的变化。蠕变时的拉曼光谱行为正是这些变化的反映。

6.3.4　PET 纤维

PET 纤维不属于高性能合成纤维，其力学性能比前述几种纤维相差甚多。然而由于其化学结构的原因，它在应力下的拉曼行为与高性能纤维有许多共同之处。

PET 纤维光谱中 1616 cm^{-1} 峰的频移和形状对应力最为敏感。这个峰也归属于分子主链中的对亚苯基环的振动。图 6.37 显示了该峰在纤维承受外应力 1.0 GPa 时频移和形状的变化[25]。图中可见，外加应力使峰向低频移方向偏移，而且峰形状也变得不对称了。后一现象与 PBO 纤维相应拉曼峰的行为不同，PBO 纤维的峰在外应力下依然保持对称。这意味着在形变 PET 纤维中必定存在着许多超限应力键。

图 6.38 显示了几种由不同加工工艺制得具有不同力学性能的 PET 纤维 1616 cm^{-1} 峰频移偏移(考虑了其不对称的形状)与应力的关系。所有纤维都有近似线性关系，而且拟合

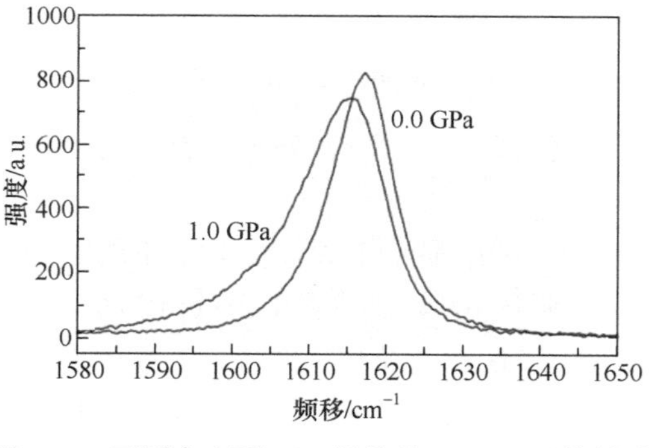

图 6.37　不同应力下 PET 纤维的 1616 cm^{-1} 拉曼峰

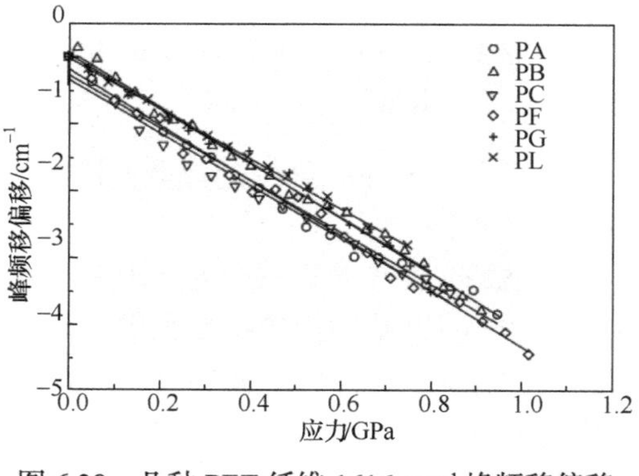

图 6.38　几种 PET 纤维 1616 cm^{-1} 峰频移偏移与应力的关系

直线都有相同的约–4.0 cm^{-1}/GPa 的斜率，即斜率与纤维的超分子结构无关。这是一个很有趣的结果。单元分子结构中包含对亚苯基环的 PBO 纤维也给出约–4.0 cm^{-1}/GPa 的值。

6.3.5　高性能合成纤维分子形变的共性

用拉曼光谱术研究高性能纤维形变微观力学，发现各种高性能芳族聚酰胺纤维(包括凯芙拉、Twaron 和 Technora)和 PBO 纤维都有着相同的分子形变过程，并且能用一修正过的模量予以解释。纤维分子中对亚苯基环的对称振动模提供了一个十分有用的拉曼峰，用于监测纤维在拉伸形变下的分子形变。上述高性能纤维应变下拉曼峰的偏移实质上取决于拉伸应力而不是拉伸应变。拉曼峰偏移正比于应力，而且不同纤维都有相同的斜率，约–4.0cm^{-1}/GPa，这也与 PET 纤维相同。事实上，所有这些不同类型的纤维都有相似的分子形变过程，尽管它们的化学结构和加工工艺不同(从而超分子结构不同)。

6.4　碳纤维的形变微观力学

碳纤维具有高强度和高模量的力学性能，同时还有耐高温、低密度、抗化学腐蚀、低电阻、高热导和低热膨胀等优良物理性能，此外还具有纤维的柔曲性和可编性，是目前先进复合材料最常用的增强体。

碳纤维由不完全石墨结晶体沿纤维轴向排列的多晶体组成，经石墨化处理后，原来乱层类石墨结构将变成高均匀和高取向度结晶的石墨纤维。

碳纤维典型的拉曼光谱如图 6.39 所示[33]，显示了三个确定的拉曼峰。三个峰的相对强度随碳纤维型号而有所不同。位于低频移段的两个峰分别称为 D 峰(位于约 1380 cm^{-1})和 G 峰(位于约 1600 cm^{-1})，分别对应于石墨晶体的 A_{1g} 振动模和 E_{2g} 振动模，而位于 2700 cm^{-1} 附近的二次峰称为 2D 峰。

三个拉曼峰的频移都对纤维应变敏感，并且随拉伸应变的增大向低频移方向偏移，其中，2D 峰对纤维应变最为敏感[34]。图 6.40 显示了 P75 碳纤维在零应变、拉伸和压缩下的 2D 峰。可以看到拉伸应变使 2D 峰向低频移方向偏移，而压缩应变则有相反响应，2D 峰向高频移方向偏移。

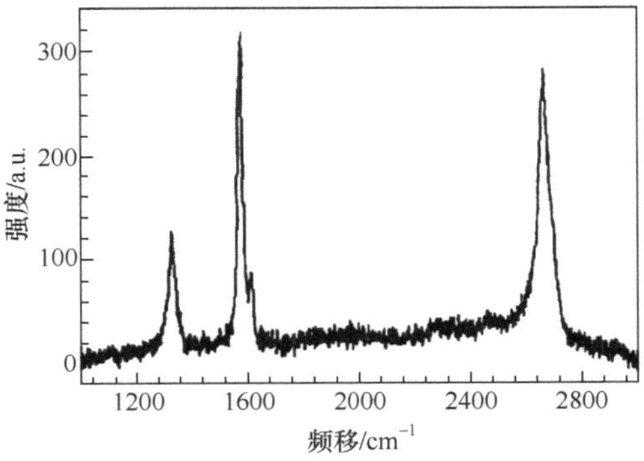

图 6.39　碳纤维典型的拉曼光谱

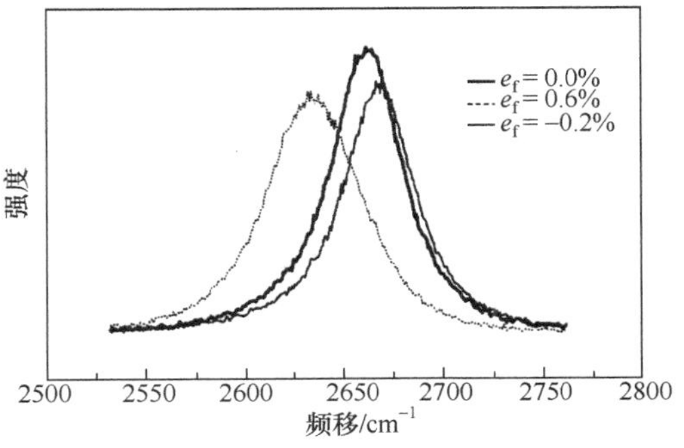

图 6.40　P75 碳纤维不同应变下的 2D 拉曼峰

三个拉曼峰频移的偏移与纤维应变的函数关系都近似线性。图 6.41 显示了 G 和 2D

峰频移的偏移与应变的函数关系(拉伸和压缩时的数据分别从两根纤维测得)。可以看到，不论是拉伸还是压缩，在纤维破坏之前，两个峰频移的偏移都与纤维应变呈近似线性关系。纤维的破坏，在压缩状态下是剪切方式破坏，而在拉伸状态下则是脆性拉断。不管何种方式，一旦破坏，拉曼峰的频移都迅速回到零应变时的位置。

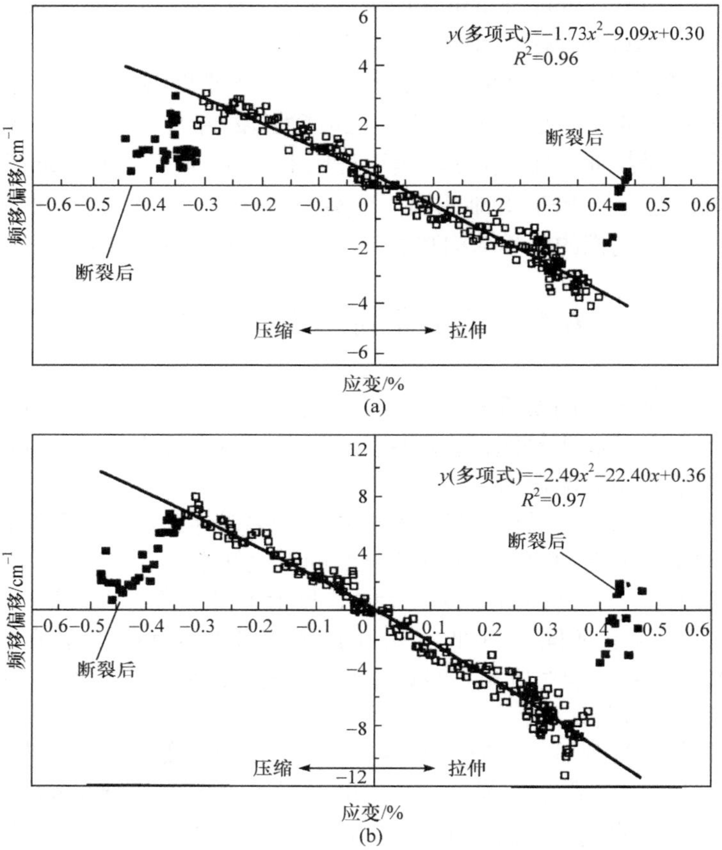

图 6.41　P75 碳纤维拉曼峰频移的偏移与纤维应变间的关系

(a) G 峰；(b) 2D 峰

频移随应变的偏移率与受力状态稍有关系，例如，P55 纤维拉伸应变下和压缩应变下 2D 峰偏移率分别为−24.2 cm^{-1}/%和−22 cm^{-1}/%[35]。G 峰的偏移率要小得多，如 P75 纤维拉伸状态时约为 9.09 cm^{-1}/%[36]。

并不是所有碳纤维都能轻易地检测到确定的 2D 峰，它与纤维的石墨化程度有关。只有石墨化程度高的纤维才易于检测到确定的尖锐的 2D 峰。此外，峰频移随应变的偏移率随不同型号纤维常有很大差异，如 P120 碳纤维，这个值高达约−38 cm^{-1}/%[37]。

宏观形变引起拉曼峰频移的偏移，显然是碳纤维结晶结构中碳碳键形变对宏观形变的响应。外加宏观形变引起晶体结构中键长度的变化，从而引起拉曼活性振动频率的变化。可见，这种拉曼形变技术可用于研究原子间势的行为。它的另一个重要而又获得广泛应用的领域是碳纤维增强复合材料界面行为的研究。

6.5　陶瓷纤维增强复合材料的界面行为

首先界定所述“界面行为”的含意，这里是指界面的力学行为(如纤维形变、力通过界面的传递和脱结合等)和与上述行为密切相关的在材料制作过程中形成的界面(或界相区)的微观结构。作为实例，本节讨论碳化硅纤维增强复合材料的界面行为。

6.5.1　碳化硅纤维/玻璃复合材料的拉出试验[38-41]

使用纤维增强陶瓷基体，多数情况下是为了改善脆性基体的韧性。研究指出，纤维与基体间的脱结合过程和从基体中拉出纤维的过程是控制这类材料韧性的关键机制，而单纤维拉出试验恰好能给出这方面资料的直接测量。

许多工作者对碳化硅/玻璃复合材料进行了拉出试验和理论分析，并基于线性分析或剪切-滞后分析从拉出试验得出界面摩擦剪切应力(τ_i)和脱结合剪切应力(τ_d)。对于τ_i，不同工作者得出的值比较接近，而对于τ_d，却相差甚远。引起这种不一致的原因可能是多方面的。比较明显的原因可能在于各研究组在材料、试验准备、试验过程和试样几何等方面的差异；而另一个重要原因可能来源于不合理的应力沿纤维分布的理论模型。显然，为了搞清楚这类复合材料的界面力学行为，试验测定外负荷下应力或应变沿界面的分布就显得十分必要。目前，拉曼探针术是唯一能逐点作出这种测定的技术。以下是一个实例，说明拉曼光谱术在碳化硅纤维/玻璃复合材料单纤维拉出试验中的应用。

用于试验的是单纤维模型复合材料。所用碳化硅纤维为 Nicalon NLM202，用作基体材料的是硼硅酸耐热玻璃(Pyrex)。两种材料有相近的热膨胀系数。这样，虽然试样热加工温度高达 750℃，由于两者热膨胀之间的失配很小，只会引起试样内很小的热残余应力，避免由于热应力可能引起的界面破坏。图 6.42 是供拉出试验的单纤维复合材料制作示意图。图示组合在氩气气氛、750℃下保持 30 min 就能获得合适的试样。

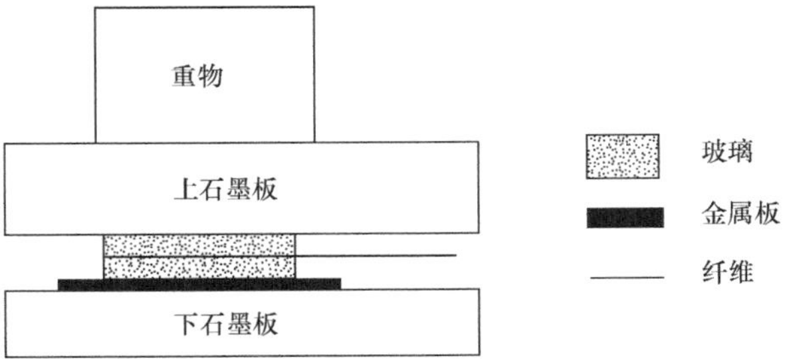

图 6.42　碳化硅纤维/玻璃复合材料拉出试验试样制备示意图

一双单色仪拉曼显微系统用于获得材料的拉曼光谱，使用波长为 488 nm 的氩离子激光作激发光，激光束被聚焦于纤维或玻璃表面直径 1～2 μm 的斑点上。

图 6.43 显示了来自包埋于玻璃中的纤维和玻璃的 1500～1680 cm^{-1} 范围内的拉曼光谱。可以看到玻璃内部纤维的拉曼光谱与空气中纤维的拉曼光谱[图 6.7 和图 6.8(a)]相似，有一个位于 1600 cm^{-1} 附近的拉曼峰，而来自玻璃的拉曼光谱在这个波段范围内是一条基

本平直的谱线，没有出现任何拉曼峰。这意味着出现于前一拉曼光谱中的峰纯粹是包埋于玻璃内部的纤维的贡献，而纤维周围的玻璃对它没有影响。

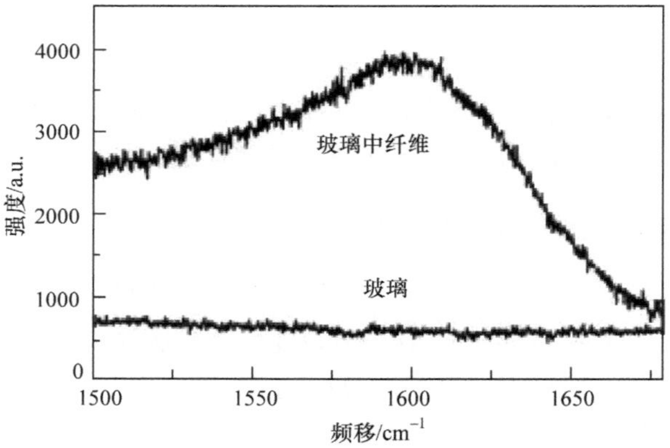

图 6.43　玻璃和包埋于玻璃中纤维的拉曼光谱

一专门设计的小型拉伸装置用于拉伸基体以外的纤维段到一给定的应变值。

首先测定试样在自由状态下沿纤维轴向来自纤维表面各点的拉曼光谱并确定其拉曼峰位置。图 6.44(a)显示了 1600 cm^{-1} 拉曼峰频移偏移随坐标 x 的变化(坐标原点位于纤维开始进入玻璃处)。依据已测得的该纤维拉曼峰频移偏移与纤维应变的线性关系(图 6.10)可以将该图中拉曼峰频移偏移转换成纤维应变，得到图 6.44(b)。图中实线为对测得数据的最佳拟合。可以看到，包埋于玻璃中的大部分纤维段是处于很小的轴向压缩状态下。在紧靠基体边缘的很短一段纤维显示很小的拉伸应变，这可能是试样压制过程中引入的。随后，纤维从零应变随进入基体距离 x 的增加，压缩应变值增加，在大约 x=0.25 mm 处开始形成一个平台值，约为–0.08%，与用 1345 cm^{-1} 峰测得的平均值相近[42]。这个压缩应变是由于纤维和基体热膨胀的不一致而导致的残余应变。

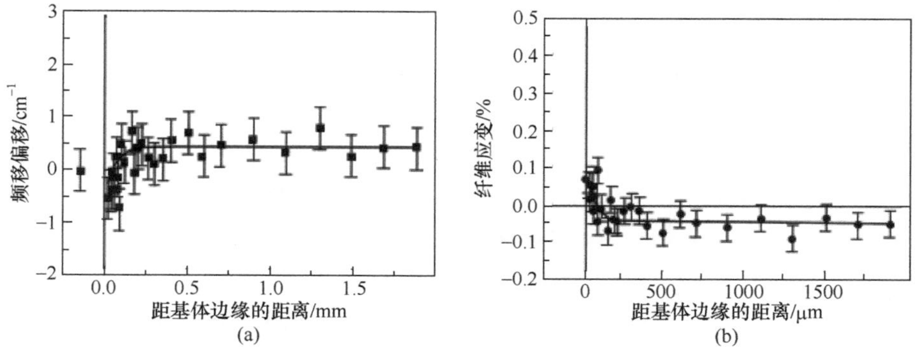

图 6.44　试样在自由状态下沿纤维轴向的拉曼测定

(a) 拉曼峰频移偏移随坐标 x 的变化；(b) 纤维应变沿轴向的分布

对纤维施加拉伸外力 F 后纤维的拉曼行为如图 6.45 所示。图 6.45(a)显示了当基体外纤维段的拉伸应变达到 0.5%时，纤维拉曼峰频移随距离 x 的变化。使用图 6.10 给出的关系，峰频移的偏移被转换成纤维应变，得到图 6.45(b)。图中可见，在靠近基体边缘处原来处于压缩状态的纤维段由于外力 F 的作用已处于拉伸状态。在紧靠边缘处纤维的应变值近似等于基体外纤维段的应变值。随着进入基体距离 x 的增大，纤维应变急剧下降，在约 0.25 mm 处再次降低为压缩应变–0.08%，这是前面所述的热残余应变。

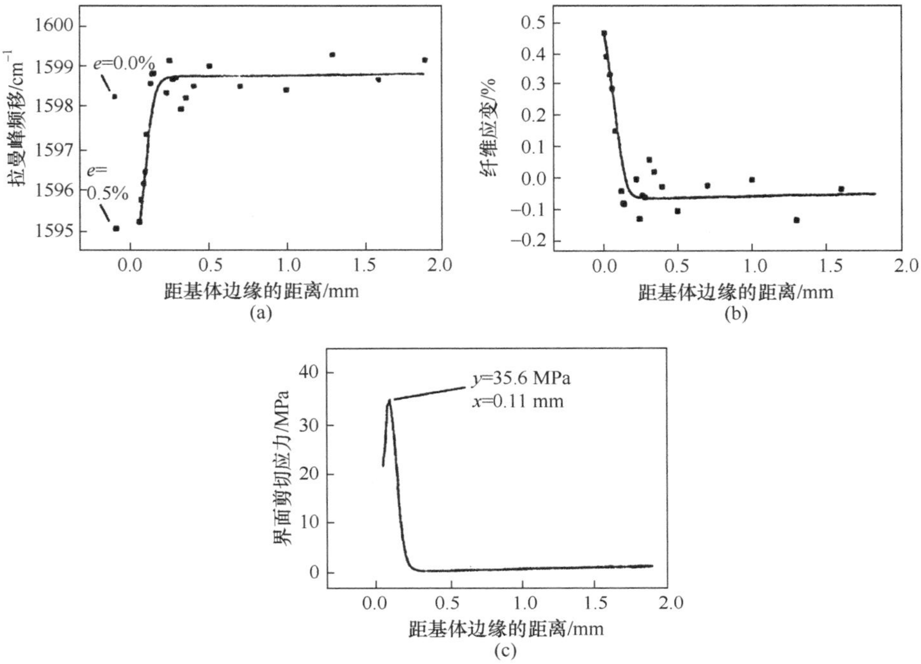

图 6.45　基体外纤维应变为 0.5%时的拉曼测定结果

(a) 拉曼峰频移随坐标 x 的变化；(b) 纤维应变沿轴向的分布；(c) 界面剪切应力的分布

沿纤维轴向界面剪切应力(ISS) τ 随距离 x 的变化可简单地由力平衡原理求出：

$$\tau = \frac{E_f r}{2}\frac{de}{dx} \tag{6.3}$$

式中，r 为纤维半径；E_f 为纤维的杨氏模量；de/dx 为纤维应变关于距离的导数。所得结果如图 6.45(c)所示。该图显示了纤维受外力拉伸时基体与纤维间的界面剪切应力沿纤维轴向的分布。可以看到最大界面剪切应力位于 $x = 0.11$ mm 处。这与从剪切-滞后分析对拉出试验的预测不同。后者指出，如果拉出试验中不发生脱结合情况，极大界面剪切应力位于基体边缘即 $x = 0$ mm 处。然而用拉曼光谱术获得的结果与使用有限元方法作理论分析的结果相一致。

靠近基体边缘的信息往往能给出某些重要的界面性质。应力传递长度是其中之一，它表征纤维与基体间的结合程度。较短的长度表示较强的结合。这里测得的长度约为 0.16 mm，近似于对碳化硅/SLS 玻璃从轴向残余应变推算出的值[43]。

对上述试验数据更详细和复杂的处理是剪切-滞后分析，同时考虑拉出过程中出现纤维与基体间的脱结合或部分脱结合。图 6.46 是基体外纤维应变为 0.37%时基体内纤维沿轴向的应变分布。在纤维刚进入玻璃基体处，纤维应变与空气中纤维近似相等。随后纤维应变随进入基体的距离 x 的增大急剧减小，在 x 超过 200 μm 后减小到小于零，并最后达到一个常数(–0.04%)。与前面所述一样，这个压缩应变是由纤维和玻璃热膨胀不匹配引起的。对该图作更详细分析的结果显示在图 6.47 中。图中点线是根据下面由剪切-滞后分析得到的方程作出的：

$$e_{\mathrm{f}} = e_{\mathrm{app}} \frac{\sinh[n(l_{\mathrm{e}} - x)/r]}{\sinh(ns)} \tag{6.4}$$

式中，e_{f}为离开基体边缘距离 x 处纤维的轴向应变；e_{app}为基体外纤维应变；l_{e}为纤维被包埋的长度；r 为纤维半径，$s = l_{\mathrm{e}}/r$；n 为与纤维和基体力学性质有关的参数。可以看到，尽管曲线对试验数据点并不完全拟合，弹性理论还是正确地预测了纤维应变衰减的形式。考虑脱结合的处理过程比较复杂，有兴趣的读者可参阅有关文献[44,45]。处理的结果如图中的虚线(完全脱结合)和实线(部分脱结合)所示。明显可见，部分脱结合预测的实线与实验数据点拟合得更好。各种界面参数可从纤维应变分布获得。从部分脱结合理论拟合的应变曲线微分后得到的界面剪切应力分布曲线如图 6.48 所示，可以计算出脱结合区域的剪切应力。在脱结合点，τ_{i}达到峰值τ_{deb}，而在结合好的区域迅速衰减为零。

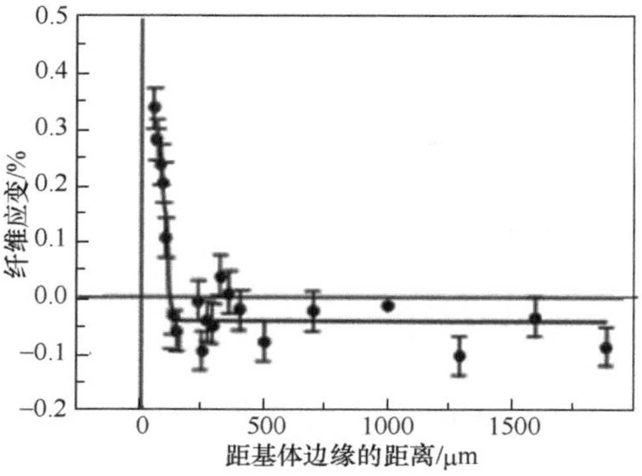

图 6.46 基体外纤维应变为 0.37%时应变沿纤维的分布

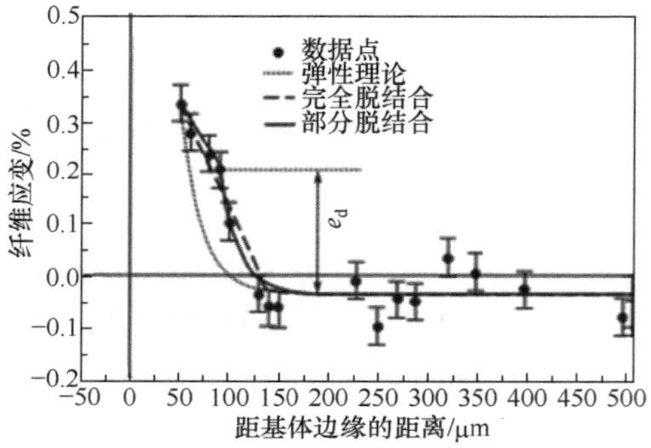

图 6.47 使用弹性剪切-滞后理论、部分脱结合理论和完全脱结合理论对图 6.46 试验数据的拟合

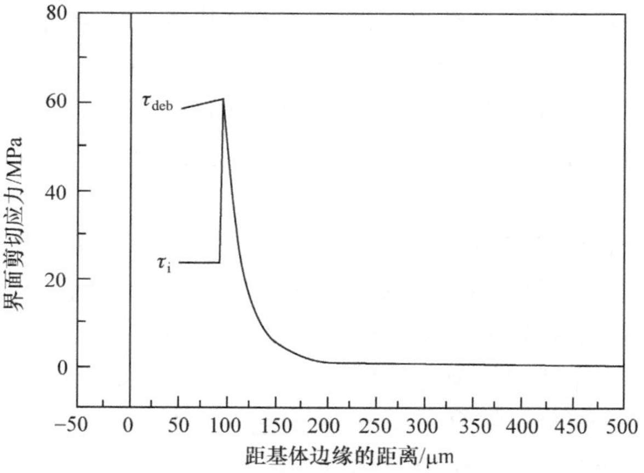

图 6.48 应用部分脱结合理论得到的界面剪切应力分布曲线

6.5.2　压负荷下的 SiC/SiC 复合材料

碳化硅有良好的热稳定性、高的高温强度、高抗氧化性能和较低的密度，是一种优良的高温结构材料。然而单一结构的碳化硅是脆性的，而且对力冲击和热冲击的阻抗很弱，因而纯碳化硅不宜用作结构材料。使用碳化硅纤维作增强体，用化学气相沉积法制得的 SiC/SiC 复合材料既能保持其陶瓷原有的耐高温性能，又能克服其弱点，是一种较理想的高温结构材料。

对这类陶瓷纤维增强陶瓷基体复合材料，拉曼光谱术似乎是研究其形变微观力学的唯一方法。下文阐述一个实例[46]。

材料由双向交织的碳化硅纤维(Nicalon)层和碳化硅基体构成。

用于拉曼测试的压负荷下的试样，如图 6.49 所示，表面 A 经抛光暴露出纬纱的纵截面，表面 B 粘贴有高灵敏应变片，可测得负荷下材料的应变值。

从这种试样测得的拉曼光谱大多数来自纤维内部。

复合材料压缩应变 e_c 对纤维峰频移的影响如图 6.50 所示，反映了压缩应变与峰频移之间的函数关系，这是一个近似直线关系，斜率为–60 cm^{-1}/%。假定在拉伸情况下纤维表面的峰频移与应变的关系也适用于压缩应变下纤维内部的拉曼峰行为，就可得出结论，在复合材料受压缩应变时纤维是处于拉伸状态。例如，在所测定的纤维某个部位，当复合材料受压缩应变 0.07%时，纤维有拉伸应变 0.66%。

单方向排列的长纤维增强复合材料受轴向压缩时，纤维也同时受到压应变，但对于交织的多方向排列的长纤维复合材料，由于复杂的纤维束网格结构，其力学响应要复杂得多。对于上述试验的材料，基体具有多孔的不连续结构，纤维和基体间的结合很弱。此外，纤维受力下的形变和破坏显然与织物网格的扭曲和纤维束内的摩擦密切相关。因此，即便试样处于压缩状态下，由于轴向滑移和纤维搭桥等行为，平行于压缩方向的纬纱中纤维的某些部位处于拉伸应变仍然是可能的。

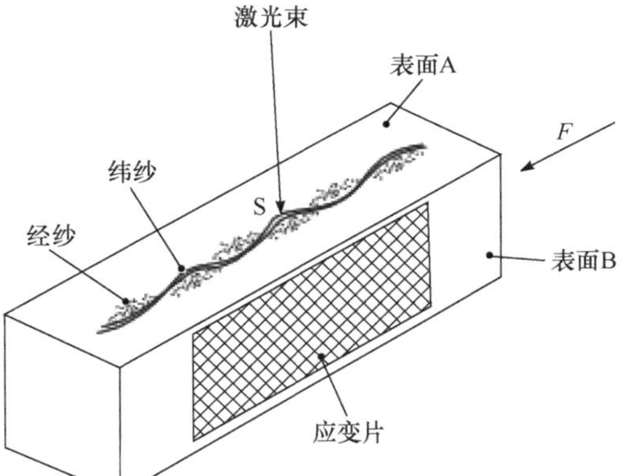

图 6.49　压负荷下试样的拉曼测试示意图

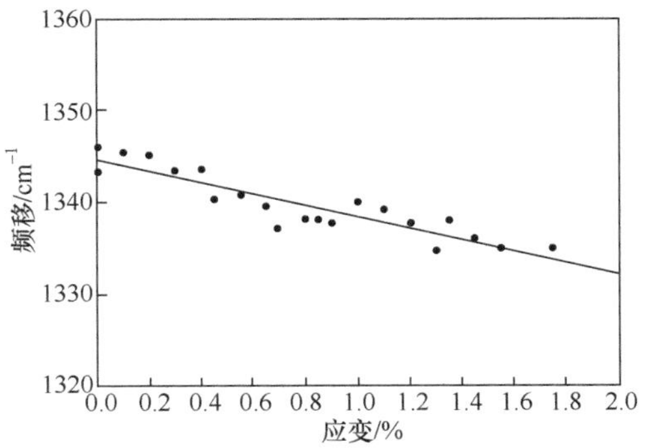

图 6.50　SiC/SiC 复合材料压负荷下纤维拉曼峰频移与复合材料压缩应变的函数关系

6.5.3　碳化硅/陶瓷复合材料的搭桥纤维试验

将制备成一定形状的材料一面或两面开 V 形槽，施加拉伸负荷，观测和分析槽口附近的应力和裂缝发展情况是材料断裂力学的一种有效研究方法，如果与拉曼光谱术联用，便能得到更加丰富的资料。

对连续 Nicalon SiC 纤维增强玻璃陶瓷复合材料，取 V 形槽的方向垂直纤维轴向，施加拉伸负荷，可暴露出搭接在基体裂缝两侧面的增强纤维。这时可使用显微拉曼光谱术在原位对搭桥纤维的应变进行测量，获得应变分布图。这种达到微米级精度的应变测量可用来分析在搭桥区的断裂微观机理并与宏观力学预测的相应结果相比较。测试获得的界面剪切强度通常与预测值相吻合。与其他测试技术相比，拉曼光谱术在这类试验中有高得多的精确度。

作为实例，下面简述一种碳化硅 Nicalon 纤维/玻璃-陶瓷复合材料双开口拉伸试验的拉曼研究结果[15]。将拉曼探针的激光束聚焦于两开口之间裂纹中的搭桥碳化硅纤维表面，沿裂缝依次测得各根纤维的拉曼光谱。根据所测得相对自由状态下 D 峰频移的偏移，应用预先测定的该纤维的频移-应变偏移率 $d\Delta\nu/de$，可以获得各根纤维在复合材料给定拉伸应变下的应变值。图 6.51 显示了对试样负载-位移曲线上三个不同点测得的结果。左侧负载-位移曲线标明相应的三个负载状态。拉曼频移偏移标示在左纵坐标，与之相应的纤维应变则标示在右纵坐标。横坐标已经归一化，与两开口间的距离相对应。搭桥纤维应变分布图显示，在纤维搭桥区的大部分区域，除断裂纤维外(相应于图中空心数据点)，大多数纤维的应变都位于中央平台处。搭桥应变在两端靠近开口附近区域的松弛现象明显可见，其宽度约为搭桥区长度的 1/9，与负载的大小无关。松弛现象来源于开口周围基体的应变不均匀分布(应变梯度)。这种局部梯度随离开开口尖端距离的增大而减弱，它常常引起开口周围纤维的过早断裂。

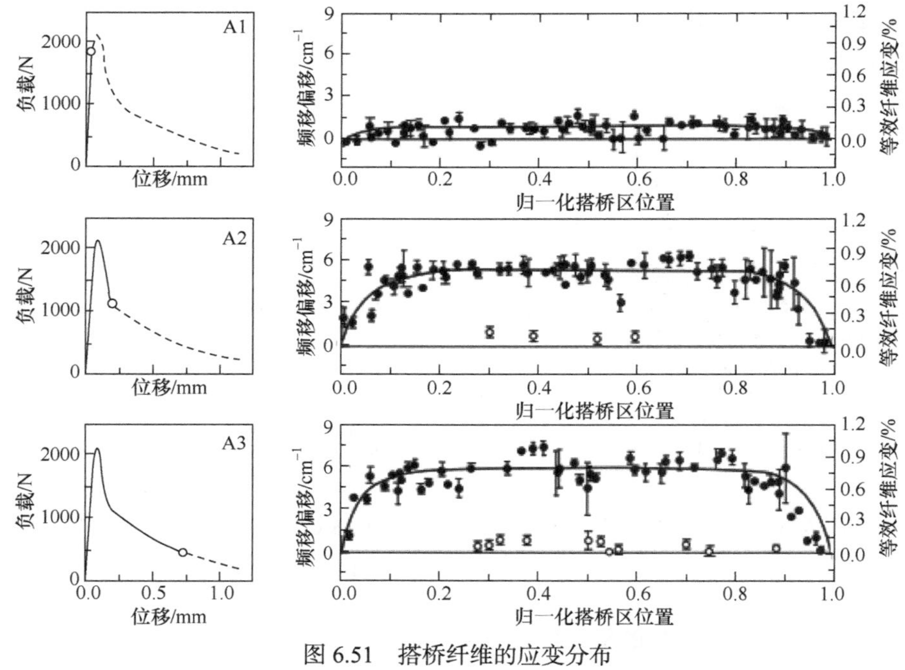

图 6.51 搭桥纤维的应变分布

从上述微米尺度的测量，可以计算出这种复合材料的界面剪切强度约为 7 MPa，与宏观力学预测的值一致。

纤维搭桥试验的更为常用的一种方法是试样单边开口，随后用四支点弯曲或两端拉伸的负载方式产生裂缝并显现纤维搭桥现象。拉曼探针沿单根纤维扫描，该纤维搭接于裂缝两壁，获得的是拉曼特征峰频移沿该纤维各点的偏移。使用类似的方法可以将峰频移转换为纤维应变或应力，得到应变或应力沿单根搭桥纤维的分布图。

图 6.52 显示了对弯曲负载产生的搭桥纤维进行拉曼探针扫描的示意图和对单根搭桥纤维测得的搭桥应力分布图[47]。一根单晶氧化铝纤维包埋于碳化硅单丝/玻璃复合材料内作为拉曼传感器。拉曼探针测定的是传感器纤维的荧光光谱。应用预先测得的压谱系数值可以将荧光峰波数的偏移转换为应力。图中所示的应力值包含了残余应力，是残余应力和搭桥应力的叠加。

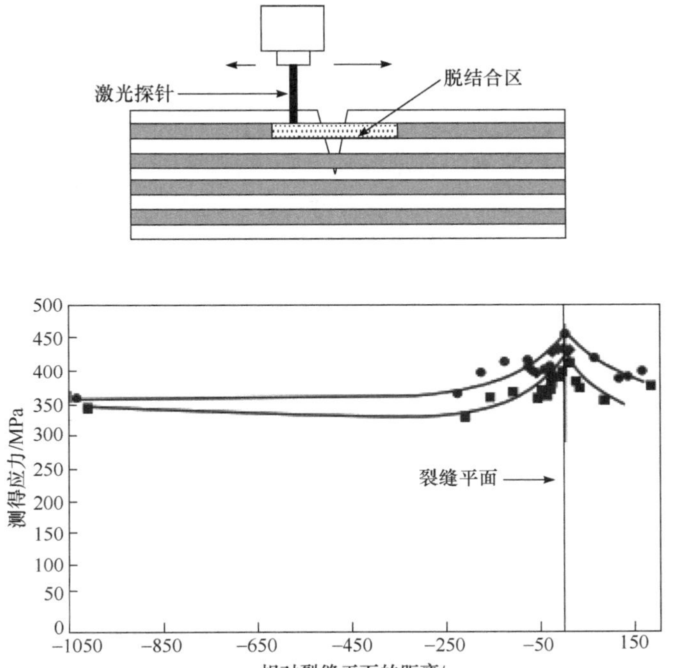

图 6.52　单根搭桥纤维拉曼探针扫描示意图和搭桥纤维的应力分布

6.5.4　陶瓷基复合材料界面微结构的拉曼测定[48-51]

探索陶瓷纤维/陶瓷或金属基复合材料界面的微观结构常用透射电子显微术。不过，冗长而复杂的试样准备过程和不方便的仪器操作常常使人们望而却步。实际上，拉曼光谱术在该领域也是一种强有力的方法，它的应用十分简便，能快速获得结果，而且往往能获得其他技术难以得到的信息。

碳化硅/玻璃和碳化硅/玻璃-陶瓷复合材料是陶瓷复合材料中重要的一类，用拉曼光谱测定其界面微结构往往能获得一些意料不到的资料。下面对三种碳化硅纤维

(Nicalon)增强材料(SiC/JG6、SiC/Pyrex 和 SiC/SiC)的测定结果进行讨论。JG6 是镁硅铝酸盐玻璃，陶瓷化后可成为玻璃陶瓷，前两种材料的长纤维为单向排列，而后一种与本章 6.5.2 节所讨论的是同一种材料。为方便比较，也准备了常温下制成的 SiC/环氧树脂复合材料，其纤维微观结构应与自由状态下相同。拉曼光谱从纤维表面和内部(抛光后获得的纵向截面)测得。它们都显示了确定的拉曼峰，与纤维在自由状态下测得的光谱相似。观察它们的 830 cm^{-1} 峰，发现来自玻璃基体(JG6 或 Pyrex)内纤维表面和内部以及树脂内纤维内部都有近似的强度，且都显著大于树脂内纤维表面该峰的强度。这表明玻璃基体内纤维表面碳化硅浓度显著大于树脂内纤维表面的浓度。根据 TEM 和 X 射线光电子谱的研究，Nicalon 纤维在生产过程中形成了一无定形二氧化硅表面层。显然这个非碳化硅外套使树脂中纤维表面的 830 cm^{-1} 峰强度降低。如此，从上述拉曼光谱测试可以得出，SiC/玻璃复合材料的制作过程使纤维的二氧化硅外套消失或减少了。这可能是因为制作过程的高温使纤维表面的二氧化硅与玻璃发生了化学反应。

根据 1350 cm^{-1} 和 1600 cm^{-1} 峰强度比计算得到的各试样纤维表面(界面)和内部石墨晶粒的大小列于表 6.4(因为碳化硅基体的不透明，未能测得 SiC/SiC 界面的数据)。表中可见，两种玻璃基复合材料界面的石墨晶粒大小比树脂内纤维表面要大得多，而三种陶瓷基复合材料纤维内部的石墨晶粒大小也显著大于树脂内纤维。这表示复合材料制作工艺过程引起纤维石墨晶粒大小的增大，尤其是在表面层。从这些测量结果可能得出如下推断：材料制作时纤维与基体间的界面反应过程伴随着在纤维表面缺陷和污染处碳的成核过程。

表 6.4　几种复合材料碳化硅纤维中自由碳晶粒的大小　(单位：nm)

	SiC/SiC	SiC/JG6	SiC/Pyrex	SiC/环氧树脂
表面(界面)	—	4.9±0.4	5.9±0.4	3.3±0.3
内部	4.2±0.4	4.2±0.4	4.4±0.3	3.6±0.3

1350 cm^{-1} 和 1600 cm^{-1} 峰的半高宽也能给出纤维中自由碳结构的资料。有关碳材料的研究指出，两个峰的半高宽都随碳结构的无序而增大，而且 1600 cm^{-1} 峰比 1350 cm^{-1} 峰更为敏感。这个关系可用于表征碳化硅纤维中自由碳的结构无序。表 6.5 和表 6.6 分别列出了纤维内部和表面两个峰的半高宽。从表 6.5 可见，来自 4 种试样纤维内部的拉曼峰半高宽没有差异。这表明材料制作过程对纤维内部自由碳的结构无序没有大的影响。然而表 6.6 指出，玻璃基复合材料制作过程引起了纤维表面拉曼峰变窄，它们的 1600 cm^{-1} 峰半高宽显著小于树脂基纤维表面。这意味着材料制作过程引起纤维表面碳结构的有序化。对于 1350 cm^{-1} 峰，半高宽变窄仅发生在 SiC/Pyrex，而对于 SiC/JG6，几乎与 SiC/环氧树脂一样。这可能与 1350 cm^{-1} 峰对结构无序的敏感性较低有关。另外，也可能是因为 SiC/JG6 仅是压制材料，未经过高温热处理，因而缺少表面碳结构的有序化过程。

表 6.5　几种复合材料碳化硅纤维内部自由碳拉曼峰的半高宽

复合材料	半高宽/cm^{-1}	
	1350 cm^{-1} 峰	1600 cm^{-1} 峰
SiC/SiC	70.3±6.8	50.0±4.1
SiC/JG6	73.8±7.0	48.2±4.0
SiC/Pyrex	70.2±7.2	47.1±6.0
SiC/环氧树脂	72.5±6.5	47.5±4.5

表 6.6　几种复合材料碳化硅纤维表面自由碳拉曼峰的半高宽

复合材料	半高宽/cm^{-1}	
	1350 cm^{-1} 峰	1600 cm^{-1} 峰
SiC/SiC	—	—
SiC/JG6	85.8±8.8	49.5±5.5
SiC/Pyrex	66.3±7.2	46.5±4.9
SiC/环氧树脂	85.7±7.1	61.1±5.1

许多陶瓷基复合材料有复杂的界面层(界相)结构。这时，用间隔扫描得到的系列拉曼光谱图常能给出十分丰富的信息。一个有趣的实例是关于 SiC 纤维/莫来石($3Al_2O_3$-$2SiO_2$)横截面的扫描拉曼光谱图[52]。材料由溶胶-凝胶(sol-gel)工艺制作，产生了包含二氧化锆、锗和硅酸铝的中间相。横截面经过抛光暴露出纤维截面。光谱扫描从一根纤维的边界开始横过纤维截面，经中间相(硅酸铝、二氧化锆和锗)和莫来石到另一根纤维。空间间隙为 2 μm。图 6.53 是扫描测得的系列光谱。中间相中有着用于保护纤维免受氧化的锗界面薄膜，因而可以用 302 cm^{-1} 峰和纤维在 1300～1600 cm^{-1} 的双峰的缺失来鉴别中间相。位于 180～700 cm^{-1} 的许多峰则归属于单斜二氧化锆晶体增强的硅酸铝相，而 1007 cm^{-1} 这个孤立的峰表明二氧化锆中间相与莫来石之间的反应形成了 $ZrSO_4$ 的第二相。在中间相区域仍然可以看到碳双峰，只是强度较弱。这是由溶胶-凝胶工艺过程中形成的碳纳米沉积物引起的。这种碳沉积物与界面中的锗一起保护纤维表面免受氧化。

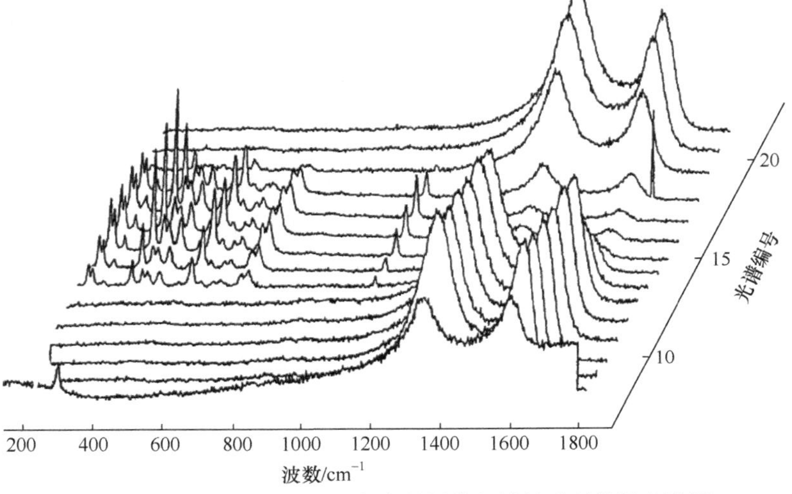

图 6.53　$SiC/3Al_2O_3$-$2SiO_2$ 复合材料线扫描的系列拉曼光谱图

扫描拉曼技术用于单晶氧化铝纤维增强氧化铝基体复合材料抛光横截面的系列拉曼光谱如图 6.54 所示。扫描所沿直线从纤维中央开始，垂直界面延续到氧化铝基体。测定各条光谱的间隔也为 2 μm。纤维与基体之间存在二氧化锆中间相。位于 750 cm^{-1} 附近的强峰源于纤维的α-Al_2O_3。在界面区各个峰相对强度的变化表明在纤维/基体界面单晶氧化铝的消失，而 200 cm^{-1} 附近双峰的出现表明在界面区单斜二氧化锆晶体的形成。

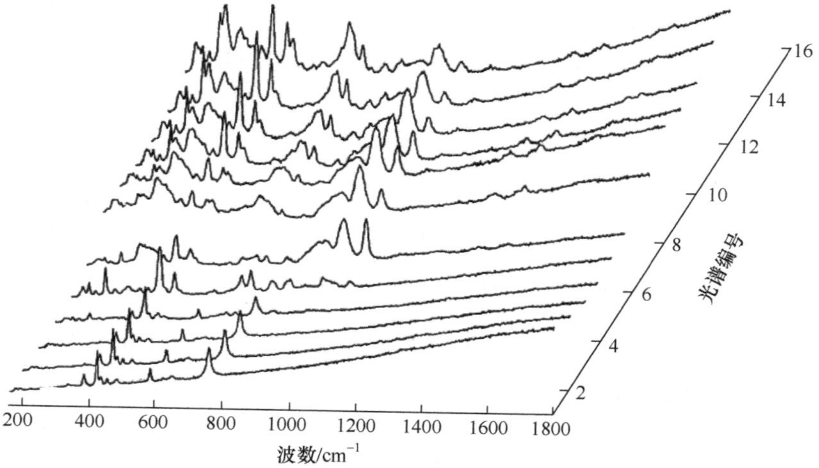

图 6.54　单晶 Al_2O_3/Al_2O_3 复合材料线扫描的系列拉曼光谱图

6.6　高性能合成纤维增强聚合物基复合材料的界面行为

研究表明，与其他复合材料系统不同，对于各种高性能聚合物纤维/聚合物基体复合材料，其界面微观力学行为有一个共同点：界面剪切应力引起的界面破坏，通常不是由于界面结构缺陷引起的界面弱结合，而是由于基体材料的屈服。当界面剪切应力达到或高于基体材料的屈服应力时，界面发生脱结合，界面被破坏。这种界面破坏方式的前提是纤维与基体之间有良好的结合。对于聚合物纤维/聚合物复合材料，通常要求界面能够达到最大程度的负载传递，因此其制造工艺力求复合材料具有牢固的界面结合。近代纤维表面改性工艺已经达到较为完美的程度，对多数聚合物纤维/聚合物系统都能达到强界面结合。

对于高性能聚合物纤维增强复合材料(常用聚合物作为基体)，几种单纤维包埋模型复合材料的微观力学试验，如单纤维拉出试验、微滴单纤维包埋拉出试验和单纤维断裂试验等，都可用于测定纤维轴向应力分布，研究外负荷下复合材料的界面行为。

有两种方法可用于逐点精确测定纤维轴向应力分布。一种方法是利用纤维中的分子形变对其拉曼特征峰参数的响应而建立的显微拉曼光谱术。另一种方法是近几年发展起来的同步辐射源 X 射线衍射技术，其基本原理是利用纤维的晶体形变在其衍射花样中的响应，对于高取向结晶良好的高性能纤维增强复合材料，这种方法是可取的[53]。

人们已经用各种不同微观力学试验方法联合拉曼光谱术对各种高性能合成纤维增强复合材料进行了界面微观力学研究，如 PPTA/环氧树脂[54-57]、PBO/环氧树脂[24,58,59]和 PE/

环氧树脂[60]等，获得的结果是令人鼓舞的。拉曼光谱术的应用将纤维增强复合材料界面性质的研究推向一个更高的水平。下面以 PPTA 纤维增强环氧树脂复合材料为试验对象，评述拉曼光谱术在几种微观力学试验中的应用。

6.6.1　全包埋单纤维拉伸断裂试验

由于芳纶纤维的高拉伸断裂应变和原纤化断裂形态，用传统的拉伸断裂试验分析模型复合材料的界面性质会遇到许多困难。通常，用偏光显微镜，或用间接的方法，以声发射术来监测单纤维在树脂基体内的断裂情景。这种监测不能提供各断裂段应力的直接数据。界面剪切强度是根据临界断裂长度，并假定每段纤维的应力状态都是均匀的，用本章 6.1 节给出的方程计算得到。显然，这样得到的值是不精确的估算值。

拉曼光谱术能精确界定断裂段长度和每段的最大应力，监测完整的断裂过程并显示不同负载下的界面行为。

一个典型的全包埋单纤维拉伸断裂试验的试样如下：将长为 1.5～2 mm 的短纤维全包埋于环氧树脂基体内。在试样表面黏附一应变片，用于试样受外负荷时的应变测定[61]。用显微拉曼光谱系统沿纤维长度逐点测得其拉曼光谱。随后用图 6.26 给出的芳纶 1610 cm^{-1} 峰频移与纤维应变的函数关系将峰频移的变化转换为纤维应变。

图 6.55 显示了芳纶 49 单纤维复合材料试样在不同应变下纤维沿轴向各点的分布[62]，相邻测量点的间隔为 20 μm。图中可见，基体未受到外负荷即应变为零(e_m=0%)时，纤维也未发生应变(因为环氧树脂基体在室温下固化，不存在热残余应变)。基体受拉伸应变后，纤维发生应变。其应变值从纤维端头开始逐渐增大，直到在纤维中央区形成一平台，而且中央区的应变值近似等于基体应变 e_m。这种行为与经典剪切-滞后理论预测的纤维应力和应变分布结果定性相一致。图中实线是应用经典剪切-滞后方程(Cox 分析)拟合的理论曲线。可以看到，在纤维中央区域，数据点与理论曲线符合得很好。然而，在纤维两端则有明显偏差。这种偏差的来源，一方面是切割纤维端头的特殊几何形状和方程中参数设定的不确定性，另一方面是 Cox 分析假设纤维端头的应变为零，而这种假设显然与实际情况不符。

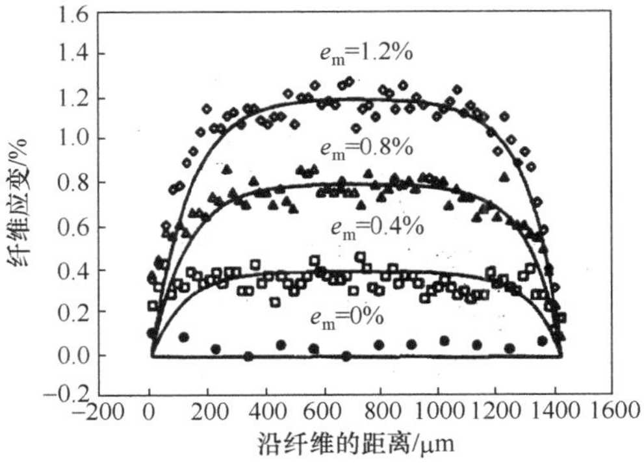

图 6.55　模型全包埋芳纶 49 单纤维复合材料在不同基体应变下纤维应变随距离的变化

上述行为只在小应变(≤1.2%)时出现，这时纤维和基体的力学行为基本上是线性弹性的。在大应变的情况下，材料发生塑性形变，Cox 分析已不适用，没有分析解。此时，拉曼光谱术更能显示它强有力的功能。图 6.56 显示了芳纶 49 单纤维复合材料在基体应变在 0%～2.4%时纤维应变随距离 x 的变化(为清楚起见，仅显示放大的纤维左端部分)。图中实线是应用适当的数学函数对试验数据点的拟合。在基体应变 e_m 小于或等于 1.2%时，纤维应变分布与图 6.55 所示由经典剪切-滞后理论的预测结果定性一致。然而，在基体应变大于 1.6%时，纤维端头应变的增加率明显小于小基体应变时的增加率，应变分布的形状为 S 形。

根据方程(6.3)，可将图中的数据转换成界面剪切应力τ沿距离 x 的变化，结果如图 6.57 所示。在基体应变小于或等于 1.2%时，界面剪切应力最大值位于纤维端头(x=0 μm)。此后，随 x 的增大逐渐减小到零。在基体应变大于或等于 1.6%时，界面剪切应力极大值位于离开纤维端头的某个位置。实际上，此时环氧树脂发生塑性形变，这导致从基体向纤维传递应力的降低。图中可见，在基体应变 2.4%时纤维端头的界面剪切应力约为 5 MPa，显著小于基体应变 1.2%时的约 40 MPa。

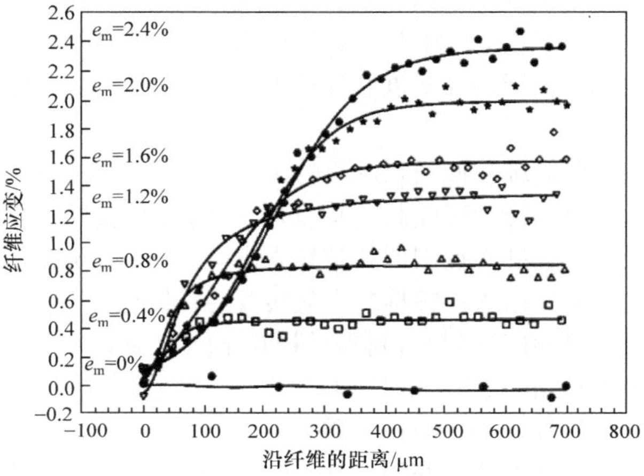

图 6.56　模型全包埋芳纶 49 单纤维复合材料在不同基体应变下纤维左端应变随距离的变化

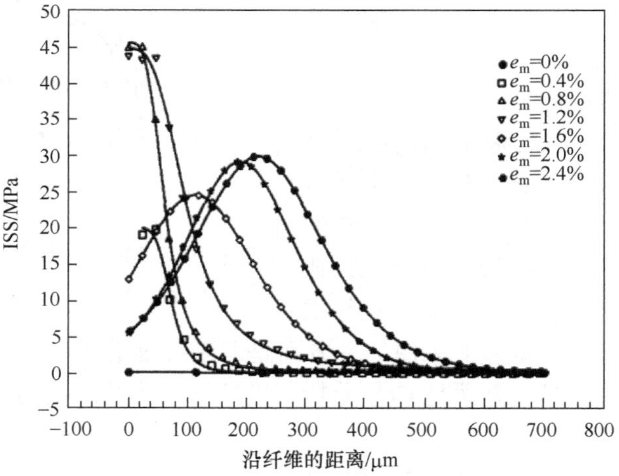

图 6.57　不同基体应变下模型全包埋芳纶 49 单纤维复合材料界面剪切应力沿纤维左端的分布

进一步的拉曼测试指出，纤维应变分布和由此推算出的界面剪切应力与树脂的微观结构和力学性质密切相关。

纤维表面性质对界面力学性质的影响也能用上述拉伸试验的拉曼测试得到表征。

芳纶纤维大多有高断裂伸长，其单纤维复合材料常常在拉伸断裂之前不发生纤维断裂。但是对诸如芳纶 149 这样的高模量纤维，它有较低的断裂应变(小于 1.5%)。因而有可能使用这种纤维以拉伸断裂的方法研究其复合材料在高应变下的形变行为。

芳纶 149 单纤维复合材料在基体应变 0%～1.0%时的纤维应变行为与芳纶 49(图 6.55)相似。然而在基体应变达到 1.5%时，纤维断裂为两段，纤维应变分布如图 6.58(a)所示。进一步加大基体应变至 2.0%，右边一段又发生断裂，纤维断裂为三段，纤维应变分布如图 6.58(b)所示[57]。对断裂后的每一段纤维，纤维应变从端头开始增大，至最高点后逐渐减小。传统的拉伸断裂试验使用光测弹性术或声发射术间接测定何时发生纤维断裂，而图 6.58 表明，拉曼分析能直接观察到纤维断裂的发生，显示断裂点，并给出每段纤维应变的分布。经典理论假定每段纤维的应力呈三角形分布。拉曼测试表明这只是真实情况的第一近似。真实情况并非是完善的三角形。可以将图 6.58 所示纤维应变分布转换为界面剪切应力分布，结果如图 6.59 所示。可以看到，与小基体应变相比，纤维断裂段的界面剪切应力分布要复杂得多。详细分析可参阅相关文献[57]。

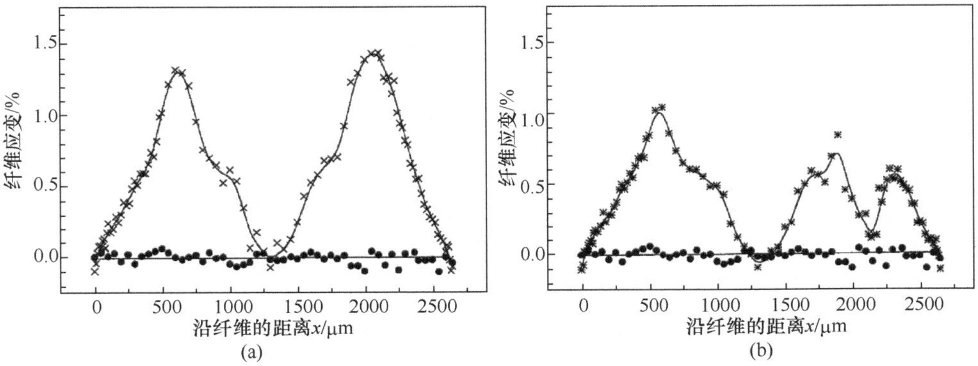

图 6.58　模型全包埋芳纶 149 单纤维复合材料在外加应变下纤维应变沿断裂段的分布

(a) 基体应变为 1.5%；(b) 基体应变为 2.0%

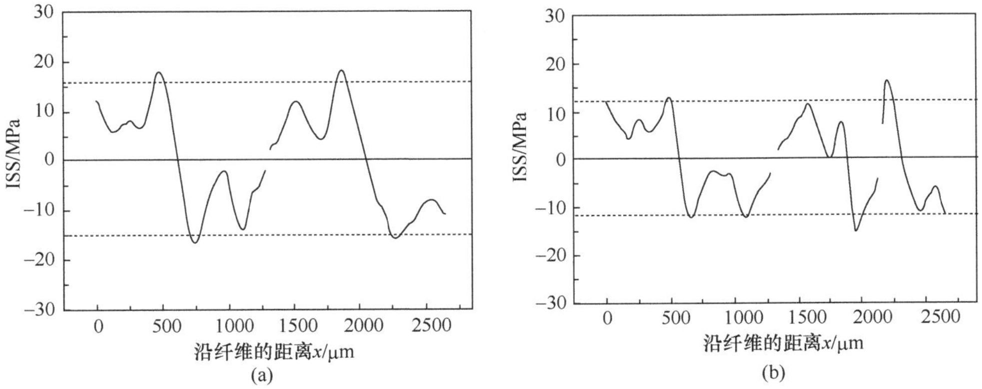

图 6.59　模型全包埋芳纶 149 单纤维复合材料在外加应变下界面剪切应力沿断裂段的分布

(a) 基体应变为 1.5%；(b) 基体应变为 2.0%

6.6.2　单纤维拉出试验

单纤维拉出试验是最常用来评估聚合物纤维增强复合材料界面剪切强度的微观力学

方法之一。前面已经指出，应用传统的试验方法各次测试常常得出较为分散的结果。图 6.60 显示了应用传统方法测得的模型芳纶 49/环氧树脂单纤维拉出试验最大拉出力与纤维包埋长度间的关系。数据分散，常称为测量特征“云”，也可据此应用方程(6.1)计算出界面剪切强度，但是它不适合于材料屈服或界面脱结合后发生滑移的情况。

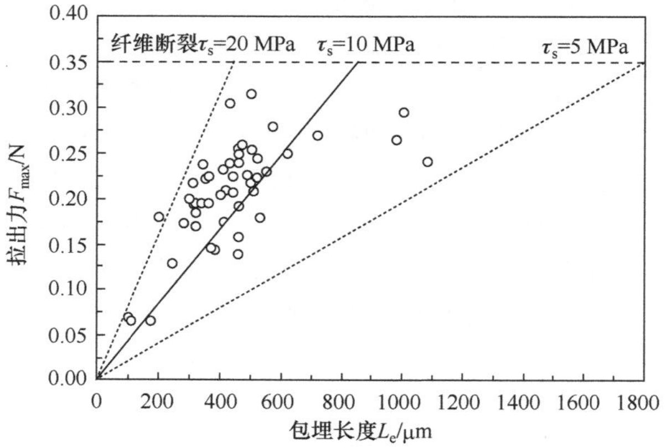

图 6.60　应用传统方法测得的模型芳纶 49/环氧树脂单纤维拉出试验最大拉出力与纤维包埋长度间的关系

拉曼测试表明，纤维拉出过程中的界面行为比上述传统分析要复杂得多。测试时，将激光沿纤维轴向逐点聚焦，测得空气中和基体中纤维的拉曼光谱。应用芳纶纤维 1610 cm^{-1}峰频移与纤维应变的函数关系，可获得不同外加拉伸应变(0.6%～1.6%)下，纤维应变随距离 x 的变化(坐标 x 以纤维进入基体处为零点，空气中纤维 x 有负值)，如图 6.61(a)所示[63]。实际上，拉出过程包含三个主要阶段：弹性形变、部分脱结合和摩擦拉出。拉曼测试能对这几个阶段作出详细的分析，而传统的弹性剪切-滞后分析仅适于弹性形变阶段。

在低外加纤维应变 e=0.6%时，纤维应变从纤维进入基体处的极大值随距离 x 逐渐减小，直到零值。图 6.61(a)中虚线由经典理论方程(6.4)计算得到，可以看到，此时纤维应变行为与经典剪切-滞后理论预测定量一致。

在外加纤维应变增大后，剪切-滞后理论就不再适合模拟相应的纤维应变分布。图 6.61(a)中可见，此时纤维/基体界面发生脱结合。纤维应变分布由两部分组成。在脱结合区，有不变的摩擦界面剪切应力τ_i，纤维应变 e_f可由下式算出[64]：

$$e_f = \frac{2\tau_i}{rE_f}(L_e - x) \tag{6.5}$$

式中，L_e为纤维包埋长度，在发生脱结合时，显然必须作出修正。从图 6.61 中纤维应变分布轮廓可见，可将脱结合区中的应变线性减小外推到 x=z 点，z＞L_e。方程(6.5)修正成下式：

$$e_f = \frac{2\tau_i}{rE_f}(z - x) \tag{6.6}$$

而结合区的纤维应变服从弹性行为，可由下式计算：

$$e_f = \frac{2\tau_i}{rE_f}[z-(1-m)L_e]\frac{\sinh[n(mL_e - x)/r]}{\sinh(nms)} \tag{6.7}$$

式中，m 取决于脱结合区向结合区的转变点。取合适的 m 和 z 值，即可由方程(6.6)和方程(6.7)得出理论应变分布。图 6.61(a)中的实线为据此获得的理论曲线。可以看到，与拉曼测试的试验数据有极好的吻合。上述试验测试和分析表明，当外加纤维应变增大时，脱结合沿着纤维/基体界面有稳定的传播。

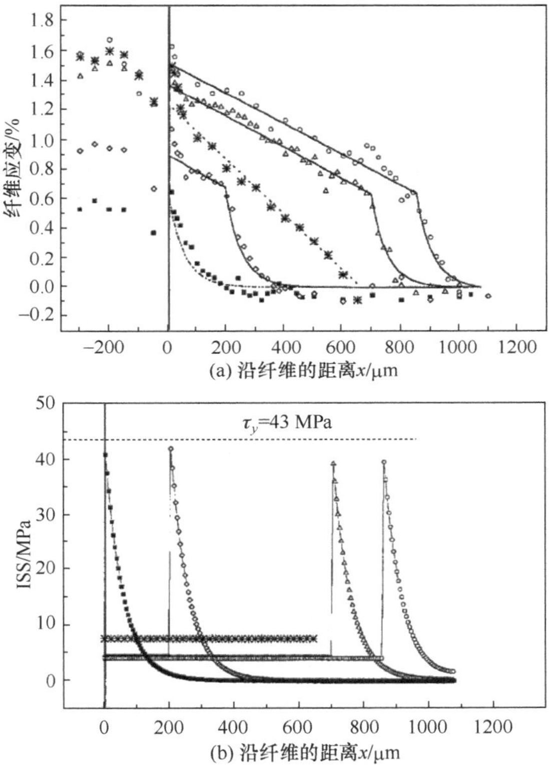

图 6.61　模型单纤维芳纶 49/环氧树脂复合材料拉出试验中不同外加纤维应变下纤维应变(a)和界面剪切应力(b)沿纤维轴向的分布

图中不同数据点符号表示不同外加纤维应变值：■ 0.6%；◊ 0.89%；∗ 1.37%；Δ 1.52%；○ 1.24%

纤维与界面一旦完全脱结合，拉出过程就由界面摩擦控制，纤维应变分布则由方程(6.6)所决定，如图 6.61(a)中的虚线所示。此时纤维已被部分拉出，纤维包埋长度减小(图中所示约为 650 μm)。

从图 6.61(a)对应变数据拟合的理论曲线应用方程(6.3)可推算出界面剪切应力沿纤维轴向的分布，如图 6.61(b)所示。在完全结合的情况下，界面剪切应力极大值位于纤维进入基体处，并沿纤维轴向逐渐减小到零。拉曼测试表明，在应变小于某一给定值时，如 0.6%，界面剪切应力极大值随外加纤维应变的增大而增大。外加应变达到该给定值以上后，开始发生界面脱结合。脱结合区的界面剪切应力取决于纤维与基体间的摩擦行为，其值比极大界面剪切应力要小得多。在这种情况下，界面剪切应力极大值出现在结合区向脱结合区的转变点。

更详细的拉曼测试和分析表明，极大界面剪切应力取决于基体环氧树脂的性能，其值近似等于基体的剪切屈服应力。因此，对于同一纤维基体复合材料系统，不管测试几何有何变化，拉曼测试都得出相同的最大界面剪切应力，而传统的拉出试验数据常常分散，出现测量特征“云”。

6.6.3　微滴单纤维包埋拉出试验

微滴单纤维包埋拉出试验也是一种单纤维拉出试验，只不过基体的几何形状不同。传统的数据分析方法假定界面剪切应力沿纤维/基体界面的整个长度是不变的，这与真实情况有较大的偏差。

拉曼测试程序与单纤维拉出试验相似。给定一外加纤维应变，沿纤维轴向测得纤维各点的拉曼光谱。应用芳纶纤维 1610 cm^{-1} 峰频移与纤维应变的函数关系获得纤维应变沿纤维轴向的分布。

图 6.62 显示了对约 440 μm 长度的微滴，刀锋间距为 50 μm 时，测得的纤维应变分布。外加应变分别为 0.8%、1.1%和 1.7%，可以看到，在小外加应变(0.8%和 1.1%)时纤维应变最大值位于纤维刚进入微滴基体处，而且其大小接近于外加应变值，随后迅速减小，直至零值。极大值的位置与经典剪切-滞后理论一致，但是应变分布情况与通常的微滴单纤维包埋拉出试验假定界面剪切应力是常数这种简单分析方法不一致。如果剪切应力是常数，应变分布应为直线。图中曲线是经典剪切-滞后方程(6.4)对数据的拟合，可以看到，所测数据与理论预测大致相符。

应用方程(6.3)可将图 6.62 中应变 0.8%和应变 1.1%两条曲线转换成界面剪切应力沿纤维轴向的分布，如图 6.63 所示。剪切应力极大值出现在纤维刚进入微滴基体处。

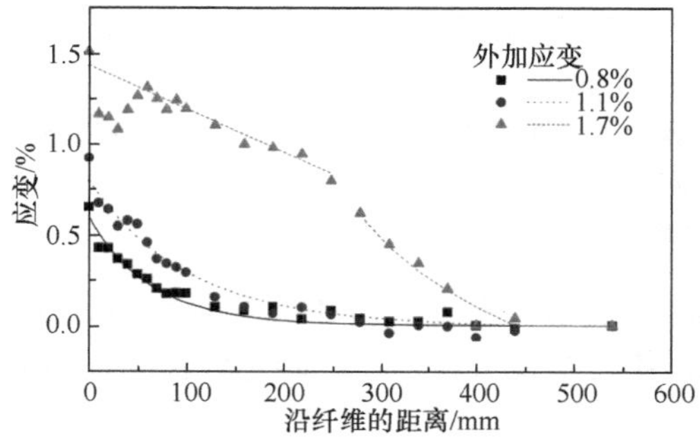

图 6.62　微滴单纤维包埋拉出试验不同外加应变下的纤维应变分布

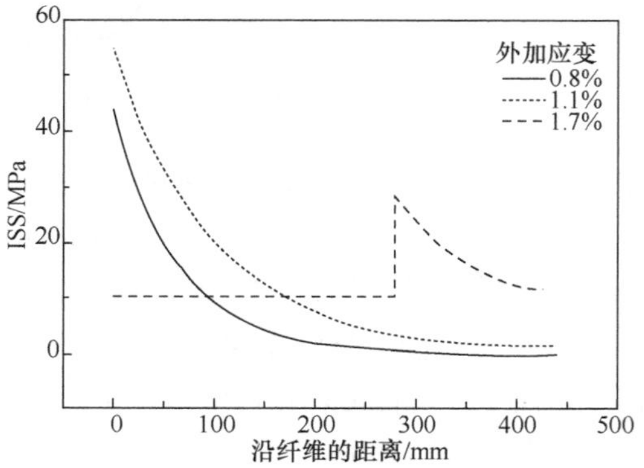

图 6.63　微滴单纤维包埋拉出试验在不同外加应变下的界面剪切应力分布

当外加应变更大，如 1.7%时，就会有完全不同的界面行为。此时，界面发生部分脱结合。脱结合发生在距离纤维进入微滴的起始点约 250 μm 处，随后是弹性应力传递。应用方程(6.6)和方程(6.7)可获得由直线和曲线组成的拟合曲线。由图 6.62 可推演出界面剪切应力分布，结果如图 6.63 所示。

有许多因素影响微滴单纤维包埋拉出试验的测定结果，其中刀锋间距的影响最大。图 6.64(a)显示了不同刀锋间距的纤维应变分布[65]。纤维应变随进入微滴的距离的增大而减小，刀锋小间距时比大间距下降得更为迅速。图中虚线是用剪切-滞后模型对传统拉出试样得出的应变分布。可以看到，刀锋小间距时纤维应变比理论预测下降得更迅速，而刀锋大间距时比理论预测下降得慢。

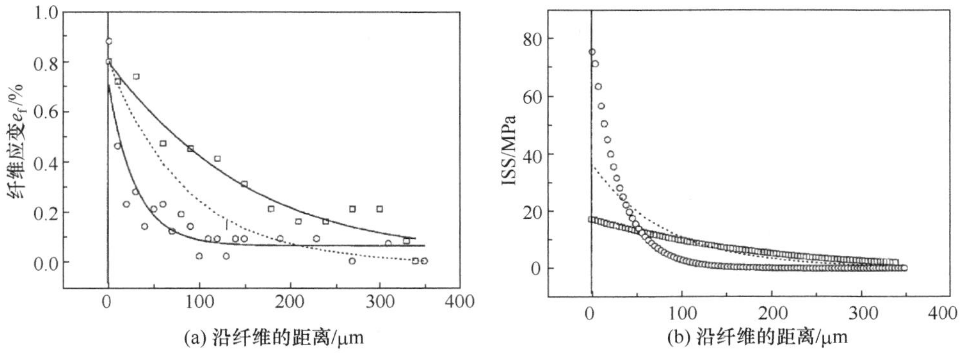

图 6.64　不同刀锋间距下的纤维应变(a)和界面剪切应力(b)分布
(○)刀锋紧靠；(□)大刀锋间距

将图 6.64(a)纤维应变分布转换成界面剪切应力，得到如图 6.64(b)所示的结果。两种间距下界面剪切应力衰减的情形与理论预测都相似。然而，明显可见刀锋间距对界面剪切应力的强烈影响。小间距时最大界面剪切应力下降得更为迅速。两者的最大界面剪切应力值相差悬殊。这种大的相异表明在微滴内有复杂的应力场，而且与刀锋的位置强烈相关。

传统的方法认为微滴单纤维包埋拉出试验应将刀锋尽可能地紧靠纤维。拉曼测试表明，这是不合适的。当刀锋紧靠纤维时，纤维应变和界面剪切应力分布，尤其是界面剪切应力极大值将更强烈地受刀锋位置的影响，而且几个纤维直径的刀锋间距会使应力分布对刀锋位置变得不敏感。

6.7　碳纤维增强复合材料的界面行为

碳纤维增强复合材料依据其用途大致可以分为两类：应用于常温场合的聚合物基碳纤维增强复合材料和应用于高温场合的碳/碳(C/C)复合材料。拉曼光谱术在这两类复合材料的微观力学研究中都能发挥杰出的作用，但所适用的微观力学试验方法和它们表现的拉曼行为则有所不同。

6.7.1　聚合物基碳纤维增强复合材料

许多聚合物基碳纤维增强复合材料使用诸如环氧树脂这种热固性聚合物作为基体材料。应用拉曼光谱术能有效地观测到这类复合材料的界面行为并据此分析材料破坏机制，探索碳纤维的类型、基体材料的配方和固化程序、纤维表面处理(如等离子处理和表面涂层等)以及增强纤维在基体中的排列方式(如单向或交织排列和长纤维的有序排列或短纤维的杂乱排列)等因素对复合材料微观力学行为的影响[66-68]。

不同先驱体制得的碳纤维有显著不同的表面性质和表面形态，例如，由聚丙烯腈纤维作先驱体制得的 T50 碳纤维通常有粗糙的表面形态，而沥青基碳纤维 P55 则有光滑的表面，它们的表面氧含量和接触角(以及由此推算出的表面能)也有显著差异。研究表明，纤维表面特性常常是决定复合材料界面性质的关键因素。下面以这两种纤维为例，说明如何用拉曼光谱术研究纤维表面特性对这类复合材料界面行为的影响。

对于聚合物基碳纤维增强复合材料，诸多拉曼光谱微观力学试验方法中，以全包埋单纤维拉伸断裂法最为适用，这是由于碳纤维的易脆性和小直径。

为了避免热残余应变的出现，简化数据处理，制备试样时，在室温下固化环氧树脂。

首先测定在空气中两种碳纤维拉曼峰随应变的频移偏移率。例如，对 T50 测定 1580 cm^{-1} 峰(G 峰)的偏移率，而对 P55 则测定 2720 cm^{-1} 峰(2D 峰)的偏移率，后者有大得多的偏移率值，因而有较高的测量灵敏度。随后测定试样在不同外加应变下沿纤维各点的拉曼光谱，并通过峰频移偏移率将峰偏移转换为纤维应变。如此，可获得纤维应变沿纤维轴向的分布图。这正是传统的拉伸断裂试验分析所希望具有而又缺少的资料。

图 6.65 显示了聚丙烯腈基碳纤维 T50/环氧树脂复合材料在不同外加应变下纤维应变沿包埋纤维轴向的分布[66]。图中可见，在小应变(0.3%和 0.6%)时，应变分布服从弹性剪切-滞后理论。注意到在纤维中央区域，形成平台分布的数据较为分散。这可能来源于拉曼测试频移精确度的误差，也可能是界面不同区域结合情况的差异在纤维应变大小上的真实反映。当外加应变达到 0.8%时，纤维发生断裂，达到 1.0%时，断裂饱和。这种断裂行为与传统拉伸断裂试验的理论分析结果一致。

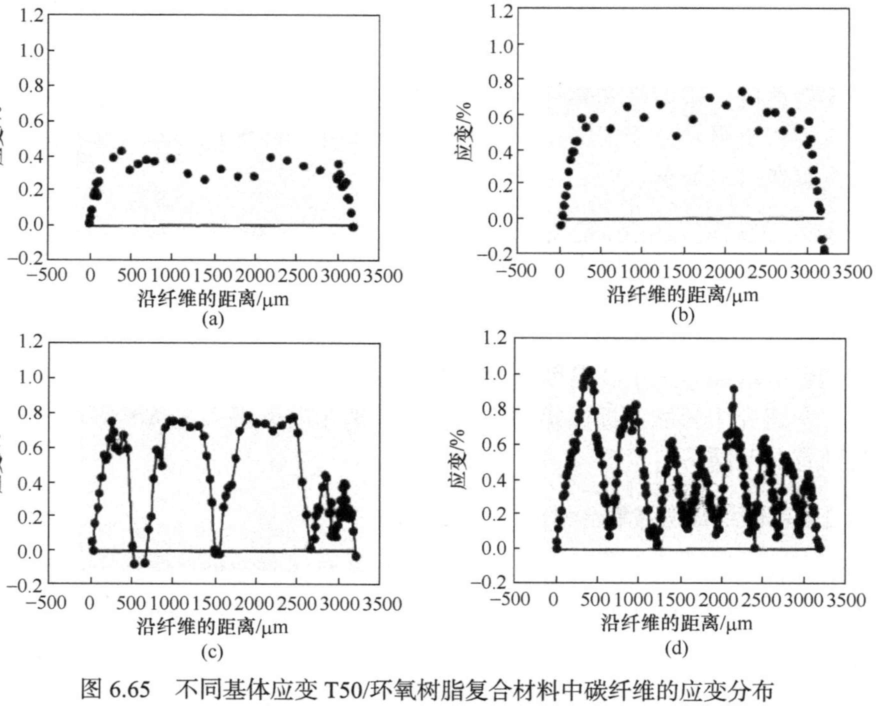

图 6.65　不同基体应变 T50/环氧树脂复合材料中碳纤维的应变分布

(a) 0.3%；(b) 0.6%；(c) 0.8%；(d) 1.0%

沥青基碳纤维 P55/环氧树脂复合材料的行为则有所不同。图 6.66 是其在不同外加应变下纤维应变沿纤维轴向的分布图。与 T50/碳氧树脂复合材料相同，在小应变时，纤维应变分布与弹性剪切-滞后理论分析的结果一致。然而在基体应变达到约 0.6%时，出现了不同的情况，在纤维端头出现了应变为零的区域。这表明纤维与基体间开始发生了脱结合。进一步加大基体应变达到 0.8%，纤维断裂为两段。可以看到，断裂段的端头也出现界面脱结合。拉曼测试表明，对沥青基碳纤维/环氧树脂复合材料，外负荷作用下的界面脱结合是一个不可忽视的界面行为。

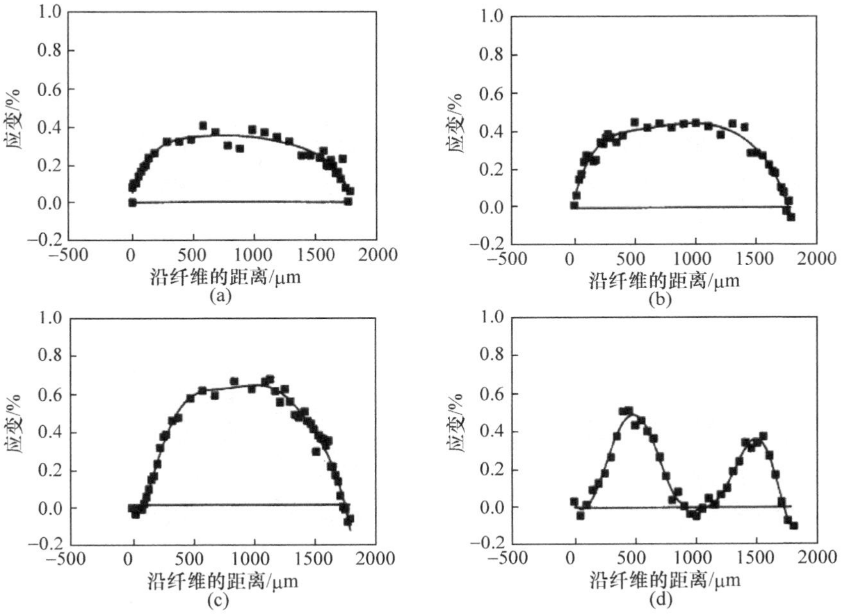

图 6.66　不同基体应变下 P55/环氧树脂复合材料中碳纤维的应变分布

(a) 0.35%；(b) 0.45%；(c) 0.62%；(d) 0.8%

应用方程式(6.3)将应变分布转换成界面剪切应力沿纤维轴向的分布。从图 6.65 的前三个分布图得到图 6.67(a)，显示了不同基体应变下 T50/环氧树脂系统界面剪切应力的分布。可以看到，极大界面剪切应力位于未断裂纤维或纤维断裂段的端头，随后逐渐减小，在中央区域为零值。这也与传统试验的理论分析一致。图 6.67(b)显示了极大界面剪切应力随基体应变的变化。图中各数据点的误差线是对各段纤维测得的 ISS 值的标准偏差。图中可见，极大界面剪切应力的最大值在基体应变约为 1.4%时出现，最大值为 40～45 MPa。基体应变继续增加，极大值反而减小。这种行为与凯芙拉纤维/环氧树脂复合材料的表现相同。这个极大值与基体材料环氧树脂的剪切屈服应力相似。这种情况表明，T50/环氧树脂系统有相当好的界面结合，其界面强度取决于纤维-基体界面附近基体树脂的剪切屈服。

使用类似的方法，可将图 6.66 的数据转换成沥青基碳纤维 P55/环氧树脂复合材料界面剪切应力的分布，如图 6.68(a)所示。在基体小应变时，极大界面剪切应力位于纤维端头。基体有较大应变时，纤维应变从端头开始逐渐增大，到离端头一定距离后达到极大值，这是由于发生了界面脱结合。极大界面剪切应力与基体应变的函数关系如图 6.68(b)所示。可以看到，与聚丙烯腈基碳纤维相比，极大界面剪切应变的最大值在较低的基体应变(约 0.7%)时出现，最大值约为 30 MPa，显著小于基体材料的剪切屈服应力。这表明对这种碳纤维复合材料的界面破坏来源于脱结合，而不是剪切屈服。

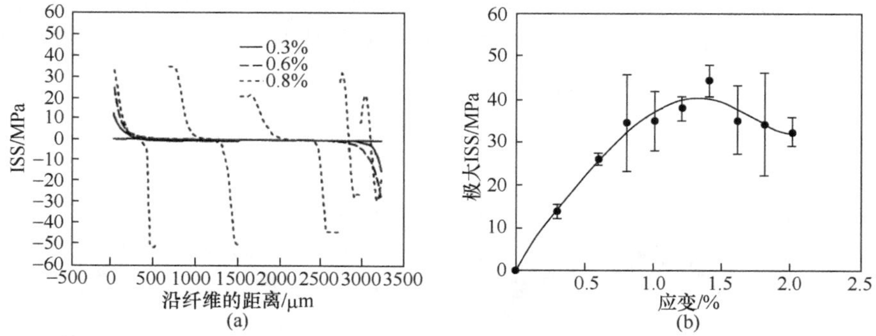

图 6.67　不同基体应变下 T50/环氧树脂复合材料的界面剪切应力及其极大值

(a) 界面剪切应力沿纤维的分布；(b) 极大界面剪切应力与基体应变的关系

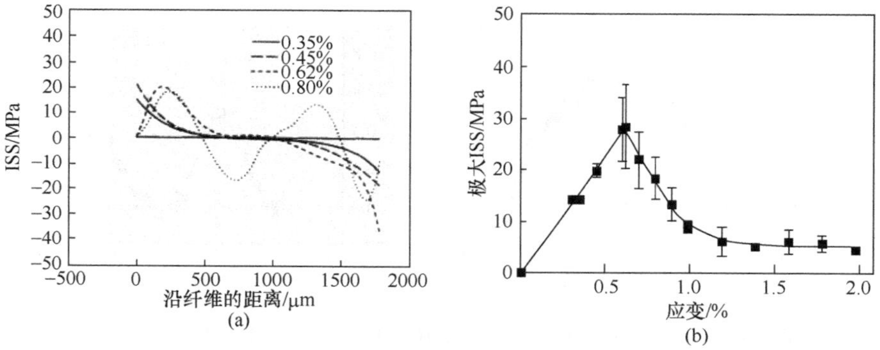

图 6.68　不同基体应变下 P55/环氧树脂复合材料的界面剪切应力及其极大值

(a) 界面剪切应力沿纤维的分布；(b) 极大界面剪切应力与基体应变的关系

图 6.67(b)和图 6.68(b)中极大界面剪切应力的最大值可以认为是该复合材料的界面剪切强度。上述拉曼测试结果能从两种纤维不同的表面特性获得满意的解释[66]。

显然，从拉曼测试的结果和分析所得到的界面微观力学信息比传统试验方法所能给出的要丰富得多。

近年来，人们对热塑性碳纤维增强复合材料有了越来越大的兴趣。这主要是因为与热固性材料相比，热塑性材料有更好的韧性和抗冲击性能，同时易于加工和修复，还可以回收循环使用。应用拉曼光谱术能找到决定热塑性基体复合材料系统界面剪切强度的主要因素，将测试和分析结果与热固性基体系统相比，也能发现不同基体材料对界面性质的影响。对 P55/PMMA 复合材料和 P55/PC 复合材料的拉曼测试分析获得如下结果[35]。

首先，对于 P55/PMMA 系统，界面应力传递纯粹通过摩擦剪切发生，而对于 P55/PC 系统，在小基体应变时是弹性应力传递，随着基体应变的增大而改变为通过摩擦剪切传递。与上述热固性基体不同，对于 P55/环氧树脂系统，界面应力传递基本上是弹性剪切形式。

其次，热塑性基体系统 P55/PMMA 复合材料和 P55/PC 复合材料的极大界面剪切应力显著小于热固体基体系统 P55/环氧树脂复合材料的值。热塑性材料通常不含有化学功能基团，而只有通过这种基团，纤维和基体间才能形成共价键。缺少这种基团，界面强度的主要来源就只有物理结合和机械锁合。PMMA、PC 和环氧树脂都有相近的表面自由能，所以它们对碳纤维的润湿性能也近似。如此，可以认定热塑性基体(PMMA 和 PC)与热固性基体(环氧树脂)复合材料之间界面剪切应力行为不同，反映了在界面形成的化学键对提高复合材料系统界面剪切强度的重要性。

6.7.2　碳纤维/碳复合材料

C/C 复合材料具有优良的力学性能(在石墨平面上的高弹性模量)，并且高温下在惰性环境中能保持其强度和尺寸的稳定，因而是高温领域最重要的材料之一。石墨碳所具有的结构特性也使它成为某些场合制作磨损摩擦部件必不可缺的材料[69]。C/C 复合材料的宏观力学已有广泛研究，然而对其微观力学方面的认识仍然十分欠缺。C/C 复合材料的典型特征是纤维/基体间的结合很弱和对缺陷敏感。这使得它在热学和力学负载条件下的性能难以预测。微观力学的研究或许对这种预测有所帮助。然而，由于这类材料织构的复杂性，完整地探测这类复合材料系统的界面应力传递行为是困难的。目前，人们能够做的工作之一是应用显微拉曼光谱术，探测外加负载下 C/C 复合材料各组成成分的局部应变，并与材料结构(包括织构)、组成成分的性质、复合材料加工方法和工艺参数以及宏观力学性质相联系。

C/C 复合材料的界面微观力学试验通常不使用模型单纤维试样，而是使用真实复合材料。这主要是因为制备模型 C/C 单纤维复合材料试样十分困难；另外，由于 C/C 复合材料织构的复杂性，对模型试样的测试结果在多大程度上能反映真实材料的行为是有疑问的。

试样准备方法很简便，只需用手术刀对单取向纤维复合材料沿纤维排列方向割取一薄片，并切成合适的形状和尺寸。用于拉伸试验的试样尺寸可取为 150 mm×1 mm×5 mm。使用小型应变装置作拉伸试验，而弯曲试验则可对试样施加压缩负载和拉伸负载。

在压缩外力作用下，C/C 复合材料纤维或基体随试样应变变化的微观力学表现多种多样，不同区域纤维或基体的表现各不相同[69]。图 6.69 显示了纤维和基体的 G 峰频移随

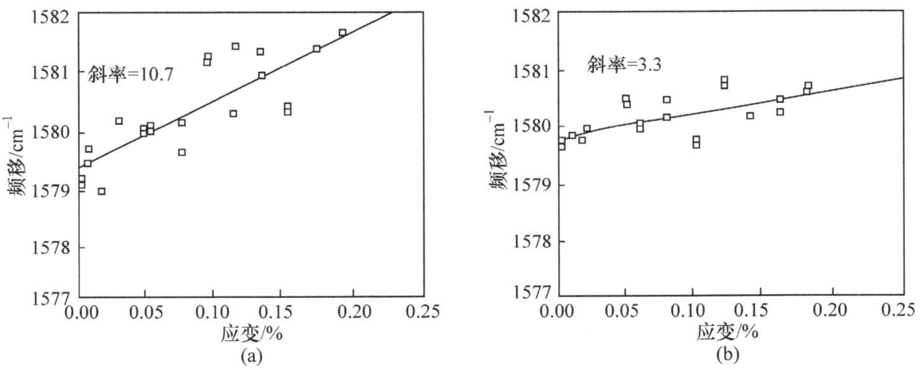

图 6.69　压缩负载下 C/C 复合材料拉曼峰频移的偏移

(a) 纤维；(b) 基体

试样压缩应变增大的变化。这是一种较为典型的情景，频移都向正的方向偏移，表明纤维和基体都发生压缩应变，承受了负载。然而，对不同区域纤维或基体测得的数据点拟合直线的斜率可能相差几倍。更有甚者，一些纤维或基体区域在宏观应变下并不发生拉曼峰频移的偏移，即应变为零。这种拉曼行为表明，C/C 复合材料的微观应变有严重的区域不均匀性，不同区域承受负载的程度相差悬殊。

在某些情况下，纤维 G 峰频移随压缩应变的增大出现如图 6.70 所示的偏移。在宏观应变较小时，频移向高波数方向近似线性增大，表示纤维承载负荷。而在宏观压缩应变达到 0.05%后，峰频移不再随宏观应变的增大而继续偏移，纤维应变保持不变，停止承受负载的增大。这可能是由于发生了纤维和基体间界面的脱结合。

另一种拉曼峰行为如图 6.71 所示。在宏观应变达到 C/C 复合材料的宏观屈服点(约 –0.05%应变)时，随着宏观应变增大峰频移开始恢复，达到 0.1%时，峰频移恢复到原始位置，即纤维完全卸去负载。这意味着 C/C 系统界面十分脆弱，纤维承载只在宏观应变小于 0.1%时才是有效的。

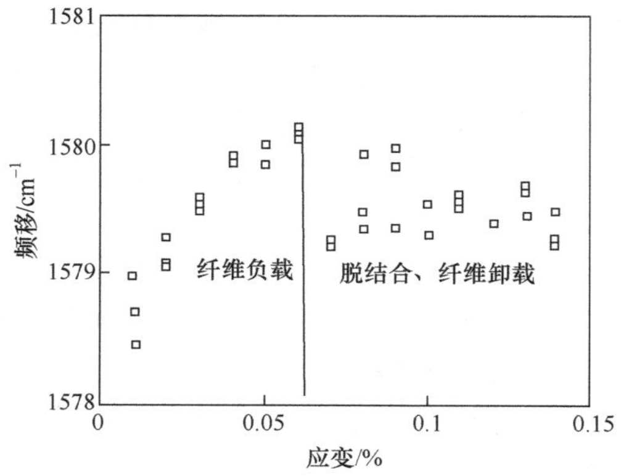

图 6.70　压缩负载下 C/C 复合材料发生脱结合时拉曼频移的偏移

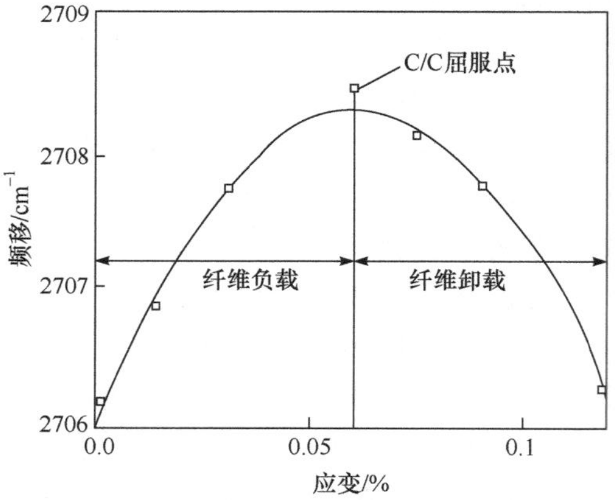

图 6.71　C/C 复合材料在宏观压缩应变达到材料屈服点时纤维拉曼峰的响应

在拉伸负载下，纤维和基体有更多样的拉曼峰行为[70,71]，表明其微观力学行为更为复杂。在宏观拉伸应变下，有的纤维或纤维的某一段和基体的某些区域处于拉伸应变状态，承受负载。在宏观应变较大时发生界面脱结合，它们继续承受负载，或者完全卸载。然而，也有些纤维和基体区域，在宏观拉伸应变下，G 峰频移向正的方向偏移。

由于碳纤维和碳基体的热膨胀系数的差异，C/C 复合材料中也存在热残余应力。通常纤维承受压缩残余应力，而基体则承受拉伸应力。

C/C 复合材料测试数据点的分散也是一个令人注意的现象。这可能有两个来源：①复合材料中的热残余应变使拉曼峰位置发生偏移；②石墨化程度的不均匀。

C/C 复合材料在外负载下微观力学行为的多样性和严重不均匀性是由这种复合材料系统的织构和微观结构决定的。C/C 复合材料复杂的制备和热处理过程会在材料内部形成许多孔穴，界面出现开裂或脱结合导致纤维和基体界面的结合面积较小。同时也发生纤维和基体断裂的情况。这些都使复合材料内部有很不均匀的结构。图 6.72 将宏观力学行为与材料织构以及纤维和基体的拉曼峰行为相联系，解释了单取向 C/C 复合材料压缩负载下的微观力学行为。在孔穴较少、强界面结合和纤维长度较长的情况下(图 6.72 的上方一行)，在压缩负载时，纤维和基体都承受负载，引起拉曼峰频移的正偏移，与图 6.69 的情况相当。若界面结合较弱，或者还存在多孔穴的情况(图 6.72 的下方一行)，基体不承受负载，其拉曼响应表现为平坦的数据变化。这时，纤维承受负载。即使负载过程中纤维发生压缩破坏，纤维仍然承受负载，出现如图 6.70 所示的微观力学行为。实际上，已经观察到，碳纤维断裂后，只要两个端头相互对接，纤维仍然能够承受负载。若材料的界面结合良好，在负载下发生了脱结合，那么其拉曼响应的表现为开始阶段拉曼峰频移增大，而后由于界面脱结合峰频移减小，与图 6.71 的情况相应。

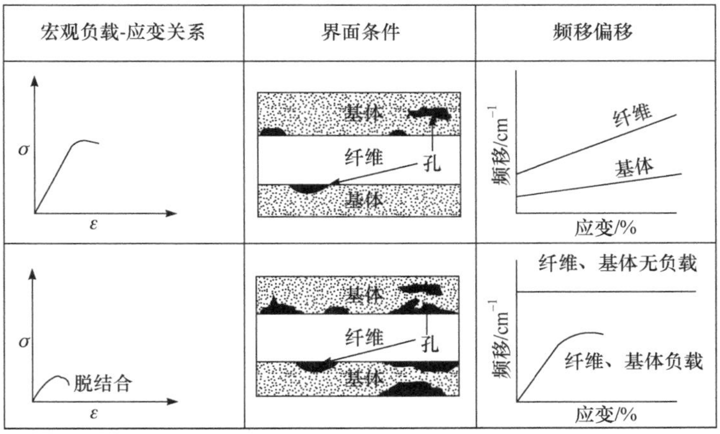

图 6.72　压缩负载下单取向 C/C 复合材料微观力学行为的解释

有研究者曾经成功地制备了供单纤维拉出试验的模型 C/C 复合材料试样(试样含有七根纤维)，并测定了界面剪切强度[72]。然而，由于试样的织构与真实复合材料相异甚远，测定结果能在多大程度上代表真实材料的情况并不清楚。

虽然对 C/C 复合材料界面微观力学的研究是不充分的，基于应用拉曼光谱术的有限研究报道，以下几个结果似乎可以确定。

(1) 不论在压缩还是拉伸负载下，C/C 复合材料的微观形变很不均匀，但是仍存在有效的负载传递。

(2) 在宏观压缩状态下，碳纤维承受了主要负载，而基体碳则几乎不承受负载。

(3) 在宏观拉伸状态下，纤维和基体都承受负载，但是从它们的负载效率考虑，微观力学行为是不均匀的。

(4) C/C 复合材料显示弱界面行为。这是由材料的多孔性、加工温度和纤维与基体热膨胀失配而引起的。

(5) 纤维和基体中存在残余应力。通常，纤维承受残余压缩应力，而基体则承受拉伸残余应力。这种残余应力的存在使材料局部应力状态高度多样化。

6.8 天然纤维及其复合材料的形变微观力学

近几年来，对几种天然纤维的微观结构和力学性能的研究重新得到关注。这些纤维包括麻类植物纤维和再生纤维素纤维以及各种蜘蛛丝和蚕丝类动物纤维。这是由于它们具有独特的物理、化学和力学性能，而这些性能往往是合成人造纤维难以具备的。

纤维素纤维原先主要仅应用于纺织和服装相关的工业领域。近几年来，尤其是高模量纤维素纤维得以工业化规模的生产，作为复合材料增强剂的应用得到越来越多的关注。

纤维素纤维有数个确定归属的拉曼峰。这些峰所归属的振动模式可在相关文献[73]中找到。用拉曼光谱术研究纤维素纤维，包括天然和再生纤维素纤维及其复合材料的形变微观力学，近年来人们已做了大量工作[74-82]。

蜘蛛丝和蚕丝纤维兼具高韧性和高强度，这种独特的性能是目前人工合成纤维的方法难以做到的。这是这类动物丝纤维近年来受到高度重视的主要原因。

蜘蛛丝纤维的结构可看成微复合材料，由小小的刚性的不能拉伸的β-片晶包埋于无定形似橡胶的多肽基体中。β-片晶的含量为(22±5)%(*Nephila clavipes* 蜘蛛网丝)。蚕丝纤维含有 65%～70%的结晶物质，余下的 30%～35%是含有氢键链的无定形物质。

这两类丝纤维都有确定的拉曼峰。这些峰都有确切的分子振动归属[83-85]。在外力作用下这些峰的行为反映了丝纤维内部的分子形变。人们已经应用拉曼光谱术对这两类丝纤维的形变微观力学作了很有成效的研究[86-87]，对其超分子结构的探索也取得了很好的成果。

6.8.1 高模量纤维素纤维

通过液晶纺丝制得的纤维素纤维能获得很高的模量，与通常的粘胶纤维相比能高出好几倍。

高模量纤维素纤维(纤维 B)的典型拉曼光谱如图 6.73 所示[81]。光谱显示了位于 895 cm^{-1}、

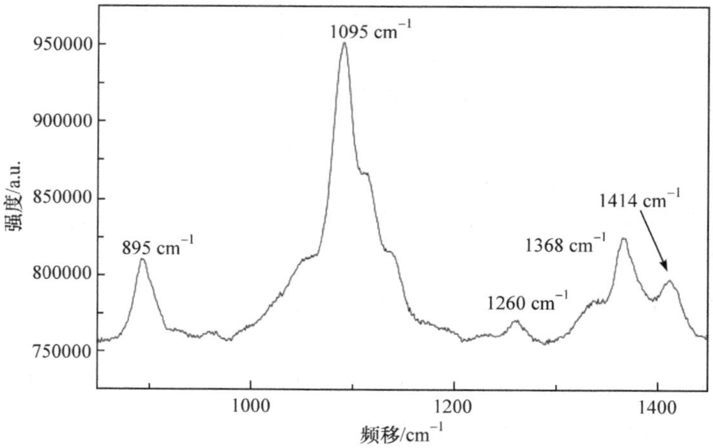

图 6.73 一种高模量纤维素纤维(纤维 B)的典型拉曼光谱

1095 cm^{-1}、1260 cm^{-1}、1368 cm^{-1}和 1414 cm^{-1}的几个峰。除 1414 cm^{-1}峰外，其他几个峰都归属于与主链链段伸缩模有关的键振动，而 1414 cm^{-1}则与 3-原子键的振动(HCC、HCO 和 HOC 的弯曲振动)有关。与粘胶纤维的拉曼光谱相比，纤维 B 的光谱有更清晰而确定的拉曼峰，这也是后者比前者有较高有序结构的反映。

纤维 B 被施加宏观拉伸形变时，其拉曼峰频移将发生偏移。对于粘胶纤维，只能测得 1095 cm^{-1}峰的偏移，其他峰因有较大的噪声而难以测定。对于纤维 B，除 1368 cm^{-1}峰不发生偏移外，其他几个峰则明显地随纤维拉伸应变向低频移方向偏移。

上述几个峰的频移偏移与纤维应变的函数关系如图 6.74 所示。宏观应变下拉曼峰的偏移与纤维素分子链结构内键的形变相应。所有拉曼峰随纤维应变向低频移方向的偏移都是非线性的，这与纤维非线性应力-应变曲线一致。与三个归属于主链的峰(895 cm^{-1}、1095 cm^{-1}和 1260 cm^{-1})相比，1414 cm^{-1}峰有明显较大的峰偏移率。这意味着分子结构内氢键合在相邻纤维素链之间的应力传递中起着较为显著的作用。

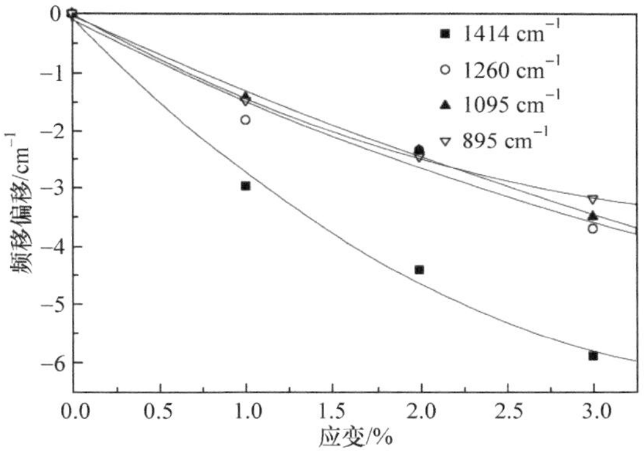

图 6.74　纤维 B 几个典型拉曼峰频移偏移随应变变化的比较

各种纤维素纤维，包括天然的和再生的，位于 1095 cm^{-1}的拉曼峰是诸多峰中强度最高的，它又有较高的频移偏移率，因而用于表征纤维素纤维的分子形变最为合适。图 6.75 显示了纤维 B 和粘胶纤维 1095 cm^{-1}峰频移偏移与纤维应变和应力间的函数关系。图 6.75(a)反映了频移偏移与应变的关系。纤维 B 的这种拉曼行为曲线反映了该纤维的应力-应变关系。该图还显示粘胶纤维峰频移随应变的偏移很小，几乎无法检测出来。这是

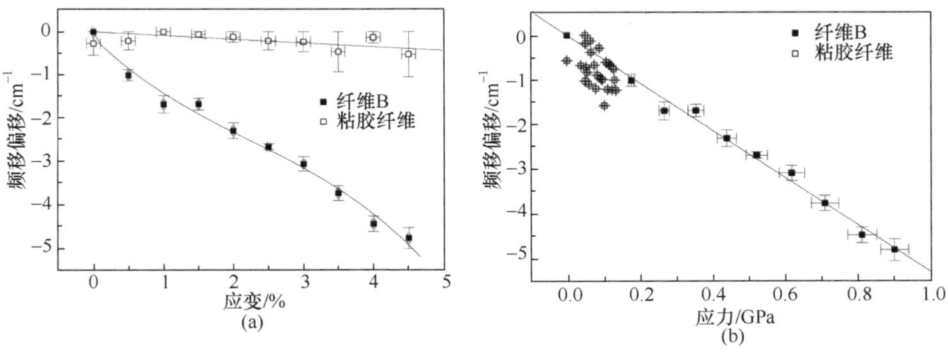

图 6.75　纤维 B 和粘胶纤维 1095 cm^{-1}拉曼峰频移随应变(a)和应力(b)的偏移

由于 1095 cm^{-1}峰的频移偏移是由作用于纤维上的应力，而不是应变控制的。低模量的粘胶纤维即便有大的应变，其应力仍然增大甚小，因而峰偏移也必定很小。如果画出峰偏移与应力的函数关系，如图 6.75(b)所示，就可以看到两种纤维的拉曼峰频移偏移都与应力线性相关，而且拟合直线十分靠近，这种行为与纤维微观结构有关。对于再生纤维素纤维，其微结构特征使纤维内晶体有均匀的应力。两种纤维随应变和应力的峰频移偏移率列于表 6.7。与粘胶纤维相比，高模量的纤维 B 有大得多的随应变峰偏移率，而随应力的峰偏移率，两种纤维的值十分相近。

控制再生纤维素纤维的纺丝工艺，能获得不同力学性能和微观结构的纤维。例如，使用不同的拉伸率，能获得具有不同分子取向度，因而模量也不同的纤维。拉曼光谱术已用于监测这种不同取向度纤维的微观形变[80]。测定几种具有不同拉伸率的再生纤维素纤维 1095 cm^{-1}峰频移随拉伸应变和应力的变化，得到图 6.76。图中可见，当拉伸率增大时，拉曼峰频移偏移率也增大[图 6.76(a)]。这是可以预期得到的结果，因为纤维取向度随拉伸率的增大而增大，因而沿分子链的形变增大导致更大的峰频移偏移率。表 6.8 列出了不同拉伸率得到的纤维的拉曼峰频移随应变和应力的偏移率。表中可见，最高偏移率达到约 0.43 cm^{-1}/%，比液晶纺的高性能纤维要低，但显著高于低模量的粘胶纤维(表 6.7)。和表中随应变偏移率数据相应的拉伸率与偏移率的关系如图 6.76(c)所示。在低拉伸率时，偏移率随拉伸率的增大迅速增大，而在高拉伸率时，几乎形成平台，偏移率增大甚小。图 6.76(c)显示了峰频移偏移率与拉伸率的关系。随应力的峰偏移率与拉伸率关系不大。这个结果与预期一致。

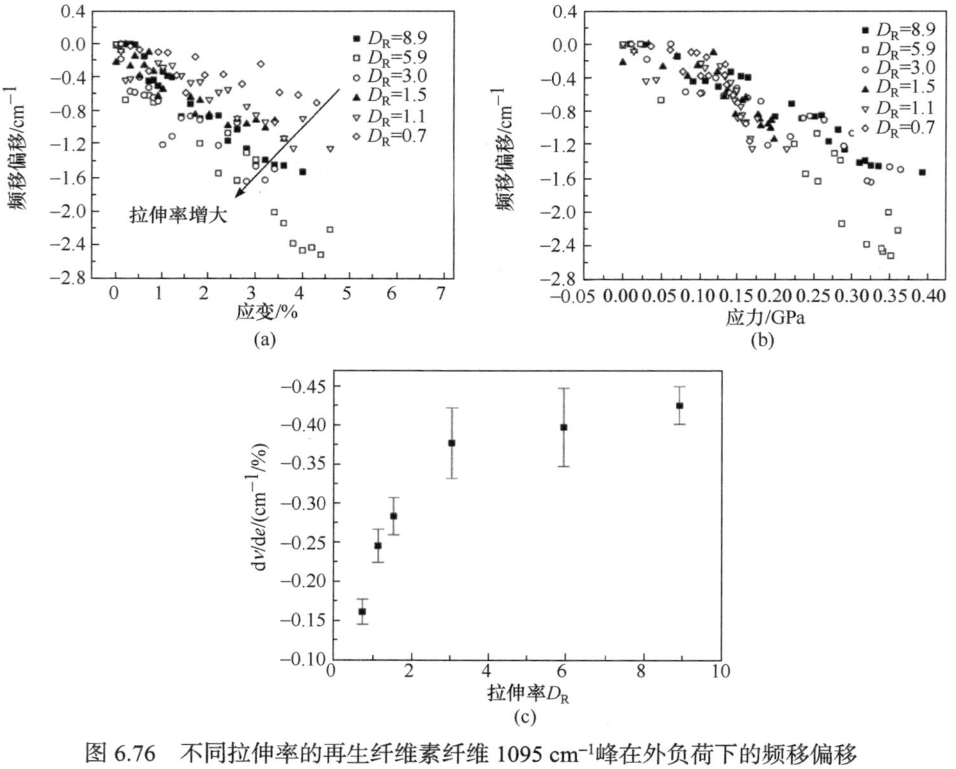

图 6.76　不同拉伸率的再生纤维素纤维 1095 cm^{-1}峰在外负荷下的频移偏移

(a) 偏移随应变的变化；(b) 偏移随应力的变化；(c) 拉伸率与峰频移随应变偏移率的函数关系

表 6.7　纤维 B 和粘胶纤维 1095 cm^{-1}峰频移随应变和应力的偏移率

纤维	dν/de/(cm^{-1}/%)	dν/dσ/(cm^{-1}/GPa)
纤维 B	−1.08±0.03	−5.26±0.08
粘胶纤维	−0.06±0.02	−4.89±2.09

表 6.8　不同拉伸率纤维素纤维的 1095cm^{-1}峰频移随应变和应力的偏移率

拉伸率	dν/de/(cm^{-1}/%)	dν/dσ/(cm^{-1}/GPa)
8.9	0.43±0.02	4.46±0.26
5.9	0.40±0.05	5.66±0.64
3.0	0.38±0.05	4.08±0.45
1.5	0.28±0.02	5.12±0.55
1.1	0.25±0.02	5.06±0.87
0.7	0.16±0.02	6.34±1.08

6.8.2　天然纤维素纤维及其复合材料

天然纤维素纤维包括棉和各种麻类纤维。它们的微观结构比人造纤维要复杂，常常含有各种非纤维素物质，因而其拉曼光谱常显示较大的背景噪声。

图 6.77 显示了一种麻纤维(大麻)的拉曼光谱[78]，与人造纤维素纤维一样，位于 1095 cm^{-1}的强峰可用于监测纤维的形变微观力学行为。这个峰可能归属于 C—O 环伸缩模[73]，也可能归属于糖苷键的伸缩振动[82]。峰频移在外加宏观应变和应力下向低波数方向偏移。峰偏移与应变和应力的关系分别如图 6.78(a)和(b)所示，拟合直线两边的虚线标出了 95%置信区的范围。可以看到，它们都有近似的线性函数关系。这些关系可用于这类纤维复合材料的形变微观力学研究。

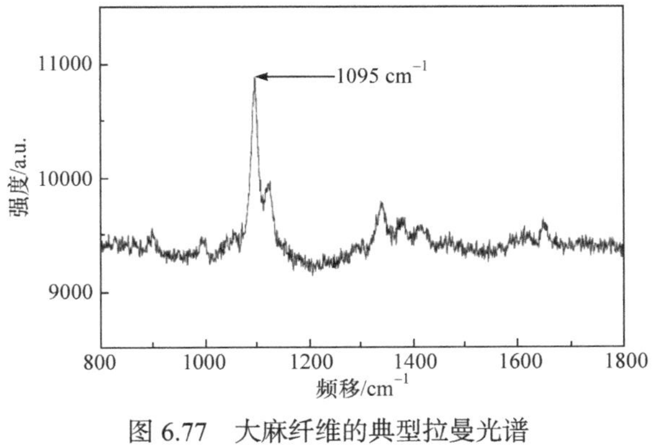

图 6.77　大麻纤维的典型拉曼光谱

由于天然纤维素纤维的特殊结构形成的端头形态，端头与聚合物基体有很好的结合，导致有良好的应力传递，使得应用单纤维拉出试验和全包埋拉伸断裂试验测定这类纤维复合材料的界面性质发生困难。应用微滴包埋试样是一种较好的解决办法。此时，基体内部不存在纤维端头。拉曼显微镜沿纤维轴向各点聚焦即可测得纤维应变分布。这种试样的缺点是纤维刚进入基体时有一段内反射区，长 80～100 μm。这两段区域无法获得拉曼信息。应用图 6.78 给出的线性关系，可将峰频移偏移转换成应力，获得应力沿纤维轴(包括微滴内和微滴外纤维)的分布，如图 6.79 所示。图中可见，从微滴边缘开始纤维应力急剧减小，随后增大，到中央区又近乎对称地减小。应力的急剧减小与微滴表面张力有关，它使纤维遭受压缩作用。

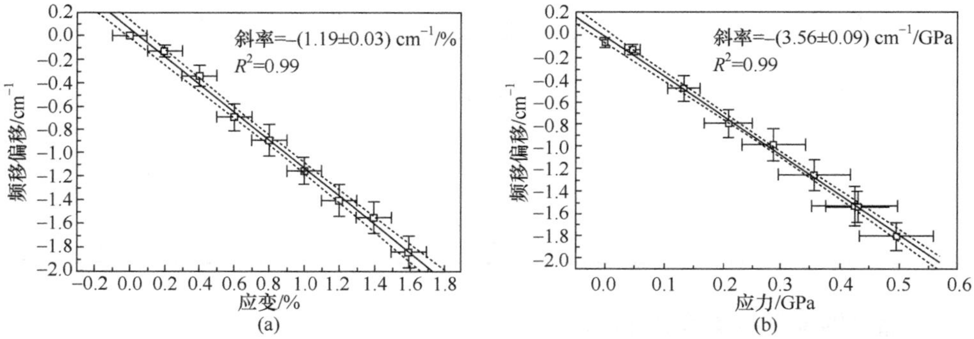

图 6.78　大麻纤维 1095 cm⁻¹拉曼峰频移偏移与纤维应变和应力的函数关系

(a) 偏移与应变的函数关系；(b) 偏移与应力的函数关系

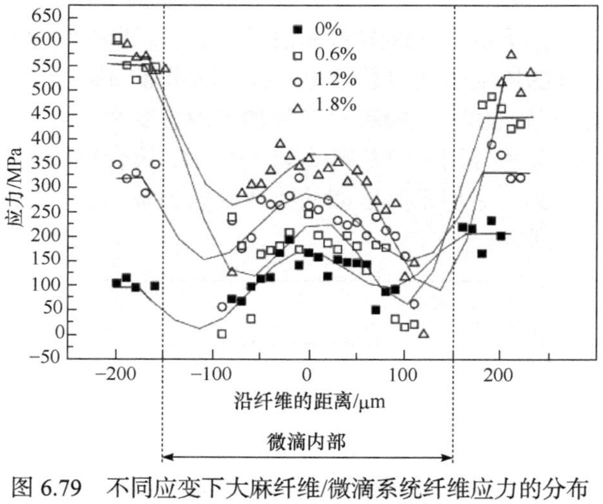

图 6.79　不同应变下大麻纤维/微滴系统纤维应力的分布

应用图 6.78(b)给出的线性函数关系，应力随位置的变化率 $\mathrm{d}\sigma_{\mathrm{f}}/\mathrm{d}x$，可以获得界面剪切应力 τ_{i} 的分布，如图 6.80 所示。所用方程如下：

$$\frac{\mathrm{d}\sigma_{\mathrm{f}}}{\mathrm{d}x}=\frac{4}{d}\tau_{\mathrm{i}} \tag{6.8}$$

式中，d 为纤维直径。与所预期的一样，在微滴中央，界面剪切应力为零。值得注意的是极大界面剪切应力与基体环氧树脂的剪切屈服应力在同一数量级，与其他复合材料，如 PPTA/环氧树脂和玻璃纤维/环氧树脂相近。这表明麻纤维与基体之间有合适的界面结合。

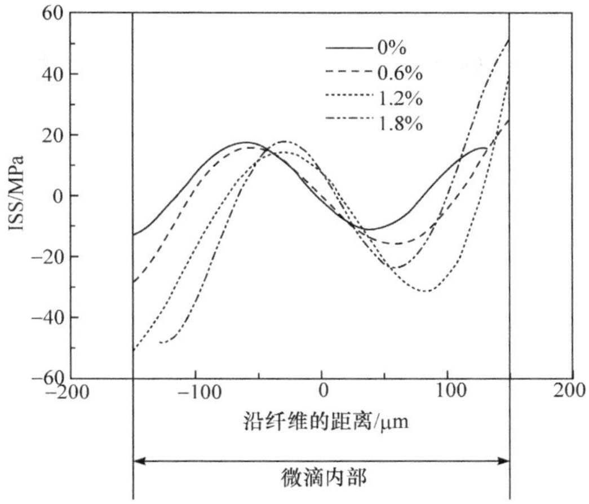

图 6.80　不同应变下大麻纤维/微滴系统的界面剪切应力

棉纤维和亚麻纤维及其复合材料的形变微观力学可参阅相关文献[76]。

6.8.3　蜘蛛丝纤维和蚕丝纤维

不同品种的蜘蛛丝和蚕丝的微观结构和力学性能并不完全相同，下面各以其中的一种品种丝纤维为例，讨论拉曼光谱术在这类纤维形变微观力学中的应用。

图 6.81(a)和(b)分别显示了蜘蛛丝和蚕丝纤维在 800～1800 cm^{-1}范围内的拉曼光谱[87]。这两种纤维最显著的拉曼活性峰分别位于 1085 cm^{-1}、1232 cm^{-1}及 1667 cm^{-1}和 1095 cm^{-1}、1230 cm^{-1}及 1684 cm^{-1}。一些研究工作者对这两种纤维某些拉曼峰归属的认定列于表 6.9[83-85]。

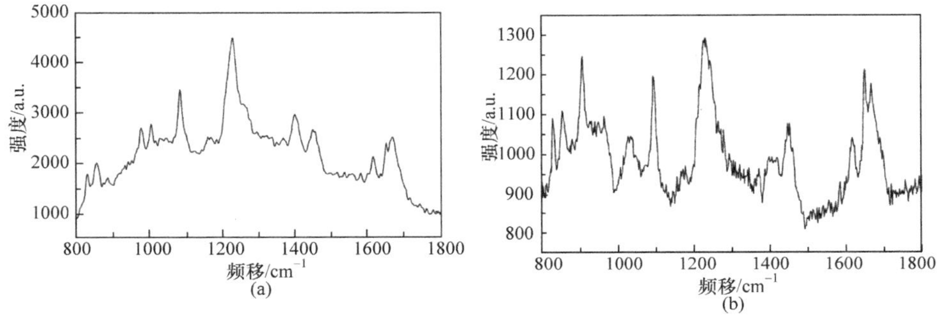

图 6.81　蜘蛛丝纤维和蚕丝纤维的典型拉曼光谱

(a) 蜘蛛丝纤维；(b) 蚕丝纤维

表 6.9　蜘蛛丝纤维和蚕丝纤维拉曼峰的归属

拉曼频移/cm^{-1}		振动模		
蚕丝	蜘蛛丝	归属	酰胺类型	构象
1085	1095	v(CC)		无规
1232	1230	v(CN)	Ⅲ	β-片晶为主体
	1652	v(CO)	Ⅰ	α-螺旋
1669	1669	v(CO)	Ⅰ	β-片晶/β-转动

蚕丝纤维的两个强峰(1085 cm^{-1}和 1232 cm^{-1}峰)和蜘蛛丝纤维的两个强峰(1095 cm^{-1}和 1230 cm^{-1}峰)都可用于研究相关纤维分子的形变过程。这些峰都归属于分子主链的振动。

这些峰在纤维发生宏观拉伸应变时都向低频移方向偏移，如图 6.82 所示。其他频谱范围内未发现对应力显著敏感的拉曼峰。

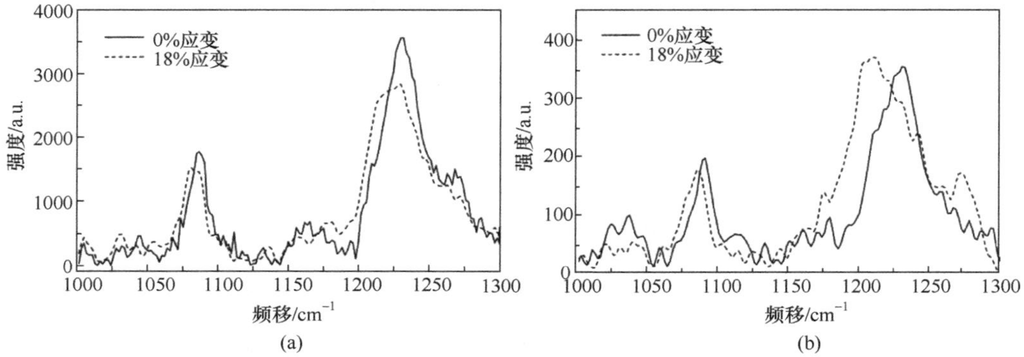

图 6.82　拉伸形变下蜘蛛丝纤维(a)和蚕丝纤维(b)拉曼峰的偏移

图 6.83 和图 6.84 分别显示了蚕丝纤维和蜘蛛丝纤维拉曼峰频移与纤维应变间的函数关系。可以看到，纤维应变增大使拉曼峰向低频移方向偏移。这种行为可从应力传递过

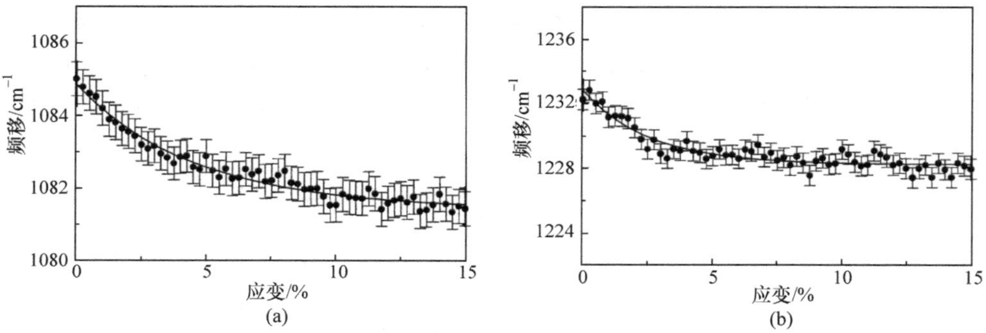

图 6.83　蚕丝纤维拉曼峰频移随纤维应变的变化

(a) 1085 cm^{-1}峰；(b) 1232 cm^{-1}峰

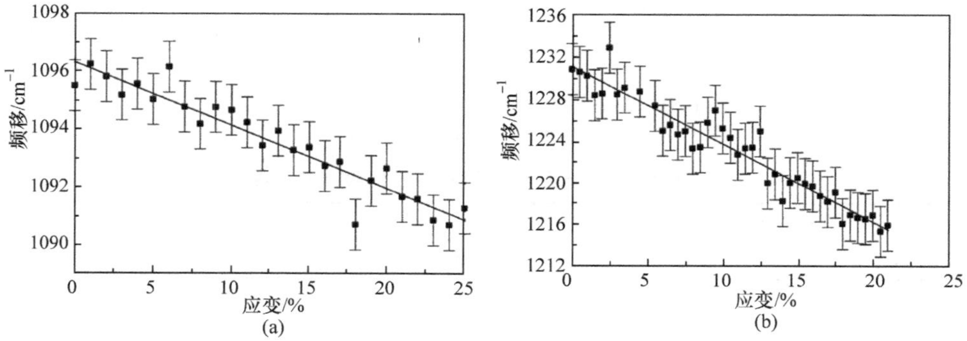

图 6.84　蜘蛛丝纤维拉曼峰频移随纤维应变的变化

(a) 1095 cm^{-1}峰；(b) 1230 cm^{-1}峰

程得到解释。外加的宏观应力直接传递给纤维分子的共价键，使分子沿拉伸方向排列。包括结晶区和无定形区在内的取向分子的形变引起键长度、键角度和内旋转角度的变化，从而导致相应的力常数的变化。所以人们能够通过峰频移偏移的测量来精确地监测外力作用下的分子行为。

从图 6.83 可见，对于蚕丝纤维，峰频移随应变的偏移是非线性的。这是由于拉伸过程中出现了纤维屈服现象。在屈服之前纤维分子受到很大的链伸长，但在屈服之后，只有很小的链伸长，拉伸形变大多由分子的相互滑移所产生。

对于蜘蛛丝纤维，峰频移随应变的偏移则呈线性关系。拉伸力学测试表明，蜘蛛丝纤维拉曼峰频移与应变的关系曲线与其应力-应变曲线是一致的。

拉曼峰频移的偏移随应力的变化如图 6.85 和图 6.86 所示。图 6.85 显示的是蚕丝纤维的 1085 cm^{-1}峰和蜘蛛丝纤维的 1095 cm^{-1}峰频移偏移与应力的关系，两组数据都与应力呈直线关系，而且有相近的斜率–8 cm^{-1}/GPa。而图 6.86 显示的是蚕丝纤维的 1232 cm^{-1}峰和蜘蛛丝纤维的 1230 cm^{-1}峰与应力的关系，也都有近似直线关系，不过有大得多的斜率，都高达–15 cm^{-1}/GPa。

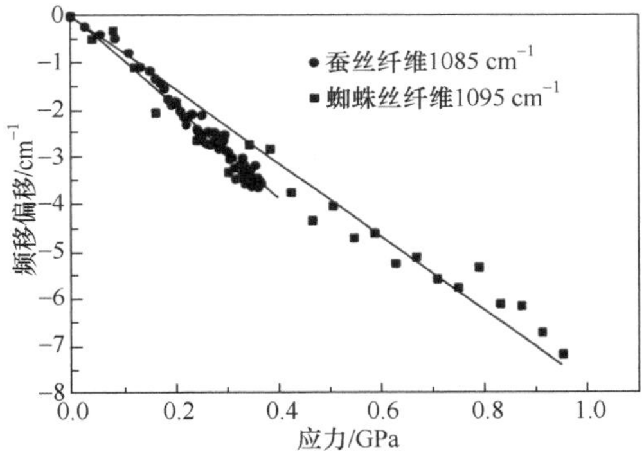

图 6.85　蚕丝纤维 1085 cm^{-1} 峰和蜘蛛丝纤维 1095 cm^{-1} 峰频移偏移随应力的变化

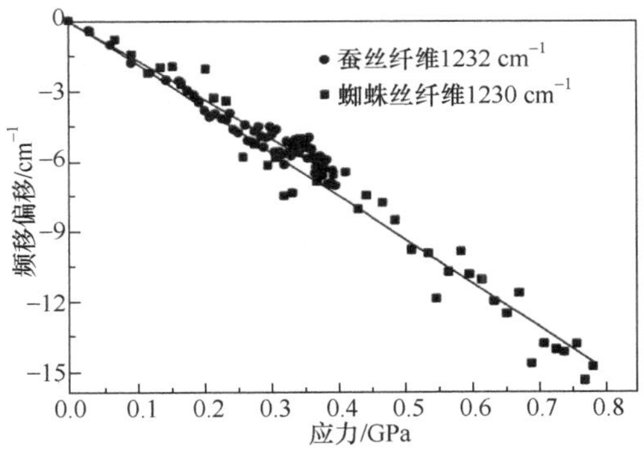

图 6.86　蚕丝纤维 1232 cm^{-1} 峰和蜘蛛丝纤维 1230 cm^{-1} 峰频移偏移随应力的变化

注意到蚕丝纤维拉曼峰频移随应变的变化是非线性的，而随应力的变化则是线性的，表明峰频移的偏移是由应力而不是应变控制的。

从两种动物丝纤维的拉曼行为得出，拉曼峰频移的偏移是作用于分子链轴向应力大小的清晰指标，因而拉曼峰频移偏移反映的仅仅是分子链的伸长。所以，拉曼峰频移偏移应该直接与应力而不是应变相关，后者还包含分子链转动的贡献。

两种纤维在拉伸形变下拉曼峰都有明显的宽化，尤其是蜘蛛丝纤维。峰宽化是纤维形变时分子内局部应力分布的标记。蜘蛛丝纤维比蚕丝纤维有更大的宽化，表示前者的微结构中有更高的局部应力，这与蜘蛛丝纤维的微结构情况是一致的。

6.9　复合材料的残余应变/应力

残余应变/应力通常有两个来源：一是由力学行为引起的。材料在加工或应用过程中在外负载下发生形变或局部形变，外负载撤除后，材料局部区域往往有残留应变。二是由材料经受的热行为引起的。

应用于高温环境下的陶瓷纤维增强陶瓷基(包括玻璃基和玻璃-陶瓷基)或金属基复合材料，由于增强材料与基体之间热膨胀系数的失配而引起的热残余应力，常常大到足以危害材料的安全使用，因而不论在复合材料设计还是在应用中都必须予以足够的重视。热残余应力可能在材料制作过程中从高温冷却至室温时发生。应力分布常常是不均匀的，因而引起材料内部局部应力集中，严重时产生局部裂缝或基体材料屈服或界面脱结合等缺陷，导致材料不能达到原设计的力学性能。热残余应力也可能发生在应用时的高温热循环过程中，引起材料的不正常破坏。

这类课题已有大量理论和实验研究。不管怎样，残余应力的实验测定是首先需要做的工作。人们发展了许多不同的测试技术，不过，它们的应用往往受到较大的限制。例如，通常的 X 射线衍射无法探测材料内部的情景，中子衍射或同步加速器 X 射线辐射虽然具有很强的穿透能力、强大的功能，然而这类昂贵的技术设备是很稀少的，难以得到普遍应用。近年来，拉曼光谱术和荧光光谱术由于探针和光纤技术的应用，在残余应力的测定方面作出了杰出的贡献，它们能提供许多其他技术难以测得的资料，对于某些其他技术无法进行测试的材料，它们往往能轻易地完成测试。

6.9.1　玻璃基复合材料[12,42,43,88-90]

用拉曼探针测定玻璃基复合材料内纤维的残余应变不存在什么困难。由于玻璃的透明性质，可将激光聚焦于基体内部的纤维，激发出拉曼散射光，拉曼散射光也同样可透过基体进入探针。下面一个实例是关于 SiC/JG6 复合材料热残余应变及其分布的拉曼测定。

图 6.87 显示了空气中和复合材料中 SiC 纤维(Nicalon NLM202)在 1226～1480 cm^{-1} 范围内的拉曼光谱，显示了纤维中石墨的 A_{1g} 模峰(约 1345 cm^{-1})。可以看到玻璃内纤维的拉曼峰比空气中纤维有更大的频移，而且峰宽更窄。经测定，自由状态下纤维的高温处理并不影响峰频移。如此，可判定 SiC/JG6 复合材料内纤维是处在压缩状态下。这是由于压制复合材料时，从高温冷却过程中纤维与基体相互作用的结果。将图 6.11 中 SiC 纤维拉伸时的拟合直线外推到压缩状态，得到 $d\Delta\nu/de$ 值，即可将峰频移的偏移转换成压缩应变值。

随机测定了基体内的 50 根纤维。热残余应变的分布如图 6.88 所示。图中可见，所有纤维都处在压缩状态下，但应变大小有较宽的分布。平均压缩应变约为–0.6%。实际上，有两个因素影响压缩应变，一是纤维和基体间热膨胀系数的失配；二是冷却过程中基体材料的结晶行为。后一因素已由透射电子显微镜观察所证实。对基体微观结构的观察发现，在材料制作过程中玻璃出现了结晶现象，同时，也观察到基体局部区域的微小裂缝，这表明基体经受拉伸，而纤维处于压缩状态。

热残余应力可以用理论分析进行预测。分析指出，纤维轴向应力可由下式计算[89]：

$$\sigma_{zf}=\int_{T}^{T_s}\frac{\Delta\alpha}{\dfrac{1}{E_f}+\dfrac{V_f}{E_m V_m}}\mathrm{d}T \tag{6.9}$$

式中，T 为室温；T_s 为热加工温度；$\Delta\alpha$为纤维和基体的热膨胀系数差值；E_f和 E_m 分别为纤维和基体的杨氏模量；V_f 和 V_m 分别为纤维和基体所占体积百分比。取 T=20℃和 T_s=800℃，应用式(6.9)可以计算出 SiC/JG6 复合材料中纤维的轴向应力，转变为纤维的压缩应变为 0.09%。纤维轴向应力的上限则用下式计算：

$$\sigma_{zf} = \int_{T}^{T_s} \frac{\Delta\alpha E_m V_m}{(1-\nu_m)V_f} \mathrm{d}T \tag{6.10}$$

式中，ν_m 为基体的泊松比。由此算得的压缩应变上限为 0.28%。可见，拉曼光谱术测得的平均应变(0.6%)与理论分析值在同一数量级。但实测值大于上限和下限值，这可能是由于理论分析没有考虑到玻璃基体的结晶，导致热残余应变的增大。

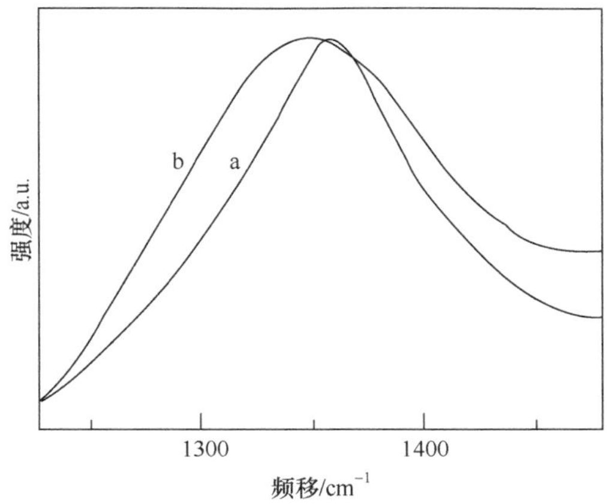

图 6.87　玻璃(JG6)中 SiC 纤维(光谱 a)和空气中 SiC 纤维(光谱 b)的拉曼光谱

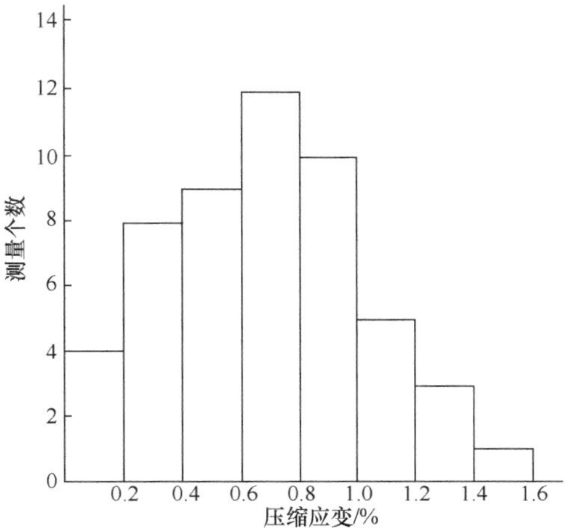

图 6.88　SiC/JG6 复合材料中纤维热残余应变的分布

为了考察哪些因素影响玻璃基复合材料的热残余应力，以不同热压温度制作了系列模型陶瓷纤维(碳化硅或氧化铝纤维)增强玻璃基复合材料：SiC/Pyrex、SiC/SLS、Al_2O_3/Pyrex 和 Al_2O_3/SLS。图 6.89 是试样制作示意图。试样表面经抛光后使用显微拉曼光谱术测定纤维的拉曼峰频移相对自由状态下纤维拉曼峰的偏移 $\mathrm{d}\Delta\nu$，并计算出相应的残余应变 e_{zf}。结果列于表 6.10～表 6.13。分析表中数据可见，若纤维与基体材料间有大的热膨胀系数失配，纤维就有大的热残余应变。例如，SiC/SLS(表 6.11)，$\alpha_f < \alpha_m$，e_{zf}有负值(−0.5%)，纤维处于轴向压缩状态，而 Al_2O_3/Pyrex(表 6.12)，$\alpha_f > \alpha_m$，e_{zf}有正值(+0.3%)，纤维处于轴向拉伸状态。与此不同，对 SiC/Pyrex(表 6.10)和 Al_2O_3/SLS(表 6.13)，它们的纤维和基体材料都有相近的热膨胀系数，只有很小的残余应变。上述测量结果是合理的，而且与理论分析预测的值相近。然而，在 780℃热压又经过 930℃热处理 1 h 的 SiC/Pyrex(表 6.10)纤维有高达 1.8%的压缩应变，而且数据比较分散。这是因为高温热处理使基体玻璃发生结晶。图 6.90 显示了 SiC/Pyrex 的光学显微照片，其中，与图 6.90(a)相应的材料未经热处理，而图 6.90(b)中的材料经受了高温热处理。可见后者在纤维周围的基体材料中形成了许多微裂缝，而纤维附近的亮点是基体的晶体，这在图 6.90(a)中是不存在的。显然，裂缝的发生是由纤维的存在和基体结晶相与无定形相之间热膨胀失配引起的。基体结晶导致纤维的大残余应变。此外，晶体和裂缝沿纤维的不均匀分布还导致纤维轴向应变值有较大的分散。

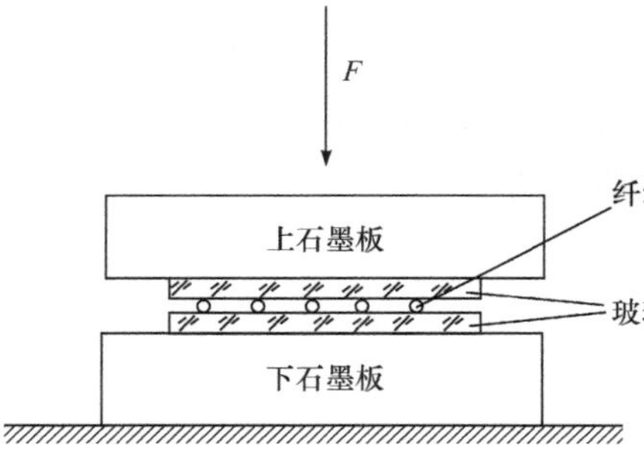

图 6.89　模型陶瓷纤维增强玻璃基复合材料热压制备示意图

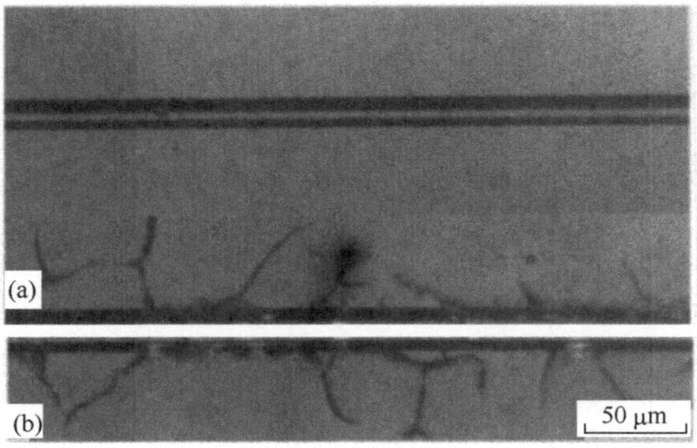

图 6.90　模型 SiC/JG6 复合材料的光学显微图

(a) 材料未经热处理；(b) 材料经 930℃高温热处理

表 6.10　不同热压温度 SiC/Pyrex 复合材料中纤维 1350 cm^{-1} 峰的频移偏移和相应的残余应变

热压温度	$d\Delta\nu/cm^{-1}$	$e_{zf}/\%$
730℃	+0.5±0.8	−0.07
800℃	+0.4±0.8	−0.06
870℃	+0.5±1.1	−0.07
780℃并在 930℃下热处理 1h	+12.2±3.1	−1.8

表 6.11　不同热压温度 SiC/SLS 复合材料中纤维 1350 cm^{-1} 峰的频移偏移和相应的残余应变

热压温度	$d\Delta\nu/cm^{-1}$	$e_{zf}/\%$
670℃	+3.6±0.6	−0.53
730℃	+3.3±0.4	−0.49
790℃	+3.4±0.5	−0.50

表 6.12　不同热压温度 Al_2O_3/Pyrex 复合材料中纤维 641 cm^{-1} 峰的频移偏移和相应的残余应变

热压温度	$d\Delta\nu/cm^{-1}$	$e_{zf}/\%$
730℃	+1.3±0.3	+0.30
800℃	+1.2±0.2	+0.28
870℃	+1.2±0.3	+0.28

表 6.13 不同热压温度 Al_2O_3/SLS 复合材料中纤维拉曼峰的频移偏移和相应的残余应变

热压温度	460 cm⁻¹峰		641 cm⁻¹峰	
	$d\Delta\nu/cm^{-1}$	$\varepsilon_{zf}/\%$	$d\Delta\nu/cm^{-1}$	$e_{zf}/\%$
670℃	+0.4±0.6	–0.07	–0.2±0.2	–0.04
730℃	+0.3±0.3	–0.05	–0.2±0.1	–0.04
790℃	+0.3±0.6	–0.07	–0.3±0.3	–0.06

表中数据还表明，如果不存在基体结晶，复合材料压制温度对纤维热残余应变值几乎没有影响。所用热压温度都设定在玻璃软化点以上，所以，纤维热残余应变必定是在玻璃基体软化点以下才发生的。

6.9.2 金属基复合材料[17,49,91,92]

碳化硅单丝 SCS-6 常用于金属基复合材料的增强材料。拉曼光谱术测试指出，它的表面有一厚度为 3～5 μm 的碳层。这是为了单丝在加工过程中免受损伤，同时也用于控制与金属基体间的界面强度。正是存在这层碳薄膜，可应用拉曼光谱术测定 SCS-6/Ti 合金复合材料的热残余应变。

首先应用拉曼光谱术测定单丝的形变微观力学行为。将单丝固定于 PMMA 平板上，用四点弯曲技术施加拉伸负载，测定单丝两个拉曼峰频移与应变的关系。测试得出，拉曼峰频移与纤维应变有近似的线性关系。对于 1300 cm^{-1} 和 1600 cm^{-1} 峰，$d\Delta\nu/de$ 值分别为(–3.6±0.6)cm^{-1}/%和(–2.6±0.3) cm^{-1}/%。据此，可测定复合材料中单丝的残余应变。

由于钛合金基体是不透明的，激光和拉曼散射光都不能穿透，必须移去部分基体材料以便暴露单丝表面。这是不难做到的，只要小心地将试样表面抛光，一直到刚刚露出单丝。这样，既可从单丝表面获得拉曼光谱，又能基本保持单丝原来所处的环境。分析基体中单丝和空气中自由状态下单丝的拉曼光谱，下列现象值得注意：与自由状态下单丝相比，复合材料中单丝的两个峰都向较高频移方向偏移；复合材料中单丝的碳峰峰宽变窄了；复合材料中单丝的 1600 cm^{-1} 峰强度相对于 1300 cm^{-1} 峰的比值更大。复合材料在高温(约 900℃)压制过程中碳结构会发生某些变化，并引起其拉曼峰的上述三种行为。本章 6.2 节已经指出，复合材料热压过程中碳化硅纤维碳拉曼峰峰宽的变窄是由于碳结构的有序化，而 1600 cm^{-1} 峰相对强度的增大是由于碳晶粒尺寸的增大。此前也有研究指出碳化硅纤维的高温退火会引起两个峰的频移向高频方向偏移。SCS-6 单丝拉曼峰的上述现象可作类似解释。

测试得出，复合材料中单丝相对于空气中单丝两个峰频移都有确定的正偏移，表明单丝在复合材料中处于压缩状态。由拉曼峰偏移 $d\Delta\nu$ 可推算出单丝的轴向残余应变 e_{zf}，并根据单丝的轴向模量值进一步推算出轴向残余应力，列于表 6.14[17](表中还列出了碳化硅单丝 Sigma1140+/Ti 合金复合材料的相关数据)。一个令人兴奋的结果是由此测得的轴向残余应力值–850 GPa 与应用中子衍射测得的值(–840 GPa)十分相近[92]。用拉曼光谱术从单丝的碳表层与用中子衍射术从单丝整体测得的结果一致，表明两种方法都是有效的。需要指出的是拉曼光谱术是简便易行得多的测试方法。

表 6.14　SiC-6/Ti 合金复合材料中单丝的拉曼峰频移偏移、轴向残余应变和应力

纤维	1330 cm^{-1}峰		1600 cm^{-1}峰		σ_{zf}/MPa	
	$d\Delta\nu$/cm^{-1}	e_{zf}/%	$d\Delta\nu$/cm^{-1}	e_{zf}/%	实验值	计算值
SCS-6	+1.9±0.4	−0.53	+1.2±0.4	−0.46	−850	−790
Sigma1140+	+1.4±0.4	−0.54	+0.8±0.5	−0.44	−590	−580

6.9.3　陶瓷基复合材料和陶瓷材料[93-98]

不论是单相陶瓷或复合材料陶瓷，微观残余应力对材料的力学性能往往起到决定性作用。例如，在单相多晶材料中，晶粒热膨胀的各向异性会引起沿着晶粒边界自然开裂，导致材料强度急剧下降。对于陶瓷复合材料，残余应力对增强剂与基体间的相互作用有强烈影响，因而成分相的残余应力状态在微观增韧行为中常常是关键因素。然而，尽管这种现象非常重要，长期以来没有直接方法能在微观尺度上定量测定残余应力场。拉曼光谱和荧光光谱术却能在这里发挥杰出的作用。

用 SiC 晶须或颗粒作增强剂能显著增强 Al_2O_3 基复合材料的力学性能。为了分析其残余应力，可用通常的衍射技术。这时，用晶格作为绝对应变度量，随后通过弹性常数计算出应力值，是一种间接测量。对于 Al_2O_3/SiC 复合材料，X 射线衍射分析能测量出复合材料表面以下 50 μm 深度以内的应变，而中子衍射分析则能测出整块材料的应变，测得的结果是辐射所到达体积的平均值。然而，对于 SiC 而言，由于存在不同晶型和结晶学结构的复杂性，在解释衍射数据时发生困难。拉曼光谱术能直接测量表面以下约 1 μm 范围内 SiC 的应力值，而与弹性常数无关。不同晶型的存在也不是大问题，因为β-SiC 和α-SiC 的拉曼光谱频移显著不同，能轻易予以鉴别。此外，与 X 射线衍射和中子衍射相比，拉曼光谱术在实验操作和对数据的分析方面都要简便得多。

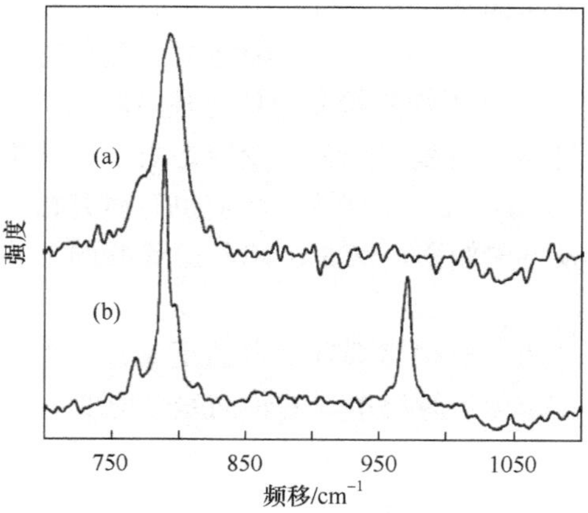

图 6.91　SiC 晶须(a)和 SiC 颗粒(b)的拉曼光谱

SiC 晶须和 SiC 颗粒在自由状态下的拉曼光谱如图 6.91 所示[93]。SiC 颗粒是 6H 晶型，光谱中显示了位于 788 cm^{-1} 附近的 E_2-TO 模峰和 970 cm^{-1} 附近的 LO 模峰。晶须的光谱中，LO 模拉曼峰消失了。由于晶须中有着高浓度的缺陷和杂质，其 TO 模拉曼峰明显变宽了。显然，拉曼资料不仅可用于鉴别 SiC 的晶型，也能用于定性分析晶粒的有序程度。比较图中两条光谱，可以确定，与 SiC 晶须相比，6H-SiC 颗粒有较低的缺陷和杂质浓度。

在 Al_2O_3/SiC 系统中，SiC 处于压缩状态。

为了分析 Al_2O_3/6H-SiC 颗粒复合材料中的残余应力，必须首先获得 SiC 颗粒拉曼峰频移偏移相对外加静压力的校正曲线。这可由一特别设计的高压装置完成，高压的大小由荧光光谱术测定(参阅第 7 章)。结果如图 6.92 所示[93]。E_2-TO 模(788 cm^{-1})峰和 LO 模(970 cm^{-1})峰的直线斜率分别为(3.53±0.21)cm^{-1}/GPa 和(4.28±0.22)cm^{-1}/GPa。应用上述校正系数可计算得到不同 SiC 颗粒含量时的残余应力。结果表明，从两个拉曼峰获得的结果在实验误差范围内一致。

类似的方法也用于测量 SiC 晶须增强 Al_2O_3 复合材料的残余应力。

Si_3N_4 是一种重要的结构陶瓷，在单品种陶瓷或用作陶瓷复合材料的基体方面都有着广泛的应用。内应力在 Si_3N_4 的断裂微观力学分析中是一个至关重要的参数。为了用拉曼光谱测定内应力的大小，需要测得 Si_3N_4 的压谱系数，即峰偏移随应力的函数关系。图 6.93 显示了烧结β-Si_3N_4 的拉曼光谱[96]。光谱中的最强峰位于 520 cm^{-1} 附近，这是材料中游离 Si 的贡献。位于 200 cm^{-1} 附近的几个尖锐的峰(183 cm^{-1}、205 cm^{-1} 和 226 cm^{-1})归属于晶格振动模，而在 300～1200 cm^{-1} 之间的几个峰则归属于内模。

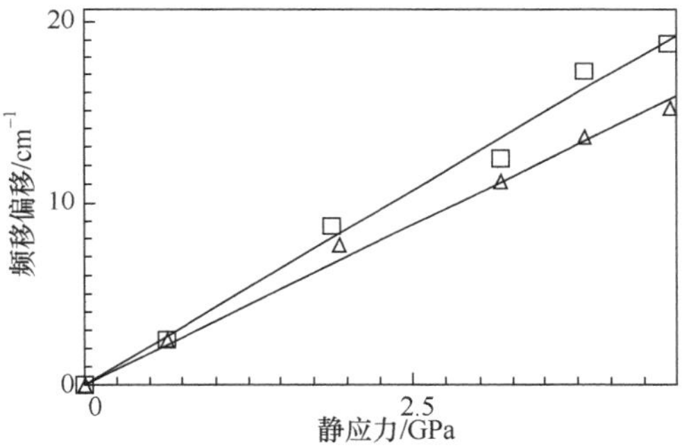

图 6.92　E_2-TO 模(△)和 LO 模(□)拉曼峰频移偏移与静压力的关系

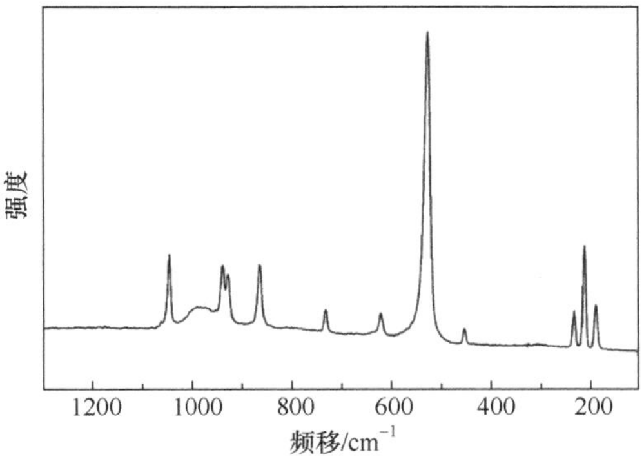

图 6.93　烧结β-Si_3N_4 的拉曼光谱

测定各个拉曼峰频移与应力间的关系，数据点的线性最小二乘法拟合斜率即为其压谱系数。测试表明，862 cm^{-1} 峰有最大的压谱系数绝对值，因而最适合于应力测定。

作为实例，应用上述结果测定三角形压痕周围的应力分布。压痕法是测定陶瓷材料力学性能的重要方法。图 6.94 是一三角形压痕的光学显微图和激光扫描共焦显微图。拉曼探针沿 A 线和 B 线测量拉曼光谱。应用 862 cm^{-1} 峰的压谱系数将峰偏移转换成应力。压痕周围的应力分布如图 6.95 所示。可以看到，压痕中心周围都是压应力，极大值 1 GPa 出现在距中心约 10 μm 处。虽然，沿着 A 线和 B 线压痕的形状并不相同，从中心到 25 μm 距离范围内的应力行为却十分相似。这表明在该区域内应力是圆对称的。在该区域以外，压应力沿 A 线逐渐减小，直到为零。然而，沿 B 线，在 25～45 μm 范围内是张应力。这可从印痕的形状得到解释。在压痕过程中，四面体形状压头的三个侧面垂直地压向材料相应的三个平面。从力平衡角度来看，沿着压痕角方向必定有垂直于它的张应力。该张应力引起的微裂缝的长度常用于实验测定工程陶瓷的韧性。

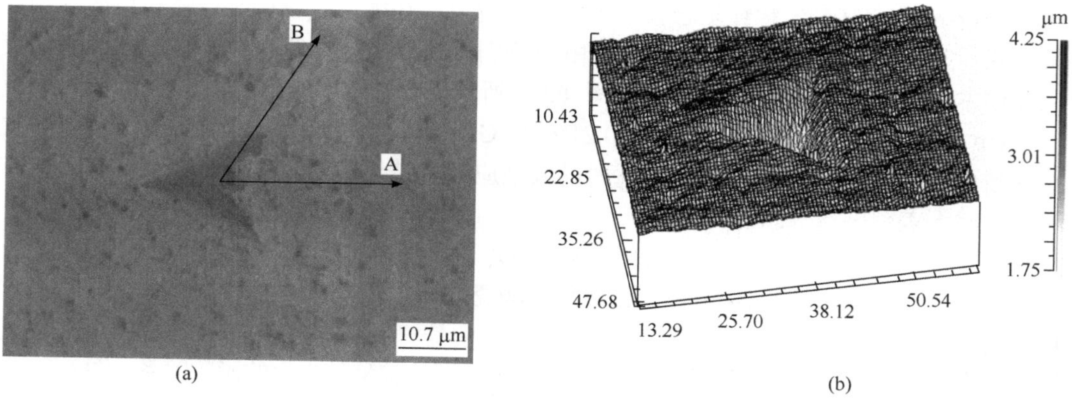

图 6.94　烧结β-Si_3N_4压痕的形态
(a) 光学显微图；(b) 激光扫描共焦显微图

图 6.95 还显示了印痕中心的应力近乎为零。这与一个很有趣的现象有关：压痕使得在压头中心下面的区域形成了一个无定形或结晶结构高度扭曲的表面层。

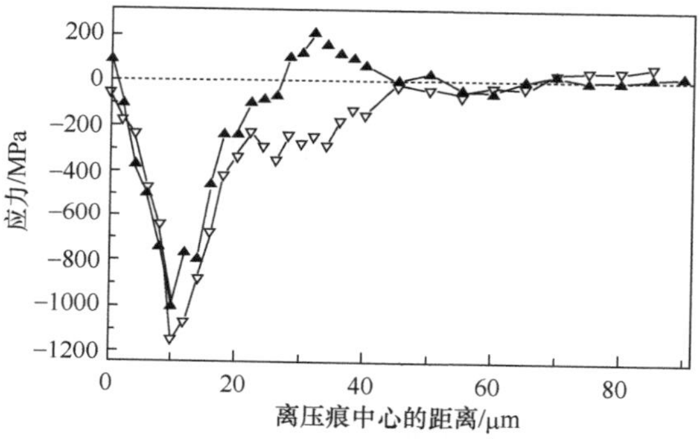

图 6.95　压痕周围沿 A 线(▽)和 B 线(▲)的残余应力分布

6.9.4　Al-Si 共晶体

拉曼光谱术也能应用于金属合金残余应变的测定，包括外负载去除后残留于材料上的应变。压痕试验可能在 Al-Si 共晶体的硅晶片中引起残余应变。下面简述应用拉曼光谱术测定这种残余应变的过程。用显微拉曼光谱术测得共晶体的硅在 520 cm^{-1} 附近有一尖锐的拉曼峰，如图 6.96 所示。硅晶片在压缩状态下拉曼峰频移与晶片应变间的函数关系以四点弯曲装置测定，结果示于图 6.97。可以看到，尽管数据有某种程度的分散，但仍显示近似的线性关系。对一端距离压痕约 0.13 mm 的硅晶沿远离压痕的方向逐点测定其拉曼峰频移，并将其相对自由状态下硅晶片峰频移的偏移值，应用上述线性关系转换成应变值，结果显示于图 6.98(a)。图 6.98(b)为试样的光学显微图，标明了压痕与硅晶体的相对位置。图中可见，从离开压痕约 0.21 mm 起应变为零。对更远距离硅晶体的测定也显示近似零值应变。上述结果表明，压痕试验使压痕附近的硅晶体具有残余应变，并随距离的增大而变小，直到为零。

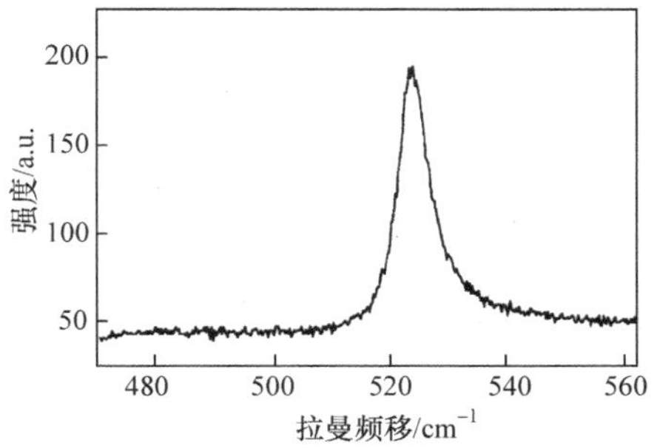

图 6.96　Al-Si 共晶体中 Si 晶体的拉曼光谱

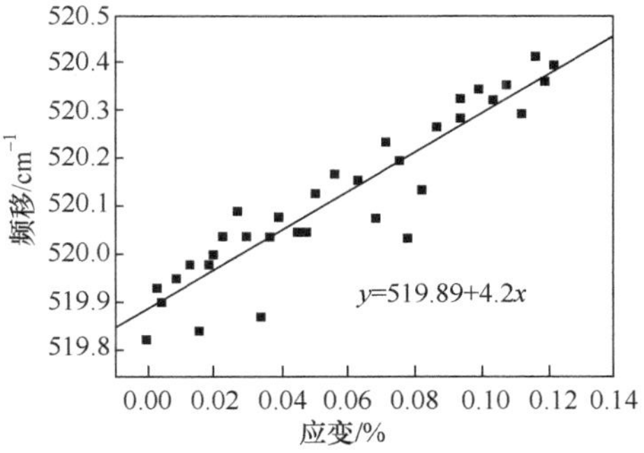

图 6.97　Si 片拉曼峰频移与应变的函数关系

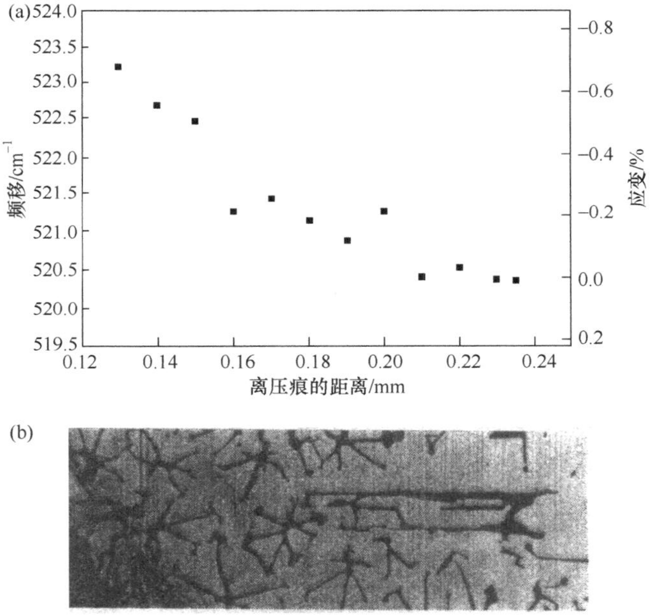

图 6.98　Al-Si 共晶体中 Si 晶体拉曼峰频移和相应的应变随离开压痕中心距离的变化(a)和 Al-Si 共晶体的光学显微图(b)

参 考 文 献

[1] 杨序纲, 吴琪琳. 复合材料的界面行为. 北京: 化学工业出版社, 2019.

[2] Herrera-Franco P J, Drzal L T. Comparison of methods for the measurement of fibre/matrix adhesion in composites. Composites, 1992, 23(1): 2-27.

[3] Gray R J. Analysis of the effect of embedded fibre length on fibre debonding and pull-out from an elastic matrix. Journal of Materials Science, 1984, 19(3): 861-870.

[4] Gaur U, Miller B. Microbond method for determination of the shear strength of a fiber/resin interface: Evaluation of experimental parameters. Composites Science and Technology, 1989, 34(1) : 35-51.

[5] McAlea K P, Besio G J. Adhesion between polybutylene terephthalate and E-glass measured with a microdebond technique. Polymer Composites, 1988, 9(4): 285-290.

[6] Latour Jr R A, Black J, Miller B. Fatigue behavior characterization of the fibre-matrix interface. Journal of Materials Science, 1989, 24(10): 3616-3620.

[7] Asloun E M, Nartin M, Schultz J. Stress transfer in single-fiber composites: Effect of adhesion, elastic modulus of fiber and matrix and polymer chain mobility. Journal of Materials Science, 1989, 24(5): 1835-1844.

[8] Rao V, Drzal L T. The dependence of interfacial shear strength on matrix and interphase properties. Polymer Composites, 1991, 12(1): 48-56.

[9] Yallee R B, Young R J. Micromechanics of fibre fragmentation in model epoxy composites reinforced with α-alumina fibres. Composites Part A: Applied Science and Manufacturing, 1998, 29(11): 1353-1362.

[10] Grande D H, Mandell J F, Hong K C C. Fibre-matrix bond strength studies of glass, ceramic, and metal matrix composites. Journal of Materials Science, 1988, 23(1): 311-328.

[11] Young R J, Yang X. Interfacial failure in ceramic fibre/glass composites. Composites Part A: Applied Science and Manufacturing, 1996, 27(9): 737-741.

[12] Yang X, Young R J. Fibre deformation and residual strain in silicon carbide fibre reinforced glass composites. British Ceramic Transactions, 1994, 93(1): 1-10.

[13] 杨序纲, 王依民, 谢涵坤. 陶瓷纤维及其复合材料: Ⅱ碳化硅纤维的结构和形变行为. 东华大学学报, 1996, 22(5): 15-20.

[14] Gouadec G , Karlin S, Colomban P. Raman extensometry study of NLM202® and Hi-Nicalon® SiC fibres. Composites Part B: Engineering, 1998, 29(3): 251-261.

[15] Dassios K G , Galiotis C. Direct measurement of fiber bridging in notched glass-ceramic-matrix composites. Journal of Materials Research, 2006, 21(5): 1150-1160.

[16] Young R J, Broadbridge A B L, So C L. Analysis of SiC fibres and composites using Raman spectroscopy. Journal of Microscopy, 1999, 196(2): 257-265.

[17] Ward Y, Young R J, Shatwell R A. Determination of residual stresses in SiC monofilament reinforced metal-matrix composites using Raman spectroscopy. Composites Part A: Applied Science and Manufacturing, 2002, 33(10): 1409-1416.

[18] Yang X, Hu X, Day R J, et al. Structure and deformation of high-modulus alumina-zirconia fibres. Journal of Materials Science, 1992, 27(5): 1409-1406.

[19] 杨序纲, 王依民. 氧化铝纤维的结构和力学性能. 材料研究学报, 1996, 10(6): 628-632.

[20] 杨序纲, 袁象恺, 潘鼎. Raman 和荧光光谱在复合材料研究中的应用. 世纪之交复合材料的现状与发展, 2001: 821-824.

[21] Andrews M C, Young R J. Analysis of the deformation of aramid fibres and composites using Raman spectroscopy. Journal of Raman Spectroscopy, 1993, 24(8): 539-544.

[22] Young R J, Lu D, Day R J, et al. Relationship between structure and mechanical properties for aramid fibres. Journal of Materials Science, 1992, 27(20): 5431-5440.

[23] Kitagawa T, Yabuki K, Young R J. An investigation into the relationship between processing, structure and properties for high-modulus PBO fibres. Part 1: Raman band shifts and broadening in tension and compression. Polymer, 2001, 42(5): 2101-2112.

[24] So C L, Bennett J A, Sirichaisit J, et al. Compressive behavior of rigid rod polymer fibres and their adhesion to composite matrixes. Plastics, Rubber and Composites, 2003, 32(5): 119-205.

[25] Yeh W Y, Young R J. Molecular deformation processes in aromatic high modulus polymer fibres. Polymer, 1999, 40(4): 857-870.

[26] Young R J, Day R J, Zakikhani M. The structure and deformation behaviour of poly(*p*-phenylene benzobisoxazole) fibres. Journal of Materials Science, 1990, 25(1): 127-136.

[27] Lu S, Russell A E, Hendra P J. The Raman spectra of high modulus polyethylene fibres by Raman microscopy. Journal of Materials Science, 1998, 33(19): 4721-4725.
[28] Tashiro K, Wu G, Kobayashi M. Morphological effect on the Raman frequency shift induced by tensile stress applied to crystalline polyoxymethylene and polyethylene: Spectroscopic support for the idea of an inhomogeneous stress distribution in polymer material. Polymer, 1988, 29(10): 1768-1778.
[29] Berger L, Kausch H H, Plummer C J G. Structure and deformation mechanisms in UHMWPE-fibres. Polymer, 2003, 44(19): 5877-5884.
[30] Amornsakchai T, Unwin A P, Ward I M, et al. Strain inhomogeneities in highly oriented gel-spun polyethylene. Macromolecules, 1997, 30(17): 5034-5044.
[31] Moonen J A H M, Roovers W A C, Meier R J, et al. Crystal and molecular deformation in strained high-performance polyethylene fibers studied by wide-angle x-ray scattering and Raman spectroscopy. Journal of Polymer Science Part B: Polymer Physics, 1992, 30(4): 361-372.
[32] Grubb D T, Li Z F. Molecular stress distribution and creep of high-modulus polyethylene fibres. Polymer, 1992, 33(12): 2587-2597.
[33] Filiou C, Galiotis C. *In situ* monitoring of the fibre strain distribution in carbon-fibre thermoplastic composites1. Application of a tensile stress field. Composites Science and Technology, 1999, 59(14): 2149-2161.
[34] Young R J, Day R J, Zakikhani M, et al. Fibre deformation and residual thermal stresses in carbon fibre reinforced PEEK. Composites Science and Technology, 1989, 34(3): 243-258.
[35] Huang Y L, Young R J. Interfacial micromechanics in thermoplastic and thermosetting matrix carbon fibre composites. Composites Part A: Applied Science and Manufacturing, 1996, 27(10): 973-980.
[36] Filiou C, Galiotis C, Batchelder D N. Residual stress distribution in carbon fibre/thermoplastic matrix pre-impregnated composite tapes. Composites, 1992, 23(10): 28-38.
[37] Montes-Moran M A, Martinez-Alonso A, Tascon J M D, et al. Effects of plasma oxidation on the surface and interfacial properties of ultra-high modulus carbon fibres. Composites Part A: Applied Science and Manufacturing, 2001, 32(3-4): 361-371.
[38] Yang X G, Bannister D J, Young R J. Analysis of the single-fiber pullout test using Raman spectroscopy. Part Ⅲ: Pull-out of Nicalon fibers from a Pyrex matrix. Journal of the American Ceramic Society, 1996, 79(7): 1868-1874.
[39] 杨序纲, 袁象恺, 潘鼎. 复合材料界面的微观力学行为研究——单纤维拉出试验. 宇航材料工艺, 1999, 19(1): 56-60.
[40] 杨序纲, 谢涵坤. 碳化硅纤维/玻璃复合材料的界面微观力学行为. 第九届全国复合材料学术会议, 1996: 601-612.
[41] 杨序纲, 潘鼎, 袁象恺. 模型氧化铝单纤维复合材料的界面应力传递//张志谦. 复合材料界面科学. 哈尔滨: 哈尔滨工业大学出版社, 1997: 194.
[42] Yang X, Young R J. Model ceramic fibre-reinforced glass composites: Residual thermal stresses. Composites, 1994, 25(7): 488-493.
[43] Yang X, Young R J. Measurement of strain/stress in reinforced composites. 1st International Conference on Composites Engineering. New Orleans, 1994: 1013.
[44] Piggott M R. Load-bearing fiber composites. Oxford: Pergamon Press, 1980.
[45] Bannister D J, Andrews M C, Cervenka A J, et al. Analysis of the single-fibre pull-out test by means of Raman spectroscopy. Part Ⅱ: Micromechanics of deformation for an aramid/epoxy system. Composites Science and Technology, 1995, 53(4): 411-421.
[46] Yang X, Young R J. The microstructure of a Nicalon/SiC composite and fibre deformation in the

composite. Journal of Materials Science, 1993, 28(9): 2536-2544.
[47] Banerjee D, Rho H, Jackson H E, et al. Mechanics of load transfer from matrix to fiber under flexural loading in a glass matrix composite using microfluorescence spectroscopy. Composites Science and Technology, 2002, 62(9): 1181-1186.
[48] Yang X, Wang Y M, Yuan X K. An investigation of microstructure of SiC/ceramic composites using Raman spectroscopy. Journal of Materials Science Letters, 2000, 19(18): 1599-1601.
[49] Karlin S, Colomban P. Micro-Raman study of SiC fibre-oxide matrix reaction. Composites Part B: Engineering, 1998, 29(1): 41-50.
[50] Wang Y M, Yang X G, Wang Y. Interfacial microstructure of silicon carbide fiber reinforced composites. Journal of Tonghua University, 1997, 14(4): 13-17.
[51] 杨序纲, 袁象恺, 王依民, 等. SiC 纤维增强复合材料界面微观结构的 Raman 光谱研究. 宇航材料工艺, 1999, 29(5): 60-62.
[52] Gouadec G, Karlin S, Wu J, et al. Physical chemistry and mechanical imaging of ceramic-fiber-reinforced ceramic- or metal- matrix composites. Composites Science and Technology, 2001, 61(3): 383-388.
[53] Eichhorn S J, Bennett J A, Shyng Y T, et al. Analysis of interfacial micromechanics in microdroplet model composites using synchrotron microfocus X-ray diffraction. Composites Science and Technology, 2006, 66(13): 2197-2205.
[54] Day R J, Hewson K D, Lovell P A. Surface modification and its effect on the interfacial properties of model aramid-fibre/epoxy composites. Composites Science and Technology, 2002, 62(2): 153-166.
[55] De Lange P J, Mäder E, Mai K, et al. Characterization and micromechanical testing of the interphase of aramid-reinforced epoxy composites. Composites Part A: Applied Science and Manufacturing, 2001, 32(3-4): 331-342.
[56] Galiotis C. A study of mechanisms of stress transfer in continuous- and discontinuous- fibre model composites by laser Raman spectroscopy. Composites Science and Technology, 1993, 48(1-4): 15-28.
[57] Andrews M C, Bannister D J, Young R J. The interfacial properties of aramid/epoxy model composites. Journal of Materials Science, 1996, 31(15): 3893-3913.
[58] Cervenka A J, Young R J, Kueseng K. Micromechanical phenomena during hygrothermal ageing of model composites investigated by Raman spectroscopy. Part Ⅱ: Comparison of the behaviour of PBO and M5 fibres compared with Twaron. Composites Part A: Applied Science and Manufacturing, 2005, 36(7): 1020-1026.
[59] So C L, Young R J. Interfacial failure in poly(*p*-phenylene benzobisoxazole)(PBO)/epoxy single fibre pull-out specimens. Composites Part A: Applied Science and Manufacturing, 2001, 32(3-4): 445-455.
[60] Gonzalez-Chi P I, Young R J. Deformation micromechanics of a thermoplastic-thermoset interphase of epoxy composites reinforced with poliethylene fiber. Journal of Materials Science, 2004, 39(23): 7049-7059.
[61] Andrews M C, Day R J, Hu X, et al. Deformation micromechanics in high-modulus fibres and composites. Composites Science and Technology, 1993, 48(1-4): 255-261.
[62] Young R J, Andrews M C. Deformation micromechanics in high-performance polymer fibres and composites. Materials Science and Engineering: A, 1994, 184(2): 197-205.
[63] Patrikis A K, Andrews M C, Young R J. Analysis of the single-fibre pull-out test by the use of Raman spectroscopy. Part Ⅰ: Pull-out of aramid fibres from an epoxy resin. Composites Science and Technology, 1994, 52(3): 387-396.
[64] Piggott M R. Load-Bearing Fibre Composites. Oxford: Pergamon, 1980: 83.
[65] Day R J, Cauich Rodrigez J V. Investigation of the micromechanics of the microbond test. Composites

Science and Technology, 1998, 58(6): 907-914.
[66] Huang Y L, Young R J. Analysis of the fragmentation test for carbon-fibre/epoxy model composites by means of Raman spectroscopy. Composites Science and Technology, 1994, 52(4): 505-517.
[67] Mehan M L, Schadler L S. Micromechanical behavior of short-fiber polymer composites. Composites Science and Technology, 2000, 60(7): 1013-1026.
[68] Narayanan S, Schadler L S. Mechanisms of kink-band formation in graphite/epoxy composites: A micromechanical experimental study. Composites Science and Technology, 1999, 59(15): 2201-2213.
[69] 杨序纲, 袁象恺. 高摩擦性能 C/C 复合材料的微观结构. 宇航材料工艺, 1997, 27(5): 38-42.
[70] Bucci D V, Koczak M J, Schadler L S. Micromechanical investigations of unidirectional carbon/carbon composites via micro-Raman spectroscopy. Carbon, 1997, 35(2): 235-245.
[71] Chollon G, Takahashi J. Raman microspectroscopy study of a C/C composite. Composites Part A: Applied Science and Manufacturing, 1999, 30(4): 507-513.
[72] Fujita K, Sakai H, Iwashita N, et al. Influence of heat treatment temperature on interfacial shear strength of C/C. Composites Part A: Applied Science and Manufacturing, 1999, 30(4): 497-501.
[73] Wiley J H, Atalla R H. Band assignments in the Raman spectra of celluloses. Carbohydrate Research, 1987, 160: 113-129.
[74] Eichhorn S J, Sirichaisit J, Young R J. Deformation mechanisms in cellulose fibres, paper and wood. Journal of Materials Science, 2001, 36(13): 3129-3135.
[75] Eichhorn S J, Young R J, Yeh W Y. Deformation processes in regenerated cellulose fibers. Textile Research Journal, 2001, 71(2): 121-129.
[76] Eichhorn S J, Young R J. Deformation micromechanics of natural cellulose fibre networks and composites. Composites Science and Technology, 2003, 63(9): 1225-1230.
[77] Tze W T Y, Gardner D J, Tripp C P, et al. Raman micro-spectroscopic study of cellulose fibers at fiber/polymer interface. Abstracts of Papers of the American Chemical Society, 2002, 223: U124.
[78] Eichhorn S J, Young R J. Composite micromechanics of hemp fibres and epoxy resin microdroplets. Composites Science and Technology, 2004, 64(5): 767-772.
[79] Kong K, Eichhorn S J. Crystalline and amorphous deformation of process-controlled cellulose-Ⅱ fibres. Polymer, 2005, 46(17): 6380-6390.
[80] Kong K, Eichhorn S J. The influence of hydrogen bonding on the deformation micromechanics of cellulose fibers. Journal of Macromolecular Science, Part B: Physics, 2005, 44(6): 1123-1136.
[81] Eichhorn S J, Young R J, Davies R J, et al. Characterization of the microstructure and deformation of high modulus cellulose fibres. Polymer, 2003, 44(19): 5901-5908.
[82] Edwards H G M, Farwell D W, Webster D. FT Raman microscopy of untreated natural plant fibres. Spectrochimica Acta Part A: Molecular and Biomolecular Spectroscopy, 1997, 53(13): 2383-2392.
[83] Xue G. Laser Raman spectroscopy of polymeric materials. Progress in Polymer Science, 1994, 19(2): 317-388.
[84] Yamaura K, Okumura Y, Matsuzawa S. Mechanical denaturation of high polymers in solution. XXXVI. Flow-induced crystallization of *Bombyx-Mori* L. silk fibroin from the aqueous solution under a steady-state flow. Journal of Macromolecular Science Part B: Physics, 1982, 21(1): 49-69.
[85] Edwards H G M, Farwell D W. Raman spectroscopic studies of silk. Journal of Raman spectroscopy, 1995, 26(8-9): 901-909.
[86] Sirichaisit J, Young R J, Vollrath F. Molecular deformation in spider dragline silk subjected to stress. Polymer, 2000, 41(3): 1223-1227.
[87] Sirichaisit J, Brookes V L, Young R J, et al. Analysis of structure/property relationships in silkworm

(*Bombyx mori*) and spider dragline (*Nephila edulis*) silks using Raman spectroscopy. Biomacromolecules, 2003, 4(2): 387-394.

[88] Young R J, Yang X. Nicalon/SiC composites: The microstructure and fibre deformation//Naslain R, Lamon J, Doumeingts D. High Temperature Ceramic Matrix Composites. Bordeaux: Woodhead Publishing Limited, 1993: 20.

[89] Nairn J A. Thermoelastic analysis of residual stress in unidirectional, high-performance composites. Polymer Composites, 1985, 6(2): 123-130.

[90] Yang X, Pan D, Yuan X K. Determination of residual strain in composites using Raman and fluorescence spectroscopy. 5th International Conference on Composites Engineering. Las Vegas, 1998.

[91] Ward Y, Young R J, Shatwell R A. A microstructural study of silicon carbide fibres through the use of Raman spectroscopy. Journal of Materials Science, 2001, 36(1): 55-66.

[92] Withers P J, Clarke A P. A neutron diffraction study of load partitioning in continuous Ti/SiC composites. Acta Materialia, 1998, 46(18): 6585-6598.

[93] DiGregorio J F, Furtak T E. Analysis of residual stress in 6H-SiC particles within Al_2O_3/SiC composites through Raman spectroscopy. Journal of the American Ceramic Society, 1992, 75(7): 1854-1857.

[94] DiGregorio J F, Furtak T E, Petrovic J J. A technique for measuring residual stress in SiC whiskers within an alumina matrix through Raman spectroscopy. Journal of Applied Physics, 1992, 71(7): 3524-3531.

[95] Sergo V, Pezzotti G, Katagiri G, et al. Stress dependence of the Raman spectrum of β-silicon nitride. Journal of the American Ceramic Society, 1996, 79(3): 781-784.

[96] Muraki N, Katagiri G, Sergo V, et al. Mapping of residual stresses around an indentation in β-Si_3N_4 using Raman spectroscopy. Journal of Materials Science, 1997, 32(20): 5419-5423.

[97] Takase A, Tani E. Low-frequency Raman spectra of sintered Si_3N_4 under gas pressure. Journal of Materials Science Letters, 1987, 6(5): 607-608.

[98] Jayaraman A, Kourouklis G A, Cooper A S, et al. High-pressure Raman and optical absorption studies on lead pyroniobate($Pb_2Nb_2O_7$) and pressure-induced phase transitions. Journal of Physical Chemistry, 1990, 94(3): 1091-1094.

第 7 章　复合材料微观力学的荧光光谱分析

如第 6 章所述，拉曼光谱术在复合材料微观力学领域已经作出了杰出的贡献。然而，该技术在某些方面的无能为力也是显而易见的。对于有些材料，拉曼光谱信噪比低，峰位置随应变的偏移不够敏感，因而测得的数据较分散，在某些场合难以得出确切的结论[1, 2]。其次，拉曼信号的获得常要求激光光源有较高的强度，这就带来了激光引起的试样热损伤问题。荧光光谱术恰好能弥补这些不足，很弱的激发光强度，对某些材料甚至使用电池手电筒光源也能获得满意的荧光光谱。

在常用的拉曼光谱系统中，不需任何改装或附件，能很方便地获得某些材料，如掺铬氧化铝和掺铒或铯的玻璃纤维，含有强而尖锐荧光峰的荧光光谱，而且荧光峰的位置(波数或波长)与材料应变间有良好的线性关系。过去二十余年来，这一物理现象已经成功地应用于复合材料界面微观力学的研究，并且获得了令人关注的成果。

7.1　荧光的发射和荧光光谱

与拉曼光谱不同，荧光光谱是一种发射光谱，其发射机制可用图 7.1 所示的能级图说明。

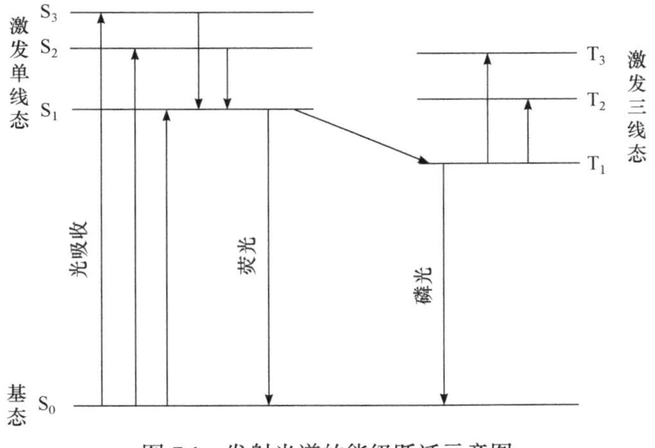

图 7.1　发射光谱的能级跃迁示意图

当试样受到光源发出的光照射时，其分子和原子的电子由基态 S_0 跃迁到激发态。激发态有两种电子能量状态：激发单线态和激发三线态。当电子从最低激发单线态 S_1 跃回到单线基态 S_0 时，发射出光子，称为荧光(参阅第 1 章 1.8.2 节)。当电子从最低激发单线态进行系间窜越到最低激发三线态 T_1，再从 T_1 跃迁回到单线基态 S_0 时，发射出光子，称为磷光。

用高速电子流代替入射光照射也能获得类似的光发射。

有两种形式的荧光谱图：荧光激发(excitation)光谱和荧光发射(emission)光谱。荧光激发光谱是指固定发射光的波长和狭缝宽度，使激发光的波长连续变化获得的荧光激发扫描图谱。这种图谱的纵坐标为相对荧光强度，横坐标为激发光的波长。荧光发射光谱即为通常所称的荧光光谱，它是指固定激发光的波长和狭缝宽度，检测整个波段范围的发射光而获得的荧光发射扫描图谱。其纵坐标为相对荧光强度，横坐标为发射光波长，有时也用波数表示。

某些含有稀土掺杂物的材料在光照射下会发射尖锐的荧光峰，而且其波长对材料的应力敏感。作为例子，图 7.2 显示了一种含有铒掺杂物(Er^{3+})的光导玻璃纤维内芯由于光照射而发射的荧光光谱[3]。图中所示波段范围内有两个分别位于 548 nm 和 550 nm 的荧光峰，它们是由于 Er^{3+}的存在而产生的。这两个峰可能来源于 Er^{3+}掺杂物的 $^4S_{3/2}$ 电子跃迁。它们不是 Er^{3+}掺杂二氧化碳最强的荧光峰。但是，在可见光波段范围内，这两个峰高度尖锐，最适于作压谱分析，研究纤维的应力状态。用高速电子流轰击光学玻璃纤维外壳产生的荧光光谱如图 7.3 所示。图中显示了位于 460 nm 和 630 nm 的两个分离的峰。这两个峰分别来源于二氧化硅结构中氧的缺失和超量。

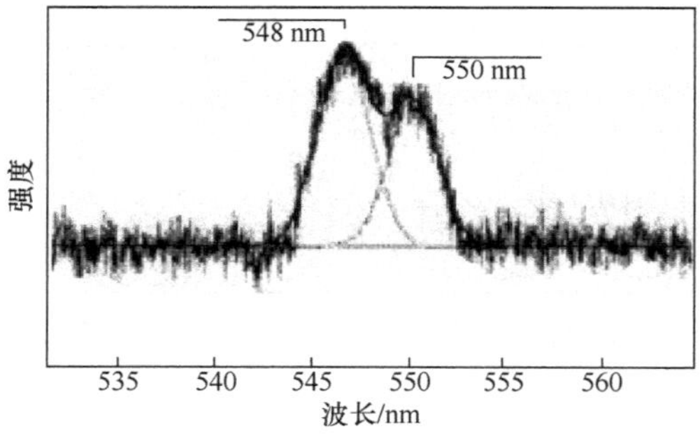

图 7.2　含有铒掺杂物(Er^{3+})的光导玻璃纤维内芯在激光照射下的荧光光谱

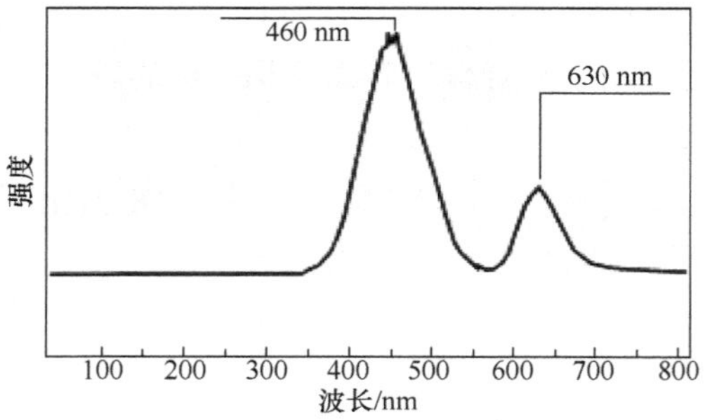

图 7.3　光导玻璃纤维外壳在电子束照射下的荧光光谱

荧光发射的条件比较严格，只有占很小百分比的分子才满足这种条件。已经发现，某些掺杂有金属离子的化合物能发射尖锐而强的荧光峰，而且其峰波长与应力有确定的函数关系。这种关系已经成功地应用于材料残余应力和复合材料界面应力传递的研究。具有这种性质的化合物，除上述含铒离子(Er^{3+})(如 Er_2O_3)或掺锗(Ge)(如 GeO_2)的光学玻璃纤维外，还有含有氟化钐(SmF_3)的玻璃纤维。含铬离子(Cr^{3+})的单晶或多晶氧化铝纤维能发射尖锐的荧光 R_1 和 R_2 谱线，R 谱线波数与纤维应变有拟合系数很高的线性函数关系，已经更早地广泛应用于这类纤维增强复合材料界面微观力学的研究。

这些化合物荧光发射的微观机制可参阅相关文献[4, 5]。

7.2　荧光峰波数与应力的关系

7.2.1　荧光光谱的压谱效应

某些发射荧光谱的晶体在压力作用下，其荧光峰波数会发生偏移，称为压谱效应。

应力与峰偏移有下列张量关系：

$$\Delta\nu=\Pi_{ij}\sigma_{ij} \tag{7.1}$$

式中，$\Delta\nu(\mathrm{cm}^{-1})$为由施加应力引起的谱线位置偏移；$\sigma_{ij}$为晶体所受压力；$\Pi_{ij}$为晶体的压谱系数张量。

对纤维形状的单晶体，如氧化铝单晶纤维，式(7.1)可以有简单得多的形式[5]。设坐标轴 z 为纤维轴向，则有下式成立：

$$\Delta\nu=\Pi_{11}(\sigma_{\mathrm{rr}}+\sigma_{\theta\theta})+\Pi_{33}\sigma_{\mathrm{zz}} \tag{7.2}$$

式中，$\sigma_{\mathrm{rr}}=\sigma_{\theta\theta}$；$\Pi_{11}$和$\Pi_{33}$为压谱系数张量的两个组元。

7.2.2 单晶氧化铝的压谱系数及其测定

早在 20 世纪 60 年代就有研究人员发现，在光束照射下含三价铬离子的氧化铝单晶体(红宝石)能发射荧光，其光谱中的 R_1 峰和 R_2 峰(统称 R 峰)强而尖锐[6]。而且，这两个峰在光谱中的位置(波数)随外界施加的压应力而发生偏移。早期，这种压谱效应被用于超高压压强测定的传感器设计。式(7.1)是计算压强大小的一般表达式。

为了精确测定应力，首先必须获得压谱系数的值。该值的精度直接影响所测应力的精度。许多人发表了自己的研究结果，但所公布的压谱系数值相互间有较大差异。其中，He 和 Grabner[7, 8]所做的测定考虑到了各项校正因素，获得的结果有较高的精度。

实验表明，荧光 R 谱线的位置对温度十分敏感，因而首先必须测定谱线位置与温度间的定量关系，以便需要时作必要的校正。图 7.4 显示了在室温±20℃范围内测得的单晶氧化铝荧光 R 谱线波数与温度的关系。可以看到，这是一种线性函数关系。R_1 和 R_2 峰的直线拟合斜率α分别为$-0.144\ \mathrm{cm}^{-1}/℃$和$-0.134\ \mathrm{cm}^{-1}/℃$。温度为 T 时的谱线波数$\nu(T)$可用下式计算：

$$\nu(T)=\nu(T_0)+\alpha(T-T_0) \tag{7.3}$$

式中，T 为试样温度；T_0 为室温。

温度升高还引起荧光峰峰宽的增大，R_1 和 R_2 峰宽与温度的关系也呈近似线性关系。

在压谱系数测定实验中，应使用足够小的激光功率，以保证激光的加热效应不会引起可测得的峰位置波数的偏移。同时密切监测温度的变化，并以图 7.4 和式(7.3)的函数关系予以校正。也要注意到温度变化由于热膨胀可能引起的光谱仪元件尺寸的变化而导致的荧光峰偏移。此外，光谱仪光栅马达齿轮的齿隙也可能引起误差。为此，可使用位于 $14431\ \mathrm{cm}^{-1}$ 的氖特征谱线作为波数标准，在必要时予以校正。

压缩试验的光路与压负载方向的安排如图 7.5 所示。被测试晶体呈长方形，其三个正交晶轴(a、m 和 c)中的一个轴与负载 P 的方向平行。激发光聚焦于晶体内部中央位置。

单晶α-Al_2O_3 的荧光谱线如图 7.6 所示。图中同时显示了自由状态(应力为零)和压应力为 0.84 GPa 时的荧光峰以及作为波数校正标准的氖的特征峰。图中可见，压应力使 R 峰向低波数方向偏移。

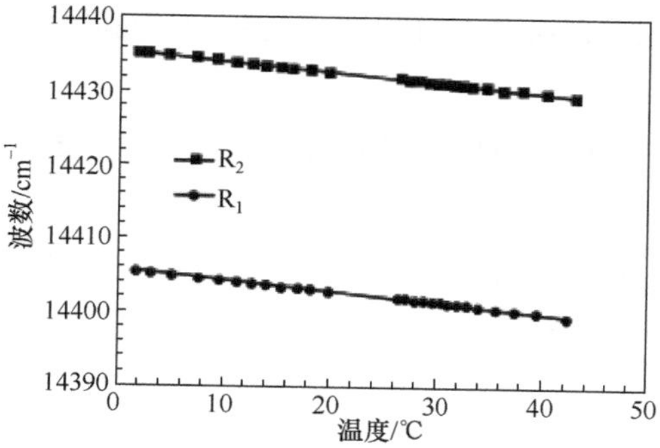

图 7.4　单晶氧化铝荧光峰波数与温度间的关系

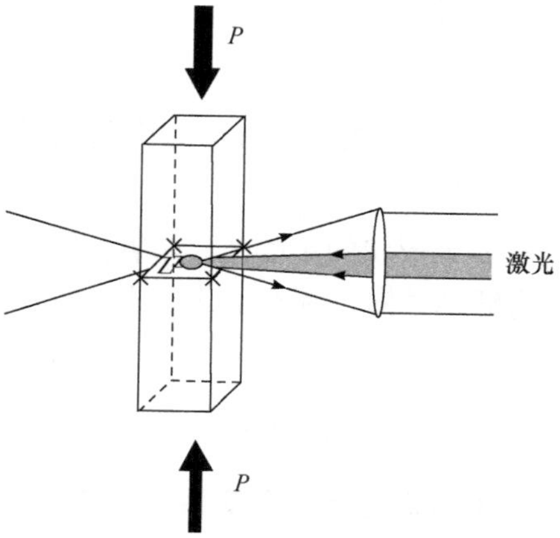

图 7.5　单晶氧化铝压缩试验示意图

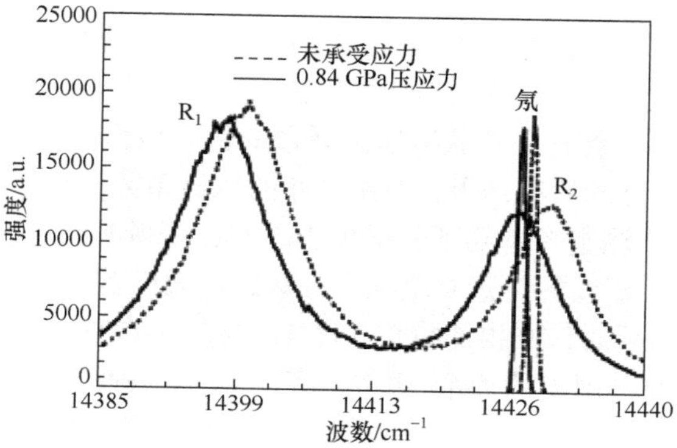

图 7.6　单晶α-Al_2O_3在自由状态和压负载下的荧光光谱

氖谱线的偏移是由于室温从 25℃变化到 25.9℃所导致

R_1 和 R_2 峰波数偏移与沿三个基本晶轴压应力的函数关系如图 7.7 所示。对数据点的最小二乘法拟合系数都大于 0.999。除压负载沿晶轴 a 时测定的 R_1 峰外，其他情况下荧光峰的偏移与单轴应力间都有很好的线性关系。图中直线斜率 $d\nu/d\sigma$即为压谱系数张量对角线各组元值，列于表 7.1。

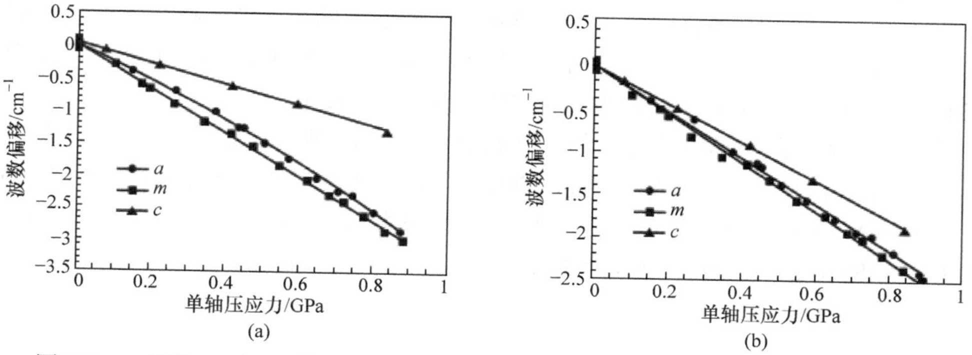

图 7.7　R_1 谱线(a) 和 R_2 谱线(b) 波数偏移与沿三个晶轴(a、m 和 c)压应力的关系谱线

表 7.1　单晶氧化铝的压谱系数　(单位：cm^{-1}/GPa)

荧光峰	Π_{11}	Π_{22}	Π_{33}	$\Pi_{11}+\Pi_{12}+\Pi_{33}$
R_1	2.56	3.50	1.53	7.59
R_2	2.65	2.80	2.16	7.61

为了测得压谱系数张量非对角线的那些组元值，需对试样作剪切试验。反对称四点弯曲试验能确保产生最纯的剪切应力场[7]，而且在两开口之间是一个不变的剪切应力区域。测试结果得出压谱系数张量非对角线组元值比对角线组元值的 10%还要小。所以，对于陶瓷和复合材料，剪切应力的影响通常可忽略不计。

上述测定结果并没有从应力下结晶学微观结构的变化来解释。然而，据此测试结果获得的下列关于 R_1 和 R_2 峰位置偏移的方程在复合材料微观力学研究中是十分有用的。

$$\begin{aligned}\Delta\nu_{R_1}&=2.56\sigma_{11}+3.50\sigma_{22}+1.53\sigma_{33}\\ \Delta\nu_{R_2}&=2.65\sigma_{11}+2.80\sigma_{22}+2.16\sigma_{33}\end{aligned}\tag{7.4}$$

式中，$\Delta\nu(cm^{-1})$为波数偏移；σ_{ij}(GPa)为应力。式中的压谱系数值取自表 7.1。由于 R_1 和 R_2 的压谱系数值不同，这是两个相互独立的方程，有助于从波数偏移求解应力。

单晶 Al_2O_3 的荧光 R 谱线是强烈偏振的，但在基面内没有择优偏振方向。R_1 和 R_2 的偏振度(P)并不相同，$P_{R_1}=87\%$，而 $P_{R_2}=62\%$。应用 R_2 谱线对 R_1 谱线强度比的角函数关系，可以测定铬掺杂 Al_2O_3 晶体的 c 轴，而且可以有很高的空间分辨率，对单晶体和多晶体都适用。这在复合材料微观力学分析中很有价值。不过，在多晶 Al_2O_3 的应力测量中，这个荧光强度的角依赖关系一般可以忽略不计。

7.2.3　多晶氧化铝纤维荧光峰波数与应变的关系[9, 10]

多晶氧化铝纤维都含有 Cr^{3+}，与单晶氧化铝红宝石一样，能发射荧光，而且光谱有确定的荧光 R 峰，强而尖锐。用于复合材料增强的典型氧化铝纤维有 PRD-166 纤维和 Nextel 610 纤维。前者的主要成分为α-Al_2O_3 和 ZrO_2 晶粒，后者则为纯氧化铝纤维，含有 99%以上的α-Al_2O_3 晶粒。与前者相比，后者的晶粒要小得多，为 0.05～0.2 μm，纤维的力学性质，包括弹性模量、强度和断裂应变都要高得多。

两种纤维都有确定的相似的荧光峰。图 7.8 是纯多晶氧化铝纤维的荧光光谱，显示了两个峰 R_1 和 R_2，它们有很高的信噪比。测量时使用低功率的 He-Ne 激光作激发光源，曝光时间短于 2 s。作为对比，在同一台仪器上使用较高功率的氩离子激光光源和 100 s 以上的曝光时间，测得的同一纤维的拉曼光谱显示于图 7.9。可以看到，它有强得多的背景噪声，而且其峰强度比荧光 R 峰要低几个数量级。通常，强度很弱的激发光就能引起荧光发射，对多晶氧化铝纤维甚至使用照明用电池手电筒光源也能获得可用于分析的荧光光谱。

多晶氧化铝纤维的 R_1 和 R_2 峰位置都对纤维应变/应力敏感，图 7.10 显示了 PRD-166 纤维未形变(应变为 0.00%)，随后拉伸应变为 0.21%、0.42%和 0.64%的荧光光谱。可以看

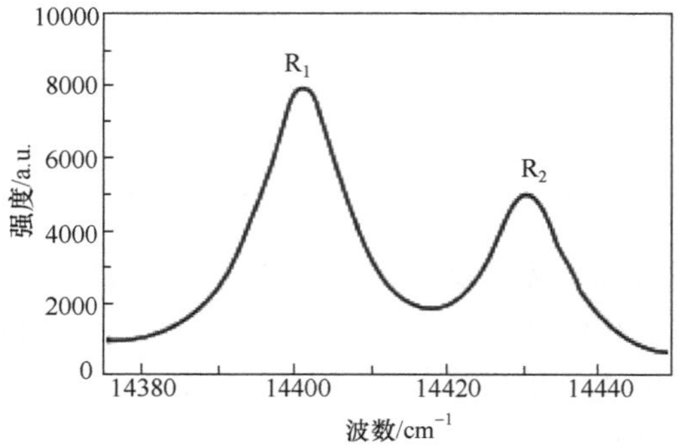

图 7.8　使用 He-Ne 激光作激发光源测得的纯多晶氧化铝纤维的荧光光谱

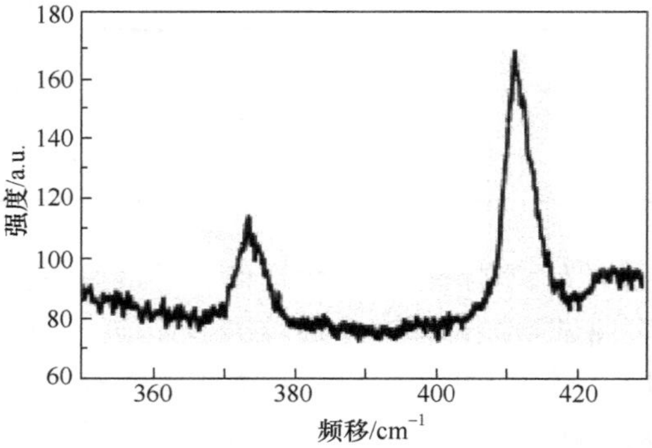

图 7.9　使用 Ar 离子激光作激发光源测得的纯多晶氧化铝纤维的拉曼光谱

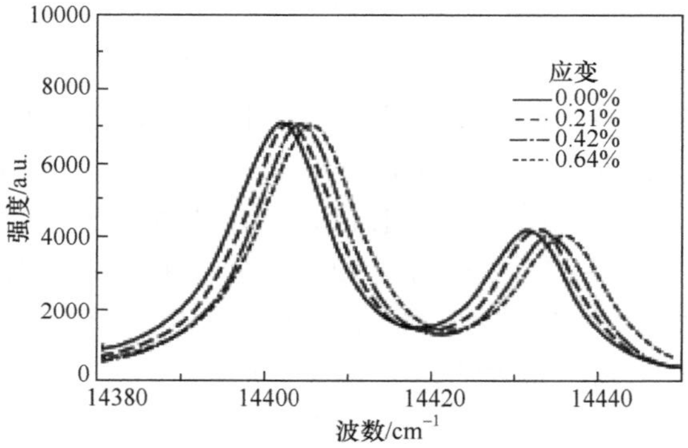

图 7.10　PRD-166 纤维在不同应变下的荧光光谱

到，R_1 和 R_2 峰的位置都随应变的增大向较高波数偏移。Nextel 610 也有类似的现象。显然，这是由于纤维的宏观形变过程引起 α-Al_2O_3 晶格的微观形变而导致的。这里不涉及该物理现象微观机制的详细解释，我们更感兴趣的是纤维应变与 R 谱线偏移的函数关系。

图 7.11 显示了 Nextel 610 纤维 R_1 和 R_2 谱线波数与纤维应变间的函数关系。图中实线是对试验测得数据的直线最小二乘法拟合。拟合系数都在 0.995 以上，表明试验数据与直线有很好的拟合，即应变与谱线偏移有很好的线性函数关系。对两种纤维测得的拟合直线斜

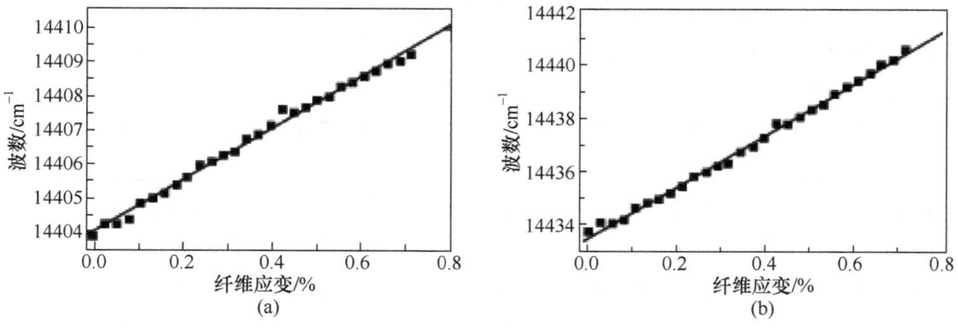

图 7.11　Nextel 610 纤维 R_1 谱线(a)和 R_2 谱线(b)波数与纤维应变间的函数关系

率 $d\Delta\nu/de$ 列于表 7.2。由于多晶氧化铝纤维微观结构的复杂性，要运用谱线偏移与应变状态的基本关系方程(7.1)作理论分析，预测这种函数关系是十分困难的。然而，无论如何，上述测得的线性函数关系可用于对材料作精确的微观应变测量和复合材料界面微观力学研究。

表 7.2　波数的偏移率和峰宽的宽化率

项目	Nextel 610		PRD-166	
	谱线偏移/(cm^{-1}/%)	谱线宽化/(cm^{-1}/%)	谱线偏移/(cm^{-1}/%)	谱线宽化/(cm^{-1}/%)
R_1 谱线	+7.69	+1.35	+6.11	+1.03
R_2 谱线	+9.86	+4.11	+7.80	+1.40

拉伸应变下纤维 R 谱线行为的另一个值得注意的现象是显著的谱线宽化。图 7.12 显示了 PRD-166 纤维 R 谱线的半高宽与纤维应变的函数关系，Nextel 610 纤维也有相似的情景。可以看到，半高宽随应变的增大而增大，而且呈近似的线性关系。这种宽化现象必定与材料的微观结构相关。可能有两个来源，一是铬掺杂氧化铝的固有结晶学结构；二是探测区域(激光照明区域)内的不均匀应力分布。已知在氧化铝八面晶体的晶格中，一些铝离子已被铬离子所取代，八面晶格受到扭曲，引起静电晶体场的不对称，这使得应变引起的谱线偏移与晶体相对于所施加应力方向的取向有关。由于谱线收集区域(通常为激光照明区域，大于 1 μm)比晶粒的大小大得多，因此总是含有许多个晶粒，所测得的谱线是许多个晶粒的平均值。考虑到各个晶粒并无相同的取向，因此结晶结构的固有扭曲将导致应力下谱线的宽化。另外，TEM 表征显示[1, 11]，两种纤维都有复杂的微观形态学结构，各个晶粒都处在不同的周围环境下，因而即便在同一外加宏观应变下，各个晶粒也处于不均匀的应变场中。这意味着在纤维受拉伸时各个晶粒有着不同的应变，这也引起谱线的宽化。无疑，对 R 谱线半高宽的分析能提供关于纤维内应变(应力)不均匀分布和晶粒取向的信息。有研究人员[12]已经对整块氧化铝应力下的谱线宽化现象进行了理论分析，他们也测定了抛光过的多晶氧化铝棒应力与谱线宽化的函数关系。结果得出由外加应力引起的两条 R 谱线的宽化值小于从试样不同点测得的谱线位置偏差值。不过，他们没有用理论分析结果来解释这个测量值。表 7.2 也列出了两种纤维的 R 谱线宽化率与纤维应变的关系。

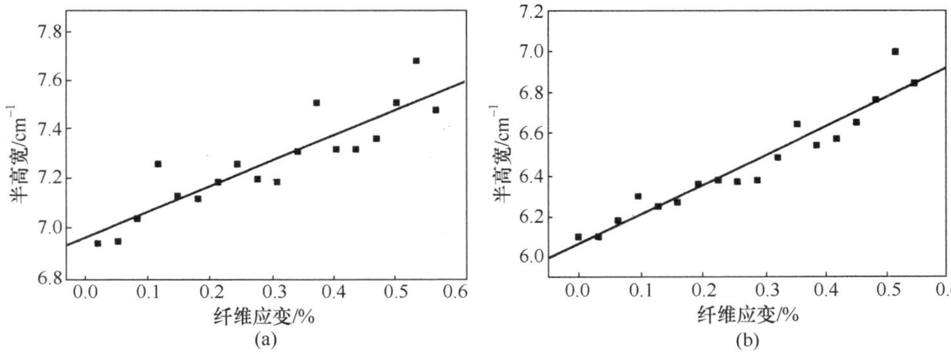

图 7.12　PRD-166 纤维 R 谱线半高宽与纤维应变的关系

(a) R_1 峰；(b) R_2 峰

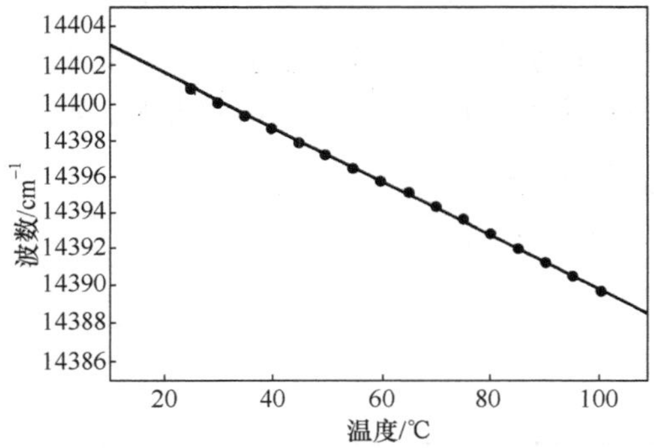

图 7.13 PRD-166 纤维 R_1 谱线波数与温度的函数关系

荧光 R 谱线测量和对测量结果的解释及处理必须十分留意测量环境温度的影响。有研究者[13]指出红宝石荧光谱线的位置对材料的温度敏感。多晶氧化铝纤维也有同样的现象，随着温度的升高，谱线向低波数急剧偏移。图 7.13 显示了将 PRD-166 纤维置于加热台的矿物油中测得的 R_1 谱线波数与温度的关系[14]。图中可见，在所测试的从室温到 100℃范围内谱线偏移与温度有近似线性关系。两条谱线都有相同的波数-温度系数 $-0.14\ cm^{-1}/℃$，该值与红宝石的值[12]一致。为了了解纤维表面状态对这种偏移的影响，将 PRD-166 纤维在真空室中喷镀上一层厚度小于 200 nm 的碳膜，然后在相同的条件下测定覆盖和未覆盖碳膜纤维的荧光谱线。结果列于表 7.3。可以看到，前者比后者向较低的波数偏移约 4.5 cm^{-1}。这可能是因为碳覆盖使原来白色的纤维表面呈微灰色，因而吸收更多的激光光能，引起被照射区域的局部温度升高。根据前面测得的波数-温度系数，计算得出纤维表面局部升温约为 32℃。这一现象在材料微观力学测量中值得注意，纤维杂质和表面污染都可能引起激光照射区域的局部显著升温，从而导致实测荧光谱线频移的较大偏差。

表 7.3 表面覆盖和未覆盖碳膜的 PRD-166 纤维 R 谱线的波数

纤维	波数/cm^{-1}	
	R_1	R_2
原试样	14401.25±0.04	14431.11±0.03
覆盖碳膜试样	14396.75±0.06	14426.67±0.08
偏移	4.50	4.44

最近 He 和 Clarke[15]报道，红宝石 R_1 和 R_2 谱线的偏振度并不相同，并据此发现，应用 R_1 和 R_2 谱线强度比的角函数关系发展了一种技术，用以测定包埋于复合材料基体中蓝宝石纤维的取向。

对于两种多晶氧化铝纤维，本书著者对激光束偏振方向平行于或垂直于纤维轴向时的谱线位置的测定结果列于表 7.4。表中可见，相对于纤维轴不同的偏振方向，谱线频移显著不同。对于 Nextel 610 和 PRD-166 纤维，这种偏移值分别约为 0.2 cm^{-1} 和 0.5 cm^{-1}，比从纤维表面不同点测得的值的均方偏差(约±0.04 cm^{-1})要大得多。前面指出由于掺杂铬离子，纤维 Al_2O_3 晶体有着不对称静电结晶场，因而荧光谱线的频移与晶体的取向有关。上述测量结果可能是晶粒沿纤维轴向取向的一个标志。Lavaste 等[16]发现纤维中较大晶粒 α-Al_2O_3 单元晶胞的(001)轴有垂直于纤维轴向取向的倾向。两种纤维的 TEM 观察也发现晶粒在纤维中择优取向[1]，与上述测量的结果一致。

表 7.4　激发光不同偏振方向下 PRD-166 纤维和 Nextel 610 纤维 R 谱线的位置　(单位：cm^{-1})

激光偏振方向	Nextel 610		PRD-166	
	R_1	R_2	R_1	R_2
平行于纤维轴向	14403.50±0.05	14433.30±0.04	14401.54±0.04	14431.38±0.05
垂直于纤维轴向	14403.69±0.04	14433.48±0.05	14402.00±0.06	14431.89±0.08
偏移	0.19	0.18	0.46	0.51

多晶氧化铝纤维荧光峰特性的详情可参阅相关文献[10, 17]。

7.2.4　玻璃纤维荧光峰波长与应变/应力的关系

使用常规的显微拉曼光谱系统可以获得单根玻璃纤维的荧光光谱，显示强而尖锐的荧光峰。荧光峰的位置常常与纤维的应力/应变有关，这种函数关系可用于测定玻璃纤维的应力状态和探索玻璃纤维增强复合材料的界面应力传递行为。

一种实验室制得的玻璃纤维含有约 0.5%的 SmF_3，所含 Sm^{3+}的浓度足以使纤维发射的相关荧光光谱在拉曼光谱仪中得到检测。图 7.14 显示了其典型的荧光光谱，在波长 550～700 nm 范围内有几个确定的荧光峰[18]。这些峰的波长对施加于纤维的应变敏感，其中，位于 648 nm 的峰强而尖锐，其波长随纤维应变的增大向短波长方向偏移，而且有良好的线性关系和数据复验性。所以，该峰的行为适于用来检测纤维的应变和复合材料微观力学研究。来源于 Sm^{3+}的 648 nm 峰归属于从激发态(^4G 和 ^4F)向基态(^6H)的电子跃迁。

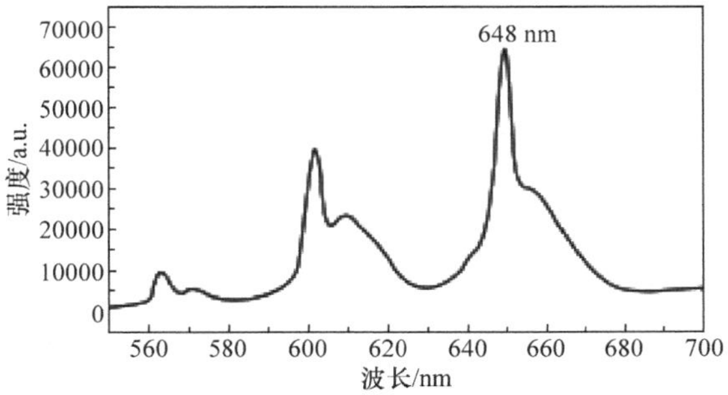

图 7.14　Sm^{3+}掺杂玻璃纤维的荧光光谱

纤维应变引起 648 nm 峰位置的偏移如图 7.15 所示，0.6%的应变使峰位置向短波长方向偏移，同时也发生峰的宽化。纤维应变与峰波长的函数关系显示在图 7.16，实线为数据点的拟合直线，这是一种近似线性的关系。

前面指出光导玻璃纤维中掺杂 Er^{3+}的芯部和二氧化硅类的玻璃外壳，在光束照射或高速电子流轰击下会发射荧光，其荧光光谱有确切的荧光峰。许多峰的波长对纤维应力(应变)敏感。在单轴应力状态下，荧光峰波长偏移$\Delta\lambda$与应力σ_u之间有如下线性关系：

$$\sigma_u=\Delta\lambda/\Pi_u \tag{7.5}$$

式中，$\Delta\lambda$为相对无应力状态下材料荧光峰波长λ_0的偏移；Π_u为单轴应力的压谱系数。已经测得了几个荧光峰的Π_u值，列于表 7.5[3, 19]。由光子激发的光纤芯部发射的两个峰中，

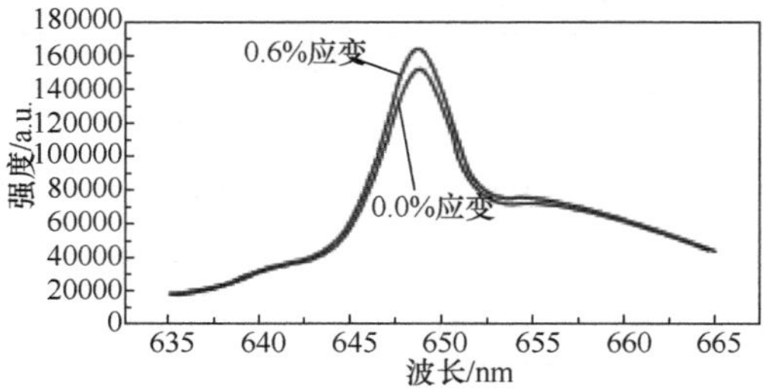

图 7.15　应变引起的玻璃纤维 648 nm 荧光峰位置的偏移

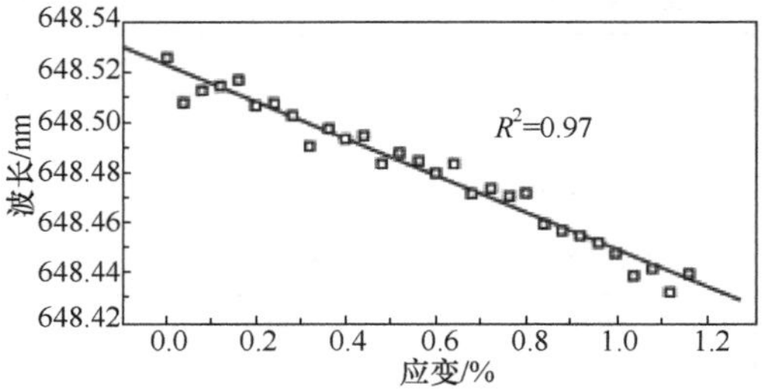

图 7.16　纤维应变与峰位置的关系

548 nm 峰对应力不敏感，而波长较长的 550 nm 峰则随应力增大向短波长方向偏移。与 Sm^{3+}引起的荧光峰行为相似，可选择用于拉曼光谱仪中测定纤维的应力状态。从光纤芯部发射，起源于 Ge 掺杂和二氧化硅缺陷，由电子束激发的四个荧光峰相互重叠，需要对光谱做分峰处理。可选用 410 nm 峰测定芯部应力。从光纤外壳发射的两个荧光峰相互不重叠，选用强度较强的 460 nm 峰是合适的。

表 7.5　光导玻璃纤维荧光峰的压谱系数

荧光峰/cm^{-1}	激发源	Π_u/(nm/GPa)	$\Delta\Pi_u$/(nm/GPa)	归属
410	电子束	6.744	5.5×10^{-3}	Ge
460	电子束	−6.529	1.37×10^{-3}	二氧化硅氧缺失
548	光束	$<10^{-7}$	—	$^4S_{x/z}Er^{3+}$跃迁
550	光束	−0.689	2.716×10^{-4}	$^4S_{x/z}Er^{3+}$跃迁
630	电子束	−8.137	3.122×10^{-3}	二氧化硅氧过量

7.3　玻璃基复合材料的热残余应变和界面剪切应力[10, 20]

由于纤维和基体材料热膨胀系统的失配，复合材料热压加工将引起纤维的热残余应变(应力)。下面简述应用荧光光谱术测定模型玻璃基复合材料热残余应变和界面剪切应力的程序和结果。这种测量程序和数据处理方法同样适用于真实玻璃基复合材料。

图 7.17 为 Al_2O_3-ZrO_2 纤维/玻璃模型复合材料试样示意图。一种是拉出试验用试样，纤维被玻璃部分包埋；另一种是全包埋纤维试样。试样表面经过抛光，以便激光和拉曼散射光能够透过。拉曼系统采用背散射几何方式。因为荧光 R 谱线位置对温度敏感，测试过程中严格保持室温的稳定。两种不同种类的玻璃(Pyrex 和 SLS)用于基体材料，它们有相差较大的热膨胀系数。两种试样分别简写为 Al_2O_3/Pyrex 和 Al_2O_3/SLS。

图 7.18 显示了玻璃内纤维和玻璃的荧光光谱。可以看到，玻璃内纤维有确定的荧光光谱 R 峰(位于光谱 a 和光谱 b)，与从空气中纤维观察到的峰相似，而基体材料 Pyrex 和 SLS 的荧光光谱 c 和 d 基本上是一直线，在所考察的波数范围内没有显示任何峰。所以光谱 a 和光谱 b 中的 R 峰基本上是纤维的贡献，而不受纤维周围包埋基体的影响。

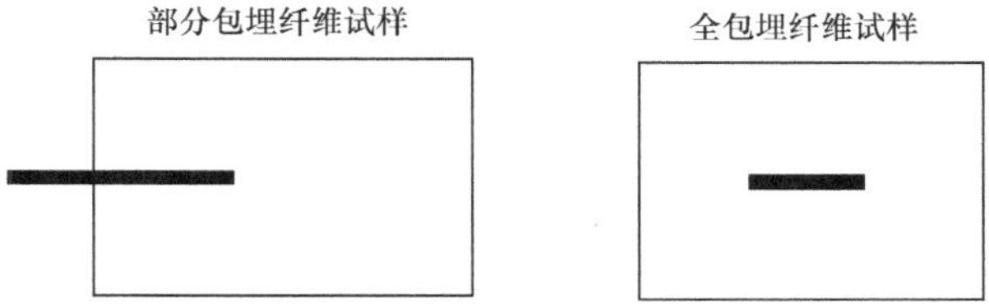

图 7.17　两种单纤维模型复合材料试样示意图

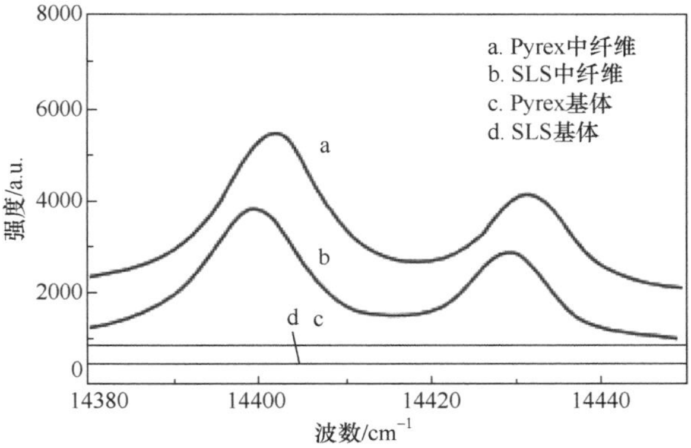

图 7.18　玻璃和玻璃内纤维的荧光光谱

图 7.19(a)显示了对 Al_2O_3/Pyrex 拉出试样纤维各点测得的 R_1 位置分布。图中横坐标的 0.0 与试样的端面相对应，负值表示基体以外，空气中的纤维段相对端面的距离。图中可见，纤维刚进入玻璃基体，R 谱线波数有一个突变，发生了一个大的负偏移，在约 0.1 mm 处偏移为零。随后成为正偏移并逐渐增大，在约 0.3 mm 处开始形成一平台。R_2 峰有相似的表现。

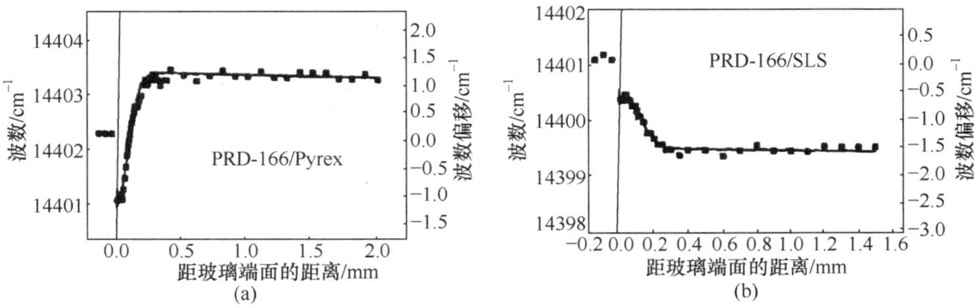

图 7.19　拉出试样中纤维谱线 R_1 位置沿纤维轴向的变化

(a) Pyrex 基体；(b) SLS 基体

对 Al_2O_3/SLS 的测量结果如图 7.19(b)所示。与前一种试样一样，纤维刚进入基体，其 R 谱线波数就有一个负偏移，随后的情况则有所不同，负偏移继续增大，直到约 0.3 mm 处开始形成一平台。

应用本章 7.2.3 节所述的 R 谱线偏移与应变间的函数关系，可将上述荧光波数分布图转换为纤维应变分布图。然而图 7.11 仅表示了正偏移与拉伸应变的关系。考虑到对 Nextel 610 纤维和红宝石所做四点弯曲试验的发现，不论拉伸或压缩负荷，氧化铝荧光峰偏移与应变都有相同的线性偏移关系[21, 22]，可以假定对 PRD-166 纤维这种线性关系在压缩应变下依然成立。如此，可获得玻璃内纤维轴向热残余应变分布，如图 7.20 所示。该图将每种试样由 R_1 和 R_2 峰获得的数据放在同一图中。转换时对数据作了一个重要的校正，将零距离处的应变设定为零。在纤维刚进入基体的起始点荧光峰波数有约 1 cm^{-1} 的急剧降低。这不可能是由于不寻常的应力变化引起的。可能的原因是玻璃比空气有更好的隔热性能，激光照射引起的纤维加热不易发散，引起基体内纤维有较高升温，从而导致 R 谱线向低波数偏移。因此，设定在零距离处纤维的轴向应变为零是合理的，这样也保持了整段纤维应变/应力的连续性。

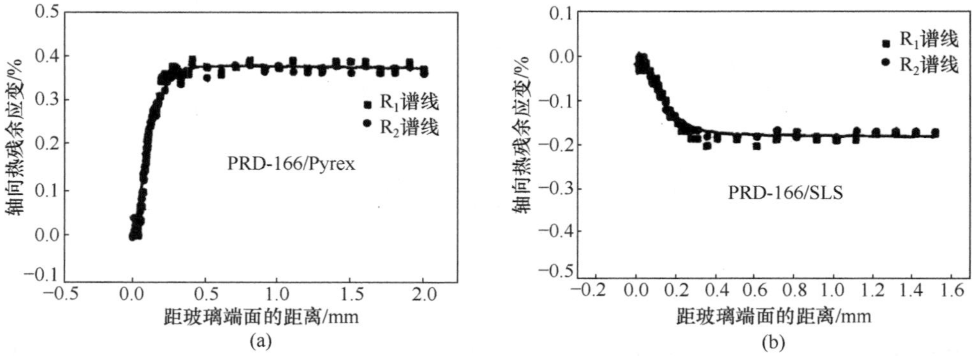

图 7.20　拉出试样纤维沿轴向的热残余应变分布

(a) Pyrex 基体；(b) SLS 基体

由图 7.20 可见，对两种不同基体材料，纤维有着大不相同的热残余应变分布情景。在 PRD-166/Pyrex 系统中，轴向应变是拉伸的(正值)。从纤维刚进入玻璃处的零值增加到在约 0.2 mm 处的 0.39%，此后形成平台。与此相反，在 PRD-166/SLS 系统中，轴向应变是压缩的(负值)，从纤维刚进入玻璃处的零值减小到在约 0.3 mm 处的–0.16%，此后也形成平台。

对于全包埋纤维试样，沿纤维轴向逐点测定纤维的荧光光谱，光谱沿纤维轴向的变化如图 7.21 所示。对 PRD-166/Pyrex 系统[图 7.21(a)]荧光 R_1 谱线的波数从纤维一端的最小值增加到一平台值，随后减小，在纤维另一端达到另一最小值。对纤维零应变的校正以在空气中测得的波数为准，如图中箭头所示。荧光 R_2 谱线的波数有相似的表现。

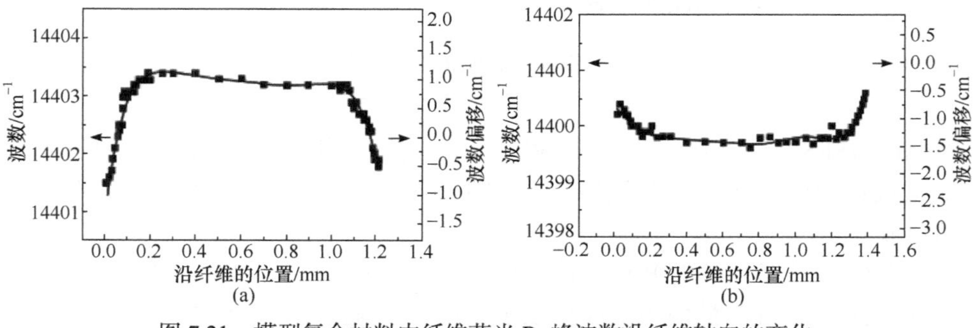

图 7.21　模型复合材料中纤维荧光 R_1 峰波数沿纤维轴向的变化

(a) PRD-166/Pyrex；(b) PRD-166/SLS

图 7.21(b)显示了基体材料为 SLS 时的测定结果。与 Pyrex 系统不同，荧光波数从纤维一端的最大值减小到一平台值，随后增大，在纤维另一端达到另一最大值。

从图 7.21 经过转换后得到的纤维轴向热残余应变分布如图 7.22(a)和(b)所示。该图也将每种试样由 R_1 和 R_2 峰获得的数据放在同一图中。可以看到，对两种不同基体的复合材料，纤维有着很不相同的热残余应变分布。在 Pyrex 基体系统中，纤维受拉伸应变，在平台区有最大值约 0.41%，而在 SLS 基体系统中，与之相反，纤维受压缩应变，在平台区约为−0.13%。注意到对部分包埋纤维试样(单纤维拉出试样)的测试结果(图 7.20)，可以认定，不管哪个基体系统，全包埋和部分包埋的纤维在平台区都有近似相等的轴向热残余应变值，即包埋纤维在平台区的轴向热残余应变值与试样几何无关。

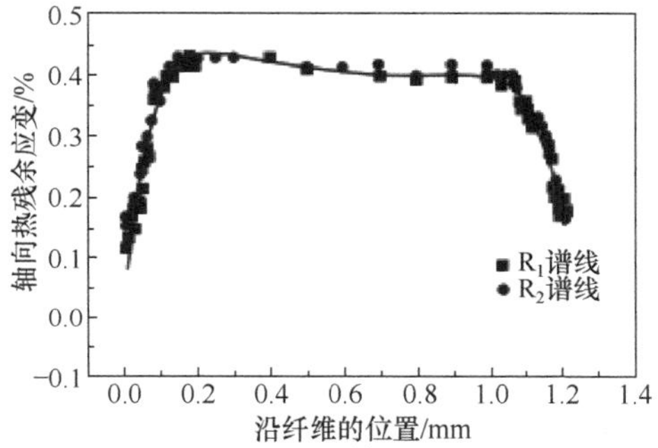

(a)

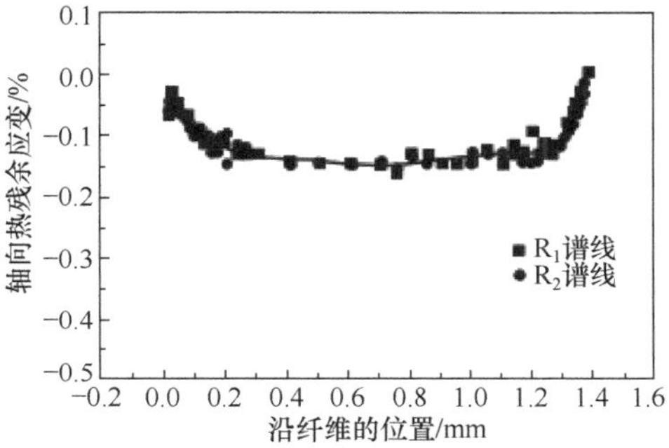

(b)

图 7.22　纤维沿轴向的热残余应变分布

(a) PRD-166/Pyrex；(b) PRD-166/SLS

高温制作的复合材料，由于各成分热性能的失配而引起的热残余应力/应变，可通过建立模型进行分析计算予以预测。这种分析的主要困难是确定在什么温度开始不再发生应力松弛，即何时开始产生应力。第 6 章 6.9 节已经假定松弛在退火温度以下不再发生，并预测了几种模型和真实复合材料的热残余应变。预测值与拉曼测定的值一致。

然而，用分析法处理靠近端头的纤维段或刚进入基体的纤维段(部分包埋纤维试样)的热残余应变分布是不易做到的。拉曼光谱术似乎是唯一能获得这些资料的方法。它已成功地测量了 SiC/JG6 复合材料的平均热残余应变，SiC/SLS 和 SiC/Pyrex 复合材料沿纤维轴向各点的应变分布[20, 23, 24]。不过，这些测量的困难依然存在，主要是有些材料的拉曼信号较弱，同时在纤维端头和基体边缘处常常难以将激光聚焦到纤维表面上。氧化铝纤维的拉曼峰也比较弱，而且 $d\Delta\nu/de$ 也较小，难以获得精确的测量值。与之相反，荧光 R 谱线有很强而尖锐的峰，而且 $d\Delta\nu/de$ 较大。这些优点使荧光光谱术成为测定这类材料应变分布图的更强有力的工具。

两种基体材料和纤维的热膨胀系数有如下排列顺序：Pyrex<PRD-166<SLS。因此，可以预测，在试样从压制温度(大于 700℃)冷却时，纤维比 Pyrex 收缩得更大，以致在 PRD-166/Pyrex 系统中纤维有热残余拉伸应变；而 SLS 比纤维收缩得更大，所以在 PRD-166/SLS 系统中，纤维热残余应变是压缩的。这种简单的定性分析结果与上述实验测定一致。定量计算得出，计算值与拉曼光谱术测量的值基本吻合。

应用力平衡方程，可以将应变沿纤维的分布(图 7.20 和图 7.22)转换成 ISS 沿纤维的变化，分别如图 7.23(拉出试样)和图 7.24(全包埋试样)所示。图中可见，对于拉出试样，

ISS 的极大值位于离开玻璃端面的近处，而全包埋试样，则位于纤维的两端。这个结果是材料真实行为的反映，还是在应变分布数据的曲线拟合过程中产生的还难以作出定论。在 ISS 的分布问题上有着许多争论，尤其是在纤维的端点。简单的剪切-滞后分析预测，全包埋纤维的端点有一确定的 ISS 值，而比较复杂的分析指出，纤维端点的 ISS 值应为零。经典分析法一般都假定纤维端点的横截面与基体材料不发生结合，而实际上这种结合是可能发生的，尤其在纤维受轴向压缩的情况下。一个有趣的结果是，不管是 Pyrex 或 SLS 复合材料系统，拉出试样和全包埋试样都有近似相等的极大 ISS 值，对 Pyrex 系统为 30～45 MPa，而 SLS 系统为 5～20 MPa，即极大 ISS 值与试样几何无关。而两个系统极大 ISS 值的差异可能表明 PRD-166/Pyrex 有更强的界面结合。需要指出，上述测试数据分析中忽略了一个更复杂的情况，即纤维的径向应力。事实上热性能失配还使 Pyrex 基体内的纤维在界面上受到径向拉伸应力，而 SLS 基体内的纤维则受到径向压缩应力。

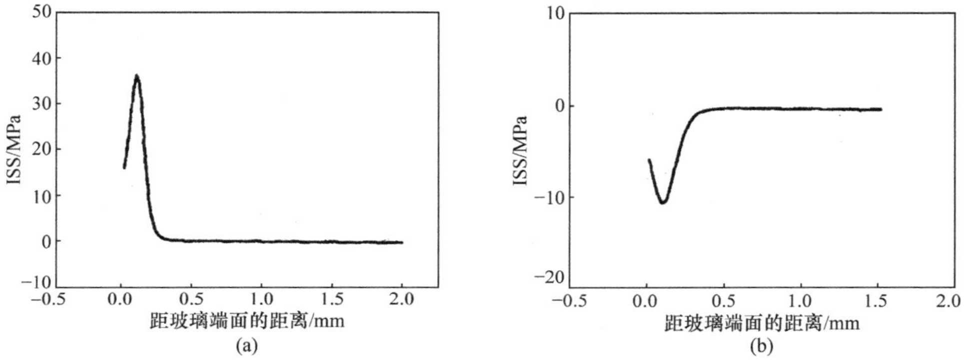

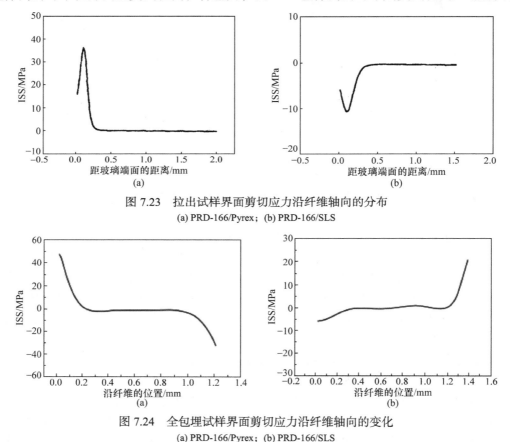

图 7.23　拉出试样界面剪切应力沿纤维轴向的分布

(a) PRD-166/Pyrex；(b) PRD-166/SLS

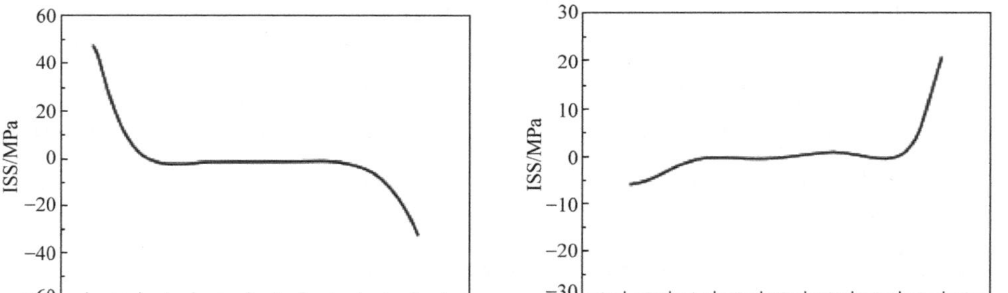

图 7.24　全包埋试样界面剪切应力沿纤维轴向的变化

(a) PRD-166/Pyrex；(b) PRD-166/SLS

7.4　外负荷下玻璃基复合材料的界面行为

7.4.1　拉伸应力导致的界面破坏[14, 25]

陶瓷复合材料制备过程中为增强纤维的增韧效果，常常对纤维进行表面预处理。在纤维表面覆盖一层很薄的碳膜是方法之一。为了测定碳膜的增韧效果，即对外负荷下的界面行为的影响，制备了两种全包埋试样。一种未对纤维作任何预处理，而另一种则对纤维在真空中喷镀了一薄层碳膜。

覆盖碳膜将对氧化铝纤维的荧光 R 峰位置产生影响，如图 7.25 所示[14]。与未覆盖碳膜的纤维(光谱 a)相比，涂碳纤维(光谱 b)的 R 峰位置向低波数方向偏移约 5 cm^{-1}。这是由于碳膜吸收了激光的能量引起纤维温度的升高而导致的偏移(参阅本章 7.2.3 节)。涂碳纤维埋入基体后(光谱 c)，峰位置向回偏移。这可能与玻璃基体的散热作用，使激光能量引起的纤维温度升高效果的减弱有关。

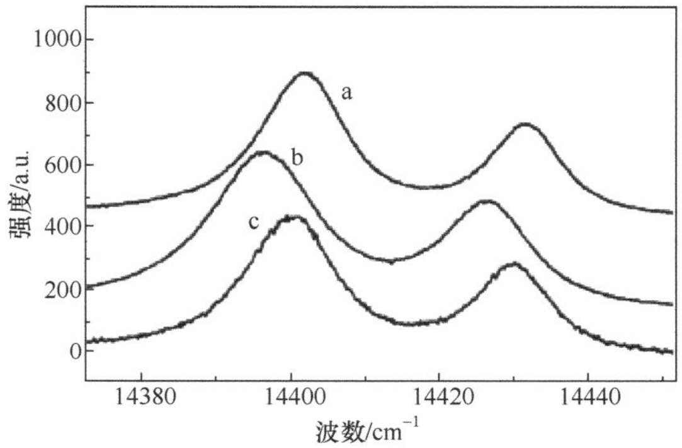

图 7.25　纤维表面覆盖碳膜对纤维荧光 R 峰位置的影响

a. 未覆盖纤维；b. 涂碳纤维；c. 玻璃中涂碳纤维

应用四支点弯曲技术对薄试样施加拉伸应变。

沿纤维各点测定试样不同应变下纤维的荧光 R 谱线，根据表 7.2 给出的 $d\Delta\nu/de$ 值，将荧光波数的偏移转换成纤维轴向应变值，得到如图 7.26 所示基体在不同应变下的纤维轴向应变分布图。对未覆盖碳膜纤维复合材料，在基体应变为零时即为图 7.22(b)所示的情况。纤维应变是由于纤维和基体热膨胀系数失配而引起的热残余应变，纤维有最大约为 0.15%的压缩应变。两种试样都有相似的应变分布外形和近似相等的最大值。在未受外负载的情况下，它们似乎都有完好的纤维-基体间结合。

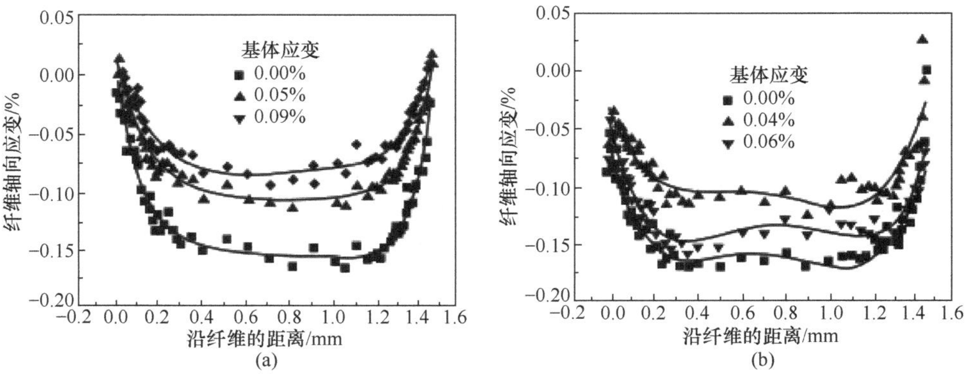

图 7.26　在不同基体应变下的纤维轴向应变分布

(a) 未覆盖碳膜纤维复合材料；(b) 覆盖碳膜纤维复合材料

在试样由于弯曲而受到外加拉伸应力发生形变时，两种试样的纤维应变分布有不同的行为。受拉伸时，纤维轴向应变增大(即压缩应变值减小)，应变分布外形则维持不变。对于未覆盖碳膜纤维的试样[图 7.26(a)]，随着基体应变的增大，纤维应变的平台值也逐步增大。与之不同，对于覆盖碳膜的纤维[图 7.26(b)]，在基体拉伸应变较小(0.04%)时，纤维应变随之增大。然而，在基体拉伸应变达到较大值(0.06%)时，纤维应变的平台值反向减小。显然，这是由于纤维-基体间的界面发生了破坏。

图 7.27 能明确地反映出拉伸应变过程中发生的界面破坏行为，该图表示纤维轴向应变在平台区的大小与基体应变的函数关系。对于表面未作处理的纤维[图 7.27(a)]，其应变随基体应变而增大，一直到 0.08%的基体应变，此后不再增大。然后，在基体应变达到 0.11%时，基体断裂。这表明界面破坏发生在基体应变 0.08%时，由于此后基体应变的增大不再通过界面传递给纤维。对于覆盖碳膜的纤维[图 7.27(b)]，图中可见，界面破坏发生在基体应变约为 0.05%时，达到 0.07%时基体断裂。上述结果表明，覆盖碳膜显著减弱了这类陶瓷纤维增强复合材料纤维-基体间的界面强度。

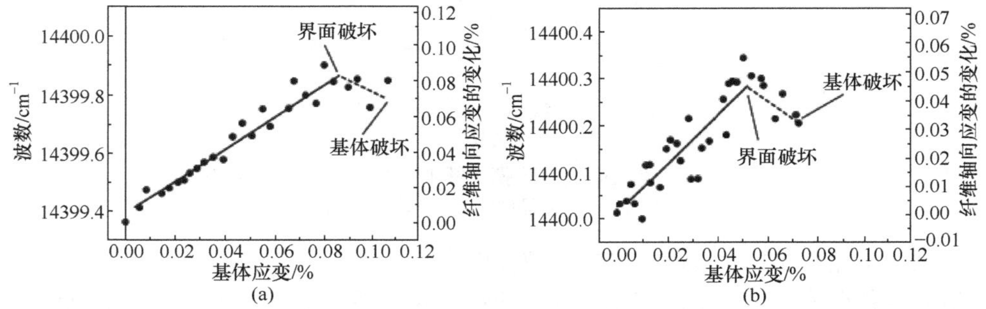

图 7.27　平台区纤维轴向应变随基体应变的变化

(a) 纤维表面未覆盖碳膜；(b) 纤维表面覆盖碳膜

根据力平衡原理，可将纤维应变分布(图 7.26)转换成界面剪切应力分布。结果得出前一种试样的最大界面剪切应力[(14±2)MPa]显著大于后一种试样[(10±2)MPa]。进一步证实纤维表面覆盖碳膜减弱了界面强度。

假定界面和纤维端面也是结合的，以此修正剪切-滞后模型，并用以分析上述实验数据，结果得出：在较小基体应变下，在非纤维端头区域理论预测和实验测量结果十分吻合。但是，对脱结合和基体开裂的作用还需作进一步的理论分析。

7.4.2　界面应力传递模型的修正

在界面应力传递分析解的经典剪切-滞后模型中，假定了包埋纤维的端面与基体是脱结合的。应力传递仅仅发生在沿纤维长度的纤维与基体之间的界面。然而，使用荧光光谱术实测得出，在 PRD-166/玻璃复合材料中，纤维端头处于压缩状态[图 7.26(a)]。表明纤维端面受压缩应力，纤维端面与基体间存在良好的结合。为此，应对经典分析予以修正。

分析解的过程和最终表达式比较冗长，有兴趣的读者可参阅相关文献[25-27]。

图 7.28 显示了分析解的结果(图中实线)与实测数据[图 7.26(a)]的比较。可以看到，在

外加基体应变小于 0.09%时(实际上应为 0.08%，此时已观察到基体裂缝)，在远离纤维端头区域，计算结果与实测数据基本吻合。分析解预测的结果(实线)与图 7.27 所示数据的比较显示在图 7.29。同样，在基体应变小于 0.08%时，分析解的结果与实测数据一致。

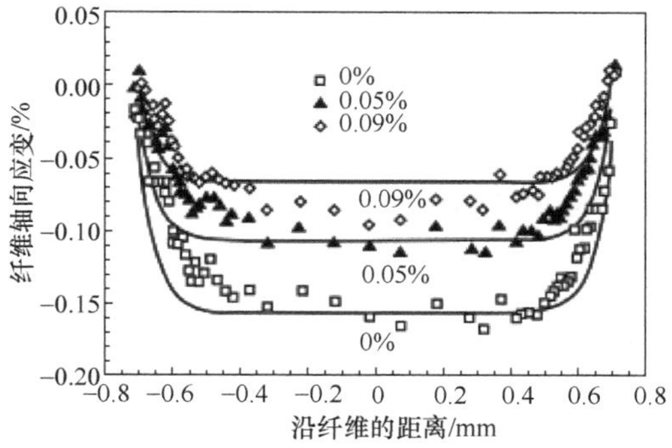

图 7.28　分析解的结果与实测数据的比较
(实线为分析解)

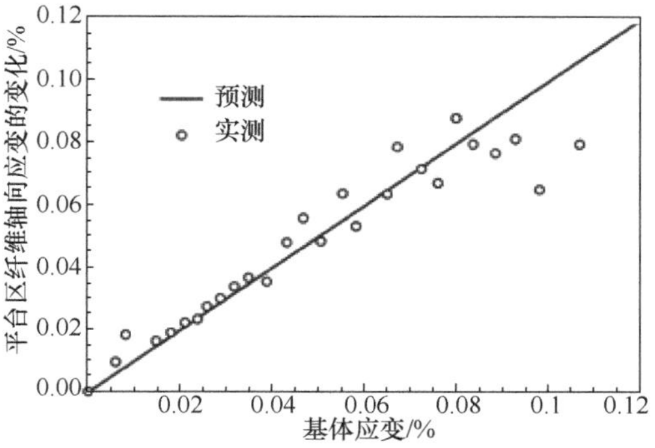

图 7.29　平台区实测数据与分析解的结果的比较
(实线为分析解)

在靠近纤维端面的区域和基体应变大于 0.08%后的中央平台区域，纤维轴向应变的预测值与实测值之间存在明显的偏差。对实测数据的进一步分析指出，在基体应变小于 0.08%时，出现于靠近纤维端面区域的偏差可能来源于端面周围的界面脱结合；而在基体应变大于 0.08%时，出现于平台区的偏差，则可能来源于基体开裂。

界面脱结合和基体开裂对界面力学行为的作用仍然是有待进一步研究的问题。

7.5　金属基复合材料的压出试验

压出试验能在原位对真实复合材料实施，而且测试比较简便。然而，传统的压出试验方法能给出的微观力学信息比较少。通常，压出试验记录的是负荷与纤维位移的关系，据此获得整个界面脱结合后纤维滑移过程中界面的平均有效摩擦应力。仅从负荷-位移关系研究界面脱结合过程，尽管人们做了许多努力，但成效甚少。

如果能精确测定压出过程各阶段纤维的应力分布，就能够获得界面行为的各项参数。以下以单晶 Al_2O_3 纤维/γ-TiAl 复合材料的纤维压出试验为例[12]，探索应用荧光光谱术研究这类复合材料外负载下的界面行为。

对于 c 轴垂直于复合材料表面这种轴向对称的问题，压谱方程可简化为下式：

$$\Delta\nu = 2\Pi_a\sigma_r + \Pi_c\sigma_z \tag{7.6}$$

式中，$\Delta\nu$为 R 谱线偏移；σ_r为径向应力；σ_z为轴向应力；Π_a和Π_c分别为 a 和 c 方向的压谱系数，其值已经测得，分别为 2.70 cm^{-1}/GPa 和 2.15 cm^{-1}/GPa[28]。正偏移意味着拉伸，而负偏移为压缩。如此，只要测得$\Delta\nu$，就能根据上式得到应力的大小。

由于金属γ-TiAl 是不透明的，聚焦激光束于纤维表面测量 R 谱线偏移已不可行。一种可用的方法是使用共焦显微拉曼术，激光经显微镜物镜从纤维端头进入，荧光信号也

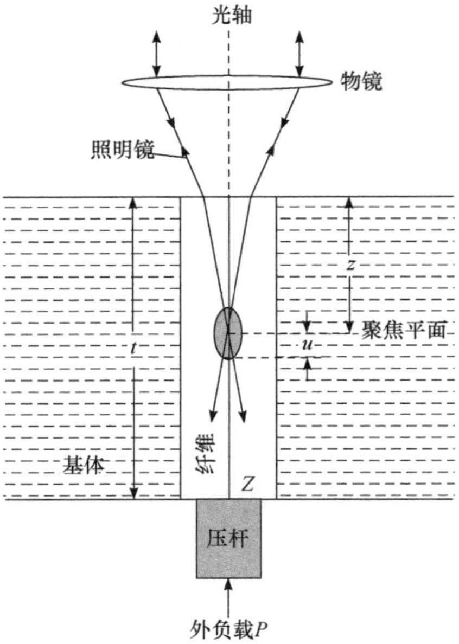

图 7.30　使用共焦显微拉曼术测定纤维应力分布的示意图

由同一物镜收集，图 7.30 为其光路示意图。显微镜物镜必须是小场深的，以便有较高的轴向分辨率。首先将激光聚焦于试样上表面以下深度为 z 处，测得荧光 R 谱线，随后将聚焦点沿纤维轴向逐次下移，直到试样下表面。这样可测得沿纤维轴向各点的 R 谱线偏移。每次测量的信号仅来自焦平面前后的小范围内。透镜场深越小，这个小范围也越小。所测得的波数偏移Δν实际上是有效激发体积内的平均值。因此，波数偏移沿深度的真实分布情况必须用显微镜的场深函数将所测得的值进行转换。关于场深函数和数据转换方法可参阅有关文献[22]。

压出负载 P 施加于纤维另一端。负载阶梯式增大，直到发生界面完全脱结合。对每个负载都测定从纤维一端到另一端的 R 谱线偏移分布。

图 7.31 显示了不同负载脱结合状态下波数偏移Δν随深度 z 的变化。上表面相当于 z=0，而下表面为负载施加处。最上方的曲线为负荷为零时测得的，相应于纤维仅受残余应力作用的状态。由单晶 Al_2O_3 和γ-TiAl 热膨胀失配分析的理论预测得出，纤维处于压缩状态。这与实测的纤维内部负偏移一致。靠近上或下表面，偏移都减小，这是由于试样准备时发生的应力松弛。注意到曲线相对中央位置两边的不对称，来源于随着深度的增加场深分辨率的减小，可以通过变换予以校正。图中还显示，随着负载 P 的增大，在纤维较深处负偏移相应增大，但在靠近顶端基本保持不变。

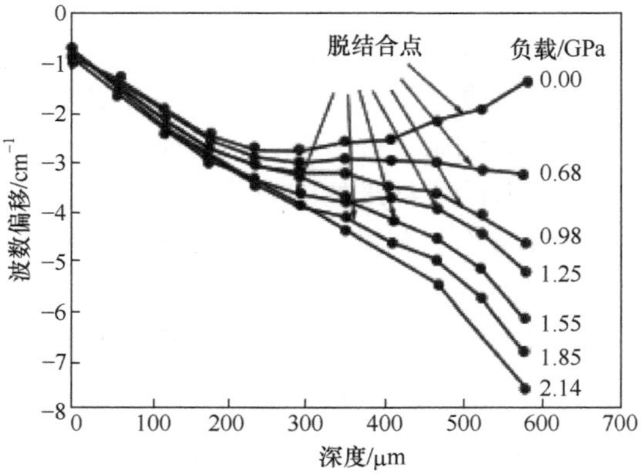

图 7.31　碳膜覆盖氧化铝纤维/γ-TiAl 复合材料在不同压出负载下的界面脱结合位置(图中箭头所示)

当负载增加到 P＞4.01 GPa 时，整个界面脱结合，纤维滑出。

根据上述压出试验测得的在不同压出阶段单晶纤维的轴向荧光波数偏移分布，建立适当的模型(如有限元模型)，将应力分布与各界面参数相联系，能获得各项界面力学参数，如脱结合能、界面摩擦力和界面脱结合长度等。

图 7.31 中各个箭头指示不同压出负载下的脱结合点。当脱结合长度较小时，它随着负载的增大稳步地逐渐增加。这表明在这一阶段，脱结合过程是一稳定态的裂缝增长过程。而最后界面的突然脱结合则表明也存在一个不稳定的裂缝发展过程。这种结果与早先的理论分析[29]是一致的。

上述利用共焦显微拉曼光谱术测定荧光 R 谱线偏移分布的方法经过改进，使用光导纤维传输光学信号，已成功地应用于测定单晶纤维/Ti 复合材料的热残余应力，但得出与现有理论预测相差甚大的结果[5]。测试得出的纤维轴向应力比同轴圆柱模型预测值大两倍，而纤维径向应力则小于预测值。这种差异的来源可能是理论模型没有考虑到下列两个实际存在的因素：复合材料制作时的热压容器与材料之间的热膨胀系数失配引起的热残余应力；径向基体开裂引起的横向应力松弛。这个测量结果表明热压容器对金属基复合材料的性能有很大的影响。这对材料制造工艺的设计有重大意义，并提示建立更完善的理论模型。

7.6　聚合物基复合材料的单纤维断裂试验

耐高温的氧化铝纤维 Nextel 和 PRD-166 通常用作金属基或陶瓷基而不是树脂基复合材料的增强材料。然而，考虑到该类纤维有很强的荧光峰和由应力引起的峰偏移与应力间极好的线性函数关系，能对纤维应变作精确的测量，应用制备十分方便的模型树脂基复合材料研究增强材料增强的基本机制能获得更高的精确度。我们知道，制备模型陶瓷基或金属基复合材料是十分困难的工作，要求具有丰富的经验和技巧。树脂有较大的断裂应变，因而有可能对该类纤维的模型复合材料做纤维断裂试验。

文献[21, 30, 31]详细报道了应用显微荧光光谱术(使用显微拉曼光谱仪)研究氧化铝纤维/环氧树脂单纤维模型复合材料外负载下纤维的断裂过程，探索了复合材料界面的破坏行为和与之相应的负载传递机制，颇具参考价值。

7.7　纤维的径向应力：Broutman 试验

基体内纤维的径向应力对界面结合(尤其是对陶瓷纤维-陶瓷基体复合材料中最常遇到的界面机械锁合结合模式)和界面破坏过程有着十分重要的作用，所以在考虑轴向应力的同时，在许多情况下还必须着重分析界面径向应力。径向应力可能来源于纤维与基体的热膨胀系数失配，也可能来源于两种材料不同的泊松比。

Broutman 试验(颈弯试样压缩试验)能用于测定复合材料压缩负载下的纤维径向应力(界面张力)。该试验的基本依据是如果基体材料有大的泊松比，则在纤维轴向的压缩应力下，将引起界面张力。图 7.32 为 Broutman 试验示意图。典型的试样尺寸为 1.5 in①×1 in×0.45 in，

① 1 in=2.54 cm。

在中部颈弯部分弧线的半径为 1 in。外加负载 F 施加于试样两端的表面，其方向平行于纤维轴向。这种颈弯形状的试样使最大轴向应力发生在试样中央，以保证在中央区引发脱结合。同时，这种对称几何形状可使中央区的剪切应力为零。

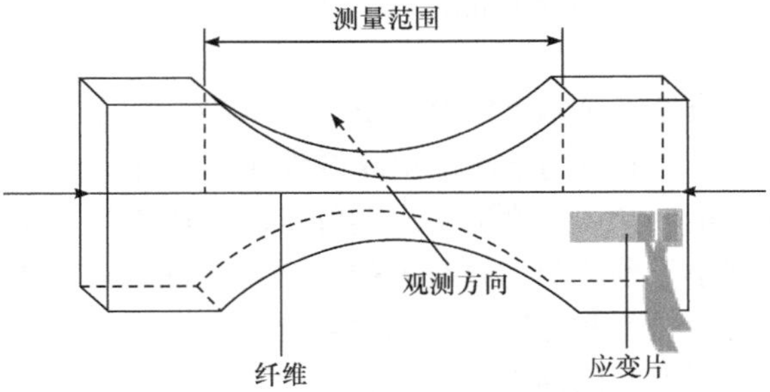

图 7.32　Broutman 试验示意图

应用 Broutman 的理论分析可得出上述试样的纤维径向应力、轴向应力和界面剪切应力沿纤维轴向的分布，详情可参阅文献[32]。

应用荧光峰波数随纤维应变的偏移率，可用显微拉曼光谱术测定 Broutman 试样在不同负载下的纤维应变分布。图 7.33 显示了一种单晶氧化铝纤维(saphikon)/环氧树脂试样在不同压缩负载下的纤维应变分布。应变分布形状在小负载时与理论预测近似。在压缩负载达到–1160 N 时，观测到界面脱结合。脱结合区位于 $x = -4 \sim -8$ mm 以外的区域。图中上方照片中可观察到与之相应的较为明亮的纤维段。在界面结合区也测量到了明显较大的纤维压缩应变。

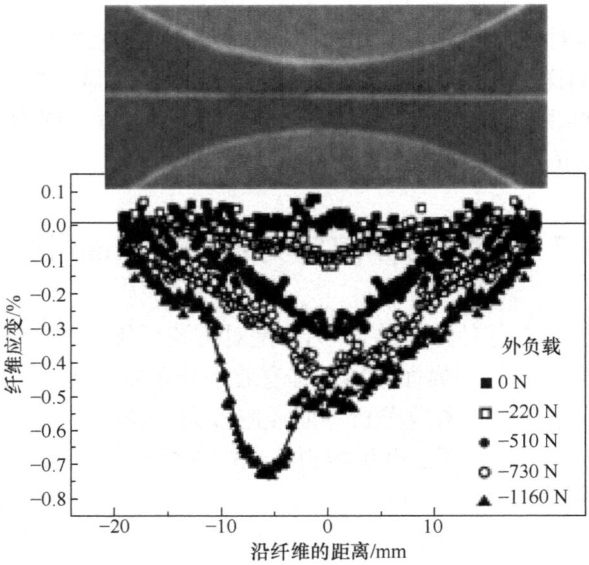

图 7.33　单晶氧化铝纤维/环氧树脂试样在不同压缩负载下的纤维应变分布

从压谱方程(7.2)可计算出纤维的径向和轴向应力。为方便起见，将各符号作以下改写：$\Pi_{11}=\Pi_r$，$\Pi_{33}=\Pi_z$，$\sigma_{rr}=\sigma_r$ 和 $\sigma_{\theta\theta}=\sigma_z$。如此，对于 R_1 和 R_2 峰，式(7.2)可用下式表达：

$$\Delta\nu_1=2\Pi_{r1}\sigma_r+\Pi_{z1}\sigma_z \tag{7.7}$$

$$\Delta\nu_2=2\Pi_{r2}\sigma_r+\Pi_{z2}\sigma_z \tag{7.8}$$

式中，下角标 1 和 2 分别表示 R_1 峰和 R_2 峰。

考虑到在单晶氧化铝纤维中，c 轴的取向平行于纤维轴向，因而具有径向对称性，方程式(7.7)和式(7.8)可作为联立方程计算径向和轴向应力，得到下列表达式：

$$\sigma_z=\frac{\Delta\nu_1\Pi_{r2}-\Delta\nu_2\Pi_{r1}}{\Pi_{z1}\Pi_{r\,2}-\Pi_{z2}\Pi_{R1}} \tag{7.9}$$

$$\sigma_r=\frac{\Delta\nu_2\Pi_{z1}-\Delta\nu_1\Pi_{z2}}{2(\Pi_{z1}\Pi_{R2}-\Pi_{z2}\Pi_{R1})} \tag{7.10}$$

式中，σ_z 和 σ_r 分别是轴向和径向应力分量；$\Delta\nu_1$ 和 $\Delta\nu_2$ 分别是测量得到的相对未受应力纤维的荧光 R_1 和 R_2 峰的波数偏移；Π_{ij} 是 R_1 和 R_2 峰在轴向和径向的压谱系数。对于单轴形变的 Saphikon 纤维，已测得压谱系数如下：Π_{z1}=1.53 cm^{-1}/GPa，Π_{z2}=2.16cm^{-1}/ GPa，Π_{r1}=2.56 cm^{-1}/GPa，Π_{r2}=2.65 cm^{-1}/GPa。

由式(7.9)计算得到的轴向应力显示在图 7.34(a)，其外形与图 7.33 相对应。轴向应力随外负载的增大而增大，也出现了界面脱结合的现象。

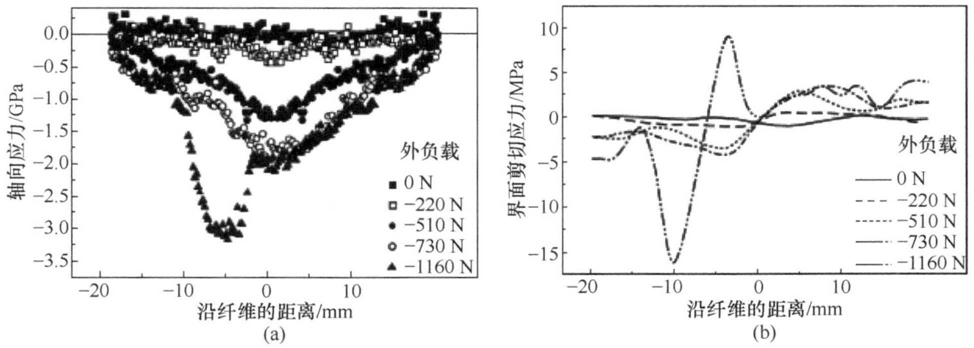

图 7.34　单晶氧化铝纤维/环氧树脂试样在不同压缩负载下的轴向应力分布(a)和界面剪切应力分布(b)

图 7.34(b)是从图 7.34(a)推算出的界面剪切应力分布图，最大界面剪切应力达到−16 MPa。

在不同负载下的径向应力沿界面的分布如图 7.35 所示[33]。随着外加压缩负载的增大，径向应力有所增大。在各个负载下径向应力的大小都在试样中央区比较大，与对界面垂直应力的预测[33]定性一致。这意味着测量到的径向应力是由泊松效应产生的。

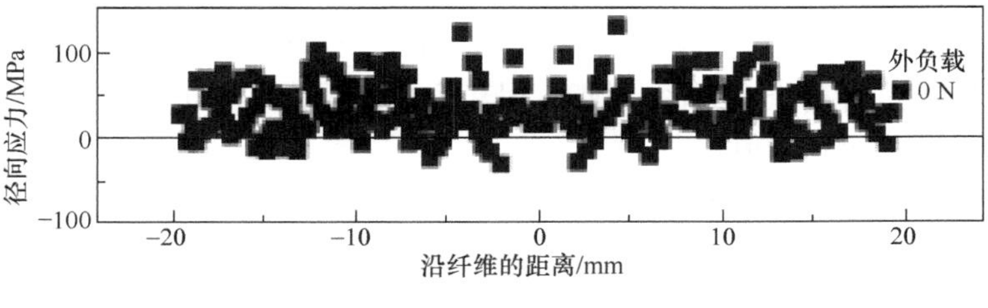

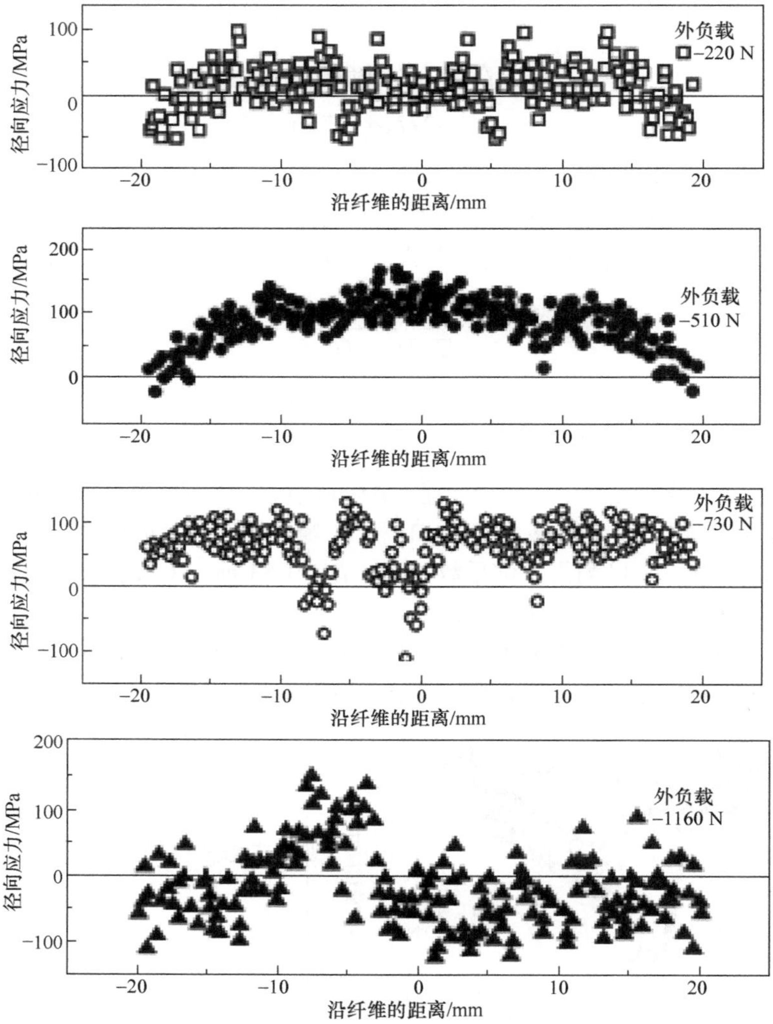

图 7.35　单晶氧化铝纤维/环氧树脂复合材料在不同压缩负载下的纤维径向应力分布

在−730 N 负载时，有两个位置(x= −4 mm 和−8 mm)出现径向应力为零，这与显微光学观察到的脱结合界面位置一致。在较高负载时也测量到在脱结合区径向应力为零。这些情况表明，在−730 N 负载时，出现了两个很小的脱结合区，随后，随着负载的增大，脱结合沿着界面向试样两端头传播，直到仅留下 x= – 4～−8 mm 的界面结合区。

脱结合起始点并不出现在人们通常所期待的试样中央。这可能与纤维表面的不规则或者存在污染物等因素有关，因为这类因素将引起界面结构和性能的不均匀。

径向应力的试验测定值比预测值约大 2 个数量级。然而，与其他的类似复合材料系统，如玻璃纤维/环氧树脂和碳纤维/环氧树脂，用其他方法测得的界面横向强度(120～240 MPa)相比，用荧光光谱术测得的值是合理的。

应用 Broutman 试验对横向界面脱结合的应力分析，可参阅文献[34，35]。由热残余应力引起的纤维径向应力的性质和测定方法可参阅文献[36]。

7.8　复合材料内部纤维间的相互作用

由纤维断裂引起的纤维之间的相互作用对陶瓷纤维复合材料的破坏行为常常起着决定性作用。纤维断裂引起邻近完整纤维的应力重新分布，导致相邻纤维的应力集中，界面剪切应力也随之发生变化。了解断裂纤维和完整的相邻纤维的界面剪切应力重新分布是探索陶瓷纤维复合材料破坏行为的微观机制所不可缺少的工作。

图 7.36 是多纤维模型复合材料试样示意图，由三根氧化铝 Nextal 纤维包埋于环氧树脂中构成。图中指出了拉伸引起的中间纤维(纤维 2)的断裂处，纤维 1 和纤维 3 是与纤维 2 相邻的纤维。

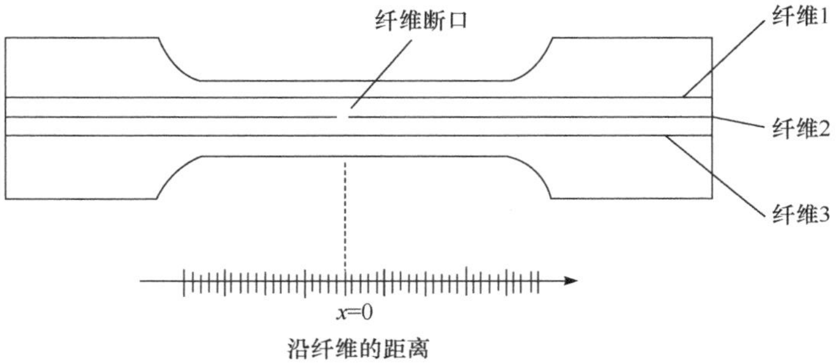

图 7.36　多纤维模型复合材料试样示意图

应用氧化铝纤维荧光峰波数与应力的关系，测得不同基体应变下三根纤维应力的分布，如图 7.37 所示，其中图 7.37(c)与纤维 2 发生了相应断裂的情况。在基体应变为零时[图 7.37(a)]，三根纤维都有大小近似相等的压缩应力，即试样制备过程和基体固化时产生的残余应力。施加 0.46%拉伸应变后[图 7.37(b)]，除抵消残余压缩应力外，三根纤维都受到拉伸，各根纤维拉伸应力的大小近乎相等。进一步增大基体应变，中央纤维发生断裂，断裂纤维(纤维 2)和相邻未断裂纤维(纤维 1 和纤维 3)的应力分布都发生了很大的变化，如图 7.37(c)所示[纵坐标以应力集中因子(SCF)表示]。这是由于中央纤维断裂引起的应力重新分布，断裂端头的纤维应力近乎为零，向两边延伸应力分布有一直线段。随后应力继续逐渐增大，达到与相邻完整纤维相等的拉伸应力。与之相应的界面剪切应力分布如图 7.38 所示。

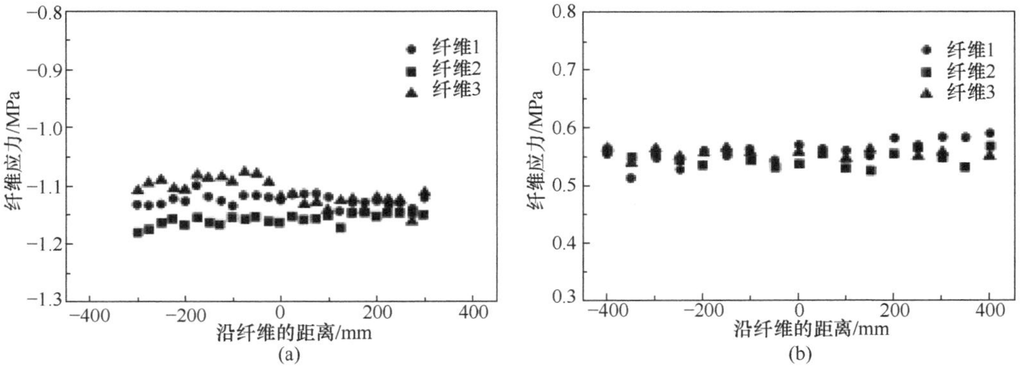

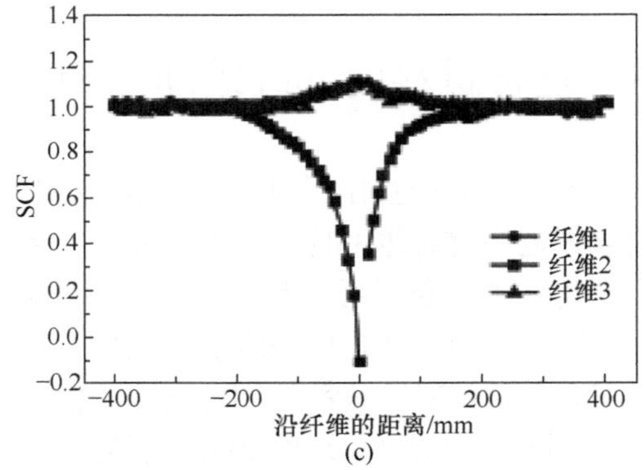

图 7.37　多纤维模型复合材料在拉伸应变下各根纤维的应力分布

(a) 应变为 0.00%；(b) 应变为 0.46%；(c) 应变为 0.75%

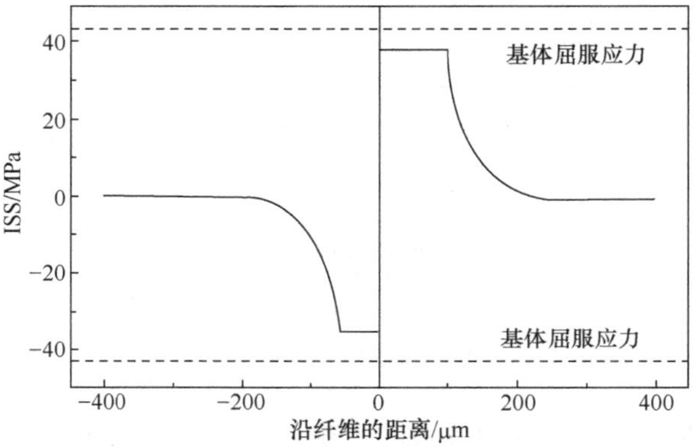

图 7.38　与图 7.37(c) 相应的界面剪切应力分布

综上所述，从相邻纤维应力分布的测量结果可以获得如下有关纤维相互作用的资料。

(1) 与断裂纤维相邻的纤维应力集中因子(SCF)，其大小与纤维的间距直接相关，随着间距的减小而增大。例如，在间距为 12.3φ_f(φ_f为纤维直径)时，SCF 近乎为 1，而间距为 2.6φ_f时，SCF 达到 1.21。最大应力位于断裂平面上。

(2) 有效影响长度和失效长度。

(3) 界面剪切应力分布，其最大值位于界面的基体屈服区域(接近于断裂端的应力线性变化区)。

文献[31, 36]对纤维间的相互作用和相应的界面行为作了详细的分析。

7.9　ZrO_2-Al_2O_3层状复合材料的残余应变

热残余应变的测定对陶瓷复合材料成分相的选择和制作工艺参数的设计有着重要的参考价值。下面关于制作 ZrO_2-Al_2O_3 层状复合材料失败原因的探索是一个典型的实例。这种材料是在 ZrO_2 基片上涂覆一层 Al_2O_3 浆料，随后叠加烧结而成。制作时发现材料在冷却过程中有明显的层间分离现象，同时其强度比从各分层强度考虑预期可能得到的值要低得多。

使用拉曼光谱术和荧光光谱术都能测定该材料的热残余应变，探索引起这种现象的原因。

对于 Al_2O_3 材料，荧光光谱术能比拉曼光谱术获得更精确的测量结果。首先测定纯氧化铝薄片在压缩状态下其 R_1 峰波数与应变的函数关系。测定时使用四支点弯曲装置，以高灵敏应变片记录应变值，结果如图 7.39 所示，显示了 R_1 峰波数与氧化铝薄片应变间的近似线性关系，其波数偏移与应变比为 8.47 cm^{-1}/%(即拟合直线斜率)。随后测定每层氧化铝的 R_1 峰波数，并应用上述函数关系转换成应变值，结果列于表 7.6。可以看到，氧化铝层有十分显著的压缩应变，这是烧结过程中形成的热残余应变，可能是由于该复合材料冷却时出现层间分离现象和复合材料强度下降。

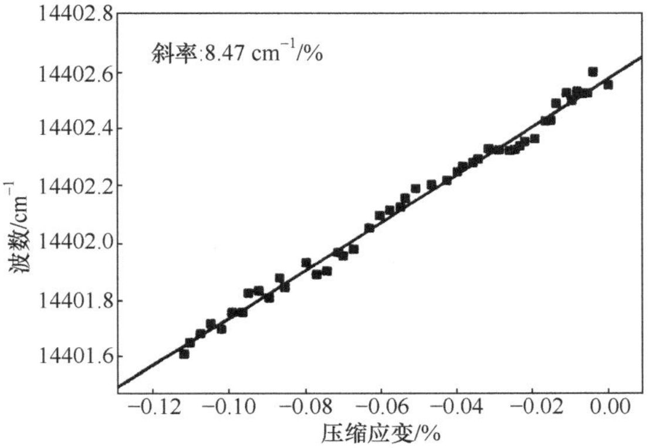

图 7.39　氧化铝薄片 R_1 峰波数与应变间的函数关系

表 7.6　ZrO_2-Al_2O_3 层状复合材料各层氧化铝 R_1 峰波数和相应的应变值

层编号	R_1 峰波数/cm^{-1}	e/%
1	14400.818	−0.15
2	14400.565	−0.18

参 考 文 献

[1] Yang X, Hu X, Day R J, et al. Structure and deformation of high-modulus alumina-zirconia fibres. Journal of Materials Science, 1992, 27(5): 1409-1416.

[2] 杨序纲, 谢涵坤. 碳化硅纤维/玻璃复合材料的界面微观力学行为//张志民. 第九届全国复合材料学术会议论文集. 北京: 世界图书出版公司, 1996: 1015.

[3] Leto A, Pezzotti G. Probing nanoscale stress fields in Er^{3+}-doped optical fibres using their native luminescence. Journal of Physics Condensed Matter, 2004, 16(28): 4907.

[4] Pezzotti G. Probing nanoscopic stresses in glass using luminescent atoms. Microscopy and Analysis, 2003, 17(May): 13-15.

[5] Hough H, Demas J, Williams T O, et al. Luminescence sensing of stress in Ti/Al_2O_3 fibre reinforced composites. Acta Metallurgica et Materialia, 1995, 43(2): 821-834.

[6] Schawlow A L. Fine structures and properties of chromium fluorescence in alumina and magnesium oxide//Singer J R. Advances in Quantum Electronic. New York: Columbia University Press, 1960.

[7] He J, Clarke D R. Determination of the piezospectroscopic coefficients for chromium-doped sapphire.

Journal of the American Ceramic Society, 1995, 78(5): 1347-1353.
[8] Grabner L. Spectroscopic techniques for the measurement of residual stress in sintered Al_2O_3. Journal of Applied Physics, 1978, 49(2): 580-583.
[9] 杨序纲, 王依民. 氧化铝纤维的结构和力学性能. 材料研究学报, 1996, 10(6): 628-632.
[10] Yang X, Young R J. Determination of residual strains in ceramic fiber reinforced composites using fluorescence spectroscopy. Acta Metallurgica et Materialia, 1995, 43(6): 2407-2416.
[11] Hseuh C H, Young R J, Yang X, et al. Stress transfer in a model composite containing a single embedded fiber. Acta Materialia, 1997, 45(4): 1469-1476.
[12] Ma Q, Liang L C, Clarke D R, et al. Mechanics of the push-out process from *in situ* measurement of the stress distribution study and embedded sapphire fibers. Acta Metallurgica et Materialia, 1994, 42(10): 3299-3308.
[13] Herrera-Franco P J, Drzal L T. Comparison of methods for the measurement of fibre/matrix adhesion in composites. Composites, 1992, 23(1): 2-27.
[14] Young R J, Yang X. Interfacial failure in ceramic fiber/glass composites. Composites Part A: Applied Science &Manufacturing, 1996, 27(9): 737-741.
[15] He J, Clarke D R. Polarization dependence of the Cr^{3+} R-line fluorescence from sapphire and its application to crystal orientation and piezospectroscopic measurement. Journal of the American Ceramic Society, 1997, 80(1): 69-78.
[16] Lavaste V, Berger M H, Bunsell A R. Strength and microstructure analysis of PRD-166 fibre. Fourth European Conference on Composites Materials. Sttuttgart, 1991: 561-566.
[17] 阎捷, 杨潇, 卞昂, 等. 形变多晶氧化铝纤维的荧光 R 谱线. 光散射学报, 2007, 19(3): 242-247.
[18] Hejda M, Kong K, Young R J, et al. Deformation micromechanics of model glass fibres composites. Composites Science and Technology, 2008, 68(3-4): 848-853.
[19] Pezzotti G, Leto A, Tanaka K, et al. Piezo-spectroscopic assessment of nanoscopic residual stresses in Er^{3+}-dopped optical fibres. Journal of Physics Condensed Matter, 2003, 15(45): 7687-7695.
[20] 袁象恺, 潘鼎, 杨序纲. 模型氧化铝单纤维复合材料的界面应力传递. 材料研究学报, 1998, 12(6): 624-627.
[21] Yallee R B, Young R J. Micromechanics of fibre fragmentation in model epoxy composites reinforced with alumina fibres. Composites Part A: Applied Science and Manufacturing, 1998, 29(11): 1353-1362.
[22] Ma Q, Clarke D R. Measurement of residual strains in sapphire fiber composites using fluorescence. Acta Metallurgica et Materialia, 1993, 41(6): 1817-1823.
[23] Yang X, Young R J. Fibre deformation and residual strain in silicon carbide fibre reinforced glass composites. British Ceramic Transactions, 1994, 93: 1-10.
[24] Yang X, Pan D, Yuan X K. Determination of residual strain in composites using Raman and fluorescence spectroscopy. 5th International Conference on Composites Engineering. Las Vegas, 1998.
[25] Hsueh C H, Young R J, Yang X, et al. Stress transfer in a model composite containing a single embedded fiber. Acta Materialia, 1997, 45(4): 1469-1476.
[26] Hsueh C H. A Modified analysis for stress transfer in fibre-reinforced composites with bonded fibre ends. Journal of Materials Science, 1995, 30(1): 219-224.
[27] Hsueh C H, Becher P F. Residual thermal stresses in ceramic composites. Part Ⅱ: With short fibers. Materials Science & Engineering A, 1996, 212(1): 29-35.
[28] Munro R G, Piermarini G J, Block S, et al. Model line-shape analysis for the ruby R lines used for pressure measurement. Journal of Applied Physics, 1985, 57(2): 165-169.
[29] Liang L C, Hutchinson J W. Mechanics of the fiber push-out test. Mechanics of Materials, 1993, 14(3):

207-221.

[30] Yallee R B, Young R J. Fragmentation in alumina fiber reinforced epoxy model composites monitored using fluorescence spectroscopy. Journal of Materials Science, 1996, 31(13): 3349-3359.

[31] Mahion H, Beakou A. Investigation of stress transfer characteristics in alumina-fiber/epoxy composites through the use of fluorescence spectroscopy. Journal of Materials Science, 1999, 34(24): 6069-6080.

[32] Broutman L J. Measurement of the fiber-polymer matrix interfacial strength//Fishman S G. Interfaces in Composites. West Conshohocken: American Society for Testing and Materials, 1969: 27.

[33] Sinclair R, Young R J, Martin R D S. Determination of axial and radial fibre stress distributions for the Broutman test. Composites Science & Technology, 2004, 64(2): 181-189.

[34] Schüller T, Bechert W, Lauke B, et al. Single fibre transverse debonding: Stress analysis of the Broutman test. Composites Part A: Applied Science and Manufacturing, 2000, 31(7): 661-670.

[35] Ageorges C, Friedrich K, Schüller T, et al. Single-fibre Broutman test: Fibre-matrix interface transverse debonding. Composites Part A: Applied Science and Manufacturing, 1999, 30(12): 1423-1434.

[36] Banerjee D, Rho H, Jackson H E, et al. Characterization of residual stresses in a sapphire-fiber-reinforced glass-matrix composite by micro-fluorescence spectroscopy. Composites Science & Technology, 2001, 61(11): 1639-1647.

第 8 章　拉曼光谱术在生物医学和药物学中的应用

8.1　拉曼光谱术的生物医学应用概述

在生物学和生物化学领域，拉曼光谱术在促进解细胞大分子行为方面起着很重要的作用，而在生物医学领域，拉曼光谱术也同样显示了很广阔的应用前景[1-6]。现在它已经能够应用于评估试样形态、鉴别组织成分和确定细胞、组织与器官内部的病理变化。对于医学工作者在解释疾病进展和病原学，以及改善临床诊断和治疗方面都能提供很有价值的信息。

拉曼光谱术在医学科学领域成功应用的基础是对基本生物分子振动特性的了解，以及对这种非破坏性光谱方法的灵敏度、重现性和测试效率的适当评估。实际上，因为测试可对生物医学试样在原有生理学条件下完成(不做额外的试样准备处理)，拉曼光谱术已经显示了在临床应用上的广阔前景。20 世纪后期就有人指出[7]，拉曼光谱术在生物医学上的应用包括从血液和药物产品的临床检验到组织病理学和癌器官的检查等广泛领域。现今，拉曼光谱术已经引起医学界的普遍关注。

拉曼光谱术之所以能从传统的实验室方法演变成一种临床诊断工具，主要是因为近年来出现的许多新发明和技术进步。这些主要包括宽波长范围的激光、新型光子装置(CCD 探测器、全息滤波器和纤维光学探针)、仪器学方面新的进展(如共焦拉曼显微镜、傅里叶变换拉曼光谱术和拉曼成像技术)，以及用于收集与处理拉曼信息的复杂而应用十分方便的计算机软件。

在生物医学中的应用，与其他检测技术相比，拉曼光谱术在许多方面有明显的优势，简述如下。

拉曼光谱术能用于广泛种类的试样形态，包括单晶、多晶或无定形的固体、薄膜、纤维、凝胶、悬浮液和沉淀物。这在生物医学应用中是个非常吸引人的优点，因为生物医学试样一般是体液、软组织和矿物质的混合物，而不是光谱工作者和化学家通常最感兴趣的纯净物理态。

应用拉曼光谱术作医学诊断只要求很简易的试样准备。这有利于在近乎生理条件下保留生物医学试样。与之相反，常规的病理学检测通常都要求对试样作较复杂的准备处理。这种强烈的物理或化学处理可能导致医学试样发生分子结构变化或不希望出现的化学分解。一个最为可取之处是拉曼光谱术能用于活体试样，这就有可能在医疗过程中进行实时诊断。

拉曼光谱术能提供许多其他医学诊断方法无法获得的资料。例如，它能进行化学成分的鉴别、分子结构的分析以及动力学过程和分子间相互作用的探测。

由于激光能聚焦成很小的点(几微米)，与其他诊断技术相比，拉曼光谱术所要求试样的量很少(毫米级大小或毫升级体积)。沿试样移动激光束能获得试样成分或其他结构参数的空间分布图(一维、二维甚至三维)。另外，很小的激光聚焦点在原位测试中能对感兴趣的区域(病灶或器官的特定区域)进行精确的定位。

拉曼散射强度与散射分子的数量直接相关，因而拉曼光谱术除能对医学试样进行定性表征外，也能作定量或半定量测定。检测蛋白质、类脂体和核苷酸的特征拉曼峰，可以测出每种成分的绝对浓度和相对比例，并将它们与病理变化相联系。

生物医学应用中的拉曼光谱术是一种非破坏性方法。适当选择激光波长和功率能够避免试样遭受损伤。

拉曼光谱的生物医学应用也存在一些困难，如下所述。

拉曼应用的最大问题是由于拉曼效应产生的信号非常微弱。拉曼散射强度比瑞利散射要小几个数量级。虽然高功率激发光能增强拉曼散射，但对于临床处理，这是不适合采用的解决方法，因为会发生诸如烧灼和分解等试样损伤。幸运的是，近年来表面增强拉曼光谱术取得了长足的进步，这种技术能显著增强试样的拉曼信号，而不损伤试样。

与生物学和工程材料相比，生物医学试样是复杂得多的系统，其拉曼光谱也复杂得多。不同生物成分的拉曼光谱往往相互重叠，使正确鉴别各个成分发生困难。此外，这些成分所占比例的不同，导致复杂的拉曼强度变化，也使定量分析变得困难。不过，近年来用于光谱分析的专用计算机软件和分析方法发展迅速，这类困难的克服已经取得很大进展。

因为在临床环境下的试样只能稍作试样准备处理，生物医学试样常常产生强烈的荧光背景，可能遮盖了真正的拉曼信号。因此，为了能从中辨认出有用的光谱，在资料收集和资料处理方面都需花费较长的时间。

8.2　基本生物体组成物的拉曼光谱特性

在通常的生物或工程材料应用中，拉曼光谱术测试的试样的成分多半是相对均匀的，而且试样准备能在可控制的条件下进行。与之不同，在生物医学应用中所面临的试样大多数由各种各样的生物成分组成，如同时含有蛋白质、核苷酸、类脂物和其他大分子。这些成分遍及整个人体但分布不均匀，因而即便对同一患者，不仅不同组织有不同的拉曼光谱，就是同一组织物，也随试样采取的区域，甚至对一给定试样的不同点都有不同的光谱。此外，医学试样总是要求尽可能少地做测试前的试样准备处理，因而原有的未经去除的有机和无机“杂质”可能产生强烈的荧光背景，常常遮盖了固有的拉曼弱信号。鉴于生物医学试样的上述特性，在获取和处理其拉曼光谱时必须特别注意光谱的质量和真实可靠性。

我们知道，光谱的变化是不同结构、成分差异、环境变化或分子和细胞相互作用的标识，因而，为了从拉曼光谱中获得有价值的医学结论，必须对基本生物大分子集合体的拉曼光谱有完整而详细的了解，下列已广泛应用于振动光谱术的一些实验和理论处理方法对此十分有用。

(1) 以同位素替换引起拉曼峰频移的偏移和强度的变化。常用的替换有 $^{2}H \longrightarrow {}^{1}H$、$^{13}C \longrightarrow {}^{12}C$、$^{15}N \longrightarrow {}^{14}N$ 和 $^{18}O \longrightarrow {}^{16}O$。根据替换同位素的种类和替换位置以及由此引起的原子间力学相互作用的变化和对光谱的影响，能够推测出确切的峰归属。

(2) 拉曼峰强度有赖于振动分子极化率的变化，而红外峰强度是分子振动引起的偶极矩变化率的函数，因此一个振动系统的拉曼和红外强度是互补的。比较一给定振动模式的两种光谱强度有助于认定拉曼峰振动的归属。

(3) 记录拉曼光谱与某些实验参数，如 pH、温度、离子强度、水合程度和物理状态的函数关系，有助于了解对各种分子集合体和细胞聚集体的生物行为有决定性作用的重要环境因素。

(4) 对蛋白质单晶和核酸的 X 射线衍射分析已经详尽到原子尺度，处理拉曼资料时将其与 X 射线分析的结果相联系，有助于找到某些结构情况与拉曼光谱之间的关系。

(5) 依据对分子力场的相关理论，可以用分析计算方法预测出分子振动的基本特性。除计算振动频率外，也能预测拉曼峰和红外峰的强度以及拉曼的退偏振率。最重要的是能通过计算决定光谱的归属。

为了识别生物医学试样的光谱并将其与疾病状态相联系，有必要先了解几种主要生物体组成物(核酸、蛋白质、膜和类脂体)振动谱的特征。

8.2.1　核酸

核酸包括脱氧核糖核酸(DNA)和核糖核酸(RNA)。核酸是重要的遗传物质，对其组分的任何修饰，几乎都会导致细胞新陈代谢和基因品质的改变。用拉曼光谱术揭示核酸的空间结构，探索γ射线、高能质子和药物等物理和/或化学因素对核酸的作用，有助于从分子水平上阐明上述因素治病或致病的机制。核酸的拉曼光谱显示有许多对结构敏感的峰，借助这些峰能够跟踪分子构象的变化，或核酸与其他物质相互作用的过程。

对核酸的大多数振动模式已得到广泛的研究，对它们的振动行为与拉曼峰间的关系也有较充分的了解。核酸组分的拉曼峰主要来源于 C—C、C—N、C═C 和 C═O 的伸缩模，以及 C—N 和—NH_2 的平面弯曲模。通常出现的光谱区域为 800 cm^{-1} 以下和 1100～1800 cm^{-1}。根据不同的碱基堆积、碱基配对和配体结合情况，这些峰会显示出很大的强度变化，这称为减色效应。由于基团取向或对象的不同，峰频移也会发生偏移。例如，归属于磷酸二酯主链振动的拉曼峰出现在 750～1110 cm^{-1} 和 1200～1250 cm^{-1} 区域，它们显示出对主链构象和磷酸二氧基团水合情况的高度敏感性。与核酸的主链磷酸基团、构象、核糖和碱基有关的拉曼峰行为，详情可参阅有关文献[8]。

表 8.1 列出了核酸的特征拉曼峰频移和归属(300～3600 cm^{-1})。作为例子，图 8.1 显示了小牛胸腺 DNA 的拉曼光谱。显而易见，与一般的工程材料相比，生物医学试样的拉曼光谱要复杂得多。

表 8.1　核酸的特征拉曼峰频移和归属

频移范围/cm^{-1}	初步归属	频移范围/cm^{-1}	初步归属
3300～3600	碱基ν (NH)，糖ν (ON)	1250～1450	碱基{ν(环), δ(ND)}
3000～3100	碱基ν (CH)		
2800～3000	糖ν (CH)	1080～1100	磷酸离子ν (O═P═O)
2300～2500	碱基ν (ND)，糖ν (OD)	850～1100	糖{ν(CO), ν(CC)}

续表

频移范围/cm^{-1}	初步归属	频移范围/cm^{-1}	初步归属
1600～1750	碱基ν (C═O)，δ (NH)	785～815	磷酸二酯ν (O—P—O)
1550～1650	碱基ν (C═N)，ν (C═C)	650～800	碱基ν (环)
1450～1550	碱基ν (环)	300～650	碱基和糖，骨架变形
1300～1460	碱基δ (CH)，糖δ (CH)		

注：ν 表示伸缩振动；δ表示变形振动；{}表明它们强的耦合。

使用已经确认的核苷和主链构象的拉曼特征峰，对核酸作详尽的振动分析，能够了解核酸发挥其生物功能的机制。拉曼光谱在核酸研究上的应用已有详细评论[9]。

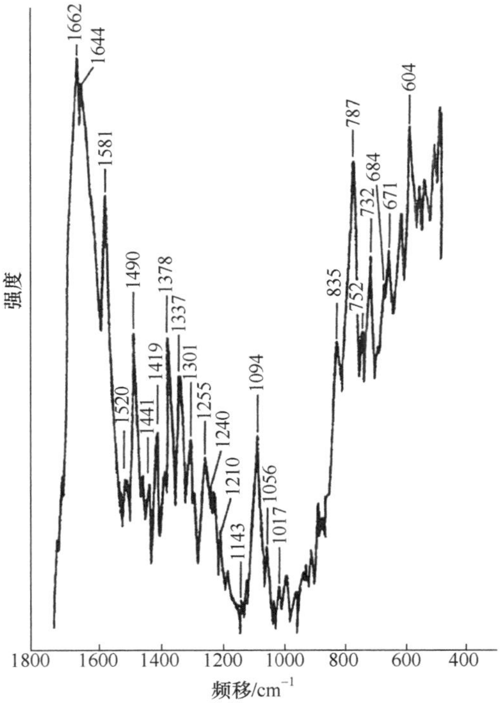

图 8.1 小牛胸腺 DNA 的拉曼光谱

8.2.2 多肽和蛋白质

肽和蛋白质有着复杂的组分和多种多样的结构。蛋白质的基本结构单元是二十种氨基酸，它们有着各种不同的侧链性质，如侧链的大小、形状、荷电、氢键合能力和化学活性等。这些众多的特性使蛋白质形成各种不同的结构。此外，沿主链的肽基团—C(O)—N(H)—可能与远侧的，也可能与邻近的—C(O)—N(N)—肽基团形成氢键。侧链相互作用和主链氢键形成的结果，使多肽和蛋白质有确定的二次结构，如α-螺旋、平行或反平行的β-折叠结构、γ-转折和无规卷曲。研究表明，许多拉曼峰是二级结构敏感的，所以拉曼光谱术在二级结构的研究中非常有用[10]。

在酰胺基团的振动中，酰胺Ⅰ和酰胺Ⅲ的拉曼峰对蛋白质主链构象的变化有着最为显著的敏感性。在α-螺旋蛋白质结构中，这两个峰通常会在 1645～1655 cm^{-1} 和 1260～1300 cm^{-1} 范围内出现。前者主要来源于 C═O 伸缩模(约占 80%)，同时也有 CN 伸缩模的少量贡献(约占 15%)，而后者反映的是 NH 平面弯曲膜(约 50%)，同时也反映 CN 伸缩膜(约 15%)。当从α-螺旋形式向β-折叠转变时，这两个峰分别偏移向 1665～1680 cm^{-1} 和 1230～1245 cm^{-1} 范围。若蛋白质是不规则的或无序形式，则酰胺Ⅰ和酰胺Ⅲ峰将分别出现在 1655～1665 cm^{-1} 和 1245～1270 cm^{-1} 范围。

酰胺Ⅰ和酰胺Ⅲ引起的光谱是蛋白质非常重要的光谱区域。表 8.2 列出了酰胺Ⅰ和酰胺Ⅲ拉曼峰在光谱中所在的位置[8]。

表 8.2 酰胺Ⅰ和酰胺Ⅲ拉曼峰在光谱中的位置 (单位：cm^{-1})

	酰胺Ⅰ	酰胺Ⅲ		酰胺Ⅰ	酰胺Ⅲ
α-螺旋	1645～1660	1265～1300	β-转折	1640～1645，1680～1690	1350
β-折叠	1665～1680	1230～1240	无规卷曲	1660～1670	1240～1260

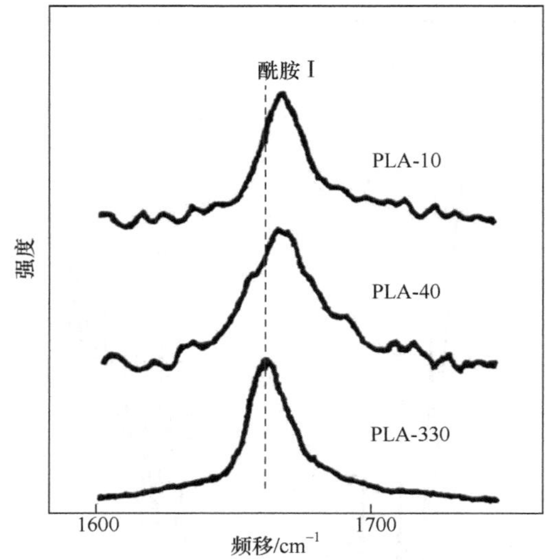

图 8.2 PLA-10、PLA-40 和 PLA-330 氨基酸Ⅰ区域的拉曼光谱

为了了解肽序列长度对二次结构的作用，可用拉曼光谱术检测一系列不同序列长度(10、40 和 330)的聚 L-氨基丙酸(PLA)。从对酰胺Ⅰ(C═O 伸缩模)峰的分析，估计在晶体和溶液中蛋白质和多肽二次结构的含量，得出即便只有小小的变化也是可靠的和敏感的。对β-折叠，典型的酰胺Ⅰ峰出现在 1666～1669 cm^{-1} 区域，而α-螺旋，则位于约 1655 cm^{-1}。从图 8.2 可见[11]，对 PLA-10，酰胺Ⅰ峰紧靠 1668 cm^{-1}，表明存在固态中的β结构，而 PLA-40 的光谱则显示酰胺Ⅰ峰向低频移方向有了显著的偏移，说明 PLA-40 含有大量的α-螺旋结构。在 PLA-330 光谱中，酰胺Ⅰ峰出现在 1655 cm^{-1}，这正是与α-螺旋构象相应的峰位置。

多肽和蛋白质的大多数拉曼峰归属于氨基酸的侧链振动。由于侧链的不同性质，如疏水程度、芳香性、荷电、氢键含量和氧化状态的不同，这些拉曼峰能用来详尽研究侧链的构象和局部环境。拉曼光谱术在蛋白质研究中的应用，详情可参阅相关文献[12-14]。

8.2.3 类脂和生物膜

生物膜的主要组成是蛋白质(包括酶)和磷脂，还含有少量的其他脂类、胆固醇、糖类以及金属离子等。应用拉曼光谱术不仅能获得组成生物膜的膜脂和膜蛋白的构象变化信息，还能计算链内纵向有序性参数和链间横向相互作用的有关参数及其变化率，从而得知该膜脂的流动性和离子通透性的变化。这些结构和功能参数的获得除其本身的科学意义外，在研究蛋白质与脂之间的相互作用，生物膜与药物和离子等物质的相互作用，并用以阐明药物作用机制以及某些离子致病原因等方面都有巨大的应用价值[8]。

类脂分子的拉曼峰主要是与 C—H 伸缩膜相应的位于 2800～3100 cm^{-1} 区域的峰，以及位于 700～1800 cm^{-1} 区域由—C—C—链伸缩模、CH_2 弯曲模以及羰基伸缩模振动引起的峰。2850 cm^{-1} 和 2880 cm^{-1} 峰分别归属于酰基链亚甲基(CH_2)对称和不对称 C—H 伸缩振动。这两个模式的同步相对强度随温度的变化函数反映了侧向链-链相互作用。此外，链内的反式-扭曲异构化能根据 I_{2935}/I_{2880} 的峰高强度比测得，而分别相应于扭曲和反式 C—C 伸缩膜的 1083 cm^{-1} 和 1129 cm^{-1} 两个峰的相对强度，则能表征类脂基体的有序性。不饱和链可由位于 1662 cm^{-1} 的强峰来探测。拉曼光谱术在生物膜和类脂研究中的应用已有详尽评论[8, 15]。

振动光谱能提供大生物分子化学成分和二次以至三次结构的有用信息，例如，从拉曼和红外光谱中能获得基本氨基酸链及其三维结构的某些证据。许多构成生命的元件——蛋白质、多肽、核酸和糖化物的结构研究可以使用传统拉曼光谱术或共振增强拉曼光谱术。不过，生物医学试样中存在的杂质和生色团常常产生荧光，并可能在可见光照射下发生降解或变性，以致妨碍了有用信息的获得。所以，在使用传统拉曼光谱术的同时，对生物医学试样，使用近红外激光的福里哀拉曼光谱术是另一种值得重视的选择。

基本生物体组成物的拉曼光谱行为的详情可参阅相关文献[3, 8, 15]

8.3 拉曼光谱的生物医学应用

8.3.1 血管学

在心血管疾病治疗中，为了清除阻塞斑和重新贯通血管，常用的方法有药疗法、旁路外科手术和气囊血管成形术等。与这些治疗方法相比，激光血管成形术有明显的优越性。不过，对粥样动脉硬化和血栓形成这类动脉疾病的这种非手术治疗，在应用于临床实践中面临两个难题：一是在激光烧灼之前和烧灼过程中病灶的精确定位；二是对组织进行激光烧灼时，时刻监视有病组织去除的范围和重新贯通的通道。拉曼光谱术能够克服这两个困难，因为它能鉴别目标组织的化学成分，从而能区分是健康组织还是有病组织，是原有组织还是烧灼过的组织。此外，也能使外科医生的操作条件，如激光功率、曝光时间和除去病灶的大小，处于最佳化状态。

拉曼光谱术可用于测定人体主动脉瓣的矿物质沉积和冠状动脉的钙化斑。图 8.3 显示了氢氧化磷酸钙粉末试样、人体主动脉瓣钙化斑和人体冠状动脉钙化斑的拉曼光谱[16]。三条光谱中都有尖锐的 960 cm^{-1} 峰。当激光聚焦于非钙化区域时，这个峰消失，因此可以认定 960 cm^{-1} 峰是钙化斑点的特征峰。钙化病灶的外貌是多种多样的，然而它们的拉曼光谱显示的这个特征峰性状则无多大不同。也注意到位于(1075±5) cm^{-1} 的弱峰，经与氢氧化磷酸钙[$Ca_{10}(PO_4)_6(OH)_2$]的光谱的比较，可将 960 cm^{-1} 和 1075 cm^{-1} 峰分别归属于磷酸盐的对称和反对称伸缩模。

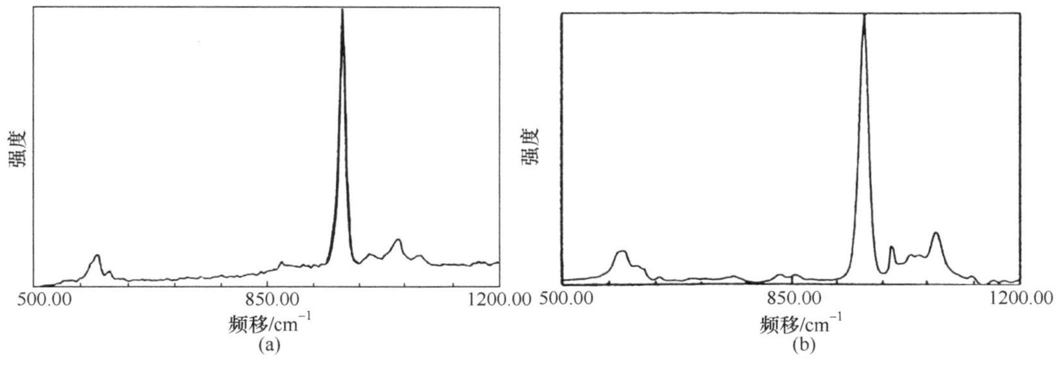

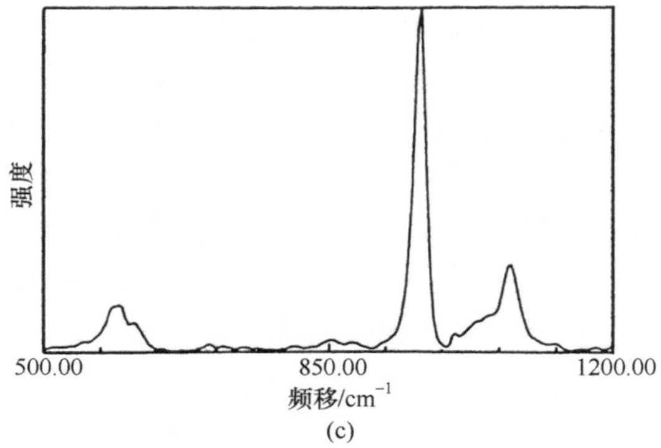

图 8.3　氢氧化磷酸钙粉末(a)、人体主动脉瓣钙化斑(b)和人体冠状动脉钙化斑(c)的拉曼光谱

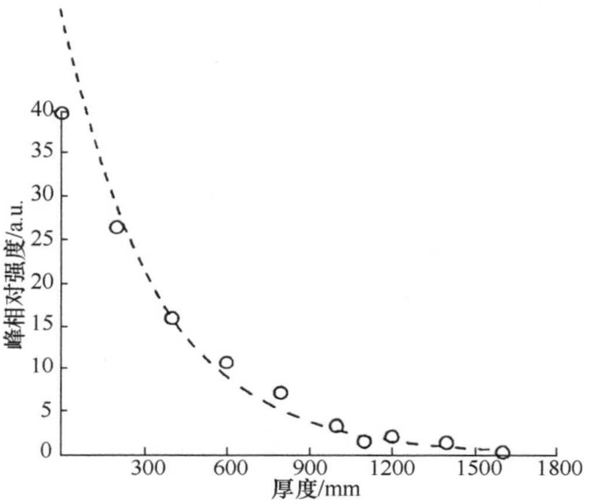

图 8.4　钙化斑的特征拉曼峰强度与覆盖在钙化斑上主动脉管组织厚度间的关系

钙化斑不管有没有覆盖软纤维状组织，在近红外傅里叶变换拉曼光谱中都显示 960 cm^{-1} 峰，而且有适当的信噪比。为了确定拉曼光谱能检测的深度范围，将不同层数、每层厚度为 200 μm 的主动脉管中层组织覆盖在一大块钙化斑上，测定其傅里叶变换拉曼光谱。拉曼峰强度与覆盖的主动脉管组织厚度间的关系如图 8.4 所示[17]。拉曼光谱术能检测到的最大深度约为 1.6 mm。

拉曼光谱术也能在试管内检测人体冠状动脉试样，以显示非钙化动脉粥样硬化病变损害，这种损害常称为脂肪斑。与钙化斑不同，脂肪斑的特征峰位于 1006 cm^{-1}、1156 cm^{-1} 和 1517 cm^{-1}，通常用共振增强拉曼光谱术检测。这三个强特征峰在无病变人体动脉试样中并不出现。

拉曼光谱对正常的和病变的主动脉能作出详细的结构分析。人体主动脉可分为有区别的三层。内膜是厚度小于 300 μm 的最内层，这层主要由胶原纤维组成，为血液流动提供凝血原酶表面。中间层厚约 500 μm，由弹性硬蛋白和平滑的肌肉细胞组成，其弹性性质能使来自心脏的搏动血流趋于平稳流动。最外面的外膜层起结缔组织网络的作用，主要含有类脂体、脂蛋白和胶原。在动脉粥样硬化过程中，胶原增生使内膜增厚导致发病。脂肪坏死沉积，随后在胶原膜中积累，最后在动脉壁形成氢氧化磷酸钙残留物。这三层的不同结构组成很容易从拉曼标识峰予以鉴别。

通常使用近红外傅里叶变换拉曼光谱术，以尽可能减小荧光背景。图 8.5 显示了从正常主动脉内壁和外壁测得的拉曼光谱[17]。前者(图 8.5 中光谱 a)有三个主峰：1658 cm^{-1} 峰归属于蛋白质酰胺Ⅰ模，1453 cm^{-1} 峰归属于蛋白质的 C—H 弯曲模，而 1252 cm^{-1} 峰归属于蛋白质酰胺Ⅲ模。与之不同，外壁的拉曼峰(图 8.5 中光谱 b)主要来源于类脂体，而没有蛋白质的贡献。位于 1655 cm^{-1} 的拉曼峰归属于不饱和脂肪酸链的 C═C 伸缩模，它在频移和峰宽上都有别于蛋白质酰胺 I 模。位于 1080 cm^{-1}、1267 cm^{-1} 和 1301 cm^{-1} 的峰分别归属于脂肪酸的 C—C 伸缩模和 C—H 弯曲模。也注意到该光谱中还出现了 1746 cm^{-1} 峰。为比较起见，将三甘油三油酸酯(油精)的拉曼光谱也显示在图 8.5 中(光谱 c)，光谱中的 1747 cm^{-1} 峰来源于三甘油酯键的 C═O 伸缩模。这表明外壁脂肪质组织的大部分类脂体是三甘油酯类型的结构。根据位于 1654 cm^{-1} 的 C═C 峰的相对强度，可以测算出每个脂肪酸链平均含有约 0.7 个不饱和双键。上述分析清楚地表明了主动脉内外层间生物分子构成的差异。对中间层的拉曼光谱分析指出，中间层有最丰富的结构类脂体[18]。

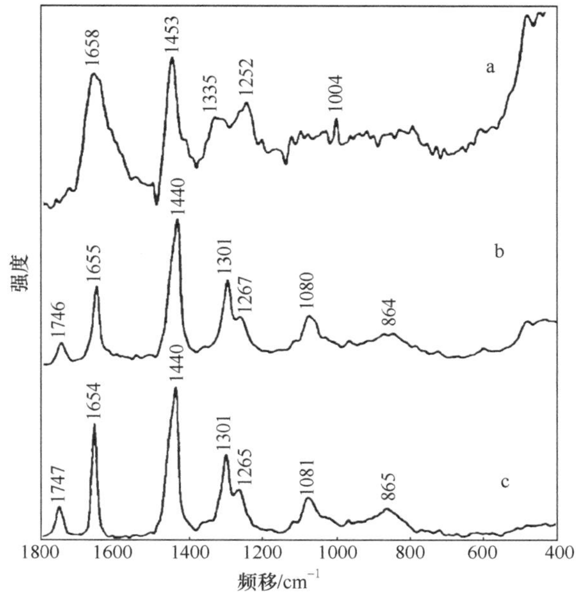

图 8.5　正常主动脉内壁(a)和外壁(b)以及三甘油三油酸酯(c)的拉曼光谱

纤维状和粥样状斑的拉曼光谱也有差异。前者的光谱在相对和绝对峰强度方面与正常主动脉相似，最大的差别在于 C—H 弯曲模的峰频移向低频方向偏移了 3 cm^{-1}，这是由于纤维状斑的类脂含量比正常主动脉稍稍大一些。动脉粥样状斑的拉曼峰则以 1440 cm^{-1} 和 1667 cm^{-1} 峰为特征，这是由积累在动脉粥样硬化病变区的高浓度胆固醇所引起的。

基于组织成分浓度与相应拉曼散射强度间的线性关系，也可对人体动脉各个结构成分作定量测定[19]。例如，已经测得正常主动脉和动脉粥样化斑的胶原与弹性硬蛋白之比分别是 31%∶62%和 36%∶17%。动脉粥样化斑的胆固醇总含量为 47%，其中胆固醇 14%，胆固醇油酸酯 21%，而胆固醇亚油酸酯为 12%。软组织的成分为胶原 68%、弹性硬蛋白 0%、胆固醇 9%、胆固醇油酸酯 4%，胆固醇亚油酸酯为 20%。

8.3.2　结石

人体有多种类型的结石病，其中胆结石是主要的结石病之一，在发达国家已经属于主要的健康问题之一。根据其成分，胆结石可分类为胆固醇结石、色素胆结石(胆红素胆结石)和由胆固醇和胆红素的混合物引起的胆结石。第一类含有超过 70%的胆固醇(以干重计)，而第二类通常含有较高的胆红素浓度(约 40%)。胆结石有多种多样的形态。胆结石的形成与胆汁中胆固醇的过饱和和不正常的肝脏新陈代谢有关，但其致病机制并没有得到明确的解释。

目前，用于胆结石诊断最普遍的技术是成像术，如腹部 X 射线术、胆囊造影术、超声波成像术和静脉注射胆管成像术。这些技术能对胆结石的大小和形状作出快速诊断，但无法确定其化学组成。拉曼光谱术在分析胆结石的化学成分方面能发挥其杰出的作用，它同时还能确定成分在试样中的空间分布。这些资料对于作出高精确度的早期临床诊断是至关重要的，有利于防止胆结石的形成和复发，也利于对手术医疗程序作出最佳的安排。

图 8.6 显示了一块胆结石中心区域(光谱 a)和表面以下区域(光谱 b)的拉曼光谱，为比较起见，也显示了胆红素的光谱(光谱 c)[20]。除图中光谱 b 在 1573 cm^{-1} 区段存在较多的峰外，这三条光谱十分相似。胆结石外表面的光谱则与胆固醇和胆酸的光谱相近。据此，可以判断胆结石是胆红素、胆固醇和胆酸的混合物。

胆红素胆结石常有不同的颜色。比较黑色和棕褐色区域以 514.5 nm 激光激发时的光谱，可以确认它们有相似的成分。胆红素胆结石拉曼光谱的特征拉曼峰位于 1625 cm^{-1}、1585 cm^{-1}、1350 cm^{-1}、1280 cm^{-1}、1195 cm^{-1}、1000 cm^{-1}、960 cm^{-1} 和 700 cm^{-1}。黄色区域有 2 个新峰，位于 1680 cm^{-1} 和 1450 cm^{-1}，分别相应于胆固醇的 C═C 伸缩和 CH_2 弯曲振动，表明有较高的胆固醇含量。胆结石含有无规分布的白色小颗粒，直径为 20～100 μm。电子探针 X 射线微分析得出这些小颗粒含有钙和少量硫。图 8.7 的上方两条光谱[光谱 a 属

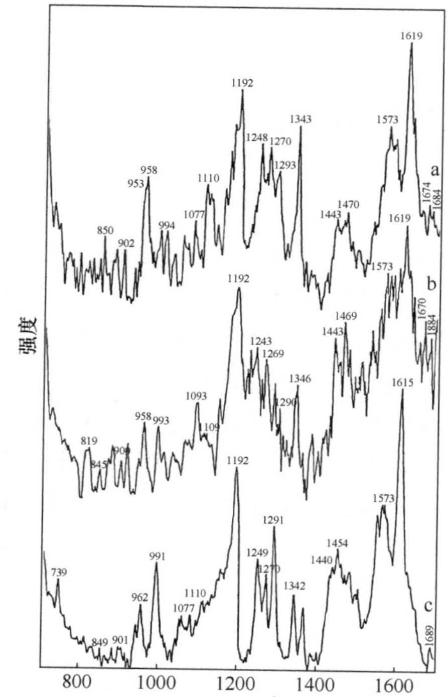

图 8.6　胆结石中心区域(光谱 a)和表面以下区域(光谱 b)以及胆红素(光谱 c)的拉曼光谱

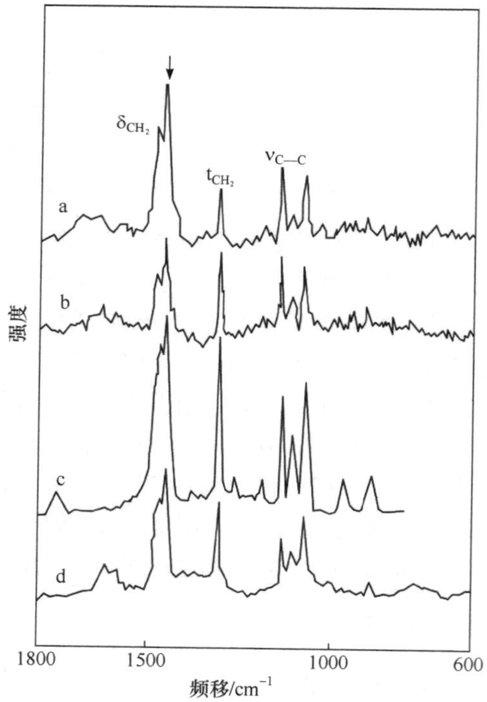

图 8.7　胆红素胆结石(a)和胆固醇-胆红素胆结石(b)以及 DPPC(c)和硬脂酸锌(d)的拉曼光谱

于胆红素胆结石，光谱 b 属于胆固醇-胆红素胆结石]是这种白色颗粒的拉曼光谱，显示的主要峰位于 1470 cm^{-1}(CH_2 弯曲模)、1445 cm^{-1}(羧化物基团频率)、1300 cm^{-1}(CH_2 扭转模)、1130 cm^{-1} 和 1065 cm^{-1}(C—C 主链伸缩模)和 900 cm^{-1}($C—COO^-$ 伸缩模)[21]。这种特征与 DPPC(二棕榈酰磷脂酰胆碱)和硬脂酸锌的光谱[图 8.7 光谱 c 和光谱 d]相似。可见，白色颗粒的主要成分是脂肪酸的钙盐，多半是结晶棕榈酸钙。

与胆结石相似，肾结石也是目前影响人类健康的常见疾病。肾结石可以用手术或非手术方法治疗，但其复发率超过 50%。通常认为肾结石的复发与结石的化学成分有关。

图 8.8 显示了肾结石的拉曼光谱[光谱 b 和光谱 c]，强峰出现在 506 cm^{-1}、898 cm^{-1}、1465 cm^{-1} 和 1631 cm^{-1}。作为比较，图中也显示了草酸钙水化合物的拉曼光谱(光谱 a)[22]。这些光谱的特性十分相似，可以认定肾结石基本上由草酸钙石构成。

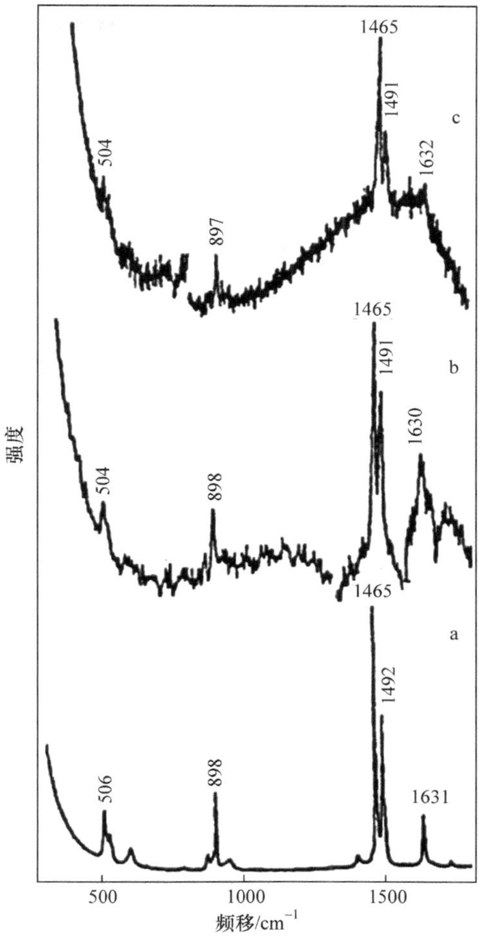

图 8.8　草酸钙水化合物(a)和肾结石(b，c)的拉曼光谱

8.3.3　矫形外科

作为人体重要的连接组织，骨骼起着支撑、保护和骨矿物质新陈代谢的作用。骨骼是无机相和有机相紧密结合的复合材料，两相的比例(以质量计)约为 75∶25。有机相基本上由类型 I 骨胶原构成，而无机相是氢氧化磷酸钙[$Ca_{10}(PO_4)_6(OH)$]。表征骨骼结构和分析其成分的传统方法有光学显微术、电子显微术、X 射线衍射术和化学分析。拉曼光谱术的应用使得人们能在分子尺度上探测骨的微观结构，而且，重要的是这种探测能在生理条件下实施。

用拉曼光谱探测脱朊对骨成分的影响，测试过程简便且结果清楚明了。图 8.9 显示了人体原骨和脱朊后人骨组织在 150～3300 cm^{-1} 范围内的拉曼光谱[23]。比较两条光谱，可见骨组织的脱朊引起 2900～3000 cm^{-1}(CH 伸缩模)、1450 cm^{-1}(CH 弯曲模)以及 1660 cm^{-1} 和 1262 cm^{-1}(骨胶原的酰胺峰)拉曼峰强度的显著降低。与之不同，无机成分的拉曼峰，包括 584 cm^{-1}(PO_4^{3-} 弯曲模)、952 cm^{-1}(PO_4^{3-} 伸缩模)、1036 cm^{-1}(CO_3^{2-} 弯曲模)和 1062 cm^{-1}(CO_3^{2-} 伸缩模)基本上不受脱朊的影响。

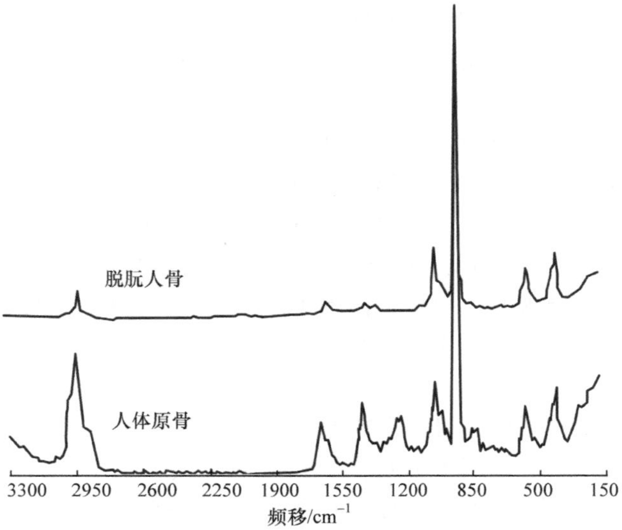

图 8.9　人体原骨和脱朊骨组织的拉曼光谱

将骨组织和相关合成无机材料的拉曼光谱进行比较，能得到有趣而又有实用价值的结果。在化学成分和结构形态方面上天然骨和合成试样高度相似。然而合成氢氧化磷灰石和天然骨无机基体的拉曼光谱之间，除对称 PO_4^{3-} 伸缩模的 952 cm^{-1} 峰外，没有其他峰是相互对应的。进一步的比较显示，在脱朊骨组织的拉曼光谱中存在由碳酸钙振动引起的位于 1433 cm^{-1}、1062 cm^{-1} 和 710 cm^{-1} 的弱峰，表明人体骨的无机相除氢氧化磷灰石外，还含有相当大量的碳酸钙。这个结果对进一步改善用于骨修复和种植物涂层的现有生物材料很有参考价值。

开发骨替代材料主要考虑的问题是骨-移植物界面的强度、骨结构的形成和骨附着的范围与程度。生物活性材料(磷酸钙、氢氧化磷灰石、磷酸三钙和玻璃陶瓷)能与天然骨基体化学结合，并促使骨向内生长和移植物的固定。生物惰性材料(金属、合金和聚合物)则对形成骨-移植物界面十分困难，因为它们不能直接附着在骨上。不过这些生物惰性材料都具有极好的力学性质。将磷灰石涂在金属移植物上能发挥生物活性和生物惰性材料各自的优点，值得推荐。

拉曼光谱术在骨-移植物的界面的研究中能给出很有参考价值的资料。下面一个实例是将涂有磷酸钙涂层的钛片植入狗体，随后用拉曼探针检测其界面特性。试样构造如图 8.10 所示[24]。首先测得距钛-涂层界面 25 μm 处的光谱，激光聚焦点向骨基体移动，每间隔 10 μm 测量一条光谱，同时测定未移植的涂层钛片清洁表面的光谱作为比照。结果显示于图 8.11 中。无定形磷酸钙的光谱也包含在图中作为标准。比较这些光谱，可以看到当激光聚焦点向骨层移动时，960 cm^{-1} 峰变窄了，光谱逐渐相似于骨磷灰石的光谱。依据上述资料估算出骨-移植物界面的宽度为 30～40 μm。

除研究静态下骨组织和骨-移植物界面的成分与结构外，拉曼光谱术具有探测骨移植动力学过程的杰出能力。将移植物固定于骨上最常用的黏结剂是 PMMA，它由 BP(二苯甲酮)和 BMA(甲基丙烯酸丁酯)在聚合过程中形成。一旦 BMA 与 BP 混合，BP 自由基与

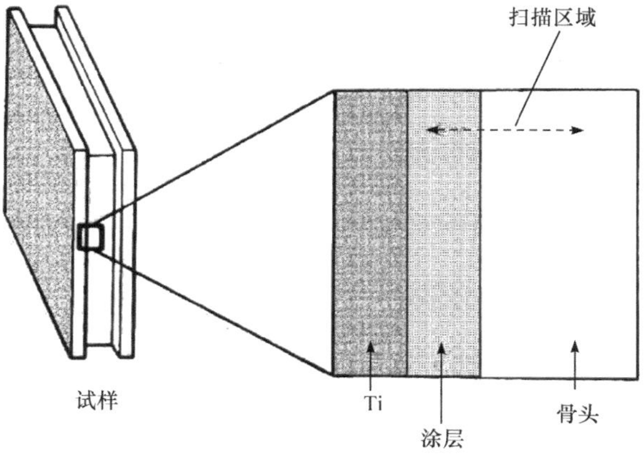

图 8.10　骨-移植物间界面的拉曼光谱测试示意图

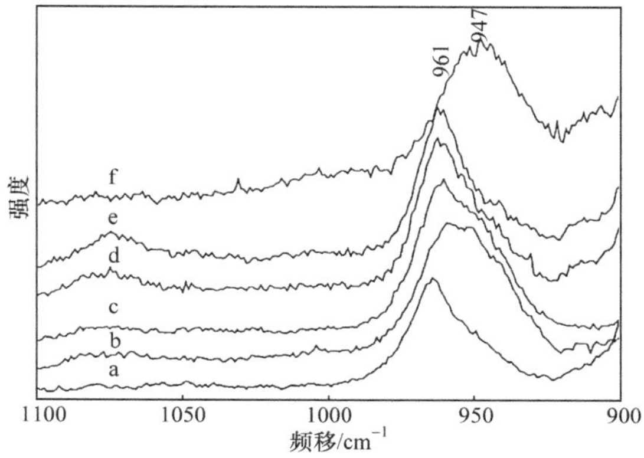

图 8.11　应用共焦拉曼微探针测得的骨-移植物界面不同位置的拉曼光谱

a. 未移植的试样表面；b. 距界面 25 μm；c. 距界面 55 μm；d. 距界面 65 μm；e. 距界面 85 μm；f. 无定形磷酸钙

BMA 单体的反应就引发聚合。随着聚合的进行，越来越多的 BMA 单体分子加入到现存的聚合物链中。单体分子逐渐耗尽，聚合物变得黏稠，最后反应终止。BMA 和 PMMA 聚合物的化学结构的差异使得有可能用拉曼光谱术监测聚合过程。 BMA 的拉曼光谱显示 3105 cm^{-1}、3046 cm^{-1}、2995 cm^{-1} 和 1638 cm^{-1} 峰，分别归属于$=CH_2$伸缩模和 C═C 伸缩模。这些峰恰好是 PMMA 拉曼光谱所缺少的。在 BMA 和 BP 混合后，每隔 5 min 测定聚合反应的拉曼光谱，图 8.12 显示了一系列 C═C 伸缩模区域的拉曼光谱[25]。1638 cm^{-1} 峰强度的逐渐变弱表示自由基对 BMA 单体双键的侵入。23 min 以后，这个被监测的峰完全消失，光谱不再变化，反应结束。

显微拉曼光谱术的应用使涂层金属骨移植物的化学和结构分析能达到微米级的分辨率。图 8.13 是含有氢氧化磷灰石涂层的金属骨移植物的二维拉曼像[26]。纵坐标表示横过骨-移植物界面的线扫描位置，而横坐标表示线扫描每点的拉曼光谱频移。最强峰是位于 960 cm^{-1} 的对称磷酸-氧伸缩模。图中可见，当扫描横过骨-移植物界面时，光谱发生显著的变化，表征骨材料的 1450 cm^{-1} 强峰在涂层金属这边消失了，而由合成磷灰石(羟基磷灰石，HAP)的 PO_4^{3-} 弯曲模引起的 592 cm^{-1} 峰在骨材料中消失。二维拉曼像能明确显示横过骨-移植物界面成分的变化。此外，由显微拉曼光谱术获得的资料表明骨-移植物的界面是不规则的。

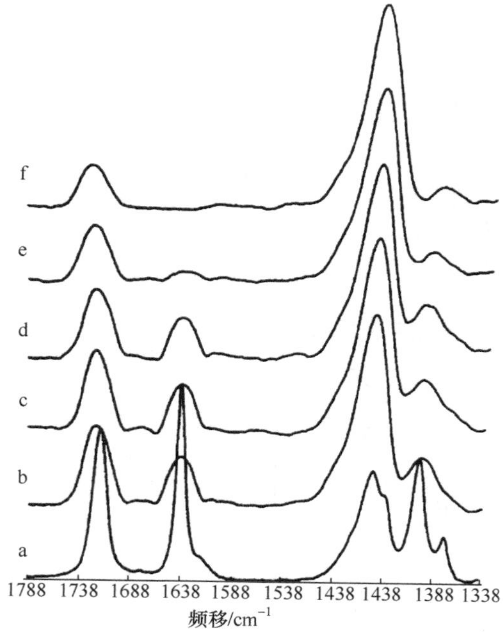

图 8.12　骨黏结剂聚合过程中的拉曼光谱

a. BMA 单体；b. 混合 5 min；c. 混合 10 min；d. 混合 15 min；e. 混合 20 min；f. 混合 25 min

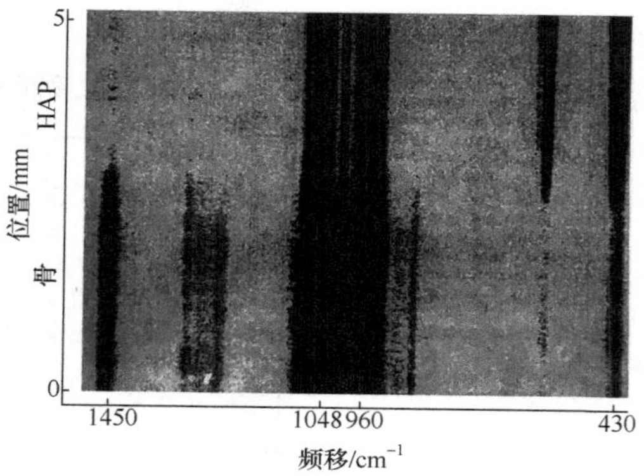

图 8.13　骨-移植物界面的二维拉曼像

8.3.4　牙科学

拉曼光谱术在探测牙齿珐琅质和牙用黏结剂与牙质界面的成分及微观结构方面能发挥杰出的作用，获得其他技术难以得到的资料。

牙齿的珐琅质是哺乳动物骨骼组织最为高度矿物化的物质，成年牙齿珐琅质的主要无机成分是氢氧化磷灰石的结晶体。人类牙齿珐琅质含有高浓度的碳酸离子，它的存在与牙齿珐琅质是否易于成龋有关。可以用拉曼光谱术分析牙齿珐琅质中 CO_3^{2-} 的含量。图 8.14 显示了牙齿珐琅质和含有不同 CO_3^{2-} 含量的合成磷灰石的拉曼光谱[27]。图中可见，随着 CO_3^{2-} 含量的增加，位于 680～780 cm^{-1} 区间和 1070 cm^{-1} 的拉曼峰强度逐渐增强。与之相反，3570 cm^{-1} 峰(OH 伸缩模)和 960 cm^{-1} 峰(PO_4^{3-} 模)的强度则随 CO_3^{2-} 含量的增加而减弱。将 OH^-伸缩峰与 PO_4^{3-} 峰的强度相比，发现珐琅质的光谱与含有 2.2%～3.4% CO_3^{2-} (以质量计)合成试样的光谱相似，这与文献中给出的人类珐琅质化学成分资料一致。

含有诸如 Na_2PO_3F(MFP)的单氟磷酸盐被广泛地使用于牙膏中。在口腔环境中 PO_3F^{2-} 离子水解产生氟离子，通常认为这是含 MFP 成分的牙膏能够防龋的机制。另一种机制则认为在磷灰石微晶表面上 MFP 与 HPO_4^{2-} 离子交换并产生 F^-和磷酸盐离子，这是由于 PO_3F^{2-}离子与 PO_4^{3-} 离子在结构上是同晶型的。不过，这两种晶体结构的对称性并不相同，

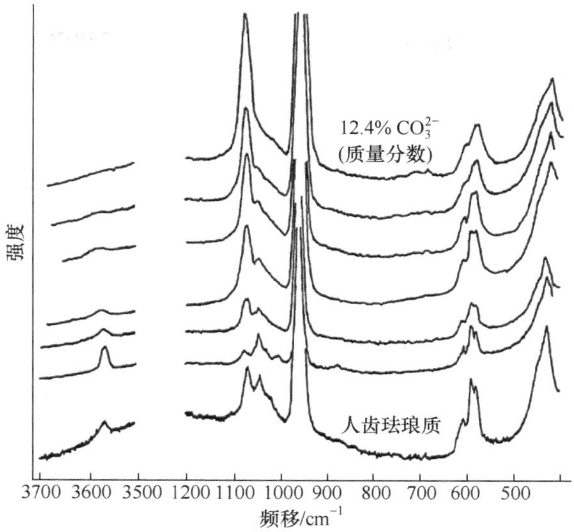

图 8.14　人类牙珐琅质和含有不同 CO_3^{2-} 含量的合成磷灰石的拉曼光谱

图中从下向上 CO_3^{2-} 含量增加

因此拉曼光谱术能鉴定是否存在 F^-离子。此外，中性 Na_2PO_3F 溶液的拉曼光谱表明不存在聚合物分子，这证实在中性条件下并不发生含水 PO_3F^{2-}的聚合。

人们发现在龋齿的微晶溶解过程中，在微晶 *c* 轴的径向方向比平行方向溶解得更快，显然，这表明微晶有一定择优取向。本书第 3 章已经指出用偏振拉曼光谱术研究聚合物分子和晶体取向的方法。类似的方法也能用于珐琅质微晶取向的测定[28]。

牙用黏结树脂性能的改善或开发新的树脂强烈要求对黏结树脂与牙齿间界面区(或称相互扩散区)物质的形态学、化学和其他性质有详尽的认识。通常认为，黏结树脂与牙质的结合强度除来源于树脂与牙齿表面无机化合物间的化学相互作用外，还来源于树脂对珐琅质和开口牙质小管的物理渗透，形成树脂与牙齿基质表面间的混杂层。传统的显微镜技术，如共焦光学显微术、SEM 和 TEM 等已经广泛地应用于研究牙科黏结树脂的形态和结构。然而，这些技术难以获得与化学相关的资料。拉曼光谱术有约 1 μm 的高空间分辨率，能用于表征相互扩散区的化学物空间分布。4-META/MMA-TBB 树脂(TBB 表示三丁基硼)是一种牙用树脂，对黏结珐琅质和牙质特别有效。SEM 的形态学研究指出，其极好的拉伸黏结强度是由于 4-META 单体易于渗入牙质基体与 MMA 发生聚合。为了估计 4-META/MM A-TBB 树脂对牙质的渗入深度，可沿着垂直于牙质和树脂间界面的直线逐点测定其拉曼光谱，结果如图 8.15 所示[29]。图中 R(*n*)和 D(*n*)分别表示激光聚焦点位于树脂(R)和牙质(D)区距离界面 *n* μm 处。R(*n*)光谱的最强峰是来源于 C—O—C 对称伸缩模的 815 cm^{-1} 峰，而 D(*n*)光谱的最强峰是 965 cm^{-1} 峰，归属于氢氧化磷灰石中磷酸盐离子的 P—O 对称伸缩模。比较这些光谱，可以看到 815 cm^{-1} 峰强度相对 965 cm^{-1} 峰强度的比值随离开界面的距离向牙质深入而急剧减小。根据 815 cm^{-1} 峰的强度估计出树脂增强牙质的深度约为 6 μm。

对另外两种树脂(supper-B、supper-D 黏结树脂和 Scotochbond 多用途黏结树脂)的拉曼测定也得出树脂渗入牙质的深度为 5～6 μm，这与 SEM 测定的结果一致。

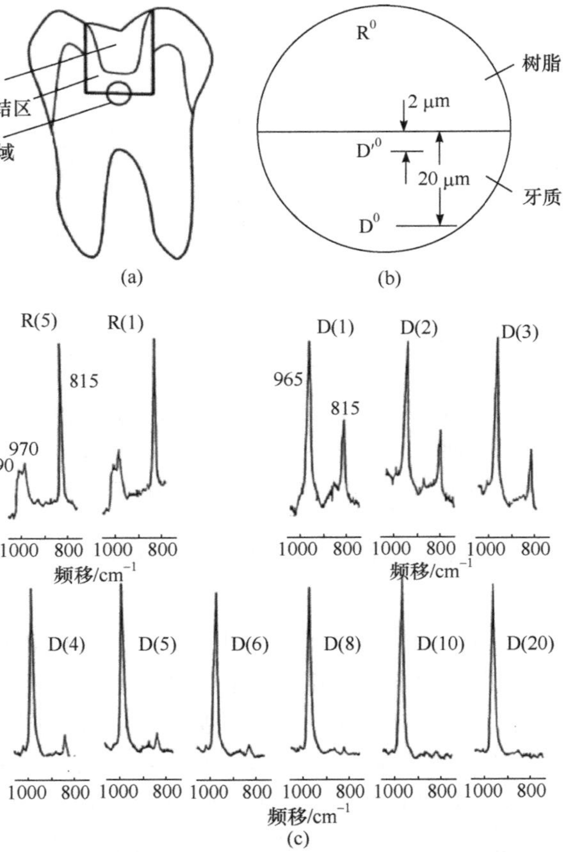

图 8.15　牙质与树脂间界面结构的拉曼光谱分析

(a) 填充有 4-META/MMA-TBB 树脂人齿横截面示意图；
(b) 分析区域的放大图；(c) 树脂与牙质间界面区域各点的拉曼光谱

拉曼和红外光谱对 4-META(4-甲基丙烯酰乙氧基苯三酸酐)的测试都没有发现树脂和牙质间发生化学反应，然而有证据表明，每个 4-META 单体都与牙齿表面的 Ca^{2+}相结合。

将 4-META/MMA 溶液在 37℃下保持 15 min、3 h 和 24 h，测定珐琅质的拉曼光谱。15 min 和 3 h 的保持没有发现光谱有任何变化，然而 24 h 保持之后发现酯 C═O 峰从 1743 cm^{-1} 偏移到 1727 cm^{-1}。此外，相对于 1615 cm^{-1} 峰，1387 cm^{-1} 峰增强了。这些峰的变化最可能是由于 4-META 与珐琅质表面的 Ca^{2+}相互作用后产生了羰酸盐离子。实验资料指出，与临床条件下 4-META 树脂的聚合相比，酸碱反应是相当慢的。

8.3.5　眼科

应用拉曼光谱术对眼科学的研究大致聚焦于三个领域：表征眼球晶体蛋白结构；探测晶体膜的稳定性；发展眼疾病早期诊断的临床方法。

眼球晶体蛋白由水溶性的蛋白质和不溶于水的硬朊组成。前者又可分为α-晶体、β-晶体和γ-晶体。

眼球晶体蛋白可用拉曼光谱术进行详尽的结构分析。从冷冻牛眼球晶体中可分离出五种水溶性眼球晶体球蛋白片段，即α-、β_1-、β_2-、β_3-和γ-晶体蛋白。这五种蛋白的拉曼光谱显示在图 8.16 中[30]。光谱中的 624 cm^{-1}(氨基苯丙酸)和 644 cm^{-1}(酪氨酸)两个强峰对不同蛋白有显著差异，表明这些蛋白组分有不同的氨基苯丙酸含量相对酪氨酸含量的比值。此外，分析位于 1672 cm^{-1} 和 1240 cm^{-1} 的酰胺Ⅰ和酰胺Ⅲ拉曼峰得出，这些蛋白以反平行β-折叠构象为主要结构构象。拉曼光谱还显示了眼球晶体蛋白在 pH 为 7.2 的水中的溶解并不改变这两个峰，表明β-折叠构象在溶液中保持不变。

为了测定反平行β-折叠构象是否在整个眼球晶体中均匀分布，可对眼球晶体不同区域和相对激光束不同取向测定拉曼光谱。测试得出酰胺Ⅰ和酰胺Ⅲ峰频移并不变化，但 I_{624}/I_{644} 强度比却随这些参数而变化。这种结果意味着α-、β-和γ-晶体蛋白是不均匀分布的。图 8.17 是完整无损的眼球晶体和分离出的晶体蛋白的—SH 伸缩模区域的拉曼光谱[30]。

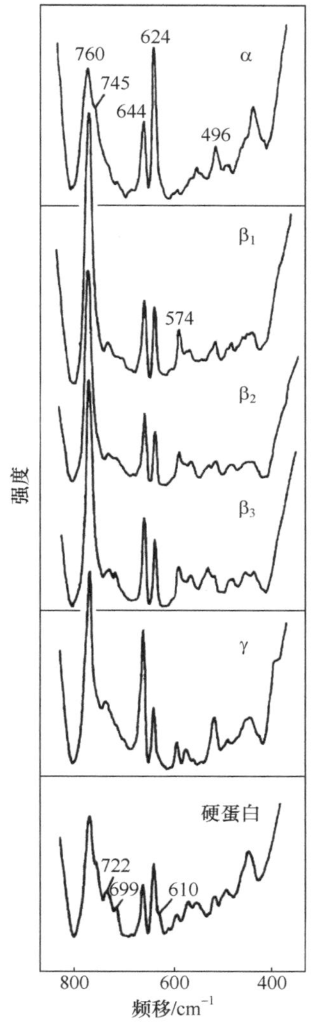

图 8.16　水溶性眼球晶体球蛋白和冻干硬蛋白的拉曼光谱

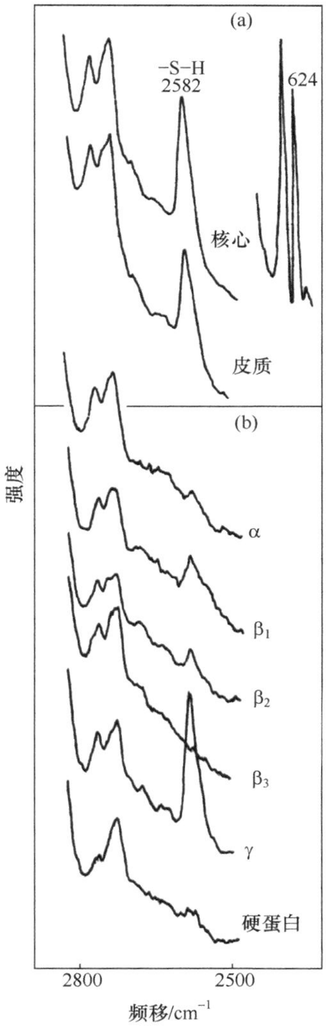

图 8.17　完整无损的眼球晶体(a)和分离出的晶体蛋白 SH 伸缩模区域(b)的拉曼光谱

图中可见，—SH 基团高度集中在γ-晶体蛋白中。其次，随着从表面皮质到核心，峰强度增强，表明γ-晶体蛋白的浓度增加。为了比较眼球晶体蛋白与其他蛋白质(如胰岛素和溶菌酶)的热稳定性，可测定在 100℃下加热 1 h 后完整无损眼球晶体的拉曼光谱。令人惊奇的是光谱的蛋白酰胺Ⅰ和酰胺Ⅲ的拉曼峰没有发生变化。眼球晶体蛋白的这种不寻常的稳定结构是因为存在反平行β-折叠主链构象。不过，一旦与眼球晶体类脂体结合，眼球晶体蛋白就主要是α-螺旋构象结构[(72±15)%]，小部分是β-折叠结构[(18±11)%]和β-转动结构。

眼球晶体类脂膜的结构分析也可从拉曼光谱术中获得十分丰富的信息，可参阅有关文献[31, 32]。

8.3.6 病理学

1. 矽肺的拉曼光谱检测

矽肺是由于吸入尺寸小到足以到达肺周边的二氧化硅尘粒引起的。疾病的特征是肺缓慢地逐渐纤维化。最常发病的人群是矿工、石块切割工和喷沙工、铸造翻砂工和陶瓷工。肺泡的巨噬细胞吸入尘粒，立即死亡并释放出包括二氧化硅颗粒在内的某些物质。这种吞噬作用和细胞死亡的重复，形成了颗粒状结核和广泛的纤维化。

显微拉曼光谱术能用来测定矽肺患者患肺包含物的化学成分。将因肺尘病死亡患者的肺组织制成厚度为 5～15 μm 的石蜡切片，安放于载玻片上。肺组织的染色部分由于染色剂会引起拉曼光谱强烈的荧光背景，因此先用偏光显微镜定位好未染色切片的肺组织包含物，将激光聚焦于该包含物。分析发现两种类型的包含物。第一种类型，其位于 155 cm^{-1}、281 cm^{-1}、711 cm^{-1} 和 1085 cm^{-1} 的拉曼峰与方解石($CaCO_3$)的参照谱十分一致。第二种类型，肺组织包含物的光谱显示有位于 212 cm^{-1}、330 cm^{-1}、730 cm^{-1} 和 1084 cm^{-1} 的拉曼峰。这些峰与菱镁矿($MgCO_3$)特征峰十分匹配。早期的医学诊断认为矽肺引起患者死亡是由于吸入石英颗粒，然而，拉曼光谱术并没有检测出石英。这些组织的 X 射线检测也证实肺组织中不存在石英颗粒。

淋巴结组织的拉曼光谱测试表明有三种类型的包含物。一种类型在 128 cm^{-1}、306 cm^{-1} 和 446 cm^{-1} 处出现拉曼峰，与参照光谱相比，可以确定淋巴结组织包含物中含有α-石英颗粒。另两种情况的拉曼峰分别出现在 197 cm^{-1}、366 cm^{-1} 和 679 cm^{-1} 以及 240 cm^{-1}、440 cm^{-1} 和 610 cm^{-1}，这些峰分别归属于云母和金矿石(TiO_2)。

器官包含物的拉曼光谱测定的详情可参阅相关文献[33]。

2. 脑组织

脑功能与其生物分子的化学分布和结构紧密相关。不过，由于其复杂性，要在分子尺度研究人脑成分，不论在活体内还是在原位都是很困难的。近代光谱技术的发展使得人们能在分子尺度鉴别脑组织的化学成分并监测其结构变化。

图 8.18 是正常人脑皮质(灰色物质)和长有脑肿瘤的顶骨页白色物质的拉曼光谱[34]。正常的和水肿的脑组织光谱间并没有很大的不同。归属于蛋白质酰胺Ⅰ和酰胺Ⅲ的 1659 cm^{-1}

峰和 1269 cm^{-1} 峰表明脑蛋白质的二次结构基本上是α-螺旋形的。位于 1439 cm^{-1} 强而尖锐的峰归属于类脂体的 CH_2 形变模。1439 cm^{-1} 和 1659 cm^{-1} 拉曼峰的强度比可用于确定蛋白质对类脂体的相对比例，以表征病理变化，例如，与灰色的和白色的物质相对应的该比值分别为 1.12 和 2.58。

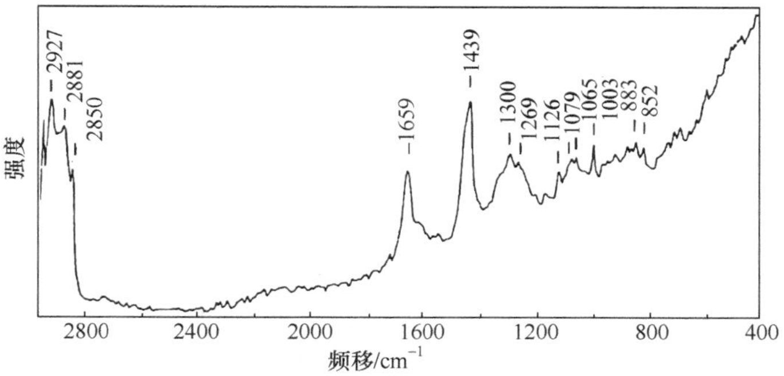

(a)

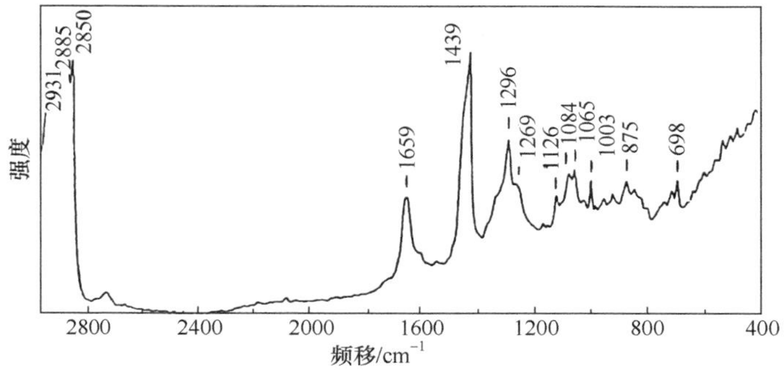

(b)

图 8.18　人脑组织的近红外-拉曼光谱

(a) 正常人脑皮质；(b) 长有脑肿瘤的顶骨页白色物质

脑组织及其病变的拉曼光谱研究的更多实例可参阅相关文献[35-37]。

3. 乳房组织

乳房癌是对妇女生命最有威胁的疾病之一。例如，1996 年美国所有与癌有关的死亡中乳房癌占了 17%。对乳房癌的成功治疗，早期正确诊断是非常重要的。拉曼光谱术能快速、容易、无破坏性和非侵入性地区别出正常组织和病变组织。

正常的、病变起始期和恶性乳房组织在它们的拉曼光谱中表现出不同的特性。图 8.19 是乳房癌和乳房纤维化组织的拉曼光谱[38]。乳房癌并不完全消除乳房的脂肪基质，所以其拉曼光谱位于 1004 cm^{-1}、1156 cm^{-1} 和 1525 cm^{-1} 的峰[相应于图 8.19 中光谱 a 的 C_1、C_2 和 C_3]与正常乳房组织相似。但在 1358 cm^{-1} 处出现一个新的尖锐峰，这大概来源于血红素或其他卟啉的降解产物。然而，类脂体峰(图中以 L_1、L_2、L_3 和 L_4 表示其位置)的强度与正常组织相比显著降低。对于乳房纤维化组织，图 8.19 中光谱 b 显示类脂体和类胡萝卜素也减少了。

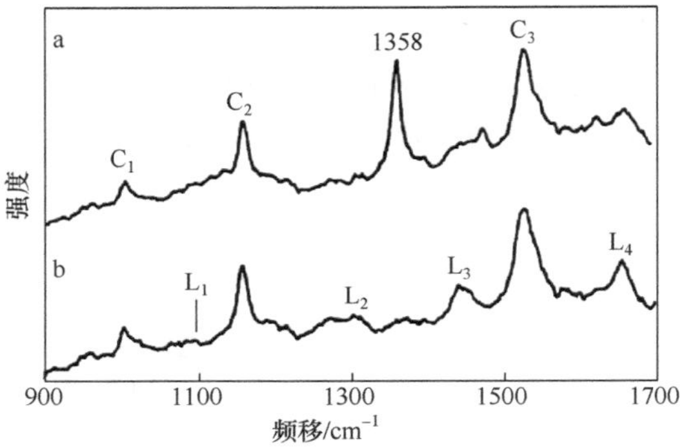

图 8.19　病变乳房组织的拉曼光谱
光谱 a. 乳房癌；b. 乳房纤维化组织

乳腺肿瘤与乳腺正常组织在多数情况下并没有明显的界限。有研究指出，测定乳腺癌、乳腺增生和良性肿瘤等乳腺肿瘤周边组织的拉曼光谱，分析其蛋白质二级结构，发现拉曼光谱的灵敏度足以用来表征它们的二级结构的差异[39]。测试计算了众多病例癌肿、瘤和增生物的酰胺 I 谱带α-螺旋(约位于 1657 cm^{-1})相对β-折叠(约位于 1750 cm^{-1})含量的比值，结果表明，癌肿周边组织酰胺 I 谱带中该比值高于非癌肿病例的比值。癌肿周边组织的α-螺旋与β-折叠总量比值也比非癌肿周边组织的比值高。这说明，癌肿周边组织中蛋白质二级结构α-螺旋的相对含量较高，而非癌肿周边组织中相对含量较低。研究认为可以将肿瘤周边组织拉曼光谱的α-螺旋与β-折叠相对含量的比值作为指征，对肿瘤的性质作出诊断。

4. 肝组织

肝组织中肝细胞和其他类型的细胞及细胞间物质，与其他生物组织一样有复杂的拉曼光谱[40]。最受关注的光谱行为是在硬化和肿瘤病理组织中 1182 cm^{-1} 峰的强度增强。在硬化和肿瘤组织中，这个峰与 1156 cm^{-1} 峰的强度比 I_{1182}/I_{1156} 从正常组织的 0.73 分别增大到 1.16 和 1.30。这种强度增强表明存在着影响两种疾病状态的分子标志，这种行为是由于甲胎蛋白(AFP)的增加。甲胎蛋白是肝细胞瘤和胚胎性癌的特有抗原。在恶性组织中，1039 cm^{-1} 和 1076 cm^{-1} 峰的强度也有所增强，但增强的程度较小。1122 cm^{-1}、1175 cm^{-1}、1367 cm^{-1} 和 1401cm^{-1} 峰是来自血红细胞的拉曼峰。

肝组织的拉曼光谱用近红外激光激发的傅里叶变换拉曼光谱术能有效减除荧光背景。分析光谱能测定出肝组织的成分和结构变化。脂肪肝的特点是脂肪在肝细胞中的可逆沉积。这种沉积可由糖尿病、肥胖症和乙醇引起。在肝硬化时，肝组织被不可逆破坏或被不包含在肝新陈代谢内的结缔组织所替代。图 8.20 显示了硬化肝组织(a)、脂肪肝组织(b)和结肠脂肪(c)的拉曼光谱[18]。脂肪肝和硬化肝的拉曼光谱主要考察位于 1441 cm^{-1} 和 1301 cm^{-1} 的蛋白质峰。1441 cm^{-1} 峰是类脂的贡献，而 1058 cm^{-1} 峰是不饱和成分和蛋白质酰胺 I 的贡献。此外，1656 cm^{-1} 和 1243 cm^{-1} 峰表明蛋白质的主要成分是胶原，而人类脂肪肝组织仅显示碳氢化合物的峰。

5. 结肠组织

正常的和赘生物结肠组织有不同的生化结构。对于病变组织，除三酰甘油(TAG)降低和磷脂升高外，也观测到 DNA 的次甲基化[41]。直肠癌细胞 DNA 成分的显著变化能够在拉曼光谱的变化中反映出来。使用紫外共振拉曼(UVRR)光谱术能够不受干扰地观测到癌组织中的核酸和蛋白质，这是因为核酸和芳香族氨基酸残留物的拉曼信号能用选择合适的激光波长得到增强(参阅第 2 章 2.10 节)。

图 8.21 是正常结肠黏膜和腺癌的紫外共振拉曼光谱，测试使用 250 nm 激光作为激发光[42]。与正常结肠黏膜相比，在腺癌情况下核酸的 1485 cm^{-1} 和 1335 cm^{-1} 拉曼峰得到增强。与之不同，若以 239.6 nm 激光激发，腺癌的紫外共振拉曼光谱并不显示来自核酸的贡献。这是因为 240 nm 以下的激光仅能增强蛋白质模的强度。在 250 nm 激光激发下，正常结肠组织的肌肉层和浆膜层的拉曼光谱显著不同，也与黏膜的光谱有差异，这反映了这些组织有着不相同的化学组成。主要包含平滑肌细胞和结缔组织的肌肉层有着位于 1612 cm^{-1} 的强蛋白质峰。核酸的弱峰(1487 cm^{-1} 和 1335 cm^{-1})和类脂的尖锐峰(1657 cm^{-1})也能测得。与之不同，由类脂组成的浆膜的拉曼峰显示归属于 C═C 伸缩模的位于 1657 cm^{-1} 的强峰。另一些弱峰则归属于 CH_2 弯曲和 C—C 伸缩模。

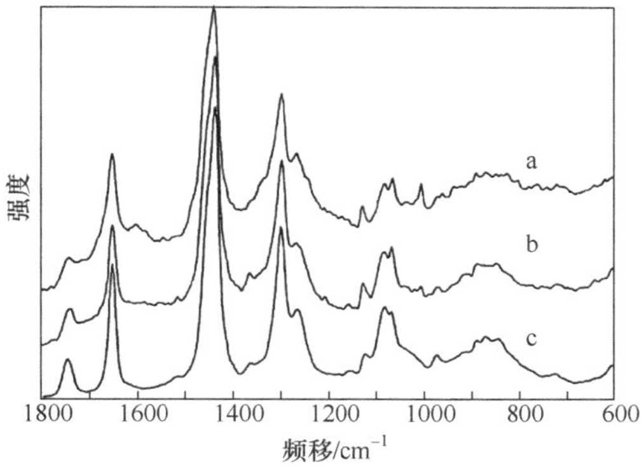

图 8.20　硬化肝组织(a)、脂肪肝组织(b)和结肠脂肪(c)的拉曼光谱

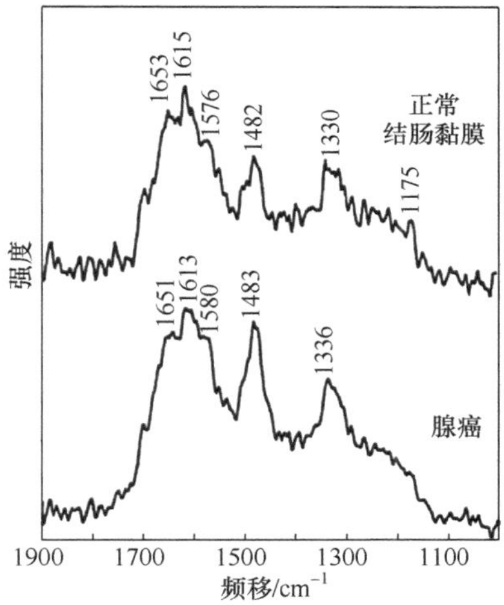

图 8.21　正常结肠黏膜和腺癌的紫外共振拉曼光谱

8.4　拉曼光谱术的生物医学应用前景

在过去 20 多年，拉曼光谱术在生物医学及其相关领域的应用方面已获得巨大进展。目前正以更快的速度向临床诊断和医学研究的各个领域扩展，并不断完善相关技术和方法。本章前几节所述只是早期的几个实例，并不包括所有应用领域、方法和技术。拉曼光谱术在生物医学领域应用的今后发展，在下列几方面是值得注意的。

许多技术发明极大地促进了拉曼光谱术在医学科学中的应用，同样，医学研究的要求也促使新的拉曼技术的出现。例如，长波长激光激发拉曼散射有效地减除了生物医学试样的荧光发射，从而刺激了在临床应用拉曼光谱术的兴趣。此外，长波长激光激发比紫外和可见光激发能深入试样更深处，这使得可能获得组织不同层处的信息。近来，新型探测器的出现已使更长波长的拉曼光谱术成为可能。

远距离纤维光学探针(参阅第 2 章 2.6 节)能将激发光传送到人体内部，并能有效地收集到激发出的拉曼散射信号。纤维光学探针的出现是振动光谱术进一步扩大其医学应用的关键因素之一。纤维光学的应用增大了原位外科手术(如癌病灶的激光烧灼和动脉血管成形术)和内窥镜诊断的效能。此外，拉曼光谱术能帮助外科医生监测激光手术过程，并有助于病理学家迅速而系统地区分良性和病态组织。市场上已能购得可供临床应用的拉曼探针和适合医用的拉曼光谱仪。有一种光学纤维的激光导管可插入动脉，传递激光和收集拉曼信号作光谱诊断，并能对动脉粥样硬化病作激光治疗。

由于具有高灵敏度的 CCD 探测器加上某些特殊的滤波器的应用，能够获得试样的二维拉曼像，直接观察到选定区域的组织形貌和各种分子组成的空间分布。如果加上共焦拉曼显微术就可获得三维拉曼像，显示试样成分的三维空间分布。三维构建技术使病理诊断达到一个新的、更高的水平。

正确的拉曼临床诊断，必须十分注意拉曼数据的处理和解释。可以建立拉曼数据库作为诊断标准，数据库中可包含基本分子、单细胞、多细胞器官以及健康和病态组织的拉曼光谱。为了便于临床试验和比较，对有关共存疾病、疾病阶段和疾病严重程度的组织状态要作详细说明。此外，将试样准备、数据收集和数据处理的程序标准化可减少光谱变量，便于临床比较以完成病理诊断。

拉曼信号与生物成分浓度间定量关系的建立也在取得进展，人们使用各种模型研究线性和非线性关系。定量测量有助于医师跟踪病理学变化的进展，估计疾病的严重程度和治疗效果。

最后需要指出的是，近年来表面增强拉曼光谱术在生物医学领域的应用研究获得了重要进展，成为相关科研人员瞩目的热点研究课题，详情安排在本章 8.7 节阐述。

8.5　拉曼光谱术的药物学应用概述

在药物学领域，拉曼光谱术也是一种强有力的研究和检测技术。在药物材料，尤其是活性药物物质的特性表征方面具有其他传统测试技术，如 X 射线衍射术、红外光谱术、差热扫描分析和核磁共振术等所不具备的独特功能。因此，在药物研究、工业生产、鉴别和商业活动中，拉曼光谱术能发挥不可替代的作用。

20 世纪 90 年代以前，拉曼光谱术在药物学领域的应用并不活跃，这是因为使用传统的可见光 488 nm 和 514.5 nm 激光激发，药物试样常常出现严重的荧光背景。这种荧光遮盖了人们感兴趣的试样振动光谱。荧光可能源于分子本身，也可能源于药物试样中的荧光杂质。近红外波长激光的使用(波长在 785～1064 nm 范围)有效地解决了荧光问题。

近红外光子能量的大小不足以激发分子进入为荧光过程跃迁所需要的激发电子态。使用 1064 nm 激光和迈克耳孙干涉仪的福里哀变换拉曼光谱仪的出现和商品化，使拉曼光谱术在药物学领域的应用得到突破性的发展。

拉曼光谱术有几个特有功能在药物分析中特别有用。它们主要包括非侵入和无破坏性检测，一般无需试样准备处理；能检测在水环境中的试样；能通过玻璃容器检测；拉曼散射对对称伸缩和高极化键(如 C═C，C≡C，C≡N，C—S 和 S—S)特别敏感以及能获得从 50 cm^{-1} 到大于 3600 cm^{-1} 大范围光谱的信息。

拉曼光谱测试不要求对试样作任何预处理。用拉曼光谱术检测试样就如同用眼睛看试样。对试样不侵入，也不破坏，不要求作任何预处理，可对购入的原材料和已配制物质直接进行检测。这使得拉曼光谱术成为一种简便而快速的试样鉴别技术。不必对试样作测试前预处理还有一个好处，就是保持了固体试样原有的固态特性，如溶剂化物态、盐结构形态和多晶型态等。药物原料物质的这些特性对于最终药物产品的性能(如溶解性能和生物利用率)常常是至关重要的。

使药物工作者感兴趣的拉曼光谱术的第二个重要功能是能够分析在水环境中药物物质的结构。水的拉曼散射很弱，因而对分析物光谱的干扰很小。拉曼光谱术能用于探测水环境中成药的结构，并能获得有关药物-赋形剂、药物-药物和药物-受体之间相互作用的信息。了解这些相互作用意义十分重大，因为药品产物是预设成在水环境中释放的。拉曼光谱术在药物工业中最早的实际应用是研究蛋白质在水环境中的构型。在水环境中检测的下限是毫克分子，若使用共振增强技术(参阅第 2 章 2.10 节)，检测下限可达到微克分子，甚至更低。

拉曼光谱术的另一个吸引人的功能是能透过玻璃检测试样，这是红外光谱术无法做到的。玻璃的拉曼散射很弱，对试样的拉曼光谱只有极小的干扰，是固体和液体试样的理想容器。这简化了拉曼光谱仪的试样装置，也减小了进行拉曼实验的复杂性。这个功能加上无需试样预处理使得有可能设计出快速鉴别测试系统。例如，可将固态或液态试样置于小瓶中，随后将小瓶排列成行，依次测得各试样的拉曼光谱。目前市场上已有在以秒计的时间内就可获得光谱的鉴别测试系统。由于各工业领域，尤其是制药工业越来越强调对质量的控制，依据拉曼光谱术设计的这种高效率快速鉴别测试系统有着广泛的市场空间。

拉曼散射对对称伸缩和高极化键的敏感是拉曼光谱术的重要功能。它对药物分析很有价值，因为大部分药物活性分子都包含一定程度的不饱和。这些振动特征常常在拉曼光谱的指纹区表现得十分强烈。分子内的 C═C 引起在约 1650 cm^{-1} 处的振动峰，而与芳香环对应的是位于 1600 cm^{-1} 的峰。在 1600～1650 cm^{-1} 区间内的光谱响应常常是分子存在不饱和键的唯一标记，这能用于确定在赋形剂基体内是否存在药物成分。赋形剂一般不存在不饱和碳键，因此在 1600～1650 cm^{-1} 区间没有对应的峰。图 8.22 显示了含有芳香环基团的药物物质和三种常用赋形剂(聚维酮、微晶纤维素和乳糖)的拉曼光谱[6]，虚线指出 1600 cm^{-1} 区。图中可见，除药物物质在 1600 cm^{-1} 指纹区有拉曼峰外，其他光谱在该区域都没有任何峰出现。

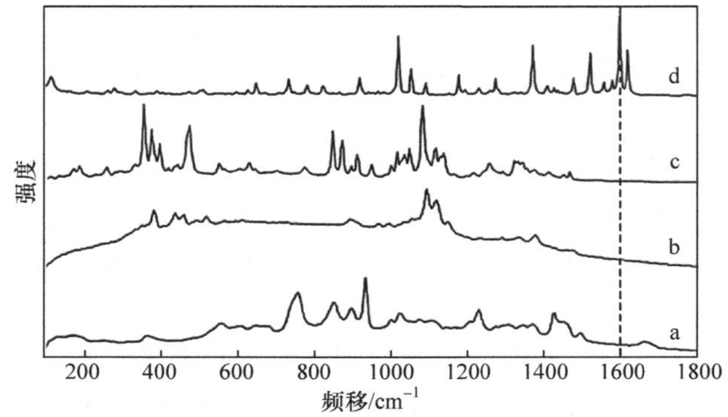

图 8.22　含有芳香环基团的药物物质和三种常用赋形剂的拉曼光谱

a. 聚维酮；b. 微晶纤维素；c. 乳糖；d. 含有芳香环基团的药物物质

拉曼光谱对高极化键敏感的特性在蛋白质结构研究中很有用处，可用于研究蛋白质内与二硫键相关的峰，获得初级、二级和三级结构的信息(参阅本章 8.2.2 节)。

拉曼光谱术在药物学领域的应用大致有如下几方面：药物分子结构；药物的固态结构(主要是结晶状态)；药物与赋形剂的相互作用和对最终产品的鉴别。详细评论可参阅相关文献[43]，本节许多内容取自该评论。

8.6　拉曼光谱术的药物研究应用实例

8.6.1　药物原料的鉴别

拉曼光谱术在制药工业中的主要应用之一是用作试样鉴别工具。拉曼光谱术能用于原材料、中间产物、药物物质、最终产品和包装物成分的鉴别。鉴别程序通常使用与参照光谱的比较法(参考第 3 章 3.2 节)。这种方法只要求简单地预先储备必备的参照标准光谱。这类光谱通常都储备于计算机中，可随时取出使用，或应用适当软件，由计算机进行比对，确定试样成分。拉曼测试不需要试样准备程序，实验程序简便。近代拉曼光谱仪能在几秒钟内获得高信噪比的高质量光谱，这使得拉曼光谱术成为一种快速的鉴别测试技术。

大多数有机和无机分子都有自己的特征拉曼峰(即指纹光谱)，而且光谱对分子所处的环境敏感，因而拉曼光谱是鉴别测试，同时又能区别类似化合物的强有力工具。图 8.23 显示了几种类似的糖分子，无水乳糖、乳糖-水化合物、果糖、蔗糖和葡萄糖的拉曼光谱。每种糖的光谱都是唯一的，能够据此予以鉴别并对它们进行区分。对于两种有着不同水化合情况的乳糖，从拉曼光谱能够鉴别并区分开来。只要注意两种乳糖拉曼光谱低频移(小于 500 cm^{-1})区的情况，就能发现由于水化合引起乳糖分子局部环境的不同在光谱情景上的变化。能够区分类似材料的能力使拉曼光谱术在药物工业原材料的鉴别测试中十分有用，有着很好的应用前景。

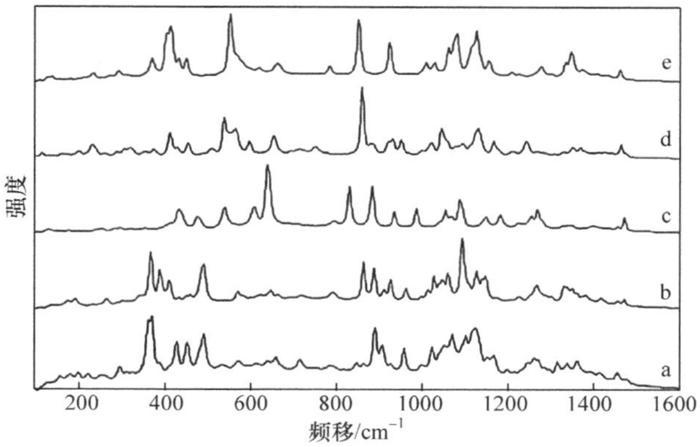

图 8.23　几种可用作参照的相类似糖分子的拉曼光谱

a. 无水乳糖；b. 乳糖-水化合物；c. 果糖；d. 蔗糖；e. 葡萄糖

用 785 nm 的近红外激光激发，拉曼鉴别测试可适用于大约 85%与药物相关的材料，而不论材料是有机的还是无机的，是固体还是液体。若使用 1064 nm 激光的傅里叶变换拉曼光谱术，这个范围可扩大到 90%～95%。傅里叶红外有效地减除了大多数试样的荧光背景。

作为实例，图 8.24～图 8.26 分别显示与药物相关的粉末材料、有机液体和水溶液的拉曼光谱。图 8.24 的试样是几种常用药物赋形剂粉末，山梨醇、无水乳糖和乳糖水合物都放置于玻璃小瓶内。使用 100 MW、785 nm 激光的纤维光学探针在 10 s 扫描时间内获得了高质量的拉曼光谱。实验表明，在这种测试参数下，大多数赋形剂都显示几乎没有荧光背景的高质量光谱。图 8.25 是几种常用有机溶剂的拉曼光谱，试样包括二甲基亚砜、丙酮、异丙醇、乙醇和甲醇，它们都放置在小玻璃瓶内，纤维光学探针将激光透过玻璃壁并聚焦于液体上，并获得拉曼散射光。试样装置与固体粉末试样所使用的相同。同样的试样装置也用于测定几种水溶液(乙酸、水合肼和山梨醇溶液)的拉曼光谱，如图 8.26 所示。图中可见，由于水的拉曼散射很弱，对试样光谱几乎没有背景干扰。在乙酸和水合肼的光谱中，在 300 cm^{-1} 以下区域可观察到水的拉曼散射，但产生的背景信号非常小。

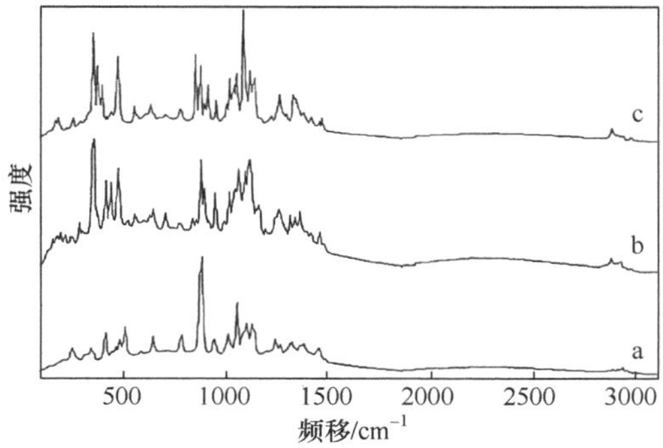

图 8.24　几种常用药物赋形剂粉末的拉曼光谱

a. 山梨醇；b. 无水乳糖；c. 乳糖水合物

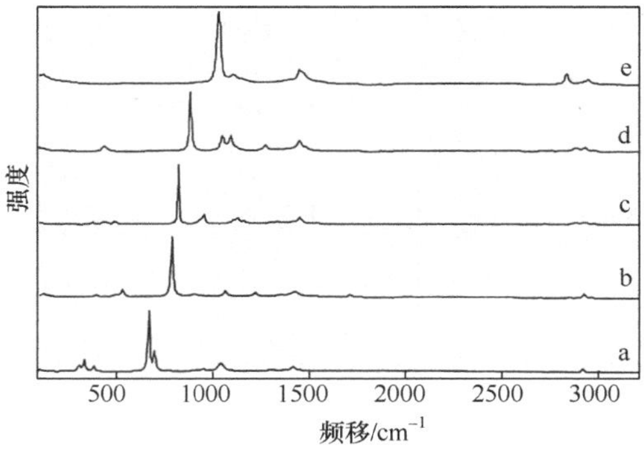

图 8.25　几种常用有机溶剂的拉曼光谱

a. 二甲基亚砜；b. 丙酮；c. 异丙醇；d. 乙醇；e. 甲醇

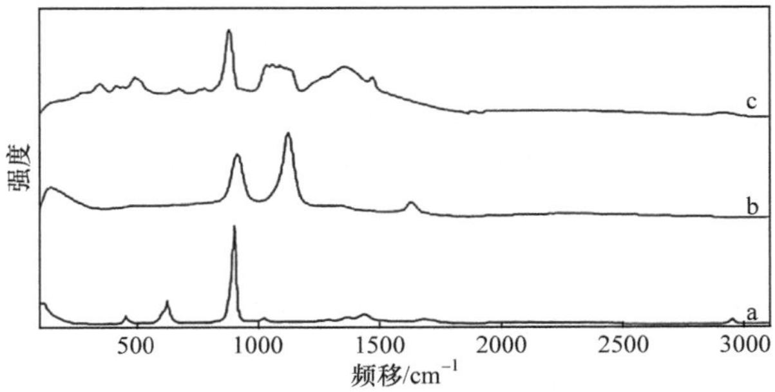

图 8.26　几种水溶液的拉曼光谱

a. 乙酸；b. 水合肼；c. 山梨醇

由于水的拉曼散射，分析物检测的灵敏度有一个下限，对大多数常用材料约为毫克分子。有几种方法可以显著提高水中溶剂的拉曼检测灵敏度，主要有共振增强和表面增强拉曼光谱术，详情可参阅第 2 章 2.10 节。不过，这些技术能否在鉴别测试中获得广泛应用，还需作进一步研究。不管怎样，图 8.26 的结果表明，拉曼光谱术在鉴别水中溶剂方面是一有价值的分析工具，对于诸如酸(如乙酸)和碱(如肼)这类物质是尤其重要的。

拉曼光谱术在用于鉴别药品包装材料方面已很成熟。近代药品包装多用聚合物材料制成的瓶子或复合薄膜。拉曼光谱术能方便地鉴别出瓶子不同部位的材料成分和复合薄膜每层的成分。技术的原理和方法详情可参阅第 3 章 3.2 节。

8.6.2　成品药物的鉴别

用拉曼光谱术分析配制药片不需要任何试样预处理。图 8.27 显示了从一种配制药片测得的几条拉曼光谱[6]，可用于鉴别成品药物中的药物物质。图中光谱 a 是参照用药物物质光谱。光谱 b 从 35 mg 剂量药片的芯部测得(药片总质量为 600 mg)，与光谱 a 相比，可确定成品药片中含有适量的药物物质。尽管药品中含有 94%的赋形剂，但对光谱的干扰很小，只有位于 356 cm^{-1}、851 cm^{-1} 和 1085 cm^{-1} 的几个很小的峰。100 mg 剂量药片芯

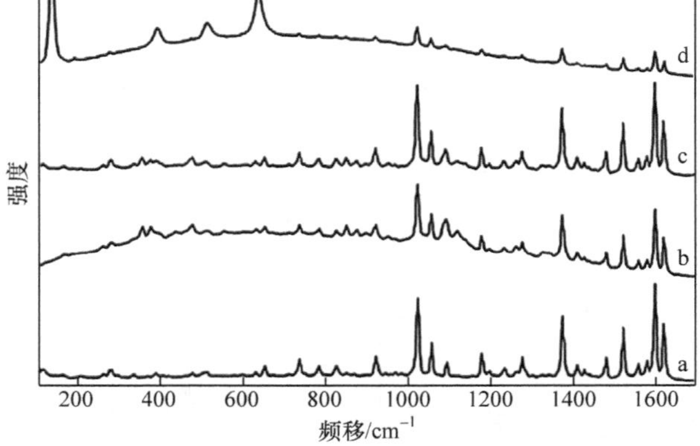

图 8.27　从一种配制药片测得的几条拉曼光谱

a. 药物物质的参照光谱；b. 35 mg 剂量药片芯部的光谱；c. 100 mg 剂量药片芯部的拉曼光谱；d. 含有包膜层 100 mg 剂量药片的拉曼光谱

部的光谱(光谱 c)显示，赋形剂的干扰更小。光谱 d 是激发光穿过药片包膜层测得的光谱。包膜层对光谱有一定程度的干扰，但药物物质的峰仍然很明确，可以用于鉴别成品药物中含有的药物物质。外加的几个峰来自包膜层，位于 396 cm^{-1}、515 cm^{-1} 和 638 cm^{-1}。据此，可以确定包膜层中含有二氧化钛。

从成品药物中鉴别出药物物质并没有很大困难。这是因为大多数药物有效材料都含有一定程度的不饱和键。不饱和碳键产生强拉曼信号，而许多药物有效材料中正好含有不饱和的 C═C 键和芳香环。这些键的振动在 1600～1680 cm^{-1} 区间产生光谱响应。在这个区间，大多数赋形剂都不出现拉曼峰(赋形剂大多数不含有不饱和碳键)。这种差异提供了一个极好的光谱“窗口”，以观察成品药物中是否含有不饱和键药物物质。

用拉曼光谱术作为成品药物的鉴别测试也受到限制。若药片中药物物质相对赋形剂的含量较低，同时药物物质的散射截面也较小，药物物质的拉曼散射就较弱，赋形剂的拉曼光谱可能遮盖了药物物质的拉曼光谱。此时，不宜采用拉曼光谱术作为药物成品是否存在药物物质的常规鉴别测试手段。不过，仍可作为参考测试。另一个限制是在使用 785 nm 激光激发时来自药物物质和配制赋形剂的荧光。荧光干扰的限制可以改用 1064 nm 激光的傅里叶变换拉曼光谱术来克服。

拉曼光谱术能将激发光聚焦于一点上的“特性”，使其可用于气泡包装药品的鉴别测试。将激光束穿过气泡包装材料，聚焦于药品上并收集拉曼信号。测试过程不侵入也不破坏包装材料。图 8.28 显示了碱式水杨酸铋的参照光谱(光谱 a)和气泡包装水杨酸铋药片光谱(光谱 b)。比较两条光谱可确定气泡包装的药片中确实含有有效药物成分。这种测试在进出口贸易对产品质量的核实方面是有用的。另外，它可应用于临床试验中确认气泡包装中的是有效药片还是比对药片。

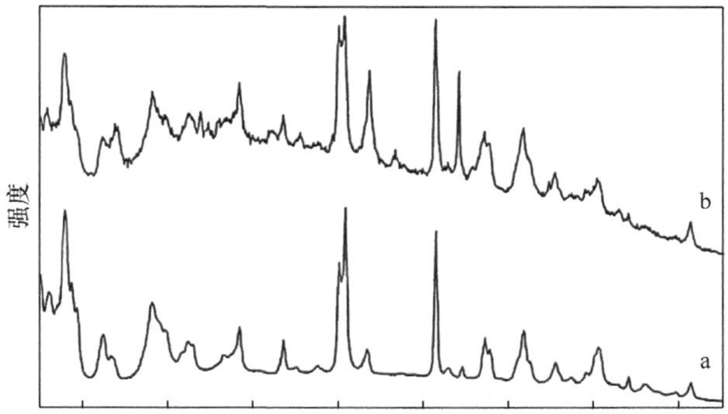

图 8.28　碱式水杨酸铋的拉曼光谱(a)和气泡包装水杨酸铋药片的拉曼光谱(b)

拉曼光谱术能透过玻璃鉴别试样的功能在药物鉴别中十分有用，可用于封闭玻璃容器内的无菌静脉注射用药品和冷冻干燥药品的鉴别。拉曼测试能保持药品的无菌状态，且不破坏药品原有性状。拉曼光谱术也能用于鉴别聚合物容器内的药品，是否可行则取决于药品的拉曼散射能力和聚合物材料的性质。聚合物光谱的干扰背景可用减除法消除，详细方法可参阅第 3 章 3.2 节。不过，药品的拉曼信号被容器材料衰减了，尤其是透明性较差的容器材料。

8.6.3 放射性标记药物的鉴别

在药物动力学(药物与人体的相互作用)和新陈代谢研究中经常使用放射性标记方法。拉曼光谱术能用于鉴别放射性标记物质，而且比起传统使用的红外光谱术更具优越性。在应用拉曼光谱术作鉴别测试时，放射性材料放置在密封的玻璃毛细管内，这显著地降低了实验室设备受污染和分析人员遭受放射性辐射的潜在危险。红外光谱术的传统方法要求将材料溶解在适当的溶剂中，试样准备过程费时(约需要 4 h)，而且分析人员暴露于放射性物质，还存在放射性试剂后处理的麻烦。拉曼光谱术的应用可将测试时间缩短到约 30 min，包括资料处理时间在内，而且提供了安全的工作环境。拉曼测试要求的材料量很小(小于 0.5 mg)，减少了废弃材料的量，还可以回收玻璃毛细管内的材料并用于进一步分析。

图 8.29 可说明拉曼光谱术在放射性标记药物物质鉴别测试中的应用。光谱 a 是一种药物物质的参照标准光谱。光谱 b 和 c 分别是 ^{14}C-乙内酰脲(海因)和 ^{14}C-甲亚胺放射性标记药物的拉曼光谱。与参照标准相比，乙内酰脲对药物物质拉曼光谱的干扰比甲亚胺要小得多。比较显著的差别是光谱 c 中消失了 1620 cm^{-1} 峰(位于图中光谱以外区域)，但出现了一个位于 1535 cm^{-1} 的新峰。另外，在这两个峰之间的几个峰，其频移发生了变化。图 8.29 表明，应用拉曼光谱术很容易区分两种放射性标记材料。

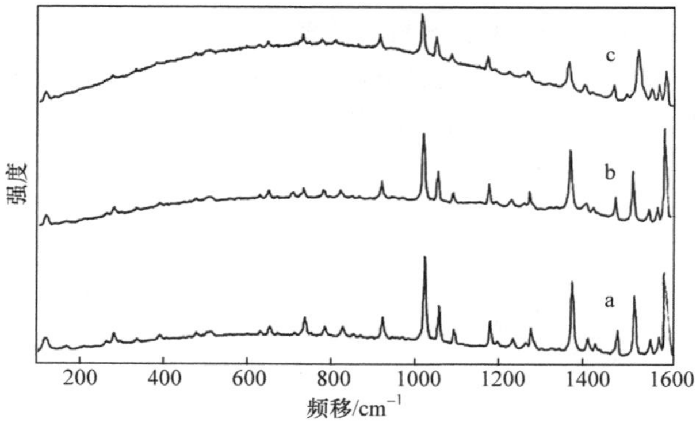

图 8.29 放射性标记药物物质的鉴别测试

a. 一种药物物质的参照标准拉曼光谱；b. ^{14}C-乙内酰脲(海因)放射性标记药物的拉曼光谱；c. ^{14}C-甲亚胺放射性标记药物的拉曼光谱

8.6.4 药物物质的分子结构和聚集态结构

拉曼光谱术在分子结构和分子聚集态结构，如结晶态、无定形态和取向等，都有着广泛应用，所用方法和技术的详情可参阅第 3 章有关各节和相关文献[8, 10, 11, 43]。这些方法和技术也大多数适用于药物分析。作为一个实例文献[44]能够说明拉曼光谱术在药物分子结构研究中的应用。

亚胺培南为碳青霉烯抗生素的商品化药物，具有广泛的抗菌活性，其结构特征官能团均能在拉曼光谱中找到相应的归属。图 8.30 显示了亚胺培南的拉曼光谱[44]。研究表明，固相亚胺培南的拉曼光谱相比红外光谱更复杂，反映的分子结构信息更多。例如，C—S 键在红外光谱中为弱吸收谱带，特征性不强，而在拉曼光谱中表现为强峰(679 cm^{-1} 和 693 cm^{-1})，指纹性强，可以反映结构上的细微差异。

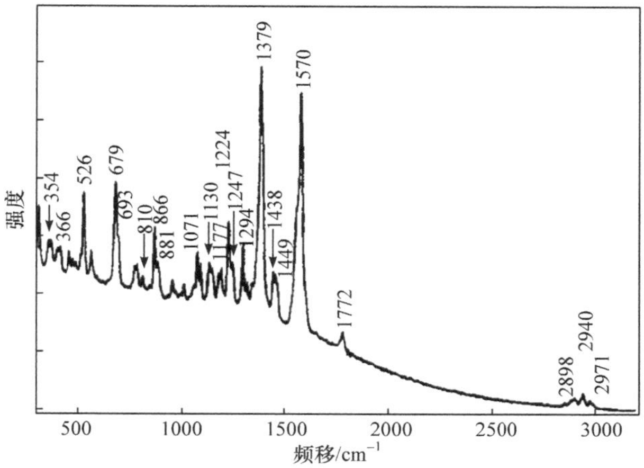

图 8.30　亚胺培南的拉曼光谱

拉曼光谱的药物检测区域通常在 160～3500 cm^{-1}，从中能获得的结构信息丰富。对红外非活性的振动往往在拉曼光谱中也能得到反映，提供的结构信息更丰富，检测到的光谱峰也较尖锐。某些化学键在红外光谱中为弱吸收峰，特征性不强，而在拉曼光谱中往往为指纹性很强的强峰。

8.6.5　药物的反应动力学监测

拉曼光谱术在研究聚合物反应动力学方面有其独特的功能。相关方法和技术也适用于药物反应，详情可参阅第 3 章 3.9 节。

原则上讲，红外光谱术也同样可用作反应动力学的监测手段。但是在水溶液参与反应时，由于水对红外光的强吸收，限制了红外光谱术的应用。与此相反，水的拉曼散射信号很弱，因此拉曼光谱特别适用于含水溶剂的浆料反应动力学研究。图 8.31 显示了参与药物浆料反应的原材料(A 和 B)、反应中间产物(C)及最终产物(D)的拉曼光谱。中间产

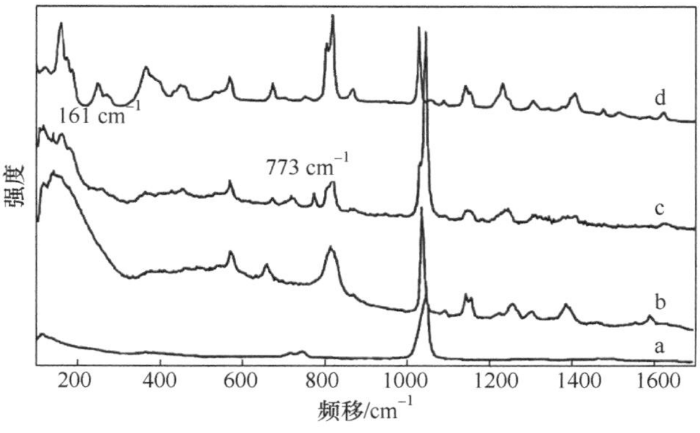

图 8.31　药物浆料反应过程的拉曼光谱

a. 原材料 A；b. 原材料 B；c. 混合反应 23 min 的中间产物；d. 最终产物

物是在 45℃下反应 23 min 的产物。原材料 A 的光谱(图中光谱 a)基本上只有一个位于 1045 cm^{-1} 的强峰。水的拉曼散射是弱的，但在原材料 B 的光谱(图中光谱 b)中，仍然在 100～300 cm^{-1} 区间有一宽峰的贡献。位于 1038 cm^{-1} 的峰源自有机原材料的芳香环。

加入两种原材料后，浆料反应随即开始发生。23 min 反应后的中间产物光谱 c 含有原材料的几个峰和水的峰，同时，位于 161 cm^{-1} 的最终产物的峰叠加于水的峰上。此外，还出现位于 773 cm^{-1} 处的中间峰。

图 8.32 显示了在整个 1 h 反应过程中，161 cm^{-1} 和 773 cm^{-1} 峰相对强度的变化，中间峰(773 cm^{-1})在反应 15 min 后出现，与位于 161 cm^{-1} 的最终产物峰也在反应 15 min 反应后出现相一致。中间峰在反应 40 min 后消失，与此同时，最终产物的峰(161 cm^{-1})强度不再增强。

不同反应温度下，最终产物峰归一化强度在整个浆料反应过程中随时间的变化显示在图 8.33。可以看到，在反应温度为 55℃时，最终产物峰在约 8 min 后出现，并随反应时间延长逐渐增强，在约 20 min 时停止增强。在反应 20 min 时从反应釜中取出的产物，其拉曼光谱与最终产物的参照光谱一致。与此相比，在反应温度为 45℃时，需要 40 min 才能完成整个反应。

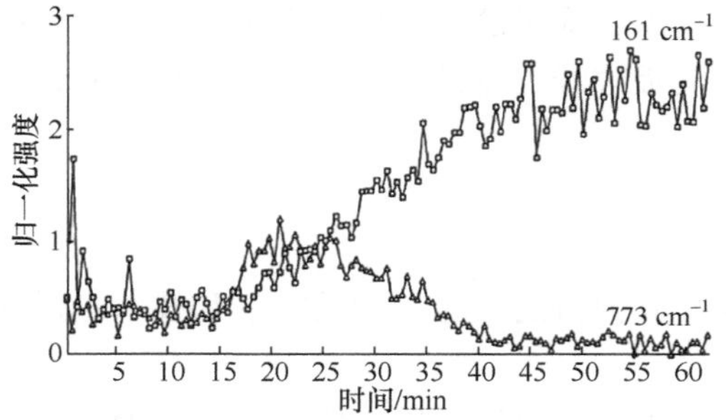

图 8.32　在 45℃反应时，161 cm^{-1} 和 773 cm^{-1} 峰面积(归一化)随时间的变化

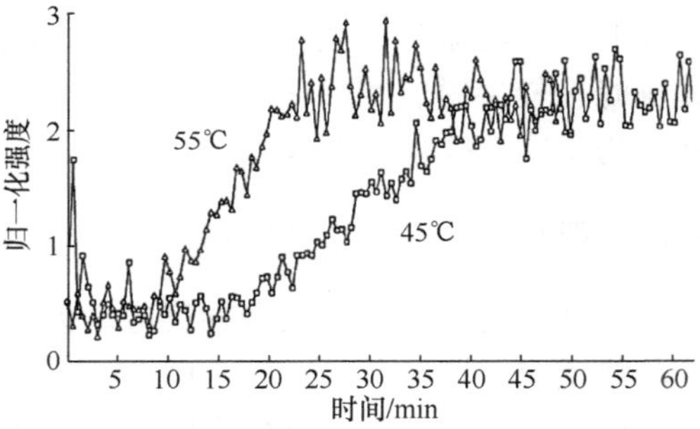

图 8.33　在 45℃和 55℃下反应时 161 cm^{-1} 峰面积随时间的变化

上述实例表明，用拉曼光谱术监测含水原材料的反应过程是有成效的。监测反应过程对提高生产效率和控制药品质量很有参考价值。

8.6.6　成分和结构的拉曼成像

使用显微拉曼光谱术(参阅第 2 章 2.5 节)，对试样每隔一定距离逐点测得试样的拉曼光谱，分析光谱，取相关参数特征峰的强度作相对于空间坐标的图，即可得到与有关参数相应的拉曼像。例如，分析与试样结晶度相关的特征峰强度，作峰强随空间坐标的分布图，即得试样结晶度拉曼像。如果分析试样某种成分的特征峰，画出这些特征峰强度随空间坐标的分布，即得试样成分拉曼像。当然，也可测得与试样其他参数相应的拉曼像。拉曼像可以是一维的，也可以是二维的。如果使用共焦显微拉曼光谱术(参阅第 2 章 2.5.2 小节)，可获得三维拉曼像。技术的基本原理和具体方法可参阅第 2 章 2.5.3 小节和第 3 章 3.7 节。

拉曼光谱术的这种功能在药物分析中的应用主要是分析在粉末混合物或配方药品中药物物质与赋形剂的分布以及材料中结构形态的分布。例如，可以观测到药品的工作过程；在水存在时，配制药品的结构形态发生什么变化。对一药片从其边缘向中心扫描的一维拉曼像，可以确定水是均匀分布的，还是从边缘向内呈梯度分布的。近代拉曼光谱仪有很高的工作效率，这类图像都能在短时间内完成。

下面所述实例有助于了解拉曼成像的功能。试样为安放于表面活性剂上的碳酸钠晶体。图 8.34 显示了碳酸钠(光谱 a)和表面活性剂(光谱 b)的拉曼光谱。碳酸钠有一位于 1070 cm^{-1} 的强峰，而在该位置，表面活性剂只有很小的拉曼响应。以 1065～1075 cm^{-1} 间的峰面积作为该峰的强度，相对试样的位置坐标作图，得到图 8.35(a)所示的安放于表面活性剂上的碳酸钠成分分布拉曼像。与试样的亮场像相比[图 8.35(b)]，可以看到这两幅像的衬度是一致的。

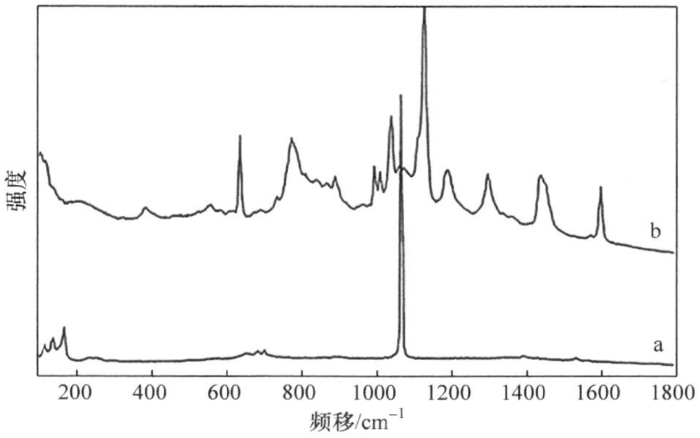

图 8.34 碳酸钠(a)和表面活性剂(b)的拉曼光谱

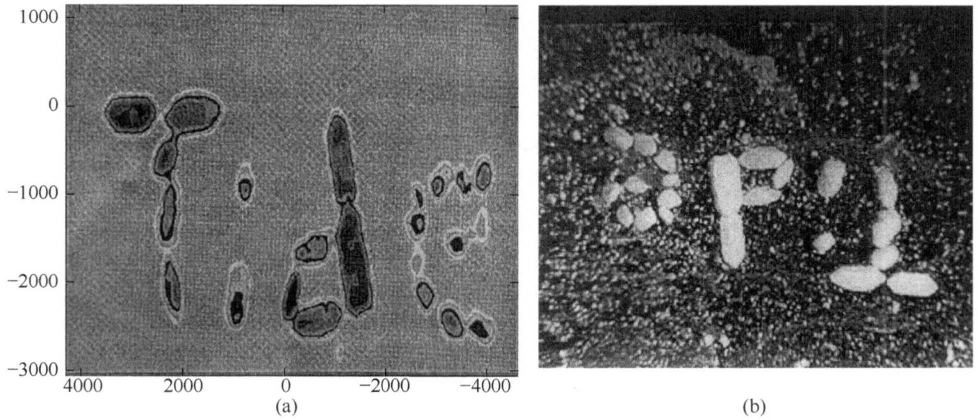

图 8.35 碳酸钠的拉曼像(a)和亮场像(b)

8.7 表面增强拉曼光谱术的应用

近年来 SERS 在理论研究和技术及其应用方面都得到了快速的发展，尤其在生物医学和药物领域的进展令人瞩目。

SERS 与通常的拉曼光谱术相比有两个显著的优点。首先，SERS 能提供强得多的拉曼信号(增强 10^4～10^{11} 倍)，因而 SERS 的灵敏度显著较高。近期，单分子 SERS 技术已经能够测量个别分子的 SERS 光谱。其次，通过能在 SERS 光谱中观察到的特有的分子指纹信息能够对分析物作出鉴别。基于上述优点，SERS 在生物分子(如核酸、蛋白质、生物膜以及它们的组成成分)的鉴别，医学领域(如癌症、糖尿病和其他疾病的诊断以及临床中的应用)和药物领域的应用有着广阔的前景。本节仅涉及医学领域的应用，在药物领域的应用仅给出合适的参考文献。

8.7.1　SERS 在疾病诊断中的应用

早在 2012 年就有科学家报道了应用 SERS 从血浆直接诊断癌症的研究[45]。诊断过程大致如下：将原血或预处理过的血试样与经过羟胺处理的 Ag 纳米颗粒相混合；随后作 SERS 测量并分析获得的拉曼光谱。

一个实例如下所述。分别测试健康人和病患者血浆的 SERS 光谱。图 8.36 显示了两种血浆试样的 SERS 光谱的比较[46]。一种血浆来自子宫颈癌患者，对应的光谱为图中上方光谱，而另一种是健康人血浆，对应的光谱为下方光谱。两条光谱的差值所形成的曲线也显示在图中。血浆试样光谱中各个峰的位置(频移)和主要振动模的归属列于表 8.3。光谱中 1445 cm^{-1} 峰和 1580 cm^{-1} 峰分别归属于胶原蛋白或卵磷脂和苯丙氨酸的 CH_2 弯曲模，测试指出，对于这两个峰的强度，健康人的血浆比癌症患者的血浆要低；另外，精氨酸(496 cm^{-1})、酪氨酸(638 cm^{-1})、丝氨酸(813 cm^{-1})、半乳糖胺(888 cm^{-1})和甘露糖(1135 cm^{-1})等 SERS 峰的信号强度降低反映了肿瘤组织新陈代谢处于活跃状态。

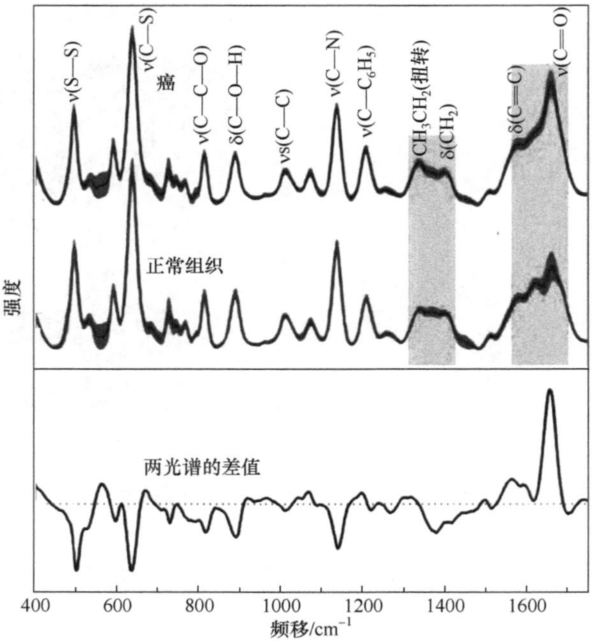

图 8.36　子宫颈癌的血浆检测

表 8.3　血浆拉曼光谱主要峰的位置和主要振动模的归属

峰位置/ cm^{-1}	振动模	主要归属
496	ν (S—S)	精氨酸
534		胆固醇酯
638	ν (C—S)	酪氨酸
813	ν (C—C—O)	丝氨酸
888	δ(C—O—H)	半乳糖胺
1135	ν (C—N)	甘露糖
1338		腺嘌呤
1400	δ (CH_2)	胶原蛋白，卵磷脂
1578	δ (C═C)	苯丙氨酸
1655	ν (C═O)	酰胺 I

注：ν 表示伸缩模；δ表示弯曲模。

除癌症外，SERS 也能用于其他许多病症的诊断，如对糖尿病、神经系统疾病和不孕症等的诊断以及对急性心肌梗死的早期诊断。

图 8.37 显示了对糖尿病患者和健康人氧合血红蛋白 SERS 测定的结果[47]。两条光谱的差异明显可见，图中下方曲线由两条光谱的差值所得。两条光谱最显著的差异包括强度和频移的差异，出现在下列各峰：478 cm^{-1}、1218 cm^{-1}、1312 cm^{-1}、1341 cm^{-1} 和 1442 cm^{-1}。这种光谱变化来源于糖尿病引起的氧合血红蛋白分子某些特有的结构变化，如血红素转变和珠蛋白的变化。

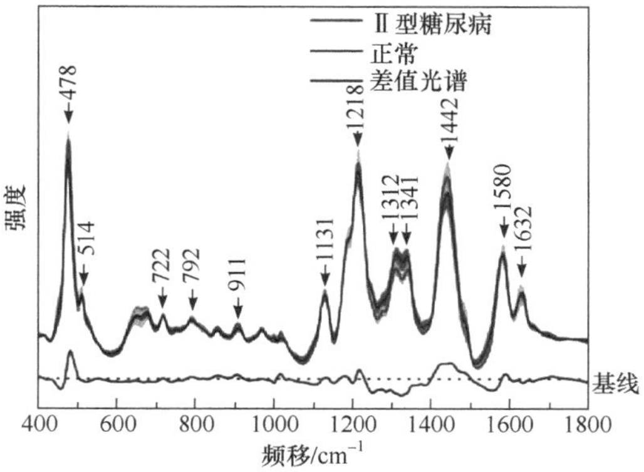

图 8.37　正常人和Ⅱ型糖尿病患者氧合血红蛋白的 SERS 光谱的比较
下方曲线由两条光谱的差值所构成

许多神经系统的疾病是由于某些类型的蛋白质在细胞内外的聚集引起纤维化而导致的。诸如阿尔茨海默病、帕金森病和朊病毒蛋白疾病等都可应用 SERS 对蛋白聚集的测定获得诊断。例如，有研究人员应用 SERS 检测和表征了β-淀粉样肽，这种肽是一种小分子，会形成脑斑块和导致阿尔茨海默病[48, 49]。

有学者应用 SERS 对不孕症作了成功的探索[50]。不孕症大多数来源于男性精液的缺陷。研究得出正常人群和不正常人群精液的 SERS 光谱都明确显示下列拉曼峰：649 cm^{-1}、

720 cm^{-1}、809 cm^{-1}、954 cm^{-1}、1132 cm^{-1}、1220 cm^{-1}、1445 cm^{-1}和 1584 cm^{-1}等。然而，对于 649 cm^{-1}、720 cm^{-1}、954 cm^{-1}和 1584 cm^{-1}等峰的强度，正常人群比不正常人群更强，而 809 cm^{-1}和 1132 cm^{-1}两个峰的强度，则不正常人群的更强。

一种可应用急性心肌梗死早期诊断的 SERS 技术研究表明[51]，这种技术的应用能使该病症得到快速且可靠的诊断，而且所需使用的血液量很少。

SERS 诊断也可对患者的病患组织实施。例如，有学者对体外的人体前列腺组织试样作 SERS 检测，作为前列腺癌的辅助诊断[52]。

SERS 也能用于直接对体内组织成像并确定病区位置。图 8.38 显示了拉曼光谱仪仪器安置示意图[53]。激发光被聚焦于生物体(鼠)内的某个确定位置，拉曼信号通过收集透镜组收集，经分光镜后在显示器上显示光谱。有学者报道了对活鼠肿瘤的 SERS 成像和定位[54]。图 8.39(a)显示了实验仪器与试样的设置，785 nm 波长的激发光束入射于裸鼠的

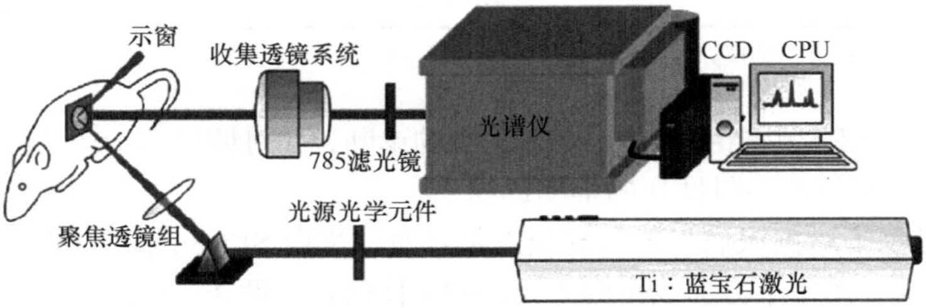

图 8.38　体内组织 SERS 检测的仪器安置示意图

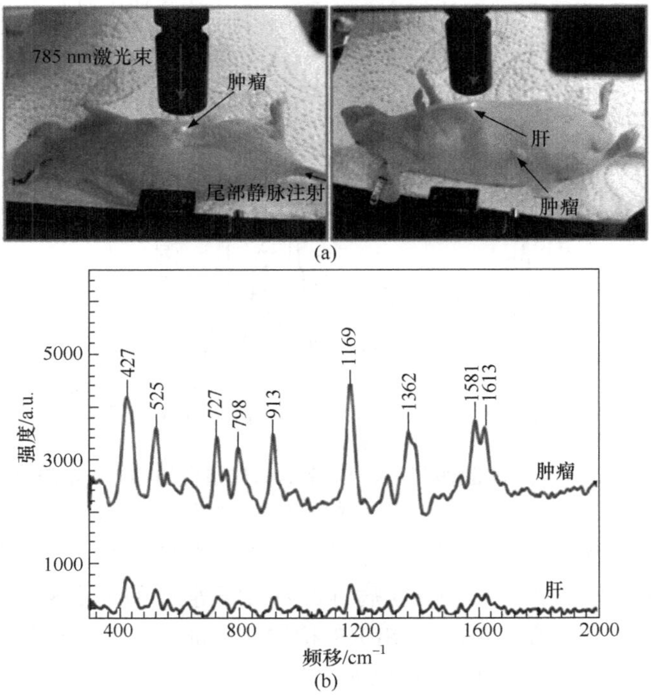

图 8.39　活鼠肿瘤的 SERS 成像和癌区定位

(a) 实验装置；(b) SERS 光谱

有关部位。从实验鼠的尾部静脉注射 SERS 标记试剂使其进入患癌病鼠的皮下组织和深部肌肉。测试获得的 SERS 光谱显示在图 8.39(b)。

8.7.2 SERS 在临床医学中的应用

SERS 的临床应用是 SERS 生物医学领域应用的重要部分，目前这方面的研究已经取得显著的进展[55-58]。其中，在脑肿瘤切除手术中的应用是一个成功的实例。通常，核磁共振成像术被用于定位肿瘤的边界。然而，这种成像方法价格昂贵，测定过程费时。同时，由于手术过程中脑位置可能发生偏移，核磁共振成像的肿瘤定位边界常常与实际边界不一致。一种在手术进行过程中的肿瘤定位方法能克服这种不足，这种方法使用手持拉曼扫描仪，应用统计 SERS 成像技术和实时 SERS 纳米颗粒检测技术确定病区及其位置。对一遗传小鼠实施实验。图 8.40 显示了切除前后脑肿瘤病灶图像和相应的 SESR 光谱[58]。拉曼标记分子的 SERS 信号仅在肿瘤存在的情况下能检测到，而对正常组织并不出现。这种手术过程中能确定病灶确切边界的技术十分有利于肿瘤的完全切除，同时又

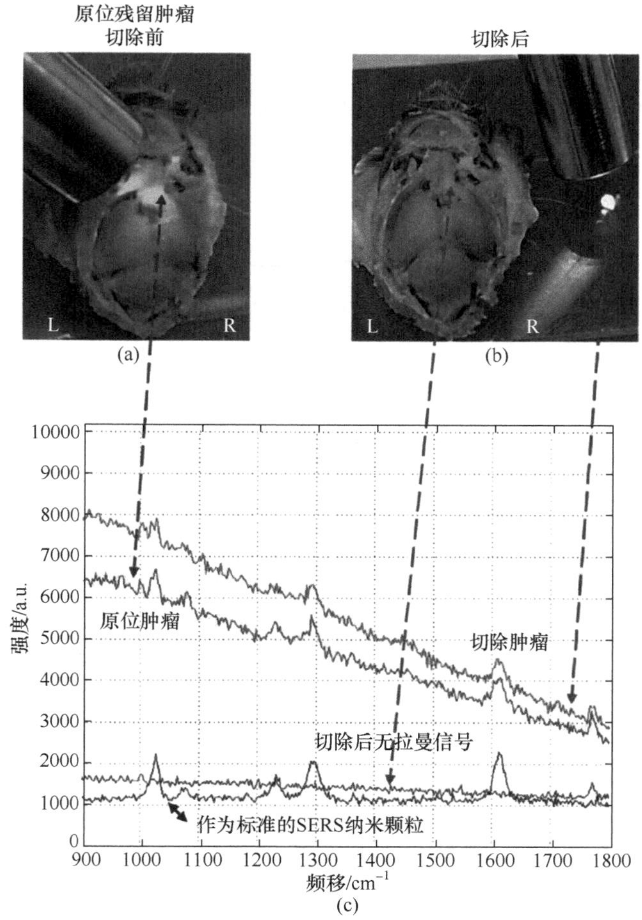

图 8.40 应用手持拉曼扫描仪对脑肿瘤手术的原位 SERS-纳米颗粒技术引导术

(a) 切除前的肿瘤组织；(b) 切除肿瘤后的脑组织；(c) 相应的 SERS 光谱

避免过多切除正常组织，对患者造成额外伤害。这种技术似乎也适用于其他组织肿瘤的切除术。它的不足之处在于：手术是对被聚甲醛固定的脑组织实施，与真实的外科手术环境有差异；深入深度受到通常拉曼光谱成像技术仅能深入几毫米的限制。

内窥镜成像也是 SERS 潜在医学应用的一个重要方面[59-61]。一个典型的拉曼内窥镜系统的设想示意图如图 8.41 所示[62]。在内窥镜的辅助通道穿入一拉曼光学纤维系统(参阅第 2 章 2.6 节)。该系统的光学纤维束包括中央的照明纤维，用于传输激发光，它的周围是 36 多模纤维，用于接收拉曼信号。分析测得的 SERS 光谱能实时作出精确的病情诊断。

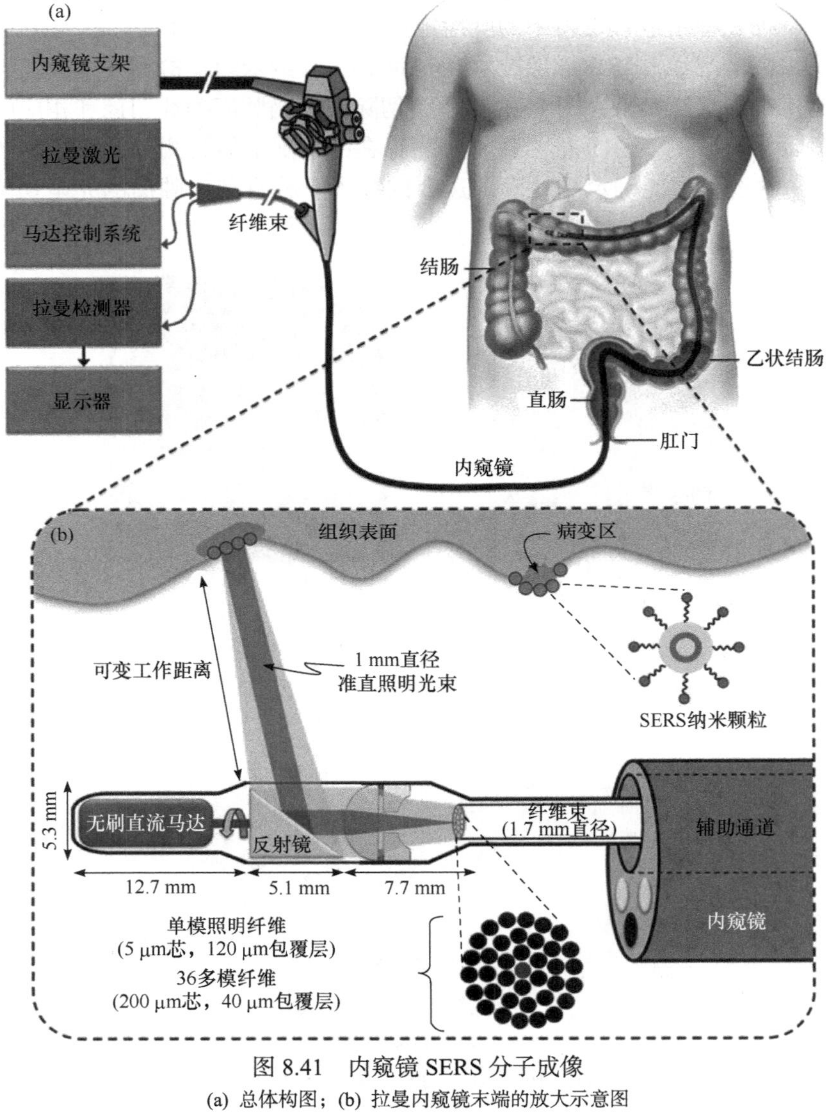

图 8.41　内窥镜 SERS 分子成像

(a) 总体构图；(b) 拉曼内窥镜末端的放大示意图

8.7.3　SERS 在药物学中的应用

对于药物的质量控制，如药物的鉴别、成品和痕量杂质的检测以及制备过程的在线工艺控制等，SERS 是十分适用的技术；SERS 还能用于药物在体内释放过程的监测。已经有大量文献报道这些方面的研究成果，限于篇幅，本节省去了这部分内容，有兴趣的读者可参阅相关文献[2, 63-70]。

参 考 文 献

[1] Ihtesham R, Shazza R, Zanyar M. Vibrational Spectroscopy for Tissue Analysis. Boca Raton: CRC Press, 2013.

[2] Slobodam S. Pharmaceutical Applications of Raman Spectroscopy. Hoboken Wiley-Interscience, 2008.

[3] Marek P. Surface-enhanced Raman Spectroscopy of Bioanalytical, Biomolecular and Medical. Cham: Springer, 2016.

[4] Lawson E E, Barry B W, Williams A C. Biomedical applications of Raman spectroscopy. Journal of Raman Spectroscopy, 1997, 28(2-3): 111-117.

[5] Guan Y, Lewis E N, Levin I W. Biomedical applications of Raman spectroscopy: Tissue differentiation and potential clinical usage// Pelletier M J. Analytical Application of Raman Spectroscopy. New York: Blackwell Science, 1999.

[6] Frank C J. Review of pharmaceutical applications of Raman spectroscopy//Pelletier M J. Analytical Application of Raman Spectroscopy. New York: Blackwell Science, 1999.

[7] Oziki K. Medical applications of Raman spectroscopy. Applied Spectroscopy Reviews, 1988, 24(3-4): 259-312.

[8] 许以明. 拉曼光谱及其在结构生物学中的应用. 北京: 化学工业出版社, 2005.

[9] Thomas G J, Tsuboi M. Raman spectroscopy of nucleic acids and their complexes// Bush A. Advances in Biophysical Chemistry. Greenwich: JAI Press, 1993.

[10] 朱自莹, 顾仁敖, 陆天翔. 拉曼光谱在化学中的应用. 沈阳: 东北大学出版社, 1998.

[11] Xue G. Fourier transform Raman spectroscopy and its application for the analysis of polymeric materials. Progress in Polymer Science, 1997, 22(2): 313-406.

[12] Miura T, Thomas G J. Raman spectroscopy of proteins and their assemblies//Biswas B B, Roy S. Subcellular Biochemistry. New York: Plenum Press, 1995.

[13] Bandekar J. Amide modes and protein conformation. Biochimica et Biophysica Acta(BBA): Protein Structure and Molecular Enzymology, 1992, 1120(2): 123-143.

[14] 朱自莹. 拉曼光谱测定蛋白质 2 级结构的进展. 光谱学与光谱分析, 1990, 10(3): 11-15.

[15] Levin I W, Lewis E N. Applications of Fourier transform Raman spectroscopy to biological assemblies. San Diego: Academic Press, 1995.

[16] Clarke R H, Hanlon E B, Isner J M. Laser Raman spectroscopy of calcified atherosclerotic lesions in cardiovascular tissue. Applied Optics, 1987(16), 26: 3175-3177.

[17] Baraga J J, Feld M S, Rava R P. *In situ* optical histochemistry of human artery using near infrared Fourier transform Raman spectroscopy. Proceedings of the National Academy of Sciences of the United States of America, 1992, 89(8): 3473-3477.

[18] Keller S, Schrader B, Hoffmann A. Application of near-infrared Fourier transform Raman spectroscopy. Journal of Raman Spectroscopy, 1994, 25(7-8): 663-671.

[19] Manoharan R, Baraga J J, Feld M S. Quantitative histochemical analysis of human artery using Raman spectroscopy. Journal of Photochemistry and Photobiology B-Biology, 1992, 16(2): 211-233.

[20] Zheng S D, Tu A T. Raman spectroscopic identification of bilirubin-type gallstone. Applied Spectroscopy, 1986, 40(8): 1099-1103.

[21] Ishida H, Kamoto R, Uchida S, et al. Raman microprobe and Fourier transform infrared microsampling studies of the microstructure of gallstone. Applied Spectroscopy, 1987, 41(3): 407-412.

[22] Kodati V R, Tomasi G E, Turumin J L. Raman spectroscopic identification of calcium-oxalate-type kidney stone. Applied Spectroscopy, 1990, 44(8): 1408-1411.

[23] Rehman I, Smith R, Hench L L, et al. Structure evaluation of human and sheep bone and comparison with synthetic hydroxyapatite by FT-Raman spectroscopy. Journal of Biomedical Materials Research Part A, 1995, 29(10): 1287-1294.

[24] Leung Y C, Watlers M A, Blumenthal N C, et al. Determination of the mineral phase and structure of the bone-implant interface using Raman spectroscopy. Journal of Biomedical Materials Research Part A, 1995, 29(5): 591-594.

[25] Rehman I, Harper E J, Bonfield W. *In situ* analysis of the degree of polymerization of bone cement by using FT-Raman spectroscopy. Biomaterials, 1996, 17(16): 1615-1619.

[26] Otto C, de Grauw C J, Duidam J J, et al. Application of micro-Raman imaging in biomedical research. Journal of Raman Spectroscopy, 1997, 28(2-3): 143-150.

[27] Nishino M, Yamashita S, Aoba T, et al. The laser-Raman spectroscopic studies on human enamel and precipitated carbonat-containing apatites. Journal of Dental Research, 1981, 60(3): 751-755.

[28] Tsuda H, Arends J. Orientational micro-Raman spectroscopy on hydroxyapatite single crystals and human enamel crystallites. Journal of Dental Research, 1994, 73(11): 1703-1710.

[29] Suzuki M, Rato H, Wakumoto S. Vibrational analysis by Raman spectroscopy of the interface between dental adhesive resin and dentin. Journal of Dental Research, 1991, 70(7): 1092-1097.

[30] Yu N T, East E J. Laser Raman spectroscopic studies of ocular lens and its isolated protein fractions. Journal of Biological Chemistry, 1975, 250(6): 2196-2202.

[31] Borchman D, Ozaki Y, Lamba O P, et al. Structural characterization of clear human lens lipid membranes by near-infrared Fourier transform Raman spectroscopy. Current Eye Research, 1995, 14(6): 511-515.

[32] Borchman D, Lamba O P, Ozaki Y, et al. Raman structural characterization of clear human lens lipid membranes. Current Eye Research, 1993, 12(3): 279-284.

[33] Frank. C J, McCreery R L, Redd D C B, et al. Detection of silicone in lymph node biopsy specimens by near-infrared Raman spectroscopy. Applied Spectroscopy, 1993, 47(4): 387-390.

[34] Mizuno A, Kitajima H, Kawauchi K, et al. Near-infrared Fourier transform Raman spectroscopic study of human brain tissue and tumours. Journal of Raman Spectroscopy, 1994, 25(1): 25-29.

[35] Okada K, Nishizawa E, Fujmoto Y. Nondestructive structural analysis of photosynthetic pigments in living rhodobacter sphaeroides mutants by near-infrared Fourier transform Raman spectroscopy. Applied Spectroscopy, 1992, 46(3): 518-523.

[36] Fabian H, Choo L P I, Szendrei G I, et al. Infrared spectroscopic characterization of Alzheimer plaques. Applied Spectroscopy, 1993, 47(9): 1513-1518.

[37] Sajid J, Elhaddasoui A, Turrell S. Fourier transform spectroscopic analysis of human cerebral tissue. Journal of Raman Spectroscopy, 1997, 28(2-3): 165-169.

[38] Redd D C B, Feng Z C, Yue K T. Raman spectroscopic characterization of human breast tissue: implications for breast cancer diagnosis. Applied Spectroscopy, 1993, 47(6): 787-791.

[39] 赵元黎，吕晶，葛向红，等. 乳腺肿瘤周边组织的拉曼光谱研究. 光谱学与光谱分析，2006, 26(7): 1267-1271.

[40] Hawi S R, Campbell W B, Kaydascy-Balla A, et al. Characterization of normal and malignant human hepatocytes by Raman microspectroscopy. Cancer Letters, 1996, 110(1-2): 35-40.

[41] Goelz S E, Vogelstein B, Hamilton S R, et al. Hypomethylation of DNA from benign and malignant

human colon neoplasm. Science, 1985, 228(4696): 187-190.
[42] Manoharan R, Wang Y, Dasari R R, et al. Ultraviolet resonance Raman spectroscopy for detection of colon cancer. Lasers in the Life Sciences, 1995, 6: 217-227.
[43] Everall N. Raman spectroscopy of synthetic polymers//Pelletier M J. Analytical Application of Raman Spectroscopy. New York: Blackwell Science, 1999.
[44] 陈晓红，张卫红，张倩芝，等. 傅里叶变换红外光谱与拉曼光谱分析碳青霉烯药物亚胺培南的结构特征. 光散射学报, 2006, 18(1): 26-30.
[45] Chou R, Lin J, Feng S, et al. Applications of SERS spectroscopy for flood analysis//Ghomi M. Applications of Raman Spectroscopy to Biology: From Basic Studies to Disease Diagnosis. Amsterdam: IOS Press, 2012.
[46] Feng S, Lin D, Lin J, et al. Blood plasma surface-enhanced Raman spectroscopy for non-invasive optical detection of cervical cancer. The Analyst, 2013, 138(14): 3967-3974.
[47] Lin J, Huang Z, Feng S, et al. Label-free optical detection of type-Ⅱ diabetes based on surfaced-enhanced Raman spectroscopy and multivariate analysis. Journal of Raman Spectroscopy, 2014, 45(10): 884-889.
[48] Chou I H, Benford M, Berier H T, et al. Nanofluidic biosensing for beta-amyloid detection using surface enhanced Raman spectroscopy. Nano Letters, 2008, 8(6): 1729-1735.
[49] Choi X, Huh Y, Erickson D. Ultra-sensitive, label-free probing of the conformational characteristics of amyloid beta aggregates with a SERS active nanofluidic device. Microfluidics and Nanofluidics, 2012, 12(1-4): 663-669.
[50] Chen X, Huang Z, Feng S, et al. Analysis and differentiation of seminal plasma via polarized SERS spectroscopy. International Journal of Nanomedicine, 2012, 7: 6115-6221.
[51] Chon H, Lee S, Yoon S Y, et al. SERS-based competitive immunoassay of troponin Ⅰ and CK-MB markers for early diagnosis of acute myocardial infraction. Chemical Communications, 2014, 50(9): 1058-1060.
[52] Sun L, Sung K B, Dentinger C, et al. Composite organic-inorganic nanoparticles as Raman labels for tissue analysis. Nano Letters, 2007, 7(2): 351-356.
[53] Stuart D A, Yuen J M, Shah N, et al. *In vivo* glucose measurement by surface-enhanced Raman spectroscopy. Analytical Chemistry, 2006, 78(20): 7211-7215.
[54] Qian X M, Peng X H, Ansari D O, et al. *In vivo* tumor targeting and spectroscopic detection with surface-enhanced Raman nanoparticle Tags. Nature Biotechnology, 2008, 26(1): 83-90.
[55] Jokerst J V, ColeA J, van de Sompel D, et al. Gold nanorods for ovarian cancer detection with photoacoustic imaging and resection guidance via Raman imaging in living mice. ACS Nano, 2012, 6(11): 10366-10377.
[56] Kircher M F, de la zerda A, Jokerst J V, et al. A brain tumor molecular imaging strategy using a new triple-modality MRI-photoacoustic-Raman nanoparticle. Nature Medicine, 2012, 18(5): 829-834.
[57] Harmsen S, Huang R, Wall M A, et al. Surface-enhanced resonance Raman scattering nanostars for high-precision cancer imaging. Science Translational Medicine, 2015, 7(271): 271ra7.
[58] Karabeber R, Huang P, Iacono J M, et al. Guiding brain tumor resection using surface-enhanced Raman scattering nanoparticles and hand-held Raman scanner. ACS Nano, 2014, 8(10): 9755-9766.
[59] McVeigh P Z, Mallia R J, Veillieux I, et al. Development of widefield SERS imaging endoscope. Proceedings of SPIE - The International Society for Optical Engineering, 2012, 8217: 821704-821710.
[60] Zavaleta C L, Garai E, Liu J T C, et al. A Raman-based endoscopic strategy for multiplexed molecular imaging. Proceedings of the National Academy of Sciences of the United States of America, 2013, 110(25): E2288-E2297.
[61] Wang Y, Khan A, Leigh S Y, et al. Comprehensive spectral endoscopy of topically applied SERS

nanoparticles in the rat esophagus. Biomedical Optics Express, 2014, 5(9): 2883.

[62] Garai E, Sensarn S, Zavaleta C L, et al. A real-time clinical endoscopic system for intraluminal multiplexed imaging of surface-enhanced Raman scattering nanoparticles. PLoS One, 2015, 10(4): e0123185.

[63] Pinzaru S C, Parvel I E. SERS and pharmaceuticals//Schlucker S. Surface Enhanced Raman Spectroscopy. Weinheim: Wiley, 2011.

[64] Aoki P H B, Furini L N, Alessio P, et al. Surface-enhanced Raman spectroscopy (SERS) applied to cancer diagnosis and detection of pesticides, explosives and drugs. Reviews in Analytical Chemistry, 2013, 32(1): 55-76.

[65] Cinta Pinzaru S, Pavel I, Leopold N, et al. Identification and characterization of pharmaceuticals using Raman and surface-enhanced Raman scattering. Journal of Raman Spectroscopy, 2004, 35(5): 338-346.

[66] Baia M, Astilean S, Iliescu T. Raman and SERS investigations of pharmaceuticals. Berlin: Springer, 2008.

[67] Wu H Y, Cuningham B T. Point-of-care detection and real-time monitoring of intravenously delivered drugs via tubing with an integrated SERS sensor. Nanoscale, 2014, 6(10): 5162-5171.

[68] Tang L, Li S, Han F, et al. SERS-active Au@Ag nanorod dimers for ultrasensitive dopamine detection. Biosensors & Bioelectronics, 2015, 71: 7-12.

[69] Ock K, Jeon W I, Ganbold E O, et al. Real-time monitoring of glutathione-triggered thiopurine anticancer drug release in live cells investigated by surface-enhanced Raman scattering. Analytical Chemistry, 2012, 84(5): 2172-2178.

[70] Yang X, Guo X, Wang H, et al. Magnetically optimized SERS assay for rapid detection of trace drug-related biomarkers in saliva and fingerprints. Biosensors & Bioelectronics, 2015, 68: 350-357.